T0132968

HISTOIRE ET PHILOSOPHIE DES SCIENCES
sous la direction de Vincent Jullien et David Rabouin
26

La (Re)construction française de l'analyse infinitésimale de Leibniz

Ouvrage publié avec le soutien du Centre national du livre

Sandra Bella

La (Re)construction française de l'analyse infinitésimale de Leibniz

1690-1706

PARIS
CLASSIQUES GARNIER
2022

Sandra Bella est agrégée de mathématiques et docteure en histoire des mathématiques. Elle est postdoctorante au laboratoire SPHere (université de Paris) où elle collabore à l'édition critique des écrits mathématiques de Leibniz. Ses travaux portent sur la circulation et l'appropriation des sciences mathématiques. Elle s'intéresse à la construction de l'analyse aux XVIIe et XVIIIe siècles.

ISBN 978-2-406-12388-0 (livre broché)
ISBN 978-2-406-12389-7 (livre relié)
ISSN 2117-3508

À Z.

ABRÉVIATIONS

A LEIBNIZ, G. W., *Sämtliche Schriften und Briefe, herausgegeben von der Berlin-Brandenburgischen Akademie der Wissenschaften und der Akademie der Wissenschaften zu Göttingen*, Reihe I-VIII, Darmstadt, Leipzig, Berlin 1923- [A suivi du numéro de la série en chiffres romains, suivi du numéro du tome, suivi de la page].

AE *Acta Eruditorum* [*AE*, suivi de la date, suivi de la page].

AI L'Hospital (de), Guillaume*, Analyse des infiniment petits, pour l'intelligence des lignes courbes*, De l'Imprimerie Royale, Paris, 1696 [*AI*, suivi de la page].

DBJB BERNOULLI, Jean, *Der Briefwechsel von Johann Bernoulli*, Bâle, Birkhaüser Verlag, 1955-1992 [*DBJB*, suivi du numéro de tome, suivi de la page].

FR Manuscrit de la Bibliothèque nationale de France, collection Français [FR suivi de la cote, suivi du folio].

FL Manuscrit de la Bibliothèque nationale de France, collection Latin [FL suivi de la cote, suivi du folio].

GM LEIBNIZ, G. W., *Leibnizens Mathematische Schriften*, éd. Gerhardt, Halle, 1850-1853, rééd. Hildesheim, New-York, Olms, 1962 [GM, suivi du tome en chiffres romains, suivi de la page].

HARS ou *MARS* FONTENELLE, Bernard Le Bovier de, *Histoire de l'Académie des Sciences, avec les Mémoires de Mathématiques et de Physique, tirez des registres de l'Académie* [*HARS*, suivi de l'année, suivi de la page ; pour les mémoires, *MARS*, suivi de l'année, suivi de la page].

JS *Journal des Sçavans* [*JS*, suivi de la date, suivi de la page].

LCD BERNOULLI, Jean, *Lectiones de calculo differentialium*, Paul Schafheitlin, Naturforschende Gessellschept in Basel, Basel : Naturforschende Gesellschaft, 1922 [*LCD*, suivi de la page].

Mathematica MALEBRANCHE, Nicolas, *Œuvres complètes, Mathematica*, tome XVII-2, édité par Pierre Costabel, Librairie philosophique J. Vrin, 1968 [*Mathematica*, suivi de la page].

OF FERMAT, Pierre, *Œuvres de Fermat*, publiées par les soins de MM. Paul Tannery et Charles Henry sous les auspices du Ministère de l'instruction publiques, Paris, Gauthier-Villars et fils, Imprimeurs-Libraires, (1891-1912), tomes I, II, III, V [*OF*, suivi du numéro de tome en lettres romaines, suivi de la page].

OH HUYGENS, Christiaan, *Œuvres complètes*, publiée par la Société hollandaise des Sciences, Martinus Nijhoff, La Haye, 1888-1950 [*OH*, suivi du tome en lettres romaines, suivi de la page].

OM MALEBRANCHE, Nicolas, *Œuvres complètes*, éd. André Robinet, Paris, Vrin, 20 tomes et un index, 1958-1970 [*OM*, suivi du numéro de tome, suivi de la page].

PVARS *Procès-verbaux de séances de l'Académie royale des sciences* [*PVARS*, suivi du tome, suivi du folio].

SI ROLLE, Michel, « Du nouveau système de l'infini », *MARS*, 1703, p. 312-336 [*SI*, suivi de la page].

INTRODUCTION GÉNÉRALE

Le calcul différentiel de Gottfried Wilhelm Leibniz (1646-1716) est connu par les milieux savants parisiens à partir de 1692. Cette étude reconstitue l'histoire de leurs appropriations entre 1690 et 1706.

L'invention leibnizienne est un acquis dans l'histoire des mathématiques. Elle est reconnue comme l'une de ses découvertes majeures, voire révolutionnaires. Une certaine historiographie soutient que le calcul leibnizien émergerait et triompherait enfin après « un siècle d'anticipation » :

> Le temps était venu, dans la deuxième moitié du 17ᵉ siècle, pour que quelqu'un organise les points de vue, les méthodes et les découvertes impliquées dans l'analyse infinitésimale en un nouvel objet qui se caractérise par une méthode de procédure distincte[1].

En s'appuyant sur l'examen de la réception française du calcul leibnizien, cet ouvrage souhaite réviser ce point de vue et mettre en évidence que, contrairement à des travaux qui ont étudié l'émergence du calcul en termes de rupture, l'appropriation du calcul s'effectue aussi grandement sur le fonds de pratiques en usage et tacitement partagées.

En 1684, Leibniz publie dans le journal savant *Acta Eruditorum*, son article inaugural « Nouvelle méthode pour chercher les *Maxima* et les *Minima*, ainsi que les tangentes, méthode que n'entravent pas les quantités fractionnaires ou irrationnelles, accompagnée du calcul original qui s'y applique[2] ». Il y présente son calcul en introduisant les toutes

---

1 « *The time was indeed ripe, in the second half of the seventeenth century, for someone to organize the views, the methods, and discoveries involved in the infinitesimal analysis into a new object characterized by a distinctive method of procedure* », Boyer intitule « *A century of anticipation* » le chapitre qui précède l'invention du calcul leibnizien et newtonien, *The History of the Calculus and its Conceptual Development*, New York, Dover Publications, 1949, p. 187.

2 « Nova methodus pro maximis et minimis, itemque tangentibus, quae nec fractas nec irrationales quantitates moratur et singulare pro illis calculi genus », *Acta Eruditorum (AE)*, octobre 1684, p. 467.

nouvelles notations *dx*, *dy*, ... pour les différences ou différentielles des « lettres indéterminées » *x* et *y*, puis fournit les règles de différenciation sans les justifier.

La *Nova methodus* s'ajoute à une liste considérable de méthodes de recherche de tangentes ou de *maxima* et *minima*, inventées pour les premières environ cinquante ans auparavant. Leibniz assure que sa méthode améliore notablement les précédentes. La publication de la *Nova Methodus* n'est pas isolée, les années suivantes, entre 1684 et 1691, il publie d'autres articles aux *Acta Eruditorum*, dans lesquels il montre la supériorité de son calcul par rapport à d'autres méthodes de quadratures en vogue, ainsi que pour la résolution de problèmes physico-mathématiques[3]. Ces articles tardent à être diffusés et ne sont au début que l'affaire de quelques mathématiciens, essentiellement les frères Jacques et Jean Bernoulli. Ces derniers publient des articles dans lesquels ils illustrent combien le calcul différentiel résout aisément toutes sortes de problèmes mathématiques. Une sorte d'émulation s'instaure dans le but de produire de plus en plus de résultats via le calcul différentiel, et ainsi montrer sa fécondité au sein de la République des Lettres.

Il convient de rappeler qu'au tout début du XVIIe siècle, à partir de l'invention du calcul symbolique par Viète et sa diffusion, émerge un nouvel art de penser. En France, il conduit des mathématiciens comme Descartes (1596-1650) et Fermat (1607-1665) à élaborer des méthodes générales permettant de calculer et construire des tangentes à un ensemble de courbes. Ces méthodes sont lues, interprétées et améliorées par leurs héritiers immédiats ou tardifs, français ou étrangers[4].

Parallèlement à l'élaboration de méthodes de tangentes, les géomètres inventent des méthodes pour résoudre des problèmes de quadratures ou de cubatures. Dans celles-ci, il est supposé que des « éléments » – nommés « indivisibles » et plus tard « infinitésimaux » – d'une certaine

---

3 « De Geometria recondita et Analysi Indivisibilium aque infinitorum », *AE*, janvier 1689, « De linea isochrona in qua grave sine acceleratione descendit et de controversia cum Dn. Abbate D.C. », *AE*, avril 1689, « De linea in quam flexile se pondere propio curvat, ejusque usu insigni ad inveniendas quotcuque medias proportionales et Logarithmos », *AE*, juin 1691.

4 Sans prétention d'exhaustivité : Jean de Beaugrand (1584-1588 ?-1640), Pierre Hérigone (1580-1643), John Wallis (1616-1703), Frans Van Schooten (1615-1660), René-François Sluse (1622-1685), Christiaan Huygens (1629-1695) ou encore Isaac Barrow (1630-1677).

manière composent le continu de la grandeur[5]. Le mathématicien Bonaventura Francesco Cavalieri (1598-1647) est le premier à inventer une méthode de ce type. Il est suivi par d'autres mathématiciens parmi lesquels Evangelista Torricelli (1608-1647), Gilles Personne de Roberval (1602-1675) et Blaise Pascal (1623-1662). Chacun de ces mathématiciens a sa propre manière de concevoir ce que sont les « indivisibles » et d'en faire un usage spécifique, cependant, la méthode de Cavalieri restera, au moins pour le nom, la méthode inaugurale. Malgré les différences conceptuelles, la considération d'« indivisibles », impliquée dans toutes ces méthodes, est problématique car elle est liée à la difficile question de la composition du continu. L'avancement de ces méthodes ne se réalise donc pas sans entraves, leur développement s'accompagne immédiatement et durablement d'objections philosophiques ou métamathématiques qui remettent en question leur exactitude[6].

Les méthodes de recherche de tangentes ou de quadratures sont qualifiées toutes les deux de « directes » car elles montrent la voie de leur découverte. Pour cette raison, elles sont aussi nommées « méthodes d'invention » pour rappeler le terme latin « *invenire* » signifiant découvrir. Les Anciens ont légué des énoncés concernant la construction de tangentes ou la quadrature de certaines courbes particulières. Les démonstrations sont, pour la plupart, effectuées par une réduction *ad absurdum* et de cette manière, les Anciens ne livrent pas la voie qui a permis leur découverte. Ainsi, le raisonnement sous-jacent est difficilement généralisable à d'autres courbes. Les géomètres du XVIIe siècle interprètent cette manière de procéder comme une occultation délibérée. Les méthodes d'invention apparaissent ainsi comme palliant à ce défaut. En même temps, elles sont le signe d'une promesse d'une nouvelle manière de faire les mathématiques.

Pour certains géomètres, une méthode d'invention n'a de valeur qu'heuristique et il leur est nécessaire de faire suivre la découverte par une démonstration à la manière des Anciens. Pour d'autres, parvenir au résultat en suivant une méthode dispense d'une telle démonstration. Pour Descartes, par exemple, le chemin calculatoire qui mène au

---

5 Cavalieri compare ces dernières aux « racines ineffables » de l'Algèbre, Cavalieri, Bonaventura, *Exercitaciones Geometricae Sex. Bononiae, [...] Typis Iacobi Montji*, MDCXLVII. Superiorum permissu, Jacobi Monti, 1647, p. 202.

6 Vincent Jullien, « Explaining the Sudden Rise of Methods of Indivisibles », *Seventeenth-Century Indivisibles Revisited*, Birkhaüser, 2015, p. 8-10.

résultat vaut pour démonstration, même s'il est important de fournir une construction géométrique par la suite.

La valeur démonstrative d'un résultat obtenu par une méthode d'invention est en fait une question cruciale dans le développement de la pratique[7] mathématique au XVIIe siècle[8]. En ce qui concerne les méthodes calculatoires, cette question est intimement liée à celle de l'autonomie d'un calcul. Il s'agit d'évaluer si un résultat obtenu par un processus calculatoire vaut pour démonstration, et d'apprécier de quelle manière le statut des éléments impliqués dans ce calcul intervient dans cette évaluation.

Ces deux questions – l'autonomie d'un calcul et le statut octroyé aux éléments manipulés lors de ce calcul – sont au cœur de la compréhension des difficultés liées à l'adhésion à une méthode calculatoire. Pour cette raison, y répondre guide cette étude. Le calcul leibnizien partage avec les autres méthodes cette même problématique. Cependant, il ne serait question ici de faire un amalgame. Cette dernière remarque, tout au contraire, incite bien plutôt à suivre une démarche comparative qui conduit à établir une différence entre les difficultés propres au calcul algébrique de celles du calcul leibnizien.

L'introduction de ce calcul étant nouvelle, il convient de souligner d'emblée que sa lecture par ceux qui le reçoivent, s'effectue nécessairement en l'articulant aux autres méthodes qu'ils pratiquent. Le calcul leibnizien n'arrive pas en *terres vierges*, il est lu par des mathématiciens avec des usages acquis. Dans sa réception française, apparaissent naturellement

---

7 De manière générale, nous entendons par « pratique mathématique » l'expression désignant les mathématiques comme elles s'effectuent de manière purement factuelle. Nous empruntons à Paolo Mancosu, ici et tout au long de notre travail, le sens de cette expression, *Philosophy of Mathematics and Mathematical Practice in the Seventeenth Century*, New York, Oxford University Press, 1996, p. 4. Plus récemment, en vue de l'intérêt porté aux enjeux philosophiques de la pratique mathématique, un groupe d'historiens et philosophes a créé l'*Association for the Philosophy of Mathematical Practice* qui s'intéresse aux différentes questions qui émergent de la variété des manières dont la mathématique se fait, est évaluée, ou est appliquée, dans différents contextes qu'ils soient historiques, culturels, éducatifs ou encore cognitifs.

8 Voir Evelyne Barbin, « Heuristique et démonstration en mathématiques : la méthode des indivisibles au XVIIe siècle », *Fragments d'histoire des mathématiques* II, Paris, APMEP, 1987, p. 125-159 ou « Démontrer : convaincre ou éclairer ? Signification de la démonstration mathématique au XVIIe siècle » dans « Les procédures de preuve sous le regard de l'historien des sciences et des techniques », *Cahiers d'histoire et de philosophie des sciences*, 40, 1992, p. 29-49.

deux lieux de son appropriation : d'abord au sein d'un groupe réuni autour de Nicolas Malebranche (1638-1715), initié au calcul différentiel par l'intermédiaire de Jean Bernoulli (1667-1748), puis à l'Académie royale des sciences à l'intérieur de laquelle une querelle explose entre partisans de l'usage du calcul différentiel et ceux qui y sont réticents ou opposés.

Pour clarifier le terme de « réception », il a été utile de faire appel à des notions à la théorie de la réception, introduites notamment par Hans Robert Jauss. En se focalisant sur la relation texte-lecteur, plutôt que sur celle de texte-auteur, « l'esthétique de la réception » cherche à reconstituer « l'horizon d'attente[9] » du lecteur ou d'un ensemble de lecteurs d'une œuvre afin de décrire la réception de celle-ci ou ceux-ci et les effets qu'elle produit. L'horizon d'attente est « le système de références objectivement formulable » (*ibid.*, p. 54) dans lequel un nouveau texte est lu. Il suppose pour être caractérisé de connaître l'expérience que le public a du genre dont relève le texte et aussi « la forme et la thématique d'œuvres antérieures dont l'œuvre nouvelle présuppose la connaissance ». Ce dernier aspect est crucial puisque l'on s'intéresse ici à la réception d'un collectif de lecteurs partageant un même héritage. Ainsi, une étude de l'appropriation du calcul leibnizien doit impérativement prendre en considération l'horizon d'attente des mathématiciens, ceux, autour de Malebranche, qui l'introduisent, mais aussi ceux à l'Académie des sciences, dont il est souhaité l'approbation.

LE CERCLE AUTOUR DE MALEBRANCHE, LE DEVENIR D'UNE « RÉFORME »

Malebranche fait partie de l'Oratoire. Cette congrégation est particulièrement perméable aux nouvelles connaissances et en souhaite la diffusion. À cet effet, la rédaction et la publication d'ouvrages destinés à l'enseignement sont promus dans les collèges oratoriens[10]. Malebranche

9 Hans Robert Jauss, « L'histoire de la littérature : un défi à la théorie littéraire », *Pour une esthétique de la réception*, Paris, Gallimard, 1978, p. 49.

10 Pierre Costabel « L'oratoire de France et ses collèges » dans *Enseignement et diffusion des sciences en France*, ouvrage collectif dirigé par René Taton, Paris, Hermann, 1964, p. 75.

destine au début la plupart de ses efforts à l'élaboration d'écrits philosophiques, notamment les premiers tomes de son œuvre majeure, *De la recherche de la vérité*. Mais il contribue aussi très tôt à la production et à la publication d'ouvrages scientifiques. À titre d'exemple, il propose à son élève Jean Prestet (1648-1691) de composer un ouvrage présentant, de manière nouvelle, l'arithmétique et l'algèbre. Ce traité est publié en 1675 sous le titre *Élémens de Mathématiques*[11].

En raison des conflits avec les jansénistes, une partie des travaux de Malebranche est mise à l'index en 1690[12]. Le philosophe se tourne davantage vers des domaines scientifiques qu'il a délaissés depuis quinze ans. Cette mise à l'index n'atteint pas sa réputation. Nombreux sont ceux qui le reconnaissent comme maître de pensée religieuse, philosophique et scientifique. Il reçoit à l'Oratoire de multiples visiteurs qui emplissent « sa chambre d'un va-et-vient continuel[13] ». Parmi les plus réguliers, on rencontre le noyau d'un groupe de mathématiciens, qui va s'engager dans ce que Pierre Costabel a désigné comme une « Réforme mathématique[14] ».

En 1960, André Robinet publie un article intitulé « Le groupe malebranchiste introducteur du Calcul infinitésimal en France[15] » dans lequel il recense de nombreux manuscrits, principalement mathématiques, qu'il date entre 1690 et 1705. Ces manuscrits, sur certains desquels se mêlent plusieurs écritures, souvent sur une même page, témoignent d'une activité collective de plusieurs individus, regroupés autour de Malebranche et dont Guillaume de l'Hospital (1661-1704) est l'un des membres les plus actifs. Une partie de ces manuscrits a été retranscrite et analysée par Costabel dans un volume des œuvres complètes de Malebranche, publié

11 Jean Prestet, *Élémens de Mathématiques*, Paris, Pralard, 1675.

12 Elle concerne le *Traité de la Nature* de 1680 mais aussi son édition de 1684 qui contient des additions et des éclaircissements, la *Défense de Malebranche contre la ville*, les lettres par lesquelles il répond aux *Réflexions philosophiques et théologiques* d'Arnauld et ses Lettres touchant celles de Monsieur Arnauld. Ce décret fut complété postérieurement : le 4 mars 1709, *De la recherche de la vérité* dans son édition latine de 1691 et le 15 janvier 1714, les *Entretiens sur la métaphysique* et le *Traité de morale* de l'édition 1684 sont également indexés.

13 Expression d'André Robinet, *OM*, XX, p. 140.

14 Nicolas Malebranche, *Œuvres complètes, Mathematica*, tome XVII-2, édité par Pierre Costabel, Paris, Librairie philosophique J. Vrin, 1968, p. I.

15 André Robinet, « Le groupe malebranchiste introducteur du calcul infinitésimal en France », *Revue d'Histoire des Sciences et de leurs applications*, vol. 13, N° 4, Paris, 1960, p. 287-308.

en 1968, qui sera par la suite désigné par « *Mathematica*[16] ». L'objectif de l'édition de Costabel est de rendre compte d'un « mouvement scientifique en France et de la part que Malebranche y a prise » (*ibid.*, p. 1). Il s'agit d'une « réforme mathématique » entreprise par Malebranche dans laquelle sont présents de manière plus ou moins active, certains membres du « groupe malebranchiste ». Le travail d'édition de Costabel, constitue une source d'intérêt en ce qui concerne les travaux collaboratifs de Malebranche et du cercle réuni autour de lui, surtout pour la période s'étalant de 1690 à 1694. Une partie des manuscrits retranscrits appartient à la période entre 1690 et 1692, alors que le collectif n'a pas encore rencontré le calcul de Leibniz. Cet ensemble de manuscrits illustre ce que Costabel considère être la recherche d'une « voie moyenne entre l'analyse cartésienne et les méthodes nouvelles », notamment les méthodes de Isaac Barrow et de John Wallis, dans le contexte de la « Réforme » (*ibid.*, p. 5). Ces manuscrits mettent en évidence la familiarisation du groupe avec les techniques analytiques conduisant entre autres à la production d'une méthode de tangentes par l'Hospital. Ce que ce groupe désigne par « Arithmétique des infinis », en référence au célèbre ouvrage de Wallis, consiste en des quadratures de coniques via cette méthode de tangentes.

	Entrée Oratoire Ordonné	Enseignement
Nicolas Malebranche (1638-1715)	1660 1664	Oratoire de Paris
Bernard Lamy (1640-1715)	1662 1667	Collèges oratoriens (Saumur, Angers, Grenoble)
Louis Byzance (1646-1722)	1677 1690	
Jean Prestet (1648-1690)	1675 1680	Collèges oratoriens (Angers)
François de Catelan (~1650-~1710)		
Claude Jaquemet (1651-1734)	1675 1679	Collège oratorien (Vienne)

16 Voir note 14.

Charles Reyneau (1656-1728)	1676 1680	Collège oratoriens (Nantes, Angers)
Guillaume de l'Hospital (1661-1704)		
Louis Carré (1663-1711)	1683	
Bernard Le Bovier de Fontenelle (1657-1757)		
Pierre Varignon (-1722)		Collège Mazarin Collège royal
Joseph Sauveur (1653-1716)		Collège royal
Joseph Saurin (1659-1737)		
Nicolas Guisnée (?-1718)		Enseignant de François Nicole, Maupertuis, la Marquise de Châtelet

FIG. 1 – Tableau réalisé par l'auteure, cercle autour de Malebranche.

Il est utile pour la suite de dresser une liste de ceux qui ont participé à un titre ou à un autre au projet collectif de « Réforme », entrepris entre 1690 et 1692, (fig. 1)[17].

Ces mathématiciens ne forment pas un groupe homogène, autant par leur investissement que par leur production écrite. Six d'entre eux sont des oratoriens et parmi les trois restants, il y a Varignon qui est enseignant. Par ailleurs, tous n'appartiennent pas à la même génération. C'est aussi dans ce contexte générationnel qu'il faut souligner que l'héritage mathématique de ce groupe est riche par son éclectisme.

La période de cette réforme commence après que Leibniz ait publié des articles majeurs concernant son nouveau calcul, notamment la *Nova Methodus*. Ces mathématiciens ne se confrontent pas immédiatement aux écrits du philosophe allemand. Comme il a été dit plus haut, ils se concentrent d'abord sur l'appropriation de travaux européens, certains

17 Ce tableau ne tient compte que des personnes impliquées à ce projet d'une manière ou d'une autre jusqu'en 1706. Il ne sera pas question d'autres mathématiciens qui auront un rôle plus tardivement, comme Privat de Molières, François Nicole ou Pierre Rémond de Montmort.

récemment publiés. Johan Hudde, Christiaan Huygens, de Barrow, Wallis, James Gregory, ou encore Isaac Newton, sont des auteurs auxquels ils se réfèrent constamment.

En raison de ces références, la première partie de cette étude est consacrée à l'examen d'un échantillon de leurs méthodes, choisi afin de saisir les conceptions et les pratiques de ces mathématiciens avant leur rencontre avec le calcul leibnizien. En particulier, il s'agira de savoir comment ils perçoivent un calcul, quelle valeur épistémique ils lui octroient et quel rôle l'expérience avec les symboles joue dans ces processus. Dans un deuxième temps, il sera possible d'apprécier les changements que le calcul leibnizien introduit dans leurs pratiques et de quelles manières leurs conceptions sont transformées à son contact.

L'Hospital est un acteur majeur dans la réception du calcul leibnizien en France. Pendant son séjour parisien (décembre 1691 – décembre 1692), Jean Bernoulli devient son professeur et lui enseigne le nouveau calcul en le confrontant à de nombreux problèmes. Cet enseignement prend la forme écrite de leçons de calcul différentiel et intégral. Ces dernières sont conservées par l'Hospital qui ne les laisse circuler que parcimonieusement entre des membres choisis du groupe autour de Malebranche. Une partie de l'édition de Costabel est consacrée à ces leçons, en particulier une comparaison est effectuée entre le contenu d'une copie produite par Carré et les leçons telles qu'elles ont été publiées dans les œuvres complètes de Jean Bernoulli. La comparaison de tracés de figures par des graphismes différents permet à Costabel de tirer des conclusions intéressantes sur les différences de degrés d'appropriation du calcul par ces mathématiciens. Les cahiers de calcul intégral de Malebranche, objet principal de cette édition, sont minutieusement commentés. Costabel examine à travers quelques exemples l'articulation entre les pratiques du cercle autour de Malebranche et le calcul de Leibniz. Son travail est l'un des points de départ des recherches présentées dans cet ouvrage.

André Robinet a étudié particulièrement le rapport de Malebranche avec les mathématiques. Dans son article « La philosophie malebranchiste des mathématiques[18] », il souligne le cartésianisme du philosophe pour

18 André Robinet, « La philosophie malebranchiste des mathématiques », *Revue d'Histoire des Sciences et de leurs applications*, vol. 14, n° 3, Paris, 1961.

expliquer la prudence de ce dernier à l'égard de l'utilisation de l'infini en mathématique. Il estime que

> L'adhésion de Malebranche et du groupe des mathématiciens qui l'entouraient aux mathématiques de l'infini constitue l'un des plus spectaculaires revirements de l'histoire de la philosophie et du mouvement des idées (*ibid.*, p. 205).

Pour lui, « rien ne permettait » de s'attendre à la « conversion » de Malebranche et de « ses amis » au calcul de l'infini et « on est surpris de les voir s'acclimater peu à peu aux nouvelles conceptions » (*ibid.*, p. 230).

Cette affirmation est quelque peu péremptoire. Pour y souscrire, il faudrait supposer que toute pratique mathématique est entièrement déterminée par des considérations philosophiques, et qu'il existe entre les conceptions philosophiques des points d'irréductibilité qui entraveraient le développement d'une certaine manière de s'exercer aux mathématiques. Tel serait le cas de la supposée opposition entre les philosophies de Descartes et de Leibniz qui engendrerait les incompatibilités entre leurs mathématiques[19]. Le travail de Robinet part de présupposés qui permettent difficilement de prendre en compte la dimension historique et sociale de la réception du calcul leibnizien par « Malebranche et ses amis ». De plus, il postule que l'adhésion au calcul leibnizien par Malebranche conduit immanquablement à celle de « ses amis » sans expliquer cette implication et sans non plus préciser ce qu'il entend par « amis » (à l'exception de l'Hospital qui en fait partie). De fait, il utilise l'expression « groupe malebranchiste » sans la légitimer. Dans l'article « Le groupe malebranchiste introducteur du calcul infinitésimal en France », il désigne ce « groupe » par un ensemble d'individus qui ont été proches ou très proches de Malebranche[20], mais sur une période qui s'étale entre 1690 et la mort de celui-ci en 1715. Cela représente une période certainement trop longue pour caractériser le passage de la pratique des méthodes d'invention à celle du calcul leibnizien. Ce flou terminologique conduit à réfléchir sur l'appellation « groupe malebranchiste » et cette appellation sera mise à l'épreuve dans cet ouvrage pour différencier les moments de la réception du calcul leibnizien.

19 Yvon Belaval, *Leibniz critique de Descartes*, Paris, Gallimard, 1960.

20 L'Hospital et Madame de L'Hospital, Reyneau, Jaquemet, Byzance, Bernard Lamy, Varignon, Carré, Montmort, Sauveur, Saurin, Guisnée, Renau d'Elisagaray, Fontenelle, Polignac, Nicole, Privat de Molières, …

La thèse et les travaux récents de Claire Schwartz[21] sont une élaboration critique à l'encontre de la position d'André Robinet. En s'appuyant sur une étude historique du réseau qui a pu inspirer Malebranche et sur une étude technique des commentaires par Malebranche des leçons de Jean Bernoulli, elle démontre qu'il n'y pas eu un « revirement » dans sa pensée mais tout au contraire une cohérence entre cette dernière et ce qu'il y a de cartésien dans sa pensée.

LE TRAITÉ DE L'HOSPITAL : LE CALCUL DIFFÉRENTIEL INSTITUÉ PUBLIQUEMENT

Bénéficiant des services de Jean Bernoulli (leçons particulières pendant un an à Paris[22] puis échanges épistolaires) l'Hospital rédige – en langue française – le premier traité de calcul différentiel, intitulé *Analyse des infiniment petits pour l'intelligence des lignes courbes* (dorénavant *AI*). Il est publié en juin 1696 par l'intermédiaire de Malebranche.

La publication en 1947 de la correspondance entre Jean Bernoulli et l'Hospital a permis à l'éditeur Otto Spiess de montrer qu'un nombre très important de résultats de l'*AI* sont des découvertes propres à Jean Bernoulli[23]. Pour certaines d'entre elles, l'Hospital les avait reçues moyennant un contrat établissant un traitement annuel de 300 livres versé au jeune professeur[24]. Dans La Préface de l'*AI*, l'Hospital recon-

21 Claire Schwartz, *Malebranche et les mathématiques*, thèse de doctorat en Philosophie, sous la direction de Denis Kambouchner et de Richard Glauser, soutenue à Paris, Université Paris I, en cotutelle avec Neuchâtel, 2007, *Malebranche, Mathématiques et Philosophie*, Paris, Sorbonne Université Presses, 2019, « Leibniz et le"groupe malebranchiste" : La réception du calcul infinitésimal », Vorträge des X. Internationalen Leibniz-Kongresses, Hildesheim / Zurich / New York, Olms, Tome I, p. 223-236.

22 Inédites jusqu'à leur publication en 1922 par le professeur Schafhleitlin, *Lectiones de calculo differentialium*, Paul Schafheitlin ; Basel, Naturforschende Gesellschaft, 1922 (dorénavant *LCD*).

23 À cet égard, le tableau dressé par Otto Spiess dans lequel il met en correspondance des articles de l'*AI* avec un résultat figurant dans les leçons de calcul différentiel de Jean Bernoulli ou dans une lettre échangée entre les deux savants, est probant, *DBJB*, 1, p. 151.

24 Otto Spiess, *DBJB*, 1, p. 123-156 et « Une édition de l'œuvre des mathématiciens Bernoulli », *Archives internationales d'histoire des sciences*, HS, Paris, 1947, p. 359-362.

naît « devoir beaucoup aux lumières de Mrs Bernoulli, surtout à celles du jeune presentement Professeur à Groningue [Jean Bernoulli] » (*AI*, Préface). À la réception de l'ouvrage, en février 1697, ce dernier félicite l'Hospital :

> Vous m'avez fait trop d'honneur en parlant si avantageusement de moi dans la préface ; quand je composerai quelque chose, à mon tour je ne manquerai pas de vous y donner la revanche. Vous expliquez les choses fort intelligemment ; j'y trouve aussi un bel ordre et les propositions bien rangées ; enfin tout est admirablement bien fait, et mille fois mieux que j'aurais pu faire (*DBJB*, 1, p. 341).

Jean Bernoulli connaissait donc les intentions de l'Hospital et approuvait son projet. Après la lecture de l'ouvrage, il n'adresse pas immédiatement une quelconque revendication. Cependant, quelques années plus tard, en 1704, il soupçonne l'Hospital de s'être attribué à tort la découverte de certaines règles propres au calcul différentiel. Le 18 juillet 1705, il s'adresse à Varignon pour lui faire part de ses griefs. Il juge que la Préface de l'Hospital est « trop vague » en ce qui concerne son propre apport dans l'élaboration du traité, il en résulte selon lui que le public ne peut « juger que la plupart des règles, que je lui avais fournie par écrit, et qu'il n'avait fait autres choses que les digérer et mettre en ordre » (*DBJB*, 3, p. 171). Dans la lettre du 26 février 1707, il déclare fermement à Varignon que l'Hospital « n'a pas eu plus de part à la production de ce livre que d'avoir traduit en françois la matière que je luy avois donné(e) la plus part en latin [...] » (*DBJB*, 3, p. 215).

L'Hospital a effectué volontairement des emprunts aux leçons de calcul différentiel, qu'il a traduites en français. En outre, il a repris plus ou moins intégralement des résultats fournis par Bernoulli dans ses lettres. Son traité est donc indubitablement un emprunt, certes indirect et partiel, mais qui peut être légitimement considéré comme un plagiat[25]. Néanmoins cela ne dispense pas d'étudier la présentation de l'Hospital. Tout au contraire, l'intérêt porte sur les choix d'exposition

---

25 Pour une typologie de l'emprunt, voir Hélène Maurel-Indart, *Du plagiat*, édition revue et augmentée, Paris, Gallimard, 2011, p. 266-299. L'auteur récapitule les formes d'emprunt sous forme d'un tableau récapitulatif très instructif (p. 292). Pour une analyse de l'accusation de plagiat par Jean Bernoulli : Gustaf, Eneström, « Sur la part de Jean Bernoulli dans la publication de *l'Analyse des infiniment petits* », *Bibliotheca Mathematica*, N° 3, Stockholm, 1894.

pour restituer cet emprunt. Il s'agit d'analyser comment sont définies les nouvelles notions du calcul différentiel, comment sont formulées les suppositions, ou encore comment les règles de calcul sont justifiées. Il convient ensuite de s'intéresser à l'ordre de l'ouvrage. Ceci amène à questionner la manière dont les problèmes ou les propositions sont agencées à l'intérieur d'une section et comment les sections s'agencent entre elles. L'examen de ce en quoi consiste ce « bel ordre et les propositions bien rangées », déclaré par Jean Bernoulli, doit et fait partie d'une étude de l'appropriation du calcul[26]. Cet examen analyse l'ouvrage en tant que synthèse de la lecture hospitalienne du calcul leibnizien, mais aussi en tant qu'écrit, destiné à faire connaître ce calcul à un public plus large[27].

COMPRENDRE LES DISSONANCES À L'ACADÉMIE (1696-1706)

Plusieurs séances académiques ont été consacrées à la lecture de mémoires utilisant le calcul différentiel. Cependant, mis à part l'Hospital et Varignon, le nouveau calcul n'est pas l'affaire de la plupart des académiciens. Comme l'écrira plus tard Fontenelle, au tournant du XVIIe siècle, le calcul différentiel apparaît aux yeux du plus grand nombre d'entre eux comme « une Science Cabalistique renfermée entre cinq ou six

26 La récente traduction en anglais de l'*AI* est précédée d'une préface avec des commentaires intéressants mais qui ne s'intéresse pas particulièrement à la forme que prend le traité, Guillaume de L'Hospital, *L'Hôpital's Analyse des infiniment petits*, an annoted translation with source material by Johann Bernoulli, Robert Bradley, Salvatore Petrilli et Edward Sandifer (translators and editors), *Science Networks Historical studies*, 50, Springer, 2015.

27 Sandra Bella, « L'Analyse des infiniment petits pour l'intelligence des lignes courbes : ouvrage de recherche ou d'enseignement ? *Les ouvrages de Mathématiques dans l'Histoire*, coordonné par E. Barbin et M. Moyon, PULIM, 2013. Dans une partie de sa thèse de doctorat, Mónica Blanco Abellán compare la résolution de problèmes communs aux leçons de calcul différentiel de Jean Bernoulli et à l'*Analyse des infiniment petits pour l'intelligence des lignes courbes*. Son travail présente plusieurs intérêts dont l'un est de pointer souvent la généralité des propositions chez l'Hospital par rapport à celles des leçons de Jean Bernoulli, *Hermeneneùtica del càlcul diferencial a l'Europa del segle XVIII : de l'*Analyse des infiniment petits de l'Hôpital *(1696) al* Traité élémentaire de calcul différentiel et de calcul intégral de Lacroix *(1802)*, memoria presentada per aspirar al grau de Doctor de Matemàtiques, director : Dr Josep Pla i Carrera, UAB, departement de Matemàtiques, juliol 2004.

personnes[28] », « ce n'étoient que quelques foibles rayons de cette science qui s'échapoient, & les nuages se renfermoient aussi-tôt » (*ibid.*).

L'Académie, institution crée par Colbert en 1666, connaît en 1700 deux générations de membres. Dans une lettre à Leibniz en août 1697, Jean Bernoulli se plaint des académiciens, désignés par Varignon de mathématiciens du « vieux style » et qui se montrent réticents au nouveau calcul (A III 7, p. 761).

Qui sont donc ces mathématiciens *styli veteris* ?

Très probablement, Varignon pense à Philippe de la Hire (1640-1718) et à Jean Gallois (1632-1707), académiciens depuis respectivement 1678 et 1669[29]. La Hire est connu pour ses études et publications d'ouvrages sur les coniques. Il présente souvent ses résultats à la manière des Anciens, sans que pour autant il soit réfractaire à l'usage de méthodes algébriques. En plus d'académicien, Gallois est professeur de grec au Collège Royal, il est grand admirateur des auteurs anciens. Enfin, l'algébriste Michel Rolle fait aussi partie de la génération précédent l'Hospital. Académicien depuis 1685, il promeut ses méthodes algébriques et se place dans la lignée de mathématiciens comme Descartes, Fermat et Hudde.

Cette description incite à comprendre la querelle des infiniment petits en introduisant l'opposition entre Anciens et Modernes. Ainsi, le camp des partisans du calcul serait constitué de mathématiciens audacieux qui auraient pressé, en toute légitimité, la diffusion du nouveau calcul, a contrario, les mathématiciens du « vieux stile » freineraient l'introduction de toute idée nouvelle, au risque sinon de faire tomber la géométrie dans l'inexactitude. Cependant, à y regarder de près, les choses sont plus compliquées. Tout d'abord, ce clivage perd de sa force lorsqu'on tient compte que les acteurs reconnaissent unanimement la manière des anciens comme celle qui est la première garante de l'exactitude d'une démonstration. Il s'agit donc plutôt de questionner les façons dont le mathématicien considère les autres méthodes, qu'elles soient ou non calculatoires, quant à leur valeur démonstrative, et si cela nécessite de se référer aux Anciens. En suivant cette dernière remarque,

28 « Éloge de M. le Marquis de l'Hopital », *HARS*, 1704, p. 131.

29 Pour plus de renseignements sur Galloys et La Hire : Sturdy, David J., *Science and Social Status, The members of the Académie des Sciences*, 1666-1750, The Boydell Press, Woodbridge, 1995., p. 87-90 et p. 195-205, et pour La Hire et Rolle : J. B. Shank, *Before Voltaire, The origin of "Newtonian" Mechanics, 1680-1715*, The University of Chicago Press, Chicago & London, 2018, p. 98-111.

on voit apparaître dans le camp des opposants une hétérogénéité qui n'a pas suffisamment été soulignée, et dont la lecture est rendue plus aisée si l'on suit les critiques adressées au calcul de Leibniz. Elles sont en effet de deux types : celles qui sont adressées de manière générale aux méthodes infinitistes car elles manipulent des infinis ; celles qui sont dirigées à l'encontre des méthodes calculatoires et de leur usage de caractères symboliques.

Les critiques envers le calcul leibnizien deviennent explicites en juillet 1700. Rolle, derrière lequel se cache Gallois et très probablement d'autres académiciens, attaque les « suppositions fondamentales de la Géométrie des infiniment petits[30] » et « l'exactitude » du calcul différentiel. Il remet en question la valeur épistémique du calcul en tant que calcul car il conduirait à des imprécisions voire à des erreurs de taille. C'est par cette première intervention publique que débute la célèbre « querelle des infiniment petits » qui ne connaît d'apaisement qu'à partir de 1706. Varignon se charge des réponses mais ne réussit nullement à convaincre Rolle. La virulence du débat s'accroît au fur à mesure des semaines. D'autres académiciens y prennent part, aussi Leibniz intervient-il à plusieurs reprises. Le débat dégénère très vite en un dialogue de sourds.

Dans son article « Deux moments de la critique du calcul infinitésimal : Michel Rolle et Georges Berkeley[31] », Michel Blay relève les difficultés liées au statut des différentielles soulevées par Rolle. Il les rapproche de celles énoncées par Georges Berkeley environ trente ans plus tard dans son ouvrage *The Analyst*[32]. Pour Blay, les difficultés liées au statut des différentielles, celles contemporaines à la querelle, comme celles des décennies suivantes, restent sous des formes voisines « tant que ce dernier n'aura pas trouvé jusqu'au XIXe siècle, dans les relations formelles, sa véritable essence » (*ibid.*, p. 232). Une approche historique peut difficilement souscrire à la supposition, quelque peu téléologique,

30 *Procès-Verbaux de l'Académie Royale des Sciences (PVARS)*, t. 19, fo 218vo et 287vo.

31 Michel Blay, « Deux moments de la critique du calcul infinitésimal : Michel Rolle et Georges Berkeley », *Revue d'histoire des sciences*, vol. 39, No 3, Paris, 1986. Cet article est repris dans « Les débats à l'Académie royale des Sciences (1693-1706) », *La naissance de la mécanique analytique*, Paris, Bibliothèque d'histoire des sciences, 1992, p. 17-62.

32 George Berkeley, *The Analyst : Or, a discourse addressed to an infidel Mathematician. Wherein it is examined whether the object, principles, and inferences of the modern analysts are more distinctly conceived, or more evidently deduced, than religious mysteries and points of faith, by the autor of the minute philosopher*, London, Tonson, 1734.

selon laquelle le calcul possèderait « une véritable essence », et que celle-ci se révèlerait à une époque plus tardive. Par ailleurs, pour comprendre l'approbation ou la désapprobation du calcul, la réception de celui-ci et les effets qu'il produit au sein d'une communauté, il est primordial de reconstituer l'horizon d'attente des mathématiciens qui lisent, étudient ou appliquent le nouveau calcul. Or, à lire l'étude de Blay, dès 1697 il y aurait le camp des opposants et celui des défenseurs, et surtout chacun d'eux serait d'un seul tenant. À titre d'exemple, dans un passage, Blay semble affirmer que les désaccords viendraient de l'utilisation de quantités infiniment petites, ce qui est peu convaincant puisque celle-ci est une pratique partagée de tous. Comme le signale justement Mancosu, le problème viendrait plutôt de la notion de « différentielles ». Les acteurs de la querelle n'auraient pas réussi à établir un cadre conceptuel partagé dans lequel Rolle aurait pu accepter les différentielles comme autre chose qu'un pur non-sens[33].

Mancosu se focalise cependant trop sur le seul point de vue de Rolle et n'interroge pas les autres opposants, qui ont pourtant un poids dans la querelle. Le travail de Shank est un apport inestimable en ressources et précisions prosopographiques souvent inédites. Cependant, cette étude évite d'analyser les problèmes techniques et aboutit à des classifications incongruentes : la mathématique « analytique » serait exclusive au calcul leibnizien à l'opposé de la mathématique des « *old methods* », dans laquelle cependant sont rangés ensemble, de manière floue, tant la Géométrie des Anciens que les méthodes infinitésimales, analytiques ou pas, et les méthodes algébriques[34].

En définitive, dans les dernières études citées, on tient très peu compte de la multiplicité de sens des reproches adressés au calcul de Leibniz, et du fait que c'est l'union de ces arguments qui produit la force qui sera à l'origine de l'opposition à l'introduction du calcul différentiel et de la crise académique. Ces arguments sont en partie mathématiques et théoriques mais il ne faut pas oublier que ces événements se déroulent au sein d'une communauté fortement institutionnalisée. La querelle connaît un apaisement à partir de 1706, mais ce dernier n'est seulement

---

33 Paolo Mancosu, *Philosophy of Mathematics and Mathematical Practice in the Seventeenth Century*, *op. cit.*, p. 168.

34 J. B. Shank, *Before Voltaire, The origin of "Newtonian" Mechanics*, 1680-1715, *op. cit.*, p. 191-204.

obtenu par des arguments logiques ou internes aux mathématiques. Les enjeux politiques de cette querelle doivent donc être discutés.

Par ailleurs, les interventions de Leibniz ont été interprétées trop souvent comme une réponse adressée presque exclusivement aux attaquants du calcul, sans pointer suffisamment que cette réponse s'adressait à ceux qui pratiquaient et défendaient son propre calcul, et que Leibniz n'a pas réussi à convaincre. Mancosu n'a pas tort d'interpréter cela en expliquant que les mathématiciens de l'Académie ont tenté de se procurer une référence commune au formalisme leibnizien mais que dans l'état de l'art, cet essai ne pouvait qu'échouer, tant que les règles des quantités finies et infinitésimales étaient supposées être celles de l'algèbre (*ibid.*, p. 173). Cependant, son analyse mérite d'être prolongée en établissant davantage les différences conceptuelles et pratiques éprouvées par les acteurs.

Ces travaux constituent le point de départ de cette étude, un retour vers l'examen des sources primaires a été nécessaire.

ORGANISATION DE CETTE ÉTUDE

Dans son essai *Sur le Jadis*, Pascal Quignard destine quelques lignes à la démarche de l'historien. Le passé, dit-il, est « un immense corps dont le présent est l'œil » et dont les vestiges sont peu à peu dispersés et délaissés de signification :

> L'historien épouse les causes qui réussissent dans la succession des années, des générations, des siècles, des millénaires. Elles ne donnent ses soins qu'aux témoignages qui les font persister ou qui les réaniment[35].

Dès lors, « il y a des absents sans retour, des effacés du souvenir du monde » qui pourtant peuvent représenter des « grandes œuvres » mais « dont le désir ne s'est pas soumis ».

Dans cette étude, des témoignages d'« absents » résistent à l'oubli. Des faits sont bien là : Byzance recopiant maladroitement le tracé d'une figure

35 Pascal Quignard, *Sur le jadis*, Dernier Royaume II, Paris, Gallimard, 2002, p. 20.

des leçons de Bernoulli, Malebranche remplissant par des commentaires les feuilles blanches de ses cahiers de calcul intégral, l'Hospital lisant un mémoire à l'Académie ou Rolle accusant le calcul différentiel d'être un déguisement, et tant d'autres. Ces faits demandaient à être constitués en « faits comme tels », c'est-à-dire à être organisés autour d'une intrigue[36]. Chacun d'eux demandait à être *pris au sérieux* et il fallait un chemin à suivre pour les interpréter et les organiser.

Les acteurs de cette intrigue – les savants autour de Malebranche – lisent et interprètent des textes et c'est à partir de ces lectures qu'ils reçoivent et qu'ils s'approprient le calcul leibnizien. Chacun des adversaires, Rolle ou Varignon, revendique être le lecteur le plus fidèle des écrits de ses prédécesseurs. Dans ce sens, les outils conceptuels, présents dans les travaux de Mikhaïl Bakhtine, ont inspiré la méthodologie qui a été suivie dans cette étude, notamment pour distinguer les différentes réceptions et les analyser[37]. Pour Bakhtine, un texte est toujours un énoncé ou un ensemble d'énoncés adressés à quelqu'un, c'est-à-dire « orienté vers ce qu'est cet interlocuteur ». Le texte est toujours une réponse faisant partie d'un dialogue que l'auteur entretient avec un ensemble d'unités : les « destinataires[38] », dont le contour dépend du contexte de son écriture. Cet ensemble constitue ce qui est désigné par la « sphère d'échanges[39] » : les textes ou les diagrammes qui précèdent l'auteur et auxquels il se réfère, ceux qui lui sont contemporains ou encore ceux à qui il lègue son écrit, les héritiers.

---

36 Alain Prost, *Douze leçons sur l'histoire*, Paris, Seuil, 1996, p. 245-247 : « La construction de l'intrigue est l'acte fondateur par lequel l'historien découpe un objet particulier dans la trame événementielle infinie de l'histoire. Mais ce choix implique bien davantage : il constitue des faits comme tels ».

37 Mickhaïl Bakhtine, *Esthétique de la création verbale*, traduction Aucouturier, Paris, Gallimard, 1979. Pour cette approche, on pourra consulter : Evelyne Barbin, « Une approche bakhtinienne des textes d'histoire des sciences », dans Anne-Lise Rey (éd.), *Méthode et histoire*, Paris, Garnier, 2013, p. 217-232, Evelyne Barbin, "Dialogism in Mathematical writing : historical, philosophical and pedagogical issues" dans Victor Katz, Costas Tzanakis (éd.), *Recent developments on introducing a historical dimension in Mathematics Education*, Mathematical Association of America, 78, 2011, p. 9-16. Contrairement à ce que considère Bakhtine, le texte mathématique connaît aussi le « discours comme objet d'orientation », cité dans Tzvetan Todorov, *Mikhaïl Bakhtine Le principe dialogique*, suivi des *Écrits du cercle de Bakhtine*, Paris, Seuil, 1981, p. 29.

38 Tzvetan Todorov, *Mikhaïl Bakhtine Le principe dialogique*, *op. cit.*, p. 69.

39 *Ibid.*, p. 298. Bakhtine emprunte au domaine musical le terme de « polyphonie » pour décrire le processus dans lequel un texte répond à d'autres textes et en anticipe d'autres.

Cette étude s'organise selon le plan suivant.

La première partie analyse la manière dont les mathématiciens autour de Malebranche intègrent les méthodes d'invention arrivées à leur connaissance au début des années 1690 et avant que Jean Bernoulli les initie au calcul leibnizien. Cette partie a pour but de signifier « l'horizon d'attente » du groupe autour de Malebranche. En se plaçant dans le cadre des méthodes d'invention, j'examine dans quelle mesure le processus calculatoire est perçu par eux comme allant de soi ou s'il nécessite d'être accompagné de discours explicatifs ou de figures. J'analyse aussi leur appropriation du langage infinitiste avec une attention particulière est portée sur leurs façons d'introduire des notions comme le « polygone avec une infinité de côtés » et sur leurs lectures de l'*Arithmetica infinitorum* de Wallis.

Aborder ces questions permet d'apprécier le climat et le contexte dans lesquels vont s'articuler leurs pratiques avec celles que suppose le calcul leibnizien, et d'estimer dans quelle mesure l'introduction du calcul leibnizien a pu être éprouvée par eux comme relevant d'une certaine proximité.

La deuxième partie décrit la genèse, entre 1692 et 1696, de *l'Analyse des infiniment petits pour l'intelligence des lignes courbes.*

En décembre 1691, Jean Bernoulli effectue un séjour à Paris d'une durée d'un an au cours duquel l'Hospital reçoit des cours de calcul différentiel et intégral et qu'il conserve sous forme de manuscrits. Le troisième chapitre s'intéresse tout d'abord aux lectures des leçons bernoulliennes par les mathématiciens autour de Malebranche à partir de l'horizon d'attente décrit dans la première partie. Au début il s'agit pour eux de simples traductions des expressions « dx » et « dy », mais ils réalisent peu à peu que la richesse de l'algorithme conduit à étoffer les nouvelles entités auxquelles ces expressions renvoient.

En raison de la singularité de son appropriation pour le nouveau calcul, il était indispensable d'accorder un examen détaillé des manières dont l'Hospital s'approprie le nouveau calcul en dégageant les apports dus aux échanges avec Leibniz de ceux avec Jean Bernoulli.

L'*Analyse des infiniment petits pour l'intelligence des courbes* est publié en juin 1696. Le quatrième chapitre s'occupe d'analyser les choix hospitaliens pour présenter et pour agencer quelques aspects du calcul leibnizien comme sont les principales définitions et suppositions.

Dans le cinquième chapitre j'examine la pratique des académiciens avant la querelle des infiniment petits, en juillet 1700. Il y est analysé de quelles manières la pratique des infiniment petits est partagée et assumée par la Compagnie, et aussi comment le calcul leibnizien gagne un terrain de reconnaissance en exhibant des résolutions de problèmes physico-mathématiques ou en élaborant des applications originales à l'étude du mouvement. Enfin, le sixième chapitre décrit et analyse la querelle jusqu'à son apaisement en 1706.

Je remercie les membres du groupe « Mathesis » (Centre d'Études Leibniziennes), notamment son directeur, Anne Pajus et Claire Schwartz, ainsi que Siegmund Probst et Charlotte Wahl de la Gottfried Wilhelm Leibniz Bibliothek à Hanovre, qui par nos échanges et leur aide ont contribué à enrichir notablement ce texte.

Je remercie également Evelyne Barbin, Paul Ducros, Niccolò Guicciardini, Antoni Malet, Jeanne Peiffer, Claudine Pouloin et Christophe Schmit pour toutes leurs remarques et réflexions éclairantes.

PREMIÈRE PARTIE

AUTOUR DE MALEBRANCHE

L'HORIZON D'ATTENTE AVANT LES LEÇONS DE JEAN BERNOULLI (1637-1692)

CIRCULATION ET APPROPRIATION DES MÉTHODES CALCULATOIRES DE TANGENTES

INTRODUCTION

Les Anciens ont obtenu des résultats concernant les tangentes de courbes particulières, par exemple celle du cercle dans les *Éléments* d'Euclide[1], celle des coniques dans le traité d'Apollonius[2], ou encore celle de la spirale chez Archimède[3]. Chaque courbe est traitée indépendamment des autres, les propositions sur la tangente sont en relation avec d'autres propositions concernant cette courbe particulière, elles sont ordonnées selon la déduction logique. Comme pour la plupart des démonstrations des Anciens, celles des propositions sur les tangentes procèdent par double réduction par l'absurde, et ainsi elles évitent tout recours à l'infini. Ce type de démonstration est reconnue par les géomètres du XVIIe siècle comme modèle de rigueur. Cependant, outre leur défaut de prolixité, elles ne permettent pas de savoir quelle est la voie qui a permis de trouver le résultat énoncé. Par conséquent l'étude d'une certaine courbe ne peut pas en général, être mise à profit pour l'étude d'une autre courbe. Pour les géomètres du XVIIe siècle, l'ignorance de la voie par laquelle les Anciens sont parvenus aux résultats est un défaut considérable. Certains, comme Descartes, accusent les Anciens de les avoir voulu cacher[4]. Des préoccupations, parfois motivées par la

1 Euclide, *Les Élements*, traduction et commentaires par Bernard Vitrac, Paris, PUF, 1994.

2 Apollonius de Perge, *Les coniques*, œuvres traduites par Paul Ver Eecke, Bruges, Desclée de Brouwer, 1923.

3 Archimède, *Des spirales*, Paris, Belles Lettres, 1971.

4 « chaque fois qu'ils [les Anciens] sont par un heureux hasard sur quelque chose de certain et d'évident, ils ne font jamais paraître qu'enveloppé dans diverses tournures énigmatiques,

philosophie naturelle, incitent ces géomètres à s'intéresser à de nouvelles courbes qui apparaissent dans le contexte de problèmes liés aux trajectoires de boulets à canons, de taille de verre, de recherche de longitudes, et bien d'autres[5]. Pour l'étude de ces nouvelles courbes, il est nécessaire d'élaborer des méthodes d'invention qui soient générales. Il ne s'agit plus d'examiner isolément une courbe et d'énoncer un résultat particulier, mais d'obtenir une méthode qui puisse être appliquée à un ensemble de courbes, indifféremment sur chacune d'entre elles.

Dans *La Géomérie*, Descartes est l'un des premiers à proposer une méthode de tangentes qui découle de sa méthode universelle pour résoudre les problèmes de géométrie. Il s'agit d'une méthode calculatoire qui permet d'obtenir théoriquement une tangente à une courbe ayant une équation algébrique. Fermat expose aussi des méthodes de tangentes. Elles sont plus générales puisqu'elles ne s'appliquent pas seulement aux courbes algébriques. Roberval fournit une méthode qui permet de rechercher une tangente à une courbe à partir d'une caractérisation cinématique. Quarante ans plus tard, Barrow publie des résultats concernant la construction de tangentes de courbes définies à l'aide d'une relation à d'autres courbes dont les tangentes sont connues[6]. Contrairement aux méthodes de Descartes et de Fermat, ces deux dernières ne sont pas calculatoires.

Descartes estime que sa recherche ordonnée à l'aide de l'algèbre vaut pour démonstration. Bien qu'il propose une construction, il estime qu'une preuve supplémentaire à la manière des Anciens n'est pas nécessaire. Sa position n'est pas partagée de tous ses contemporains et de ses proches successeurs. Pour certains, le calcul (en tant que calcul) apparaît comme un instrument heuristique, mais le processus calculatoire n'a pas nécessairement une valeur apodictique. Ce point est important et guide cette étude : de quelles façons s'articule la découverte par le calcul avec les démonstrations à l'ancienne ? ou encore, un résultat obtenu par le calcul a-t-il valeur de preuve ?

---

soit qu'ils redoutent que la simplicité de l'argument ne diminue l'importance de leur trouvaille, soit que par malveillance ils nous refusent la vérité toute franche », René Descartes *Règles pour la direction de l'esprit*, traduction et notes par Jacques Brunschwig, Paris, Le livre de Poche, 1997, règle III, p. 83.

5 On pourra consulter l'ouvrage d'Evelyne Barbin, *La révolution mathématique au* XVIIe, Paris, Ellipses, 2006, p. 108-138.

6 Isaac Barrow, *Lectiones geometricae, in quitus (presertim) Generalia Curvarum linearum symptomata declarantur*, Londres, Godbid, 1670.

La méthode de Descartes s'applique directement à des courbes exprimables par des expressions algébriques mais les calculs deviennent rapidement pénibles quand le degré de l'équation augmente et aussi quand il s'agit de traiter avec des expressions irrationnelles. En effet, la méthode s'applique aussi à des équations contenant des quantités irrationnelles puisque celles-ci peuvent être théoriquement réduites à des équations algébriques. Néanmoins, cette transformation n'est pas confortable du point de vue calculatoire. Assouplir la longueur ou la complexité du calcul est un requisit majeur pour qu'une méthode soit en usage, les mathématiciens destinent beaucoup d'effort dans ce sens[7]. Il sera consacré une étude à cette question dans ce chapitre.

En 1684, Leibniz fournit une réponse à ce problème en publiant une « Nouvelle méthode pour chercher les *Maxima* et les *Minima*, ainsi que les tangentes ». Il annonce que dans sa méthode « n'entravent pas les expressions fractionnaires ou irrationnelles[8] ». Ainsi, Leibniz annonce à la République des Lettres que la nouveauté de sa méthode tient en partie à son confort calculatoire : les quantités fractionnaires et irrationnelles n'entraveront plus le bon déroulement des calculs. En indiquant la caducité de l'obstacle calculatoire lié aux quantités irrationnelles, Leibniz promeut sa nouvelle méthode au sein d'une communauté de géomètres « embarrassés » par des difficultés calculatoires et susceptibles ainsi d'approuver favorablement les atouts de la nouvelle méthode.

La plupart des méthodes des tangentes font intervenir un excédent fictif qui est noté souvent par la lettre « *e* » (*excrêmentum*). Le devenir de cette « lettre » au cours du procédé calculatoire varie en fonction de la méthode pratiquée. Néanmoins dans toutes ces méthodes, pour obtenir

7 Comme le souligne Enrico Giusti dans « Le problème des tangentes de Descartes à Leibniz » dans *Studia Leibnitiana*, 14 (1), 1986, p. 30 : « En réalité, la vraie limite entre les courbes assujetties au calcul et celles qui échappent à toute méthode ne se situe pas à la frontière entre les courbes algébriques et les transcendantes, mais plutôt à l'intérieur des courbes algébriques, et précisément entre celles obtenues en égalant à zéro un polynôme, et celles dont l'équation renferme un certain nombre de racines : bref entre les courbes rationnelles et les irrationnelles [...] car on sait très bien qu'il est toujours possible de réduire à une forme rationnelle toute équation renfermant des radicaux. Et cependant la division n'est pas moins réelle, car cette équivalence n'était pas évidente pour tous, et en tout cas, exception faite des courbes les plus simples, la réduction effective de l'équation surpassait les forces des calculateurs les plus patients. »

8 G. W. Leibniz « Nova methodus pro maximis et minimis, itemque tangentibus, quae nec fractas nec irrationales quabtitates moratur et singulare pro illis calculis genus », *AE*, octobre 1684, p. 467-473.

le résultat, il est requis qu'elle disparaisse complètement. L'introduction d'entités fictives, dont on suppose l'existence le temps du calcul, n'est pas une démarche nouvelle. Au XVIe siècle, Raphaël Bombelli introduit, dans le but de résoudre l'équation irréductible du troisième degré, des entités dont le carré est négatif. À cause de leur définition, ces quantités ne peuvent pas exister géométriquement. Leur caractère est fictif. Leur introduction permet à l'algébriste bolonais de fournir des règles opératoires afin de les manipuler et d'obtenir l'expression des racines. À la fin du calcul, ces quantités ont aussi complètement disparu.

Au début du XVIIIe siècle, lorsqu'à l'Académie Royale des Sciences le débat éclate à propos de l'utilisation du calcul leibnizien[9], les acteurs, quel que soit leur camp, vont se référer aux méthodes des tangentes de Fermat ou de Barrow. Parmi les critiques majeures adressées au nouveau calcul, l'une affirme que le calcul de Leibniz ne serait qu'un « déguisement » de ces dernières méthodes, il n'y aurait que les « expressions » qui seraient changées et il n'apporterait rien de nouveau.

Une autre des critiques porte sur l'introduction des différentielles, quantités infiniment petites dont le statut est problématique. Or, les ancêtres de ces « entités » sont les éléments désignés par « *e* » : celui introduit par Fermat puis ceux toujours présents dans les interprétations et améliorations des méthodes de tangentes, cartésienne ou fermatienne.

Dans ce chapitre, une enquête est menée auprès des géomètres du XVIIe siècle, qui inventent des méthodes de tangentes auxquelles les contemporains du calcul leibnizien se réfèrent et s'affilient. Cette enquête débute par une analyse de la méthode de Descartes et de celle de Fermat en raison de leurs apports décisifs. Puis elle poursuit par leurs interprétations et modifications qui ont suivi, et dont les mathématiciens contemporains du calcul leibnizien sont susceptibles de connaître. Tel est le cas des mathématiciens du cercle de Malebranche dont seront étudiés quelques exemples de leurs appropriations.

---

9 Ce sujet sera traité au chapitre « Une crise et ses dénouements à l'Académie royale des sciences (1700-1706) » p. 387 de cet ouvrage.

LA MÉTHODE DES CERCLES TANGENTS DANS *LA GÉOMÉTRIE*

LA GÉOMÉTRIE : « ESSAI DE CETTE MÉTHODE »

Descartes reconnaît que les Anciens ont fourni des vérités, mais comme ses contemporains il est insatisfait de ne pas connaître le moyen qu'ils ont usé pour y parvenir :

> Mais, ni pour l'une ni pour l'autre je ne réussissais à mettre la main sur des auteurs capables de me satisfaire entièrement : car j'avais beau lire chez eux une foule de choses concernant les nombres, dont je reconnaissais la vérité après avoir fait les calculs nécessaires ; et concernant les figures aussi, ils me plaçaient juste sous les yeux, pour ainsi dire, beaucoup de vérités, et ils tiraient des conclusions à partir de certaines autres qui en dérivaient ; et pourtant, pourquoi en est-il ainsi, et comment l'avaient-ils trouvé[10] ?

Ce défaut motive Descartes pour élaborer une méthode de découverte. Elle consiste en « la mise en ordre et la disposition des objets vers lesquels il faut tourner le regard de l'esprit, pour découvrir quelque vérité ». Pour ce faire, les choses composées doivent se réduire à des choses simples (Règle III, *ibid.*, p. 86-87 et Règle V, *ibid.*, p. 98) qui sont celles « dont la connaissance est si nette et si distincte que l'esprit ne peut les diviser en plusieurs autres qui seraient plus distinctement connues » (Règle XII, *ibid.*, p. 130) puis, en partant de ces dernières « élever par les mêmes degrés jusqu'à la connaissance de toutes les autres ».

Descartes publie le *Discours de la Méthode*[11] en 1637. Dans cette même édition sont publiés, à la suite du *Discours*, *La Dioptrique*, *Les Météores* et *La Géométrie*, qu'il désigne comme des « essais de cette méthode ». Dans *La Géométrie*, son dessein est de montrer comment en appliquant sa Méthode à la géométrie, il est possible de résoudre les problèmes. Cette nouvelle manière de résoudre des problèmes géométriques est,

10 René Descartes, *Règles pour la direction de l'esprit*, *op. cit.*, Règle IV, p. 93.

11 René Descartes, *Discours de la méthode pour bien conduire la raison, et chercher la vérité des sciences plus la Dioptrique, les Météores et la Géométrie qui sont des essais de cette méthode*, Leyde, Ian Maire, 1637. Par la suite nommé *La Géométrie*.

à ses yeux la seule possible, car le seul chemin de connaissance sûr est celui guidée par sa (la) Méthode. L'article défini apposé à « Géométrie » insiste bien sur cette unicité.

Quelle forme prend cette géométrie ?

Dans les premières pages de *La Géométrie*, Descartes précise ce qu'en géométrie il entend par choses simples et par relations simples qui les relient. Les choses simples sont les droites (finies, c'est-à-dire des segments) et les relations simples sont des opérations géométriques que Descartes arithmétise (*La Géométrie*, p. 287). En fait, Descartes fait correspondre aux cinq opérations arithmétiques des transformations qui s'appliquent aux grandeurs. Ainsi, la juxtaposition géométrique de deux droites correspond à leur addition ou leur soustraction. L'introduction d'une droite unité permet de considérer la multiplication, la division ou l'extraction de racines de droites comme une opération interne. Les grandeurs : ligne, surface et corps peuvent être comparées (au moyen de relations algébriques ou équations) puisque cette commune mesure permet leur homogénéisation : en multipliant deux droites, on obtient non pas un rectangle mais une autre droite. Descartes prend le soin de détailler la traduction géométrique des cinq opérations élémentaires de l'arithmétique.

De façon générale, Descartes explique à ses lecteurs que pour aborder la résolution d'un problème géométrique :

> [...] on doit d'abord le considérer comme desja fait, et donner des noms à toutes les lignes, qui semblent nécessaires pour le construire, aussy bien à celles qui sont inconnuës, qu'aux autres. Puis sans considérer aucune différence entre ces lignes connuës, et inconnuës, on doit parcourir la difficulté, selon l'ordre qui monstre le plus naturellement de tous en quelle sorte elles dépendent mutuellement les unes des autres, jusques à ce qu'on ait trouvé moyen d'exprimer une même quantité en deux façons : ce qui se nomme une équation [...] (*ibid.*, p. 300).

L'analyse d'un problème consiste donc premièrement à le décomposer en éléments simples (des droites connues ou inconnues) puis à établir des relations entre elles pour aboutir à une équation. Les éléments de la décomposition sont nommés par des lettres qui sont manipulées algébriquement. Ainsi, l'écriture symbolique apparaît comme un outil parfaitement adéquat à la mise en œuvre de la Méthode. Il est possible de passer distinctement d'un signe à un autre et embrasser distinctement plusieurs choses à la fois. La légitimité de la résolution s'appuie sur le calcul algébrique et le parallélisme établi entre chacune des opérations arithmétiques et des opérations géométriques.

Par le biais de l'écriture symbolique, Descartes résout le problème directement « abstraction faite de ce que certains de ses termes sont connus et d'autres inconnus[12] », les deux ont la même valeur cognitive. Peu importe qu'une chose soit réelle ou non, ce qui préside est l'ordre de la connaissance : « il faut procéder autrement que si nous parlions d'elle [la chose] en tant qu'elle existe réellement » (Règle XII, *ibid.*, p. 139).

La méthode des cercles tangents mise en œuvre dans *La Géométrie* est emblématique de l'application de la Méthode en géométrie.

LA MÉTHODE DES CERCLES TANGENTS DE DESCARTES : LA TANGENTE COMME RACINE DOUBLE

Le Livre I de *La Géométrie* décrit une méthode générale pour résoudre des problèmes en utilisant uniquement des droites et des cercles. Descartes destine le Livre II à « la nature des courbes ».

Dans les premières pages du Livre II, Descartes juge insatisfaisante la classification des courbes par les Anciens[13]. Parmi les problèmes de géométrie, ils ont distingué ceux qui peuvent être construits à l'aide de droites et de cercles de ceux qui le sont à l'aide de coniques ou encore à l'aide d'une autre ligne plus composée. Pour ce dernier type, ils n'ont pas effectué des distinctions supplémentaires et les ont appelées « méchaniques » car une quelconque « machine » est nécessaire pour les décrire. La description via une machine peut s'avérer satisfaisante mais il n'y a pas de consensus sur le type de construction acceptable[14]. Descartes entend par « courbes géométriques » celles qui peuvent être décrites « par un mouvement continu, ou par plusieurs qui s'entresuivent et dont les derniers sont entièrement réglés par ceux qui les précèdent » (*ibid.*,

---

12 La règle XVII précise cette pensée, *ibid.*, p. 184.

13 Pour une étude de la rhétorique mise en place par Descartes pour présenter sa classification, on pourra consulter Dominique, Descotes, « Aspects littéraires de La Géométrie de Descartes », *Archives internationales d'histoire des sciences*, vol. 55, n° 154, Brepols, juin 2005, p. 163-191.

14 Pour un développement de cette problématique, on peut consulter Henk Bos, « On the representation of Curves in Descartes's Géométrie », *Archive for History of exact Sciences*, 24, 1981, p. 295-338.

p. 31). La connaissance des mouvements réglés fournit la connaissance « exacte » de leur mesure. Les courbes « géométriques » correspondent en fait à celles qui possèdent une équation algébrique[15].

Le premier livre de *La Géométrie* fournit des outils pour connaître des propriétés de ces courbes[16] à partir de leur équation. Après la présentation de quelques exemples d'obtention d'équations de courbes (*ibid.*, p. 320-322), Descartes s'intéresse particulièrement « aux grandeurs des angles qu'elles [les courbes] font avec quelques autres lignes », problème qu'il réduit à savoir « tirer des lignes droites qui les couppent à angles droits, aux poins où elles se sont rencontrées par celles avec qui elles font les angles qu'on veut mesurer ». Ainsi connaître l'angle que font deux courbes revient à connaître l'angle que font leurs normales. Descartes indique que ce problème est le même que celui de déterminer l'angle que font les tangentes des deux courbes entre elles et met ainsi en parallèle le problème des tangentes avec le problème des normales. Il propose sa méthode en soulignant que : « c'est cecy le problème le plus utile, et le plus général non seulement que je sçache, mais même que j'aye jamais désiré de sçavoir en géométrie » (*ibid.*, p. 342).

Descartes considère une courbe AC d'axe AG par rapport auquel s'écrit l'équation de la courbe. Il souhaite trouver la normale CP au point C de la courbe. Pour cela, il suppose, comme le prescrit *La Géométrie*, « la chose faite », c'est-à-dire la normale CP construite (où P est un point de l'axe FG). Il pose AM = y, PC = x, CP = s et AP = v.

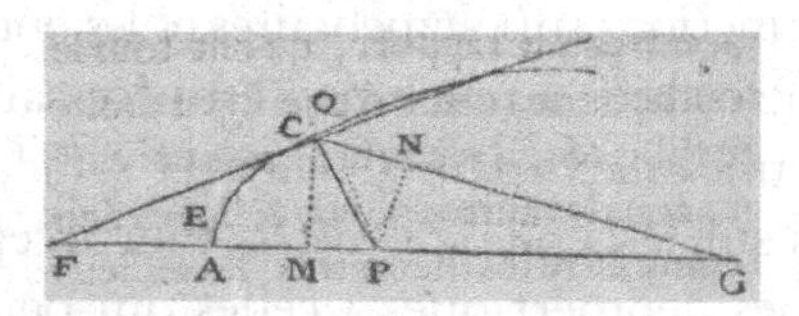

FIG. 2 – René Descartes, *La Géométrie*, Leyde, Ian Maire, 1637, p. 342, © Bibliothèque nationale de France.

15 Descartes écrit « le rapport qu'ont tous les poins d'une ligne courbe à tous ceux d'une ligne droite ». Il affirme l'équivalence entre courbes algébriques et « courbes qui peuvent être tracées par un mouvement continu » mais ne la démontre pas. Il faut attendre les recherches de Kempe, au XIXe siècle pour une démonstration partielle du résultat. On peut consulter à ce sujet l'article de Henk Bos, « On the representation of Curves in Descartes's Géométrie », *op. cit.*, p. 324-325.

16 « Connaître les diamètres, les aissieux, les centres, et autres lignes, ou poins, à qui chaque ligne courbe aura un rapport plus particulier, ou plus simple, qu'aux autres », *ibid.*, p. 341.

Les choses connues sont x et y, alors que *v* et *s* sont recherchés. Par la suite, dans ce chapitre et jusqu'aux interprétations autour de Malebranche, seules les choses inconnues sont notées en italique, contrairement aux choses données.

Descartes établit ensuite une relation générale – valable quelle que soit la courbe considérée – entre y, x, *s* et *v*. Puisque l'angle entre *CP* et *CF* est droit :

$$s^2 = \mathrm{x}^2 + v^2 - 2v\mathrm{y} + \mathrm{y}^2 \ (1)$$

La substitution de x ou y dans cette dernière équation à l'aide de l'équation de la courbe permet d'obtenir une relation dans laquelle intervient soit x, soit y qui constitue la première équation.

Comme il y a deux inconnues, une deuxième équation est requise. Pour l'établir, Descartes part d'une situation géométrique qu'il interprète en termes algébriques. À cause de son importance pour la suite, elle est ici restituée dans sa totalité :

> Et à cet effet il faut considérer que si ce point est tel qu'on le désire, le cercle dont il sera le centre, et qui passera par le point *C* , y touchera la ligne courbe *CE* , sans la coupper : mais que si ce point *P* , est tant soit peu plus proche, ou plus éloigné du point *A* , qu'il ne doit, ce cercle couppera la courbe, non seulement au point *C*, mais aussy necessairement, en quelque autre. Puis il faut aussy considérer, que lorsque ce cercle couppe la ligne courbe *CE* , l'équation par laquelle on cherche la quantité x, ou y, ou quelque autre semblable, en supposant *PA* & *PC* estre connuës, contient nécessairement deux racines, qui sont inégales. [...] Mais plus ces deux points, *C*, & *E*, sont proches l'un de l'autre, moins il y a de différence entre ces deux racines ; & enfin elles sont entièrement esgales, s'ils sont tous deux ioins en un ; c'est-à-dire si ce cercle, qui passe par *C*, y touche la courbe *CE* sans la coupper. De plus, il faut considérer, que lorsqu'il y a deux racines esgales en une équation, elle a nécessairement la mesme forme, que si on multiplie par soy même la quantité connue qui lui est esgale [factorisable par $(\mathrm{x} - e)^2$ ou par $(\mathrm{y} - e)^2$], & qu'après cela si cete derniere somme n'a pas tant de dimensions que la precedente, on la multiplie par une autre somme qui en ait autant qu'il luy en manque ; affin qu'il puisse y avoir separement équation entre chascun des termes de l'une, & chascun des termes de l'autre (*ibid.*, p. 346).

Descartes décrit une situation géométrique dans laquelle le passage du cercle sécant au cercle tangent s'effectue continûment : un point peut être « tant soit peu plus proche, ou plus esloigné » du point *C* où l'on cherche la normale, « plus ces deux points, *C* , & *E* , sont proches l'un de l'autre, moins il y a de différence entre ces deux racines ». Le deuxième point s'approchant du premier, l'abscisse du deuxième point (qui correspond à l'une des racines) s'approche de l'abscisse de C, jusqu'au moment où « enfin » elle lui est égale. Descartes change ensuite de paragraphe pour expliquer que dans le cas d'une racine double, la forme de l'équation est du type $(y-e)^2Q(x)$[17]. Il distingue la forme de l'équation avec deux racines distinctes de celle de l'équation avec une racine double, ce sont deux cas qui dans le cadre algébrique dans lequel il se place, sont bien distincts. Bien sûr, le souci de Descartes n'est pas ici de s'occuper du cas général (celui de la sécante) et encore moins d'établir un lien entre les deux cas, mais d'identifier le cas de la normale et de le circonscrire algébriquement. Il est néanmoins important de souligner que le langage algébrique lui permet d'interpréter la situation géométrique sous forme de l'alternative sécant/tangent sans qu'une continuité entre ces deux cas ait à être pensée : la continuité du mouvement du cercle sécant vers le cercle tangent est définitivement oubliée.

Descartes parvient ainsi à justifier le caractère algébrique de sa méthode des cercles tangents qui s'applique à tout type de courbes possédant une équation algébrique.

L'application de cette méthode à la parabole conduirait au développement qui suit[18]. Soit la parabole de paramètre p et d'équation :

$$x^2 = py.$$

En éliminant x dans l'équation (1), il vient

$$y^2 + py - 2vy - s^2 + v^2 = 0.$$

Or, si cette équation a deux racines égales elle doit être de la forme

$$(y-e)^2 = y^2 - 2ey + e^2.$$

La comparaison et l'identification des coefficents des deux équations conduit à

$$py - 2vy = -2ey \text{ et } v^2 - s^2 = e^2$$

d'où

$$v = e + \frac{p}{2}$$

puis comme $e = y$ la quantité connue qui lui est égale $v = y + \frac{p}{2}$.

La méthode de Descartes a le défaut de présenter des difficultés calculatoires ardues lors de l'application de la méthode à des courbes

17 Q(x) est un polynôme qui compense le degré de l'équation.

18 Bien que Descartes traite en premier le cas de l'ellipse, ce sera le cas de la parabole qui sera traité par la suite dans ce chapitre, car c'est ce cas qui a été le plus souvent traité par d'autres méthodes. Ainsi, on pourra mieux comparer les méthodes entre elles.

algébriques dont l'équation présente des puissances impaires en x ou en y, absentes, difficultés qui sont absentes lorsqu'il s'agit de chercher une tangente[19].

FERMAT : GÉNÉRALISER LE CALCUL DES TANGENTES

Pierre de Fermat (1601-1665) est juriste mais marque très tôt un intérêt pour les mathématiques. Il est connaisseur et admirateur des textes des Anciens en raison de leur rigueur. Il se réfère notamment à Diophante et à Pappus. Le 9 février 1665, le *Journal des Sçavans* publie son éloge[20]. Retenu comme excellent dans toutes les « parties des Mathématiques », il a laissé, dit le rédacteur, plusieurs écrits dont « une méthode de *maximis et minimis*, qui sert non seulement à la détermination des problèmes plans et solides ; mais encore à l'invention des touchantes et des lignes courbes, des centres de gravité des solides, et aux questions numériques ». Cependant l'éloge reste imprécis sur le contenu des ouvrages, promettant d'y revenir plus tard « lorsqu'on aura recouvert ce qui en a esté publié, et qu'on aura obtenu de M. son fils la liberté de publier ce qui ne l'a pas encore esté ». En fait, Fermat a écrit plusieurs méthodes de *maximis et minimis*, rédigées souvent conjointement à des méthodes de recherches de tangentes[21].

19 Sébastien Maronne souligne le choix cartésien du cercle plutôt que celui de la tangente. À écouter les commentateurs modernes – il cite Duhamel – Descartes devait connaître la notion de tangente qui permettait de simplifier sa méthode et ne pouvait pas ignorer les éventuelles complications calculatoires auxquelles était confrontée sa méthode dans Sébastien Maronne, *La théorie des courbes et des équations dans la géométrie cartésienne : 1637-1661*, thèse de doctorat dirigé par M. Panza, Paris Diderot, 2007, p. 149-152. En fait, son choix pour le cercle plutôt que la droite est fortement lié à des préoccupations optiques. Evelyne Barbin montre que « les problèmes optiques, et en particulier la taille des verres, ont amené Descartes à introduire l'idée et le terme courbure » (*La révolution mathématique au* XVII*e* *siècle*, *op. cit.*, p. 137). En ce sens, il ne faut pas attendre une « réponse moderne » comme le suggère Maronne (*op. cit.*, p. 154) pour se rendre compte que le choix de Descartes provient d'une intention de s'intéresser à la courbure de la courbe.

20 *Journal des Sçavans (JS)*, février 1665, p. 14.

21 Les deux principales références des écrits de Fermat seront la publication de 1679 : *Varia opera mathematica D. Petri de Fermat Senatoris Tolosani, Accesserunt selectae quaedam ejusdem Epistolae,*

MÉTHODE DES *MAXIMIS ET MINIMIS* : L'ADÉGALITÉ OU LA « COMPARAISON FEINTE »

Fermat écrit le mémoire intitulé *Methodus ad disquirendam maximam et minimam. De Tangentibus curvarum*[22] qui circule dans Paris vers 1636 dans les mains d'Espagnet, Roberval, Mersenne et Descartes. Ce dernier juge la présentation obscure et accuse Fermat de ne donner aucune justification. C'est ainsi que débute une querelle sur les méthodes des tangentes[23]. En 1638, Fermat reformule sa méthode de *Maxima* et *minima* dans un écrit intitulé *Ad eamdem methodum*[24]. Dans cet opuscule, il prend soin de justifier davantage sa méthode, en particulier il affirme que pour élaborer sa méthode il s'est servi des écrits de de Diophante, de la géométrie de Pappus et du langage de François Viète [*Vietaeis verbis utar*].

Sa méthode de *Maxima* et *minima* se présente sous forme d'un algorithme que Fermat applique directement sur un exemple. Il considère un segment AC qu'il lui faut partager en un point B de sorte que le volume du solide $AB^2 \times BC$ soit maximal. Pour ce faire, il utilise les notations algébriques de Viète[25] $AC = \mathrm{b}$, l'inconnue $AB = a$. Il s'agit de maximiser le volume exprimé par $\mathrm{b}a^2 - a^3$.

Voici décrites les étapes de son algorithme : il faut

- premièrement : remplacer a par $a + e$ dans l'expression $\mathrm{b}a^2 - a^3$:
  $$\mathrm{b}a^2 + \mathrm{b}e^2 + 2\mathrm{b}ae - a^3 - 3ae^2 - 3a^2e - e^3$$
- deuxièmement : comparer à la première expression « comme s'ils étaient égaux » [*tamquam essent aequalia*] « même s'ils ne le sont pas » [*licèt reverà aequalia non sint*].

---

vel ad ipsum à plerisque doctissimis viris Gallicè, Latinè, vel Italicè, de rebus ad Mathematicas disciplinas aut Physicam pertinentibus sciptae, Toulouse, Joannis Pech, 1679 (*VO*) et les *Œuvres de Fermat*, publiées par les soins de MM. Paul Tannery et Charles Henry sous les auspices du Ministère de l'instruction publiques, Paris, Gauthier-Villars et fils, Imprimeurs-Libraires, (1891-1912), tomes I, II, III, V (*OF*). Le tome III est la traduction française des textes du tome I, les références des deux tomes seront précisées lorsque est cité un texte latin du tome I. Cette première méthode est publiée dans *OF*, I, p. 133-136 et *OF*, III, p. 121-123, puis *VO*, p. 63.

22 *VO*, p. 63, *OF*, I p. 134-136 et III p. 121-123.

23 Sébastien Maronne, *La théorie des courbes et des équations dans la géométrie cartésienne : 1637-1661 op. cit.*, p. 291-332, Mahoney, M., S., *The mathematical carrer of Pierre de Fermat : 1601-1665*, seconde edition, UP, cop. 1994, p. 170-200.

24 *OF*, I, p. 139 et *OF*, III, p. 126, *VO*, p. 66. Il est écrit en 1638 après le premier opuscule « Methodus ad disquirendam maximam et minimam. De Tangentibus curvarum ».

25 Comme Viète, Fermat utilise les voyelles pour les inconnues et les consonnes pour les choses connues.

Cette étape s'appelle « l'adégalisation ».

Il faut donc adégaler $\mathrm{b}a^2 + \mathrm{b}e^2 + 2\mathrm{b}ae - a^3 - 3ae^2 - 3a^2e - e^3$ à $\mathrm{b}a^2 - a^3$

soit

$$\mathrm{b}a^2 + \mathrm{b}e^2 + 2\mathrm{b}ae - a^3 - 3ae^2 - 3a^2e - e^3 \sim \mathrm{b}a^2 - a^3$$

Les règles sur les égalités s'appliquent de la même manière sur les adégalités, de sorte que l'on peut soustraire ou ajouter aux quantités comparées des choses égales de sorte que[26] :

$$\mathrm{b}e^2 + 2\mathrm{b}ae \sim 3ae^2 + 3a^2e + e^3$$

– Troisièmement : diviser par e autant de fois que possible[27]. D'où

$$\mathrm{b}e + 2\mathrm{b}a \sim 3ae + 3a^2 + e^2$$

– Quatrièmement : effacer [*deleo*] tous les termes qui sont affectés de e. Cette dernière étape sera désigné par « l'élision des homogènes ».

Après cette dernière étape, Fermat affirme que l'on ne compare plus, comme auparavant, par « comparaisons feintes » ou « adégalités » mais qu'on a établi une « vraie équation » [*compararationes fictas & adaequalitates, sed veram aequationem*].

Il obtient ensuite en résolvant l'équation : $\frac{\mathrm{b}}{a} = \frac{3}{2}$

Pour justifier que cette méthode parvient à l'obtention du *maximum* du volume cherché, il fait appel à une idée que Pappus avait développée pour résoudre un problème de *minimum* :

> En cet endroit, Pappus appelle un rapport minimum *monachòn kaì élachiston* [singulier et minimum], parce que, si l'on propose une question sur des grandeurs données, et qu'elle soit en général satisfaite par deux points, pour les valeurs *maxima* ou *minima*, il n'y aura qu'un point qui satisfasse. C'est pour cela que Pappus appelle minimum et singulier (c'est-à-dire unique) (*OF*, III, p. 127).

Fermat résout par sa méthode d'adégalisation un problème de Pappus : il trouve une solution et vérifie qu'elle convient. Dans l'opuscule *Methodus*

---

26 Nous adoptons pour le confort de lecture la notation ~ de l'édition d'Adam-Tannery pour signifier « adégaler ». Fermat n'utilise aucune notation pour signifier « adégaler » mais qu'il procède par « comparaison par adégalisation ».

27 Fermat fait référence à Viète en ce point : « il faut reitérer la division, jusqu'à ce qu'on ait un terme qui ne se prête plus à cette division par e, ou, pour employer le langage de Viète, qui ne soit plus affecté [*afficiatur*] de e ».

de Maxima et Minima[28] Fermat fait appel aux écrits de Pappus et de Viète pour justifier sa méthode. D'après Fermat, l'idée de l'unicité de l'*extremum*, qu'il tient de Pappus, a une traduction en algèbre de Viète :

> En étudiant la méthode de la synchrèse et de l'anastrophe de Viète, et en poursuivant soigneusement son application à la recherche de la constitution des équations corrélatives, il m'est venu à l'esprit d'en dériver un procédé pour trouver le maximum ou le minimum et pour résoudre ainsi aisément toutes les difficultés relatives aux conditions limites, qui ont causé tant d'embarras aux géomètres anciens et modernes. Les maxima et minima sont en effet uniques et singuliers, comme le dit Pappus et comme le savaient déjà les anciens, quoique Commandin avoue ignorer ce que signifie dans Pappus le terme *monachos* (singulier). Il suit de là que, de part et d'autre du point constitutif de la limite [*puncti determinationis constitutivi parte*], on peut prendre une équation ambiguë [*ancipitem*[29]] ; que les deux équations ambiguës ainsi prises sont dès lors corrélatives, égales et semblables (*OF*, I, p. 148, *OF*, III, p. 131).

Dans le chapitre XVI de *De Aequationum Recognitione*[30], Viète explique ce que sont des équations corrélées :

> Mais deux équations doivent être comprises comme corrélées lorsqu'elles sont à la fois semblables, et en outre constituées de mêmes grandeurs données, tant par les degrés que par les constantes. Cependant les racines sont différentes, pour cette raison que les formules des équations, par leur nature peuvent être satisfaites par deux ou plusieurs racines dont la qualité ou le signe des termes diffèrent[31].

Lorsqu'on dispose de deux équations corrélées, on peut, en les comparant, exprimer les coefficients de l'équation à l'aide des racines.

28 *OF*, I, p. 147, *OF*, II, p. 131.

29 Le sens premier de ce mot est « d'avoir deux têtes », ce qui a conduit aux sens d'incertain, de douteux, d'ambiguë ou d'équivoque.

30 François Viète, *De aequationum recognitione et emendatione tractatus duo, quibus nihil in hoc genere simili aut secundum, huic auo hactenus visum*, Paris, Chez Guillaume Baudry, 1615.

31 Cité dans Mahoney, *The mathematical carrer of Pierre de Fermat : 1601-1665*, *op. cit.*, p. 148 : « *Due autem equationes correlate intelliguntur, quum ambe similes sunt, & praeterea iisdem datis magnitudinibus constant, sive adfectionum parabolis, sive adfectionum homogeneis aequationum formulae de duabus pluribusve radicibus ex sui constitutione sunt explicabiles, vel in iss diversa est adfectionum qualitas, seu nota.* » Le terme « corrélé » est équivalent ici à « ambigu ». Hérigone dans son *Cursus Mathematicus* définit « équation ambiguë » : « L'équation ambiguë est celle dont la puissance peut être expliquée par diverses racines. Or, à une quelconque grandeur donnée on luy peut trouver une équation ambiguë, dont la puissance pourra être expliquée par autant de racines, qu'il y aura d'unités en son exposant. » Il donne comme exemple l'équation 8a –aa = 15 dont 3 et 5 sont racines dans Pierre Hérigone, *Cursus Mathematicus*, tome II, Paris, chez Henry le Gras, 1634, p. 190.

Soit par exemple l'équation $bA^2 - A^3 = c$ où c et b sont des constantes et où c est inférieur au *maximum* de la quantité $bA^2 - A^3$. Une équation corrélée à celle-ci serait $b(A+E)^2 - (A+E)^3 = c$ (en notant $A+E$ l'autre racine de l'équation). Par la synchrèse de Viète :

$bA^2 - A^3 = b(A+E)^2 - (A+E)^3$ soit $b\,(A^2 - (A+E)^2) = A^3 - (A+E)^3$

ce qui donne

$$b\,(2A + E) = \frac{A^3 - (A+E)^3}{E}$$

$$\text{puis, } b\,(2A + E) = 3A^2 + 3AE + E^2$$

En vertu de l'unicité de l'*extremum*, les racines doivent être égales donc $E = 0$, d'où

$$2bA = 3A^2 \text{ soit } \frac{b}{A} = \frac{3}{2}.$$

Lorsque Fermat considère deux équations corrélées, A et $A+E$ sont deux racines distinctes car E est non nul et positif. La division par E qu'il est amené à effectuer est donc légitime. Lorsque l'*extremum* est atteint, les racines deviennent égales, ce que Fermat traduit par une annulation de E en utilisant le terme latin *nihilum*[32]. Il ne lui semble pas nécessaire de statuer davantage sur le statut de E, le cadre algébrique dans lequel il se place l'en dispense.

À LA RECHERCHE D'UNE MÉTHODE GÉNÉRALE POUR CALCULER LES TANGENTES

Fermat affirme que sa méthode de *maxima* et *minima* va s'appliquer à la recherche de tangentes.

---

32 Sur ce point, Mahoney remarque que la genèse de la méthode de Fermat implique une contradiction inhérente qui est cette division par zéro. La méthode s'appuie sur une fausse hypothèse et sur la généralité de la théorie des équations de Viète. Dans le but d'appliquer la méthode de synchrèse, Fermat émet l'hypothèse (fictive) que l'équation admet deux racines distinctes, il obtient ainsi des relations générales valables quel que soit les coefficients de l'équation même dans le cas particulier de la racine double : « *In his own mind, Fermat saw no division by 0. The division by x – y belonged to the general examination of the equation ; setting x equal to y belonged of a particular case.* » (x et y représentent les racines de l'équation), *op. cit.*, p. 156-157.

Première méthode (où l'on traite principalement les coniques)

Les premiers exemples d'application de sa méthode sont des coniques. Dans l'opuscule *Ad eamdem methodum*[33], Fermat recherche la tangente DM au point D à une ellipse ZDN d'axe ZN et de centre R.

Il pose OZ = b, ON = g. L'inconnue est $OM = a$. Il considère un point V que l'on prend « à discrétion » [*ad libitum*].

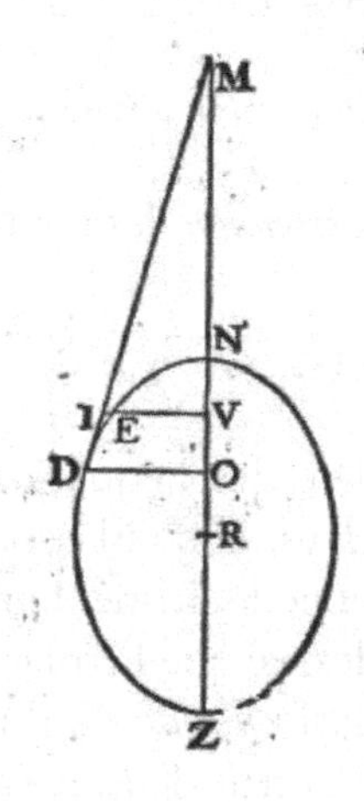

FIG. 3 – Pierre de Fermat, « Ad eandem Methodum », *VO*, p. 68, © Bibliothèque nationale de France.

Il trace IEV parallèle à DO avec E sur l'ellipse et I sur la tangente DM. La convexité de l'ellipse permet d'affirmer que tous les points de la tangente DM sont en dehors de l'ellipse d'où

$$IV > EV \text{ et } \frac{DO^2}{EV^2} > \frac{DO^2}{IV^2}$$

Par ailleurs, la caractéristique de l'ellipse se traduit par

$$\frac{DO^2}{EV^2} = \frac{ZO.ON}{ZV.VN}$$

Or en vertu de la similitude des triangles ODM et VIM

$$\frac{DO^2}{EV^2} = \frac{OM^2}{VM^2}$$

33 *OF*, I, p. 140-147, *OF*, III, p. 121-123.

d'où

$$\frac{ZO.ON}{ZV.VN} > \frac{OM^2}{VM^2}$$

Il pose ensuite $OV = e$: « *Fingamus sumptam ad libitum aequalem* E »
On a donc $ZO.ON$ = bg, $ZV.VN$ = bg – be + ge – e^2, $OM^2 = a^2$, $VM^2 = a^2 + e^2 - 2ae$

En remplaçant dans l'inégalité ci-dessus, on obtient

$$\frac{\mathrm{bg}}{\mathrm{bg} - \mathrm{b}e + \mathrm{g}e - e^2} > \frac{a^2}{a^2 + e^2 - 2ae}$$

ou encore

$$\mathrm{bg}a^2 + \mathrm{bg}e^2 - 2\mathrm{bg}ae > \mathrm{bg}a^2 - \mathrm{b}ea^2 + \mathrm{g}ea^2 - a^2e^2$$

D'après sa méthode, il affirme qu'il faut comparer par adégalisation les deux membres de l'inégalité[34]. Il applique son algorithme en retranchant ce qui leur est commun et en divisant ensuite par e :

$$\mathrm{bg}e - 2\mathrm{bg}a \sim -\mathrm{b}a^2 + \mathrm{g}a^2 - a^2e$$

Enfin, il supprime les termes où apparaît e pour parvenir à l'égalité

$$-2\mathrm{bg}a = -\mathrm{b}a^2 + \mathrm{g}a^2$$

ou encore

$$\frac{2\mathrm{b}}{a} = \frac{\mathrm{b} - \mathrm{g}}{\mathrm{g}}$$ [35]

Fermat n'explique pas pourquoi l'adégalisation de ces deux expressions est une opération qui convient, il reste également muet sur l'*extremum* visé par l'adégalisation. Il est facile de voir que son raisonnement peut s'appliquer à une autre conique puisque celle-ci est caractérisée par une inégalité avec laquelle son procédé démarre[36]. Cependant, Fermat ne signale pas non plus la possibilité d'application de sa méthode à des courbes autres que les coniques[37].

---

34 « *Oportet igitur juxta meam methodum comparare haec duo producto per adaequalitatem* ».

35 Ce qui fournit une construction simple de la tangente comme quatrième proportionnelle de choses connues.

36 Fermat n'applique pas l'adégalisation aux deux membres de l'inégalité, ce qui aurait pu être interprété comme le cas d'égalité lorsque le point I se confond en D. Sa méthode est fondée sur une conception de l'adégalisation qui porte sur des objets géométriques : longueurs, aires, volumes, etc. et non pas sur des rapports.

37 Pour écrire cette inégalité il faut connaître la convexité de la courbe ce qui est intimement lié à la position de la tangente.

Dans tous les cas, il convient de remarquer que cette méthode ne s'applique qu'à des expressions polynomiales.

Deuxième méthode : la propriété spécifique de la courbe (environ 1638) ou la sécante adégalisée à la tangente

Descartes exprime des reproches à cette dernière présentation, notamment il souligne l'absence de justification du lien supposé entre la méthode des *maximis et minimis* et l'obtention de la tangente[38]. Comme réponse, Fermat expose une autre méthode qu'il prétend plus générale et plus commode[39]. Par ce biais, il souhaite clarifier sa première méthode des tangentes qui « mérite d'être expliquée plus clairement qu'elle ne semble l'avoir été » et débrouiller son lien avec la méthode des *maximis et minimis.* Il s'adresse à Descartes, mais aussi à d'autres mathématiciens. Sa lettre sera en effet également lue par les savants autour de Mersenne puisque le minime en possède une copie.

Soit une courbe ZCA de diamètre CB. Il faut trouver la tangente AD au point A. Pour les choses connues, il pose : $AB = \mathrm{b}$ et $BC = \mathrm{d}$, $BD = a$ est l'inconnue. Il considère un point F pris « à discrétion » et pose $FB = e$. La droite FIE parallèle à BA coupe la courbe en I et la tangente en E.

En vertu des triangles semblables ABD et $EFD, CF = \mathrm{d} - e$ et $FE = \frac{\mathrm{b}a - \mathrm{be}}{a}$. Un point important : Fermat remarque que cette procédure peut être reproduite sur n'importe quelle courbe : « nous donnerons toujours les mêmes noms aux lignes CF et FE que nous venons de leur donner » (*ibid.*, p. 155). Cette dernière relation est en effet établie sans avoir encore considéré la spécificité de la courbe, elle est donc générale et est à la base de sa nouvelle méthode, pour cette raison, elle sera ici désignée par « la relation fondamentale ».

38 Lettre de Descartes à Mersenne de janvier 1638, *OD*, t. I, p. 486-493.

39 « Méthode de *maximis* et *minimis* expliquée et envoyée par M. de Fermat à M. Descartes », *OF*, II, p. 154-162. La lettre date du 20 juillet 1638.

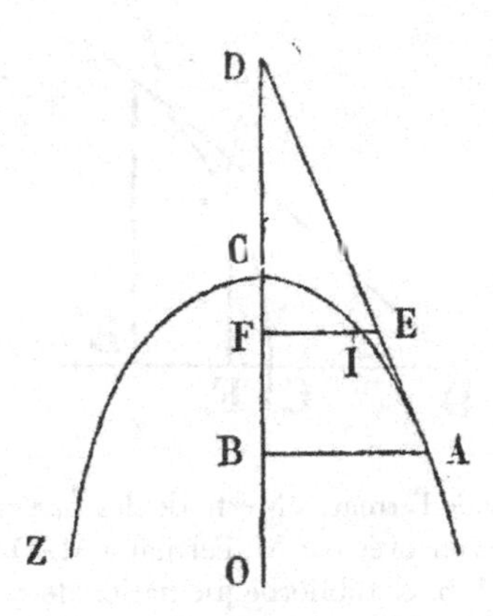

FIG. 4 – Pierre de Fermat, « Méthode des *maximis* et *minimis* expliquée et envoyée par M. Fermat à M. Descartes », *OF*, III, p 129, © Bibliothèque nationale de France.

Le point E de la tangente est hors de la courbe et selon la convexité de celle-ci, EF sera soit supérieur, soit inférieur à FI : « car la règle satisfait à toutes sortes de lignes et détermine même, par la propriété de la courbe, de quel côté elle est convexe » :

> Quoique la ligne FE soit inégale à l'appliquée tirée du point F à la courbe, je la considère néanmoins comme si en effet elle était égale à l'appliquée, et en suite la compare par *adéquation* avec la ligne FI, suivant la propriété spécifique de la courbe (*ibid.*, p. 155).

Fermat considère le point E comme s'il était sur la courbe et obtient une autre valeur de l'appliquée plus simple. Cette « feinte » lui permet d'adégaliser deux expressions des appliquées (l'exacte et la feinte) du point A et d'obtenir ainsi une deuxième relation entre *a* et *e*. La technique d'adégalisation lui permet également de ne plus se soucier du sens de la convexité. Cette dernière relation jointe à la relation fondamentale $FE = \frac{ba - be}{a}$ sont la clef du déploiement de l'algorithme.

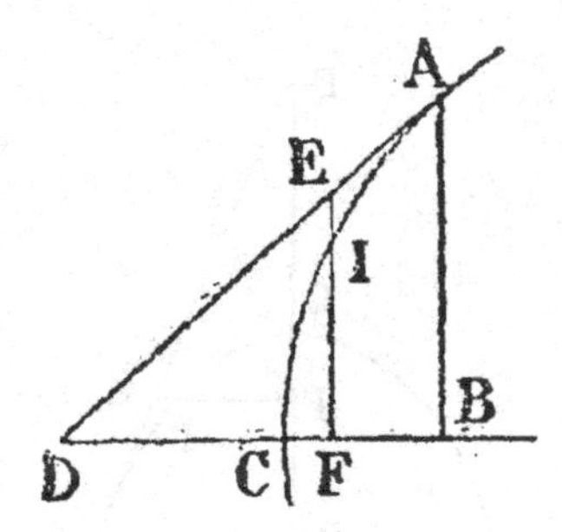

FIG. 5 – Pierre de Fermat, « Méthode des *maximis* et *minimis* expliquée et envoyée par M. Fermat à M. Descartes », *OF*, II, p. 156, © Bibliothèque nationale de France.

Son premier exemple concerne la recherche de la tangente à la parabole, puis, pour montrer que sa méthode ne s'applique pas qu'aux seules coniques mais qu'elle est tout à fait « générale », il traite l'exemple de la courbe que Descartes lui avait proposée en défi[40].

Il s'agit de la courbe appelée « nœud galand » et dénommée plus tard « folium de Descartes ». Elle est caractérisée par le fait que « quelque point qu'on prenne sur la dite courbe, comme A, tirant la perpendiculaire AB, les deux cubes CB et BA soient égaux au parallélépipède compris sous une ligne droite donnée, comme N, et sous les deux lignes CB et BA[41] »

Fermat reprend les notations du début de son exposé puisqu'elles sont générales : $CF = \mathrm{d} - e$ et $FE = \frac{\mathrm{b}a - \mathrm{b}e}{a}$. Il considère que le point E est sur la courbe et adégale les cubes de CF et FE avec le parallélépipède de côtés n, FC et FE[42].

40 Lettre de Descartes à Mersenne, 18 janvier 1638, *op. cit.*, p. 126 : « [...] sa règle prétendue n'est pas universelle comme il lui semble, et elle ne peut s'étendre à aucune des questions qui sont un peu difficiles, mais seulement aux plus aisées, ainsi qu'il pourra éprouver si, après avoir mieux digérée, il tâche de s'en servir pour trouver les contingentes, par exemple, de la ligne courbe BDN, que je suppose être telle qu'en quelque lieu de sa circonférence qu'on prenne le point B, ayant tiré la perpendiculaire BC, les deux cubes BC et CD soient ensemble égaux au parallélépipède des deux mêmes lignes BC,CD et de la ligne p ».

41 C'est-à-dire, en termes modernes, celle dont l'équation avec des axes orthogonaux est $x^3 + y^3 = \mathrm{n}xy$ où n est une constante.

42 La fig. 5 illustre la lettre de Fermat mais ne ressemble pas au folium.

La somme $CF^3 + FE^3$ donne

$$\mathrm{d}^3 - e^3 - 3e\mathrm{d}^2 + 3\mathrm{d}e^2 + \frac{\mathrm{b}^3a^3 - \mathrm{b}^3e^3 - 3e\mathrm{b}^3a^2 + 3a\mathrm{b}^3e^2}{a^3}$$

cette expression est adégalée au parallélépipède de côtés n, CF et FE :

$$\mathrm{d}^3 - e^3 - 3e\mathrm{d}^2 + 3\mathrm{d}e^2 + \frac{\mathrm{b}^3a^3 - \mathrm{b}^3e^3 - 3e\mathrm{b}^3a^2 + 3a\mathrm{b}^3e^2}{a^3}$$
$$\sim \frac{\mathrm{ndb}a - \mathrm{ndb}e - \mathrm{nb}ae - \mathrm{nb}e^2}{a}$$

En multipliant par a^3 les deux membres comparés :

$$\mathrm{d}^3a^3 - e^3a^3 - 3e\mathrm{d}^2a^3 + 3\mathrm{d}e^2a^3 + \mathrm{b}^3a^3 - \mathrm{b}^3e^3 - 3e\mathrm{b}^3a^2$$
$$+ 3a\mathrm{b}^3e^2 \sim \mathrm{ndb}a^3 - \mathrm{ndb}ea^2 - \mathrm{nb}a^3e - \mathrm{nb}a^2e^2$$

En ôtant les choses communes (car $\mathrm{d}^3a^3 + \mathrm{b}^3a^3 = \mathrm{ndb}a^3$), en divisant par *e*, puis en ôtant tout ce qui se trouve « mêlé avec *e* » et enfin en divisant par a^2, il obtient alors l'égalité

$$3\mathrm{d}^2a + 3\mathrm{b}^3 = \mathrm{ndb} + \mathrm{nb}a$$

et trouve

$$a = \frac{\mathrm{ndb} - 3\mathrm{b}^3}{3\mathrm{d}^2 - \mathrm{nb}}.$$

Dans sa reformulation, Fermat considère que FE est égal à FI en supposant que FE et FI coïncident sur la portion FB. L'adégalité devient égalité lorsque *e* disparaît, c'est-à-dire lorsque E coïncide avec A et FE et FI coïncident avec AB. Fermat ne justifie pas pourquoi il est pertinent d'appliquer son algorithme des *maximis et minimis* dans cette nouvelle méthode.

Descartes a prétendu que la méthode de Fermat manque de fondement. Pour répondre à Descartes, Fermat explique, à la suite de l'exemple du folium, que lorsqu'il a été amené à inventer une méthode des tangentes, il a d'abord cherché (fig. 6) le point O sur l'axe de telle sorte que OA soit la plus courte des lignes menées d'un point O de l'axe. Il a montré que si OA réalise ce *minimum* alors OA est la normale. C'est donc le point O qui est donné et non le point A.

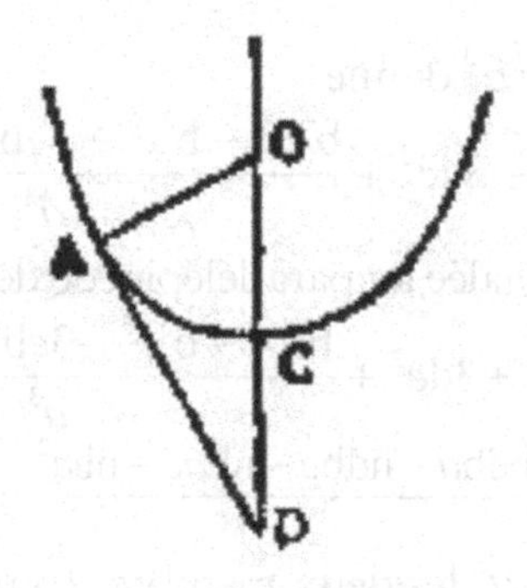

FIG. 6 – Pierre de Fermat, « Méthode des *maximis* et *minimis* expliquée et envoyée par M. Fermat à M. Descartes », *OF*, II, p. 158, © Bibliothèque nationale de France.

Sa démonstration repose sur un raisonnement par l'absurde. Si AD n'est pas la touchante alors il est possible de tracer une perpendiculaire passant par O à la touchante (distincte de la droite AD). Cette perpendiculaire ne rencontre pas la touchante en A et elle coupe la courbe avant de couper la touchante. Donc la partie de cette perpendiculaire comprise entre O et la courbe est plus courte que la perpendiculaire qui est elle-même plus courte que OA, ce qui est absurde (*OF*, II, p. 159). Une fois ce point O trouvé, il suffit de tracer une perpendiculaire pour obtenir la tangente. L'origine de sa méthode des tangentes est donc une recherche de normales.

Il montre sur l'exemple de la parabole comment s'applique cette méthode de normales (*ibid.*, p. 160). Pour cela, il est contraint de considérer les quantités élevées au carrées : OA^2 et OI^2 qu'il s'agit d'adégaliser selon la méthode des *maximis et minimis*. De cette façon, il trouve bien le résultat connu, c'est-à-dire que a est égal au demi-côté droit de la parabole (*ibid.*, p. 161). Cependant, le point E n'intervient nullement dans cette démonstration. La justification de l'adégalisation de FI et FE n'apparaît donc pas davantage comme conséquence de la recherche d'un *minimum*.

Cependant, sa méthode des normales ne l'avait pas satisfait :

> C'est ainsi que j'appliquois ma méthode pour trouver les tangentes, mais je reconnus qu'elle avoit son manquement, à cause que la ligne OI ou son quarré sont d'ordinaires malaisés à trouver par cette voie ; la raison est prise des

> asymmétries [incommensurables] qui s'y rencontrent aux questions tant soit peu difficiles, et qu'on ne peut éviter, puisque sur d – e en notes, il faut donner un nom à FI aussi en notes, ce qui est souvent très malaisé. La méthode de M. Descartes n'ôte pas non plus tous les inconvénients [...] (*ibid.*, p. 161).

Comme pour la méthode des cercles tangents cartésienne, Fermat pointe l'embarras que lui occasionne la manipulation des expressions comportant des asymmétries (c'est-à-dire des expressions irrationnelles)[43]. Ce désagrément lui paraît suffisant pour justifier qu'il est préférable d'adégaler AE et AI :

> Puisque donc ces deux méthodes paroissent insuffisantes, [sa méthode de recherche de normale et celle de Descartes], il en falloit trouver une qui levât toutes ces difficultés [les asymmétries]. Il me semble avec raison que c'est la première que j'ai proposée [méthode avec la propriété spécifique de la courbe], car CF restant toujours d – *e*, et FE, $\frac{ba - be}{a}$, je ne vois rien qui empêche qu'on ne puisse le comparer, en prenant, si vous voulez, d – *e* pour y et $\frac{ba - be}{a}$ pour x, sans rencontrer jamais une seule asymmétrie, en quoi consiste la facilité et la perfection de cette méthode (*ibid.*, p. 162).

Les embarras du calcul

Même s'il n'explique finalement pas en quoi sa nouvelle méthode est une recherche d'*extremum*, Fermat met en avant un argument d'ordre pratique. L'usage de l'adégalité permet de rendre les calculs moins embarrassants[44]. La considération de la propriété spécifique sur la tangente permet d'écrire une égalité de rapports entre côtés de triangles semblables et ne fait plus intervenir l'expression de longueurs comportant des radicaux.

La question de la simplification des calculs revient dans un autre opuscule daté de 1640 et intitulé *Ad eamdem Methodum*[45]. Fermat expose à nouveau sa dernière méthode des tangentes. Cet opuscule est intéressant car non seulement la présentation de la méthode des tangentes est plus

43 Ce dernier exemple ne montre pas les inconvénients calculatoires de sa méthode des normales. Le lecteur pourra s'en convaincre en l'appliquant au folium.

44 Pour la question du traitement des radicaux par Fermat, on pourra consulter Enrico Giusti, « Les méthodes des maxima et minima de Fermat », *Annales de la Faculté des Sciences de Toulouse*, tome XVIII, n° S2 (2009), p. 58-85.

45 « Ad eamdem methodum », *OF*, I, p. 158 et *OF*, III, p. 140, *VO*, p. 69. Il date de l'année 1640 (à distinguer avec l'autre opuscule vu plus haut, qui a le même titre daté de 1638).

développée que dans la lettre à Descartes, mais parce qu'il y traite de nombreux exemples de courbes, parmi celles-ci certaines ne sont pas « celles de Descartes ». Fermat argumente la généralité de sa méthode :

> Les lignes courbes dont nous cherchons les tangentes ont leurs propriétés spécifiques exprimables, soit par des lignes droites seulement [expressions algébriques], soit encore par des courbes compliquées comme on voudra avec des droites ou d'autres courbes (*OF*, III, p. 140-141).

Pour illustrer le premier cas, Fermat traite la tangente de la cissoïde, et fournit des indications pour traiter la conchoïde. Ensuite, il se concentre sur des exemples de « courbes compliquées » dont les propriétés spécifiques sont « exprimables comme on voudra avec des droites ou d'autres courbes ». Pour traiter celles-ci, il préconise l'application de règles simplificatrices d'expressions qu'il énonce :

> Pour le second cas, que jugeait difficile M. Descartes, à qui rien ne l'est, on y satisfait par une méthode très élégante et assez subtile. Tant que les termes sont formés seulement de lignes droites, on les cherche et on les désigne d'après la règle précédente. D'ailleurs pour éviter les radicaux [*asymetriae*], il est permis de substituer aux ordonnées des courbes, celles des tangentes trouvées d'après la méthode précédente. Enfin, ce qui est le point important, aux arcs de courbes on peut substituer les longueurs correspondantes des tangentes déjà trouvées, et arriver à l'*adégalité*, comme nous l'avons indiqué : on satisfera ainsi facilement à la question (*OF*, III, p. 150).

Fermat propose donc une manière additionnelle pour éviter les asymmétries lorsque les termes ne sont plus uniquement « formés de lignes droites ». C'est le cas des courbes dépendant algébriquement de la longueur d'un arc d'une autre courbe algébrique dont on sait tracer la tangente. La cycloïde appartient à ce type. En effet, elle est caractérisée par une relation liant son ordonnée avec la longueur correspondante de l'arc de son cercle générateur et que par ailleurs toute tangente au cercle est connue. Dans ce cas on peut remplacer (pour une abscisse donnée) l'ordonnée d'un point de la courbe génératrice par l'ordonnée correspondante sur sa tangente (qui est connue). Selon l'indication de Fermat, pour éviter les radicaux, l'arc de courbe peut être remplacé par la longueur de sa tangente. Cet artifice est à ses yeux « important », probablement, en partie, pour éviter des radicaux, mais aussi pour d'autres raisons qu'il ne précise ici pas davantage.

Fermat applique ses deux préceptes pour la recherche de la tangente à la cycloïde $HRIC$ de cercle générateur $COMF$. Par la propriété spécifique de la cycloïde

$$RD = DM + \text{arc } CM .$$

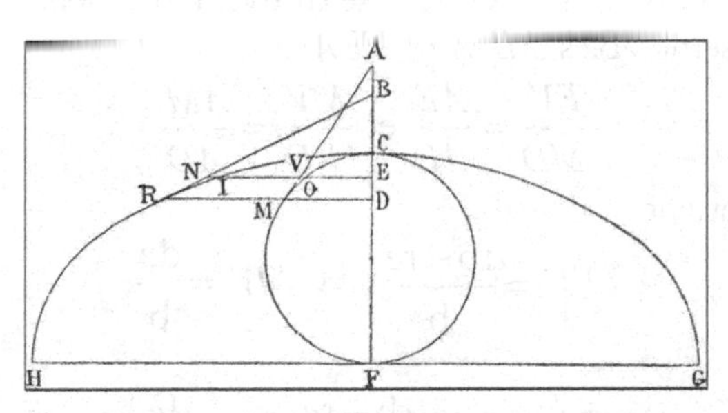

FIG. 7 – Pierre de Fermat, « Ad eamdem methodus », *VO*, p. 71, © Bibliothèque nationale de France.

Il s'agit de mener la tangente RB au point R. Par R, Fermat mène une perpendiculaire RMD à l'axe CDF. M est le point du cercle qui a la même abscisse que R. Il trace la tangente MA au cercle en M (ce qui est un résultat connu). Puis, il considère un point N sur la tangente à la cycloïde et trace la perpendiculaire $NIVOE$ qui coupe la cycloïde en I, la tangente MA au point V, le cercle en O. Ce qui est cherché est $DB = a$. Par construction, il a trouvé $DA =$ b, $MA =$ d et les données sont $MD =$ r, $RD =$ z, l'arc de cercle $CM =$ n et enfin la droite arbitraire [*utcumque assumpta*] $DE = e$. Or

$$\frac{NE}{RD} = \frac{BE}{BD} \text{ et } NE = \frac{za - ze}{a}.$$

La propriété spécifique de la cycloïde s'applique au point N de la tangente. Suivant la méthode, Fermat adégale[46] NE à EI c'est-à-dire, $OE + \text{arc } CO$:

$$NE \sim OE + \text{arc } CO = OE + \text{arc } CM - \text{arc } MO$$

Or, l'expression de OE comportant des radicaux, Fermat la remplace par EV qu'il peut exprimer plus facilement selon le principe qu'il a énoncé auparavant.

46 Dans le texte, Fermat écrit « *debet aequari* », c'est-à-dire « doit être » : il s'agit bien d'une adégalisation.

Quant à la possibilité d'exprimer l'arc MO, Fermat n'ajoute rien, se contentant de le remplacer par le segment de tangente MV qui lui correspond.

Les expressions de MV et EV se trouvent aisément en considérant les triangles semblables MDA et VEA :

$$\frac{EV}{MD}=\frac{AE}{AD} \text{ et } \frac{MV}{ED}=\frac{AM}{AD}.$$

Fermat obtient

$$EV=\frac{\mathrm{rb}-\mathrm{r}e}{\mathrm{b}} \quad \text{et } MV=\frac{\mathrm{d}e}{\mathrm{b}}$$

d'où

$$\frac{\mathrm{z}a-\mathrm{z}e}{a}\sim\frac{\mathrm{rb}-\mathrm{r}e}{\mathrm{b}}+\mathrm{n}-\frac{\mathrm{d}e}{\mathrm{b}},$$

En multipliant par ab les deux membres de l'adégalité

$$\mathrm{zb}a-\mathrm{zb}e \sim \mathrm{rb}a-\mathrm{r}ae+\mathrm{bn}a-\mathrm{d}ae$$
$$\mathrm{zb}a-\mathrm{zb}e \sim \mathrm{zb}a-\mathrm{r}ae-\mathrm{d}ae$$

soit $\mathrm{zb}e \sim \mathrm{r}ae+\mathrm{d}ae$. En divisant par e : $\mathrm{zb} \sim \mathrm{r}a+\mathrm{d}a$, et n'a pas besoin d'ôter des termes en e.

La dernière adégalité est donc une égalité[47] : $\frac{\mathrm{r}+\mathrm{d}}{\mathrm{b}}=\frac{\mathrm{z}}{a}$.

On peut remarquer que sans suivre le conseil de règle simplificatrice, c'est-à-dire sans remplacer EO par EV, les calculs deviennent certes plus « embarrassants » mais surmontables[48]. En revanche, sans expression analytique de l'arc MO, il n'est pas possible de continuer les calculs.

Les deux préceptes qu'énonce Fermat conduisent effectivement à des réelles simplifications. Cependant aucune justification n'est donnée dans cet opuscule concernant la possibilité de remplacer, sur une portion e, un arc par un segment – ou une ordonnée d'une courbe par l'ordonnée sur la tangente, ou encore de considérer la propriété spécifique de la courbe sur la tangente –[49].

---

47 Cette égalité lui permet de donner une construction de DB qui apparaît comme quatrième proportionnelle.

48 On trouve $EO=\sqrt{(\mathrm{s}-e)(2\rho-\mathrm{s}+e)}$ (où ρ est le rayon du cercle générateur et $\mathrm{s}=\mathrm{CD}=\sqrt{\mathrm{n}^2-\mathrm{r}^2}$).

49 Pour des interprétations divergentes et contemporaines, on peut consulter l'article de Michail G. Katz, David M. Schaps, Steven Shnider « Almost equal : the method of adequality from Diophantus to Fermat and beyond », *Perpectives on Science*, 21 (3), published by The

Fermat ne fournira d'ailleurs pas explicitement aucune justification. D'autres écrits de Fermat permettent de comprendre l'origine de ces préceptes.

Dans le traité *De linearum curvarum cum lineis rectis comparatione dissertatio geometrica* (*OF*, I, p. 211-254 et *OF*, III, p. 181-213), Fermat s'intéresse aux problèmes de rectification, c'est-à-dire ceux dans lesquels il s'agit de construire une droite qui ait la même longueur qu'une courbe donnée.

Fermat sait que de nombreux géomètres considèrent que « c'est une loi et un ordre de la nature qu'on ne puisse trouver une droite égale à une courbe, à moins de supposer d'abord une autre droite égale à une courbe », comme c'est le cas de la cycloïde[50]. L'anglais Wren (1632-1723) avait découvert la rectification de la cycloïde en 1658, la construction de celle-ci suppose l'égalité de sa base avec la circonférence du cercle. Fermat annonce qu'il peut démontrer « l'égalité à une droite d'une courbe véritablement géométrique et pour laquelle on n'a à supposer aucune égalité semblable d'une autre courbe avec une droite » (*OF*, III, p. 181). Il se propose donc de montrer la rectification de la parabole semi-cubique qui est une courbe « véritablement géométrique ».

L'idée de remplacer un arc de courbe par un segment de même longueur apparaît dans le contexte de rectification de courbe, même s'il n'est absolument pas question ici de faire allusion à la possibilité de simplifications calculatoires. La proposition VI (*ibid.*, p. 185) est particulièrement intéressante à cet égard. Elle énonce que lorsqu'on considère deux courbes dont la première est définie de telle sorte que chacune de ses ordonnées soit égale à l'arc correspondant de la deuxième courbe, alors, si l'on sait tracer chacune des tangentes à la deuxième courbe, on peut en déduire une construction de chacune des tangentes à la première courbe :

> Soient une courbe quelconque ONR, de la nature des précédentes [concaves vers un même côté], dont O est le sommet, OVI l'axe (ou l'ordonnée, car la démonstration est la même dans les deux cas). Je forme sur elle une autre courbe OAE, telles que ses ordonnées soient égales aux arcs correspondants de la première courbe ; c'est-à-dire arc $ON, IE =$ arc OR, et ainsi de suite. Je mènerai comme suit la tangente en un point donné de cette nouvelle

MIT Press, Fall 2013, p. 283-324, ou Herbert Breger, « The mysteries of adaequare : a vindication of Fermat », *Archive for History of Exact Sciences*, 46, 3 (1994), p. 193-219.

50 « Il est clair en effet que le tracé de la cycloïde suppose l'égalité d'une autre courbe avec une droite, à savoir celle de la circonférence du cercle générateur de la cycloïde avec la droite qui est la base de la cycloïde ».

courbe. Soit E le point donné, je mène l'ordonnée EI qui coupe la première courbe en R. Je mène en ce point R la tangente RC à la première courbe. Cette tangente rencontre l'axe au point C. Je pose $\frac{RC}{CI} = \frac{IE}{IB}$, et je joins EB. Je dis que EB est tangente en E, à la nouvelle courbe EAO[51].

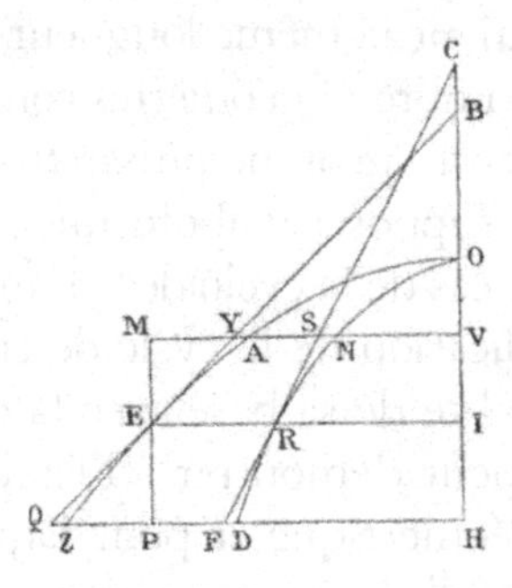

FIG. 8 – Pierre de Fermat, « De linearum curvarum cum lineis rectis comparatione dissertatio geometrico », *OF*, I, p. 228, © Bibliothèque nationale de France.

Cette proposition affirme donc que si l'on connaît le rapport $\frac{RC}{CI}$ (connu si l'on connaît la tangente en R) et l'ordonnée IE, il est facile – à la règle et au compas – de construire IB, la sous-tangente au point E de la deuxième courbe.

Quelques points méritent d'être soulignés.

Dans la démonstration, Fermat a considéré l'ordonnée VN qui coupe l'axe la tangente EB en Y de la tangente EB. En ce point, il montre l'égalité

$$VY = EI - RS \quad *$$

En effet, dans l'une des étapes, Fermat considère la parallèle EP à l'axe et prouve que $MY = RS$.

Pour ce faire, il part de $\frac{EI}{IB} = \frac{VY}{VB} = \frac{MY}{ME}$ (VYB, EIB et MYE sont semblables).

51 *Ibid.*, p. 195. Pour arriver au résultat, Fermat montre que pour tout point Y de la droite EB, on a $VY > VA$. Puis, il prouve la même inégalité pour un point de EB situé de l'autre côté du sommet O. Ces démonstrations utilisent la proposition I qui établit un encadrement d'un arc de courbe par des segments de tangentes. La démonstration de cette dernière proposition se fait par un raisonnement par l'absurde, *ibid.*, p. 181-183.

De l'égalité $\frac{RC}{CI}=\frac{RS}{VI}$ et de l'hypothèse $\frac{EI}{IB}=\frac{RC}{CI}$, il trouve : $\frac{MY}{ME}=\frac{RS}{VI}$.

Mais comme $VI=EM$, il a $MY=RS$.

Or au point A, $VA=EI$ – arc RN, ainsi la construction du point Y s'obtient en remplaçant l'arc RN par le morceau de tangente RS [52].

Cette proposition établit donc une correspondance entre les tangentes de deux courbes via la relation entre les deux courbes : aucune connaissance supplémentaire de la deuxième courbe n'est nécessaire pour en déduire une de ses tangentes. En termes calculatoires, cela signifie que la connaissance de l'expression analytique de la deuxième courbe n'est pas nécessaire pour construire la tangente cherchée. Sans connaître une telle expression, il est donc possible de passer outre et de trouver la tangente par le calcul.

Tel serait le cas de la cycloïde dont il n'existe pas d'équation en termes analytiques mais dont l'ordonnée de chaque point s'obtient comme somme d'un segment et d'une longueur d'arc de cercle. Fermat utilise le résultat intermédiaire (*) de cette proposition lorsqu'il s'agit de remplacer l'arc MO par VM [53]. Il n'agit donc pas du tout par approximation mais tout au contraire, il sait que sa démarche est exacte. De même, remplacer OE par EV a pour but de rendre le traitement calculatoire plus confortable, puisque le calcul aurait été possible sans l'effectuer[54].

En définitive, ces règles de simplification, permettent à Fermat de travailler avec des expressions polynomiales qui sont les seules sur lesquelles l'algorithme peut s'appliquer de manière directe. Ce faisant, il prolonge sa méthode à un champ plus large de courbes que celui de Descartes.

Fermat ne se contente pas de l'exemple de la cycloïde. Il affirme dans une lettre à Mersenne que sa méthode s'applique à des courbes

---

52 On en déduit une construction rapide de EB en reportant la longueur RS à partir de M.

53 La cycloïde est définie par $RD=\text{arc}CM+MD$. Elle apparaît comme la somme de deux courbes : l'une définie comme dans la proposition VI et l'autre dont l'ordonnée s'exprime par des radicaux. Pour trouver la tangente à la première courbe, la proposition VI permet rigoureusement de remplacer l'arc MO par le segment MV.

54 On élève au carré la quantité et on travaille avec une expression polynomiale en appliquant ordinairement l'algorithme.

dont les « appliquées ou les portions de leur diamètre ont relation à d'autres courbes » :

> Pour la *tangente de la roulette*, bien loin d'en faire un mystère, je vous veux faire comprendre qu'il n'y a point de question de cette matière qui puisse m'échapper. Vous saurez donc que cette même méthode dont je me sers pour les tangentes des lignes courbes, lorsque leurs appliquées ou les portions de leur diamètre ont relation à des lignes droites [c'est-à-dire les géométriques], me sert aussi, avec un peu de changement pris de la nature de la chose, à trouver les tangentes des courbes dont les appliquées ou les portions de leur diamètre ont relation à d'autres courbes[55].

S'il ne précise pas quel est le type de « relation » à d'autres courbes, il décrit la construction de la tangente à deux courbes définies toutes les deux à partir d'une relation à une autre courbe. La première est un ovale « de laquelle le sphéroïde est au cercle circonscrit comme le double du diamètre à la circonférence du cercle ». La deuxième est une courbe ABF définie à partir d'une parabole de même axe AG et même sommet A, et telle que l'appliquée FG soit égale à la portion de parabole AE.

Fermat ne cherche pas spécialement à légitimer le bien-fondé de ses méthodes, sauf si des explications lui sont demandées. Son intérêt porte sur leur fécondité, c'est-à-dire leur capacité à fournir des résultats par des calculs les moins « embarassants » possibles. Démontré à la manière des Anciens, le résultat obtenu par les méthodes atteint le statut de vérité[56]. La position de Descartes est autre. Dans *La Géométrie*, il présente une pratique mathématique, certes circonscrite aux seules courbes géométriques, mais qui a l'avantage de générer une méthode universelle[57]. Sa méthode des cercles tangents convient quelle que soit la courbe géométrique donnée par son équation. Cette délimitation aux seules courbes géométriques n'est pas à évaluer négativement. Pour Descartes, connaître les limites de la raison humaine est nécessaire pour atteindre l'exactitude. Dans sa méthode des cercles tangents, la traduction de la situation géométrique en termes algébriques fait apparaître des objets mathématiques, notamment le « e » représentant la racine double, dont l'interprétation est sans ambiguïté.

55 Lettre de Fermat à Mersenne du 22 octobre 1638, *OF*, II, p. 169.

56 Voir à ce propos l'étude de Mahoney, *The mathematical carrer of Pierre de Fermat : 1601-1665*, *op. cit.*, p. 364-365.

57 On peut consulter à ce sujet : Evelyne Barbin *La révolution mathématique*, *op. cit.*, p. 166-172.

INTERPRÉTATIONS ET MODIFICATIONS DES MÉTHODES DES TANGENTES

L'appréciation portée à propos de Descartes n'est pas reconductible aux méthodes de Fermat. Certes, pour sa première méthode, celui-ci élucide le statut du « *e* » dans un cadre algébrique en faisant appel à la théorie des équations de Viète. En revanche, le statut de « *e* » devient équivoque lorsqu'il apparaît dans le processus d'adégalisation de la deuxième méthode présentée. Ce manque d'explicitation permet une latitude interprétative du statut de « *e* ».

Fermat meurt en 1665. La plupart de ses écrits n'ont pas été publiés de son vivant[58]. Ses mémoires et des copies de ses lettres circulent dans toute l'Europe. Mersenne, Hérigone, Frenicle, Wallis, Lalouvère et Clerselier n'ont accès qu'à une petite partie de ses écrits, mais l'essentiel reste entre les mains de certains de ses correspondants, en particulier de Pierre de Carcavi. Dans une lettre datée du 26 mars 1665, Christiaan Huygens prie Carcavi d'intervenir auprès des héritiers de Fermat pour rendre publics les écrits du savant toulousain[59]. Samuel Fermat gère les publications de son père à partir de 1670, en particulier, il publie plusieurs de ses textes en 1679 sous le titre *Varia Opera mathematica*, qui inclut des mémoires importants (la plupart de ceux étudiés ici en font partie) et une toute petite partie de sa correspondance.

Par ailleurs, le hollandais Van Schooten publie deux nouvelles éditions de *La Géométrie* de Descartes[60] en y ajoutant de nombreux commentaires

58 Pour une chronologie des publications de Fermat, on peut consulter *OF*, I, ix-xiii et l'appendice « Bibliographical essay and chronological conspectus of Fermat's works » dans *The mathematical carrer of Pierre de Fermat : 1601-1665*, *op. cit.*, p. 411. Les informations sont empruntées à cette dernière étude.

59 « J'avois aussi quelques questions dignes de luy que je m'en allay luy proposer lors que je receus cette triste nouvelle. J'espere cependant qu'on ne laissera pas perdre ce qu'il y reste de ses escrits, et puis que vous avez tousjours estè de ses intimes amis, je ne doute pas que vostre intervention aupres de ses heritiers ne soit de grande efficace pour tirer de l'obscuritè de si excellentes reliques », Lettre de Huygens à Carcavy du 26 mars 1665, *OH*, V, p. 279.

60 René Descartes, *Geometria a Renato Des Cartes anno 1637 gallice edita, nunc autem cum notis Florimondi de Beaune, … Francisci a Schooten*, Paris, chez Jean Maire, 1649 et *Geometria a Renato Des Cartes anno 1637 gallice edita,… gallice conscriptis, in latinam linguam versa et commentariis illustrata ope et studio Francisci a Schooten, …*. (deux volumes), Amsterdam, chez Ludovic et Daniel Elzevier, 1659-1661. Pour l'histoire de ces publications, on peut

et des mémoires d'autres mathématiciens. La première est une traduction latine, publiée en 1649 avec ses propres commentaires et ceux de De Beaune, puis la deuxième est une édition en deux volumes publiée en 1659-1660. Cette dernière, appréciée par les lecteurs de la fin du XVIIe et du début du XVIIIe, présente en particulier la méthode des tangentes de Fermat (*ibid.*, p. 142).

LA MÉTHODE DES TANGENTES DE DESCARTES-HARDY-DEBEAUNE

Descartes justifie Fermat : e *est zéro*

En mai 1638, Descartes écrit à son ami Hardy[61]. Il veut, par cette lettre, justifier la méthode de Fermat :

> Mais pource que j'ai mis, dès mon premier écrit, qu'on la pouvait rendre bonne en la corrigeant, et que j'ai toujours depuis soutenu la même chose, je m'assure que vous ne serez pas marri que je vous en dise ici le fondement (*ibid.*, p. 170).

En particulier il souhaite rendre compte d'une des étapes de l'algorithme pendant laquelle les homogènes sont effacés. Pour ce faire, il traite un exemple qui selon lui peut convenir pour illustrer cette règle.

Il considère une courbe ABD d'axe AF, dont est cherchée la tangente en B. Dans un premier temps, un point D de la courbe est distinct de B de sorte que la droite BD est sécante à la courbe et coupe l'axe au point E. Le rapport $\frac{BC}{DF}$ est supposé connu et égal à $\frac{\mathrm{g}}{\mathrm{h}}$.

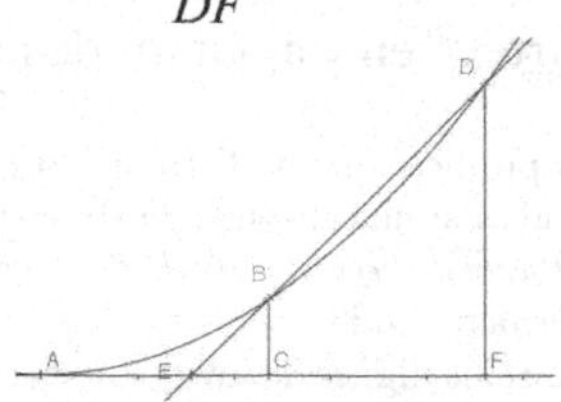

FIG. 9 – Figure réalisée par l'auteure,
d'après la lettre de Descartes à Hardy dans René, Descartes,
Œuvres de Descartes, Paris, Vrin, 1964-1974, t. II, p. 170.

---

consulter Sébastien Maronne, *La théorie des courbes et des équations dans la géométrie cartésienne : 1637-1661*, *op. cit.*, p. 11-30.

61 *Œuvres de Descartes*, édition d'Adam-Tannery, t. II, Paris, Vrin, 1964-1974, p. 169-173.

Il pose AC = y, CB = x, FD = x' (choses connues), et $EC = v$ et $CF = e$.
En vertu de la similitude des triangles ECB et EFD

$$\frac{v}{x} = \frac{v+e}{x'} = \frac{h}{g}.$$

d'où

$$x' = \frac{xv + xe}{v} \quad (1)$$

Cette relation est valable quelle que soit la courbe considérée.
Ici, la relation au point B entre x et y est donnée par $x = \frac{y^2}{b+y}$ (dans laquelle b est un segment donné). Donc, au point D : $x' = \frac{(y+e)^2}{b+y+e}$ (2)

Des égalités (1) et (2), il résulte

$$\frac{(y+e)^2}{b+y+e} = \frac{xv+xe}{v} = \frac{y^2(v+e)}{(b+y)v}$$

ou encore

$$(y+e)^2(b+y)v = y^2(v+e)(b+y+e)$$

En développant et en simplifiant :

$$2yvbe + eevb + y^2ve + eevy = y^2ee + y^2be + y^3e \quad (3)$$

Puis « enfin pourceque le tout peut se diviser par e » (*ibid.*, p. 63)

$$2yvb + evb + y^2v + evy = y^2e + y^2b + y^3 \quad (4)$$

Or l'égalité $\frac{g}{h}. = \frac{v}{v+e}$ permet de trouver « aisément l'une des deux quantités » v ou e, qui substituera l'autre dans l'égalité (4) : « c'est ici le chemin ordinaire de l'analyse pour trouver le point E » (*ibid.*, p. 63). Le problème de la sécante passant par D se traite de façon générale en suivant les règles ordinaires prescrites par *La Géométrie*. Le cas de la tangente est un cas particulier :

> Maintenant, pour appliquer tout ceci à l'invention de la tangente (ou, ce qui est le même de la plus grande), il faut seulement considérer que, lorsque EB est la tangente, la ligne DF n'est qu'une avec BC, et toutefois qu'elle doit être

cherchée par le même calcul que je viens de mettre, en supposant seulement la proportion d'égalité au lieu de celle que j'ai nommée de g à h (*ibid.*, p. 172).

Si g = h, comme $\frac{v}{v+e} = \frac{h}{g}$ ou $gv = hv + he$, on a $e = 0$ et l'équation devient

$$2yvb + y^2v = y^2b + y^3,$$

ce qui donne

$$v = \frac{yb + y^2}{2b + y}.$$

Lorsque la droite BF est tangente, on a $e = 0$ et Descartes remarque

> D'où il est évident que pour trouver la valeur de la quantité *a* [*v*] il ne faut substituer un zéro à la place de tous les termes multipliés par *e* [...] c'est-à-dire qu'il ne faut que les effacer. Car une quantité réelle étant multipliée par une autre quantité imaginaire, qui est nulle, produit toujours rien. Et ceci est l'élision des homogènes de M. de Fermat, laquelle ne se fait nullement gratis en ce sens-là (*ibid.*, p. 173).

En suivant la méthode décrite dans *La Géométrie* Descartes légitime « l'élision des homogènes » de la méthode de Fermat en montrant que cette procédure a une explication « évidente » dans le cadre de l'algèbre. Descartes montre que le cas particulier de la tangente correspond à la fois à un « un plus grand » – puisque le rapport $\frac{h}{g}$ devient égal à 1 – et $e = 0$.

Il est à remarquer que Descartes a divisé par *e* au cours de la résolution générale alors qu'il lui est nécessaire d'égaler celui-ci à zéro à la fin de la procédure.

Par l'écriture de cette lettre, Descartes pense ainsi achever ce que Fermat n'avait pas établi puisque ce dernier n'a pas justifié en quoi la méthode des tangentes était une application de la méthode de *maximis et minimis*. Comme son but est d'intégrer la méthode de Fermat dans le cadre de *La Géométrie*, il ne s'attarde pas sur l'intérêt du schéma des deux triangles semblables et sur la relation fondamentale « $FE = \frac{ba - be}{a}$ » qu'avait déjà perçue Fermat lorsqu'il considérait la propriété spécifique de la courbe sur la tangente[62].

62 Sur ce point, on pourra consulter Sébastien Maronne, *La théorie des courbes et des équations dans la géométrie cartésienne : 1637-1661*, *op. cit.*, p. 330-331.

La méthode des tangentes de De Beaune : réduire Fermat à Descartes

De Beaune a été instruit des différentes étapes de la dispute entre Descartes et Fermat[63], en particulier il connaît la lettre de Descartes à Hardy dans laquelle le philosophe présente une justification de la méthode de Fermat en fondant cette dernière par *La Géométrie.* Il présente lui-même une méthode des tangentes publiée dans l'édition latine de *La Geometria* en 1659[64].

De Beaune explique que sa méthode consiste à trouver une équation en y qui aura deux « valeurs distinctes » si une quantité v ne correspond pas à la tangente, et une seule valeur dans le cas contraire. C'est pour cela qu'il annonce qu'il sera amené à comparer l'équation trouvée avec celle-ci

$$yy - 2ey + ee.$$

Après ces avertissements méthodologiques, il considère une courbe AM de sommet M dont il cherche la tangente PM et la normale MN. BC est un segment donné de longueur b. Il pose $AL = y$ et $LM = x$. Il considère ensuite un triangle APK tel que AK soit parallèle à la tangente PM et il pose, $AP = v$ et $PK = s$.

L'équation de la courbe AM est

$$\frac{b+y}{y} = \frac{y}{x} \text{ ou } x = \frac{y^2}{b+y}$$

Par construction, les triangles APK et LMP sont semblables donc

$$\frac{v}{s} = \frac{y-v}{x} \text{ d'où : } x = \frac{ys - vs}{v} = \frac{y^2}{b+y}.$$

---

63 Comme en atteste la lettre de Descartes à Mersenne datant du 20 février 1639 : « Monsieur de Beaune me mande [...] que vous lui avez fait voir toute notre dispute de M. [de Fermat] & et de moy, touchant sa règle pour les tangentes. Je serois bien aise qu'il vist aussi ce que i'en ay une fois écrit à M. Hardy [paragraphe précédent] » dans René Descartes, *Œuvres de Descartes*, *op. cit.*, II, p. 526.

64 « De Modo Inveniendi Contingentes Linearum Curvarum », René Descartes, *Geometria*, *op. cit.*, p. 130-133.

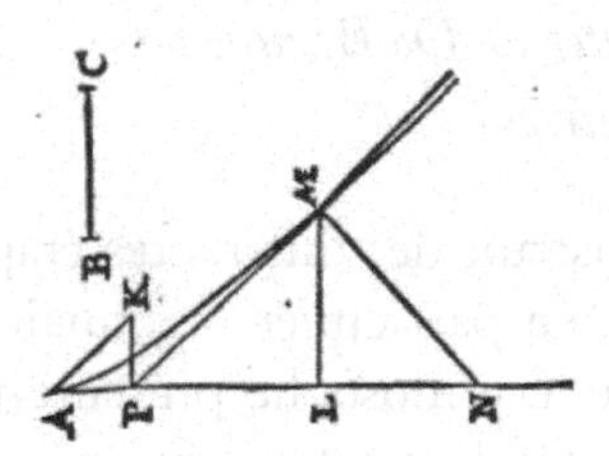

FIG. 10 – Florimond de Beaune, *Notae breves*,
dans *Geometria a Renato Des Cartes anno 1637 gallice edita…*,
Amsterdam, chez Ludovic et Daniel Elzevier, 1659,
t. 1, p. 131, © Bibliothèque nationale de France.

Il obtient l'équation quadratique en y :

$$y^2 = \frac{\mathrm{b}s - vs}{v - s}\ y - \frac{\mathrm{b}vs}{v - s}$$

Cette dernière égalité serait aussi valable si l'hypoténuse du triangle APK serait parallèle à une sécante quelconque passant par M . Mais lorsqu'il est parallèle à la tangente en M , il convient de comparer cette équation à celle-ci

$$y^2 = 2e\,y - ee$$

ce qui permet d'obtenir

$$\frac{\mathrm{b}vs}{v-s} = e^2$$

$$\text{donc } s = \frac{ve^2}{\mathrm{b}v + e^2}$$

et

$$\frac{\mathrm{b}s - vs}{v - s} = 2e \ \text{ donc } s = \frac{2ev}{\mathrm{b} - v + 2e}$$

enfin, en démêlant

$$v = \frac{\mathrm{b}e}{2\mathrm{b} + y}.$$

Debeaune considère, sans l'écrire, que y = *e* d'où $v = \frac{\mathrm{b}y}{2\mathrm{b}+y}$, ce qui lui donne la valeur de PL égale à $\frac{y\mathrm{b} + y^2}{2\mathrm{b} + y}$[65]. Il n'a pas besoin de diviser par *e*.

65 C'est le même résultat que celui qu'obtient Descartes (la notation *v* diffère).

Debeaune a supposé le problème résolu – c'est-à-dire le rapport entre v et s est égal à celui de l'ordonnée et la sous-tangente – et cherche, comme le prescrit *La Géométrie*, deux relations entre les inconnues v et s qui lui permettent d'obtenir leurs valeurs. Sa méthode n'est valable que pour les courbes qui possèdent une équation algébrique.

LA NULLITÉ DE *E* : UNE ÉVIDENCE CALCULATOIRE ?

Lorsqu'il avait légitimé l'élision des homogènes, Descartes déclarait qu'il était « évident » d'annuler le e. Plusieurs présentations de la méthode de Fermat sont proposées de son vivant, puis pendant les décennies qui suivent son décès. La suite ne prétend pas à l'exhaustivité mais elle fournit des exemples de la manière dont le « e » de la méthode de Fermat a été interprété et comment son statut a pu être modifié.

Beaugrand : nommer par o *ce qui deviendra nul (1640)*[66]

Beaugrand critique la méthode de Descartes car il la juge peu simple (*OF*, V, p. 105).

Il imagine « l'artifice » dont Apollonius aurait pu se servir pour trouver les tangentes aux coniques. De cette méthode, il ne peut évidemment pas en être certain puisque Apollonius, comme tous les Anciens, n'a laissé aucune trace de l'origine de son invention.

Dans sa présentation Beaugrand introduit la notation « o » qui remplace le « e » des présentations précédentes[67]. Dans le cas de la tangente à l'ellipse, il avertit que

> nous nommerons [...] la ligne DG o, pour la rayson que je toucheray ci-après. [...] la ligne GD soit o, c'est-à-dire nulle (*ibid.*, p. 102-103).

Pour présenter sa méthode, Beaugrand l'applique directement sur différentes courbes en commençant par l'ellipse et l'hyperbole. Cependant il considère que l'introduction du « o » apparaît encore plus féconde lorsque sa méthode s'applique à la conchoïde de Nicomède :

66 *OF*, V, p. 100-114. La datation n'est pas certaine, elle pourrait être de l'automne 1638 ou du printemps 1640, on pourra consulter Sébastien Maronne, *La théorie des courbes et des équations dans la géométrie cartésienne : 1637-1661*, *op. cit.*, p. 264, note 83.

67 Il ne mentionne pas Fermat, ce qui lui sera reproché, voir *OF*, V, p. 114.

> Afin que tu puisses considérer l'usage de la quantité nulle que j'introduis en la recherche des tangentes, je veux t'en donner encore un exemple en la première conchoïde de Nicomède, puisque le S. des Cartes advoue luy mesme que si on voulait trouver la tangente de cette ligne par la méthode qu'il a expliqué, on s'engagerait dans un calcul autant ou plus long que aucun de ceux qu'il a faicts auparavant (*ibid.*, p. 110-111).

Dans un passage que Beaugrand cite intégralement, Descartes avait effectivement annoncé des difficultés calculatoires (*ibid.*, p. 110-111)[68]. Van Schooten effectue ce calcul dans le commentaire de chacune des deux éditions latines de *La Géométrie*[69]. Il obtient une équation du troisième degré qu'il compare à une autre équation qui possède une racine double[70].

Beaugrand considère la conchoïde DCM dont la tangente KC en C est cherchée. K est le point d'intersection avec l'axe. Il pose $AE = \mathrm{b}$, $EC = \mathrm{d}$ et $BE = \mathrm{k}$ puis, $KE = a$ et $EI = o$.

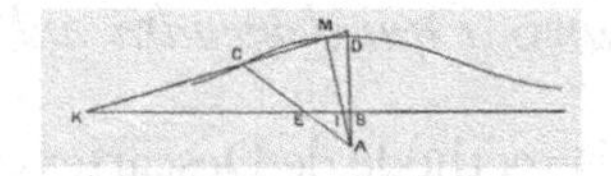

FIG. 11 – Jean de Beaugrand, *OF*, V, p. 111, © Bibliothèque nationale de France.

M est un point « qu'il faut concevoir au commencement estre différent du point C ».

Beaugrand exprime ensuite le carré de IA de deux façons différentes. D'une part[71],

$$IA^2 = \mathrm{b}^2 - 2\mathrm{k}o + o^2,$$

puis comme[72]

$$IA = \frac{a\mathrm{b} - o\mathrm{d}}{a + o}.$$

68 « On pourrait en cherchant dans la ligne BH [axe de la conchoïde] le point par où cette ligne CG [normale] doit passer, selon la méthode icy expliquée, s'engager dans un calcul autant ou plus long qu'aucun des précédents. » (*La Géométrie*, p. 351-352).

69 *Geometria à Renato Des Cartes anno 1637 gallice edita*, *op. cit.*, p. 249-253 (versión 1659).

70 Van Schooten fournit une deuxième manière : il cherche la normale en un point C de la conchoïde, en minimisant la distance PC où P est un point situé sur l'axe de la conchoïde. Il use pour cela de la méthode de Fermat. Cet exemple est traité plus en avant.

71 En vertu des triangles rectangles BAE et ABI, on a : $IA^2 = BA^2 + IB^2$ et $BA^2 = \mathrm{b}^2 - \mathrm{k}^2$. Or $IB^2 = (EB - EI)^2 = (\mathrm{k} - o)^2$. D'où : $IA^2 = \mathrm{b}^2 - \mathrm{k}^2 + (\mathrm{k} - o)^2 = \mathrm{b}^2 - 2\mathrm{k}o + o^2$.

72 Beaugrand se réfère à un résultat de Ptolémée et Théon pour exprimer MA et en déduire IA, *ibid.*, p. 114.

en élevant au carré cette dernière expression, puis en « multipliant, divisant et ostant de cette équation les quantitez qui s'effacent mutuellement », il obtient une égalité dont il range les termes selon la disposition qui suit :

$$\left.\begin{array}{c} oaa+ooo \\ +2abb+bbo \\ +2aoo \end{array}\right\} \text{sera esgal à} \left\{\begin{array}{c} +2\mathrm{k}aa \\ +4\mathrm{k}ao-2\mathrm{b}a\mathrm{d} \\ +2\mathrm{k}oo+\mathrm{dd}o \end{array}\right.$$

Puis, tenant compte que

> si KCM touche cette conchoïde, il est nécessaire que EI soit nulle, ostez toutes les quantitez où *o* se rencontre, et puis vous connoistrez que la valeur de *a* est $\frac{\mathrm{b}^2+\mathrm{bd}}{\mathrm{k}}$ (*ibid.*, p. 112).

Il donne ensuite une construction de cette tangente.

Sa résolution s'est effectuée en deux étapes bien distinctes. D'abord, il résout algébriquement le problème de la sécante (C et M sont distincts) et « o » représente une quantité non nulle qui a un pendant géométrique (le segment EI). Ensuite, en attribuant effectivement à « *o* » la valeur absolument nulle, il obtient la valeur EK correspondant à la tangente. Sa démarche est similaire à celle de Descartes lorsque celui-ci distingue les deux cas (sécance et tangence) dans la lettre à Hardy.

Hérigone : « e est zéro » (1649)

Hérigone (1580-1643) publie une présentation de l'application de la méthode des *Maxima* et *minima* et de la méthode des tangentes dans son *Cursus mathematicus*[73]. Cet ouvrage est un cours de mathématique « démontré d'une nouvelle, brieve et claire méthode, par notes réelles et universelles, qui peuvent être entendues facilement sans l'usage d'aucune langue ». Le texte est en latin mais une traduction française figure en regard.

Pour la méthode des *Maxima* et *minima*, Hérigone s'intéresse à quatre questions puis traite ensuite la recherche des tangentes à quelques coniques. La méthode des tangentes est présentée sans justification comme corollaire de la méthode de *Maxima* et *Minima*. Les résolutions

73 Pierre Hérigone, *Supplementum cursus mathematici continens geometricas aequationum cubicarum purarum, atque affecturum Effectiones*, Paris, Chez Henry le Gras, 1642, Proposition XVI, « *De maximis et minimis* », p. 59-69. Les *Cursus mathematici* est constitué de six volumes et est publié à Paris entre 1634 et 1642.

des questions sont structurées selon deux étapes : « analyse 1 » et « analyse 2 ». La première fournit les notations et la deuxième correspond à la résolution proprement dite.

La première question traitée consiste à chercher « le plus grand rectangle contenu sous le segment d'une ligne droite donnée » (*ibid.*, p. 59). Dans la première étape, il considère un segment EF et un point G. Il pose b = EF et a = EG, on a GF = b – a. Le rectangle EGF est donc égal à ab – a.

Dans la deuxième étape, il suppose « *e* est zéro » et écrit :

$$a + e = EG \text{ et } b - a - e = GF,$$

le rectangle EGF est donc égal à ab – a^2 – 2a*e* + *e*b – e^2.

Puis il écrit l'égalité

$$ab - a^2 = ab - a^2 - 2ae + eb - e^2.$$

En simplifiant les termes communs, il a : 2a*e* + e^2 = *e*b, puis en divisant par *e*, il obtient : 2a + *e* = b. Enfin, il a recours à l'énoncé « *e* est zéro » pour effacer le terme « *e* » et obtenir 2a = b.

L'introduction de « *e* » ne s'effectue plus au moment de la présentation des données mais apparaît de manière abrupte pendant la procédure de résolution. Dans son premier opuscule *Methodus ad disquirendam maximam et minimam. De Tangentibus curvarum*, Fermat avait présenté de façon générale mais laconiquement sa méthode puis l'avait appliquée sur plusieurs exemples. Par ces exemples, le statut de « *e* » comme élément géométrique apparaissait[74]. Ici « *e* » n'est plus représenté sur le diagramme.

Hérigone réduit le texte de Fermat à sa seule teneur algorithmique. Le « *e* » est réduit à un simple adjuvant de calcul, une lettre qui renvoie à une entité supposée nulle ou en instance de l'être.

Van Schooten : inutile de présenter e *(1659)*

Dans son commentaire au Livre II de *La Géométrie*, Van Schooten présente la méthode des tangentes de Fermat à partir de l'exemple de la conchoïde, qu'il vient de traiter juste avant par la méthode de Descartes[75]. Il annonce qu'il utilisera une méthode des *maximis et minimis* qu'il détient

---

74 « *Ponatur CE esse a : ponatur CI esse e* », *OF*, I, p. 135.

75 René Descartes, *Geometria a Renato Des Cartes anno 1637 gallice edita*, *op. cit.*, 249-252. La fig. 12 lui sert pour la présentation des deux méthodes.

de Fermat et qu'Hérigone a fait voir dans le supplément de ses *Cursus Mathematici* (*ibid.*, p. 253).

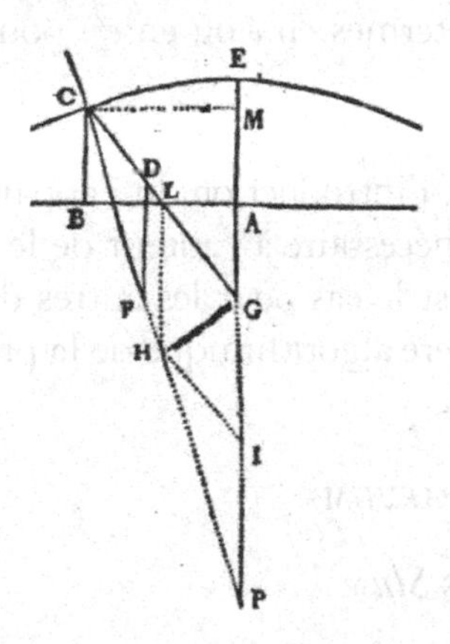

FIG. 12 – Frans Van Schooten, « Commentarii in Librum II » dans *Geometria a Renato Des Cartes anno 1637 gallice edita*, Amsterdam, chez Ludovic et Daniel Elzevier, 1659, t. 1, p. 252, © Bibliothèque nationale de France.

CE est une conchoïde de pôle G et de règle AB , P est un point de l'axe. Van Schooten avertit que chercher la normale CP revient à trouver le *minimum* parmi les carrés des longueurs CP^2 , où P se trouve fixé sur l'axe (*ibid.*, p. 254)[76].

Il pose : $GA = \mathrm{b}$, $AE = LC = \mathrm{c}$, $AM = \mathrm{y}$, et $PA = v$. $GM = \mathrm{b} + \mathrm{y}$ donc $GC = \frac{\mathrm{bc}+\mathrm{cy}}{\mathrm{c}}$. Comme $GM^2 = \mathrm{bb} + 2\,\mathrm{by} + \mathrm{yy}$, il trouve

$$CP^2 = \frac{\mathrm{bbcc}+2\mathrm{bccy}+\mathrm{ccyy}}{\mathrm{yy}} - \mathrm{bb} - 2\mathrm{by} + vv + 2v\mathrm{y}.$$

Sans aucune explication mais semblablement à Hérigone, il mande de poser $AM = \mathrm{y} + e$ et trouve la nouvelle expression de CP^2 :

$$CP^2 = \frac{\mathrm{bbcc}+2\mathrm{bccy}+\mathrm{ccyy}+2\mathrm{bcc}e+2\mathrm{cc}e\mathrm{y}+\mathrm{cc}ee}{\mathrm{yy}+2e\mathrm{y}+ee}$$

$$-\mathrm{bb}-2\mathrm{by}-2\mathrm{b}e+vv+2v\mathrm{y}+2ve$$

76 « *Deinde quaero quadratum ex* PC *, supponendo illud esse minimum quadratorum omnium, quae quae fiunt à lineis ex* P *ad Conchoïdem ductis.* »

Il égalise les deux expressions trouvées puis il effectue les simplifications habituelles (suppression des termes communs, division par e, suppression des termes en e ou en e^2) pour obtenir la valeur de $v = \frac{bbcc}{y^3} + \frac{bc}{y^2} + b$.

Chez Van Schooten, l'introduction du e apparaît en cours de résolution. Il ne semble pas nécessaire à l'auteur de le présenter au début de son analyse comme c'est le cas pour les autres données. Van Schooten accentue ainsi le caractère algorithmique de la présentation d'Hérigone à laquelle il s'est référé.

« E » COMME « *INFINITÈ PARVUM* »

Huygens (1667) versus *Sluse*

Van Schooten enseigne les mathématiques à Christiaan Huygens entre 1645 et 1647. À cette occasion il écrit un texte dont Huygens se sert pour ses premiers apprentissages et où sont exposées la méthode des *Maximis et minimis* et celle des tangentes[77]. Van Schooten rappelle l'existence de l'exposé d'Hérigone puis les présente à son tour d'une manière similaire à ce qui a été décrit plus haut. À sa lecture, Huygens n'est pas satisfait par la présentation schootenienne car il juge qu'il n'est pas aisé de saisir de quelle façon il a découvert la règle[78].

En septembre 1652 (*OH*, XII, p. 60), Huygens applique la méthode des *Maximis et minimis* en se référant à Fermat « *secundum Fermattij regulam* » d'une manière très similaire à Van Schooten. Pour expliquer la méthode qu'il vient d'appliquer sur un exemple, il se place dans le cadre algébrique : l'expression à minimiser doit avoir une racine double, ce qui conduit à une identification de coefficients[79]. Ses arguments ne sont pas sans rappeler ceux de Fermat.

Douze ans plus tard, le 13 avril 1667, Huygens présente une « Démonstration de la règle des *maxima* et des *minima* » et « Une règle pour trouver des tangentes aux lignes courbes » à l'Académie royale

77 *OH*, XI, p. 3-4. Ce manuscrit contient des cours portant sur les résultats de Diophante, Apollonius, Pappus, Viète, Descartes et Fermat.

78 « *inventionem hujus regulae non percepit, quae est hujusmodi* » (*ibid.*, p. 20).

79 Au maximum, $y = 0$ (le rôle de y est identique à celui de e) les deux racines deviennent égales (*ibid.*, p. 61-62).

des sciences[80]. Les arguments développés sont d'une toute autre sorte que dans sa présentation de 1652. Ce texte ne sera publié qu'en 1693 dans une compilation de travaux d'académiciens[81]. Cette compilation est à l'initiative de l'académicien Philippe de La Hire qui, à partir de 1686, souhaite publier un recueil de prestige, constitué d'ouvrages et de mémoires des premiers académiciens, en particulier ceux de Frénicle, de Roberval mais aussi de Huygens. Ce receuil a circulé et est connu des lecteurs savants de la fin du XVIIIe siècle.

En préambule à sa présentation, Huygens souligne que bien que Fermat soit le premier inventeur de la règle « pour déterminer les valeurs maximales et minimales dans les questions géométriques », il n'a pas « communiqué le fondement ». Huygens pense non seulement connaître ce dernier mais il prétend être parvenu à abréger la méthode fermatienne en règle. Sa règle s'accorde avec celle de Johan Hudde mais, avance-t-il, elle est plus « générale » et plus « élégante » (*OH*, X, p. 229)[82]. Huygens présente sa règle de *Maxima* et *minima* en l'appliquant directement à des exemples, le premier étant le même que celui par lequel il avait débuté son mémoire de 1652. Il est intéressant d'examiner les différences entre les deux présentations.

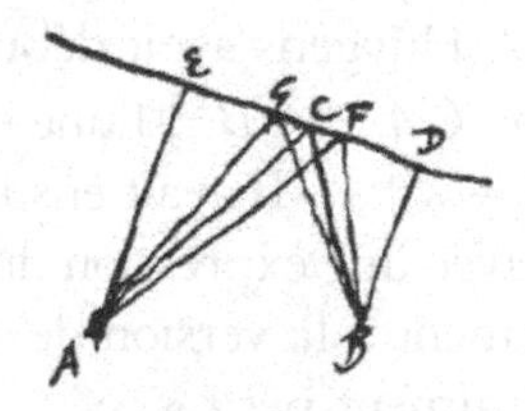

FIG. 13 – Christiaan Huygens, « Démonstration de la règle de Maxima et Minima », *OH*, XX, p. 229, © Bibliothèque nationale de France.

Le premier exemple est le même que celui de 1652. Il considère un segment donné *ED* et deux points fixes *A* et *B*. Il cherche un point *C*

80 *Procès-verbaux de l'Académie Royale des Sciences (PVARS)*, année 1667, f° 113. Une traduction française à laquelle cette étude se réfère est proposée dans *OH*, XX, p. 230.

81 *Divers ouvrages de mathématiques et de physique, par Messieurs de l'Académie royale des Sciences*, 1693, p. 326-335.

82 Huygens fait référence à la présentation de Van Schooten pour cette dernière dans les commentaires à *La Géométrie* de Descartes.

sur ED tel que $CA^2 + CB^2$ soit minimal. Pour que ceci ait lieu, Huygens affirme qu'il est nécessaire qu'il y ait de part et d'autre deux points F et G tels que l'on ait

$$FA^2 + FB^2 = GA^2 + GB^2 > CA^2 + CB^2.$$

Il pose EA = a, BD = b, ED = c, puis GF « égale à une ligne donnée *e* ». Il cherche $EG = x$ tel que l'on ait $FA^2 + FB^2 = GA^2 + GB^2$. Il exprime alors $FA^2 + FB^2$ et $GA^2 + GB^2$ puis égale les deux expressions pour obtenir

$$a^2 + b^2 + c^2 - 2cx - 2ce + 2x^2 + 4ex + 2ee = a^2 + b^2 + c^2 - 2cx + 2x^2$$

Or, Huygens affirme qu'en prenant

> *e* infiniment petite la même équation donnera la valeur de EG lorsqu'elle est égale à EF. De cette façon nous aurons déterminé le point cherché C pour lequel $CA^2 + CB^2$ est minimal (*OH*, XX, p. 230).

Il poursuit en effectuant les étapes habituelles : ôter les termes égaux, diviser par *e* puis ôter les termes qui contiennent *e* « puisqu'ils représentent des quantités infiniment petites par rapport à ceux qui ne contiennent pas de *e* » (*ibid.*, p. 232).

Dans le texte de 1652, Huygens avait débuté de la même façon, en écrivant deux expressions $CA^2 + CB^2$, l'une en partant de $EC = x$ et l'autre en partant de $EC = x + y$. Il avait ensuite comparé la différence de ces deux expressions avec une expression du second degré ayant une racine double. Contrairement à la version de 1667, Huygens ne faisait pas appel au terme « infiniment petit ».

Dans la version de 1667, Huygens décrit également la « Règle pour trouver les tangentes des lignes courbes » (*ibid.*, p. 243). À nouveau, il souligne que Fermat a insuffisamment expliqué le fondement de sa méthode mais il n'est pas satisfait non plus de l'explication que Descartes avait tentée. La sienne, avance-t-il, est meilleure. Pour expliquer la règle, Huygens l'applique au folium de Descartes d'axe AF.

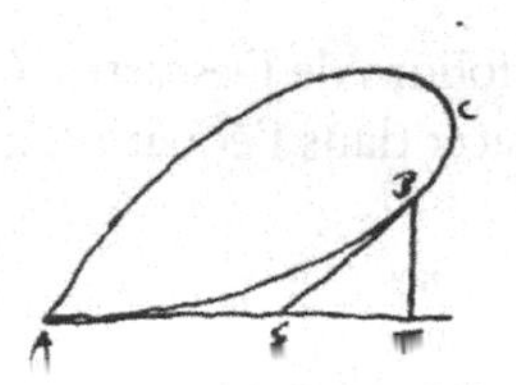

FIG. 14 – Christiaan Huygens, *OH*, XX, p. 244,
© Bibliothèque nationale de France.

Il pose $AF = x$, $FB = y$. On a : $x^3 = xya - y^3$ où a est une longueur donnée. Pour trouver la sous-tangente $FE = z$, il fournit un algorithme, dont les étapes sont écrites ci-dessous :

Premièrement, mettre tous les termes de l'équation dans un seul membre

$$x^3 - xya + y^3 = 0$$

Deuxièmement, multiplier tous les termes dans lesquels se trouve y par la dimension à laquelle se trouve y. Cette somme est le numérateur :

$$- xya + 3\,y^3$$

Enfin, multiplier tous les termes dans lesquels se trouve x par la dimension à laquelle se trouve x. Puis diviser par x. Cette somme sera le dénominateur :

$$3x^2 - ya$$

Il obtient alors $FE = \dfrac{- xya + 3\,y^3}{3x^2 - ya}$.

Pour expliquer cette règle, Huygens considère une courbe quelconque *BDK* et une sécante *BD* avec le point *D* « fort proche de *B* ». Il pose $AB = x$, $BF = y$, *FG* est une longueur donnée *e*, il cherche $EF = z$. En vertu de la similitude des triangles *EBF* et *EDG*, il obtient $GD = y + \dfrac{ey}{z}$, relation qui est vraie pour n'importe quelle courbe.

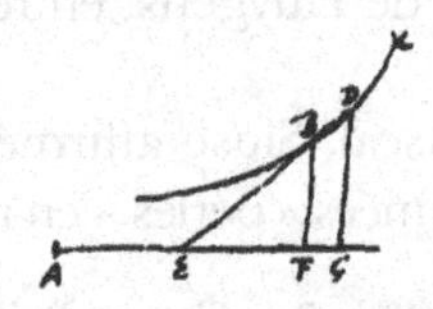

FIG. 15 – Christiaan Huygens, *OH*, XX, p. 246,
© Bibliothèque nationale de France.

Il revient alors sur le folium de Descartes. Comme le point D est sur la courbe, il peut remplacer dans l'équation x par x + *e* et y par y $+\frac{ey}{z}$.

Il obtient

$$x^3+3ex^2+3e^2x+e^3+y^3+\frac{3ey^3}{z}+\frac{3e^2y^3}{z^2}+\frac{e^3y^3}{z^3}-axy-aey-\frac{aeyx}{z}-\frac{ae^2y}{z}=0$$

Puisque $x^3-xya+y^3=0$, il supprime ces trois termes du premier membre. Tous les termes restants étant multiples de *e*, il divise par *e* puis néglige dans les termes restants ceux qui contiendraient *e*. Cette dernière manipulation est justifiée car selon lui,

> L'équation ainsi obtenue donnera la droite z ou FE, bien entendu dans le cas où BE est considéré comme une tangente de sorte que FG ou e est infiniment petite. Car les termes dans lesquels *e* est resté représenteront alors des quantités infiniment petites ou entièrement (*ibid.*, p. 248).

Les termes restants, affirme Huygens, donnent la valeur de *z* (c'est bien le cas). Ceci explique « l'origine et la règle de Fermat ».

Huygens choisit en 1667 de justifier sa méthode des tangentes en utilisant le langage des infiniment petits alors que pour le traitement d'exemples semblables, en 1652, il n'y avait nullement recouru. S'adressant à l'Académie royale des sciences, il a le souci de la compréhension de son propos. Ainsi, en 1667, il est habituel d'accepter des explications mathématiques impliquant des « infiniment petits », le terme « quantité infiniment petite » fait partie du savoir institutionnel.

René-François Sluse (1622-1685), chanoine de la cathédrale de Liège, est un mathématicien de renommée qui correspond avec les plus éminents savants de son temps, en particulier Pascal (1623-1662), Huygens et le secrétaire de la Royal Society, Henri Oldenburg (1619-1677). Entre ses nombreux travaux, Sluse présente une méthode des tangentes pour les courbes géométriques qu'il énonce sous forme de règle. Cette règle est quasi identique à celle de Huygens, en revanche, leurs manières de justifier diffèrent.

Dans deux lettres à Pascal, Sluse affirme posséder cette règle qu'il applique à des courbes nommées « perles » en raison de leur forme[83]. Entre

83 C. Le Paige, « Correspondance de R.F. Sluse », *Bulletino di bibliografia e di storia delle Scienze matematiche e Fisiche*, pubblicato per Da B. Boncompagni, t. XVII, Roma, 1884, p. 423. L'auteur de l'article indique que la découverte de Sluse s'est faite en deux étapes. Il possède une méthode avant 1655 qu'il améliore entre 1655 et 1660.

temps il améliore sa méthode[84] et le 18 août 1662, il informe Huygens qu'il est en possession d'une méthode des tangentes et il l'applique à une courbe[85]. Le 12 janvier 1663, il revient sur le même sujet en précisant que sa règle est indemne de tout « ennui calculatoire[86] ». Dans une lettre à Oldenburg, Huygens lui assure qu'il possède la même règle que Sluse – celle qui vient d'être d'analysée – et qu'il la détient de Johan Hudde. En outre, il affirme pouvoir fournir une « démonstration à sa façon ». Hudde l'aurait secrètement communiquée à Huygens et Van Schooten[87]. Presque dix ans plus tard, en 1672, la règle de Sluse est publiée sous forme de lettre dans les *Philosophical Transactions*[88]. Dans cette lettre, Sluse relève les atouts de sa règle : elle est brève, facile et son application exige peu de travail calculatoire[89]. Il ne la démontre pas mais fournit quelques indications[90]. En revanche, il existe un manuscrit dans lequel Sluse démontre sa règle[91]. Sa démonstration n'a jamais été publiée de son vivant. Elle repose sur des procédures exclusivement algébriques[92]. Les termes qui sont une puissance de *e* supérieure à deux, dont s'était immédiatement débarrassé Huygens dans sa démonstration en raison de leur caractère « infiniment petites ou entièrement évanouissantes », sont conservés jusqu'à la fin de sa preuve. Huygens trouve probablement plus simple d'expliquer sa règle par le biais de considérations sur les infiniment petits.

La présentation de Barrow (1670) : le triangle infiniment petit

Isaac Barrow (1630-1677) est un mathématicien anglais, professeur à Cambridge. En 1670, il publie les *Lectiones Opticae et Geometricae*[93]. La partie *Lectiones geometricae* est constituée de treize leçons. La plupart des

84 L. Rosenfeld, « René-François de Sluse et le problème des Tangentes », *Isis*, vol. 10, nº 2, juin 1928, p. 416-434.

85 Lettre de Sluse à Huygens du 18 août 1662, *OH*, IV, p. 207.

86 *« calculi molestiâ »* dans lettre de Sluse à Huygens du 12 janvier 1663, *OH*, IV, p. 292.

87 Enrico Giusti, « Le problème des tangentes de Descartes à Leibniz », *op. cit.*, p. 36.

88 *Philosophical Transactions*, 1672, 7, p. 5143-5147. La lettre date du premier janvier 1672.

89 *« Brevis mihi visa est, ac facilis, [...] & quae absque ullo calculi labore de omnes omnino líneas extendatur. »*

90 L. Rosenfeld, « René-François de Sluse et le problème des Tangentes », *op. cit.*, p. 417.

91 *Ibid.*, « Demonstratio Regulae generalis ducendi tangentes ad quaslibet curvas Geometricas », appendice 2, p. 431-434.

92 Des éclaircissements de cette démonstration sont donnés dans L. Rosenfeld, « René-François de Sluse et le problème des Tangentes », *op. cit.*, p. 423-426.

93 Isaac Barrow, *Lectiones geometricae*, *op. cit.*, 1670.

démonstrations et constructions sont strictement géométriques et ne font nullement appel à des calculs algébriques.

Au début de la leçon VI, Barrow annonce son intention d'exposer une méthode pour construire des tangentes à une courbe mais, insiste-t-il, sans l'embarras des calculs (*ibid.*, p. 45)[94]. Les leçons allant de VI à X contiennent des propositions autour de la recherche de tangentes et se présentent sous forme de problèmes. Chaque problème consiste à trouver la tangente à une courbe définie par une relation à une autre courbe dont on sait tracer la tangente. Les descriptions de constructions de tangentes ne se déduisent que par des arguments purement géométriques, sans calculs.

Cependant, malgré sa réticence aux calculs, Barrow fournit, en appendice à la leçon X, une méthode algorithmique permettant de trouver des tangentes et qui suppose des infiniment petits[95].

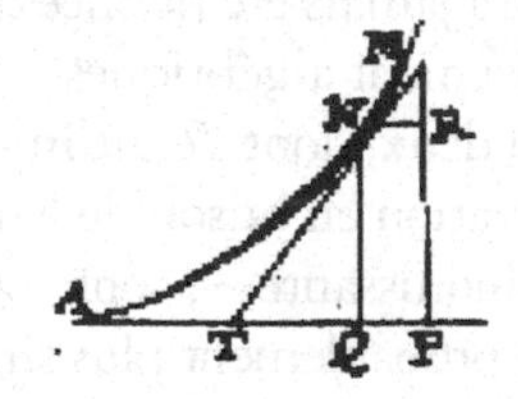

FIG. 16 – Isaac Barrow, *Lectiones geometricae*, Londres, Godbid, 1670, planche 5, figure 121, © Bibliothèque nationale de France.

Pour trouver la tangente MT en un point M de la courbe, Barrow considère un arc MN « indéfiniment petit » [*indefinitè parvum*].

Il nomme AP = n, MP = m, $PT = t$, $MR = a$, $NR = e$, puis mande de comparer le rapport $\frac{MR}{NR}$ au rapport $\frac{MP}{TP}$ au moyen d'une équation obtenue par le calcul.

Pour ce faire, il décrit les différentes étapes de la procédure algorithmique : il faut substituer dans l'équation de la courbe n par n + e et m par m + a, ce qui donne une deuxième équation dont on soustrait la première. On élimine les termes contenant une puissance de a ou de e,

94 *« circa tangentium absque calculi molestia vel fastidio investigationem simul ac demonstrationem expeditam. »*

95 Il déclare qu'il ne voyait pas *a priori* pourquoi donner une méthode supplémentaire après toutes ces propositions mais qu'il le fait suivant les conseils d'un « ami » (sûrement son disciple Newton).

ou de quelque produit de *a* ou *e* « car ces termes vaudront rien » (*ibid.*, p. 81)[96] puis on rejette tous les termes qui ne contiennent pas de *a* ou *e*. Il affirme que l'on obtient ainsi la valeur de la sous-tangente $PT = t$ en formant le rapport $\frac{me}{a}$.

Pour obtenir la formule $TP = \frac{me}{a}$, Barrow suppose explicitement que l'arc MN est « équipollent » à la corde MN lorsqu'il est indéfiniment petit, c'est-à-dire que l'un peut être pris pour l'autre[97]. Dans ces conditions, il considère que le triangle fini MTP est semblable au triangle indéfiniment petit MNR. Il admet donc que la notion de similitude de triangles demeure entre un triangle fini et un autre de dimensions infiniment petites.

Par la suite, il applique sa méthode sur cinq exemples, certains déjà traités précédemment sans calcul.

Par rapport à la règle de Sluse/Huygens, la méthode de Barrow aboutit à des calculs plus embarrassés. Sluse le fait d'ailleurs remarquer à Oldenburg dans la lettre datée du 22 novembre 1670[98]. Cependant, la méthode de Barrow a la qualité de s'appliquer à des courbes autres que les seules possédant une équation algébrique. Ainsi, améliorer la méthode de Barrow apparaîtra dans les décennies suivantes comme un défi prometteur.

LA *NOVA METHODUS* : LA DISPARITION DE *E* ?

Leibniz a conçu sa méthode des tangentes au moins depuis 1675 comme des manuscrits peuvent en attester[99]. En octobre 1684, il la rend publique dans un article du journal *Acta Eruditorum*[100]. Cette publica-

96 *« etenim isti termi nihil valebunt. »*

97 *« Quòd si calculum ingrediatur curvae cujuspiam indefinita particula ; substituatur ejus loco tangentis particula ritè sumpta ; vel ei quaevis (ob indefinitam curvae parvitatem) aequipollens recta. »*

98 C. Le Paige, « Correspondance de R.F. Sluse », p. 652 : *« [...] in Clar.mi Barrovii Lectionibus, [...] praeclara multa et auctore digna observavi, et non mediocriter in primis sum gavisus, eandem ipsi occurrisse ducendarum tangentium methodum, qua olim usus fueram. Verum in aliam mecum incidet longe faciliorem, et quae vix ullam calculi molestiam requirat, si paulo ulterius eadem via progressus fuerit. »*

99 Hess publie dans ce numéro spécial des manuscrits inédits décisifs. Hess, Heinz, Jürgen. « Zur Vorgeschichte der "Nova Methodus" (1676-1684) » dans « 300 Jahre Nova Methodus », *Studia Leibnitiana*, Sonderheft, 14, 1984, p. 64-102.

100 Marc Parmentier fournit une traduction de référence dans *Naissance du calcul différentiel, 26 articles des Acta Eruditorum*, trad. Marc Parmentier, Paris, Librairie philosophique J. Vrin, 1989, p. 104-117.

tion fait suite à une demande de contribution de la part du directeur de la revue Otto Mencke (1644-1707). Bien que les préoccupations mathématiques de Leibniz ne portent pas spécialement sur la recherche d'*extremum* ou de tangentes, un concours de circonstances liées à des publications précipitées de son ami Tschirnhaus le pousse à choisir ce sujet plutôt qu'un autre[101].

Leibniz est au courant des principales méthodes de tangentes – Fermat, Descartes, Hudde, Sluse – avec leurs limites et leurs défauts. Dans le manuscrit intitulé « Méthode nouvelle des tangentes », il affirme que la sienne y pallie :

> Mais comme Messieurs Fermat, des Cartes et Slusius ont supposé que la nature de la courbe soit exprimée par une équation purgée des grandeurs rompues et irrationnelles, il est aisé de juger que pour les oster il faut que le calcul grossisse quelquefois horriblement, et que l'on monte à des dimensions tres hautes, dont la depression par après est tres difficile, mais absolument nécessaire, puisque je feray voir par une autre voye, qu'on n'avait pas besoin de monter si haut. J'ay donc trouvé le moyen d'eviter toute cette reduction inutile de fractions et grandeurs irrationnelles, et j'ay découvert une Methode generale pour mener les touchantes des lignes Courbes Analytiques ou autres qui a autant d'avantage sur toutes celles qui ont esté publiées jusqu'icy, que celle de Mons. Slusius a sur la méthode de Messieurs Fermat et des Cartes, et je trouve à propos de la publier à cause de la grande étendue de cette matière, que Mons. Des Cartes luy même a jugé estre la plus utile partie de la geometrie, et dont il a souhaitté le plus de venir à bout. Mais pour m'expliquer nettement et succintement je suis obligé d'introduire de nouveaux caractères, et de leur donner un algorithme nouveau, c'est-à-dire des regles toutes particulieres pour leur addition, soustraction, multiplication, division, extraction de racines et solution des equations[102].

Dans ce passage, Leibniz pointe les principaux défauts des méthodes des tangentes y compris celle de Sluse, qu'il considère pourtant être la plus aboutie mais qui exige, pour être appliquée, que l'équation de la courbe soit délivrée d'expressions fractionnaires ou irrationnelles. Or, la transformation de l'équation afin d'ôter ce type d'expressions demande des calculs qui grossissent « horriblement ». Grâce à sa nouvelle méthode, Leibniz soutient que ce type de difficultés est évité. La

101 Heinz-Jürgen Hess, « Zur Vorgeschichte der "Nova Methodus" (1676-1684) » dans « 300 Jahre Nova Methodus », *Studia Leibnitiana*, Sonderheft, 14, 1984, p. 73.

102 G. W. Leibniz, « Méthode nouvelle des Tangentes, Ou de Maximis et Minimis », LH 35, 5, 16, f° 1.

question de la pénibilité des calculs a été parmi les critères qui ont motivé l'élaboration de sa nouvelle méthode. Il échange ce même genre de propos avec Newton : « On voit bien que dans la méthode de Sluse, il faut éliminer une à une toutes les irrationnelles, ce qui suppose un calcul immense[103] ». Cependant, pour ôter cette difficulté, il lui a été nécessaire d'introduire de « nouveaux caractères » accompagnés d'un « algorithme » qui permet d'opérer sur eux.

Pour exposer sa méthode, il considère plusieurs courbes qu'il nomme VV, WW, YY, ZZ d'axe commun AX. Les ordonnées sont respectivement VX, WX, YX, ZX, qu'il note respectivement v, w, y, z et AX, leur abscisse (commune) est notée x, les tangentes à chacune des courbes au point d'abscisse x coupent l'axe respectivement en B, C, D, E.

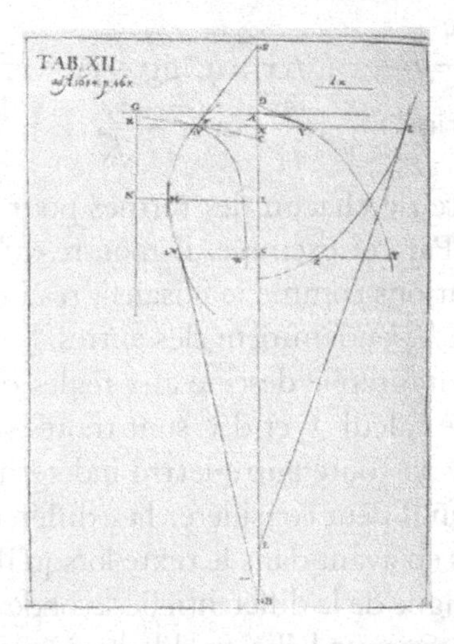

FIG. 17 – G. W. Leibniz, « Nova methodus … »,
AE, octobre 1684, table XII, p. 467,
© Biblioteca Museo Galileo.

Leibniz choisi arbitrairement [*arbitrio assumta*] un segment de droite qu'il note $\mathrm{d}x$. Ainsi défini, le signe $\mathrm{d}x$ ne renvoie pas forcément à un segment infiniment petit. Il définit alors $\mathrm{d}v$ par le rapport[104] : $\frac{\mathrm{d}v}{\mathrm{d}x} = \frac{v}{XB}$

103 Seconde lettre à Newton citée dans *Naissance du calcul différentiel*, *op. cit.*, p. 99.
104 Leibniz commet en fait une erreur puisqu'il écrit VB au lieu de XB (et WC, YD et ZE au lieu de XB, XC et XE).

et appelle dv la « différence » de v. Il définit de la même manière dw, dy, dz. Il donne ensuite des règles de calcul pour trouver les différences de différentes expressions : sommes, produits, quotients, puissances et irrationnelles. Ces règles opératoires s'appliquent donc directement sur les expressions et évitent la considération de l'équation dans sa globalité[105].

Pour montrer la fécondité de son algorithme il l'applique à une courbe d'équation « compliquée » (c'est-à-dire qui mêle des quantités fractionnaires et irrationnelle) :

$$\frac{x}{y}+\frac{(a+bx)(c-xx)}{(ex+fxx)^2}+ax\sqrt{gg+yy}+\frac{yy}{\sqrt{hh+lx+mxx}}=0$$

pour laquelle il pose

$$a+bx=n,\ c-xx=p,\ ex+fxx=q,\ gg+yy=r,\ hh+lx+mxx=s\ ,$$

pour obtenir l'équation : $\frac{x}{y}+\frac{np}{qq}+ax\sqrt{r}+\frac{yy}{\sqrt{s}}$.

Il prend la différence de chacun des termes pour revenir ensuite à la première équation. Par cet exemple, il montre qu'il n'a pas besoin de transformer les équations comme le faisaient ses prédécesseurs, chaque terme étant traité indépendamment des autres.

Dans le même paragraphe destiné aux règles de son algorithme, il signale que « dans ce calcul x et dx sont traités sur le même pied, de même que y et dy , ou toute autre lettre indéterminée et sa différentielle[106] ». De sorte qu'il peut considérer la « différence des différences » ce qu'il effectue plus en avant dans le texte lorsqu'il estime la convexité d'une courbe par le signe de la différentielle seconde. La preuve des règles de son calcul fait intervenir l'élision d'homogènes. La justification de cette élision pourrait fournir des indications sur le statut que Leibniz octroie à ce qu'il nomme par dx mais il choisit ici de ne pas développer

105 « Or les Méthodes en usage ne comportent aucun passage semblable [...] il faut commencer par éliminer des fractions et des irrationnelles (où entrent les indéterminées) », cité dans *Naissance du calcul différentiel*, *op. cit.*, p. 111.

106 Marc Parmentier commente : « il est donc essentiel que les différentielles, y compris celle de l'abscisse, soient pleinement des variables, c'est-à-dire demeurent complètement indéterminées, cette indétermination s'étendant au choix de telle ou telle différentielle comme constante », *Naissance du calcul différentiel*, *op. cit.*, p. 106. Ce n'est pas si évident car la notion de variabilité apparaît plus tard comme il sera vu dans le chapitre « Le traité *Analyse des infiniment petits pour l'intelligence des lignes courbes* », p. 251 de cet ouvrage. Elle est à distinguer de la notion d'indétermination.

des justifications. Ces dernières existent. En particulier, dans une lettre à Newton, il justifie la règle du produit en faisant appel à un critère d'homogénéité. Dans l'égalité

$$(x + dx)(y + dy) = xy + xdy + ydx + dxdy$$

le $dxdy$ n'étant pas homogène aux autres termes doit être effacé[107]. Par ailleurs, dans son manuscrit « *Elementa calculi novi* » le $dxdy$ est omis car ce terme est « infiniment petit respectivement au reste[108] ».

Enfin, son algorithme permet de trouver les tangentes des courbes transcendantes, c'est-à-dire celles dont l'équation ne peut pas se ramener à une équation polynomiale. Les courbes dont l'équation est fractionnaire ou irrationnelle ne rentrent pas dans ce cadre et peuvent être traitées directement par les règles de l'algorithme. Il est intéressant de remarquer que le titre de l'article ne fait pas mention des transcendantes alors que le libellé insiste sur l'efficacité à traiter les autres types d'expressions. Comment donc le nouvel algorithme traite-t-il les transcendantes ? Leibniz répond :

> [...] de la manière la plus universelle, sans recourir à des hypothèses particulières qui ne sont pas toujours vérifiées, pourvu seulement qu'on s'en tienne à ceci : dans son principe trouver la *tangente* consiste à tracer une droite joignant deux points infiniment proches de la courbe, c'est-à-dire tracer le côté d'un polygone *infinitangulaire* qui à mes yeux équivaut [*aequivalet*] à la courbe. Or on peut toujours représenter cette distance infiniment petite par une différentielle connue *dv*, ou par une relation qui la fait intervenir, c'est-à-dire par une tangente connue[109].

Ce passage est très intéressant car c'est la première fois qu'apparaissent dans l'article les vocables « infiniment petit » et « infiniment proches ». Leibniz les fait intervenir au moment de considérer la recherche de tangentes aux transcendantes. Or, sans qu'il l'ait mentionné pour les autres cas, pour trouver « l'équation différentielle de la tangente » (*ibid.* p. 110), le « principe du polygone infinitangulaire » est également indispensable. Ainsi, les dx et dv, qui tout au long de l'article représentent des côtés du triangle semblable à celui fait par l'ordonnée et la sous-tangente – Leibniz désigne ce triangle par « triangle caractéristique » –, étaient implicitement des « infiniment petits ».

---

107 Cité dans *Naissance du calcul différentiel*, *op. cit.*, p. 103.

108 *« infinite parva est respectu reliquorum »*, cité dans H. Hess, *op. cit.*, p. 101. Traduit par l'Auteur.

109 *Naissance du calcul différentiel*, *op. cit.*, p. 111.

Par la suite, il sera question d'étudier la réception de ce texte fondateur au sein du cercle autour de Malebranche. En particulier, il s'agira d'examiner la manière dont sa lecture et son interprétation ont été articulées aux méthodes de tangentes qui l'ont précédé.

EXPLIQUER LA DISPARITION DU *E*, INTERPRÉTATIONS AUTOUR DE MALEBRANCHE (1690-1692)

LA PREMIÈRE MÉTHODE DES TANGENTES DE L'HOSPITAL (1690)

L'Hospital propose une première méthode des tangentes qui daterait de 1690[110]. Il suppose que « Les lignes courbes se peuvent considérer comme des polygônes d'une infinité de petits côtéz égaux » et cette supposition lui permet de fournir la « définition » suivante :

> Ainsi, chercher une tangente à une courbe considérée comme un polygône d'une infinité de côtez, c'est chercher une ligne qui rencontrant un de ses côtez ne le coupe point et ne fasse avec lui qu'une même ligne. Car si on demande que tel point d'une Ligne courbe soit touché ou coupé seul, il est clair que le petit côté du polygone qui determine en cet endroit la courbure de la Ligne, étant continué ou ne faisant qu'une même Ligne avec une autre, il sera la tangente à la courbe (*ibid.*, f° 1-2).

L'Hospital n'ajoute aucun commentaire ni à cette supposition ni à sa définition qui sont les principes de sa méthode. Or l'égalité des côtés n'est pas nécessaire pour la recherche de tangente comme cela se voit dans l'exemple qui suit. La méthode est présentée directement à l'aide de l'exemple de la parabole d'équation $px = y^2$. Pour tirer la tangente nh d'un point h, il considère « un point r si proche du point h que le triangle rhs soit infiniment petit, ou que la ligne rh soit commune à la courbe et à la droite ». Dans la supposition que rhs est un triangle rectiligne, hs est à rs comme y est à nd.

110 Guillaume de L'Hospital, « Manière de trouver les tangentes des lignes courbes », FR 24236, f° 1-8.

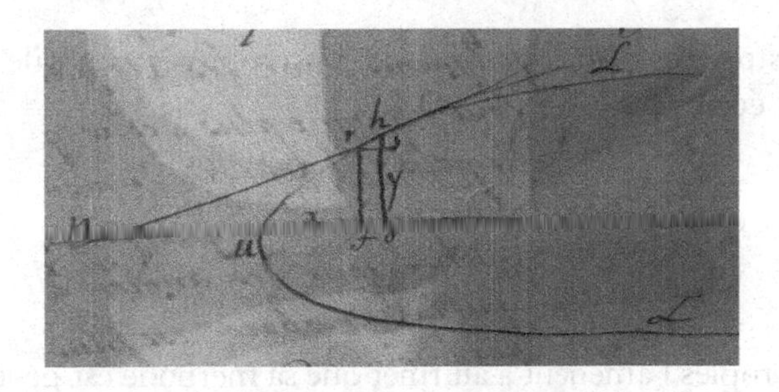

FIG. 18 – Guillaume de L'Hospital, FR 24236, f° 1,
© Bibliothèque nationale de France.

Il nomme alors *hs* par *a*, *fd* par *e* et *nd* par *t*. Comme $px = y^2$, au point *r* :

$$px - pe = yy - 2ay + aa$$

et en soustrayant ces deux équations, il obtient

$$e = \frac{2ay}{p} - \frac{a^2}{p},$$

d'où

$$t = \frac{2yy}{p} - \frac{ay}{p}.$$

Or $ay = 0$, d'où

$$t = \frac{2yy}{p} = 2x.$$

L'influence de Barrow est notable par les notations introduites mais aussi par les suppositions sur lesquelles s'appuient les deux méthodes. L'algorithme du mathématicien anglais requiert d'effacer dès le début tous les termes qui apparaissent et qui sont des puissances de a ou e, cette règle n'est pas reprise immédiatement par L'Hospital mais après cet exemple, il remarque que dans l'équation $px - pe = yy - 2ay + aa$, on peut négliger « le quarré aa pour abbreger, par ce que ce quarré ne sert de rien pour decouvrir ce qu'on cherche et qu'il ne fait qu'alonger le calcul » (*ibid.*, f° 2r°).

Il traite ensuite les cas du cercle, de l'hyperbole équilatère et de l'ellipse. Puis, il s'intéresse à la courbe d'équation $y^3 = bxx$. L'application de la méthode le conduit à l'équation $3ayy - 3aay + a^3 = 2bex - bee$, mais comme les termes $3aa, a^3$ et bee sont encore jugés « inutile à la résolution », il écrit

$$3ayy = 2bex \text{ et } e = \frac{3ayy}{2bx},$$

puis déduit que

$$t = \frac{3}{2}x.$$

Ces exemples l'amènent à affirmer que sa méthode est générale pour toutes les lignes géométriques « lorsqu'on a l'équation qui exprime leur nature ». Pour soutenir son affirmation, il prouve la formule de la sous-tangente de tous les types de paraboles et hyperboles, c'est-à-dire de toute courbe dont l'équation est

$$y^q = b^{q-p}x^p \text{ ou } x^p y^q = b^q c^p$$

dans laquelle p et q sont des entiers positifs. Pour ce faire, il remarque que lorsque l'on développe $(x-e)$ à n'importe quelle puissance, par exemple 10, les deux premiers termes qui apparaissent dans le développement sont x^{10} et $-10ex^9$, de la même manière, dans le développement de $(x-e)^q$, les deux premiers termes qui apparaissent sont $x^q - qex^{q-1}$. Or, L'Hospital affirme qu'il est « inutile » de considérer les autres termes dans le calcul (*ibid.*, f° 4).

Ainsi, si $y^q = x^p b^{q-p}$ alors

$$(y-a)^q = y^q - qay^{q-1} \text{ et } b^{q-p}(x-e)^p = b^{q-p}x^p - b^{q-p}pex^{p-1}.$$

En faisant la soustraction habituelle, il obtient

$$qay^{q-1} = pex^{p-1}b^{q-p}$$

et comme $ta = ye$, il peut « mettre y pour a et t pour e » d'où

$$t = \frac{qy^q}{px^{p-1}b^{q-p}} = \frac{qx^p b^{q-p}}{px^{p-1}b^{q-p}} = \frac{q}{p}x.$$

Lorsque les équations renferment des incommensurables, il conseille d'élever les racines « jusqu'à qu'il n'y en ait plus » ou encore de procéder à l'aide de la formule généralisée :

$$\sqrt[q]{\sqrt{(x-e)^p}} = (x-e)^{\frac{p}{q}} = x^{\frac{p}{q}} - \frac{p}{q} \mathrm{e} \, x^{\frac{p-q}{q}}$$

qu'il justifie à l'aide de considérations sur les puissances (*ibid.*, f° 7 v°)[111].

111 Il obtient des résultats similaires pour « les hyperboles à l'infini ».

Ici, il est manifeste que L'Hospital reprend la méthode de Barrow présentée en appendice à la leçon x. Pour l'appliquer aisément et généralement aux paraboles et hyperboles, il formule la règle selon laquelle dans le développement du binôme, seuls les deux premiers termes doivent être conservés pour le calcul. Cependant, il ne démontre pas ce résultat. Les cas des premières puissances lui suffisent pour se rendre compte que les autres termes sont « inutiles » pour l'obtention du résultat, ainsi il les annule. Pour la recherche pratique de tangentes, ils sont en effet sans importance, nul besoin de questionner leur statut.

FRANÇOIS DE CATELAN : DE NOUVEAUX ARGUMENTS (1691)

Après la mise en index de ses ouvrages en 1690, Malebranche est épaulé par François de Catelan (floruit 1676 – 1710). En l'absence de Prestet, ce dernier est devenu depuis 1678 son secrétaire libre et le reste jusqu'en 1694[112]. Avec une fidélité sincère et un franc dévouement, Catelan s'acquitte de diverses missions de publication que Malebranche lui confie[113]. Catelan gravite autour des milieux cartésiens où il rencontre notamment Pierre-Sylvain Régis (1632-1707) et Rolle. Il côtoie fréquemment les membres du groupe autour de Malebranche, notamment Prestet, Varignon, Sauveur et L'Hospital. Souvent présent lors de leurs discussions, il est informé de leurs recherches en cours[114].

Muni de connaissances qu'il estime suffisantes, il publie en 1691 un ouvrage intitulé *Principe de la science générale des lignes courbes ou un des principaux éléments de la géométrie universelle*[115] qu'il fait précéder d'un autre ouvrage – une Logistique – dans lequel il explique comment traiter avec des puissances de certaines quantités. Dans ce dernier, il souligne

112 André Robinet, « L'abbé de Catelan, ou l'erreur au service de la vérité », *Revue d'Histoire des Sciences et de leurs applications*, vol. 11, nº 4, Paris, 1958, p. 291.

113 Catelan est associé aux questions de l'attribution des *Conversations chrétiennes*. Leibniz ignore si ce traité est de la main de Malebranche ou de Catelan (lettre du 22 juin 1679), *OM, XX*, p. 157. Il est probable que Catelan ait accepté la paternité de l'ouvrage pour éviter des poursuites à Malebranche. Il surveille la parution du *Traité de la nature et de la grâce* en 1680. Le 16 juillet 1683, il informe Malebranche de la saisie des *Méditations chrétiennes*, *Ibid.*, p. 251.

114 André Robinet, « L'abbé de Catelan, ou l'erreur au service de la vérité », *Revue d'Histoire des Sciences et de leurs applications*, vol. 11, nº 4, Paris, 1958, p. 291.

115 François de Catelan, *Principe de la science générale des lignes courbes ou un des principaux Éléments de la Géométrie universelle*, Paris, Lambert Roulland, 1691. Noté par la suite par « Principe ».

que lorsqu'on sait « opérer sur les puissances » on peut découvrir les propriétés d'une « infinité de courbes ». Cette compilation de résultats prend le titre de *Logistique pour la science générale des lignes courbes ou manière universelle et infinie d'exprimer et de comparer les puissances des grandeurs*[116]. Par « Logistique », Catelan entend

> un Art d'exprimer par des caracteres sensibles les divers rapports que l'esprit découvre entre les grandeurs dont il compare les idées. Cet Art est à l'égard des Mathématiques ce qu'est l'écriture à l'égard des Langues. Il consiste dans certaines manieres d'employer les lettres de l'Alphabet & les chiffres pour signifier toutes les differentes comparaisons que l'on peut faire d'une grandeur avec une autre où avec l'unité. (*ibid.*, p. 3-4).

Cette conception est à rapprocher de la conception de l'algèbre de Malebranche duquel Catelan s'inspire très probablement. Malebranche désigne par « analyse » l'algèbre et la théorie des équations. « L'analyse est l'art d'employer les calculs de l'algèbre et de l'arithmétique, à découvrir tout ce qu'on veut savoir sur les grandeurs et sur leurs rapports » (*OM*, II, p. 293). Claire Schwartz résume la conception malebranchiste de l'analyse comme étant l'« art unique de découverte et d'expression – ou de découverte par leur expression – de vérités[117] ». L'utilité de « l'analyse » tient à ce qu'elle permet d'« augmenter l'étendue de l'esprit » :

> Mais quoiqu'il en soit, il me paraît qu'on ne peut augmenter l'étendue et la capacité de l'esprit en l'enflant, pour ainsi dire, et en lui donnant plus de réalité qu'il n'en a naturellement, mais seulement en les ménageant avec adresse. Or c'est ce qui se fait parfaitement par l'arithmétique et l'algèbre (*OM*, II, p. 285-286).

Catelan juge assez important cet art pour lui consacrer un ouvrage entier avant que de l'appliquer à l'étude des lignes courbes dans *Principe de la science générale des lignes courbes.*

Dans *Principe*, Catelan a pour dessein de montrer qu'en se plaçant dans la lignée de Descartes, on peut obtenir la majorité des propriétés des courbes. Il regrette que ses contemporains ne cherchent pas à approfondir en suivant cette voie qu'il juge incontournable :

---

116 François de Catelan, *Logistique pour la science générale des lignes courbes ou manière universelle et infinie d'exprimer et de comparer les puissances des grandeurs*, Paris, Lambert Roulland, 1691, noté par la suite « Logistique ».

117 Claire Schwartz, *Malebranche, Mathématiques et Philosophie*, Paris, Sorbonne Université Presses, 2019, p. 111.

> Il serait à souhaiter que la plûpart de ceux qui cultivent les Sciences aujourd'huy reconnussent mieux ce qu'elles doivent aux Principes que Mr. Descartes nous a laissez dans ses Ecrits, & qu'ils voulussent examiner les ouvrages de plus près et plus à fond, avant que d'entreprendre de nouvelles recherches sur les mêmes sujets ; Ils jugeraient peut-être qu'il est plus utile à la perfection & à l'augmentation des Sciences d'éclaircir & de pousser ses principes, que d'en chercher et de se proposer d'en établir des nouveaux. Si l'on pouvait commencer à les en convaincre par l'extrait qu'on donne icy d'un petit écrit composé dans le dessein de faire voir avec quelle facilité la Géométrie universelle se peut se perfectionner par le Principe de ce Sçavant géomètre [Descartes] pour les Tangentes des Lignes Courbes, lorsqu'on sçait l'appliquer dans toute son étenduë [...] (*Principe*, p. 2).

L'affirmation de Catelan est sans équivoque : les principes cartésiens sont loin d'avoir été épuisés pour l'étude des courbes, il s'agit pour lui de montrer que leur approfondissement conduit à des améliorations et à de nouvelles applications, en particulier pour la méthode des tangentes. Il conseille vivement de suivre la voie cartésienne plutôt que de chercher par des voies « nouvelles[118] ». Son propos est péremptoire : le goût de la nouveauté pour la nouveauté est vain.

Dans son ouvrage, il utilise souvent des exemples traités par les membres du groupe autour de Malebranche, comme en attestent leurs manuscrits de cette époque. L'ouvrage se divise en deux parties : la première énonce les différentes méthodes (principalement sous forme d'algorithme), puis dans la deuxième partie, Catelan, en utilisant les résultats de la *Logistique*, tente des preuves du bien fondé de ses méthodes. Il convient déjà de remarquer que Catelan fait de très nombreuses erreurs dans cet ouvrage, corrigées plus tard par L'Hospital[119].

La première méthode concerne la recherche des « sécantes perpendiculaires » à une courbe – c'est-à-dire les normales – et la recherche des

---

118 Par « nouvelles » Catelan entend peut-être les découvertes d'Isaac Barrow dont les travaux sont explorés par les membres du groupe autour de Malebranche. Il pourrait néanmoins aussi s'agir de Michel Rolle qui a remis en question une règle cartésienne concernant les racines d'une équation, voir Lettre de l'Abbé de Catelan à Malebranche (non datée), Honfleur, Fonds Adry, 15, ii 4, f° 47-48 : « Voici mon Reverend Père, le prétendu paralogisme que M. l'Abbé de Lannion se vantait d'avoir trouvé dans les Elemens des Mathématiques ; c'est une remarque que le petit Rolle a faite sur une Règle de Mr Descartes pour les racines des Equations rapportée en deux mots par le Père Prestet qui ne l'aurait pas examinée à fond, et à qui vous envoirez s'il vous plaist la remarque de Rolle par laquelle il paroist que cette règle n'est pas générale. »

119 L'Hospital prétend que Catelan a la stratégie de donner à lire son ouvrage et de tirer profit des remarques bienvenues pour corriger et améliorer son écrit.

tangentes. L'énoncé de la méthode est précédé d'un extrait de l'édition latine de *La Géométrie* de Descartes : la recherche des normales est « le problème le plus utile, et le plus général non seulement que je sçache, mais même que j'aye jamais désiré de sçavoir en géométrie ». La deuxième édition latine de Van Schooten (1659) circule dans le milieu malebranchiste. Cette dernière présentait la méthode algébrique des tangentes de De Beaune et la méthode de Fermat. Van Schooten traite également la recherche de la normale à la conchoïde par la méthode cartésienne[120]. Tous ces exemples sont traités sans faire intervenir des infiniment petits.

Voici comment Catelan présente sa méthode : il considère une courbe CGB de diamètre AP. Il s'agit de trouver un point R sur le diamètre tel que la droite RG soit perpendiculaire à CBG. Pour appliquer sa méthode il faut suivre quatre étapes de calcul qu'il décrit puis qu'il applique immédiatement à la parabole simple d'équation $y^2 = ax$ (présentée ci-dessous sur l'exemple de la parabole d'équation $y^2 = ax$). Cette procédure est « démontrée » plus loin dans son ouvrage.

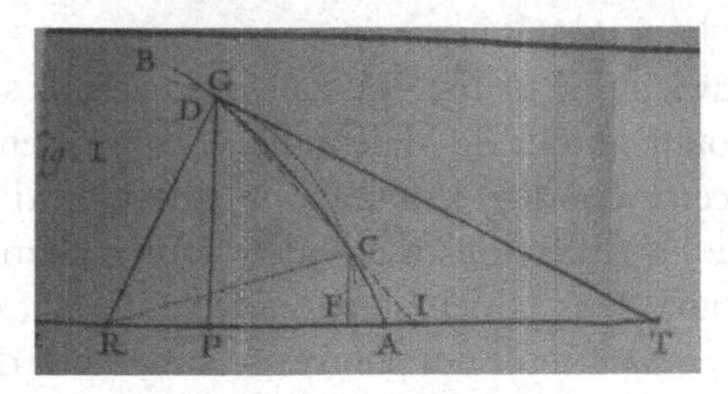

FIG. 19 – François de Catelan, *Principe de la science générale des lignes courbes ou un des principaux Éléments de la Géométrie universelle*, Paris, Lambert Roulland, 1691, fig. 1, © Bibliothèque nationale de France.

Premièrement, il faut substituer dans le lieu [équation de la courbe] y par $y-\frac{ro}{y}$ et x par $x \pm o$:

$$\left(y-\frac{ro}{y}\right)^2 = yy-2ro + \frac{rroo}{yy}$$

$$a(x-o) = ax-ao$$

120 Pour rappel, Descartes n'avait pas développé le cas de la conchoïde car il affirmait qu'il faudrait « s'engager dans un calcul autant ou plus long qu'aucun des précédents », *La Géométrie*, p. 352.

Ce qui donne « l'expression transformée du lieu » :

$$yy-2ro+\frac{rroo}{yy}=ax-ao$$

En « retranchant le lieu » :

$$-2ro+\frac{rroo}{yy}=-ao$$

Puis, en divisant par toutes les puissances de o et en effeçant les termes qui sont multiples de o :

$$2r=a$$

Ce qui donne : $r=\frac{a}{2}$

Catelan fait suivre le cas de la parabole d'autres exemples de courbes algébriques : l'hyperbole puis de façon générale des courbes d'équation $y^n=a^{n-p}x^p$ où n et p sont des entiers relatifs. Il traite aussi des équations dans lesquelles apparaissent des signes radicaux et pour lesquels il a présenté une astuce calculatoire afin de s'en débarrasser, très proche de celle exposée par L'Hospital (*ibid.*, p. 32-35).

L'application de la recherche de la normale à la courbe d'équation $y^n=a^{n-p}x^p$ se déroule donc en suivant les mêmes étapes que précédemment.

Ainsi, premièrement, il faut substituer dans le lieu [équation de la courbe] y par $y-\frac{ro}{y}$ et x par $x\pm o$:

$$\left(y-\frac{ro}{y}\right)^n=y^n-nroy^{n-2}$$

$$a^{n-p}(x-o)^p=a^{n-p}x^p-poa^{n-p}x^{p-1}$$

Ce qui donne « l'expression transformée du lieu » :

$$y^n-nroy^{n-2}=a^{n-p}x^p-poa^{n-p}x^{p-1}$$

En « retranchant le lieu » :

$$-nroy^{n-2}=-poa^{n-p}x^{p-1}$$

Puis, en divisant par toutes les puissances de o :

$$nry^{n-2}=pa^{n-p}x^{p-1}$$

et en effaçant les termes qui sont multiples de o :

$$\frac{nr}{yy}=\frac{p}{x}$$

ce qui donne : $\frac{nr}{p} = \frac{yy}{x}$

Dans cette application Catelan a donc écrit les deux pseudo-égalités :

$$a^{n-p}(x-o)^p = a^{n-p}x^p - poa^{n-p}x^{p-1}$$

et

$$y^n - nroy^{n-2} = a^{n-p}x^p - poa^{n-p}x^{p-1}$$

Catelan les tire d'un des paragraphes de la *Logistique pour la science générale des courbes.*

> Les puissances de la somme ou de la différence de zéro & de quelque Grandeur x ou semblable, sçavoir,
> $x^2 \pm 2xo + oo : x^3 \pm 3x^2o + 3xoo \pm ooo : x^4 \pm 4x^3o + 6xxoo \pm 4xooo + oooo$:
> & ainsi à l'infini, sont les mesmes que $x^2 \pm 2xo : x^3 \pm 3x^2o : x^4 \pm 4x^3o$: C'est-à-dire en général, $x^p \pm px^{p-1}o$ (*Logistique*, p. 13).

Il est intéressant de voir de quelle manière il justifie ces égalités et de la comparer aux explications que L'Hospital fournissait pour sa propre méthode. Cette justification fait l'objet de la Remarque VIII :

> que *zero plusieurs fois* ne vaut pas plus *qu'une seule fois zéro*, & que dans ces sortes de Puissances le second terme multiplié par *o* étant *zéro*, le 3e, multiplié par *oo* estant *zero de zero*, le 4. multiplié par *ooo* estant *zero de zero de zero* & ainsi de suitte jusqu'à l'infini, chaque terme après le premier est toûjours *zero* à l'égard de celuy qui le précède immédiatement ; si bien qu'il suffit d'écrire le premier & le second pour marquer que ces Puissances ont pour racine la somme ou la différence de deux Grandeurs dont l'une est conçuë *infiniment petite* à l'égard de l'autre, comme un *Point* par rapport à une *ligne*, ou une *ligne* par rapport à un *Plan*, ou bien une ligne plus petite que toute autre donnée (*ibid.*, p. 14).

Écrit en italique, Catelan attribue aux énoncés portant sur la comparaison des « zéros » un statut de règle. L'énoncé « *zero plusieurs fois* ne vaut pas plus *qu'une seule fois zéro* » est trivialement vraie pour un zéro absolu mais il se trouve que ce qui est nommé « zero » est certes quelque chose qui deviendra nul mais qui justement ne l'est pas encore. L'enjeu est précisément de contrôler les expressions « *o* », « *oo* », « *ooo* », et ainsi de suite. Or la règle est péremptoire, il ne faut conserver que le premier terme en « zéro », qui est infiniment petit par rapport au premier terme, et effacer les termes suivants pour la même raison que l'on a conservé le deuxième terme : ils sont aussi chacun « zero » par rapport au précédent.

De manière anachronique, il est clair que Catelan demande de conserver que le terme de premier ordre du développement limité de $(x+o)^p$, c'est celui qui est utile à la détermination de la tangente. Mais ce qui intéresse ici est de savoir quel moyen a-t-il à sa disposition pour, sinon démontrer, défendre la légitimité de cette règle. Catelan a expliqué dans la Préface de la *Logistique* qu'elle est destinée à être mise en usage dans *Principes* et que dans ce dernier il est surtout question de méthode de tangentes[121]. Ainsi, la justification de la règle s'appuie sur un argument de pratique et d'usage, elle ne serait pas sans rappeler celle de L'Hospital. Mais là où L'Hospital n'engageait que des arguments pratiques, Catelan est plus prolixe. Dans son commentaire de la formule « $x^p \pm px^{p-1}o$ est pris pour $(x+o)^p$ », Catelan explique que deuxième terme est conçu comme : « infiniment petit à l'égard de l'autre ». Pour préciser cette relation entre les deux termes, Catelan se sert de l'analogie entre un point et une ligne ou de celle d'une ligne par rapport à un point. Entend-t-il « infiniment petit » par un hétérogène et de dimension inférieure ? Ce n'est pas sûr puisqu'il ajoute que ce deuxième terme peut être aussi conçu comme « une ligne plus petite que toute autre donnée ». Catelan n'est pas gêné de brouiller les notions d'indivisible (ligne, point), d'« infiniment petit » ou encore de « grandeur plus petite que toute autre donnée » afin de faire comprendre ce qu'il entend par « zero » dans le cadre d'un calcul.

Cet amalgame de références témoigne d'une malaisance à justifier certaines pratiques, certes en usage mais de manière récente. Il est clair que dans le cadre strict de l'algèbre duquel Catelan pourtant se réclame, la notion de « zéros de zéros » peinerait à prendre sens. Un autre passage de *Principes* illustre cette difficulté. Il s'agit du paragraphe que Catelan consacre à la « Démonstration de la méthode qu'on donne icy, et de ses différents usages, fondée sur le principe de M. Descartes pour les tangentes » (*Principes*, p. 117). Cette « démonstration » a pour but de rendre compte de l'origine de l'expression $y-\frac{ro}{y}$ substituant y dans la première étape de sa méthode de normales présentée plus haut.

121 « Comme le nouveau genre de Calcul dont on explique icy les regles est employé dans les rincipaux exemples de la Methode que l'on propose ensuitte pour trouver les Tangentes des Lignes Courbes ; il est à propos de commencer la lecture de ce petit livre par cette Logistique », Préface de *Logistique*.

La première partie de sa preuve consiste à établir des égalités concernant des triangles intervenant dans sa preuve (fig. 19) : si R est un point de l'axe et G et C sont deux points du cercle de centre R et de rayon GR alors : $RF^2 + FC^2 = RP^2 + PG^2$.

Il pose $AP = x, GP = y, RP = r, FC = z$ et $PF = o$ ou *zero* « parce qu'elle est réduite à un point lorsque les points C & G étant confondus les deux Appliquées FC & GP sont reünies en une seule, qui aboutit à la Tangente GT, & à son rayon RG », $FR = FP + PR = r + o$.

L'égalité $RF^2 + FC^2 = RP^2 + PG^2$ se traduit par

$$r^2 + 2ro + oo + zz = r^2 + y^2$$

$$oo + zz = y^2 - 2ro$$

puis en ajoutant $\frac{r^2 oo}{y^2}$ et en multipliant par y^2 :

$$r^2 o^2 + o^2 y^2 + z^2 y^2 = r^2 o^2 + y^4 - 2roy^2.$$

Pour finir, Catelan effectue une simplification qu'il argumente ainsi :

> Mais les deux premiers termes multiples de zéro [du premier membre] sont nuls à l'égard du troisième qui est réel, et avec qui ils ont le même rapport qu'un point à l'égard d'un carré, ainsi ils n'y ajoûtent rien [...]

d'où

$$z^2 y^2 = r^2 o^2 + y^4 - 2roy^2$$

ou

$$zy = y^2 - ro \text{ ou } z = y - \frac{ro}{y}.$$

Catelan emprunte à nouveau des arguments propres au langage des indivisibles – « le même rapport qu'un point à l'égard du carré » – qu'il détourne en vue de justifier des égalités algébriques. Mais il ajoute quelque chose de nouveau : ces quantités ne sont pas « réelles ». De quelle réalité parle-t-il dont ces éléments seraient dépourvus ? Dans ce contexte de procédé calculatoire, est-ce qu'il entend par termes « réels » ceux qui sont efficients pour le calcul[122] ?

---

122 Il convient de remarquer que la justification de Catelan est bancale puisque le même type de remarque aurait pu être fait pour les termes $r^2 o^2$ et $-2roy^2$ (du deuxième membre) à l'égard de y^4. Mais, bien entendu, en faisant disparaître ces termes, Catelan n'aurait pas démontré l'égalité souhaitée.

L'ouvrage de Catelan contient plusieurs erreurs, et l'une d'elles – concernant la recherche du point d'inflexion – va être spécialement l'objet d'une suite d'objections formulées par L'Hospital dans le *Journal des Sçavans* de l'année 1692. Malgré les corrections, L'Hospital conclut que la méthode de Catelan n'a rien de nouveau[123]. Elle est selon lui la même que celle que Barrow, il suffit, dit-il, de changer les notations : « le reste suit mot à mot sans rien y changer ». Il ajoute que les autres idées de l'ouvrage sont tirées de l'article de Leibniz de 1684.

L'élision des homogènes est une étape cruciale de l'algorithme de Fermat. Elle est absente de la méthode cartésienne des cercles tangents. L'observation de la manière de justifier cette étape peut permettre d'apprécier le rapport qu'entretient le mathématicien avec le processus calculatoire, elle donne des indications sur les manières de concevoir les entités impliquées dans le calcul. L'énoncé des méthodes n'est cependant pas toujours accompagné de la justification de l'étape d'élision. Dans les exemples qui ont été étudiés, la justification est réduite souvent à un simple argument de commodité calculatoire : par leur pratique, les mathématiciens se rendent compte que ces termes devenant nuls à la fin du calcul ne servent pas à l'obtention du résultat. Au contraire ils alourdissent les calculs, il leur est ainsi préférable de les ôter. Il semble donc, que guidés par un but pratique – obtenir un résultat par le moyen du calcul –, ils estiment n'avoir pas besoin de développer davantage sur le statut de « nullité » de ces dits termes.

Par sa présentation de sa méthode des tangentes, L'Hospital était dans la continuité de ces prédécesseurs vis-à-vis de ce genre de considérations. Le témoignage de Catelan est significatif car, même s'il ne parvient pas à parfaire une justification, il tente de caractériser ces entités au statut tout à fait particulier.

LA MÉTHODE DES TANGENTES DE L'HOSPITAL (1692) : L'ARTICULATION ENTRE LE POLYGONE À UNE INFINITÉ DE CÔTÉS ET LE CALCUL

Le manuscrit conservé à la Bibliothèque nationale de cote FR 25306 consiste en un volume d'environ 400 pages comprenant quatre traités paginés de façon indépendante[124]. Il est de la main de Carré qui à cette époque

---

123 *JS*, 1692, p. 489.

124 D'après Costabel, une fois achevée, la copie de Carré a été immédiatement reliée, *Mathematica*, p. 103. Pierre Costabel l'a intitulé les *Nouveaux Élémens du Marquis de L'Hospital*.

est chargé de nombreuses copies. Le manuscrit est sans figures. Des pages blanches leur étaient réservées et ont été couvertes de notes incohérentes de la main de Byzance. De nombreuses *marginalia* ponctuent le texte. Ils sont principalement aussi de la main de Byzance – qui possédait cette copie avant son internement en 1705 – mais quelques uns sont de Malebranche.

Le deuxième traité du manuscrit de cote FR 25306 n'a pas de titre. Il porte sur une « Méthode très facile et très générale de trouver les tangentes à toute sorte de lignes courbes[125] ». Contrairement à la première méthode de 1690, celle-ci ne se restreint pas aux courbes géométriques. Les premières pages traitent des exposants (*ibid.*, f° 1-4).

La présentation de sa méthode algorithmique est précédée de trois corollaires dont L'Hospital se sert pour justifier le bien-fondé des suppositions sur lesquelles sa méthode repose.

Pour ce faire, il considère une courbe AMO d'axe AE. M a pour ordonnée MP. MT est la tangente en M et l'arc MN est un « arc infiniment petit ». Par des considérations géométriques[126] et en utilisant le fait que l'arc MN est infiniment petit, il prouve que « la raison de RN à ND est plus grande qu'aucune raison que l'on puisse assigner » (*ibid.*, f° 4-5).

De ce résultat, il déduit le

> Corollaire premier : Il est évident que la raison de RN à ND est infiniment grande et qu'ainsi l'on doit en calculant regarder ND comme étant égale à zéro, c'est-à-dire que l'arc MN étant pris infiniment petit, les points N et D se confondent et la portion MD de la tangente avec l'arc MN (*ibid.*, f° 4).

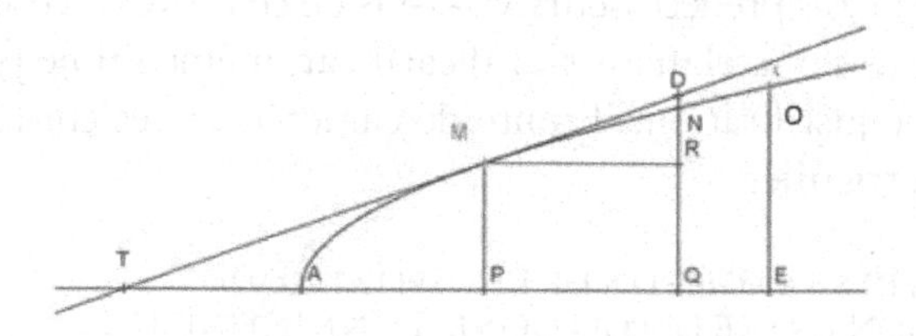

FIG. 20 – Figure réalisée par l'auteure, d'après Guillaume de L'Hospital, « Méthode très facile et très générale pour tracer des tangentes de toutes sortes de lignes courbes », manuscrit FR 25306, f° 5-6, © Bibliothèque nationale de France.

125 Guillaume de L'Hospital, « Manière de trouver les tangentes des lignes courbes », FR 24236, f° 1-8.

126 L'Hospital précise qu'il démontre les résultats dans le cas convexe mais que la preuve est la même pour le cas concave.

Ce corollaire à caractère géométrique est intéressant car L'Hospital précise que ce qui est infiniment petit – c'est-à-dire ce dont la raison à une quantité finie est aussi petite que l'on souhaite – apparaît en pratique dans le calcul comme ce qui doit être pris pour rien. Ces préliminaires géométriques ont donc pour but de justifier des éventuelles simplifications calculatoires. De ce corollaire, il déduit :

> Corollaire 3e : Si l'on mène la droite MN soustendante de l'arc MN, je dis qu'on la peut prendre pour cet arc, car le point M étant commun à cette droite, et à la tangente MD et le point N confondant avec le point D, il est évident qu'on peut le peut prendre pour la tangente MD, et par conséquent pour l'arc MN (*ibid.*, f° 6).

Puis, L'Hospital explique que comme le raisonnement effectué pour le point M serait le même au point N, et ainsi de suite jusqu'au point point O : chaque petit arc peut être pris pour une petite tangente. Il conclut qu'il est donc possible de considérer

> une ligne courbe comme un polygone d'une infinité de costez infiniment petits, lesquels déterminent par leurs angles la courbure de la ligne (*ibid.*, f° 7).

Il est à noter que l'égalité des côtés n'est plus une exigence pour le polygone.

Pour présenter sa « Méthode très facile et très générale pour trouver les tangentes de toutes sortes de Lignes Courbes », L'Hospital considère une ligne Courbe quelconque AMO dont il faut tirer la tangente MT. En supposant le problème résolu, il pose $MP=y$, AP ou $EP=x$, « selon qu'il est plus commode » et $PT=t$. Il rappelle que comme l'arc MN est infiniment petit, N peut être considéré commun à la courbe et à la tangente, puis il pose $MR=e$ et $NR=a$.

La méthode permet d'obtenir le rapport de NR à RM, qui est le même que celui de MP à PT. Des étapes calculatoires doivent être suivies, elles sont identiques à celles de Barrow ainsi que le relève Byzance, lecteur de ce manuscrit, en écrivant en marge « Barrow lect. 10 ». L'Hospital développe ensuite quatorze exemples. Les dix premiers concernent des courbes géométriques, le premier, le même que celui de Barrow, est la courbe d'équation $x^3+y^3=b^3$. Le résultat obtenu est généralisé à toutes les courbes dont l'équation est $x^p+y^p=b^p$.

Pour ce faire, il fait remarquer que seuls les premiers termes du développement $(x+e)^p$ et de $(y+a)^p$ servent à l'obtention de la sous-tangente. Cette remarque fait écho à sa première méthode. Ensuite il applique sa méthode aux courbes d'équation $\sqrt[q]{x^p}+\sqrt[q]{y^p}=\sqrt[q]{b^p}$ pour lesquelles il argumente également le bien-fondé de la règle des deux premiers termes qui s'écrit dans ce cas : $\sqrt[q]{(x\pm e)^p}=\sqrt[q]{x^p}\pm\frac{p}{q}\sqrt[q]{x^{p-q}}$. Il ne lui est donc pas nécessaire d'ôter les incommensurables.

Pour chacun des exemples qui suivent, en rappelant que l'application de sa méthode conduit à des puissances de e ou a qui lui sont inutiles car « égales à zéro », L'Hospital invente des astuces pour abréger son calcul mais doit raisonner au cas par cas et être attentif aux notations[127]. Il choisit également des exemples comportant des incommensurables[128] ou des fractions[129] et les traite directement, c'est-à-dire qu'il ne cherche pas à se débarrasser ni de radicaux ni de fractions pour se ramener à une égalité du même type que l'exemple 1 (c'est-à-dire polynomiale). D'ailleurs il pointe à deux reprises ce choix. La première se situe après l'exemple 6e :

> Il est inutile d'avertir que l'on aurait pû trouver dans ces trois derniers exemples les valeurs de t en ôtant d'abord les incommensurables et opérant ensuite dans les égalités comme dans l'exemple 1er (*ibid.*, fo 24).

Laissant le choix au lecteur d'agir comme selon son souhait, il ne juge pas opportun d'effectuer ces calculs, préférant d'autres stratégies. Le dernier exemple de courbe géométrique est suivi d'un « avertissement » :

> Il est clair, ce me semble, pour peu d'attention que l'on fasse sur des exemples que nous venons de donner, que cette méthode s'étend généralement sur toutes les lignes courbes géométriques (j'entends selon la pensée de Mr Descartes, celles dont on peut exprimer les rapports de tous les points avec ceux d'une ligne droite par une équation) sans qu'il soit nécessaire d'ôter les incommensurables,

127 Dans l'exemple 5, il effectue ce qui est désigné de manière anachronique par « changement de variable ». La définition de la courbe donne l'expression $GI=\sqrt{b^2-y^2}$ où G est un point qui dépend du point M dont on cherche la tangente. Il pose $n=\sqrt{b^2-y^2}$. Si x devient $x-e$ alors n devient $n+v$. Par l'application de la méthode, il obtient $b^2e=3n^2v$ et en déduit que $t=3n-3x$.

128 Exemples 5 à 8.

129 Exemples 9 et 10.

> ni les fractions, ce qui est presque toujours d'une difficulté insurmontable comme l'on voit dans les exemples 7. 8. et 10e (*ibid.*, f° 31).

Par cet avertissement, L'Hospital souligne la généralité de sa méthode car elle peut s'appliquer à toutes les courbes géométriques. Cette remarque est une évidence calculatoire qui apparaît dès qu'on y prette un « peu d'attention ». Évoquant les difficultés, voire les impossibilités, qui peuvent survenir lorsque l'on veut ôter des incommensurables ou des fractions pour traiter les courbes géométriques, il affirme que sa méthode n'est pas sujette à cet inconfort. De plus, il ajoute qu'elle est aussi plus générale parce qu'elle pourra aussi s'appliquer à des courbes mécaniques :

> C'est en cecy principalement que cette méthode excelle par dessus celle de Descartes et Fermat, comme aussi en ce qu'elle est beaucoup plus simple, et plus générale, ce que l'on reconnaîtra aisément, si l'on veut se donner la peine de les comparer, comme il y a quelque adresse à faire l'application de cette méthode sur les lignes mécaniques, nous en faciliterons les moyens par les exp qui suivent (*ibid.*).

Ainsi, L'Hospital affirme que tout en se plaçant dans la continuité de Descartes et de Fermat, il les surpasse pour deux raisons. La première est qu'il n'a pas à se soucier d'ôter des incommensurables et les fractions. Bien que Fermat eût fourni une méthode élaborée pour ôter les incommensurables dans l'appendice d'un mémoire intitulé « Novus secundarum et ulterioris ordinis radicum in analyticis usus[130] », ce mémoire n'est pas encore publié au moment où L'Hospital écrit. Même si L'Hospital en avait eu connaissance, son dessein n'est pas de se débarasser de radicaux mais de développer des techniques permettant de travailler directement sur des expressions, qu'elles soient incommensurables ou fractionnaires. De plus, il affirme que sa méthode peut traiter les courbes mécaniques et il en prend pour preuve les exemples qui suivent. En élargissant le domaine des courbes étudiées, il est certain qu'il dépasse Descartes, mais il convient d'examiner ce qu'il apporte par

130 « Appendix ad superiorem methodum », *OF*, I, p. 184-188, *OF*, III, p. 159-163. Fermat avait fait part de sa découverte à Carcavy dans une lettre datée du 20 août 1650. Il lui annonce qu'il n'a pas voulu « différer à vous envoyer ma méthode générale pour le débrouillement des asymmétries » mais ne lui donne finalement que quelques indications dans *OF*, II, p. 285.

rapport à Fermat qui lui aussi a traité des courbes mécaniques. D'autre part la ressemblance de la méthode de L'Hospital avec celle de Barrow – corroborée par les *marginalia* de ce manuscrit se référant au mathématicien anglais – conduit à examiner de quelles manières L'Hospital s'est inspiré des idées des *Lectiones geometricae* pour l'étude des courbes mécaniques. Barrow s'intéresse en effet à la recherche de tangentes de courbes caractérisées par une relation entre chacune de ses ordonnées et chacun des arcs d'une autre courbe dont la construction des tangentes est connue. Dans la première proposition de la leçon X, il est question de ce type de courbe :

> Soit AEG une ligne courbe quelconque et AFI une autre ligne reliée à la première de telle sorte que pour toute ligne droite EF tracée parallèlement à une ligne droite donnée de position (qui coupe AEG en E et AFI en F), EF est toujours égal à l'arc AE de la courbe AEG, mesuré à partir de A ; aussi soit la ligne droite ET qui touche la courbe AEG en E, et soit ET égal à l'arc AE ; joignez TF ; alors TF touche la courbe AFI [131].

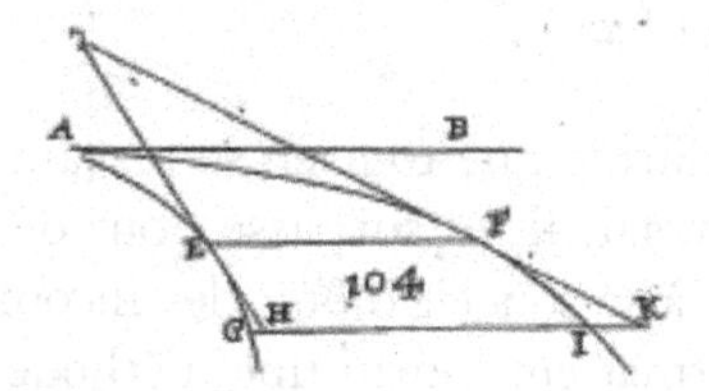

FIG. 21 – Isaac Barrow, *Lectiones geometricae*, Londres, Godbid, 1670, planche 5, fig. 104, © Bibliothèque nationale de France.

Pour démontrer ce résultat, Barrow considère un point G sur la courbe AG et le point K point de rencontre des droites TK et GK. Il écrit $GK = GH + HK$. Comme ETF et GTK sont semblables et que ETF est isocèle, $HK = HT$ donc

$$GK = GH + HT .$$

Or, d'après les propositions 21 et 22 de la leçon VII,

$$GH + HT \geq arc\ AG = GI \quad (\textit{ibid.}, \text{p. } 62).$$

Le point K est donc situé en dehors de la courbe AFI, donc TK est touchante en F.

131 *Lectiones geometricae, op. cit.*, p. 75.

Cette proposition correspond au cas de la cycloïde lorsque la courbe AEG est un cercle. Sur les quatre exemples de courbes non géométriques que fournit L'Hospital. le premier est celui de la cycloïde[132].

AMO est une moitié de cycloïde dont ADE est la moitié du cercle générateur. L'Hospital cherche la tangente MT au point M. Pour ce faire il « imagine » deux petits triangles MRN (où N est un point infiniment proche de M) et DGI (dont le côté DG est connu car la tangente DG est connue). Pour connaître le rapport de PM à PT, il évalue le rapport entre NR et RM qui lui est égal.

Il mène du point M la droite MS parallèle à DG. Il a alors $NR=RS+SN$. Or $RS=GI$ et $NS=DG$[133], donc $NR=GI+GD$. Or ces deux termes sont liés à DI.

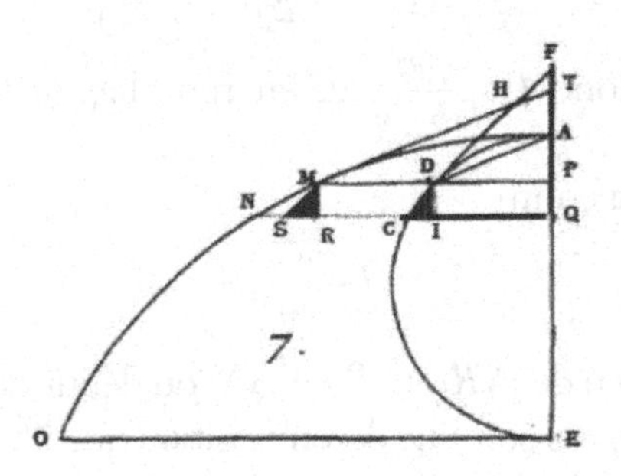

FIG. 22 – Figure réalisée par l'auteure, d'après Guillaume de L'Hospital, « Méthode très facile et très générale pour tracer des tangentes de toutes sortes de lignes courbes », exemple 11e, manuscrit FR 25306, f° 32-36, © Bibliothèque nationale de France.

En notant $AP=x, PD=y, PM=z, AE=b, PQ=DI=MR=e$, $GI=a, NR=v$, et l'équation du cercle étant $yy=bx-xx$, il obtient « par la méthode »

$$a=\frac{be-2ex}{2y} \text{ et } aa=\frac{bbee-4beex+4eexx}{4yy}$$

132 Comme toutes les propositions sont exemptes de figures, la figure est ici une reconstitution de la configuration que le texte appelle. Cette figure s'inspire de la figure de la cycloïde qui apparaît dans *Analyse des infiniment petits pour l'intelligence des lignes courbes* (figure 7 du traité).

133 Car $NS=NG-DM$, or NG est égal à l'arc AG et DM est égal à l'arc AD, donc $NS=AG-AD=DG$. L'Hospital remplace les arcs par les segments car M et N sont infiniment proches donc D et G aussi.

donc

$$aa+ee=\frac{bbee-4beex+4eexx+4eeyy}{4yy}$$

En substituant yy par $bx-xx$ dans le produit $4eeyy$, il obtient :

$$aa+ee=\frac{bbee}{4yy}$$

Puis en vertu du triangle rectangle DGI,

$$\sqrt{aa+ee}=\frac{be}{2y}=DG,$$

d'où

$$v=\frac{be-2ex}{2y}+\frac{be}{2y}=\frac{be-ex}{y}$$

or $\frac{be-ex}{y}.e::z.t$ donc $t=\frac{yz}{b-x}$ et en remplaçant b par $\frac{yy+xx}{x}$ (car $yy=bx-xx$), il a enfin

$$t=\frac{xz}{y}.$$

La décomposition de NR en $RS+SN$ du début de son calcul n'a rien d'hasardeux. L'Hospital suit une décomposition que lui imposent les hypothèses du problème : il sait qu'il peut traduire par une expression analytique chacun de ces termes en utilisant la connaissance de la tangente au cercle (SR est connu par GI qui est l'un des côtés du triangle infiniment petit associé à la tangente du cercle) ou la propriété caractéristique de la cycloïde. Cette traduction analytique de la figure procure une évidence calculatoire.

Il fournit ensuite deux constructions. La deuxième est celle proposée par Barrow. Elle ne dépend pas de la propriété caractéristique de la cycloïde puisque la supposition que la courbe ADE est un cercle n'intervient pas dans la définition des triangles MSN et HDM. Elle est donc valable quelle que soit la paire de courbes définie comme dans la proposition 1 de la leçon X de Barrow. L'Hospital ne manque pas de le remarquer, toujours sans citer Barrow[134] :

> Cette remarque nous fournit un moyen très facile de déterminer les tangentes d'une infinité de lignes courbes car soit une ligne courbe quelconque ADE

134 Byzance note en marginalia « Barrow, Lect X, prop. 1 ».

> (dont je suppose que l'on sache mener les tangentes) et soit une de ses portions quelconques $AD=x$, et que l'on décrive une autre quelconque AMO en sorte néanmoins que l'on puisse exprimer le rapport de DM, que j'appelle y à la portion AD de la première courbe par une égalité. Il ne faut pour déterminer les tangentes de cette dernière courbe AMO, qu'opérer sur cette égalité comme la méthode enseigne pour trouver la valeur de t (*ibid.*, f° 34).

Par le calcul, L'Hospital obtient l'égalité qui le conduit à une construction de la tangente à la cycloïde. L'expérience de ce calcul l'amène à se rendre compte de la généralisation possible du cas de la cycloïde. Il suffit, dit-il, d'« opérer sur cette égalité ». En affirmant dans un premier temps que sa méthode est générale car elle s'applique aux courbes mécaniques, il se place au-delà de Descartes. Cependant, bien qu'il fait suivre cette remarque d'autres traitements sur des courbes définies de façon similaire – comme la spirale – il n'ordonne pas ces exemples comme étant des cas particuliers de problèmes plus généraux[135]. À l'inverse, Barrow structure son traité sous forme de problèmes généraux dont les traitements de certaines courbes célèbres sont des cas particuliers. De la même façon que la cycloïde apparaît comme un cas particulier de la proposition 1 de la leçon X, la conchoïde l'est de la proposition 12 de la leçon VIII[136], la spirale de la proposition 7 de la leçon X et la quadratrice de Dinostrate de la proposition 10 de la leçon X[137]. Pour Barrow, ce qui prime est uniquement la relation entre les deux courbes dont la tangente

135 « Soit par exemple $y^3+x^3+x^2y=y^2x-b^3+b^2y-b^2x+bx^2-by^2$ l'égalité qui exprime le rapport de DM à l'arc AD », « Exemple 12ᵉ Soit la ligne courbe ADB, dont je suppose que l'on sache mener les tangentes, et soit une autre courbe AMO de telle nature qu'ayant mené une droite quelconque PDM parallèle à EB, la portion AD de la 1ʳᵉ ligne courbe soit à PM en raison donnée de r à s, il faut du point M mener la tangente MT », « Exemple 14ᵉ. Soit décrite dans le cercle ADG dont le rayon est AO et le centre O, la spirale AMO, telle qu'ayant men un rayon quelconque OD coupant la spirale en M, la circonférence entière $ADGA$ soit à l'arc DGA, comme OD est à OM, et qu'il faille du point donné M mener la tangente MT » et son prolongement « Si l'on veut qu'une puissance quelconque de la circonférence $ADGA$ soit à la même puissance que l'arc DGA comme la puissance du rayon OD ».

136 « Soit XEM une courbe de tangente ER en E ; soit également YFN une autre courbe reliée à la première de sorte que si une ligne droite DEF est tracée par un point D l'interceptée EF est toujours égale à une droite donnée Z ».

137 « Soit AEH une courbe donnée, AD une ligne droite donnée où le point D y est déterminé, et soit DH une droite donnée de position ; Soit également une courbe AGB telle que pour toute droite GD passant par G de AGB, coupant AEH en E et pour toute droite GF parallèle à DH coupant AD en F, la raison de l'arc AE à AF est une raison donnée », *ibid.*, p. 77.

de l'une est connue. Ces relations permettent une classification du type de problèmes de tangentes et chacune des courbes célèbres relève d'au moins un de ces cas.

Dans la section destinée aux tangentes, L'Hospital conclut ainsi :

> Les exemples que nous venons de donner sont plus que suffisants pour faire voir le moyen d'appliquer la méthode sur toutes les lignes géométriques, et sur la plupart des mécaniques, de sorte que je ne crois pas qu'on puisse souhaiter de mieux sur ce sujet [...] (*ibid.*, f° 46-47).

Barrow classifie les problèmes de tangente de manière générale. Une présentation aussi générale mais dans sa version calculatoire n'est cependant pas encore ici proposée par L'Hospital.

Dans une lettre à Leibniz de novembre 1694, L'Hospital affirme que six ans auparavant il avait pris connaissance de la *Nova methodus* et l'avait étudié :

> Il y a environ six ans que les Actes de Leipsic m'étant tombés entre les mains, j'y ai trouvé vôtre méthode des tangentes, qui me plut si fort que je composai des ce temps quelques ecrits, ou je l'expliquois plus au long, et je donnois les demonstrations de toutes vos regles[138].

Les deux méthodes des tangentes présentées dans ce chapitre rendent vraisemblable cette affirmation mais jusqu'à un certain point. Si dans cette lettre il prétend reprendre et développer la méthode leibnizienne, il n'utilise nullement ce qui fait en grande partie sa nouveauté : le symbolisme.

CONCLUSION

Ce chapitre examinait les principales méthodes calculatoires de tangentes en mettant en lumière de quelles manières elles étaient lues et interprétées par un réseau dialogique de mathématiciens depuis Fermat jusqu'au cercle de Malebranche.

138 Lettre de L'Hospital à Leibniz du 30 novembre 1694, A III, 5, p. 232.

L'apparition de l'écriture symbolique a permis le développement d'une mathématique qui prédispose à une approche résolutive à partir de relations entre objets. Dans ce cadre, la manière d'envisager le phénomène de tangence conditionne la manière d'élaborer la méthode. Dans le cas de Descartes, la tangence est interprétée comme la coïncidence d'une sécante avec une tangente, que l'algèbre traduit par l'existence d'une racine double. Fermat aborde le calcul de tangence par une feinte : un point de la tangente vérifie les mêmes propriétés qu'un point de la courbe. Au niveau calculatoire, cela se traduit par une « adégalité » avec les règles et étapes calculatoires qui l'accompagnent, notamment l'étape cruciale de l'élision des homogènes.

La supposition tacite que le cas de la coïncidence se traite comme celui d'une *presque-coïncidence* est rendu possible par l'introduction d'un élément – noté « *e* » ou « *o* » – qui apparaît dans presque toutes les méthodes, et d'une manière toute particulière dans la *Nova methodus.* Ce signe représente la différence entre ce qui est et ce qui lui est proche. Sans cette feinte, l'algorithme ne saurait se déployer. Introduit, manipulé, effacé, disparu, le « *e* » et ses puissances n'ont pas cependant un statut explicite ou univoque. Cependant, force est de constater que son usage s'intègre dans une pratique partagée de mathématiciens, et il a été question d'interroger de quelles manières ces justifient l'« élision des homogènes ».

Descartes lorsqu'il présente sa méthode des cercles tangents, mais aussi Fermat dans *Ad eamdem methodum* – donnent sens à « *e* » en l'intégrant dans un cadre algébrique, celui de la méthode des coefficients indéterminés ou celui de la synchrèse de Viète. Descartes justifie l'« élision des homogènes » de l'algorithme fermatien en faisant appel à ce qu'il considère être une évidence calculatoire : la tangente correspond à $e = 0$. Plus tard, ceux qui reçoivent les mémoires de Fermat n'octroient pas un statut univoque à « *e* ». Annuler « *e* » se réduit à une simple étape algorithmique. Beaugrand (1640) accorde encore à « *e* » – qu'il note « *o* » – le statut d'une longueur *en instance de devenir nulle*, Hérigone (1649) et Van Schooten (1659), dans leurs présentations, oublient de rappeler cette origine et appauvrissent le caractère géométrique de « *e* » pour valoriser sa capacité auxiliaire dans la démarche calculatoire. Au cours de ces trois présentations successives, la signification du « *e* » s'infléchit.

Une modification notable apparaît avec Barrow (1670) et Huygens (1667). Les élisions s'expliquent en introduisant le terme « infiniment petit ». Certes, en pratique calculatoire, les règles et les étapes sont semblables mais ce changement argumentatif est à interroger.

Les améliorations des méthodes des tangentes ont été guidées par un double souci. Tout d'abord, il s'agit d'obtenir une méthode la plus générale possible, c'est-à-dire qu'elle s'applique à un ensemble de courbes bien identifié et le plus vaste possible. Mais, l'application d'une méthode ne serait, pour être féconde, produire des calculs fastidieux. Des efforts sont fournis pour ramener leurs recherches de tangentes à un traitement d'expressions algébriques. L'application de la méthode cartésienne des cercles tangents peut conduire rapidement à des calculs laborieux. Soucieux de ce défaut, certains mathématiciens, tels que Debeaune, tentent des améliorations. Des difficultés calculatoires apparaissent également lorsqu'on traite des expressions irrationnelles, fractionnaires ou encore des courbes non algébriques. Sans cesse, Fermat répète que ces expressions « embarrassent ». Il consacre une partie de ses recherches à trouver des principes permettant d'alléger ces calculs. Pour y parvenir, il invente des techniques pour se débarrasser des asymmétries, mais il formule aussi des règles supplémentaires et audacieuses comme celle d'estimer un arc par une ligne droite, ou celle de prendre l'ordonnée de la tangente pour l'ordonnée de la courbe. Fermat n'énonçait pas ces règles de façon gratuite. Cependant, ses mémoires sont dépourvus de telles explications et c'est ainsi qu'ils sont et seront probablement lus, notamment par les membres du groupe autour de Malebranche.

Catelan, en s'attribuant le rôle d'héritier et continuateur de Descartes, veut montrer que l'analyse cartésienne peut étudier absolument tout ce qui concerne les courbes. Leibniz affirme que « l'Analyse de Descartes est imparfaite ». Catelan est prêt à montrer le contraire : il est convaincu qu'il est possible d'élaborer une « logistique » fondée sur l'algèbre cartésienne qui permettrait d'englober la connaissance des courbes. Or, lorsqu'il présente sa méthode algébrique des tangentes, il choisit de la justifier par des arguments qui ne sont justement pas propres au domaine de l'algèbre. L'algèbre n'est peut-être pas le plus propre à l'étude des courbes. Cet exemple de recherche des tangentes n'est d'ailleurs pas celui qui illustre le mieux cette imperfection[139] et, comme l'affirme Leibniz à Malebranche, il y a bien « un livre de recherches où elle n'arrive point, et où quelque Cartésien que ce soit ne sçauroit arriver sans inventer

139 Voir dans le prochain chapitre les difficultés rencontrées pour la recherche de courbure.

quelque méthode au-delà de la méthode de Des Cartes[140] ». Au-delà du récit des mésaventures mathématiques que Catelan ne cesse de répéter, l'analyse de son exemple montre qu'il partage avec ses contemporains une conception de la procédure calculatoire.

Il a été question souvent de la simplification du développement du binôme et de la règle qui prescrit de ne conserver que les deux premiers termes. En assumant cette règle, ces mathématiciens témoignent d'une adhésion à une forme d'évidence calculatoire : un calcul plus prolixe pourrait être développé mais il est entendu qu'il n'est pas nécessaire de l'effectuer. Dans sa deuxième méthode des tangentes, il a été intéressant de remarquer que L'Hospital estime que cette évidence tire son origine d'arguments géométriques. Cependant, s'il y a une réelle familiarité avec une « évidence calculatoire », le cadre théorique dans lequel on pourrait, de façon générale, remplacer une égalité par une autre plus simple n'est pas suffisamment explicité. Autrement dit, la pratique calculatoire de ces mathématiciens n'est pas légitimée par un principe fédérateur.

Leibniz affirmait que sa *Nova methodus* était une nouveauté. Est-ce parce qu'il résout-il les embarras calculatoires dont Fermat et ses successeurs ne cessent de se plaindre ?

La *Nova Methodus* fournit une solution notoire à l'inconfort du traitement des expressions irrationnelles et fractionnaires car elle s'applique directement aux expressions et non aux égalités. Elle apporte également une aisance pour le traitement des courbes transcendantes définies à partir d'autres courbes dont on connaît les tangentes : « il s'agit de déterminer $\mathrm{d}z$ en fonction de $\mathrm{d}y$, mais $\mathrm{d}y$ serait connue[141] ».

Il convient de se demander comment cette méthode a été perçue comme nouvelle par rapport à d'autres méthodes des tangentes. Les règles de Sluse, Barrow ou Huygens se traduisent facilement en notations leibniziennes, par exemple, la formule de Barrow qui donne la sous-tangente : $t = \frac{ye}{a}$ devient $t = y\frac{\mathrm{d}x}{\mathrm{d}y}$.

Dans le cadre des méthodes des tangentes, une réception qui identifie le « e » et le $\mathrm{d}x$ est cohérente et permet de comprendre certains arguments du débat académique. Pourtant, dans la *Nova Methodus*, le sens de $\mathrm{d}x$ diversifie celui de e. La différence – ou différentielle – est celle d'une

140 Lettre de Leibniz à Malebranche de mars 1679.

141 *Naissance du calcul différentiel*, *op. cit.*, p. 112.

quantité qui va être intimement liée à la notion de « variabilité », alors que la lettre « *e* » n'y fait aucunement référence.

Pour ceux qui reçoivent l'algorithme différentiel, en saisir la nouveauté demande de mettre en relation la lecture de cet opuscule avec d'autres afin de comprendre la portée du calcul différentiel dans un domaine plus large que celui des méthodes des tangentes. Cette remarque motive le prochain chapitre où seront étudiés certains aspects des méthodes de quadratures.

DE LA GÉOMÉTRIE À L'ARITHMÉTIQUE DES INDIVISIBLES

INTRODUCTION
La manière des Anciens *vs* des méthodes par indivisibles

Pour les Anciens, déterminer la quadrature d'une figure plane est un problème de construction, il s'agit de construire par intersection de droites et cercles un carré dont l'aire est égale à cette figure : il est alors dit qu'on obtient la « quadrature » de cette figure. De même, on trouve la « cubature » d'un solide en construisant un cube qui ait le même volume qu'un solide donné. Les quadratures de toutes les figures rectilignes sont obtenues dans le Livre II des *Éléments*[1]. Chez les Anciens, on rencontre aussi des propositions concernant les quadratures particulières de figures ou de cubatures de solides. Elles sont souvent accompagnées de démonstrations procédant par un double raisonnement par l'absurde. Ainsi, Archimède établit la quadrature de la parabole[2].

La quadrature d'une figure n'est pas toujours possible – c'est le cas du cercle et de bien d'autres figures – néanmoins il est possible de comparer des figures entre elles et d'obtenir des résultats. Se plaçant dans le cadre de la théorie des proportions de grandeurs, Euclide établit l'égalité des rapports entre les aires de deux cercles et les carrés de leurs diamètres[3].

---

1 Propositions 35 à 45 du Livre I et et la proposition 14 du livre II dans Euclide, *Les Élements*, traduction et commentaires par Bernard Vitrac, établis à partir de l'édition de J. L. Heiberg, Paris, PUF, vol. 1, 1990, p. 262-277 et p. 361-365.

2 Archimède, *Les Œuvres complètes*, traduction de Van Eecke, Liège, Vaillant-Carmame, 1960, t. II, p. 388-391.

3 Proposition 2 du Livre XII dans Euclide, *Les Élements*, traduction et commentaires par Bernard Vitrac, établis à partir de l'édition de J. L. Heiberg, Paris, PUF, vol. 4, 2001, p. 263-271.

Dans la *Mesure du cercle*, Archimède utilise aussi une double démonstration par l'absurde pour montrer l'égalité entre l'aire d'un cercle et celle d'un triangle rectangle dont l'un des apothèmes est égal à la circonférence du cercle[4]. Cette façon indirecte de démontrer une égalité en établissant par l'absurde l'impossibilté de deux inégalités, est caractéristique chez les Anciens. Elle évite toute considération sur l'infini. Les géomètres du XVIIe siècle désignent cette manière de procéder par « la manière des anciens ».

Comme il a été dit plus haut, certains géomètres jugent cependant que ce type de démonstration a le défaut de ne pas montrer la voie de l'invention, celle par laquelle les énoncés ont été trouvés, et qui permettrait aussi d'en trouver de nouveaux. Ainsi, ils recherchent des méthodes qui soient directes et si possible générales pour découvrir des nouveaux résultats.

Ces nouvelles méthodes conduisent à des confrontations avec la composition du continu. Des géomètres introduisent la notion d'« indivisibles » en empruntant un vocable propre à la physique naturelle. Le principe des méthodes est de comparer les indivisibles de chaque figure pour en déduire un rapport entre leurs aires. Ces méthodes reçoivent des critiques car leurs applications impliqueraient le traitement d'infinis. Tel est le cas de l'opération de « prendre toutes les lignes » qu'introduit Bonaventura Cavalieri (1598-1647) ou encore le fait d'identifier une figure et un ensemble (infini) d'homogènes, à la manière d'Evangelista Torricelli (1608-1647)[5].

L'histoire des méthodes et du calcul des infinitésimaux ont fait l'objet de nombreuses études de qualité[6] sur lequel ce chapitre s'appuie. Ce dernier a néanmoins une modeste ambition. Il cherche à distinguer

4 Archimède, *Les Œuvres complètes*, traduction de Van Eecke, Liège, Vaillant-Carmame, 1960, t. II, p. 127-128.

5 Vincent Jullien, « Explaining the Sudden Rise of Methods of indivisibles » dans Jullien, Vincent, (ed.), *Seventeeth-century indivisibles revisited*, Science Networks. Historical Studies, vol. 49, Birkhäuser, p. 7.

6 Les références sont multiples, sans pretendre à l'exhaustivité : Carl., B. Boyer*The history of the calculus and its conceptual development*, Doyer Publications, New York, 1939, Vincent Jullien *Seventeenth-Century Indivisibles Revisited, op. cit.*, Jean-Pierre Cléro et Evelyne Le Rest, *La naissance du calcul infinitésimal au XVIIe siècle*, Centre national de la recherche scientifique, Centre de documentation Sciences humaines, *Cahiers d'histoire et de philosophie des sciences* nº 16, Paris, 1981, Paolo Mancosu, *Philosophy of Mathematics and Mathematical Practice in the Seventeenth Century, op. cit.* Pour des études sur Cavalieri, on pourra consulter Kirsty Andersen, « Cavalieri's Method of Indivisibles », *Archive for History of exact Sciences*, 31

quelques étapes significatives du processus historique et conceptuel qui conduisent à l'introduction de certaines méthodes calculatoires pour la détermination d'aires curvilignes. Il s'agit ici de dégager des idées fondamentales que suppose l'utilisation de ces méthodes afin de saisir de quelles façons elles émergent, puis de quelles manières elles sont interprétées en France à l'aube de l'arrivée du calcul intégral leibnizien.

Gilles Personne de Roberval (1602-1675) et Blaise Pascal (1623-1662) sont particulièrement intéressants à ce propos car ils témoignent de l'élaboration et du développement d'un langage propre à la pratique des indivisibles, langage qui est assimilé par les mathématiciens français de la fin du XVIIe siècle. Ce langage ne se réduit pas à un pur discours. Il s'agira de montrer, à travers quelques exemples, les liens que ce langage entretient avec la démonstration à la manière des Anciens et de quelle manière l'usage de méthodes infinitistes est ainsi considéré comme démonstratif. La suite de cette étude dégage les principaux aspects pour les rendre présents lors de l'analyse à venir dans les prochains chapitres.

Par l'*Arithmetica infinitorum*, John Wallis est l'un des premiers à ramener la question des quadratures à un calcul. Son texte inaugural circule dans les milieux savants européens et fait l'objet de commentaires et de critiques. En France, le débat avec Fermat permet de saisir les termes de cette critique et dévoile certaines difficultés soulevées par l'ouvrage wallisien. Les membres du groupe autour de Malebranche, notamment Prestet puis L'Hospital, étudient l'*Arithmetica infinitorum* qu'ils reçoivent accompagnée des critiques qui lui avaient été adressées. Chacun d'eux reconstitue une partie des résultats établis dans l'*Arithmetica infinitorum* mais en proposant une nouvelle preuve, rigoureuse à leurs yeux, contrairement à celle de Wallis.

À la fin du XVIIe siècle, la résolution de problèmes de quadratures par une nouvelle méthode dite de « transmutation » que ce chapitre décrira, rend solidaires deux types de méthodes auparavant distincts. Cette rencontre est à l'origine de la célébration du calcul différentiel et intégral.

1985, p. 291-367 ou Enrico Giusti, *Bonaventura and the Theory of Indivisibles*, Bologne, Edizioni Cremonese, 1980.

ROBERVAL ET PASCAL, UN LANGAGE DES INDIVISIBLES POUR DÉMONTRER

Roberval résout des problèmes à l'aide « d'indivisibles » dès 1630, indépendamment de Cavalieri[7], comme en attestent certains de ses manuscrits[8]. Il n'hésite pas à les utiliser dans ses cours au Collège Royal dont il a obtenu la chaire depuis 1634[9].

En 1647, dans une lettre à Torricelli, Roberval, s'étant alors déjà enquis de la méthode de Cavalieri, pointe la différence, à ses yeux est essentielle, entre sa méthode et celle du mathématicien italien :

> Mais notre méthode, sans être à l'abri de tout reproche, évite au moins ceci, comparer des hétérogènes. Nous considérons en effet nos infinis ou indivisibles [*infinita nostra seu indivisibilia*] comme suit. Nous concevons que la ligne est composée comme si elle était constituée de lignes infinies ou indéfinies en nombre, la surface de surfaces, le solide de solides, l'angle d'angles, le nombre indéfini d'unités indéfinies, et mieux le plan par plan de plans par plan et ainsi de suite, en effet chacune de ces catégories a ses propres propriétés [*utilitates*][10].

Bien qu'il reconnaisse que sa méthode n'est pas inattaquable, elle ne conduit pas à « comparer des hétérogènes ». Or, il considère que cela est le principal défaut de la méthode cavalierienne. Les indivisibles de sa méthode résultent de la supposition de l'infini ou indéfini division

7 En France, les travaux de Cavalieri sont diffusés. Beaugrand introduit les travaux de Cavalieri qu'il a rencontré pendant son voyage en Italie en 1635 et duquel il possède une copie de son principal ouvrage intitulé *Geometria Indivisibilibus Continuorum Nova quadam ratione promota*. Mersenne en reçoit également une copie par Cavalieri. Cette théorie est largement diffusée et utilisée : Descartes établit une explication de la quadrature de la cycloïde en utilisant les indivisibles hétérogènes de Cavalieri. lettre à Mersenne datée du 27 mai 1638, *Œuvres de Descartes*, II, p. 135. On pourra consulter l'article de Vincent Jullien, « Descartes and the use of Indivisibles » dans *Seventeenth-century Indivisibles Revisited*, *op. cit.*, p. 165-175. Voir aussi « Descartes et le problème de la cycloïde » dans Jean-Pierre Cléro et Evelyne Le Rest *La naissance du calcul infinitésimal au* XVIIe, *op. cit.*, p. 51-61.

8 Vincent Jullien, Philosophie naturelle et géométrie au XVIIe siècle, *op. cit.*, p. 402.

9 Nombreux travaux de Roberval ont été connus tardivement car ils n'ont été publiés que de façon posthume en 1693 dans un recueil d'écrits d'académiciens « Divers ouvrages de M. de Roberval » dans *Divers ouvrages de mathématiques et de Physique, par Messieurs de l'Académie royale des Sciences*, Paris, Imprimerie Royale, 1693.

10 Lettre de Roberval à Torricelli, juin 1647, *Divers ouvrages ...*, *op. cit.*, p. 286, traduction très largement inspirée de Vincent Jullien, *Philosophie naturelle et géométrie au* XVIIe, *op. cit.*, p. 406.

d'une ligne en nombre indéfini. Ce qui résulte de cette division est tacitement supposé homogène au tout. Ces homogènes sont encore appelés indivisibles alors qu'ils ont la même dimension que le tout.

Les principaux résultats de quadrature sont présentés dans un ouvrage qui sera publié posthumement sous le titre *Traité des indivisibles*[11]. Pour les exemples traités, Roberval raisonne en s'appuyant sur un type de discours qui sera analysé par la suite à partir d'un cas particulier, celui de la quadrature de la conchoïde sphérique. La résolution de cette quadrature est particulièrement significative car la démarche robervallienne y ait pleinement à l'œuvre.

La conchoïde est une courbe

> qui se fait, quand d'un point on tire plusieurs lignes qui coupent une même ligne soit courbe, soit droite, et que toutes les lignes tirées depuis ladite ligne sont toutes égales, telles que sont $B1, D2, E3, F4, G5$, &c (*ibid.*, p. 198).

Ici, la conchoïde est engendrée par un cercle $CGBR$ (appelé cercle générateur). Une division du cercle $CGBR$ en « parties infinies égales » : B, D, E, etc., induit sur la conchoïde une division en 1, 2, 3, etc. Roberval affirme :

> Or toutes ces lignes qui divisent la circonférence du cercle commençant au point C et finissant en 1, 2, 3, 4, 5 ; &c. divisent tant la Conchoïde que le cercle en triangles semblables, lesquels par la force des indivisibles se convertissent et deviennent secteurs, & sont l'un à l'autre comme quarré à quarré (quoy que dans le fini il y ait quelque chose à dire (*ibid.*, p. 198).

Les divisions égales du cercle $CGBR$ produisent des secteurs semblables CBD, CDE, CEF, etc., composant le cercle, et des secteurs semblables $C\,12$, $C\,23$, $C\,34$, etc., composant la conchoïde. Grâce à « la force des indivisibles », ces secteurs peuvent être considérés comme des triangles. Dès lors, la stratégie de Roberval sera de comparer chaque portion de la conchoïde avec la portion du cercle correspondante.

Ainsi le secteur $C\,12$ est comparé à CBD puis le secteur CBV au secteur *C1918* :

$$\frac{C12}{CBD} = \frac{C12}{CBV} = \frac{C1^2}{CB^2} \text{ et } \frac{CBD}{C1918} = \frac{CB^2}{C19^2}.$$

11 Gilles Personne de Roberval, *Traité des indivisibles dans Divers ouvrages de Mathématique et de physique, par messieurs de l'Académie royale des sciences*, Paris, Imprimerie royale, 1693, p. 190-245.

Comme

$$C1^2 = CB^2 + B1^2 + 2CB \times B1, \text{ et } C19^2 = CB^2 + B19^2 - 2\,CB \times B1$$

il vient

$$C1^2 + C19^2 = 2\,(CB^2 + B1^2)$$

d'où

$$\frac{C12 + C1819}{CBD} = \frac{2\left(CB^2 + B1^2\right)}{2CB^2} = \frac{CB^2 + B1^2}{CB^2} = \frac{CB^2 + 2021^2}{CB^2}$$

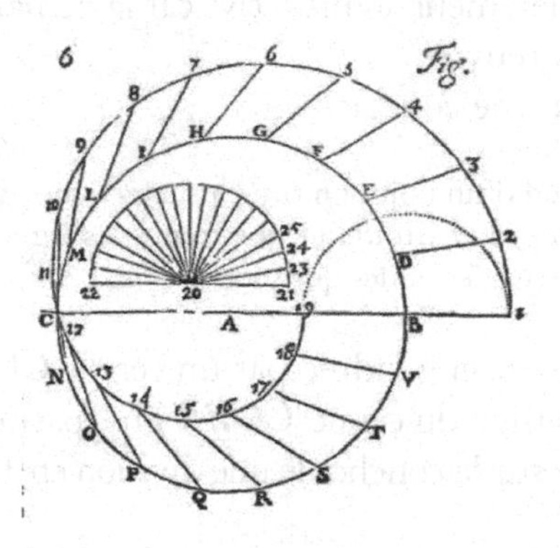

FIG. 23 – Gilles Personne de Roberval, *Traité des indivisibles*, dans *Divers ouvrages de Mathématique et de physique, par messieurs de l'Académie royale des sciences*, Paris, Imprimerie royale, 1693, fig. 6, p. 199, © Bibliothèque nationale de France.

Le même type de rapports peut être établi entre les secteurs $C\,23$ et CED d'une part, puis $C\,1817$ et CVT d'autre part, et ainsi indéfiniment. Roberval ne ressent pas le besoin de l'écrire et après avoir établi que

$$\frac{C12 + C1819}{CBD} = \frac{CB^2 + B1^2}{CB^2}$$

Il conclut « tout l'espace de la Conchoïde est à l'espace du cercle comme les quarrez $CB, B1$ au quarré CB, ou bien comme les secteurs $C12, C1918$ aux secteurs CBD, CBV » (*ibid.*, p. 199).

Il construit alors un demi-cercle de rayon $B1$ et de centre 20 puis effectue autant de divisions qu'il en a faites pour le grand cercle $CGBR$. Comme $2021 = B1$, il a $CB^2 + [2021]^2 = CB^2 + B1^2$, donc le rapport $\frac{CB^2 + [2021]^2}{CB^2}$ est le même que celui de l'espace du cercle $CGBR$ et du demi-cercle ensemble à l'espace du cercle entier. Il conclut enfin que l'aire de la conchoïde est au cercle générateur en même raison que ce cercle et la moitié du petit cercle est à ce cercle[12].

Les triangles ou secteurs mis en scène dans cette quadrature sont tacitement supposés homogènes au disque ou la conchoïde. Comme dans d'autres exemples de quadratures Roberval a introduit des indivisibles qui lui semblent les plus appropriés à la configuration[13]. Ainsi qu'il l'affirmait à Torricelli, sa méthode n'est pas à confondre avec la méthode cavaliérienne. Cet exemple de quadrature met en évidence une pratique coutumière avec des homogènes, obtenus par une division indéfinie et qui sont supposés composer les figures dont Roberval souhaite comparer les aires.

Par ailleurs, Roberval commence ses raisonnements en supposant une infinie division réalisée (sur une ligne ou une figure) alors qu'il raisonne sur une figure qui est en fait divisée en un nombre fini d'éléments. Deux étapes rythment de manière générale la présentation de ses quadratures. Dans la première étape, alors que la décomposition de la figure en indivisibles est supposée indéfinie, son raisonnement porte sur une configuration finie. Ici, l'établissement des rapports entre triangles (ou secteurs) n'a de sens que sur un nombre (certes très grand) mais nécessairement fini de divisions. Dans la deuxième étape, il conclut par des considérations sur l'infini. Pour articuler le passage entre le discours portant sur du fini et celui portant sur l'infini, il anticipe le moment de la division accomplie. Se référant à une figure décomposée de façon finie, il use souvent de prolepses : les triangles peuvent être considérés comme semblables et « convertis » en secteurs, « par la force des indivisibles[14] ». Par ce genre de remarque, il s'autorise à considérer

---

12 « Et tout l'espace de la conchoïde est à l'espace du cercle comme les carrés $CB, B1$ au carré CB, ou bien comme les secteurs $C12, C1918$ aux secteurs CBD, CBV. » Dans le commentaire de ce passage, Vincent Jullien tient à préciser qu'il « ne faut pas évidemment pas le comprendre comme une addition euclidienne, mais comme un passage de ce rapport à "tous les rapports" », (Vincent Jullien, *Philosophie naturelle et géométrie*, *op. cit.*, p. 429).

13 Voir par exemple le cas de la roulette dans son traité, *op. cit.*, p. 192-193.

14 Dans le cas de la cycloïde, Roberval fait comme si les trapèzes mixtilignes devenaient des trapèzes rectilignes. Dans un autre exemple « Proportion de la circonférence du cercle à

des objets curvilignes (secteurs, trapèzes curvilignes, ...) comme s'ils étaient essentiellement autres, c'est-à-dire rectilignes. Cette feinte est essentielle car elle permet leur manipulation. Son raisonnement tient donc indubitablement à une supposition téméraire, celle de penser que de « faire comme si, alors que » ne changera rien au résultat. Il n'est pas sans ignorer sa hardiesse, comme l'atteste des énoncés comme le « quoy que dans le fini il y ait quelque chose à dire » (*ibid.*, p. 198). Dans l'ordre du fini, on ne peut pas considérer qu'un triangle curviligne est rectiligne mais ceci est rendu possible par « la force des indivisibles ».

Roberval ne prétend à aucun moment du traité que sa pratique est démonstrative. Les indivisibles servent « à tirer des conclusions », « à tirer des conséquences », à « expliquer » la roulette ou à « spéculer » sur l'hyperbole. Il s'agit bien pour lui d'une méthode qui est estimable car elle produit des résultats. Cependant, cela ne signifie pas nécessairement que Roberval considère que le processus qui lui a permis d'obtenir un résultat est nécessairement apodictique.

Le manuscrit de cote FR 9119 contient trente-deux feuillets destinés à la recherche de quadratures et de cubatures[15]. Le premier folio est daté de mars 1641 et le reste des folios semble avoir été écrit à la suite sans interruption. Dans les sept premiers feuillets et les dix derniers, Roberval utilise les indivisibles. Entre autres, il traite les quadratures de la parabole ordinaire, de la parabole cubique et de manière générale de toutes les paraboles « à l'infini », des spirales, des conchoïdes, et de plusieurs cubatures[16]. Cependant, au cours de ses exemples, il interrompt momentanément la recherche de quadratures ou cubatures, moyennant l'utilisation des indivisibles, pour introduire une proposition qui va permettre de concilier un résultat obtenu par sa méthode avec une légitimation à la manière des Anciens. Ce paragraphe s'intitule « Methode pour reduire les demonstrations par les Indivisibles a celles des Anciens Geometres par les circonscripts et Inscripts ». Le titre est

---

son diamètre » (traité juste après celui de la cycloïde), Roberval considère un secteur $AB8$ où AB est un diamètre, et affirme que si nous « feignons » une division infinie, la ligne A8 devient un diamètre et que le secteur $AB8$ peut être considéré comme un triangle.

15 « Ordre particullier des Élémens de Géométrie qui servent à la pratique des arts et autres propositions attribuées à Roberval », FR 9119. Les quadratures et cubatures concernent les folios 339-346.

16 Entre autres, il compare le conoïde parabolique au cylindre et il montre que la superficie sphérique est égale à la superficie du cylindre circonscrit sans les bases.

suivi immédiatement d'un « Lemme general » qui permet de montrer que deux raisons sont égales :

> S'il y a une raison R à S et deux quantités A et B, telles que pour peu que l'on adiouste à A, alors cette somme ait à B plus grande raison que R à S ; Et pour peu que l'on retranche de A, ce reste ait à B moindre raison que R à S : Je dis que A, ou B, est comme R à S (FR 9119, f° 346v°)

Ce lemme est fondamental. Il sera intégré au livre VI de ses *Élémens de géométrie* qui traite de la théorie des proportions[17]. Il se démontre par un raisonnement par l'absurde. Il est suivi par une « Observation » qui a pour but de montrer comment il faut se servir de ce lemme pour démontrer un résultat obtenu éventuellement par les indivisibles. Il s'agit plus précisément de montrer que la raison entre une figure et une autre figure Δ – en général une figure simple, par exemple un parallélogramme – est égale à une raison $\frac{R}{S}$. Cela s'effectue en deux étapes. Dans la première, on construit une figure circonscrite C et une figure inscrite I à la figure F qu'on souhaite comparer de sorte que la différence entre la circonscrite C et l'inscrite I soit une quantité moindre que toute quantité donnée. Ainsi, à plus forte raison l'inscrite ou la circonscrite diffèrera de la figure mitoyenne F d'une quantité moindre que toute quantité donnée. Dans la deuxième étape, il faut montrer que la raison entre C et Δ est superieure à $\frac{R}{S}$ et que la raison de I à Δ est inférieure à $\frac{R}{S}$. On conclut par le lemme général à l'égalité $\frac{F}{\Delta}=\frac{R}{S}$[18].

Il est intéressant de voir comment il met en application cette méthode. Son premier exemple s'intéresse à la quadrature de la parabole AB. En

17 *Élémens de Géométrie* de G. P. de Roberval, textes présentés par Vincent Jullien, Paris, Vrin, 1996. Roberval annonce l'achèvement de son ouvrage à l'Académie peu avant sa mort. La datation de l'ensemble des manuscrits qui ont servi à la version finale s'étend de 1642 (la grande majorité des écrits sont achevés vers 1644) à 1674, *ibid.*, p. 26-27. La proposition 42 énonce : « Soient quatre grandeurs A, B, C, D autres que des nombres et telles qu'il ait raison de A à B et raison de C à D, et que pour peu que l'on augmente A, il y ait plus grande raison de A, ainsi augmentée, à B que de C à D et pour peu que l'on diminue A il y ait moins de raison de A, ainsi diminuée, à B que de C à D. Je dis 1e que A sans augmentation, ni diminution, est à B comme C à D. », *ibid.*, p. 344.

18 En langage moderne, la première étape établit que $\forall \varepsilon \geq 0$, $C-I \leq \varepsilon, F-I \leq \varepsilon, C-F \leq \varepsilon$, la deuxième que $\frac{C}{\Delta} > \frac{R}{S}$ et $\frac{I}{\Delta} < \frac{R}{S}$, le lemme général permet de conclure.

usant des indivisibles, il avait retrouvé le résultat connu, à savoir que le triligne ABC est au parallélogramme DC comme 2 à 3 ou que le triligne ABD est au parallélogramme DC comme 1 à 3.

Il raisonne par l'absurde. Si le triligne ABD n'est pas au parallélogramme DC come 1 à 3 alors il existe une quantité non nulle Z (représentée sur la figure) qui, ajoutée ou retranchée à ABD, est telle que $\frac{ABD \pm Z}{\text{parallélogramme } AD} = \frac{1}{3}$.

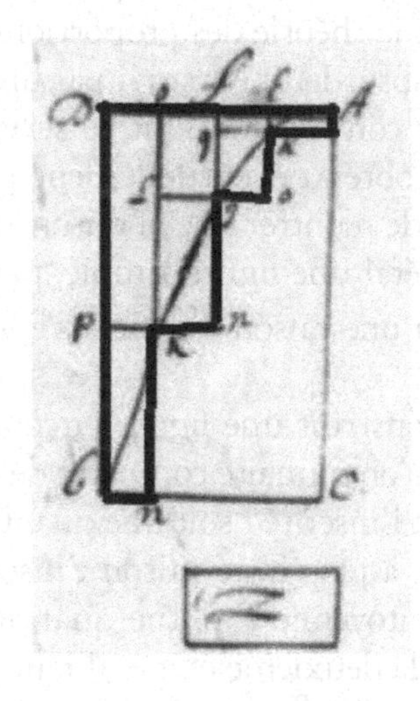

FIG. 24 – Gilles Personne de Roberval, FR 9119, f° 359v°, © Bibliothèque nationale de France.

Le même type de rapports peut être établi, Roberval construit une figure circonscrite $ADBmKnIohA$ et une figure inscrite $EDpKLIqhE$ au triligne ABD. Chacune est composée de parallélogrammes de même base (une partie de la division de AD) de sorte que le dernier Bg soit moindre que Z (ce qui est toujours possible en divisant suffisamment le segment AD). Par construction, la différence entre la figure circonscrite et la figure inscrite est égal au parallélogramme Bg qui est moindre que Z [19]. Ici s'achève la première étape.

19 Le premier parallélogramme de la circonscrite Ah de la circonscrite est égal au premier parallélogramme Eq de l'inscrite, de même pour les deuxième parallélogrammes EI est égale à FL, et ainsi de suite, un nombre fini de fois, jusqu'à qu'il reste Bg.

Pour la deuxième étape, Roberval affirme – en évoquant un lemme qu'il énonce par la suite[20] – que la raison de la figure circonscrite (respectivement inscrite) au parallélogramme AD est superieur (respectivement inférieur) à $\frac{1}{3}$. En utilisant le lemme général, il peut alors conclure.

Ce type de démonstration s'appuyant sur la construction de figures circonscrite et inscrite est utilisée également pour prouver certaines propositions dans les *Élémens de géométrie*[21].

Pour Roberval, un résultat obtenu par les indivibles peut être légitimé par une démonstration à l'ancienne. C'est probablement pour cette raison qu'il s'autorise à prendre une figure mixtiligne pour une figure rectiligne, lors de ses quadratures directes.

Pascal use aussi d'indivisibles. L'ouvrage le plus emblématique à ce sujet est sans aucun doute les *Lettres de A. Dettonville à Monsieur de Carcavy*[22]

---

20 Le lemme énonce que la somme finie des carrés des n premiers entiers naturels est superieur à un tiers de n^3 et que cette même somme sans le dernier terme n^2 est inférieure à un tiers de n^3. Si AD est divisée en n parties égales à $\frac{1}{n}$, l'aire de C s'exprime par $\sum_{k=1}^{k=n-1} \frac{AD}{n} \times \frac{k^2 AD^2}{n^2}$ ou $\frac{AD^3}{n^3} \sum_{k=1}^{k=n} k^2$ et le rapport $\frac{C}{\text{parallélogramme } AD} = \frac{1}{n^3} \sum_{k=1}^{k=n} k^2$. Avec nos notations actuelles, il est facile de montrer que $\forall n \in \mathbb{N} \ \frac{1}{n^3} \sum_{k=1}^{k=n} k^2 \geq \frac{1}{3}$. Pour la raison $\frac{I}{\text{parallélogramme } AD}$, on a $\frac{I}{\text{parallélogramme } AD} = \frac{1}{n^3} \sum_{k=1}^{k=n-1} k^2$. Il est également facile de montrer que $\forall n \in \mathbb{N} \ \frac{1}{n^3} \sum_{k=1}^{k=n-1} k^2 \leq \frac{1}{3}$. Roberval énonce ces résultats non seulement pour la somme des carrés mais, de manière générale, pour la somme des p-ièmes puissances, ce qui lui permet d'affirmer que l'exemple de la parabole ordinaire servira pour toutes les « paraboles à l'infiniy ». Il ne démontre aucun des résultats : « je ne mets point icy les demonstrations du lemme » (*ibid.*, f° 361r°).

21 Dans la proposition 34 du Livre VIII, il considère un cercle et construit deux polygones réguliers, l'un circonscrit et l'autre inscrit à ce cercle, de telle sorte que la différence de leurs longueurs soit inférieure à une longueur donnée « si petite qu'on voudra ». Ces deux propositions lui servent à montrer l'égalité du rapport des longueurs de deux cercles avec le rapport de leurs diamètres et celles du rapport des aires de deux disques avec le rapport des carrés de leurs diamètres, Livre VIII, propositions 36 et 41 pour les cercles et les disques propositions 37 et 42 pour les arcs et les secteurs, *Élémens de géométrie*, *op. cit.*, p. 441-449.

22 Blaise Pascal, *Lettres de A. Dettonville à Monsieur de Carcavy, en luy envoyant Une méthode générale pour trouver les centres de gravité de toutes sortes de grandeurs, un Traité des trilignes et de leurs onglets. Un Traité des Sinus d'un quart de Cercle. Un Traité des Arcs de Cercle. Un traité des Solides circulaires. Et enfin un Traité général de la Roulette, contenant la solution de tous les Problèmes touchant LA ROULETTE qu'il avait proposez publiquement au mois de juin 1658*, Paris, 1658. Parmi les études consacrées à ces traités, on pourra consulter Descotes, Dominique, *Blaise Pascal. Littérature et géométrie*, Presses Universitaires Blaise Pascal, Clermont-Ferrand, 2001, ou encore « Pascal's Indivisibles » dans Jullien, *Vincent, Seventeenth-Century Indivisibles Revisited*, *op. cit.*, p. 211-248, Merker, Claude, *Le chant du*

qu'il publie en 1658. Cet ouvrage est en fait un receuil qui inclue plusieurs traités, dans lesquels il développe sa « doctrine des indivisibles » puis l'applique à toutes sortes de problèmes. S'intéressant à des problèmes de quadratures, de centres de gravité et de rectifications, il introduit la notion de « somme de lignes[23] » d'une manière plus générale que ses prédécesseurs. Par exemple, il considère qu'au lieu de partager la base d'une courbe en divisions égales et de « sommer les ordonnées », il est également possible de diviser l'arc de courbe en divisions égales et de sommer les lignes engendrées, qu'il appelle « sinus[24] ». Dans la figure 25, le triligne CMF est divisé, de manière traditionnelle, « indéfiniment » en parties égales par des points Z, mais dans le triligne CBA, c'est l'arc qui est divisé en parties égales par les points D[25]. Au niveau diagrammatique, le caractère indéterminé des divisions indéfinies de Pascal s'exprime par le fait que tous les points de la division ont la même étiquette.

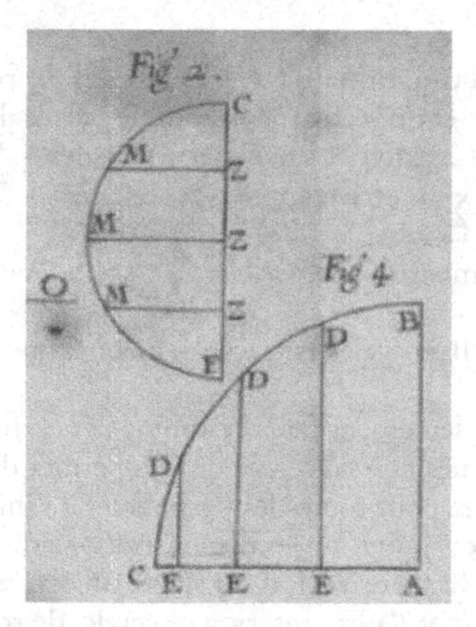

FIG. 25 – Blaise Pascal, *Traité des Sinus d'un quart de Cercle* dans *Lettre de A. Dettonville à Monsieur de Carcavy*, Paris, Chez Guillaume Desprez, 1658, planche I, fig. 2 et 4, © Bibliothèque nationale de France.

cygne des indivisibles, PUFC, 2001, Cortese, João, *L'infini en poids, nombre et mesure : La comparaison des incomparables dans l'œuvre de Blaise Pascal*, thèse de Doctorat en épistémologie et histoire des sciences, dirigée par David Rabouin et Luis César Guimarães Oliva, présentée et soutenue publiquement à l'Universidade de São Paulo le 30 octobre 2017.

23 Claude Merker, *Le chant du cygne des indivisibles*, *op. cit.*, p. 23-24.

24 Définitions, *Lettre de M. Dettonville à Mr de Carcavy*, *op. cit.*, p. 18-19.

25 Pascal use exclusivement du mot « indéfini » alors que Roberval use indistinctement des mots « infiniment » ou « indéfiniment ».

Pascal anticipe que sa méthode pourrait être sujette à des critiques. Aussi, il prend soin de placer des « avertissements » dans ses traités qui ponctuent son discours. En général, ces avertissements ont pour rôle de préciser ou d'éclaircir la démonstration qui vient ou va être faite, en particulier il fait des remarques importantes sur la légitimité de l'intervention des indivisibles. Dans la lettre à Carcavy, il clarifie très précisément ce qu'il entend par « somme de lignes » :

> [...] puis qu'on n'entend autre chose par là [la somme des ordonnées] sinon la somme d'un nombre indéfiny de rectangles faits de chaque ordonnée avec chacune des petites portions égales du diamètre, dont la somme est certainement un plan, qui ne diffère de l'espace du demy cercle que d'une quantité moindre qu'aucune donnée. [...] De sorte que quand on parle de *la somme d'une multitude de lignes* on a toujours égard à une certaine droite, par des portions égales et indéfinies de laquelle elles sont multipliées. Mais quand on n'exprime point cette droite (par les portions égales de laquelle on entend qu'elles soient multipliées), il faut sous-entendre que c'est celle des divisions de laquelle elles sont nées (*ibid.*, p. 10-11)[26].

De sorte que lorsque Pascal écrit « la somme des ZM », il faut entendre par ZM une ligne multipliée par la longueur ZZ (donnée par la division indéfinie), c'est-à-dire, dans le langage du XVIIe siècle, un rectangle[27]. De même, l'expression « somme des DM » est à entendre comme la somme des rectangles curvilignes de hauteur le sinus DE et de largeur (constante) l'arc indéfiniment petit DD. Les « indivisibles » de Pascal sont donc supposés être des grandeurs homogènes au tout. À titre d'exemple, dans l'un des traités intitulé *Traité des sinus du quart de cercle*, Pascal montre que la « somme des sinus » d'un arc quelconque du quart de cercle est égale à la portion de la base comprise entre les sinus extrêmes, multipliée par le rayon (*ibid.*, p. 1) (fig. 26). Ici, la « somme des sinus » correspond donc à la somme d'un nombre indéfini de rectangles dont les dimensions sont le sinus ED et l'arc DD de la division indéfinie.

Pour être démontrée, cette proposition nécessite le lemme suivant :

> Soit ABC un quart de Cercle [fig. 26] ; dont le rayon AB soit considéré comme axe, & le rayon perpendiculaire AC comme base ; soit d'un point quelconque dans l'arc, duquel soit mené le sinus DI sur le rayon AC , & la

26 Pour un développement de ces notions : Claude Merker, *Le chant des cygnes des indivisibles*, p. 113-136.

27 Viète appelle cette opération une « duction ».

touchante DE, dans laquelle soient pris les points E où l'on voudra, d'où soient menées les perpendiculaires ER sur le rayon AC. Je dis que le rectangle compris du sinus DI & de la touchante EE, est égal au rectangle compris de la portion de la base (enfermée entre les parallèles) & le rayon AB. (*ibid.*, p. 1)[28]

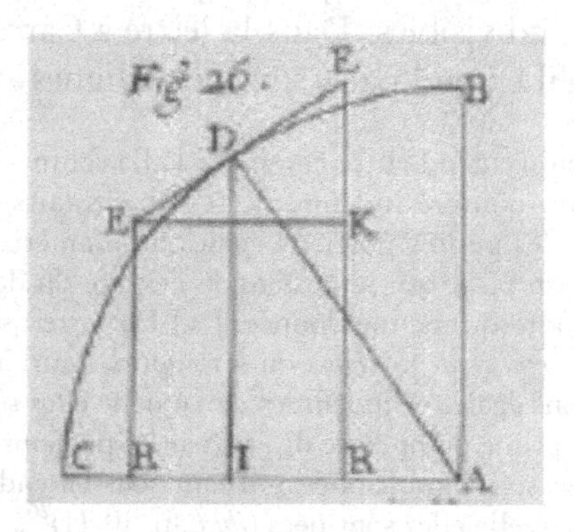

FIG. 26 – Blaise Pascal, *Traité des Sinus d'un quart de Cercle* dans *Lettre de A. Dettonville à Monsieur de Carcavy*, Paris, Chez Guillaume Desprez, 1658, planche III, fig. 26, © Bibliothèque nationale de France.

Pascal mène, de chacun des points D de la division de l'arc, la touchante DE qui coupe la touchante « voisine » au point E. De chacun de ces points E, il trace une perpendiculaire ER. Il est donc dans la situation d'appliquer le lemme : chaque sinus DI multiplié par EE est égal au rectangle formé par RR et le rayon AB. Pour conclure, il affirme que la somme de tous les rectangles formés chacun par DI et EE (qui, écrit-il, sont égaux entre eux) est égale à la somme de tous les RR multipliés par AB. Il affirme également que la somme des RR n'est autre que AO.

Ainsi, il a donc supposé premièrement que l'on peut prendre EE pour DD et deuxièmement que la somme des RR est égale à AO. Il fait suivre cette démonstration d'un avertissement dans lequel il défend le bien-fondé de ces suppositions :

28 Ce lemme se démontre facilement en considérant les triangles semblables EEK et DIA : le produit de DI par EE est le même que celui de DA par EK soit celui de AB par RR.

> Quand j'ay dit que toutes les distances ensemble *RR*, sont egales à *AO*, & et de mesme que chaque touchante *EE*, est egale à chacun des petits arcs *DD* : On n'a pas deu en estre surpris, puis qu'on sçait assez qu'encore que cette egalité ne soit pas veritable quand la multitude des sinus est finie ; neantmoins l'egalité est veritable quand la multitude est indefinie, parce qu'alors la somme de toutes les touchantes egales entr'elles *EE*, ne differe de l'arc entier *BD* [*sic*], ou de la somme de tous les arcs egaux *DD*, que d'une quantité moindre qu'aucune donnée : non plus que la somme des *RR*, de l'entiere *AO*.

La forme de cet avertissement est très intéressante. Pour persuader le lecteur du bien-fondé de ses suppositions, Pascal s'adresse à lui comme s'il était déjà au fait : les expressions « On n'a pas deu en estre surpris » ou « puis qu'on sçait encore » en témoignent. Ainsi, plus qu'un avertissement, il s'agit pour Pascal de rappeler à l'un de ses pairs des principes admis et en usage dans la pratique géométrique. Que se passe-t-il si l'on introduit l'indéfini ? Pascal répond qu'il est connu que l'indéfini rend la touchante égale à l'arc et la somme des *RR* égale à *AO*.

Dans quelle mesure cet avertissement justifie les raccourcis audacieux de Pascal ? Dans quelle mesure ses raccourcis sont partagés par ses pairs ?

Le lecteur connaît les démonstrations archimédiennes de circonscription et inscription. Dans ce cadre, il pourrait montrer à la manière des anciens que « la somme de toutes les touchantes egales entr'elles *EE* ne diffère de l'arc entier *BD* ». L'avertissement a donc pour rôle de rappeler qu'il est possible de prouver par un raisonnement *ad absurdum* des procédures propres à la méthode des indivisibles. Cependant, Pascal n'a pas ici l'intention ici de recourir à ce type de démonstration, mais au contraire de persuader que la validité des preuves par les indivisibles suffit désormais pour conduire à des énoncés vrais. Dans *la Lettre à Carcavy*, il affirme que

> [...] tout ce qui est demonstré par les veritables regles des indivisibles se demonstrera aussi à la rigueur et à la maniere des anciens, & qu'ainsi l'une de ces Methodes ne differe de l'autre qu'en la maniere de parler, ce qui ne peut blesser les personnes raisonnables quand on les a une fois avertyes ce qu'on entend par là. Et c'est pourquoy je ne feray aucune difficulté dans la suitte d'user de ce langage des indivisibles la *somme des lignes*, ou la *somme des plans* ; [...] je ne feray aucune difficulté d'user de cette expression la *somme des ordonnées*, qui semble n'estre pas Géometrique à ceux qui n'entendent pas la doctrine des indivisibles, & qui s'imaginent que c'est pecher contre la Geometrie que

> d'exprimer un plan par un nombre indefiny de lignes ; ce qui vient de leur manque d'intelligence, puis qu'on entend autre chose par là sinon la somme d'un nombre indefiny de rectangles faits de chaque ordonnée avec chacune des petites portions égales du diametre, dont la somme est certainement un plan, qui ne differe de l'espace du demy cercle que d'une quantité moindre qu'aucune donnée (*Lettres à M. Carcavy*, p. 10-11).

Ce passage est sans équivoque. Pour Pascal, les preuves par les indivisibles et les démonstrations à la manière des Anciens ne sont qu'une manière différente de s'exprimer et ont la même valeur démonstrative : « les véritables règles des indivisibles » permettent de démontrer aussi rigoureusement que le ferait une démonstration à l'ancienne[29]. Une fois « avertyes ce qu'on entend par là », c'est-à-dire des règles de traduction, le géomètre ne perdrait rien en rigueur mais gagnerait en simplicité. Dans la « doctrine des indivisibles », que la somme de rectangles constitue la figure est légitimé par la possibilité d'être prouvé par une démonstration à la manière des anciens. La figure et cette « somme de lignes » ne diffèrent que d'une quantité aussi petite que l'on veut, le contrôle de cette différence est rendu possible par la supposition de l'indéfinie division.

TECHNIQUES DE « TRANSMUTATIONS » ET INFINIMENT PETITS

Un autre genre de techniques de quadratures et de rectifications de courbes apparaît au cours de la deuxième moitié du XVIIe siècle. Il porte le nom de « transmutation ». Ce vocable apparaît dans un des appendices de la version latine de *La Géométrie* de 1657. Il s'agit d'une lettre de Van Heuraet adressée à Van Schooten dans laquelle il décrit une transformation générale d'une courbe en une autre, dans le but de ramener la rectification de la première à la quadrature de la seconde[30]. Dans le cas de Van Heuraet, cette transformation nécessite la considération du triangle formé par la normale,

29 À ce sujet, João Cortese, *L'infini en poids, nombre et mesure : La comparaison des incomparables dans l'œuvre de Blaise Pascal*, *op. cit.*, p. 390-412.

30 « Henrici van Heuraet epistola de Transmutatione curvarum linearum in rectas », *Geometria a Renato Des Cartes anno 1637 gallice edita*, *op. cit.*, p. 517-520.

l'ordonnée et le segment de l'axe. L'idée commune de ces méthodes est de réduire le problème d'une quadrature (ou d'une rectification) d'une courbe à celle de la quadrature d'une autre courbe, en utilisant une transformation [*transmutatio*]. La quadrature de la deuxième courbe n'est pas forcément connue et est ainsi prise comme référence. Tel est le cas de la quadrature de l'hyperbole ou du cercle. De là provient l'expression « dépendre de la quadrature de l'hyperbole ». La comparaison des deux figures s'effectue en comparant leurs « indivisibles » dont la forme dépend du type de transformation. Ce type de techniques apparaît dans nombreux ouvrages : le *Traité des indivisibles* de Roberval mais qui n'est publié qu'en 1693, la deuxième partie du traité de quadratures de Fermat (1679)[31], *Geometriae pars universalis, inserviens quantitatum curvarum transmutationi & mensurae* de James Grégory (1668)[32] et les *Lectiones geometricae* de Barrow (1670).

Le traité de Fermat est publié tardivement en 1679 et les techniques abordées ne sont pas basées sur les mêmes idées que celles des deux britanniques, qui sont plus largement diffusées[33]. De plus, le texte n'est pas d'un abord facile comme en témoigne Huygens qui le juge obscur[34]. Pour ces raisons, les techniques de transmutation de Fermat n'ont pas d'impact sur la pratique savante française contrairement à celles de Gregory et surtout celles de Barrow. Le cas de Roberval est différent. Ses techniques de transmutation sont très proches de celles de Gregory[35]

31 *« De aeaquationum localium transmutatione et emendatione ad multimodam curvilineorum inter se vel cim rectilineis comparationem, cui annectitur proportionis geometriacae in quadrantis infinitis parabolis et hyperbolis usus »*, *OF*, I, p. 255-285. D'après Mahoney, *Before Newton*, *op. cit.*, p. 228, Fermat l'aurait composé vers 1658 en réponse à l'*Arithmetica infinitorum* de Wallis. Ce traité n'aurait pas eu beaucoup d'impact en particulier à cause de leur seule application aux courbes algébriques, voir à ce sujet Jaume Paradis, Josep Pla et Pelegri Vider, « Fermat's method of quadrature », *Revue d'Histoire des Mathématiques*, 14 (2008), p. 4.

32 James Grégory, *Geometriae pars universalis, inserviens quantitatum curvarum transmutationi & mensurae*, Patavii, 1668.

33 Fermat a étudié la resolubilité des équations algébriques à l'aide des procédés de « transmutation » et « emendation » qu'il détient de Viète. Il souhaite les appliquer aux équations de courbes en vue de déterminer leur « quadrabilité ». En langage moderne, ces transformations correspondent à des changements de variables et à des intégrations par parties, voir « Fermat's Treatise on quadrature : a new reading », *op. cit.*, p. 3.

34 Lettre à Leibniz du 4 septembre 1691, *OH*, X, p. 132 : « J'ay recherchè la dessus ce que je me souvenois d'avoir vu dans les œuvres posthumes de Mr. Fermat, mais ce traité est imprimè avec tant de fautes, et de plus si obscur, et avec des démonstrations suspectes d'erreur, que j'en ay pas seu profiter. »

35 Plus tard, l'académicien Jean Gallois accuse James Grégory d'avoir plagié Roberval. Celui-ci avait transmis ses découvertes à Torricelli qui les auraient transmises à Grégory

mais elles ne sont diffusées en France que lors de la publication de son traité en 1693.

Dans la préface de *Geometriae pars universalis*, Gregory souligne les défauts de l'analyse algébrique lorsqu'il s'agit de « mesurer les quantités des courbes » – [*in mensuratione quantitatum curvarum*] – il annonce que les quadratures peuvent être résolues à condition que

> connaissant la propriété essentielle d'une figure donnée, une méthode soit donnée pour transformer [*transmutandi*] la figure en une autre d'égale et ayant des propriétés connues, et puis en transformant la dernière en une autre, et ainsi de suite jusqu'à que finalement la figure soit transformée en une quantité connue[36].

Dans les *Lectiones Geometricae*, Barrow utilise ce même type de techniques sauf que contrairement à Grégory, il ne démontre pas ces résultats à la manière des anciens[37]. En effet, Barrow loue toutes les méthodes d'invention comme celles des tangentes, celles des *maxima* et *minima* ou celles des indivisibles, car elles sont « plus faciles pour la résolution de toutes sortes de problèmes, pour l'invention de théorèmes, et pour la construction et démonstration de problèmes et théorèmes[38] ».

Barrow introduit la leçon XI en annonçant que la première partie de son travail – la recherche de tangentes – est achevée. En s'aidant des résultats établis, il est à même de fournir des théorèmes qui relient la mesure des grandeurs aux tangentes et aux perpendiculaires aux courbes (*ibid.*, p. 85)[39]. Dans les leçons qui suivent, il fournit quatre types de transformations d'une courbe en lui faisant correspondre soit sa courbe des sous-normales, soit sa courbe des sous-tangentes, soit celle obtenue par changement d'axes, ou encore sa courbe des tangentes. Ce dernier type est examiné dans ce qui suit.

---

lorsque celui-ci séjourna en Italie. Voir « Gallois, hommage à Roberval » au chapitre « De la Géométrie à l'arithmétique des indivisibles », p. 111 de cet ouvrage.

36 *« si modo e data cuiuscunque figura proprietate essentiali, daretur methodus eam transmutandi in aliam aequalem cognitas proprietates habente, & huis in aliam, & sic deinceps, donec tandem transmutatio fiat in aliquam quantitatem cognitam. »*

37 Antoni Malet, « Isaac Barrow's Indivisibles » dans *Seventeenth-Century Indivisibles Revisited, op. cit.*, p. 280.

38 Isaac Barrow, *The usefulness of Mathematical Learning Explained and Demonstrated*, translated by John Kirkby, Londres, 1734, p. 90.

39 *« Reliquis utcunque patratis, apponemus ial quae magnitudinum è tangentibus (seu è perpendicularibus ad curvas) Dimensiones eliciendas pertinentia se objecerunt Theoremata [...]. »*

LA COURBE DES TANGENTES DE BARROW

Barrow considère une courbe AMB d'axe AD et BD perpendiculaire à l'axe. M est un point de la courbe AMB et MT est la tangente qui coupe l'axe en T. La courbe KZL est construite de la façon suivante : à partir de chaque point M de AB, il trace la droite MFZ parallèle à BD coupant AD en F et de sorte que $\frac{TF}{FM}=\frac{R}{FZ}$ où R est la longueur d'un segment donné.
Ainsi, la courbe AMB est « transmutée » en la courbe KZL qui est appelée la courbe des tangentes en raison de la proportion décrite ci-dessus. Dans ces conditions il affirme que l'aire $ADLK$ est égale au rectangle formé par R et DB.

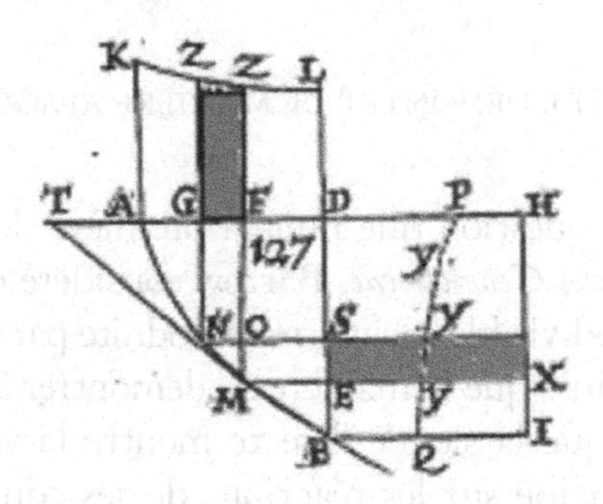

FIG. 27 – Isaac Barrow, *Lectiones geometricae*, Londres, Godbid, 1670, planche 6, fig. 127 (avec coloriage de l'auteur), © Bibliothèque nationale de France.

Pour démontrer ce résultat, il considère le point N tel que MN soit une « petite partie de la courbe indéfiniment petite » [*indefinitè parvâ curvae AB particulâ*]. Comme dans les autres démonstrations, N provient d'une division indéfinie de AD en parties indéfiniment petites et égales entre elles. Le triangle curviligne MNO peut alors être pris pour un triangle rectiligne (appendice de la leçon x[40]). Il est alors semblable à TFM et il peut écrire :

$\frac{NO}{MO}=\frac{TF}{FM}=\frac{R}{FZ}=\frac{DH}{FZ}$ (en prenant $DH=R$), ou encore :

$$NO\times FZ = MO\times DH \text{ ou } GF\times FZ = ES\times EX$$

40 Voir le paragraphe sur Barrow au premier chapitre.

L'ensemble de tous les rectangles [*omnia rectangula*] $GF \times FZ$ « diffèrent minimalement » [*minimè differant*] de *ADLK* et le même nombre de rectangles $ES \times EX$ composent [*componant*] le rectangle *BIHD*, de sorte que, pour Barrow, le résultat est clair.

Cette démonstration est intéressante. Des résultats issus de méthodes de tangentes permettent de décrire la transformation décrite dans cet exemple : assigner à une courbe sa courbe des tangentes. En fait, pour la plupart des méthodes de transmutation les résultats des méthodes des tangentes (ou de normales) sont mis à profit pour construire une courbe en sa « transmutée ». Ici, Barrow réinvestit le triangle infinitésimal présent dans sa méthode algorithmique présentée dans l'appendice de la leçon X.

« CECI POURRAIT ÊTRE DÉMONTRÉ DE MANIÈRE APAGOGIQUE, MAIS POURQUOI[41] ? »

C'est par cette question que finit la première démonstration de la leçon XI des *Lectiones Geometricae.* Barrow considère que toute démonstration à l'aide d'indivisibles peut être reproduite par une démonstration à l'ancienne. Il estime que la manière de démontrer à l'ancienne n'a pas à s'imposer alors que la sienne directe montre la voie de découverte. Cependant, il anticipe sur les réactions de ses contemporains qui le liront et qui pourront juger sa preuve insuffisante. À l'égard de ceux qui ne seraient pas convaincus de la légitimité de ses preuves, il adresse un appendice qu'il introduit de la sorte :

> En ce qui concerne la brièveté et surtout la clarté, les résultats précédents sont prouvés par des arguments directs [*recto discursu*], pour lesquels non seulement la vérité est suffisamment confirmée de manière convaincante mais aussi les origines apparaissent limpides [*limpidiùs*]. Cependant, de peur que quiconque qui n'est pas habitué à raisonner de cette façon puisse avoir difficulté, nous ajouterons les quelques notes suivantes qui à la fois confirment notre méthode et aideront aussi à démontrer avec facilité nos propositions *ad absurdum*[42].

41 « *Longior discursus apagogicus adhiberi possit, at quorsum ?* », *Lectiones geometricae*, *op. cit.*, p. 85.

42 « *Brevitati simul ac perspicuitati (huic autem praecipuè) consulentes praecedentia recto discursu comprobata dedimus ; quali non modo veritas, opinor, satis firmatur, at ejusdem origo limipidiùs apparret. Verùm nè quis, minùs hujusmodi ratiociniis adsuetus, haereat, ista paucula subdemus, quibus tales discursus communiantur quorumque subsidio non difficilè conficiantur Propositorum demonstrationes apagogicae.* », Isaac Barrow, « Appendicula 2 », *Lectione Geometricae*, *op. cit.*, p. 115.

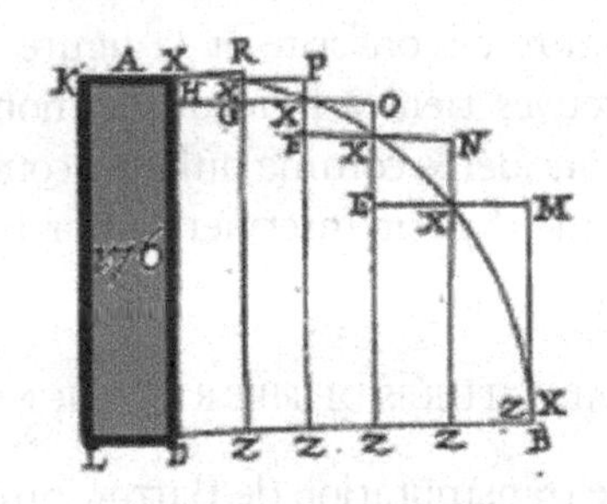

FIG. 28 – Isaac Barrow, *Lectiones geometricae*,
Londres, Godbid, 1670, planchet 8, fig. 176,
© Bibliothèque nationale de France.

Les étapes de sa démonstration sont décrites ci-dessous.

Il considère une courbe ADB d'axe DB divisée indéfiniment en parties égales ZZ puis construit deux agrégats de parallélogrammes à l'aide des ordonnées de la courbe de sorte à obtenir la figure $C=ADBMXNXOXPXRA$ circonscrite et la figure $I=HXGXFXEXZDH$ inscrite. Il considère une grandeur S inférieure à C et supérieure à I. Il montre par un double raisonnement par l'absurde que l'aire $AXBD$ entre la courbe et l'axe est égale à S.

Il suppose d'abord que $AXBD$ est (strictement) inférieur à S. Soit $ADLK$ le rectangle représentant la différence entre S et $AXBD$. $ADZR$ est la somme des rectangles $AHXR, XPXG, XOXF$, … et il peut être rendu inférieur à $ADLK$ à cause de l'indéfinie petitesse de AR. Comme $AHXR$ est plus grand que le triligne AXR, que $XPXG$ est plus grand que XXP, …, il résulte que $ADZR$ est supérieur aux trilignes pris ensemble.

Ainsi $AXBD+ADZR>C$, a fortiori $AXBD+ADLK>C$, c'est-à-dire $S>C$, ce qui est absurde. Une démonstration analogue est proposée pour l'hypothèse $AXBD$ est strictement superieur à S.

Il est intéressant de remarquer que dans cette démonstration « à l'ancienne » Barrow se sert également des quantités infiniment petites. D'autres mathématiciens comme Gregory ou Newton fournissent des preuves différentes[43]. Dans toutes ces preuves il s'agit de maîtriser la

43 Une méthode à l'ancienne est proposée par Gregory. Il considère aussi un rectangle qui joue le même rôle que le rectangle $AKLD$ mais le nombre de rectangles qui composent

différence entre la figure circonscrite et la figure inscrite. L'intérêt de cette diversité de preuves tient à la façon de montrer comment cette différence peut être considérée comme nulle, et comment l'introduction de la notion d'infiniment petit intervient pour permettre le contrôle de cette différence.

LES MÉMOIRES DE QUADRATURES DE PIERRE VARIGNON

Dans l'exemple de transmutation de Barrow qui vient d'être analysé, les longueurs indéfiniment petites des rectangles indéfiniment petits $GFZZ$ et XES correspondrient respectivement aux longueurs $NO=e$ et $MO=a$ du triangle infinitésimal de l'appendice de la leçon X. Dans les figures accompagnant les théorèmes de transmutation, Barrow n'étiquète pas les longueurs du triangle infinitésimal par les notations « e » ou « a » qui apparaissaient dans sa méthode algorithmique. Ceci est cohérent puisque sa méthode de quadrature n'use pas de calcul symbolique.

Pierre Varignon est un lecteur de Barrow.

Né à Caen en 1654, il suit une instruction au collège des Jésuites[44]. À cette époque, d'après Fontenelle[45], il découvre Euclide puis Descartes. En 1686, il se rend à Paris où il côtoie les milieux savants, notamment celui de Malebranche. Il estime suffisamment ce dernier pour le consulter à propos de son ouvrage intitulé *Projet d'une nouvelle Mechanique*, qu'il

---

les figures circonscrites et inscrites sont en nombre fini. Dans le Lemme II du Livre I des *Principia*, Newton considère également un agrégat de parallélogrammes en nombre quelconque inscrits et circonscrits. Leur nombre augmentant à l'infini, il affirme que les dernières raisons entre la figure circonscrite, la figure curviligne et la figure inscrite sont en rapport d'égalité. Une étude comparant ces trois auteurs par rapport à ce type de démonstration a été réalisée par Antoni Malet, *Studies on James Gregory (1638-1675)*, A dissertation presented to the Faculty of Princeton University in Candidacy for the Degree of Doctor of Philosophy, Princeton, octobre 1989, p. 241-248.

44 Quelques études ont été consacrées au personnage de Varignon. On peut citer Joachim Otto Fleckenstein, « Pierre Varignon und die mathematischen Wissenchaften im Zeitalter des Cartesianismus », *Archives internationales d'histoire des sciences*, n° 5, octobre 1941, Pierre Costabel, « Pierre Varignon (1654-1722) et la diffusion du calcul différentiel et intégral », *Les conférences du Palais de la découverte*, série D, Paris, éditions du Palais de la découverte, 1966, Jeanne Peiffer, « Pierre Varignon, lecteur de Leibniz et de Newton », Leibniz'auseinandersetzung mit vorgängern und zeitgenossen, *Studia Leibnitiana*, supplementa XXVIII, p. 244-266. On pourra lire avec intérêt la préface de chacun des tomes de la correspondance entre Varignon et Jean Bernoulli (*DBJB*, 2 et 3)

45 « Éloge de M. Varignon », *HARS*, 1722, p. 136-146.

dédie à l'Académie des Sciences lors de sa publication en 1687[46]. Varignon est un géomètre talentueux mais son intérêt principal se porte sur la mécanique. Les mérites de son *Projet* sont suffisamment appréciés pour qu'il soit reconnu par la communauté savante. Il est nommé académicien géomètre en 1688 et la même année il devient le premier titulaire de la chaire de Mathématiques au Collège Mazarin. Cette double position institutionnelle lui confère une notoriété que les proches de Malebranche ne négligent pas en s'adressant à lui. Cependant, Varignon ne contribue pas directement au projet de « réforme » entrepris par le cercle de Malebranche.

Varignon étudie de façon autonome les *Lectiones geometricae* d'Isaac Barrow[47].

En 1692, Varignon lit à l'Académie deux mémoires portant sur la manière d'obtenir des quadratures de paraboles et d'hyperboles : « Quadrature universelle des paraboles de tous les genres imaginables appliquant la logistique infiniment générale qui vient de paraître sur la méthode de Jacobus Gregorius » le samedi 29 mars et « De la quadrature universelle de tous les genres et de toutes les espèces de Paraboles imaginables », le mercredi 9 avril[48]. Dans ces mémoires, aucune notation n'est introduite pour désigner « somme » contrairement aux écrits du cercle autour de Malebranche de la même époque[49].

Varignon s'intéresse à la parabole « générale » courbe ABC d'équation : $y^p = d^n x^{p-n}$ (où $AB = y, BC = x$ et p, d et q sont des entiers). Pour

46 Pierre Varignon, *Projet d'une nouvelle méchanique*, Paris, Chez Boudot, 1687. L'Épître commence par : « Messieurs de l'Académie des Sciences… »

47 Varignon connaît d'autres méthodes d'indivisibles. Parmi les références de Varignon, Jeanne Peiffer cite Cavalieri, Torricelli, Roberval et Pascal mais elle souligne ses connaissances sur Pascal et sur Fermat (Jeanne Peiffer, « Pierre Varignon, lecteur de Leibniz et de Newton », *op. cit.*, p. 248). Pour la méthode de Cavalieri, voir la lettre à Jean Bernoulli du 19 juillet 1693 dans laquelle Varignon commet une erreur, (*ibid.*, p. 242).

48 « Quadrature universelle des paraboles de tous les genres imaginables appliquant la logistique infiniment générale qui vient de paraître sur la méthode de Jacobus Gregorius », samedi 29 mars 1692, *PVARS*, t. 13, f° 86v°-88r° et « De la quadrature universelle de tous les genres et de toutes les espèces de Paraboles imaginables », mercredi 9 avril 1692, *PVARS*, t. 13, f° 89r°-91r°. La démonstration est reprise de la leçon XI, proposition X des *LG* de Barrow. Si Varignon se réfère à Gregory dans le titre c'est que Barrow affirme détenir ce résultat de l'écossais : « *Hoc perutibile Theorema doctissimo Viro D. Gregorio Aberdonensi debetur, cui sequentia subnctimus* », Isaac Barrow, *Lectiones geometricae*, *op. cit.*, p. 89.

49 Voir *infra*.

calculer la valeur de la sous-tangente, Varignon indique qu'il a utilisé la méthode que l'Abbé Catelan propose dans son ouvrage *Logistique générale*, qui est une méthode raccourcie de celle de Barrow.

Pour trouver la quadrature « universelle » de la parabole, Varignon s'inspire de la méthode de transmutation décrite dans la leçon XI de Barrow[50]. Cette méthode implique une attention importante aux figures puisqu'il s'agit de ramener le problème de la quadrature d'une figure à celle d'une autre. Barrow n'avait pas introduit de notations pour désigner les longueurs, mais ici Varignon divise son diamètre AB aux points F en une « infinité de petits a tous égaux[51] (fig. 29). Il a introduit auparavant les notations a et e dans le but de calculer la sous-tangente. Dans la recherche de la quadrature, elles n'ont de rôle que celui de désigner chacune des divisions égales et ainsi à étiqueter les segments tous égaux de la figure. Pour chaque point G de la courbe ABC correspondant à l'une de ces divisions (même notation que celle de Pascal), GT est la tangente qui coupe le segment BC en O. GH est parallèle à $AB, OH = FE$. Par construction

$$\frac{AD}{AB} = \frac{BT}{AB} \text{ et } \frac{FE}{FB} = \frac{HO}{HG}$$

« Or à cause que les arcs AG, GG, C [*sic*] sont (hyp) si petits qui se peuvent confondre avec les tangentes » (*ibid.*, f° 87 r°)[52], les triangles AFG et ABT et les triangles GLG et GHO « peuvent être regardés comme semblables », ce qui lui permet d'écrire que :

$$\frac{BT}{AB} = \frac{FG}{AF}$$

et

$$\frac{AD}{AB} = \frac{FG \text{ ou } BH}{AF}$$

Il en déduit que les parallélogrammes ADF et ABH sont « égaux ». Ce raisonnement étant valable pour chacun des autres points G donc « tous les parallélogrammes EFF sont égaux à tous les parallélogrammes

50 Pour Jeanne Peiffer, il s'agit même d'un suivi fidèle ; *Lectiones Geometricae, op. cit.*, p. 251.

51 « Quadrature universelle des paraboles de tous les genres imaginables appliquant la logistique infiniment générale qui vient de paraître sur la méthode de Jacobus Gregorius », f° 87r°.

52 Au même passage, Barrow écrit, *Lectiones geometricae, op. cit.*, p. 88.

GHH qui leur répondent » donc toute « la figure $DABED$ est égale à l'espace parabolique $AGCBA$ » (*ibid.* f° 87r°).

Dans le passage correspondant, Barrow détaillait davantage l'obtention de cette égalité (figure de droite). En effet, il prenait la somme [*summa*] des parallélogrammes CDH, BCG, etc., et affirmait qu'elle diffère de manière minimale [*minimè differt*] de l'espace VDH. Il affirmait de la même façon que la somme des parallélogrammes LHO, KLZ, etc. diffère de manière minimale de l'espace DHO, ce qui lui permet de conclure que ces deux espaces sont égaux[53]. Varignon omet cette clarification comme si cela allait de soi.

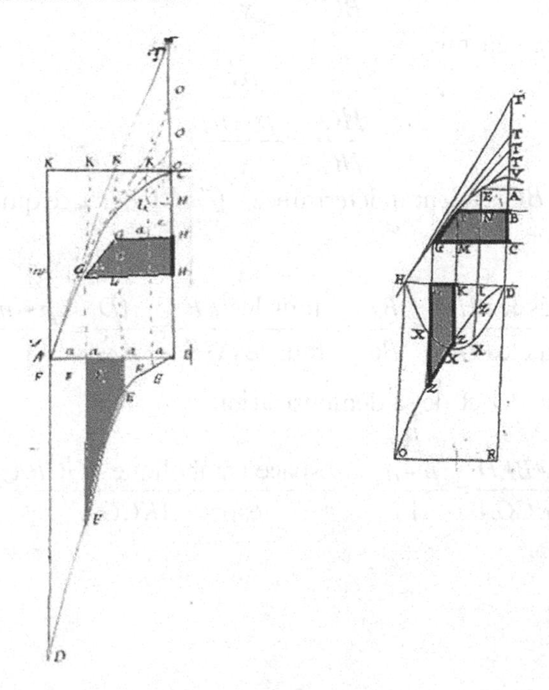

FIG. 29 – Pierre Varignon, « Quadrature universelle des paraboles de tous les genres imaginables appliquant la logistique infiniment générale qui vient de paraître sur la méthode de Jacobus Gregorius », samedi 29 mars 1692, *PVARS*, t. 13, f° 87r° (à gauche) et Isaac Barrow, *Lectiones Geometricae*, Londres, Godbid, 1670, planche 6, fig. 125 (à droite), © Bibliothèque nationale de France.

53 Isaac Barrow, *Lectiones geometricae*, *op. cit.*, p. 89.

La comparaison entre la démonstration de Barrow et celle de Varignon prend ici fin. En effet, Varignon, contrairement au mathématicien anglais, a introduit des notations afin de procéder au calcul des quadratures[54]. En notant $BC = x, AB = y$, par la méthode des tangentes de Catelan, Varignon trouve

$$t = BT = \frac{px}{p-n}$$

donc

$$\frac{BT}{BC} = \frac{\frac{px}{p-n}}{x}$$

ou de manière générale

$$\frac{HO}{HC} = \frac{\frac{px}{p-n}}{x}$$

car « AB et BC étaient indéterminez » (*ibid.* f° 87r°), ce qui lui permet de déduire que

$$\frac{\text{tous les } HO}{\text{tous les } HC} = \frac{BT}{BC} = \frac{\text{tous les } EF}{\text{tous les } GK} = \frac{AD}{AK} = \frac{\frac{px}{p-n}}{x}$$

soit, d'après le début de sa démonstration,

$$\frac{\text{triligne } DABED}{\text{triligne } AKCGA} = \frac{\frac{p}{p-n}}{1} = \frac{\text{espace parabolique } AGCBA}{\text{espace } AKCGA} = \frac{p}{p-n}.$$

54 Barrow démontre les quadratures des paraboles et hyperboles de manière géométrique dans cette même leçon XI.

L'*ARITHMÉTIQUE DES INFINIS* DE WALLIS : UNE VOIE POUR INVENTER OU POUR DÉMONTRER ? OBJECTIONS DE FERMAT

L'ARITHMÉTIQUE DES INFINIS

Le mathématicien anglais John Wallis (1616-1703) est certainement parmi ceux qui développent avec le plus de détermination l'idée selon laquelle la recherche des quadratures d'aires ou de volumes peut s'effectuer à l'aide de calculs arithmétiques.

Wallis nomme la méthode des indivisibles par « méthode de Cavalieri », même s'il découvre cette locution par le biais des ouvrages de Torricelli[55]. Les indivisibles sont à l'œuvre pour la première fois dans son traité *De Sectionibus conicis Tractatus*[56]. Il va en user pour déterminer des quadratures et des cubatures de cylindres, cônes et sections coniques. La première proposition est destinée à préciser ce qu'il considère être le principe de la méthode des indivisibles. Selon lui, une figure peut être vue comme constituée d'un nombre infini [*infinitis*] de lignes parallèles ou, préfère-t-il écrire – une infinité de parallélogrammes de même hauteur, égale à « $\frac{1}{\infty}$ », expression dans laquelle « ∞ » dénote « le nombre infini ».
Ainsi désignée, la hauteur est une partie aliquote « infiniment petite[57] » [*infinita parva*] et « toutes les hauteurs » ensemble font la hauteur de la figure. Wallis introduit ici le vocable « infiniment petit » qu'il ne distingue pas de « nul » car les deux sont exclues du domaine de la « quantité[58] ».

55 Il connaîtra l'ouvrage de Cavalieri bien plus tard, voir John Wallis, *The Arithmetic of infinitesimals*, translated from latin to english with an introduction by Jacqueline A. Stedall, New York, Springer, 2004, introduction p. 2.

56 *De Sectionibus Conicis, Nova Methodo Expositis, Tractatus*, Oxford, Leon Lichfield, 1655, Pars Prima « De Figuris planis juxta Indivisibilium methodus considerandis », proposition 1, p. 4.

57 « *Suppono in limine (justâ Bonaventurae Cavallerii Geometria Indivisibilium) Planum quodlibet quasi ex infinitis lineis parallelis conflari : Vel potiùs (quod ego mallem) ex infinitis Parallelogrammis aequè altis ; quorum quidem singulorum altitudo sit totius altitudinis* $\frac{1}{\infty}$, *sive aliquota pars infinite parva ; (esto enim* ∞ *nota numeri infinitis) adeoq ; omnium simul altitudo aequalis altitudini figurae.* », *ibid.*, p. 4.

58 « *hoc est, nulla, (nam quantitas infinite parva perinde est atq, non quanta.* » *(ibid.)*

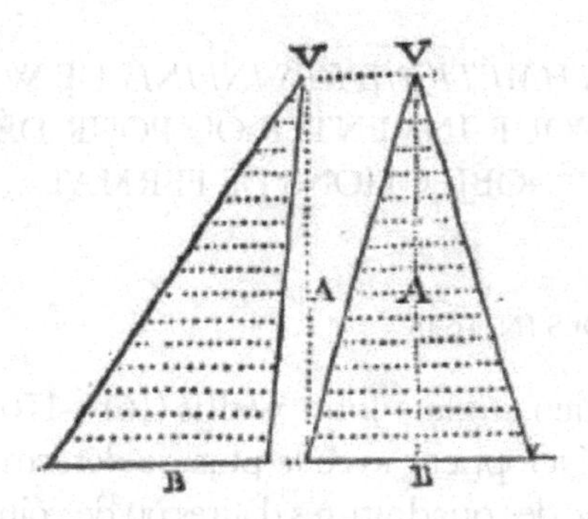

FIG. 30 – John Wallis, *De Sectionibus Conicis*, Oxford, Lichfield, 1655, p. 8, © Bayerische Staats-Bibliothek Muenchen.

Dans la proposition 3, Wallis considère un triangle de base B et de hauteur A. Il suppose que le triangle est composé d'une infinité de lignes ou de parallélogrammes parallèles à la base du triangle, les aires de ces derniers suivent une progression arithmétique qui commence par zéro, qu'il identifie au point V, jusqu'au dernier terme qui est la base du triangle. Il se permet d'appliquer la formule d'une suite arithmérique finie de termes alors qu'il qu'il s'agit ici d'une somme infinie. Ainsi, en supposant qu'il y ait un nombre « ∞ » de termes, le premier étant nul et le dernier terme étant l'aire du dernier parallélogramme – qu'il exprime par $\frac{A}{\infty}B$ –, il obtient que l'aire du triangle entier est $\frac{1}{\infty}A\times\frac{\infty}{2}B$. Enfin, Wallis s'autorise à simplifier cette expression immédiatement en supprimant le signe ∞ et la rend égale $\frac{AB}{2}$.

L'aire du triangle est calculée par le biais de la sommation des termes d'une suite à progression arithmétique. De façon analogue, l'aire d'un rectangle correspond à la somme d'une suite à termes constants, l'aire de la parabole à la somme de la suite de carrés d'entiers.

Ce constat étant fait, le souci principal de Wallis est de trouver la valeur des sommes des termes de ces suites, puis d'utiliser ces résultats pour fournir la solution à un certain nombre de problèmes géométriques, le plus important étant celui de l'expression d'une quadrature du cercle. L'utilisation des indivisibles apparaît alors comme le pont entre les quadratures ou cubatures et les calculs arithmétiques. Cette idée est développée dans son ouvrage majeur *Arithmetica infinitorum*[59].

La première partie de l'*Arithmetica infinitorum* est consacrée à l'étude des séries des puissances de nombres entiers. Il affirme que : $\frac{\sum_{k=0}^{k=n} k^p}{(n+1)n^p}$ peut être pris pour $\frac{1}{p+1}$ pour p égal à 1, 2 et 3[60].

Pour obtenir le rapport de la somme des carrés au nombre de termes multiplié par le carré du plus grand, il déclare qu'il procède de façon inductive [*per modum inductionis*]. Il examine la somme de deux, trois et jusqu'à six termes (en commençant par 0) et remarque, en notations modernes, que

$$\frac{\sum_{k=0}^{k=n} k^2}{(n+1)n^2} = \frac{1}{3} + \frac{1}{6n}.$$

L'excès à un tiers est toujours égal au rapport de 1 au produit de six par la racine carrée du dernier terme, c'est-à-dire n. Or, Wallis remarque qu'il est patent que ce terme diminue au fur et à mesure que le nombre de termes augmente devenant moindre qu'aucun assignable, et s'évanouissant [*evaniturus*] à l'infini. Le même type de preuve est proposé pour la somme des cubes. Chacune de ces propositions est suivie d'applications géométriques guidées par un raisonnement par indivisibles. De la formule de la somme des carrés, il énonce entre autres, que le rapport du volume du cône ou de la pyramide est au cylindre ou au prisme (de même hauteur et de même base) comme 1 est à 3[61]. La plupart de ces résultats sont connus, certains par les Anciens. À ce stade, Wallis se borne à confirmer que sa méthode obtient les mêmes résultats que ceux obtenus par les Anciens, ce qui n'est pas négligeable puisque par-là elle gagne une certaine légitimité. Il précise qu'il ne joindra pas de démonstrations à l'ancienne, mais il invite quiconque auquel il semblera nécessaire de les chercher, à loisir, par inscription ou circonscription des figures, ou par d'autres présentations comme celles d'Archimède dans son ouvrage dédié aux spirales (*ibid.*, p. 34)[62].

---

59 John Wallis, *Arithmetica infinitorum sive nova methodus inquirendi in curvilineorum Quadraturâm, aliaq difficiliora Mathesos Problemata*, Oxford, Leon Lichfield, 1655.

60 Propositions 2, 19-21, 39-41.

61 Beaucoup de résultats concernent les spirales et bien sûr la quadrature de la parabole simple et cubique.

62 *Ibid.*, p. 34. L'ouvrage d'Archimède auquel Wallis fait référence est *De lineis Spirabilis*.

Dans le but d'obtenir d'autres résultats géométriques, il est utile à Wallis de généraliser la formule pour les sommes des autres puissances. Il affirme que le même raisonnement basé sur la méthode inductive est reproductible. Certes, les termes qui excèdent $\frac{1}{p+1}$ sont plus de plus en plus emmêlés, note-t-il, mais ils décroissent continûment jusqu'à devenir inférieur à tout assignable. Il conclut ce qui en notations modernes s'écrit

$$\frac{\sum_{k=0}^{k=\infty} k^p}{(n+1)n^p} = \frac{1}{p+1}.$$

Ensuite, à partir d'un exemple expliqué succinctement et par un raisonnement basé sur l'interpolation entre deux entiers[63], il généralise les formules, qu'il a obtenues pour p entier, à tout rationnel de la forme $\frac{p}{q}$ (*ibid.*, p. 62). Ainsi, en notations modernes, la nouvelle formule est

$$\frac{\sum_{k=0}^{k=n} k^{\frac{p}{q}}}{(n+1)n^{\frac{p}{q}}} = \frac{q}{p+q}.$$

Ce résultat est important car il permet de quarrer tout paraboloïde à toute puissance, qu'elle soit entière ou qu'elle soit fractionnaire[64].

Dans ces exemples, dans le dessein de trouver une méthode générale de quadrature et cubature, Wallis s'autorise souvent à utiliser un raisonnement basé sur l'induction, ce raisonnement étant, écrit-il, utile à l'investigation. De la formule arithmétique

63 Pour un développement explicatif de ce raisonnement, on peut consulter Antoni Malet et Marco Panza, « Wallis on indivisibles », Vincent Jullien, *Seventeenth-Century indivisibles revisited*, *op. cit.*, p. 323-324.

64 Pour connaître d'autres applications géométriques de toutes les formules (avec exposants entiers ou fractionnaires), on peut consulter les explications de Antoni Malet et Marco Panza dans l'article dans la note précédente, p. 307-328. Wallis ne s'arrête pas ici. Il veut encore exploiter sa méthode arithmétique et donner sens à des indices négatifs. Il définit la multiplication (respectivement la division) de deux séries qui s'obtient en multipliant (respectivement en divisant), dans l'ordre, le terme de la première série avec celui de la deuxième. La série obtenue est une série de puissances sauf lorsque dans la division l'indice de la première est inférieur à la deuxième, dans ce cas les termes de la série obtenue ont un exposant négatif, Wallis appelle de telles séries, « les séries réciproques », elles correspondent à des hyperboloïdes. Il établit que le rapport entre l'aire entre l'hyperboloïde et l'aire du rectangle est de $\frac{q}{q-p}$, il distingue trois cas : ce rapport est positif si $\frac{p}{q} < 1$, « infini » si $\frac{p}{q} = 1$ et plus qu'infini si $\frac{p}{q} > 1$ (Propositions 102 à 105, *ibid.*, p. 76-79).

$$\frac{\sum_{k=0}^{k=n} k^{\frac{p}{q}}}{(n+1)n^{\frac{p}{q}}} = \frac{q}{p+q},$$

il déduit de nombreux résultats géométriques.

En anticipant des critiques qu'on pourrait lui adresser, il répète souvent que celui qui le voudra pourra soumettre ses résultats à une démonstration à l'ancienne. Cependant, il refuse de s'y soumettre. Il destine le scholie de la proposition 107 à justifier son refus (*ibid.*, p. 83). D'après lui, les Anciens possédaient très probablement des méthodes d'invention similaires à la sienne, mais ils les ont cachées volontairement afin que leurs successeurs admirent la perfection de leurs démonstrations. Lui, comme d'autres mathématiciens modernes – il cite Viète, Oughtred, Harriot, Cavalieri, Torricelli, Descartes – considèrent comme nécessaire une nouvelle analyse non seulement pour découvrir du nouveau mais aussi pour « ressusciter » les résultats des Anciens par une autre voie. Il ajoute que sa manière d'exposer, parce qu'elle montre la voie d'invention, permet au lecteur d'être à même de produire d'autres découvertes.

LES CRITIQUES DE FERMAT

La manière originale de procéder dans l'*Arithmetica infinitorum* ne laisse pas indifférents certains mathématiciens[65]. Dans une lettre du 15 août 1657[66], Fermat explique à Digby qu'il avait déjà obtenu les quadratures des paraboles et des hyperboles « infinies[67] » mais qu'il n'est pas convaincu par la manière de faire de Wallis :

> [...] mais sa façon de démontrer, qui est fondée sur induction plutôt que sur un raisonnement à la mode d'Archimède, fera quelque peine aux novices,

65 Pour les rapports querelleux entre Wallis et des mathématiciens français, on pourra consulter : Stedall, Jacqueline, « John Wallis and the French : his quarrels with Fermat, Pascal, Dulaurens, and Descartes », *Historia Mathematica*, 3, 2012, p. 265-279.

66 Lettre du 15 août 1657, *OF*, II, p. 342. Fermat a lu l'*Arithmetica Infinitorum*, comme il l'apprend à Digby dans la lettre du 20 avril, *OF*, II, p. 337. Dès cette lettre, plusieurs critiques sont formulées notamment concernant la quadrature (arithmétique) du cercle que propose Wallis : « Pour ce qui regarde la quadrature du cercle dans son dit traité, je n'en suis pas pleinement persuadé car ce qui se déduit par comparaison en Géométrie, je n'en suis pas toujours véritable ».

67 Fermat affirme avoir dévoilé ses quadratures dans une lettre à Torricelli mais celle-ci a été perdue.

qui veulent des syllogismes démonstratifs depuis le début jusqu'à la fin. Ce n'est pas que je ne l'approuve pas ; mais, toutes ses propositions pouvant être démontrées *viâ ordinaria, legitimâ et Archimedeâ* en beaucoup moins de paroles que n'en contient son livre, je ne sais pourquoi il a préféré cette manière par notes algébriques à l'ancienne, qui est et plus convaincante et plus élégante, ainsi que j'espère lui faire voir à mon premier loisir (*ibid.*, p. 343).

La critique de Fermat est double : non seulement il déclare que Wallis a une façon d'exposer ses résultats qui ne convient pas aux apprenants, pour lesquels il préconise un discours par syllogismes, mais il pointe aussi son manque d'élégance : l'introduction de « notes » algébriques est jugée comme une faute de goût. En ce qui concerne le raisonnement par induction, Fermat ajoute :

[...] Car on pourrait proposer telle chose et prendre telle règle pour la trouver qu'elle serait bonne à plusieurs particuliers et néanmoins fausse en effet et non universelle. De sorte qu'il faut être circonspect pour s'en servir, quoiqu'en y apportant la diligence requise, elle puisse être fort utile, mais non pas pour prendre, pour fondement de quelque science, ce qu'on en aura déduit, comme fait le sieur Wallis : car, pour cela, on ne se doit contenter de rien moins que d'une démonstration [...] (*ibid.*, p. 352).

Il n'interdit donc pas de se servir de la méthode par induction mais il limite son utilisation à l'heuristique : une démonstration est nécessaire en complément. Dans une lettre de décembre 1657 adressée à Digby, Wallis répond à ses critiques :

S'il me rappelle à l'exemple d'Archimède, exemple qui à vrai dire, m'eût suffisamment justifié, si j'avais voulu employer la même méthode de démonstration, je ne crois pourtant pas que votre savant correspondant ignore que les hommes les plus sérieux et les plus doctes regrettent précisément, et sont bien près de considérer comme un défaut, qu'Archimède ait caché de la sorte les traces de ces procédés de recherche [...] J'aurais certes plutôt attendu des remerciements qu'une accusation, pour avoir indiqué ouvertement et loyalement non seulement où j'étais arrivé, mais encore quelle route j'avais suivie ; pour ne pas avoir été rompre le pont sur lequel j'avais passé le fleuve ; d'autres peuvent le faire mais on s'en plaint assez (*OF*, III, p. 439-440).

Wallis reprend des arguments énoncés dans l'*Arithmetica* pour défendre son choix de méthode au détriment des preuves apagogiques qu'il juge défectueuses. Il s'agit d'une élection dictée par une

« philosophie[68] » de pratique mathématique : il préfère faire partager sa voie d'invention plutôt que de consacrer des lignes à des démonstrations *ad absurdum*. Il n'interdit pas que l'on puisse recourir à ces dernières et il répète sans cesse la liberté de chacun de choisir :

> j'ai même indiqué plusieurs fois (*Arithm. Inf.*, pag. 38, 83 et ailleurs) qu'il était facile de le faire ; mais j'ai dit aussi pourquoi je ne l'avais pas fait moi-même (*OF*, III, p. 440).

L'utilisation de l'induction et des « notes algébriques » relèvent également d'un choix que Wallis revendique :

> J'ai agi dans mon droit, suivant la voie qu'il me plaisait ; il a de même le plein droit d'en suivre une autre, s'il le préfère ; mais je ne doute pas que ce qu'il blâme, d'autres le loueront (*ibid.*, p. 440).

Fermat utilise des méthodes d'invention et en fait part soit par échange épistolaire, soit par des mémoires destinés à un public savant. Dans ce cadre d'échanges, lui et ses pairs décrivent volontiers leur pratique heuristique. Fermat juge néanmoins nécessaire de faire suivre ses découvertes par une démonstration à la manière des anciens. Pour Wallis, le raisonnement propre à une méthode d'invention prend un nouveau statut. Non seulement il est fécond, mais il jouit de légitimité pour être exposé dans un traité sans qu'il soit nécessaire de recourir à des démonstrations à l'ancienne. Sans aucun doute Wallis estime qu'il a valeur de preuve. Il est intéressant de constater l'insistance avec laquelle Wallis fait valoir, devant ses pairs, son « droit » à choisir une pratique et à la faire reconnaître comme autant légitime que toute autre.

Dans le dessein d'offrir un traité complet d'algèbre en anglais, Wallis compose un traité qu'il publie en 1685 sous le titre *Treatise of Algebra*[69]. Le chapitre LXXIX, intitulé « Of Mons. Fermat's Exceptions to it [*Arithmetica infinitorum*] », est destiné aux critiques adressées par

---

68 Scholie : *« Verum ergo mallem philosophando »*.

69 John Wallis, *A Treatise of Algebra, both historical and practical*, printed by John Caswell, London, 1685. Wallis prône l'utilisation de l'algèbre et considère sa supériorité par rapport à la géométrie. À ce sujet, on pourra consulter Helena M. Pycior, « English mathematical thinkers take sides on Early Modern algebra : Thomas Hobbes and Isaac Barrow against John Wallis in *Symbols, Impossible Numbers, and Geometric Entanglementts : British Algebra Through the Commentaries on Newton's Universal Arithmetick*, Cambridge, Cambridge University Press, 1987, p. 135.

Fermat (*ibid.*, p. 305). Il reprend plusieurs des réponses qu'il avait communiquées à Digby et les développe. Il insiste sur le fait que Fermat n'a pas compris le dessein de l'*Arithmetica infinitorum.* Il ne s'agissait pas de montrer « une méthode de démonstration pour des choses déjà connues » mais de proposer « une voie d'investigation pour trouver des choses encore inconnues » (*ibid.*, p. 305). Ce préambule lui permet de revenir à la critique concernant la méthode d'induction dont Fermat ne reconnaît que sa seule utilité pour l'investigation. Pour lui, l'induction ne permet pas seulement de découvrir une règle générale. En sus, lorsque le résultat de l'investigation s'offre à la vue comme évident [*obvious*], une démonstration supplémentaire n'est pas nécessaire (même si elle est possible). Il précise que l'on peut agir de la sorte lorsque la considération des cas particuliers conduit à l'observation d'un processus régulier et ordonné, et qu'aucun fondement d'une quelconque suspicion invalidant la généralisation du processus n'existe (*ibid.*, p. 306)[70]. Il montre par un exemple comment l'évidence joue un rôle déterminant pour conclure. Il considère successivement les suites des puissances des nombres entiers jusqu'à la puissance cinq. En observant les premiers termes, il remarque successivement que les différences de la suite des entiers sont égales à 1, les secondes différences des termes de la suite des carrés sont toutes égales à 2, les troisièmes différences des cubes sont égales à 6, les quatrièmes différences des puissances de 4 sont égales à 24 et enfin que les cinquièmes différences des puissances cinquièmes sont égales à 120. Comme :

$$1\times 2=2,\ 2\times 3=6,\ 6\times 4=24 \text{ et } 24\times 5=120,$$

il conclut que cette relation est la loi suivie par les *n*-ièmes différences des *n*-ièmes puissances. D'après lui, il n'y aucune raison de suspecter que ce processus cesse de continuer selon cette loi, et qu'il y a « dans la nature du nombre, un fondement suffisant pour cette régularité [*sequel*] ». Bien qu'il n'interdise pas une démonstration cas par cas, il conseille d'acquiescer « à cette évidence qui apparaît à notre vue » (*ibid.*, p. 307).

Pour obtenir les formules des sommes des puissances, des considérations du même type sont émises. Ce dernier exemple lui suffit pour affirmer

---

70 *« And so it is, when we find the Result of such Inquiry, to put into a regular orderly Progression (of what nature soever) which is observable to proceed according to one ans the same general Process ; and where there is no ground of suspicion why it should fail, or of any case which might happen to alter the course of the Process ».*

que la méthode d'induction constitue non seulement une voie de découverte mais aussi une voie pour démontrer :

> De cette façon, ma règle générale étant acceptée (comme suffisamment démontrée) [la règle de la somme des puissances] [...] : les conséquences ayant été régulièrement déduites, sont donc démontrées ; en dépit des dérogations de Monsieur Fermat au procédé par induction ; qui est, par d'autres géomètres aisément admis, et fréquemment utilisé (*ibid.*, p. 309)[71].

Pour conclure à la généralité d'une observation, Wallis est attentif à ce que « les conséquences soient régulièrement déduites ». Il invite donc l'entendement à juger de son propre processus de déduction et à conclure s'il y a évidence ou pas.

Trente ans séparent cet écrit des critiques de Fermat. Ce témoignage montre que non seulement il est maintenant accepté d'obtenir des résultats à l'aide de méthodes d'invention mais que pour certains comme Wallis, cette voie d'invention constitue une démonstration au moins aussi légitime qu'une démonstration à la manière des anciens.

Si Wallis confirme que tous ses résultats peuvent être retrouvés par des démonstrations à l'ancienne, il n'insiste pas pour que cela soit effectué et valorise ses méthodes d'investigation, que ce soit par l'utilisation d'indivisibles ou par l'induction[72], qu'il considère comme les meilleures voies pour lesquelles il faut désormais réserver tous les efforts de recherche. En ce qui concerne « la méthode de Cavalieri », il est proche du point de vue de Pascal pour qui la « doctrine des indivisibles » est un langage qui raccourcit les démonstrations et qui n'a rien à envier à la rigueur de la méthode des Anciens[73].

---

71 *« In like manner, my general Rule being agreed (as sufficiently demonstrated,) [...] : All such consequences as are from hence regularly deduced, are accordingly well demonstrated; notwithstanding Mos. Fermat's exceptions to a Process by Induction; which is, by other Geometers readily admitted, and is of frequent use. »*

72 Dans la dédicace au mathématicien Ougthred qui précède l'*Arithmetica infinitorum*, il déclare que sa méthode est tout à fait nouvelle et qu'elle « prend son commencement là où Cavalieri finit sa *Methodus indivisibilium* », *op. cit.*, « Dedicatio ».

73 Dans un paragraphe destiné à présenter la « méthode de Cavalieri », Wallis affirme que la méthode d'exhaustion n'est pas différente en substance de la « méthode de Cavalieri » et que cette dernière est un déguisement de la première : *« The Method of Exhaustions, (by inscribing and circumscribing figures, till their differents becomes less than any assignable,) is a little disguised, in (what hath been called), Geometria indivisibilium, The Geometry of indivisibles, or Method of indivisibles [...] Which is not, as to the substance of it, really different from the Method of Exhaustions, (used both by Ancients and Moderns), but grounded on it, and demonstrable by it :*

Dans *Treatise of Algebra*, le mathématicien anglais destine un paragraphe à présenter son *Arithmetica infinitorum.* Deux autres paragraphes le succèdent, l'un destiné à la méthode d'exhaustion et l'autre à la « méthode de Cavalieri[74] ». Wallis choisit cet ordre d'agencement car il veut montrer que l'Arithmétique des infinis est fondée sur la méthode d'exhaustion puis qu'elle représente un progrès par rapport à la méthode des indivisibles[75].

Pour Wallis et bien d'autres de ses contemporains, il n'est pas possible que les Anciens aient ignoré les méthodes directes permettant de trouver des quadratures. Ils sont convaincus que les Anciens se sont attachés à montrer l'ordre logique des propositions pour susciter l'admiration. Une détermination en découle, celle d'exposer leurs découvertes sans jamais les séparer de la voie par laquelle ils y sont parvenus. Mais si leur attitude témoigne sans aucun doute d'un détachement vis-à-vis des Anciens, ils ont le souci constant de montrer la légitimité de leur méthode. Le moyen pour y parvenir ne consiste pas nécessairement à compléter leurs résultats par une démonstration à l'Ancienne, Pascal ou Wallis s'octroie le droit de s'en passer, c'est-à-dire qu'ils estiment que la méthode elle-même vaut pour preuve.

DÉMONTRER L'*ARITHMÉTIQUE DES INFINIS*, LE CONTENTIEUX AVEC WALLIS

Les mathématiciens du groupe autour de Malebranche s'approprient des critiques adressées par Fermat à Wallis. Ils sont insatisfaits par les achèvements wallisiens. Ils sont déterminés à fournir des démonstrations qui leur semblent légitimes, tel est le cas de Prestet et de L'Hospital. Par la suite leurs écrits à ce sujet sont analysés conjointement à un écrit de Leibniz.

But is only a shorter way of expressing the same notion in other terms. », *A Treatise of Algebra, both historical and practical*, imprimé par John Caswell, London, 1685, p. 285.

74 *Treatise of Algebra*, *op. cit.*, chapitre 73, p. 280 et chapitre 74, p. 285.

75 « *In order to which, it will be necessary to premise somewhat concerning (what is wont to be called) The Method of Exhaustions (on which they [these series] grounded;) and the Method of indivisibles, introduced by Cavalierus, (which is but a shorter way of expressing that Method of Exhaustions) and of the Arithmetick of Infinites, (which is a further improvement of that method of Indivisibles).* », *ibid.*, p. 280.

PRESTET : L'ARITHMÉTIQUE DES INFINIS SANS GÉOMÉTRIE (1689)

Malebranche, Prestet, Leibniz et les Élémens de Mathématiques

L'origine de l'élaboration des *Élémens de Mathématiques*[76] de Jean Prestet est incertaine. À cette époque, Malebranche est chargé de l'enseignement des mathématiques à la maison de l'Oratoire et le jeune Prestet est son secrétaire[77]. Dans l'esprit oratorien de renouveau, Malebranche souhaite le développement de publications liées à l'enseignement. Repérant chez Prestet son habilité en mathématiques, il lui confie la rédaction de cet ouvrage, achevée vers 1670. Cependant, la difficulté de trouver des éditeurs s'engageant à publier des écrits « modernes » et de vision « cartésienne » retarde sa publication de près de cinq ans (*ibid.*, p. 96).

C'est dans le milieu du duc de Roannez[78], l'ami intime de Pascal, que pendant son séjour parisien – entre 1672 et 1676 – Leibniz rencontre Malebranche[79]. Un échange épistolaire naît de cette rencontre riche en sujets philosophiques et scientifiques[80]. Cependant, Leibniz estime que la conception des mathématiques de Malebranche est « bornée » et caduque (*OM*, XVIII, p. 144). Pour Leibniz, l'oratorien réduit le calcul symbolique au seul algèbre.

Quelques mois avant la publication des *Élémens de Mathématiques*, Leibniz rencontre Prestet en compagnie de Malebranche. Ce dernier reconnaît en Leibniz un mathématicien de grand talent dont il estime avoir tout « à apprendre en mathématiques et en physique » (*ibid.*, p. 15).

76 Jean Prestet, *Élémens de Mathématiques*, Paris, éditions Pralard, 1675.

77 André Robinet propose le terme de « valet » : « les oratoriens ont droit d'avoir un "valet" » dans « Jean Prestet ou la bonne foi cartésienne (1648-1691) », *Revue d'Histoire des Sciences et de leurs applications*, vol. 13, N° 2, Paris, 1960, p. 95.

78 Jean Mesnard, *Pascal et les Roannez*, Paris, Desclée de Brouwer, 1965, t. 2, p. 897. Après la mort de Pascal, son ami intime le Duc de Roannez continue à raviver « l'esprit pascalien » : « le duc apparaît en effet plus que jamais comme le chef d'un groupe dont l'esprit doit beaucoup à Pascal, où la dévotion selon la spiritualité de Port-Royal s'allie à des curiosités scientifiques et à un goût de la morale développé par l'expérience de la vie mondaine. Ce groupe, que nous avons vu se former à la fin de 1660 aux côtés de Pascal et sous l'impulsion du duc, demeure solidement constitué. Il acquiert de nouveaux membres, et surtout, parce que tous ne sont pas proprement des "pascalins", des amis nombreux, entre lesquels l'unité est surtout faite par la familiarité de tous avec le duc de Roannez », p. 872.

79 *OM*, XVIII, p. 57.

80 André Robinet, *Malebranche et Leibniz, Relations personnelles*, Paris, Librairie philosophique J. Vrin, 1955.

Ainsi, Malebranche et Prestet en vue de la finition des *Élémens*, sollicitent et obtiennent l'avis de Leibniz. Cependant, l'ouvrage est publié sans que Prestet n'applique guère de modifications. Leibniz trouve dans l'ouvrage « assez de méthode et assez [d'ordre] de clarté pour instruire une personne qui y apportera un peu d'attention » (*ibid.*, p. 57). Il reconnaît la qualité de présentation de l'algèbre de Viète et de Descartes. Cependant, il est déçu, en raison de nombreuses lacunes. Parmi celles-ci, Prestet aurait dû insérer « les règles de réduction de Hudde, les limites des équations et les méthodes de *Maximis* et *Minimis* de Descartes et Fermat » (*ibid.*). Aussi, Prestet n'aurait pas suffisamment développé « les sommes des progressions » qui

> fait une Analyse à part, d'autant plus que Viète et des Cartes même n'en avaient point de connaissance. Cependant c'est elle qui donne les quadratures, les centres de gravité et une infinité de problèmes très importants dans les méchaniques (*ibid.*).

Dans une lettre datée du 13 janvier 1679, Leibniz explique à Malebranche en quoi l'analyse – surtout celle de Descartes – doit être améliorée :

> Je reconnois de plus en plus l'imperfection de celle [l'analyse] que nous avons. Par exemple, elle ne donne pas un moyen seur pour resoudre les problemes de l'Arithmetique de Diophante, elle ne peut pas donner *methodum tangentium inversam* c'est-à-dire trouver la ligne courbe *ex data tangentium ejus proprietate*; elle ne donne point de voye pour tirer les irrationnelles des equations des plus hauts degrés. Elle est bien eloignée des problemes des quadratures. Enfin, je pourrois faire un livre des recherches où elle n'arrive point, et où quelque Cartésien que ce soit ne sçauroit arriver sans inventer quelque methode au-delà de la methode de Des Cartes (*OM*, XVIII, p. 144).

Pour Leibniz, l'analyse cartésienne est limitée, voir obsolète, des améliorations sont nécessaires car elle ne peut pas résoudre des problèmes fondamentaux, tel est le problème inverse des tangentes qui le préoccupe tellement dès les années 1675. En adressant ces critiques, il vise également les *Élémens* de Prestet qu'il juge insuffisants.

Il souhaiterait que le jeune Prestet rectifie son ouvrage car il l'estime capable : « Je voudrois savoir si vostre M. Prestet continue à travailler dans l'analyse. Je le souhaite parce qu'il y paroist propre » (*ibid.*). Dans sa réponse, Malebranche explique que Prestet entré dans les ordres, ne peut guère s'occuper de mathématiques mais qu'il va neanmoins revoir son livre pour une édition nouvelle (*OM*, XVIII, p. 145). L'édition nouvelle voit le jour en 1689 sous le titre *Nouveaux Élémens de Mathématiques*[81].

Prestet et l'Arithmétique des infinis

Dans les *Élémens*, Prestet a destiné une section aux « Proportions et progressions arithmétiques » (*Élémens*, p. 168). Un paragraphe est consacré à la résolution du « dixième problème » qui énonce le procédé pour obtenir la somme finie des puissances des termes d'une suite arithmétique de premier terme *a* et de différence *b* (*ibid.*, p. 178). Il l'applique à des exemples numériques, certains étant exactement les mêmes que ceux proposés par Pascal dans son traité *Potestatum numericarum summa*[82], édité posthumément en 1665. Pascal avait déduit le résultat pour une somme infinie des puissances des nombres entiers et ce, par des considérations sur les indivisibles alors que Prestet énonce la formule uniquement pour une somme finie. Il précise, en même temps, qu'il tient ces résultats de Pascal lequel « les juge fort utiles dans la Géométrie des indivisibles pour mesurer l'aire de toutes sortes de paraboles, & d'une infinité d'autres figures » (*Élémens*, p. 181). Cette remarque est placée sans aucun commentaire supplémentaire. Le lien entre la mesure des aires et le résultat de sommes finies de puissances n'est pas du tout explicité.

Dans la Préface des *Nouveaux Élémens de mathématiques*, Prestet annonce qu'au livre XII

> on découvre un principe naturel & tres clair qui sert de fondement à l'Arithmétique des infinis. On en déduit même démonstrativement les propositions principales de Monsieur Wallis, qu'il n'établit & ne trouve que par induction (*Nouveaux Élémens*, Préface).

Pour ce faire, les résultats sur les sommes des puissances sont repris sous forme de problème (le numéro VIII) :

> connoissant la Somme entière d'une progression arithmétique, & le premier terme, et la différence ou l'excez dont le second surpasse le premier ; pour trouver la somme des quarrez, ou des cubes, ou de telles autres puissances qu'on voudra des termes (*ibid.*, p. 405).

81 Jean Prestet, *Nouveaux Élémens de mathématiques*, Paris, éditions Pralard, 1689.

82 Blaise Pascal, *Traité du triangle arithmétique avec quelques autres petits traités sur la même matière*, Paris, Chez Guillaume Desprez, 1665, p. 34-41. Cet ouvrage ne figure pas dans l'inventaire de la bibliothèque de Malebranche.

Cet énoncé concerne une somme finie de termes et est équivalent à celui des *Élémens*. Pour répondre à la question, Prestet se sert des théorèmes établis par des raisonnements combinatoires dans le Livre VII (*ibid.*, p. 175) et la table des puissances dont il a expliqué la formation dans le Livre III (*ibid.*, p. 81-83). Il avait établi les formules des sommes des puissances entières jusqu'à l'ordre six et affirme que les cas des puissances supérieures peuvent être traités en suivant le même type de raisonnement « à l'infini ».

Cette résolution est suivie immédiatement par un paragraphe intitulé « Arithmétique des infinis » dans lequel Prestet exprime sa conception des « indivisibles » :

> Si une grandeur est conceuë comme divisée en plusieurs parties égales, & chaque partie en beaucoup d'autres égales, & chaque nouvelle encore en diverses parties égales, & ainsi de suite sans jamais s'arrêter jusques à l'infini ; le dernier terme de ces divisions & subdivisions infinies, auquel pourtant on n'arriverait jamais, seroit le zéro même ; & le plus approchant seroit une partie infiniment petite & presque insensible à la raison même, puisque même nôtre esprit n'aurait plus de prise sur elle ; comme le point dans la ligne, ou la ligne dans le plan, ou le plan dans le solide (*ibid.*, p. 405).

Dans ce passage, Prestet indique que la division itérée d'une grandeur ne saurait parvenir à sa fin – c'est-à-dire au « zéro absolu » – mais qu'il y a quelque chose qui n'est pas le zéro même et qui est encore pensable malgré être « presque insensible à la raison ». Cette partie est nommée « partie infiniment petite ». Il indique que ce sont ce genre de considérations qui sont le principe de « l'arithmétique nommée des infinis et le système de la géométrie des indivisibles ». Ces derniers sont à « la mode » des géomètres car ils permettent de gagner du temps et que leurs règles sont moins « sévères qu'une Géométrie plus exacte & plus lumineuse » (*ibid.* p. 406). Cependant, cette dernière qui n'est pas soumise aux aléas de la mode, met en garde contre les paralogismes où la première « s'engage insensiblement, lorsqu'on en fait usage sans apporter toutes les précautions nécessaires ». Il cite Wallis et Bouilliau qui ont traité de l'Arithmétique des infinis, mais il dénonce le premier car il

> ne prouve que par induction, quoi-qu'il soit aisé de les tirer avec Monsieur Paschal de la proposition précédente, dont elles sont une suite naturelle, comme je l'avais insinué dans mon ancien ouvrage, & comme on le verra clairement dans les propositions suivantes (*ibid.*).

Les mêmes critiques que Fermat avaient adressées à Wallis sont ravivées. Fermat est d'ailleurs explicitement évoqué à la fin des preuves car il « a fort bien reconnu le défaut de la méthode de Mr Wallis pour les conclusions que l'on vient de former » (*ibid.*, p. 408), sauf qu'il

> s'est contenté de prouver seulement pour la somme des termes par une méthode qui ne peut aller plus loin ; au lieu que celle que nous avons suivie conclue directement, & pénètre jusques à l'infini (*ibid.*)

Quelle est donc la preuve que propose Prestet qui serait « naturelle » et qui découlerait des résultats pascaliens ?

Il s'agit de trouver l'expression du rapport entre la somme des puissances d'entiers commençant par 0 et le produit du plus grand des entiers élevés à cette puissance par le nombre de termes. Il note $1d$ la différence ou le deuxième terme de la suite et zd le dernier terme. En utilisant le résultat du problème VIII, il trouve que la somme de ces entiers est $\frac{dzz+1dz}{2}$ puis que la somme des carrés est $\frac{zzdd+1zzdd}{3}+\frac{z^3dd+zzdd}{6zd}$ et en divisant par le produit de z^2 (le plus grand au carré) et de $z+1$ (le nombre de termes), il obtient $\frac{1}{3}+\frac{1}{6zd}$. Il raisonne de manière analogue pour obtenir les formules de la somme des autres puissances et s'arrête à la somme des puissances sixièmes d'entiers. La structure de sa preuve est similaire à celle du huitème problème. Son corollaire final est sa propre explication :

> Si la progression arithmétique, qui commence par 0, & où tous les termes se suivent selon l'ordre des nombres naturels, s'étendent jusques à l'infini ; la somme des quarrez seroit à autant de fois le plus grand carré qu'il y a de termes comme 1 est à 3. Car le rapport $\frac{1}{3}+\frac{1}{6zd}$ comprend une fraction $\frac{1}{6zd}$ plus petite que telle autre qu'on voudra proposer : Comme il est aisé de le voir, en mettant successivement pour zd chacun des nombres naturels 1, 2, 3, 4, &c. Car les valeurs successives de la fraction $\frac{1}{6zd}$ seront $\frac{1}{6}$, $\frac{1}{12}$, $\frac{1}{18}$, $\frac{1}{24}$, &c. De sorte que si le nombre zd augmente à l'infini, ainsi qu'on le suppose ; la fraction sera infiniment petite, & de nulle valeur. Et par conséquent le rapport $\frac{1}{3}+\frac{1}{6zd}$ sera au juste $\frac{1}{3}$ (*ibid.*, p. 407-408).

Contrairement à Wallis dans l'*Arithmetica infinitorum*, Prestet ne raisonne pas par induction pour obtenir la formule correspondant à la somme finie. En revanche, pour parvenir à la formule pour une somme infinie de carrés, il argumente en faisant appel au langage des infiniment petits de façon très similaire à Wallis. Pour les cas de la somme des cubes, « un raisonnement semblable » est mis en œuvre : le terme $\frac{1}{4zd}$ qui s'ajoute à $\frac{1}{4}$ est estimé pour différentes valeurs croissantes de z. De l'observation de sa décroissance (d'ordre géométrique par un facteur $\frac{1}{4}$), il déduit que la somme infinie est égale à $\frac{1}{4}$. De même pour la somme des puissances de 4, le reste des termes qui s'ajoutent à $\frac{1}{5}$, c'est-à-dire $\frac{3}{10zd}+\frac{1}{30zzdd}-\frac{1}{30z^2dd}-\frac{1}{30z^3d^3}$, est « infiniment petit ou de nulle valeur ». Le raisonnement par induction est donc à l'œuvre tout autant qu'il l'était chez Wallis.

Prestet déduit ensuite le rapport de la somme des racines des entiers (par interpolation) (*ibid.*, p. 409) et d'autres résultats identiques à ceux énoncés par Wallis. Ce paragraphe destiné à l'*Arithmétique des infinis* s'achève par le commentaire suivant :

> Il y a encore d'autres propositions utiles & curieuses & tirées des mêmes principes, qu'on pourra voir dans le Traité de Monsieur Wallis. Et ceux qui sont versez dans la Géométrie prendront plaisir à considérer la juste application qu'il fait de cette nouvelle espêce d'Arithmétique aux figures mêmes les plus composées (*ibid.*, p. 416).

Ici, à nouveau, Prestet ne présente aucune des propositions géométriques qui découlent des propositions arithmétiques mais il renvoie à Wallis. Or, si à l'époque des *Élémens*, Prestet pouvait encore ignorer le projet de *l'Arithmetica infinitorum*, cela est peu probable quinze ans plus tard[83]. Le dessein de Wallis est de s'enquérir de formules arithmétiques

83 Dans la Préface des *Nouveaux Éléments*, Prestet explique que lorsqu'il publia les *Éléments*, il ne connaissait presque rien aux auteurs étrangers : « Lors même qu'on m'avertit du Livre de Monsieur Wallis, je ne sçavois que le nom d'un seul des Auteurs Anglois », mais il sait reconnaître la valeur de Wallis : « Je dirai même en particulier à la loüange de Mr Wallis que j'ay peu vû de Mathématiciens qui sçachent joindre comme luy la clarté & la netteté à une érudition très-profonde [...] ».

pour s'en servir pour des résultats géométriques. Dans le cas des formules des puissances, il interprète les sommes comme des aires de paraboles et d'hyperboles. Or cette interprétation nécessite la géométrie des indivisibles : Wallis explicite soigneusement ce passage. Prestet énonce des considérations sur la divisibilité infinie et comment celle ci permet de différentier l'infiniment petit et le zéro absolu. Il affirme qu'elles sont le principe de l'Arithmétique des infinis et de la Géométrie des indivisibles. Mais rien dans la suite permet au lecteur ni de savoir de quelle manière une somme infinie de termes peut représenter une somme infinie d'indivisibles, ni non plus de savoir comment une somme infinie d'indivisibles représente une aire. S'il précise que les divisions doivent être « égales », il ne tire pas un profit explicatif de cette information.

LEIBNIZ : AU-DELÀ DE WALLIS (LES ARTICLES DES *ACTA ERUDITORUM*)

En 1673, pendant son séjour parisien, Leibniz s'était familiarisé avec les méthodes par indivisibles homogènes et avait étudié l'*Arithmetica infinitorum* de Wallis[84]. Il reconnaît ce dernier comme étant le premier à énoncer les résultats concernant les quadratures générales des paraboles et hyperboles :

> Enfin le très éminent Géomètre John Wallis rendit raison de l'existence d'une infinité d'hyperboloïdes possédant une aire calculable, bien que de longueur infinie, et fournit un critère probable permettant de les distinguer des Hyperboloïdes dont l'aire n'est pas calculable ; bien qu'il relève d'une induction, le résultat est particulièrement ingénieux[85].

Cependant, le raisonnement de Wallis est fautif

> son affirmation n'était fondée que sur une conjecture [...] c'est pourquoi beaucoup de gens conservaient des raisons de douter. (*ibid.*, p. 289).

Fin 1675, Leibniz écrit à Jean Gallois (1632-1707) et Jean-Paul de la Roque (?-1691) deux lettres très similaires[86]. Leibniz affirme avoir trouvé

---

84 Joseph E, Hofmann *Leibniz in Paris 1672-1676*, traduction de l'allemand de *Die Entwicklungsgeschichte der Leibnizschen Mathematik während des Aufenthalts in Paris (1672-1676)*, Oldenburg Verlag, Munich, 1949, traduction publiée en 1974, Cambridge, Cambridge University Press, 2008, p. 51.

85 Scholie de la proposition XI, G. W. Leibniz, *Quadrature arithmétique du cercle, de l'ellipse et de l'hyperbole*, tr. par Marc Parmentier, Paris, Vrin, 2004, p. 97.

86 Lettre à Gallois, fin 1675, A III, 1, 356. Lettre à La Roque, fin 1675, A III, 1, 335.

une façon singulière d'exprimer la quadrature du cercle. S'adressant à ses correspondants, il souhaite que sa découverte soit rendue publique par le biais du *Journal des Sçavans*. Parmi ses occupations et responsabilités, Gallois est membre de l'Académie des Sciences depuis 1672. De plus, il est très lié au *Journal des Sçavans* qu'il a fondé et qu'il a dirigé jusqu'en 1674 date à laquelle La Roque le substitue[87].

Aucune publication ne paraîtra finalement dans le journal, le manuscrit « farci d'un grand nombre de propositions repassées » reste également sans publication du vivant de Leibniz[88]. Il porte le titre de « *De quadratura arithmetica circuli ellipseos et hyperbolae cujus corollarium est trigonometria sine tabulis* ». Les *Acta Eruditorum* publient en 1682 l'article « Expression en nombres rationnels, de la proportion exacte entre un cercle et son carré circonscrit[89] » dans lequel Leibniz reprend certaines questions traitées dans les deux lettres, mais sans démontrer aucun résultat. En 1692, Louis Carré fait une copie de ce mémoire pour servir au projet collectif autour de Malebranche[90].

Dans ces deux lettres et dans l'article, s'y trouvent des précisions sur ce que Leibniz entend apporter au problème de la quadrature du cercle. Ainsi, il l'exprime à Gallois :

> Ceux qui ont cherché la Quadrature du Cercle le plus souvent n'ont pas même trouvé des acheminements pour y aller peu. [...] Il est constant que la meilleure voye de rendre les problèmes de Géométrie traitables, est celle de les rapporter aux nombres. Ce que Viete et des Cartes ont fait dans les problemes rectilignes, en les reduisant aux equations d'Algebre, comme si on ne cherchait que des nombres. Mais dans les Problèmes Curvilignes lorsqu'il s'agit de trouver les centres de gravité et la dimension des lignes courbes, des figures, des surfaces et des solides, on ne peut pas encor renfermer l'inconnue qu'on

87 On pourra consulter la page biographique de ce journaliste : http://dictionnaire-journalistes.gazettes18e.fr/journaliste/461-jean-paul-de-la-roque (consulté le 6 juin 2021).

88 Le texte avait été confié par Leibniz à son ami Soudry chargé d'une édition mais celui-ci décède en 1678. Le manuscrit finit par être renvoyé à Hanovre mais il s'égare. Il faut attendre 1993 pour l'édition d'Eberhard Knobloch : *De quadratura arithmetica circuli ellipseos et hyperbolae cujus corollarium est trigonometria sine tabulis*, kritisch herausgeben und kommentiert von Eberhard Knobloch, Göttingen, 1993. La référence sera l'édition française parue en 2004 citée ci-dessus.

89 G. W. Leibniz, « De vera Proportione circuli ad quadratum circumscriptum in numeris rationalibus expressa », *AE*, février 1682, p. 41-46, traduit par Marc Parmentier dans *Naissance du calcul différentiel*, *op. cit.*, p. 61. Cet aricle sera cité sous le nom « *De vera Proportione* ».

90 Contenu dans FL 17860.

> cherche dans une équation ; [...] Cependant, là où les équations manquent, la nature nous a fourni un autre moyen de rapporter les problèmes aux nombres, qui est celuy de la progression des nombres, dont il faut trouver la somme, pour donner la dimension de quelques figures curvilignes (A III, 1, p. 358)[91].

Les problèmes de quadrature peinent à être résolus par l'algèbre alors qu'ils peuvent néanmoins l'être par le calcul : la technique des séries [« la progression des nombres »] peut y remédier « naturellement ». Il cite d'abord Archimède car il considère que c'est le premier qui s'est servi de cette technique pour quarrer la parabole. Sont ensuite cités Cavalieri, Fermat et Wallis qui ont « poussé la chose plus en avant ». Il explique que pour le cercle, certains géomètres ont fourni des moyens de donner des « approximations » – il cite entre autres Ludolph de Cologne – mais celles-ci, bien qu'elles soient utiles en géométrie pratique, ne sauraient satisfaires des esprits « avides de vérité » car leur donation ne s'accompagne pas de la manière de découvrir les nombres suivants, à l'infini (*De vera proportione*, p. 43). Dans la lettre à Gallois, comme dans les autres textes, il affirme que personne avant lui n'a réussi à trouver une série qui exprime les ordonnées irrationnelles du cercle en termes rationnels. Il annonce que par une transformation il a obtenu une figure « équivalente au Cercle qui fut rationnelle[92] », c'est-à-dire de même aire, et telle que ses ordonnées soient « rationnelles lorsque les abscisses sont rationnelles » (*ibid.*, p. 359). Dans son manuscrit, il déclare que cette transformation ne s'applique pas uniquement au cercle mais à toute figure :

> la mienne [méthode] fut celle de réduire toutes les figures, quelque qu'en soit l'équation, à des figures rationnelles équipollentes [*aequipollentem*] (*La Quadrature arithmétique*, p. 309).

Quel est donc le caractère « extraordinaire » de cette transformation ?

Pour la Quadrature arithmétique du cercle Leibniz a trouvé une transformation inédite du cercle en une courbe rationnelle. Il explique :

> La raison pourquoy ceux qui ont écrit de la Geometrie des Indivisibles, et de l'Arithmetique des infinis, n'ont pas fait la même remarque, est parce qu'on est accoustumé de ne resoudre les figures que par des ordonnées paralleles, en

91 Cette question est reprise dans l'article de 1682, *De vera proportione*, *op. cit.*, p. 71.

92 Leibniz peut dire également « équipollente », *Quadrature arithmétique du cercle*, *op. cit.*, p. 139, ou « figure commensurable à une figure donnée » dans une lettre à La Roque fin 1675.

> une infinité de petits rectangles, au lieu que j'ay trouvé un moyen general de resoudre utilement toute figure en une infinité de petits Triangles aboutissant à un point, par le moyen des ordonnées convergentes (Lettre à Gallois, A III, 1, 359).

Dans la lettre à La Roque, il nomme cette transformation une « métamorphose » et il affirme l'avoir trouvée par combinaison[93]. Elle permet de transformer une courbe en une autre en la décomposant en « petits triangles » ayant un sommet commun. Leibniz insiste sur la généralité du théorème portant sur l'existence de cette transformation et affirme qu'il est

> un des plus généraux et des plus fertiles de toute la Géométrie. Et on peut demonstrer par là Géométriquement non seulement toutes les quadratures connues, des Paraboloeides et Hyperboloeides, et le fondement de l'Arithmétique des infinis, que le célèbre Mons. Wallis n'avoit etabli au commencement que par induction. Je porte icy les choses plus avant, et on peut dire que cecy est une promotion de la Géométrie, comme je feray voir tantost. Cavalieri et autres résolvent les figures en rectangles, par les ordonnées parallèles ; j'ouvre icy un chemin nouveau, et je vais voir qu'on les peut résoudre utilement en triangles, par des convergentes, ce qui augmentera de beaucoup la Geometrie des indivisibles (Lettre à Gallois, A III, 1, 361).

Cette transformation n'est pas décrite dans l'article *De vera proportione* mais elle l'est dans les deux lettres adressées aux correspondants français.

L'intégralité de la démonstration, présente dans le manuscrit, reste inédite jusqu'à sa publication en 1993. Pour démontrer le résultat Leibniz a besoin du lemme élémentaire suivant qu'il présente aussi à Gallois :

> Si par les trois angles du triangle (ABC) passent trois parallèles (AD, EB, FC), ce triangle sera la moitié d'un rectangle (EFG) compris soubs l'intervalle de deux de ces paralleles et soubs (FG egale à AD) l'intervalle entre l'angle (A) ou passe (EF) la troisieme, et le point (D) où le costé opposé à cet angle, (BC), prolongé en cas de besoin, rencontre cette troisième parallèle (Lettre à Gallois, A III, 1, p. 360)[94].

93 « J'ay taché de transformer le cercle en une autre figure, du nombre de celles que j'appelle rationnelles, c'est-à-dire dont les ordonnées sont commensurables à leurs abscisses. Pour cet effect j'ay fait le dénombrement de quantité de Métamorphoses ; et les ayant essayées par une combinaison très aisée (car je pouvois par ce moyen écrire en une heure de temps une liste de plus de 50 figures planes ou solides, différentes et néantmoins dépendentes de la circulaire) j'ay trouvé bien tost le moyen que je m'en vays expliquer », Lettre à La Roque, A III, 1, p. 346.

94 La preuve relève de la géométrie élémentaire et s'appuie sur la considération de deux triangles semblables. Il démontre le lemme dans cette lettre mais pas dans celle de La

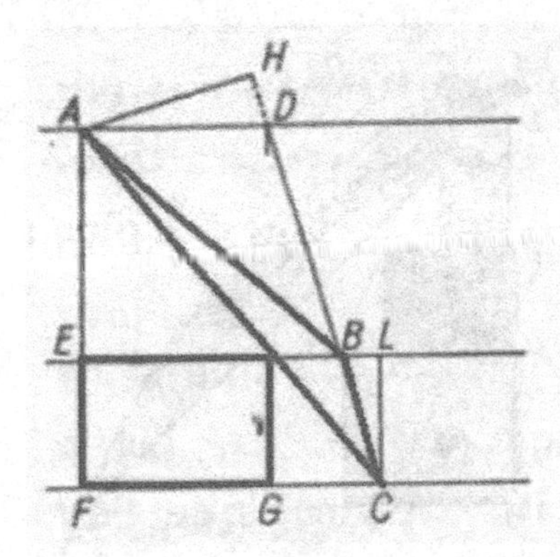

FIG. 31 – Figure réalisée par l'auteure,
d'après G. W. Leibniz, A III, 1, fin 1675, p. 360.

Après avoir énoncé ce lemme, Leibniz considère une courbe ABM. Il trace les tangentes « à tous les points de la courbe » B, C, N, … et mène les ordonnées BE, CT, NP, … Par le lemme, chacun des rectangles $SET\alpha, \gamma TB\beta, RPX\delta$, est double respectivement de chacun des triangles ABC, ACN et ANM. Il résulte que l'espace $SEX\delta R\beta\gamma\alpha S$ est transformé en $ABCNMA$. Or, ce raisonnement peut se reproduire quel que soit le point de la courbe et

> quelque grand que le nombre de costez du polygone puisse estre, et quelques petits que puissent estre ces costez, aussi bien que les distances des ordonnées ET, TP, PX. Donc le nombre des costez estant infini, et la grandeur infiniment petite ; c'est-à-dire le polygone et l'espace scalaire degenerant en espaces curvilignes, le polygone faisant le secteur $ABNM$, et l'espace scalaire faisant le quadriligne $EPRS$ [sic ?], ce quadriligne sera le double du secteur (*ibid.*, p. 361).

Roque. Le lemme fait l'objet de la proposition I du traité *Quadrature arithmétique*, dans lequel il est démontré, *op. cit.*, p. 38-40.

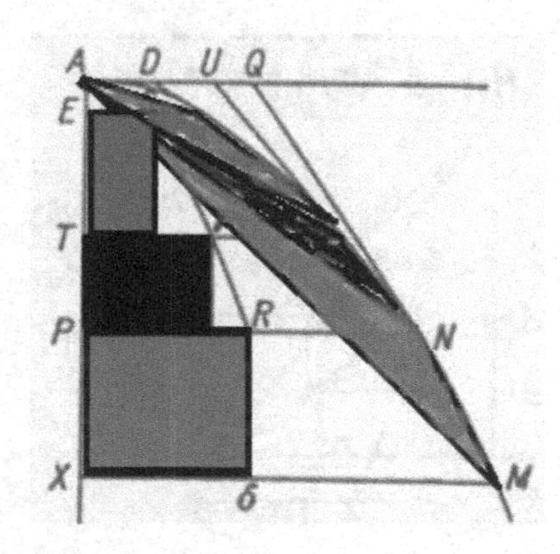

FIG. 32 – Figure réalisée par l'auteure,
d'après G. W. Leibniz, A III, 1, fin 1675, p. 361.

Leibniz construit des triangles et met chacun d'eux en correspondance avec un rectangle d'aire double, comme on le voit dans la fig. 32. Ces triangles composent un polygone inscrit et les rectangles composent un espace gradiforme, celui dont il affirme qu'« on est accoustumé de resoudre les figures ». Si le nombre de triangles et rectangles augmente à l'infini, il affirme que le polygone devient la courbe *ABM* et que l'espace gradiforme *EXRE* devient un espace curviligne. Le rapport entre chaque rectangle et chaque triangle étant double, il en déduit que les aires des deux figures sont dans le même rapport. Ni dans aucune des lettres, ni dans l'article, il fournit une preuve de ce théorème alors qu'il l'effectue dans son manuscrit[95]. Il justifie la « dégradation » du polygone et celle de l'espace gradiforme en espace curviligne en expliquant :

> Je suppose icy qu'un curviligne n'est qu'un polygone infinitangle, suivant la manière de raisonner receue aujourd'huy ; pour parler clairement et en peu de mots, puisque tant d'autres ont fait voir, qu'il est aisé de la réduire à celle des anciens par les inscrits et circonscrits. (*ibid.*)

95 G. W. Leibniz, *Quadrature arithmétique*, *op. cit.*, propositions VI et VII, p. 47-85. Pour une description et commentaires de ces propositions, Eberhard Knobloch, « Leibniz and the infinite », *Quaderns d'Historia de l'Enginyeria*, volum XVI, 2018, p. 11-31, David Rabouin, « Infini mathématique et infini métaphysique : d'un bon usage de Leibniz pour lire Cues (… et d'autres) », *Revue Métaphysique et de morale*, N° 2, 2011, p. 203-220 et « Leibniz's rigorous foundations of the Method of indivisibles or how to reason with impossible notions », *Seventeenth-Century Indivisibles Revisited*, *op. cit.*, p. 347-364.

Sa dernière justification s'appuie donc sur un argument reconnu de tous : les géomètres s'autorisent à considérer une courbe comme un « polygone infinitangle » dans leurs démonstrations car ils peuvent les réduire à une démonstration à l'ancienne en utilisant les polygones inscrits et exinscrits. Il est à remarquer que la construction de Leibniz ne conduit pas nécessairement à l'égalité des côtés du polygone, en cela elle est plus générale que la plupart des exemples de ses contemporains. Leibniz souligne aussi que sa preuve est générale :

> Et on peut dire que cellecy est aussi rigoureuse que l'autre, puisque cette reduction a esté demontrée generalement, à fin qu'on n'aye pas besoin de la répéter dans chaque démonstration particulière. (*ibid.*)

En fait, son manuscrit montre qu'il connaît une démonstration à l'ancienne et qui pourrait être tenue pour rigoureuse :

> Je me serais volontiers dispensé de cette proposition car rien ne m'est moins naturel que de suivre certains auteurs dans leurs peu féconds mais ostentatoires scrupules de détail. Se signalant plus par leur labeur que par leur génie [...] Je ne conteste pas pour autant qu'en Géométrie il importe que les méthodes et les principes des inventions, à l'exemple de certains théorèmes essentiels, puissent être tenus pour rigoureusement démontrés, j'ai donc pensé qu'il fallait déférer aux opinions admises (Scholie de la prop. VI de *Quadrature arithmétique*, p. 63).

Il est important de signaler que cette preuve ne nécessite pas la considération simultanée de polygones circonscrits et inscrits, Leibniz le souligne :

> La singularité de la Démonstration est de résoudre la question non par le truchement de figures inscrites et circonscrites mais des seules figures inscrites. [...] cependant, parmi toutes les déductions *ad absurdum*, je crois que la manière de procéder la plus simple, la plus naturelle et la plus proche de la démonstration directe consiste à montrer directement (faute de quoi on est conduit d'ordinaire à un double raisonnement en prouvant que l'une n'est, d'une part pas plus grande, d'autre part pas plus petite que l'autre) qu'il n'y a aucune différence entre deux quantités et que par conséquent ces deux quantités sont égales, et surtout à n'employer qu'un seul terme intermédiaire, qu'il s'agisse d'une figure inscrite ou circonscrite, mais non les deux en même temps (Scolie suivant la proposition VII, *ibid.*, p. 68-71).

Ces considérations sur la manière de démontrer ne sont pas dévoilées à ses correspondants. Il préfère mettre en avant la « généralité » et la

« fertilité » de son théorème de « métamorphose ». Celui-ci lui permet de démontrer « géométriquement » toutes les quadratures connues en particulier celles que Wallis avait déduites par induction[96]. Il s'agit d'une véritable « promotion » de la géométrie car il n'y a plus à subir l'accoutumance « de ne resoudre les figures que par des ordonnées parallèles, en une infinité de petits rectangles », le choix de la forme du polygone infinitangulaire est plus libre et dépend du problème à résoudre[97].

Dans les *Acta Eruditorum* de l'année 1686, Leibniz fournit un compte rendu de l'ouvrage *Treatise of Algebra* de Wallis publié l'année précédente[98]. Pour Leibniz, l'induction dont Wallis se sert est un moyen très fécond pour l'invention mais il estime qu'elle n'est pas démonstrative[99]. Il fait référence également à Boulliau, qui a démontré géométriquement des résultats de Wallis mais qui a aussi été amené à utiliser l'induction[100]. La critique que Leibniz adresse à Wallis ne se réduit pas au manque de rigueur du raisonnement par induction et interpolation mais s'étend également à l'expression que celui-ci a trouvée pour la quadrature du cercle : il estime que cette expression sous forme de produit infini et comportant des irrationnels n'est pas « exacte[101] ». Dans *De vera proportione*, Leibniz applique au cercle la transmutation décrite plus haut et ramène la quadrature du cercle à celle d'une courbe rationnelle qui a une équation du type $x = \frac{2az^2}{a^2 + z^2}$. Les résultats de Mercator concernant

96 Dans *Quadrature arithmétique du cercle*, il déduit entre autres la quadrature de la cycloïde et la courbe logarithmique.

97 L'indétermination de la forme du polygone est liée à l'indétermination des variables du calcul différentiel, Henk Bos, "The Fundamental Concepts of the Leibnizian Calculus", *Lectures in the History of Mathematics, History of Mathematics*, vol. 7, American Mathematical Society, USA, 1993, p. 88.

98 L'article des *Acta* concernant le compte rendu de *Treatise of Algebra* de Wallis n'était pas signé mais des recherches peuvent montrer qu'il est de la main de Leibniz, Jacqueline Stedall « John Wallis and the French : his quarrels with Fermat, Pascal, Dulaurens, and Descartes » dans *Historia Mathematica*, 39 (2012), 265-279. Stedall attribue dans sa bibliographie le patronyme à Leibniz.

99 « *Verum cum talia quae saepe per inductionem inveniuntur, utique accurate et generaliter demontrari deinde possint, idque non tantum securitatis causa expetatur, sed et ad fontes detegendos, prosit, fatendum est Geometricas demonstrationes tinc merito desiderari, cum magni momenti aliquid ex co, quod per inductionem repertum est, deducimus.* », *AE*, juin 1686, p. 287.

100 « *Itaque si clarisimus Bullialdus omnia demonstrasset in sua Arithmetica infinitorum, quae invenit Wallisius in sua, fecisset utique pretium operae insigne. Notat autem Wallisius, & Bullialdum uti tandem coge inductione, cum in paucis tantum gradibus demonstrationes attulerit.* »

101 Joseph E. Hofmann, *Leibniz in Paris*, *op. cit.*, p. 52-53.

le développement en série de $\frac{1}{1+t}$ lui permettent de déduire le résultat sous forme d'une série[102] : « si le carré du diamètre d'un cercle vaut 1, l'aire du cercle est

$$1-\frac{1}{3}+\frac{1}{5}-\frac{1}{7}+\frac{1}{9}-\frac{1}{11}+\frac{1}{13}-\frac{1}{15}+\frac{1}{17}-\frac{1}{19}\text{etc} »$$

Leibniz déclare que cette série ainsi exprimée :

> Renferme donc en bloc toutes les approximations, c'est-à-dire les valeurs immédiatement supérieures et inférieures, car à mesure qu'on la considère de plus en plus loin, l'erreur sera moindre qu'une fraction, et par suite de toute grandeur donnée. Prise en sa totalité, la série exprime donc la valeur exacte (*De vera proportione*, p. 44).

Cette série et sa manière d'être engendrée satisfont Leibniz car on peut « prolonger de tels nombres [les termes de la série] à l'infini », c'est-à-dire qu'il existe une loi permettant de calculer le terme rationnel suivant en fonction du précédent. Même si tous les termes ne peuvent être donnés actuellement dans leur totalité, cette loi d'engendrement permet d'embrasser l'infini et d'exprimer « la valeur exacte ». Par-là cette quadrature est « vraie » et « exacte » comme le titre de l'article l'indique.

Dans *Vera Proportione*, Leibniz explique quels sont les critères qui lui ont permis d'élaborer une classification des quadratures. Il qualifie la quadrature qu'il vient d'obtenir d'« arithmétique ». Pour classifier, Leibniz remarque qu'une quadrature peut être obtenue soit par le calcul, soit par une construction géométrique. Dans ces deux cas, elle est soit « exacte » [*accurata*], soit « approchée ». Les quadratures obtenues par un calcul exact sont appelées analytiques. Dans ce cas, elles sont soit « algébriques » lorsqu'elles s'expriment à l'aide de « nombres ordinaires », c'est-à-dire de solutions d'équations communes, soit « transcendantes », soit encore « arithmétiques ». Une quadrature arithmétique relève donc du cas analytique et consiste en une série « où la valeur exacte du cercle apparaît à travers une suite de termes, de préférence rationnels » (*ibid.*, p. 44).

Cette classification des quadratures n'a pas du tout un dessein purement taxonomique, elle cherche plutôt à rendre compte de l'enrichissement de la

102 Pour une description de l'obtention de ce résultat : *Naissance du calcul différentiel*, *op. cit.*, p. 66-69 ou Joseph E., Hofmann, *Leibniz in Paris*, *op. cit.*, p. 59-61.

notion de quadrature au regard des progrès mathématiques effectués depuis Archimède. Leibniz précise sa pensée dans d'autres articles chronologiquement proches de *De Vera Proportione*[103]. Dans « *De Geometria recondita* », il explique l'importance de savoir si une quadrature peut se ramener à une quadrature algébrique ou pas. Par exemple, il affirme qu'il n'est pas possible d'obtenir une quadratrice algébrique du cercle ou de l'hyperbole[104]. En revanche, celles-ci permettent de mesurer d'autres figures : dans ce cas il est dit que leurs quadratures dépendent de la quadrature du cercle ou de la quadrature de l'hyperbole. Leibniz souligne l'existence d'une infinité de problèmes qui ne relèvent pas de l'algèbre (comme la quadrature du cercle ou celle de l'hyperbole) et qu'il nomme transcendants. Ils sont importants car ils « peuvent réellement être proposés en Géométrie et qu'il faut même les compter parmi les plus originaires [*primaria*] » (*ibid.*, p. 295). C'est pour cela qu'il convient d'admettre dans la géométrie des courbes autres que celles qui sont admises dans *La Géométrie* de Descartes, comme l'est la cycloïde.

Par ailleurs, Leibniz pointe le problème des quadratures en tant que cas particulier d'un problème plus général qui est celui de la « Méthode inverse des tangentes », problème « qui contient la plus grande partie de la Géométrie transcendante » (*ibid.*)[105], et pour lequel il n'est malheureusement pas satisfait quant à sa résolution générale. C'est en développant son calcul qu'il se rend compte du lien étroit qui lie ces problèmes avec ceux des quadratures. Les problèmes inverses des tangentes font partie de ses recherches depuis son séjour parisien entre 1672 et 1676, il échange également sur ces questions avec Newton par l'intermédiaire du secrétaire de La Royal Society, Oldenburg[106].

Newton défend l'idée selon laquelle sa méthode des séries peut résoudre la plupart des quadratures ou des problèmes transcendants, mais Leibniz ne partage pas entièrement cette conception. Leibniz va promouvoir ses nouvelles idées auprès des savants français pour lesquels le questionnement mathématique sur ces problèmes connaît un retard qui peut être estimer à environ quinze ans. Le cas de Guillaume de L'Hospital en est un exemple.

---

103 « De dimensionibus figurarum inveniendis », *AE*, mai 1684, p. 233-236 et « De Geometria recondita et analysi indivisibilium atque infinitorum », *AE*, juin 1686, p. 292-299.

104 « De Geometria recondita et analysi indivisibilium atque infinitorum », *op. cit.*, p. 294.

105 Voir aussi Cristoph Scriba, "The inverse Method of Tangents : A dialogue between Leibniz and Newton (1675-1677)", *Archive for History of Exact Sciences*, Vol. 2, No. 2 (13.1. 1964), p. 113-137.

106 Sur cet échange on peut consulter l'article de Scriba cité ci-dessus et Joseph Hoffman, *Leibniz in Paris*, p. 225-249 et 259-276.

« L'ARITHMÉTIQUE DES INFINIS DE WALLIS DÉMONTRÉE GÉOMÉTRIQUEMENT AVEC TOUTES LES INTERPOLATIONS DU MÊME AUTHEUR » : ÉTUDE D'UN MANUSCRIT DE L'HOSPITAL (1692)

Le 23 octobre 1690, L'Hospital écrit à Malebranche :

> Je ne suis content de l'écrit que je vous ai laissé entre les mains, que depuis que vous paraissez l'approuver. Mon dessein est de changer entièrement l'Arithmétique des infinis. Il me semble que j'ai une manière plus générale et plus facile, de démontrer toutes ces propositions qui, je m'assure, ne vous desplaira pas (*OM*, XX, p. 559).

Le troisième traité des *Nouveaux Élémens du Marquis de L'Hospital* s'intitule « L'Arithmétique des infinis de Wallis démontrée géométriquement avec toutes les interpolations du même autheur[107] ». Dans celui-ci, L'Hospital a l'ambition de démontrer une partie des résultats de l'*Arithmetica infinitorum* de Wallis, plus précisément celle qui va jusqu'à la proposition 190 :

> Ceux qui désirent en voir davantage sur ce sujet, peuvent lire cet auteur dans son traité de l'arithmétique des Infinis depuis la page 170 jusqu'à la fin ; mais pour moi je n'ennuie de ne raisonner que sur des conjectures. (*Ibid.*, f° 58 r°)

L'Hospital poursuit la critique adressée à Wallis qu'il hérite de ses compatriotes puisque vers la fin de son traité, il avertit que

> La table que nous venons de construire dans ce problème est celle de la prop. 189 de Wallis, et ainsi je crois avoir démontré tout ce que cet autheur n'a prouvé que par induction, dans le Livre de l'Arithmétique des infinis, et non seulement des quadratures des paraboles, et des hyperboles infinies, ce que plusieurs autres ont déjà fait, mais aussi toutes les interpolations dont il s'est servy pour construire ces tables ce que personne jusqu'icy n'avait fait, comme a fort bien remarqué L'autheur [Leibniz] des Journaux de Leipsic pag 289 de l'année 1686 (*ibid.*, f° 53-54).

Pour saisir la teneur de son projet il convient de préciser ce qu'il entend par « démontrer l'Arithmétique des infinis géométriquement ». Cela s'éclaircira par l'examen de la structure de son traité jusqu'à la démonstration de la proposition 189.

---

107 Guillaume de L'Hospital, « L'Arithmétique des infinis de Wallis démontrée géométriquement avec toutes les interpolations du même autheur », FR 25306, (sans f.).

L'Hospital débute par des lemmes, des corollaires faisant intervenir des techniques de transmutations dont il se sert pour obtenir les quadratures de paraboles et d'hyperboles. Il applique ces résultats ensuite pour déduire les tables de Wallis. Il procède donc à l'inverse du mathématicien anglais, qui par l'obtention des tables a déduit certains résultats géométriques, dont les quadratures des paraboles et hyperboles.

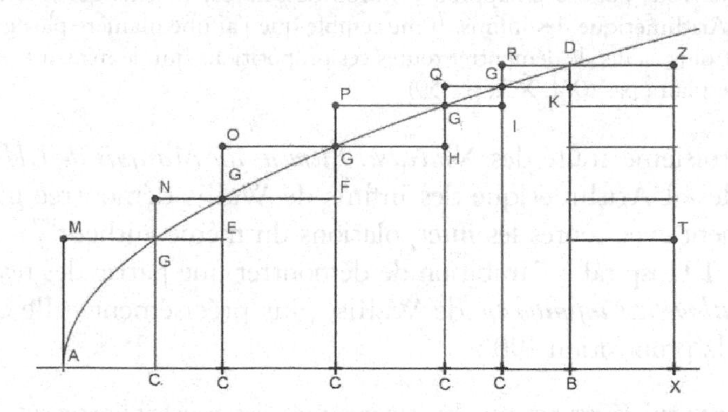

FIG. 33 – Figure réalisée par l'auteure, d'après Guillaume de L'Hospital, « Méthode très facile et très générale pour tracer des tangentes de toutes sortes de lignes courbes », FR 25306, f° 4-6.

Le Lemme premier est celui « qui sert de fondement à la mesure des surfaces ». Il est énoncé ainsi :

> Soit un espace mixtiligne quelconque *ABD* compris par les droites *AB* et *BD*, et que la courbe *AD*, que l'on divise *AB* en un nombre infini de parties infiniment petites égales ou inégales aux points *C* de chacune d'elles on élève les ordonnées parallèles à *BD* coupant la courbe aux points *G*, je dis que la somme des parallélogrammes fait par chacune des ordonnées, et chacune des petites parties *CC* soit en commençant par *BD*, ce qui fait la figure circonscrite *BDRGQGPGOGNGMA*, soit en commençant par la plus petite des ordonnées *CG*, ce qui fait la figure inscrite *CGEGFGHGIGKC* est égale à l'espace mixtiligne *ABD* (*ibid.*, f° 1r°).

Ce lemme reprend presque à l'identique l'énoncé de l'appendice de la leçon XI des *Lectiones Geometricae*, sauf qu'ici l'égalité des divisions ne semble pas être requise, contrairement à Barrow.

Pour démontrer ce résultat, L'Hospital procède comme Barrow en supposant par l'absurde l'existence d'une différence entre la figure circonscrite et la figure inscrite figurée par le rectangle *BDZX*. Cependant, les figures sont formées par des divisions égales, ainsi L'Hospital ne justifie donc pas le lemme dans sa généralité (*ibid.*, f° 2v°)[108].

De ce lemme, il déduit un premier corollaire qui énonce qu'une figure « est égale à la somme de tous les rectangles faits de chaque ordonnée par chacune des parties *CC* qui leur répondent », « c'est-à-dire de tous les rectangles *GE*×*CC* » (*ibid.*, f° 4r°) puis, un deuxième corollaire concernant l'égalité de deux figures placées entre deux parallèles (*ibid.*, f° 6r°).

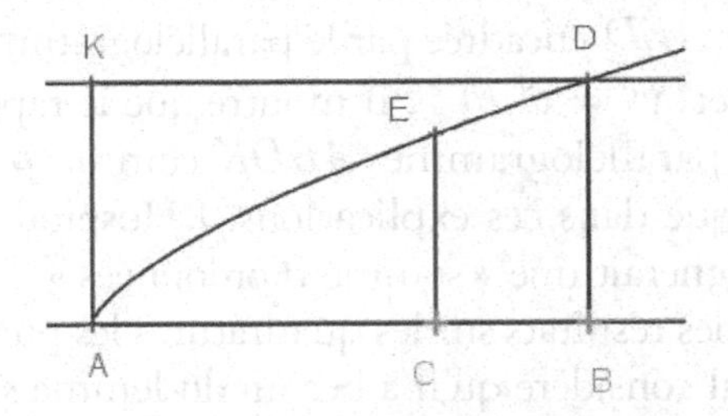

FIG. 34 – Figure réalisée par l'auteure, d'après Guillaume de L'Hospital, « L'Arithmétique des infinis de Wallis démontrée géométriquement avec toutes les interpolations du même auteur », FR 25306, f° 11.

Ces deux corollaires sont suivis d'un « Avertissement » qui imite le style de ceux de Pascal :

> Lorsqu'on trouvera dans la suite ce genre d'expression la somme des droites *GC* ou *GE*, l'on a toûjours égard à une ligne droite telle que *AB* que l'on suppose divisé[e] en un nombre infini de petites parties égales aux points *C* et ce n'est pour abréger cette autre expression, la somme des parallélogrammes faits par chaque *GC* et chacune des parties égales *CC*, laquelle somme comme nous venons de faire voir est égale à l'espace même dont les droites *GC* peuvent être considérées comme des ordonnées. (*ibid.*, f° 7r°)

Il est à noter toutefois que ce dernier n'écrit jamais « infini » mais « indéfini », pour L'Hospital cette précision ne semble pas être nécessaire.

108 La démonstration, non reprise ici mais qui de toute évidence s'inspire de celle de Barrow, consiste à faire correspondre des portions d'un découpage de la différence : les rectangles *RDKG*, *QGIG*, …., à des portions d'un découpage du rectangle *BDZX*. La démonstration n'est pas complète car L'Hospital y suppose les divisions égales contrairement à l'énoncé, ainsi il évite le cas difficile des divisions inégales.

Dans d'autres circonstances la référence à Pascal peut être directe (*ibid.*, f° 33r°, 35-36).

Les neuf premiers folios étaient exempts d'expressions analytiques. Elles sont introduites lorsque L'Hospital énonce le premier théorème concernant la quadrature des paraboles.

Par sa méthode des tangentes[109], L'Hospital connaît la valeur des sous-tangentes de toutes les paraboles et toutes les hyperboles. En considérant la courbe des sous-tangentes qu'il connaît très probablement de sa lecture des *Lectiones geometricae* de Barrow[110], il obtient – lorsque c'est possible[111] – la quadrature de toutes ces courbes. Par exemple, pour les cas de la parabole AED encadrée par le parallélogramme $ABDK$, avec $AC=x, EC=y$ et $y^p = x^q d^{p-q}$, il montre que le rapport de l'espace $ABDEA$ est au parallélogramme $ABDK$ comme p est à $p+q$. Il est à remarquer que dans ces explications, L'Hospital n'utilise pas de notation qui désignerait une « somme d'ordonnées ».

Pour déduire des résultats sur les quadratures les premières tables de Wallis, L'Hospital considère qu'il a besoin du lemme suivant :

> Si l'on propose d'une part deux suites pareilles de quantitez, dont la 1re soit composée de quantités égales $x,x,x,x,x,$ &c et l'autre de quantités inégales a,b,c,d,f et de l'autre part deux autres pareilles suites, dont la première soit composée de quantitez égales $z,z,z,z,$ etc. et de l'autre des quantitez inégales $m,n\ ,o,p$, &c, mais telles que $x.a :: z.m = \frac{az}{x}$, je dis que la somme de la première suite $4x$ est à la somme de la 2e suite $a+b+c+d$, comme la somme de la troisième suite $4z$ est à la somme de la 4e $\frac{az}{x}+\frac{bz}{x}+\frac{cz}{x}+\frac{dz}{x}$ ce qui est évident. (*ibid.*, f° 11v°-12r°)

Pour justifier ce lemme, il procède comme s'il s'agissait de suites comportant quatre termes, dans ce cas l'explication est en effet « évidente ». Il demande donc au lecteur d'approuver que ce qui est vrai pour deux, trois ou quatre termes l'est aussi pour n'importe quel nombre

109 Voir *supra*, au premier chapitre « La méthode des tangentes de L'Hospital (1692) … »

110 Isaac Barrow, *Lectiones geometricae*, *op. cit.*, leçon XI, proposition 10.

111 Si l'hyperbole a pour équation $y^p x^q = d^{p+q}$, si $p=q$, l'espace est « infiniment étendu du côté de MN est au parallélogramme $ABDK$ comme 1 est à zéro, c'est-à-dire qu'il est infini par rapport à ce parallélogramme. Si p est plus petit que q, soit $p=1$ et $q=2$. L'espace hyperbolique sera au parallélogramme comme 1 est à – 1, c'est-à-dire plus qu'infini », *ibid.*, f° 18r°.

de termes, y compris un nombre infini de termes. Ainsi, ce raisonnement est proche de celui qu'il reproche aussi fermement à Wallis : l'induction.

Ce lemme lui permet d'énoncer :

> L'équation à la courbe AED est $y^p = x^q d^{p-q}$ donc $y = \sqrt[p]{d^{p-q}x^q}$. Or si l'on suppose que les x fassent une progression arithmétique infinie, dont le premier terme est un point ou zéro, je veux dire que le dernier terme AB que j'appelle b soit divisé en un nombre infini de petites parties égales CC que j'appelle e, la somme des ordonnées y sera à la plus grande de toutes à savoir BD prise autant de fois qu'il y a d'ordonnées, ce qui fait le parallélogramme $ABDK$ comme 1 est à $\frac{q}{p}+1$, c'est-à-dire comme 1 est à l'exposant de x pris autant dans l'équation $y = \sqrt[p]{d^{p-q}x^q}$ augmenté de l'unité car par le théorème précédent l'espace parabolique est au parallélogramme comme p est à $p+q$. Or $p\,.\,p+q :: 1\,.\,1+\frac{q}{p}$ ce qu'on peut énoncer de cette manière. Soit une progression arithmétique infinie $0.e.2e.3e.4e.5e.\&c$ dont le dernier terme que j'appelle b est connu, et soit une suite infinie de quantitez qui se suivent selon l'ordre de telle puissance, ou de telle racine que l'on voudra de termes de cette progression. Je dis que la somme de toutes les quantitez sera à la plus grande de toutes prise autant de fois qu'il y a de quantitez comme 1 est à l'exposant de cette puissance ou de cette racine augmentée de l'unité (*ibid.*, f° 12v°-13r°).

L'Hospital divise infiniment le segment de longueur b pour produire les portions infiniment petites et égales CC dont la longueur est notée par la lettre « e ». Wallis avait introduit la notation $\frac{1}{\infty}$ que L'Hospital connaît mais qu'il choisit de ne pas utiliser.

La manière de faire de l'Hospital peut être ainsi interprétée : il met en correspondance deux couples de suites infinies de « quantitez » : d'une part le couple de suites de quantitez (géométriques) qui sont les parties égales du segment AB et de la suite des ordonnées $y = \sqrt[p]{d^{p-q}x^q}$ et d'autre part le couple de la suite des quantitez égales e et de la suite des puissances ou racines de la progression arithmétique $0.e.2e.3e.4e.5e$, etc. Or le résultat de la quadrature de la parabole affirme que le rapport de « la somme des ordonnées y » par la plus grande des ordonnées prise autant de fois qu'il y a d'ordonnées est le même que le rapport de l'aire de la parabole par le rectangle $ABDK$, c'est-à-dire le même que celui de p à $p+q$. Le résultat géométrique sur la quadrature lui a permis, grâce au lemme (non démontré), de déduire généralement le résultat sur la somme infinie des puissances des termes d'une progression arithmétique infinie. Les quadratures des hyperboles lui permettent de façon analogue d'obtenir les résultats pour les sommes des puissances négatives. En utilisant des résultats géométriques, il a donc expliqué une des tables obtenues dans l'*Arithmetica infinitorum*[112].

L'Hospital considère ainsi qu'il a démontré « géométriquement » les tables de puissance wallissiennes, ce qu'il estimait devoir être fait, puisqu'il ne considère pas l'induction comme un moyen de parvenir à une preuve véritable. Une de ses critiques de l'induction est particulièrement intéressante puisqu'il écrit : « mais cette sorte de preuve [l'induction] n'éclaire pas l'esprit ni même le convainc pas » (*ibid.*, f° 32v°). La référence à Port-Royal est manifeste : si Antoine Arnauld critiquait les démonstrations qui convainquent plutôt qu'elles n'éclairent, que dire d'une preuve qui ne parvient même pas à convaincre[113] ?

Dans sa recension du traité d'algèbre de Wallis, Leibniz pointe le manque de rigueur de l'expression de la quadrature wallissienne du cercle. Il a été amené à élaborer une taxonomie de quadratures qui rend compte des avancées mathématiques, notamment par rapport à la notion de transcendance. Cette recension est suivie de son article « *De Geometria recondita* ». L'Hospital a probablement lu ces deux articles, mais son manuscrit montre qu'il n'a pas encore saisi la portée des considérations leibniziennes. Dans son écrit, il demeure assujetti à des méthodes dont l'obsolescence se mesure au regard des articles leibniziens.

AUTRES FORMULATIONS DE « ARITHMÉTIQUE DES INFINIS »

Aucun signe pour désigner l'expression « somme de lignes » ou celle de la « somme d'ordonnées » n'avait été introduit par L'Hospital jusqu'au f° 23r°. Dans celui-ci, il en introduit un au moyen d'un « avertissement »

> Lorsqu'on trouvera dans la suite ses sortes d'expressions[114] $\int x$, $\int \overline{b-x}^{p}$, $\int \overline{\sqrt[q]{b}-\sqrt[q]{x}}^{p}$, ce n'est que pour abréger celles-cy, la somme d'une suite infinie de quantitez qui se suivent selon l'ordre des x, des $\overline{b-x}^{p}$, des $\overline{\sqrt[q]{b}-\sqrt[q]{x}}^{p}$ en

112 Propositions 44, 54 et 59 de l'*Arithmetica infinitorum.*

113 Antoine Arnauld et Pierre Nicole, *La logique ou l'art de penser*, 5e édition, 1683, Paris, Flammarion, 1970.

114 Cette transcription ne respecte pas la forme exacte du signe, comparer avec l'extrait du manuscrit (figure 36).

supposant toujours que les x fassent une progression arithmétique infinie, dont le 1er terme est un point ou zéro, et le dernier terme b. (*ibid.*, f° 23r°)

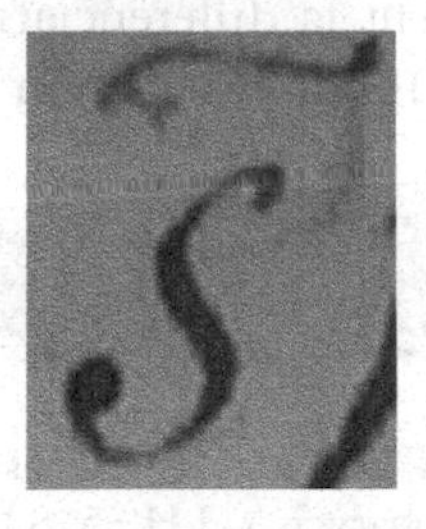

FIG. 35 – Guillaume de L'Hospital, « L'Arithmétique des infinis de Wallis démontrée géométriquement avec toutes les interpolations du même auteur », FR 25306, f° 23, © Bibliothèque nationale de France.

Comme on peut le voir dans la reproduction ci-dessus, il s'agit d'un S majuscule tildé dont L'Hospital fait usage dans la suite du manuscrit, toujours dans le but d'abréger. Leibniz introduit le signe intégral en 1675 dans un de ses manuscrits[115].

Ce signe substitue le « Omn. » du latin *omnia*[116]. Cependant, Leibniz octroie au signe $\int$ un rôle opérationnel, absent chez L'Hospital :

Supposons que $\int l = ya$. Posons $l = \frac{ya}{d}$ [$d(ya)$], ainsi $\int$ augmente, alors que d diminue les dimensions. Toutefois $\int$ signifie somme et d signifie différence. (*ibid.*, f° 2v°)[117]

L'opération de « prendre toutes les lignes » exprimée par le signe « $\int$ » produit un objet d'une dimension supérieure alors que l'opération exprimée par le signe « d » est une action qui diminue la dimension

115 G. W. Leibniz, "Analyseos tetragonisticae pars secunda", ms. GWLB, LH 35, 8, 18, f° 1-2. Retranscrit dans AVII, 5, p. 288-295.

116 « *Utile erit scribi* $\int$ *pro omn. ut pro omn. l, id est summa ipserum l.* », *ibid.*, f° 2v°.

117 « *Datur l, relation ad x, siet jam contrario calculo, scilicet si sit* $\int l = ya$. *Ponemus* $l = \frac{ya}{d}$ [$d(ya)$] *nempe ut* $\int$ *augebit, ita d minuet dimensiones.* $\int$ *autem significat summam, d differentiam* ». Le signe d pour différence ou différentielle n'a pas été immédiatement adopté par Leibniz. Florian Cajori, A History of Mathematical Notations, Two Volumes Bound As one, Dover publications, Inc., New York, 1993, p. 203.

du produit obtenu[118]. Rien de cela est impliqué dans l'avertissement de L'Hospital. Leibniz modifie son point de vue en considérant que l'intégration (respectivement la différenciation) augmente (respectivement diminue) le degré d'infinité mais non pas celui de la dimension.

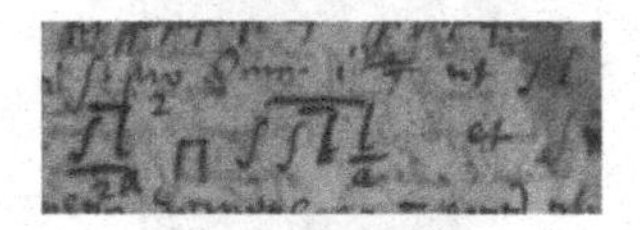

FIG. 36 – G. W. Leibniz, « Analysis Tetragonistica ex Centrobarycis », LH 35, 8, 18, f° 2v°, © Gottfried Wilhelm Leibniz Bibliothek Hannover.

Les nombreux *marginalia* présents dans le manuscrit de L'Hospital sont concentrés majoritairement dans les premiers vingt-trois premiers folios, c'est-à-dire avant l'avertissement ci-dessus. Ceux-ci sont ajoutés en vue de traduire les propositions de L'Hospital exemptes de symbolique à l'aide du signe introduit par celui-ci plus en avant.

Les deux exemples reproduits ci-après sont extraits des folios 2 et 8 du manuscrit de L'Hospital. Byzance assimile les significations auxquelles renvoient les notations a et e barrowniennes avec celles dx et dy de Leibniz. Il use indifféremment les unes et les autres.

FIG. 37 – Louis Byzance, marginalia dans Guillaume de L'Hospital, « L'Arithmétique des infinis de Wallis démontrée géométriquement avec toutes les interpolations du même auteur », f° 2r°, © Bibliothèque nationale de France.

118 Il s'agit, selon Child, du début du calcul analytique de Leibniz, J. M. Child, *The Early Mathematical Manuscripts of Leibniz*, translated from the latin texts published by Carl Emmanuel Gerhardt with critical and historical notes, Chicago, London, the open courpublishing Company, 1920, p. 76.

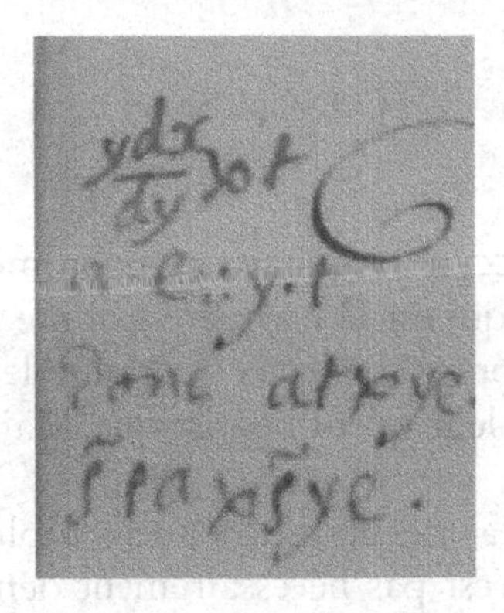

FIG. 38 – Louis Byzance, marginalia dans « L'Arithmétique des infinis de Wallis démontrée géométriquement avec toutes les interpolations du même auteur », fº 2rº, © Bibliothèque nationale de France.

Au folio 2rº, l'égalité entre ye et $ye + ae$ traduit le fait que l'on puisse prendre l'un pour l'autre les rectangles $CCEG$ et $CCGN$ de même base infiniment petite CC, d'où résulte par sommation que la figure inscrite et la figure circonscrite à la courbe ABD sont « égales » (fig. 37). Au fº 8rº dans lequel est énoncé le théorème de transmutation des courbes des tangentes, Byzance traduit fidèlement le texte de L'Hospital en langage symbolique. La comparaison de la longueur du texte[119] avec celle des quatres égalités mises par Byzance ne laisse aucun doute non seulement sur l'économie discursive à laquelle conduit l'écriture symbolique mais aussi sur ses possibilités opératoires.

Il est probable que ces *marginalia* aient été ajoutés peu de temps après que le manuscrit ait été achevé. En effet, en 1692, deux autres manuscrits du groupe autour de Malebranche concernant l'« Arithmétique des infinis[120] » contiennent l'expression introduite par L'Hospital et reprennent de manière plus formelle certaines de ses démonstrations. Les deux ont été transcrits et analysés par Costabel (*Mathematica*, p. 55-60).

119 « L'Arithmétique des infinis de Wallis démontrée géométriquement avec toutes les interpolations du même autheur », fº 8-9.

120 Charles Reyneau, « Proposition déduite de la méthode des tangentes, par laquelle on démontre l'Arithmétique des infinis ou des indivisibles », FR 25302, fº 125 et Louis Carré, « Démonstration de l'arithmétique des indivisibles », fº 11rº. Le deuxième est une copie partielle du premier.

CONCLUSION

Les géomètres du XVIIe reconnaissent unanimement la manière des anciens comme celle qui est la première garante de l'exactitude d'une démonstration. Nombreux sont ceux qui usent de méthodes par « indivisibles » en raison de leur valeur heuristique. Mais acquièrent-elles une valeur démostrative ?

Pour Roberval, la méthode des indivisibles sert « à tirer des conclusions », mais n'est pas nécessairement démonstrative. Ainsi, il propose une méthode qui permet de démontrer le résultat obtenu par les indivisibles à la manière des anciens. Pour ce faire, à la figure curviligne est associée deux figures, une de circonscrite et une d'inscrite, construites chacune en assemblant un nombre fini de des parallélogrammes de même base, finis mais dont l'aire est aussi petite que souhaitée. Cette manière de légitimer sa méthode n'est pas sans rappeler celle de Barrow. Dans l'appendice de la leçon XI, il fournit une justification de sa méthode bien qu'il ne juge pas qu'elle soit nécessaire : il juge plutôt qu'une démonstration usant d'indivisibles vaut pour preuve. Certains, comme Wallis, considèrent que le processus déployé par l'application de la méthode suppose déjà un cadre démonstratif autonome.

Pascal rassure son lecteur : la manière des Anciens et la sienne sont des manières de faire qui ne diffèrent que par la « manière de parler », elles sont donc équivalentes du point de vue de la rigueur. Le recours à la démonstration à l'ancienne est toujours possible mais il y a une certaine lassitude à y recourir, pire, c'est une faute de goût : c'est préférer la *libido dominandi* de celui qui veut étaler des résultats, à la *libido sciendi* de celui qui conserve assez « d'humilité pour chercher plutôt la clarté qui sert que la performance qui fait valoir[121] ».

Les Anciens évitaient la considération de l'infini, les géomètres du XVIIe siècle inventent un langage pour l'apprivoiser. Dans ce nouveau langage, un arc peut être pris pour une corde, un triangle curviligne pour un triangle, une courbe pour un polygone. Ces assimilations infinitistes peuvent être légitimées par des démonstrations à l'ancienne. Il suffit de montrer que la différence entre la chose rectiligne et la curviligne

121 Dominique Descotes, *Géométries de Port Royal*, *op. cit.*, Introduction, p. 29-30.

est inférieure à toute grandeur donnée, quelle que soit sa petitesse. Cela étant fait, il devient superflu de revenir sur le bien-fondé de telles assimilations. Il suffit alors d'invoquer, à la manière de Roberval, « la force des indivisibles ».

Dépourvu de symbolisme, le langage des indivisibles n'est pas encore un calcul. Trop réticent à la manière des algébristes « qui se tuent dans leur cabinet », Pascal refuse d'user de symbolique en géométrie[122]. Wallis a un point de vue opposé. Sa conviction est que l'introduction du symbolisme est nécessaire pour l'obtention de résultats plus généraux[123]. Il est convaincu que le symbolisme et la conceptualisation sont intimement entrelacés et permettent ensemble d'inventer et d'aller bien plus loin[124]. Une « arithmétique des infinis » prend place qui s'appuie sur la supposition qu'une figure peut être considérée comme une série de parallélogrammes dont la largeur constante est « indéfiniment petite ». La « factorisation » par cet « indéfiniment petit » conduit à un calcul en séries.

Par ailleurs, dans les méthodes de transmutation, l'élément « e » qui était auparavant un élément intégré à un procédé calculatoire lié aux méthodes de tangentes, sans perdre ce statut, s'enrichit d'un nouveau rôle : celui de pouvoir représenter la longueur infiniment petite d'un rectangle infiniment petit. Ainsi le font Varignon et Reyneau dans leurs premiers écrits.

Les travaux mathématiques de Fermat, Descartes, et leurs commentateurs, puis ceux de Pascal et de Roberval constituent la matrice de pensée mathématique en France à la fin du XVIIe siècle. À ces écrits s'ajoutent les apports mathématiques européens comme ceux de Gregory, Barrow, Wallis, Newton et enfin Leibniz. Dans cette période de

122 Dans un manuscrit récemment retrouvé, Pascal utilise des expressions symboliques. Dominique Descotes a analysé ce manuscrit et parmi ses conclusions il affirme : *« Obviously, Pascal's writing here is not a symbolical in the sense that the algebraic writing of Descartes is, for instance, and does not lend itself to the type of fonctional interpretation that we can apply to the formulae of the Géométrie [...] Pascal's symbolism is not that of an analyst [...] His symbolism is that of a writer [...] »* dans « An unknown mathematicam manuscript by Blaise Pascal », *Historia Mathematica*, 37 (2010), p. 518-519.

123 Helena M. Pycior, « The Arithmetic formulation of Algebra in John Wallis's Treatise of Algebra », *Symbols, Impossible Numbers, and Geometric Entanglements : British Algebra Through the Commentaries on Newton's Universal Arithmetick*, Cambridge, Cambridge University Press, 1987, p. 107-133.

124 *Ibid.*, p. 117.

renouveau, qui s'étale de 1690 à 1692, les membres du groupe constitué autour de Malebranche se sont appropriés des principales méthodes d'invention européennes.

Dans « L'Arithmétique des infinis démontrée géométriquement », L'Hospital s'appuie de façon originale sur la technique de *transmutation* de Barrow. Son application aux quadratures des paraboles et des hyperboles provoque son enthousiasme à l'automne 1690, certain de pouvoir « changer entièrement l'Arithmétique des infinis ». Cependant, l'étude sur Leibniz montre qu'il existe des préoccupations et des problèmes mathématiques d'une difficulté plus importante et qu'il est urgent pour le savant allemand de faire avancer l'art d'inventer.

DEUXIÈME PARTIE

LA GENÈSE DE L'ANALYSE DES INFINIMENT PETITS POUR L'INTELLIGENCE DES LIGNES COURBES (1692-1696)

RÉCEPTION ET INTERPRÉTATION DU CALCUL LEIBNIZIEN AUTOUR DE MALEBRANCHE
(décembre 1691 – juin 1696)

INTRODUCTION

Les principes du nouveau calcul leibnizien ont été publiés dans quelques articles parus principalement dans les *Acta Eruditorum* entre 1682 et 1686. Au début, peu de savants s'en servent. L'écossais Craig l'utilise pour la résolution d'une quadrature[1] en 1685. Néanmoins les frères Bernoulli sont ceux qui principalement l'emploient. À partir de 1687, Jacques Bernoulli s'approprie de façon autonome le calcul leibnizien, il initie également Jean Bernoulli, son frère cadet de douze ans. Suffisamment armé de connaissances, Jacques Bernoulli publie en mai 1690 sa solution au problème de la courbe isochrone lancé par Leibniz en 1687, le vocable « intégral » est utilisé pour la première fois[2]. Son article s'achève par un autre défi : Jacques propose de chercher la courbe correspondant à la forme prise par un fil pesant flexible attachés à deux points fixes[3].

Ce problème avait déjà intéressé des géomètres, Galilée pensait qu'il s'agissait d'un arc de parabole. Presque simultanément, Leibniz, les frères Bernoulli et Huygens trouvent la courbe-solution qu'Huygens baptise du nom de « catenaria » ou « chaînette », d'autres l'appeleront

1 John Craig, *Methodus figurarum lineis rectis et curvis comprehensarum quadraturas determinandi*, Londres, 1685.

2 Jacques Bernoulli, « J.B. Analysis problematis antehac propositi, de Inventione Linea descensus a corpore gravi percurrenda uniformiter, sic ut temporibus aequalibus aequales altitudines emetiatur : et alterius cujusdam Problematis Propositio », *AE*, mai 1690, p. 217-219.

3 Jacques Bernoulli, « Problema vicisssim propodendum hoc esto : Invenire, quam curvam referat funis laxus & inter duo puncta fixa libere suspensus », *AE*, mai 1690, p. 219.

« courbe funiculaire[4] ». Quelques mois après leurs publications, en septembre 1691, Leibniz publie un article dans les *Acta Eruditorum* intitulé « Examen des solutions au problème de la chaînette ou courbe funiculaire proposées entre autres par M. Jacques Bernoulli[5] ». Cet article est quasi dépourvu de contenu mathématique puisque les quatre solutions ont déjà été publiées[6]. Leibniz y fait le récit de la résolution de ce problème et explique comment les différentes résolutions mettent en évidence des relations intimes entre plusieurs courbes dont la spirale logarithmique et la courbe loxodromique (*ibid.*, p. 202-203). Bien qu'il considère que la chaînette est une courbe « simple », puisqu'elle est prescrite par la nature, il soutient que sans le secours du nouveau calcul, elle n'aurait pas pu être étudiée. De son calcul, il souligne qu'il ne fait aucun doute

> que de cette manière l'Analyse Mathématique ne touche à sa perfection et que les problèmes Transcendants qui jusqu'ici en étaient exclus, ne tombent sous sa coupe (*ibid.*, p. 206).

Ceux qui l'ont expérimenté en résolvant des problèmes mathématiques ou physico-mathématiques – les frères Bernoulli et Craig sont cités – le jugent de « grande utilité[7] ».

Leibniz n'a de cesse que de faire admettre l'importance des problèmes transcendants dans la géométrie. Il est nécessaire d'admettre les courbes qui seules permettent de les construire, puisque celles-ci peuvent être « tracées exactement par un mouvement continu[8] ». La nouvelle analyse est la seule pouvant traiter les transcendantes, contrairement à l'algèbre cartésienne qui les a écartées. Leibniz promeut ses idées auprès de Malebranche et Gallois dès 1679[9]. En 1686, deux ans après la publication

4 Leurs constructions sont différentes : alors qu'Huygens doit supposer la quadrature d'une courbe algébrique, Jean Bernoulli et Leibniz supposent la quadrature de l'hyperbole.

5 « De solutionibus problematis catenarii vel funicularis in actis junii an. 1691, aliisque, a DN. JAC. Bernoullio propositis ». *AE*, septembre 1691, p. 438.

6 Les articles paraissent tous au mois de juin 1691 dans les *Acta* : « De linea in quam flexile se pondere propio curvat », (Leibniz), « Solutio problematis funiculari », *AE*, juin 1691 (Jean Bernoulli), « Specimen alterum calculi differentialis … una cum Addimento … ad problema Funicularium, aliisque » (Jacques Bernoulli), « Christiani Huguenii, dynastae in Zülechem, solution ejusdem Problematis » (Huygens).

7 *AE*, septembre 1691, p. 438.

8 *« et cum eae exacte ontinouque motu describi possint » dans « De Geometria recondita et analysi indivisibilium atque infinitorum »*, *AE*, juin 1686, p. 295.

9 Lettre à Malebranche du 13 janvier 1679 et lettre de Leibniz à Gallois décembre 1678 (précédemment citées).

de la *Nova Methodus*, il écrit à Arnauld et lui exprime son insatisfaction vis-à-vis de la méthode des tangentes de Sluse bien qu'il considère qu'elle soit avant la sienne la plus perfectionnée. En plus des problèmes liés aux expressions irrationnelles et fractionnaires, il affirme qu'elle

> ne va pas aux lignes que M. Descartes appelle mécaniques, et que j'aime mieux d'appeler transcendantes [...] Je prétends aussi généralement de donner le moyen de réduire ces lignes au calcul [...][10].

Dans cette lettre, Leibniz considère que le terme « mécanique » est impropre pour ce type de courbes et les rebaptise du nom de « transcendantes ». Leur construction, contrairement à ce que prétend Descartes, se fait par « points ou par le mouvement ». Le terme « transcendant » renvoie aussi au fait que ces courbes correspondent à des « questions analytiques qui ne sont d'aucun degré », tels sont le problème de couper l'angle en raison incommensurable ou celui de résoudre une équation dont l'inconnue entre dans l'exposant : leurs équations « passent en effet tous les degrés algébriques » (*ibid.*).

Le calcul différentiel et l'Analyse des transcendantes prennent une place primordiale à l'intérieur du projet mathématique que Leibniz promeut auprès de ses correspondants français et étrangers. Christiaan Huygens, dont il s'est lié d'amitié depuis son séjour parisien et dont il a reçu une initiation aux mathématiques[11], est récalcitrant au nouveau calcul car il n'en comprend pas toujours la pertinence. Cependant, un riche échange s'établit à ce sujet. En revanche, les préoccupations de Leibniz vont au-delà des réflexions mathématiques de ses correspondants français – Malebranche, Arnauld et Gallois –. Ils ne semblent pas avoir particulièrement d'intérêt pour établir un échange concernant ces questions.

À la fin de l'année 1691, le jeune Jean Bernoulli arrive à Paris pour un séjour. Cet événement va être crucial pour la réception du calcul leibnizien en France. Il rencontre le L'Hospital chez Malebranche et ils convient de l'initier au calcul différentiel et intégral. Ainsi, L'Hospital bénéficie de cours privés à Paris puis à sa propriété à Oucques. Rentré à Bâle à la fin de l'année 1692, Jean continue à échanger épistolairement avec son élève qui le questionne incessamment. Les sujets sont très variés, que ce soit dans le domaine

10 G. W. Leibniz, *Discours de Métaphysique et Correspondance avec Arnauld*, Paris, Librairie philosophique J. Vrin, 1984, p. 127.

11 Joseph E. Hofmann, *Leibniz in Paris 1672-1676*, *op. cit.*

purement mathématique – quadratures, rectifications, points singuliers – ou dans celui physico-mathématique : quatre-vingt-quatorze problèmes sont examinés par les deux savants[12]. En septembre 1692, L'Hospital publie un article dans le *Journal des Sçavans* concernant le problème de la « courbe de M. de Beaune » dans lequel il utilise pour la première fois le calcul leibnizien[13]. Il ne cesse plus ensuite de rendre public le calcul leibnizien : soit en publiant des articles – principalement au *Journal des Sçavans* et aux *Acta Eruditorum* –, soit en lisant des mémoires aux séances de l'Académie royale des Sciences où il vient tout juste d'être nommé. Pendant cette période, le cercle autour de Malebranche continue à s'initier au calcul grâce en particulier à L'Hospital qui devient leur maître en la matière.

Ce chapitre a pour but de montrer comment s'est opérée l'articulation entre le calcul leibnizien et les méthodes d'invention qui le précèdent. Il y est examiné d'abord les premiers contacts du groupe autour de Malebranche avec le calcul leibnizien. Une étude est consacrée à l'apprentissage de Guillaume de L'Hospital. Elle découle sur une confiance ferme dans le calcul leibnizien et à la revendication de son utilisation.

Le chapitre s'achève par la publication du traité *Analyse des infiniment petits pour l'intelligence des lignes courbes.*

PREMIERS CONTACTS AVEC LE CALCUL LEIBNIZIEN (1691-1692)

Des cours en latin professés par Jean Bernoulli pendant l'hiver 1691-1692, il existe plusieurs manuscrits qui ont circulés parmi les membres du groupe autour de Malebranche. Cependant, la partie destinée au calcul différentiel y est absente de ces derniers[14]. Il existe cependant une copie effectuée par Nicolas Bernoulli, un des neveux de Jean. Sa conservation a été ignorée jusqu'en 1922, date à laquelle

12 Les problèmes sont répertoriés dans l'édition de la correspondance, *DBJB*, 1, p. 515-517.

13 « Solution du problème de M. de Beaune propos autrefois à M. Descartes et que l'on trouve dans la 79. De ses lettres, tome 3. Par Mr. G*** », *JS*, septembre 1692.

14 Il existe deux copies dont il est sûr qu'elles aient circulé parmi les membres du groupe malebranchiste, elles se trouvent à la BNF (cotes FR 25397 et FL 17860). Le manuscrit le plus ancien se trouve à la bibliothèque universitaire de Bâle avec la cote L Ia 8.

Paul Schafheitlin l'a découverte puis publiée[15]. La partie du manuscrit concernant le calcul différentiel contient trente-neuf feuillets, elle est conservée à la bibliothèque universitaire de Bâle.

DE CALCULO DIFFERENTIALUM : PREMIER CONTACT AVEC LA SYMBOLIQUE LEIBNIZIENNE

Les *Lectiones de calculo differentialium* (*LCD* dorénavant) de Jean Bernoulli représentent la première véritable confrontation au calcul leibnizien par L'Hospital.

Ces leçons peuvent être divisées en trois parties : Bernoulli énonce d'abord les postulats nécessaires au calcul, il en présente ensuite les règles accompagnées de leurs preuves, puis il applique le calcul à la résolution de problèmes. Les premiers concernent la recherche de tangente à des courbes particulières toutes célèbres[16] (problèmes de I à XI), les suivants sont des problèmes de *Maximis* et *Minimis* (problèmes de XII à XX) puis le dernier concerne la recherche de points d'inflexion (Problème XXI). Les postulats et la présentation bernoullienne des différentielles méritent une attention particulière d'autant plus qu'aucune définition explicite de différentielle n'est fournie.

POSTULATA

Bernoulli énonce trois postulats :

1. Une quantité diminuée ou augmentée d'une quantité infiniment moindre [*infinities minore*] n'augmente, ni ne diminue.
2. Toute ligne courbe est composée d'une infinité de lignes droites infiniment petites [*infinitis rectis, iisque infinite parvis*].
3. Une figure contenue entre deux ordonnées [*sub duabus ordinatim applicatis*], leur différence d'abscisse, et une portion infiniment petite de quelque courbe est considérée comme un parallélogramme (*LCD*, p. 3)[17].

---

15 Jean Bernoulli, *Lectiones de calculo differentialium*, Paul Schafheitlin ; Naturforschende Gesellschaft in Basel. Basel : Naturforschende Gesellschaft, 1922. Il s'agit de la transcription d'une partie du manuscrit de la bibliohèque universitaire de Bâle dont la cote L Ia 6, constitué de 62 folios. La référence citée sera celle de Schafheitlin sauf pour les figures qui sont des reproductions du manuscrit.

16 Parabole simple, parabole biquadratique, paraboles généralisées, ellipse, hyperbole, problème de Fatio, logarithmique, cycloïde, conchoïde, quadratrice de Dinostrate, spirale d'Archimède et cissoïde.

17 Le troisième postulat sera utilisé que dans la partie consacrée au calcul intégral.

Jean Bernoulli s'est initié au nouveau calcul ente 1687 et 1690 avec l'aide de son frère Jacques. En 1691, il ne correspond pas encore avec Leibniz qu'il ne connaît donc que par ses publications. Ses leçons rendent compte d'une appropriation sûrement fort inspirée des échanges avec son frère Jacques.

Ces énoncés amènent à quelques remarques. Bernoulli énonce les postulats à l'indicatif et non au subjonctif. Cela permet de supposer qu'il traite les entités « quantité infiniment moindre », « droites infiniment petites » auxquelles les notions du calcul se réfèrent comme des objets réels bien qu'aucune définition n'est fournie sur ce qui peut être est infiniment moindre ou infiniment petit[18].

Le deuxième postulat stipule qu'une ligne courbe est un assemblage d'une infinité de segments infiniment petits. Il perpétue la notion de polygone d'une infinité de côtés qui est une notion communément admise dans le milieu mathématique. Dans la *Nova Methodus* Leibniz écrit que la courbe est « équivalente » au polygone « infinitangulaire ». Le « polygone à une infinité de côtés » a donc un caractère hypothétique. De cette hypothèse Leibniz conçoit le « principe général des mesures des courbes[19] » : tout ce qui est établi sur un tel polygone (et qui ne dépend pas du nombre de côtés) peut être affirmé de la courbe :

> [...] de ce qui constitue d'après moi le principe général des mesures des Courbe, à savoir considérer qu'une figure curviligne équivaut [*sit equipollare*] à un Polygone d'une infinité de côtés, c'est-à-dire devienne d'autant plus vérifié [*verificetur*] qu'on prend un nombre de côtés plus grand, de sorte que l'erreur finisse par être plus petite que toute erreur donnée, on peut également l'affirmer de la courbe (*ibid.*, p. 94).

Le premier postulat n'est pas énoncé dans l'article fondateur de Leibniz. L'idée qui le sous-tend est que dans une égalité il est possible de négliger des quantités « infiniment moindres » par rapport à d'autres. Cette situation est coutumière dans les méthodes calculatoires de tangentes ou dans des travaux concernant l'Arithmétique des infinis. Certains

18 Fritz Nagel, « Nieuwentijt, Leibniz, and Jacob Hermann on infinitesimals » dans *Infinitisemals differences, Controversies between Leibniz and his contemporaries*, edited by Ursula Goldenbaum and Douglas Jesseph, Berlin, Walter de Gruyter, 2008, p. 200.

19 « Additio ad schedam de dimensionibus figurarum inveniendis », *AE*, 1684, p. 585-587, traduit par Marc Parmentier dans Leibniz, G. W., *Naissance du Calcul différentiel*, *op. cit.*, p. 94.

termes sont considérés comme « indivisibles » ou « infiniment petits », ou encore « nuls » à l'égard des autres. La manière de justifier de telles simplifications est donc plurivoque. Ici, Bernoulli en fait un postulat qu'il utilise plus en avant pour prouver les règles de différentiation[20].

$e = dx$ = *differentiae indeterminatae*[21]

Bernoulli énonce chacune des règles en la faisant suivre d'une preuve. La première règle établit que la différentielle de deux quantités ajoutées est la somme des différentielles de chacune de ces quantités[22]. Pour la preuve, il suppose que la « différentielle de l'indéterminée [*indeterminatae*] x est $e = dx$ et celle de l'indéterminée y est $f = dy$ ». La somme des deux quantités est $x + y + e + f$ de laquelle il soustrait $x + y$. La différence est donc $e + f = dx + dy$.

Dans ce passage, Bernoulli accorde à la différence de l'indéterminée x deux notations : la leibnizienne dx et la lettre e, qui renvoie probablement à la notation de Fermat ou de Barrow. Ce choix est probablement pédagogique : pour faire comprendre ce que signifie « dx », Bernoulli renvoie son élève à une notation qui lui est connue. La question est de savoir si ces deux écritures renvoient vraiment à la même notion et dans quelle mesure elles peuvent être prises l'une pour l'autre. Ici, « indéterminé » signifie ce qui est n'est pas fixé et dont la valeur n'est pas assignée[23].

Le professeur cherche ensuite la différentielle de $a + x$ où a dénote une quantité fixée et déterminée [*quantitatem certam et determinatam*] (*ibid.* p. 3). Puisque a est fixée, il écrit que a devient « $a + 0$ [24] » mais il n'énonce jamais explicitement la règle $da = 0$. Pour la preuve de la règle du produit, Bernoulli multiplie $x + e$ *par* $y + f$ puis il soustrait $x + y$. Le reste est $ey + fx + ef$. Il déclare que, par le postulat 1, ce reste est égal à $ey + fx$ mais il ne dit pas pourquoi ef est infiniment moindre que les deux autres termes. Sa démarche est la même pour la différentielle des premières puissances entières. Il n'y a pas donc ici

20 Dans un autre article publié en 1689 dans les *Acta eruditorum*, Leibniz énonce le « lemme des incomparables » auquel il fera référence très souvent ensuite. Voir plus en avant.

21 *LCD*, p. 3.

22 « *Quantitatum additarum differentialis est summa differentialium cujusque quantitatis* ».

23 Son contraire « déterminé » est donc ce qui est fixé.

24 Il dira aussi plus loin « + *0 id est a plus nihil.* »

d'explication supplémentaire sur ce que justifie d'être « infiniment moindre que ». Il énonce et prouve ensuite les règles pour les puissances négatives ou fractionnaires, les quotients, puis les quantités sourdes.

Dans ces preuves, Bernoulli fait intervenir des éléments calculatoires proches de ceux rencontrés dans le premier chapitre, notamment lorsqu'il s'agissait de développer le binôme $(x+e)^p$. Dans ce cas, les mathématiciens acceptaient de ne conserver que les deux premiers termes puisqu'il était entendu que les autres restants ne servaient pas au calcul. Bernoulli les ôte parce qu'ils sont « infiniment moindre » mais il n'explique pas ici non plus pourquoi ils le sont.

La notion de « différentielle de la différentielle [*differentiale differentialis*] » apparaît une seule fois, lorsqu'il traite le problème de point d'inflexion d'une courbe (*LCD*, p. 23). Un point d'inflexion est celui « qui sépare les deux courbures, quand la courbe passe de concave à convexe, ou viceversa » (*ibid.*, p. 23). Pour trouver un point d'inflexion, Bernoulli fournit trois manières de procéder, seule la deuxième fait intervenir la différentielle d'ordre deux. Pour cette dernière, Bernoulli fournit une explication géométrique. Il remarque qu'au point d'inflexion, la courbe étant à la fois convexe et concave, doit nécessairement être droite mais sans que cela se produise nécessairement sur une portion finie. Il faut toutefois que la droiture ait lieu au moins sur deux parties infiniment petites (*ibid.*, p. 24)[25]. Il en déduit que pour une portion dx donnée et supposée contante, dy l'est également et donc « ddy la différentielle de la différentielle $=0$ ».

De l'usage du calcul différentiel pour résoudre des problèmes[26]

Le calcul différentiel sert à résoudre des problèmes : Bernoulli destine trente-et-un feuillets à ce sujet. Pour la recherche de tangentes, chaque courbe est traitée séparément l'une de l'autre, il ne cherche pas à identifier des similitudes de traitement entre les différents exemples qui pourraient permettre de les classifier et d'énoncer des méthodes plus générales spécifiques à certains types de courbe. Il ne souligne pas non

25 *« hoc autem non intelligendum est ac si curvae quaedam portio finita esset recta, sed quod saltem duae particulae infinitae parvae in directum jaceant. »*

26 Titre de la section où démarre l'application du calcul différentiel à la résolution de problèmes.

plus que la méthode des tangentes peut s'appliquer autant aux courbes géométriques qu'aux courbes transcendantes, pourtant cela est un argument crucial pour Leibniz. Les courbes « mécaniques » sont évoquées une seule fois lorsqu'il remarque que la deuxième manière pour trouver les points d'inflexion s'utilise autant pour les courbes mécaniques que pour les géométriques (pourvu que la raison de dx à dy soit connue). Il sera examiné au chapitre suivant la comparaison entre ces leçons et le traité de L'Hospital.

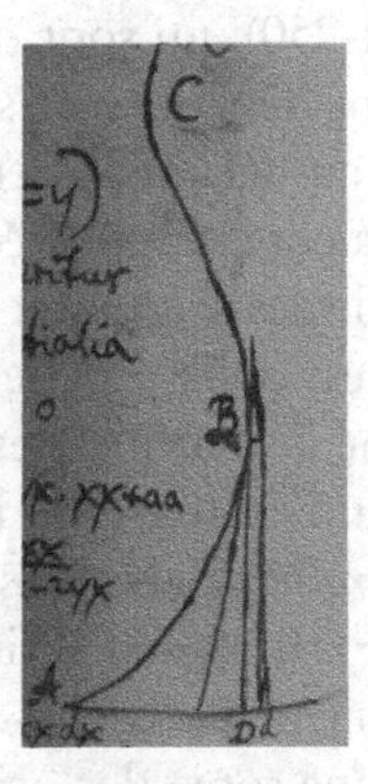

FIG. 39 – Jean Bernoulli, L Ia 6, f° 30, © Universitätsbibliothek Basel.

Pour la résolution de problèmes du même type que ceux traités dans les *LCD*, il sera question maintenant de savoir si L'Hospital et ses amis considèrent avantageux d'utiliser ce nouveau calcul plutôt que d'autres méthodes comme celle de Barrow.

LES CAHIERS DE CALCUL INTÉGRAL DE MALEBRANCHE, PREMIÈRE PÉRIODE (1692-1693)

La Copie parisienne des leçons de calcul intégral de Jean Bernoulli

Le manuscrit du Fonds latin 17860, folios 91-240 contient plus des cinq sixièmes des leçons de calcul intégral de Jean Bernoulli telles qu'elles ont été publiées en 1742 avec son accord[27]. Ce manuscrit est dépourvu

27 L'étude de Pierre Costabel sur ce manuscrit et l'histoire de ses copies est reprise ici, « La copie parisienne des leçons de calcul intégral de Jean Bernoulli », *Mathematica*, p. 131-168.

des cours de calcul différentiel. La correspondance des textes entre le manuscrit et l'imprimé est parfaite jusqu'à la fin de la leçon 32 (dernière leçon sur les caustiques) puis l'ordre des sections n'est plus la même. À partir de la page 221, le manuscrit reprend le texte imprimé (leçons 46 à 55) et se termine par les leçons 33 à 35[28]. Ainsi, les leçons 36 à 45 de l'imprimé sont absentes du manuscrit, elles concernent l'étude des figures d'équilibre de fils et de voiles, deux leçons sont consacrées à la chaînette[29]. Ce manuscrit est pratiquement de la main de Carré sauf les titres des figures (folios 241-250) qui sont de la main de Malebranche, les folios 251-252 concernent des *errata* et sont de la main de Byzance (ces corrections ne vont pas au-delà de la deuxième section intitulée *De Quadratura Spatiorum* et auraient été apportées ultérieurement vers 1698 (*Mathematica*, p. 167) à partir des originaux de L'Hospital (*ibid.*, p. 151). La copie Carré (FL 17860) est donc proche de la première version des leçons, elle porte également la marque des remarques orales du professeur. À la bibliothèque universitaire de Bâle sont déposés plusieurs manuscrits de *Methodo integralium* parmi lesquels le dénoté « cahier C » est le plus ancien et complet[30]. Il est de l'écriture de Stähelin – secrétaire de Bernoulli pendant son séjour parisien – et de celle de Bernoulli. Il appert que le cahier C est une copie des originaux des leçons appartenant à L'Hospital. Ce cahier a été ramené à Bâle par Bernoulli lors de son départ en novembre 1692. La copie de Carré serait celle du cahier C (*ibid.*, p. 153)[31]. Elle est partielle car le manuscrit C contient les leçons 36 à 45, ce qui implique que les originaux de L'Hospital les contenaient aussi (*ibid.*, p. 164) et que ces leçons ont été professées par Bernoulli pendant l'été 1692 à Oucques, chez L'Hospital (*ibid.*, p. 165).

En définitive, sans autre preuve à l'appui, la copie Carré du manuscrit 17860 serait celle du cahier C de Jean Bernoulli. Malebranche en

---

Le texte de Jean Bernoulli est publié dans Jean Bernoulli, *Opera omnia tam autea sparsim edita quam hactenus inedita, tomus tertius, accedunt Lectiones mathematicae de calculo integralium in usum illust. Marc. Hospitalii conscriptate*, Lausanne et Genève, Marc-Michel Bousquet, 1742.

28 Concernent les applications mécaniques pour trouver les trajectoires des points pesants soumis à certaines conditions.

29 Un tableau comparatif du texte imprimé et du manuscrit est fourni dans *Mathematica*, p. 133-141.

30 Cote L Ia 8.

31 Parmi d'autres arguments, Costabel remarque que toutes les corrections de Byzance dans le manuscrit de Carré sont sur le manuscrit C (cote L Ia 8), la réciproque n'est pas vraie.

a fait probablement la demande à Stähelin en 1692. Carré, secrétaire de Malebranche à cette époque, s'en charge à la hâte sans comprendre forcément tout ce qu'il recopie[32].

Les cahiers de calcul intégral de Malebranche, première période (1692-1693)

Malebranche a écrit quatre cahiers[33] de 36 pages où il reprend les leçons de *Methodo integralium* de Jean Bernoulli. Il est probable qu'il ait travaillé à partir de la copie de Carré (FL 17860). Le texte présenté par Pierre Costabel dans son édition (*Mathematica*) tient compte de cette hypothèse et met en parallèle la copie de Carré et les cahiers. Cette disposition permet de voir que Malebranche ne reprend pas la totalité des leçons bernoulliennes[34]. Certaines pages n'ont pas de correspondance directe avec le texte de Bernoulli et proviendraient d'échanges avec L'Hospital. Malebranche a prévu une disposition particulière de la pagination : les rectos des folios – c'est-à-dire les pages de droite du cahier – sont réservés aux développements ou aux commentaires, les versos – c'est-à-dire les pages de gauche – sont réservés aux corrections, annotations et compléments. Cette disposition montre qu'il souhaitait pouvoir éventuellement revenir sur des anciennes questions[35]. Ces cahiers témoignent d'un Malebranche transcrivant un savoir qu'il est justement en train d'acquérir et la progression de celle-ci renseigne sur le rapport qu'il établit avec ces nouvelles connaissances. Il reprend

---

32 Le manuscrit FR 24335 contient aux folios 14-27 les figures manuscrites de la main principale de Byzance. Il a l'intérêt de montrer que par comparaison Carré recopie sans vraiment comprendre. Les figures de Byzance dateraient de 1698, date à laquelle il aurait eu un accès direct aux originaux de L'Hospital, *Mathematica*, p. 164.

33 Ce manuscrit est enregistré à la Bibliothèque nationale sous la cote FR. 24237, folios 60 à 95. Il a été en partie publié dans *Mathematica*, p. 169-294. D'après Costabel, les trois premiers cahiers sont de la période 1692-1693 et le quatrième serait de la période 1693-1695, *Mathematica*, p. 175.

34 Par ce choix d'édition Costabel suggère que c'est à partir de cette copie que Malebranche aurait travaillée. D'après nous cette hypothèse n'est pas forcément fondée. En effet, il existe des passages en latin dans les cahiers de Malebranche qui n'ont pas de correspondance dans le texte de la copie Carré et qui apparaissent dans l'imprimé.

35 C'est ce qu'il fit comme en témoignent des ratures à encres différentes. Costabel signale que certaines remarques ou corrections aient pu être apportées jusqu'en 1710. Ainsi, ce document doit être interprété historiquement comme un cahier à usage personnel, *ibid.*, p. 175-176.

page par page les leçons de Bernoulli qu'il réexprime en français ou en latin, parfois il se satisfait de simplement recopier intégralement de longs passages : la correspondance entre le cahier I et la première leçon de Bernoulli est frappante. En revanche, elle l'est moins pour les cahiers II et III. Le cahier IV est plus hétéroclite, il peut être divisé en quatre documents, le premier correspondrait à des compléments des cahiers II et III, et les trois autres traiteraient de problèmes inverses des tangentes.

Malebranche accorde à l'analyse et à l'algèbre une place privilégiée car elles permettent d'« augmenter l'étendue de l'esprit » et donnent « plus de réalité » à l'esprit et à l'entendement. Sans entrer dans des considérations philosophiques, il est important pour la suite de préciser certains traits de la conception de la vérité chez Malebranche. Pour le philosophe, la vérité (non seulement en mathématiques) se définit comme un « rapport réel soit d'égalité, soit d'inégalité[36] ». Contrairement à Descartes, Malebranche n'exige pas de raisonner à partir d'idées claires et distinctes nécessairement finies et saisies par l'intuition. Il accorde en revanche un rôle primordial à la notion « d'exactitude » qui peut s'exprimer par une détermination numérique car « la vérité se déplace des idées aux relations entre idées » (*ibid.*, p. 21). Pour cette raison, il privilégie l'arithmétique et l'algèbre car productrices d'égalités (*ibid.*, p. 111). Il ne dévalorise pas pour autant la géométrie qui lui paraît très utile pour rendre l'esprit attentif aux choses dont on doit découvrir les rapports exacts (*ibid.*, p. 71). Ces aspects sont importants à considérer avant d'aborder l'analyse des cahiers malebranchistes car ils concernent non seulement une méthode calculatoire mais un calcul qui a affaire à des notions qui n'apparaissent pas d'emblée au XVIIe siècle comme des notions « claires et évidentes ».

La première leçon : on calcule avec des indéterminées

Dans ses cahiers, Malebranche ne conserve pas le titre donné par Bernoulli – *Methodo integralium* – à l'ensemble de ces leçons et le change en « Du calcul intégral[37] ».

---

36 Cité dans Claire Schwartz, *Malebranche, Mathématiques et Philosophie*, *op. cit.*, p. 106.

37 Costabel y voit chez Malebranche « la possession par l'auteur du sens du formalisme de l'algèbre et du mécanisme du changement de variable », *Mathematica*, p. 284.

Jean Bernoulli fait appel à ce qui a été vu dans les leçons de calcul différentiel. Il débute par des exemples simples d'intégration : l'intégrale de dx est x, celle de xdx est $\frac{1}{2}\ x^2$ ou $\frac{1}{2}\ x^2$ plus ou moins une quantité constante, etc., ce qui lui permet de conclure par la formule « $\frac{a}{p+1}x^{p+1}$ est l'intégrale de $ax^p dx$ » (*Mathematica*, p. 178). Rien n'est indiqué sur ce que désigne p mais les exemples montrent qu'il s'agit d'un rationnel quelconque. À la suite de cette formule, Bernoulli remarque que pour intégrer une quantité il faut essayer de se ramener à cette formule[38] en considérant une « absolue » [*absolutae*] qui se prend parmi les grandeurs de la différentielle, puis prendre la différentielle de cette absolue et voir s'il y a dans l'expression de la quantité à intégrer une quelconque puissance de cette absolue ou son produit par une grandeur connue ce qui donne moyennant une multiplication par une puissance, la différentielle dont on cherche l'intégrale. Cette description théorique est suivie d'exemples clarifiants (*ibid.*, p. 180). Dans le premier, il doit intégrer $dy\sqrt{a+y}$. Il remarque que dy est multiplié par son « absolue » qui est élevée à la puissance $\frac{1}{2}$, il vient

$$\frac{1}{\frac{1}{2}+1}(a+y)^{\frac{1}{2}+1}, \text{ c'est-à-dire } \frac{2}{3}(a+y)\sqrt{a+y}.$$

Malebranche débute son cahier en français et en intronisant d'emblée la formule, clef de la première leçon : « $\frac{a}{p+1}x^{p+1}$ est l'intégrale de $ax^p dx$ ». La définition d'une « grandeur absolue » suit immédiatement :

> On appelle grandeur absolue celle qui est la racine de la puissance qui est l'intégrale de la différentielle.

L'exemple qui suit est plus complexe que ceux proposés par Bernoulli et lui permet de montrer plus amplement l'automatisme de l'algorithme.

---

38 *Ibid.*, p. 180 : « il faut considérer avant toute chose si la quantité proposée est le produit d'une différentielle quelconque par un multiple de son absolue élevée à une puissance quelconque. Ce qui est le signe que son intégrale peut être trouvée par cette règle. »

Il souhaite intégrer la différentielle $\frac{ydy}{\sqrt{b^2+y^2}}$ dont l'« absolue » est $b^2 + y^2$ (choisie parmi les « grandeurs des différentielles »). En se référant à la formule, il écrit

$$x = b^2 + y^2 ; dx = 2ydy, \ p = -\frac{1}{2}, \ a = \frac{1}{2}.$$

Puis il substitue dans l'intégrale $\frac{a}{p+1}x^{p+1}$ et il trouve $\sqrt{b^2+y^2}$.

Cette notion de « grandeur absolue » est primordiale puisqu'elle suppose une certaine maîtrise du formalisme algébrique dans le calcul intégral, notamment dans le procédé de changement de variable[39]. Malebranche transcrit soigneusement sa définition puis il montre qu'il a saisi la portée symbolique de cet algorithme en proposant des exemples qu'il maîtrise. Suivent ensuite des règles plus élaborées, qui permettent de se ramener à la formule générale (*ibid.*, p. 185-199). Dans la page 12 du cahier II, Malebranche résume la méthode générale en expliquant

> La règle générale est contenue dans cette formule : la différence $apx^{p-1}dx$ a pour integr. $\frac{pax^{p-1+1}dx}{p-1+1dx} = ax^p$ (*ibid.*, p. 217-218).

En décomposant ainsi à droite le terme de gauche, Malebranche indique de quelle façon il utilise la formule d'intégration. Pour faire comprendre cet éclatement de la formule, il considère l'intégration d'une expression que Bernoulli n'a pas jugé utile de développer (*ibid.*, p. 214) :

$$A = \left(x^7 dx - \frac{7}{4}ax^6 dx\right)(2ax^7 - x^8)^{-\frac{1}{2}}.$$

Malebranche procède en quatre étapes qu'il prend soin de numéroter. Il commence par remarquer que premièrement, $2ax^7 - x^8$ « répond à l'indéterminée x de la formule » puis que deuxièmement, l'exposant $-\frac{1}{2}$ correspond au $p-1$ de la formule. Ainsi, troisièmement, la différentielle de $2ax^7 - x^8$ est $7 \times 2ax^6dx - 8x^7dx$ et « répond à la différence

39 Note de Costabel, *Mathematica*, p. 179.

de x de la formule [c'est-à-dire l'absolue] ». Quatrièmement et enfin, pour trouver l'intégrale de la grandeur

$$\left(x^7 dx - \frac{7}{4} ax^6 dx\right)(2ax^7 - x^8)^{-\frac{1}{2}}$$

Il élève la grandeur $2ax^7 - x^8$ à la puissance $-\frac{1}{2}+1$ et il obtient

$$\left(x^7 dx - \frac{7}{4} ax^6 dx\right)(2ax^7 - x^8)^{-\frac{1}{2}+1}.$$

Il divise le dernier résultat par l'exposant $-\frac{1}{2}+1$ et par $7 \times 2ax^6 dx - 8x^7 dx$ (qui « répond » au dx de la formule générale) ce qui donne l'intégrale

$$\frac{\left(x^7 dx - \frac{7}{4} ax^6 dx\right)(2ax^7 - x^8)^{\frac{1}{2}}}{\frac{1}{2} \times \left(7 \times 2ax^6 dx - 8x^7 dx\right)}$$

qu'il simplifie pour obtenir $-\frac{1}{4}\left(2ax^7 - x^8\right)^{\frac{1}{2}}$.

Malebranche explicte méthodiquement toutes les étapes de sa propre démarche calculatoire. Ce type de développement n'est pas isolé dans les cahiers, il illustre un aspect de son expérience calculatoire dans lequel il manipule des signes de manière ordonnée mais sans se soucier présentement de leur signification géométrique.

De Spatiorum quadratura : *les indivisibles calculés*

Cette partie correspond à l'application du calcul intégral aux quadratures et rectifications de courbes. Bernoulli débute ce paragraphe en expliquant que la recherche de quadratures fait partie des diverses utilisations du calcul intégral. Le texte de Malebranche omet cette phrase introductrice mais reprend quasi intégralement l'énoncé en latin de l'imprimé de Bernoulli[40]. L'hypothèse pour quarrer des espaces est de les considérer

40 Cela indique qu'il est possible que Malebranche n'ait pas travaillé sur la copie Carré mais peut-être sur une autre copie ou directement sur les originaux de L'Hospital. De même, la citation qui suit n'est pas complète.

> divisés en parties infinies [*divisa in infinitas partes*] dont chacune est tenue pour une différentielle de l'espace [*differentiali spatii*], de sorte que si l'intégrale de telle différentielle, soit encore la somme de ces parties, est obtenue, de là la quadrature demandée devient connue (*ibid.*, p. 201)[41].

Ces *infinitas partes* peuvent être considérées de différentes manières pour faciliter la quadrature[42]. Les divisions les plus communes sont celles effectuées par des « lignes parallèles » ou par des « lignes » qui concourent en un point. D'autres types de divisions sont présentées : par des tangentes ou par des normales. Selon la forme ou l'engendrement de la figure, un type de division convient mieux qu'une autre[43]. Il est possible de choisir une division qui soit adaptée à la génération cinématique d'une courbe comme la conchoïde pour laquelle l'infinie division par des trapèzes est la plus adéquate. Ici, lorsque Bernoulli ou Malebranche écrivent « lignes », ils entendent des éléments homogènes, c'est-à-dire selon le type de division, des parallélogrammes, des trapèzes, des triangles ou d'autres éléments obtenus par infinie division.

Le fait de considérer une figure comme divisée en éléments homogènes au tout n'est pas nouveau pour les membres du groupe autour de Malebranche. Déjà des années auparavant, un de leurs manuscrits atteste de l'usage d'« indivisibles » pour « former » une figure :

> On peut concevoir dans une figure[44] comme A ou B des lignes droites ou courbes parallèles entre elles, comme $A,B,C\,D$ terminées aux extrémités de la figure par des lignes droites perpendiculaires aux 1res ces lignes formeront de petits parallélogrammes rectangles dont les longueurs occuperont ceux des dimensions de la figure, et dont les largeurs qui sont infiniment petites seront égales entre elles, ces sortes de petites figures, s'appellent les éléments de l'aire, parce qu'elles peuvent former l'aire et on les nomme indivisibles, parce que, quoi qu'elles puissent absolument être divisées, on les considère comme indivisibles (FR 24238, fol. 251-252).

41 « *divisa in infinitas partes quarum unaquaeque pro differentiali spatii haberi potest, ita ut si integrale hujus differentialis, id est summa harum partium habeatur, ex inde quoque innotescat quadratura quaesita* », *ibid.*, p. 201.

42 « *Partes istae infinitae in spatiis planis considerari possunt diversis modis prout commodissime permittunt omnes circonstantiae planorum* », *ibid.*

43 La division par des lignes parallèles convient à la parabole alors qu'elle ne convient pas à la spirale. Inversement, la division par des lignes concourantes convient à la spirale et pas à la parabole.

44 Le manuscrit ne contient pas des planches de figures.

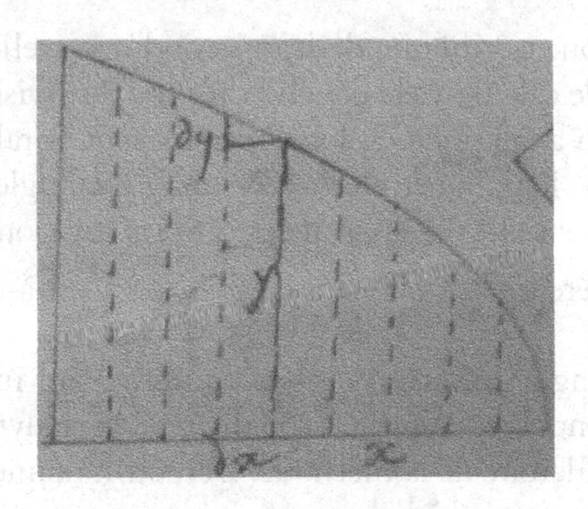

FIG. 40 – Nicolas Malebranche, FR 24237, f° 68r° – p. 8, © Bibliothèque nationale de France.

Les « éléments de l'aire » ne sont pas obligatoirement des parallélogrammes mais peuvent également prendre la forme de triangles ayant un sommet commun, de trapèzes ou de losanges. Dans les leçons bernoulliennes, un nouveau vocable est utilisé pour nommer ce qu'ils appelaient auparavant « indivisibles » : les « différentielles de l'espace » [*differentiali spatii*]. Cette resémantisation n'a rien d'arbitraire. Nommé par le terme « différentiel », l'indivisible devient l'objet d'un calcul car

> si l'intégrale de telle différentielle, soit encore la somme de ces parties, est obtenue, de là la quadrature demandée devient connue (*ibid.*, p. 201).

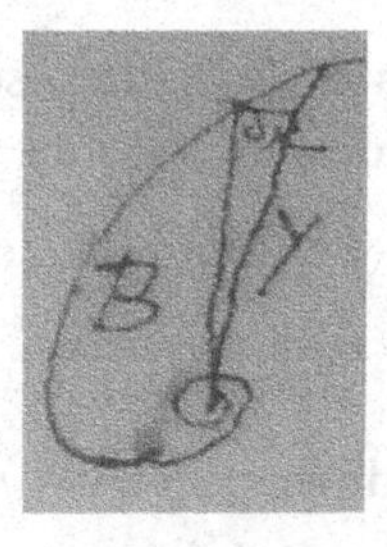

FIG. 41 – Nicolas Malebranche, FR 24237, f° 69 r° – p. 9, © Bibliothèque nationale de France.

Le calcul différentiel dote ces éléments géométriques d'une expression analytique dont l'intégrale correspond justement à la quadrature de l'espace.

Comment donc ces infinies divisions conduisent-elles à obtenir une quadrature par le calcul ? Cela dépend du type de division, car chacune a une traduction analytique. Si les divisions sont parallèles, en notant x l'abscisse et y l'appliquée alors ydx est le rectangle entre les appliquées et la différentielle des appliquées[45]. Si les divisions concourent en un point la différentielle de l'espace est $\frac{1}{2}ydx$ c'est-à-dire qu'elle correspond au triangle de côté y et de hauteur l'arc infiniment petit. L'élément différentiel est identifié à son expression analytique accentuant le caractère calculatoire de la méthode. Bernoulli donne deux exemples que Malebranche reprend à la lettre. Le premier est celui de la parabole qui a pour équation $ax = yy$ de la « figure A » (fig. 40). Son élément différentiel s'exprime par l'égalité analytique a $ydx = dx\sqrt{ax}$ dont l'intégrale est $\frac{2}{3}x\sqrt{ax} = \frac{2}{3}xy$, c'est-à-dire l'espace cherché. Le deuxième exemple illustre la configuration des divisions concourantes : Bernoulli choisit la spirale logarithmique caractérisée par la constance du rapport $\frac{dy}{dx} = \frac{a}{b}$. Ainsi, $\frac{1}{2}ydx = \frac{ybdy}{2a}$ dont l'intégrale est $\frac{by^2}{4a}$ qui est l'espace requis (*Mathematica*, p. 204-205).

La quadrature du cercle et de l'hyperbole : disséquer pour calculer

Le problème des quadratures des figures est donc ramené à l'intégration de différentielles. Certaines de celles-ci sont intégrables directement par la règle générale « $\frac{a}{p+1}x^{p+1}$ est l'intégrale de $ax^p dx$ », mais cela n'est pas toujours possible.

Bernoulli avait traité maladroitement le cas $p = -1$: "$\frac{dx}{x} = \frac{1}{0}x^0 = \frac{1}{0}x1 = 0$". Malebranche l'évite[46].

45 Ici, Bernoulli fait allusion au troisième postulat des *LCD* dans lequel cet élément devait être considéré comme un parallélogramme. L'expression « différence des abscisses » est remplacée par « différentielle des abscisses » et « parallélogramme » par « rectangle ».

46 Dans la copie de Carré, Byzance rature le « 0 » et le remplace par « ∞ » et note que x^{1-1} est égal à 1, FL 17860, f° 2.

Ainsi, l'expression des différentielles de l'hyperbole ou du cercle ne sont pas réductibles à la formule générale. D'autres différentielles d'espace pâtissent de ce défaut. Cependant, certaines d'entre elles peuvent s'exprimer à l'aide des différentielles de l'espace hyperbolique ou circulaire : il est dit dans ce cas que leur quadrature dépend de celle du cercle ou celle de l'hyperbole :

> Si, donc, la différentielle d'un espace peut être ramenée à l'une des formules, l'espace en question pourra être égal à un cercle, ainsi qu'à une hyperbole, ou à un segment de cercle, ainsi qu'à celui d'une hyperbole. Mais tous ces espaces dont la différentielle s'exprime par une quantité rationnelle multipliée ou divisée par l'appliquée du cercle ou de l'hyperbole, c'est-à-dire $\sqrt{aa-xx}$, ou $\sqrt{ax-xx}$, ou $\sqrt{aa+xx}$, tous ces espaces, dis-je, peuvent se quarrer à l'aide du cercle ou de l'hyperbole (*ibid.*, p. 211)[47].

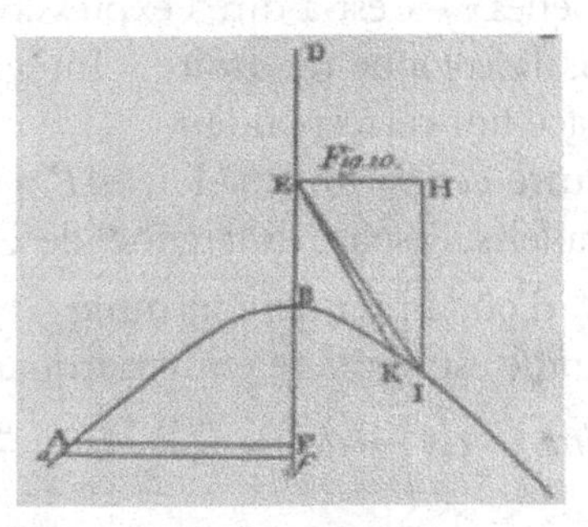

FIG. 42 – Jean Bernoulli, *Lectiones mathematicae de calculo integralium in usum illust. Marc. Hospitalii conscriptate dans Opera omnia tam autea sparsim edita quam hactenus inedita*, tomus tertius, accedunt Lausanne, Marc-Michel Bousquet et associés, 1742, planche LII, fig. 10, © Bibliothèque nationale de France.

Il est donc important dans le calcul de l'intégrale d'une différentielle de repérer si son expression peut être écrite à l'aide des différentielles du cercle ou de l'hyperbole. Or, l'expression de celles-ci diffère selon le choix de coordonnées. Bernoulli prend soin de distinguer les différents cas $\left(BF = x, AF = x, HK = x \text{ et } HI = x\right)$[48]. Une seule page suffit à Bernoulli

47 « *Omnia autem ista spatia quorum differentiale exprimitur per quantitatem rationalem multiplicatam vel divisam per applicatam circuli vel hyperbolae, id est per* $\sqrt{aa-xx}$ *, vel per* $\sqrt{ax-xx}$ *, vel* $\sqrt{aa+xx}$ *vel* $\sqrt{xx-aa}$ *. Omnia inquam ista spatia aut quadrantur aut circulo vel hyperbolae aequantur, quod ita fit.* »

48 Entre la copie de Carré et la copie C de Bernoulli il n'y a aucune modification sauf pour les notations. Dans la copie C comme dans l'imprimé de Bernoulli, pour distinguer deux

pour le traitement de tous les cas (pour le cercle ou pour l'hyperbole)[49]. En revanche, Malebranche apporte une attention particulière à développer chacun des exemples en explicitant l'expression de plusieurs grandeurs différentielles qui apparaissent dans la configuration du cercle ou de l'hyperbole. Ces traitements comportent six pages[50]. À titre d'exemple[51], il est intéressant de comparer chacun des traitements – par Bernoulli et par Malebranche – pour les présentations des éléments différentiels de l'hyperbole équilatère telle que $BD=2a$ et lorsque $BF=x$. Bernoulli écrit que l'ordonnée $AF=\sqrt{2ax+xx}$ et que par conséquent l'espace différentiel $AFfA$ est égal à $dx\sqrt{2ax+xx}$. Cela lui semble suffisant.

Malebranche présente un tableau dans lequel il écrit dans la colonne de gauche « différentielles » – c'est-à-dire l'expression d'une différentielle de l'espace – et dans la colonne de droite « Intégrales » – c'est-à-dire l'expression de l'espace fini correspondant

Il démontre ensuite ces formules. Ici, $AP=x$. Les divisions de l'hyperbole étant parallèles, l'espace différentiel de APM est le rectangle $ydx=dx\sqrt{2ax+xx}$ d'où la première formule.

La deuxième formule est obtenue en remarquant que

$$Mm^2 = dx^2+dy^2 = \frac{4ax+3x^2+a^2}{2ax+x^2}.$$

$CM^2 = CP^2+PM^2 = 2x^2+4xa+a^2$ donc $CM=\sqrt{2x^2+4xa+a^2}$.
Comme Nm est la différentielle de CM , il vient

$$Nm = \frac{2x+2a}{\sqrt{2x^2+4xa+a^2}}.$$

Or

$$MN^2 = Mm^2 - Nm^2 = \frac{a^4}{\left(2ax+x^2\right)\left(2x^2+4xa+a^2\right)}$$

d'où

$$CMN = MN \times \frac{CM}{2} = \frac{a^2}{2\sqrt{2ax+xx}}.$$

points infiniment proches, Bernoulli note l'un en lettre capitale et l'autre en minuscule, par exemple F et f ou A et a. C'est l'usage qui perdurera. Tandis que dans la copie de Carré, le point infiniment proche de D n'a pas de notation (FL 17860, f° 24).

49 FL 17860, f° 100, *Mathematica*, p. 206 et Bernoulli, *Opera omnia*, tome 3, *op. cit.*, p. 396.

50 L'hyperbole est traitée deux fois, *Mathematica*, p. 207 et 209 puis p. 243. Le cercle est traité au f° 21 ou *Mathematica.*, p. 243-245.

51 La figure de gauche est tirée de l'imprimé de Bernoulli (1742), celle de droite du manuscrit de Malebranche (daté d'environ 1693 par Costabel), FR 24237, f° 70.

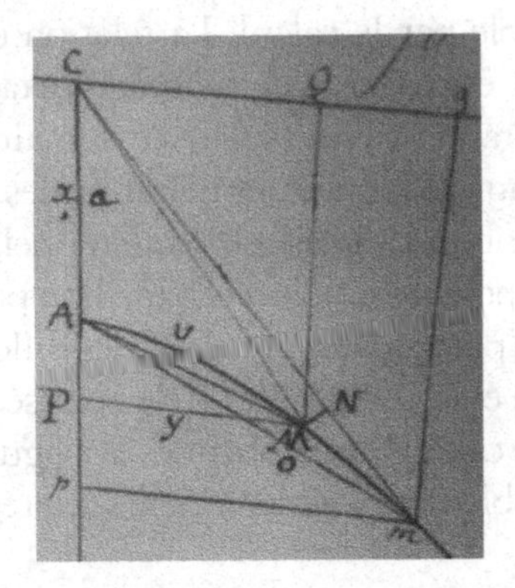

FIG. 43 – Nicolas Malebranche, FR 24237, f° 70 r° – p. 10, © Bibliothèque nationale de France.

Différentielles	Intégrales
$dx\sqrt{2ax+xx} = Pp \times MP$	APM[52]
$\frac{aadx}{2\sqrt{2ax+xx}} = CMN$	CAM
$\frac{axdx}{2\sqrt{2ax+xx}} = AMo$	$AuMo$

FIG. 44 – Figure réalisée par l'auteure, à partir de Nicolas Malebranche, FR 24237, f° 70 r° – p. 10.

Pour la troisième formule, Malebranche remarque que la différence entre la différentielle de $APMu$ (ou APM) et celle du triangle APM est égale à celle de AMu. Or la différentielle de $APMu$ est $dx\sqrt{2ax+xx}$ et celle du triangle APM est la différentielle de $\frac{x\sqrt{2ax+xx}}{2}$ soit $\frac{3axdx+2xxdx}{2\sqrt{2ax+xx}}$. Par différence, il vient que la différentielle de AMu est $\frac{axdx}{2\sqrt{2ax+xx}}$. Le même type de développement est effectué pour la quatrième formule.

Ses démonstrations minutieuses témoignent de comment Malebranche s'approprie la manière d'appliquer le calcul intégral aux quadratures. Pour quarrer une figure, il ne s'agit plus de l'interpréter uniquement en relation avec des « indivisibles » mais avec celle d'« éléments différentiels ». Quelle est la différence qu'il perçoit entre ces deux notions ? Qu'une figure puisse être conçue comme « composée d'indivisibles » de taille « infiniment petite » est assimilé par Malebranche. Il s'agit d'une façon de parler et en utilisant le langage des indivisibles il n'est pas requis ni de statuer sur la réalité de ces entités, ni de s'interroger sur la manière qu'elles auraient de constituer le continu de l'étendue : il est simplement retenu que leur « somme » est équivalente de la quadrature requise, et cela suffit. Malebranche estime que la notion de différentielle d'espace permet une connaissance plus parfaite que celle apportée par le langage des indivisibles. En quel sens ? L'espace différentiel entretient avec son intégrale une relation exprimable par une égalité, celle-ci est manipulable par le calcul. La relation entre la différentielle et l'intégrale peut donc être décrite de manière « exacte » comme c'est le cas des relations entre grandeurs finies dans le domaine de l'algèbre. Dans la mesure où le nouveau calcul permet d'établir des rapports exacts, Malebranche accepte volontiers d'utiliser les différentielles[52]. L'exemple des différentielles de l'hyperbole n'est qu'un échantillon parmi tant d'autres témoignages de cet usage parfaitement assumé des différentielles. La figure n'est plus décomposée en « indivisibles » mais disséquée en espaces différentiels dans le but d'un calcul. Les problèmes des figures à quarrer sont désormais devenus des problèmes de différentielles à intégrer, c'est-à-dire un problème caculatoire.

Un dernier exemple montre comment en reprenant le texte de Bernoulli, Malebranche fait preuve d'aisance calculatoire (*Mathematica*, p. 255). Il s'agit d'intégrer : $ydx = \frac{2xdx}{aa}\sqrt{x^4 - a^4}$. Le choix de la « grandeur absolue » n'apparaît pas d'emblée. Malebranche fait confiance au déroulement des manipulations calculatoires : il multiplie le numérateur et le dénominateur par $\sqrt{x^4 - a^4}$ afin que l'expression ne comporte plus le radical $\sqrt{x^4 - a^4}$ au numérateur. Ensuite, il multiplie par x^2 le numérateur et le dénominateur afin de comparer son expression avec la formule générale $\frac{a}{p+1}x^{p+1}$:

$$\frac{2x^5dx - 2a^4xdx}{aa\sqrt{x^4 - a^4}} = \frac{2x^7dx - a^4x^3dx}{aa\sqrt{x^8 - a^4x^4}} - \frac{aaxdx}{\sqrt{x^4 - a^4}} = A + B$$

52 André Robinet affirme que l'acceptation du calcul leibnizien par le « cartésien » Malebranche implique un revirement : « L'adhésion de Malebranche et du groupe des mathématiciens qui l'entouraient aux mathématiques de l'infini est un des plus spectaculaires revirements de l'histoire de la philosophie et du mouvement des idées » (« La philosophie malebranchiste des mathématiques », « La philosophie malebranchiste des mathématiques », *op. cit.*, p. 205). Claire Schwartz établit que le fait d'assumer pleinement l'utilisation des différentielles ne doit nullement être interprété comme un « revirement ». Elle affirme qu'il « ne s'agit pas de dire que Malebranche est passé d'une approche normative en termes de méthode et de discipline de l'esprit, à une approche utilitariste des mathématiques. C'est le calcul infinitésimal qui est considéré comme un outil supplémentaire au service des mathématiques – la détermination de rapports exacts – dont la valeur objective et normative n'est pas remise en question. Malebranche ne considère pas que les concepts de la nouvelle mathématique remettent en cause ceux de l'ancienne, mais permettent à cette dernière de s'élargir à la résolution de nouveaux problèmes. Aux yeux de Malebranche, le passage de l'une à l'autre n'implique en aucune manière un "revirement", comme le pensait André Robinet », *Malebranche, mathématique et philosophie*, *op. cit.* p. 284.

Par la formule générale, l'intégrale de A est : $\frac{x^2}{aa}\sqrt{x^4 - a^4}$.

Pour évaluer l'intégrale de B, il pose $\sqrt{x^4 - a^4} = z\sqrt{zz - 2aa}$ puis en élevant au carré, il a $x^4 = z^4 - 2aazz + a^4$ donc $x = \sqrt{zz - aa}$ et $dx = \frac{zdz}{\sqrt{zz - aa}}$. En remplaçant dx dans l'expression B, il trouve $B = \frac{aadz}{\sqrt{zz - 2aa}}$ qui est« égal à un espace hyperbolique ».

Il prend soin de le démontrer[53].

Ce dernier exemple montre encore que pour Malebranche le calcul leibnizien permet d'engendrer des rapports exacts concernant une courbe. L'expression de la différentielle est décomposée en éléments plus simples, chacun d'eux manipulables en termes de calcul et interprétables en termes géométriques.

Le philosophe rappelle « qu'il faut toujours conserver l'évidence dans ses raisonnements, pour découvrir la vérité sans craindre de se tromper » (*OM*, II, p 296), mais celle-ci est de l'ordre du sentiment[54]. En revanche, la notion d'exactitude est un critère objectif – c'est-à-dire indépendant du sujet connaissant – pour la recherche de la vérité. De la perception de l'exactitude résultant de la manipulation calculatoire ou de la vision des égalités différentielles découle un sentiment d'évidence :

> L'évidence n'est pas mise en défaut dans ces calculs dans la mesure où l'exactitude des résultats s'y manifeste et que leur vérité se révèle ainsi indubitable (*ibid.*, p. 285).

53 En considérant l'hyperbole telle que $CA = \sqrt{2}a, CP = z$, on a donc $PM = \sqrt{zz - 2aa}$ et $CE = \sqrt{2zz - 2aa}$ puis Em, différentielle de CE est égale à $\frac{2zdz}{\sqrt{2zz - 2aa}}$ et Dm, différentielle de PM est $\frac{zdz}{\sqrt{zz - 2aa}}$. D'où $Mm = \sqrt{Dm^2 + MD^2} = dz\frac{\sqrt{2ZZ - 2aa}}{\sqrt{zz - 2aa}}$ et $EM = \sqrt{Mm^2 - Em^2} = \frac{2aadz}{\sqrt{(zz - 2aa)\times(2zz - 2aa)}}$ donc $\frac{1}{2}CE \times EM = \frac{aadz}{\sqrt{zz - 2a}}$ (aire du secteur hyperbolique CEM).

54 Claire Schwartz précise que chez Malebranche l'évidence se produit lorsqu'il y a une « rencontre manifeste avec la vérité », elle relève d'une « forme d'expérience psychologique parfaitement déterminée caractérisée par un sentiment produit par le mouvement de l'esprit se tournant vers la Raison à laquelle il est uni et en laquelle il perçoit la vérité » dans Schwartz, Claire, *Malebranche, Mathématiques et Philosophie*, *op. cit.*, p. 114.

L'APPRENTISSAGE DE GUILLAUME DE L'HOSPITAL (DÉCEMBRE 1692 – JUIN 1696)

JEAN BERNOULLI, PROFESSEUR DE L'HOSPITAL

Après les leçons parisennes L'Hospital invite Jean Bernoulli dans sa maison à Oucques pour poursuivre son apprentissage du calcul différentiel et intégral. Le retour à Bâle de Jean Bernoulli n'interrompt pas cet échange, tout au contraire : L'Hospital est avide de s'améliorer en ce nouveau calcul. Dès son arrivée à Bâle en novembre 1692, Bernoulli écrit à L'Hospital. Cette lettre est perdue mais son contenu peut être reconstitué grâce à une lettre de L'Hospital du 8 décembre 1692[55]. Diverses questions mathématiques utilisant le nouveau calcul occupent les deux mathématiciens. Dans la même lettre, il est question de l'intégration d'une équation différentielle[56], de la recherche de l'enveloppe d'une famille de paraboles dont les sommets sont sur une ellipse donnée – problème en relation avec un article de Leibniz publié en avril 1692[57] – de la théorie des *seriebus infinitis* à laquelle s'intéresse Jacques Bernoulli, ainsi que de la manière dont ce dernier « réduit aux développées les caustiques qui se font par réfraction ». La richesse et l'éclectisme des questions n'est pas spécifique à cette première lettre mais est caractéristique de la totalité de leur commerce épistolaire. Dans cette lettre, L'Hospital sollicite explicitement Bernoulli pour le perfectionnement de son apprentissage : « Vous voyez, Monsieur, que je continue de vous prier de m'instruire et que je me sers de la liberté que vous m'avez donnée là-dessus ». En échange, il lui propose son service inconditionnel :

> en reuanche si je puis quelque chose pour vous rendre service en ce pays ci ie m'y emploierai avec toute la viuacité possible ayant pour vous une inclination et une estime toute particuliere (*ibid.*, p. 160).

Sachant que Bernoulli serait prêt à quitter son pays natal pour s'établir à Paris, L'Hospital promet de s'engager afin de l'aider. Sa présence à Paris et son statut de savant distingué permettraient de faire reconnaître son

55 *DBJB*, 1, p. 159.

56 « Pour ce qui est de la courbe dont la soutangente est $\sqrt{ay+yy}$ [...] ».

57 « De linea ex lineis numero infinitis ordinatim ductis inter se concurrentibus formata easque omnes tangente, ac de novo in e are analyseos infinitorum usu », *AE*, avril 1692, p. 168-171.

professseur auprès de la communauté savante parisienne. Il facilite la publication de ses articles au *Journal des Sçavans* :

> Ne doutez pas, Monsieur, que je ne fasse tout mon possible pour vous attirer en ce payis ci, j'ai déjà parlé de vous d'une maniere avantageuse, c'est à dire en vous rendant justice dans l'academie des sciences en leur faisant part de ma solution du probleme que vous aviez proposé dans les actes, et à la 1re. occasion je parlerai à Mr, l'abbé Bignon sur vôtre chapittre et je vous rendrai bon contę vous assurant que je ne puis avoir un plaisir plus sensible que de pouvoir entretenir souvent et vous marquer de vive voix que je suis tout à fait à vous[58].

Élu à l'académie depuis mai 1693, L'Hospital pourrait en effet influencer l'Abbé Bignon dont il est proche afin d'obtenir pour Bernoulli un poste d'académicien. Or, par ce temps de guerre, les finances académiques pâtissent, les fonds suffisent péniblement à payer les anciens : son président Mr de Pontchartrain ne peut donc plus accepter de nouvelle recrue[59]. Par ailleurs, Varignon, ayant la promesse d'un poste à l'Observatoire, verrait Jean Bernoulli le remplacer à la chaire du collège Mazarin. L'Hospital en fait part à son professeur : « nous avions la pensée il y a quelque temps, Mr Varignon et moi [...] vous auriez pû avoir sa chaire de Mathematique qui vaut assez de revenu pour subsister honnestement [...][60] ». Cependant, les pensions de l'Académie n'étant plus payées, Varignon préfère finalement ne pas renoncer à sa chaire. Ainsi, L'Hospital ne trouve pas l'occasion d'établir son professeur à Paris.

En mars 1694, l'oncle de Madame L'Hospital meurt en laissant un héritage important dont elle est quasiment la seule légataire. L'Hospital doit s'occuper désormais d'affaires foncières – ce dont il se plaint – mais cette circonstance favorise amplement son confort matériel. Il propose à Jean Bernoulli de lui fournir une pension en échange de

> donner par intervalles quelques heures de vôtre temps, pour travailler sur ce que je vous demanderai et de me communiquer aussi vos découvertes en vous priant en mesme temps de n'en faire point de part à d'autres. Je vous prie mesme de ne point envoyer ici à Mr. Varignon ni à d'autres de copies des ecrits que vous m'avez laissez ; si tost qu'ils seroient publics cela ne feroit mesme plus de plaisir[61].

58 Lettre de L'Hospital à Jean Bernoulli du 8 juillet 1693, *DBJB*, 1, p. 179.
59 Lettre de L'Hospital à Jean Bernoulli du 21 septembre 1693, *DBJB*, 1, p. 190.
60 Lettre de L'Hospital à Jean Bernoulli du 7 octobre 1693, *DBJB*, 1, p. 191.
61 Lettre de L'Hospital à Jean Bernoulli du 17 mars 1694, *DBJB*, 1, p. 202.

L'Hospital offre à Bernoulli une pension annuelle. Jean Bernoulli accepte cette proposition qui par son objet secret est probablement le premier contrat de cette sorte passé dans l'histoire[62]. La mise en garde présente dans la lettre montre qu'encore en 1694, L'Hospital veut éviter que soient diffusées – même parmi des personnes proches de lui comme Varignon – les copies des leçons de calcul différentiel et intégral. Jean Bernoulli accepte ce contrat, et c'est à partir de cet accord qu'il effectue presque systématiquement des copies de ses lettres adressées à L'Hospital[63].

En février 1695, Huygens écrit à L'Hospital pour l'informer qu'une chaire de mathématique dans la ville de Groningue est vacante, Jean Bernoulli serait le candidat idoine[64]. Informé des difficultés de son ami bâlois par la dernière lettre citée, L'Hospital lui fait part de cette proposition le 12 mars 1695. Bernoulli occupera cette chaire jusqu'en 1705, année où il retourne définitivement à Bâle pour remplacer à l'Université son frère, Jacques Bernoulli, décédé.

En juin 1696, L'Hospital publie son traité des infiniment petits. Dans la Préface, il reconnaît

> devoir beaucoup aux lumières de Mrs Bernoulli, sur tout à celles du jeune presentement Professeur à Groningue. Je me suis servi sans façon de leurs découvertes & de celles de M. Leibniz. C'est pourquoy je consens qu'ils en revendiquent tout ce qu'il leur plaira, me contentant de ce qu'ils voudront bien me laisser[65].

Les articles des frères Bernoulli, souvent commentés dans ses échanges avec le jeune frère, ont permis effectivement à L'Hospital de mesurer l'ampleur des applications du nouveau calcul. Mais surtout, l'élaboration de son ouvrage, *Analyse des infiniment petits pour l'intelligence des lignes courbes*, a bénéficié pour une large part de l'enseignement de Jean Bernoulli et d'une certaine façon il en constitue l'aboutissement. Les leçons parisiennes et les thèmes traités dans leur correspondance forment la substance dans laquelle L'Hospital puise pour nourrir son

62 Ce contrat a duré environ deux ans : L'Hospital envoie son dernier versement de 300 livres en juin 1696, quelques mois après que Bernoulli se soit installé à son nouveau poste de Groningue.

63 La première de ces lettres est celle du 22 avril 1694.

64 Lettre de Huygens à L'Hospital du 21 février 1695, Huygens, Christiaan, *OH*, X, p. 705.

65 *AI*, Préface.

traité. Le chapitre suivant analysera de quelle manière L'Hospital agence ce matériau[66].

Pendant la période 1692-1696, plusieurs sujets remplissent les lettres des deux savants. Une des principales questions tourne autour des problèmes liés à la courbure – points d'inflexion, de rebroussement – qu'ils mettent en liaison avec les questions de développées et de caustiques de courbes. Avant l'arrivée de Bernoulli à Paris, L'Hospital ne connaît que des méthodes algébriques pour déterminer le rayon de courbure qui sont loin de pouvoir concourir avec l'application du nouveau calcul[67].

L'échange épistolaire est instructif car il permet de comprendre le processus d'appropriation de la notion à laquelle renvoient les termes « différentielle de différentielle », « différentielle d'ordre deux » ou « différentielle de degré deux ».

Par les *Lectiones de Calculo Differentialium*, L'Hospital connaît la règle affirmant qu'au point d'inflexion, $ddy = 0$ et comment l'appliquer sur certains exemples. Entre septembre 1693 et juin 1694, Jean Bernoulli et L'Hospital consacrent l'essentiel de leur recherche à l'obtention de formules différentielles permettant de trouver, une courbe étant donnée, ses éventuels points singuliers (inflexion et rebroussement). Dans cette recherche, un questionnement sur le sens géométrique de la « différentielle de différentielle » est très présent, mais l'est aussi la considération des développées dans leur lien avec la détermination du rayon de courbure.

À LA RECHERCHE D'UN TRAITEMENT CALCULATOIRE DES PROBLÈMES LIÉS À LA COURBURE : APPROPRIATION DE LA « DIFFÉRENTIELLE DE LA DIFFÉRENTIELLE » PAR GUILLAUME DE L'HOSPITAL

Pendant la première moitié du XVIIe siècle, la conchoïde de Nicomède est l'une des premières courbes sur laquelle vont être testées plusieurs méthodes de tangentes au moment de leurs inventions. Dans une lettre à Fermat, Roberval explique qu'en cherchant les tangentes à la conchoïde, il a observé deux points pour lesquels la concavité change et la tangente ne laisse plus la courbe d'un même côté[68]. C'est ainsi qu'apparaît, sans être désignée, la notion de point d'inflexion. Fermat

66 L'édition de leur correspondance par Otto Spiess fournit un tableau qui met en correspondance les articles du traité de L'Hospital avec les articles des *LCD*, les pages de l'imprimé de Calcul intégral et certaines de leurs lettres.

67 Lettre de Jean Bernoulli à Montmort du 21 mai 1718, *OM*, XIX, p. 579-580.

68 Lettre de Roberval à Fermat du 11 octobre 1636, *OF*, t. II, p. 82.

use du terme *punctum inflexionis* dans un écrit qui daterait probablement de 1640 (*VO*, p. 73) et dans lequel il fournit une méthode pour trouver un point d'inflexion de la conchoïde en considérant que ce dernier réalise un *extremum* de l'angle de la tangente avec l'axe des abscisses (*Mathematica*, p. 67). En 1654, Huygens fait remarquer ces deux points sur la conchoïde sans fournir de méthode pour les obtenir. Dans son article inaugural, Leibniz présente très rapidement le lien entre les « différences des différences [*differentiae differentiatum*] » et la convexité. En particulier, il fournit une règle pour trouver les points d'inflexion [*puncta flexus contrarii*] mais sans l'illustrer[69].

Pendant la première moitié du XVIIe siècle, la notion de courbure apparaît souvent liée à des problèmes techniques. Par exemple, Descartes, cherchant à résoudre des problèmes de taille de verre, est amené à examiner les différentes courbures de roues et opte pour la forme hyperbolique. Il décrit aussi la différence d'intensité de mouvement que le verrier doit délivrer selon qu'il s'agit d'une taille de verre convexe ou concave mais ne le quantifie pas[70]. De même, dans des problèmes d'optique, lorsqu'il s'agit d'expliquer pourquoi un système de dioptres ne permet pas de réaliser la lentille capable de donner l'image d'un objet étendu, Descartes l'interprète par « l'inégalité de courbure » d'un point à un autre dans l'ellipse ou l'hyperbole alors qu'elle demeure constante pour le cercle ou la droite[71]. Comme l'écrit justement Costabel, il s'agit d'un début de la « quantification de la qualité du courbe » mais qui reste ténue[72].

Dans son article inaugural, Leibniz présente très rapidement le lien entre les « différences des différences [*differentiae differentiatum*] » et la convexité. En particulier, il fournit une règle pour trouver les points d'inflexion [*puncta flexus contrarii*] sans l'illustrer[73]. Deux ans plus tard, en juin 1686, il publie l'article intitulé « Réflexions originales sur la nature de l'angle de contact et celui d'osculation et sur leur emploi en

69 Règle valable, comme le fait remarquer Marc Parmentier, seulement lorsque l'on considère les valeurs absolues des accroissements, note 46, *Naissance du calcul différentiel*, *op. cit.*, p. 108.

70 *Ibid.*, p. 59-60.

71 *Dioptrique*, René Descartes, *Dioptrique*, *Œuvres*, tome VI, *op. cit.*, p. 186.

72 Pierre Costabel, « La courbure et son apparition chez Descartes », *Démarches originales de Descartes savant*, Paris, Vrin, 1982, p. 159-166.

73 Règle valable, comme le fait remarquer Marc Parmentier, seulement lorsque l'on considère les valeurs absolues des accroissements, note 46, *Naissance du calcul différentiel*, *op. cit.*, p. 108.

mathématique pratique, pour remplacer des figures compliquées par d'autres plus simples qui en tiennent lieu[74] ». Cet article ne présente aucune formule mathématique. Il s'agit de fournir des notions qui vont permettre d'une part d'estimer la « curvité » d'une courbe – la notion de tangence n'y suffisant pas – et d'autre part, de distinguer à l'aide de ces notions, les différents types de contact entre deux courbes. Leibniz assure que ces réflexions conduisent à des applications utiles et pratiques, notamment celle de remplacer un arc d'une courbe « compliquée » – par exemple dont le tracé est difficilement réalisable par un appareil – par un arc d'un cercle suffisamment proche qu'il appelle « osculateur ». Ainsi, en catoptrique ou dioptrique, un arc de cercle « substitue » [*succedaneum*] celui d'une parabole, d'une hyperbole ou d'une ellipse.

Leibniz rappelle que la considération « de parties infiniment petites » d'une courbe fournit la tangente et permet d'étudier sa direction, car la tangente est la droite « la plus simple ayant même direction en un point donné ». Pour étudier « les variations de la direction [*mutatio directionis*], autrement dit, sa courbure [*flexura*] », il explique qu'il faut considérer parmi les cercles tangents celui qui va « embrasser [*osculari*] » le mieux la courbe. Pour trouver le cercle osculateur, Leibniz va procéder par une analogie.

Chacun des cercles tangents a son centre sur la normale et forme un angle curviligne avec la tangente. Cet angle – appelé « angle de contact » ou « angle corniculaire » en raison de sa forme – est une généralisation de l'angle de contact entre un cercle et une de ses tangentes. Ce dernier est traité dans la proposition 16 du Livre III des éléments euclidiens. Euclide démontre successivement que la tangente est la droite menée perpendiculairement au diamètre, puis que dans l'espace compris entre la droite et la circonférence aucune droite ne peut être intercalée, et enfin que l'angle restant est plus petit que tout angle rectiligne[75]. L'angle de contact a fait l'objet de discussions, surtout à partir de la renaissance, concernant son statut de grandeur[76]. Bien qu'il soit incomparable à un

74 « Meditatio nova de natura anguli contactus et osculi, horumque usu in practica mathesi ad figuras faciliores succedaneas difficilioribus substituendas », *AE*, juin 1686, p. 289-292, ou Leibniz, G. W., *Naissance du calcul différentiel*, *op. cit.*, p. 122-125.

75 Euclide, *Les Éléments*, traduction et commentaires par Bernard Vitrac, Paris, PUF, 1990, p. 423-424.

76 Sur ce sujet, on pourra consulter François Loget, *La querelle de l'angle de contact (1554-1685) : constitution et autonomie de la communauté mathématique entre Renaissance et l'Âge Baroque*, thèse de doctorat sous la direction de Jean Dhombres, soutenue en 2000, EHESS, Paris.

angle rectiligne, nombreux géomètres, dont Leibniz, s'accordent sur le fait que les angles de contact peuvent être comparés entre eux. L'angle de contact est donc minimal parmi les angles entre une courbe et sa tangente.

Cette dernière remarque permet à Leibniz d'expliquer que le cercle osculateur sera celui dont l'angle de contact est minimal parmi ceux formés par chaque cercle tangent et la courbe. Il désigne par « angle d'osculation » ce minimum. De la même manière qu'aucune droite peut être intercalée entre le cercle et la tangente, aucun arc de cercle peut passer entre le cercle d'osculation et la tangente. Le rayon du cercle osculateur estime la courbure.

L'introduction des notions de cercle et d'angle d'osculation conduisent Leibniz à proposer une classification ordonnée des contacts entre deux courbes :

> C'est pourquoi, tout comme on considère qu'en leur point d'intersection, deux lignes concourantes quelconques font le même angle ordinaire, autrement dit rectiligne, que leurs tangentes (puisque leur différence réside dans un angle infiniment petit et même nul, en regard d'un angle rectiligne) de la même façon, lorsque les tangentes à deux courbes concourantes coïncident, c'est-à-dire lorsque les deux courbes sont tangentes, on considère qu'elles forment au point d'intersection le même angle de contact que leurs cercles osculateurs, la différence consistant en un angle d'osculation, infiniment petit et même nul, en regard de l'angle de contact de deux cercles. Ceci nous fait comprendre qu'un angle ordinaire entre deux droites, un angle de contact entre deux cercles, et un angle d'osculation (premier degré), se trouvent en quelque sorte dans le même rapport qu'un solide, une surface et une ligne. (*ibid.*, p. 123).

Lorsque deux courbes se croisent, il est considéré qu'elles forment le même angle que celui formé par leurs tangentes puisque la différence réside dans un angle de contact qui est infiniment petit au regard de l'angle rectiligne. Alors que lorsque deux courbes sont tangentes, il est considéré qu'elles forment le même angle que l'angle de contact de leurs cercles osculateurs puisque la différence réside dans un angle d'osculation qui est infiniment petit par rapport à un angle de contact. Comme le souligne Leibniz, les degrés d'osculation peuvent varier à l'infini et permettent d'ordonner les différents types de contact entre deux courbes.

Les « degrés de contact » entre deux courbes sont comparés, par analogie, avec l'ordre d'espèces géométriques induit par la notion de dimension (solide, surface, ligne). Son développement est d'ordre qualitatif car il ne fournit aucune expression analytique qui utiliserait les différentielles secondes. En revanche, il estime que cette découverte ouvre les portes à toutes sortes d'applications pratiques, par exemple, il est possible de remplacer un arc d'une courbe inconnue (ou dont le tracé est difficilement réalisable par un appareil) par l'arc de son cercle osculateur.

La notion de « degrés » d'osculation entre deux courbes est assumée dans les travaux de Leibniz et des frères Bernoulli entre 1691 et 1694[77]. La dénomination de « degrés » tient au fait que ces problèmes concernent d'abord l'osculation de courbes algébriques et que la recherche d'un certain « degré d'osculation » se traduit par la résolution d'une équation dont le degré croît selon la précision souhaitée de l'osculation. Entre 1689 et 1691, Jacques Bernoulli découvre des formules différentielles du rayon de courbure qu'il ne rend pas publiques mais qu'il partage avec son frère comme en atteste la seizième leçon de *Methodo integralium*[78] de Jean Bernoulli[79]. Celle-ci est par conséquent connue par L'Hospital. Ces formules font intervenir l'expression « dd ». Lorsque ces différentielles sont nommées, elles le sont au début par les vocables « différentielle de différentielle » en français (ou « *differentio-differentiali* » en latin). Très rapidement le terme « seconde différence [*secundis differentiis*] » apparaît fréquemment dans les articles des *Acta.* Jacques Bernoulli l'utilise pour résoudre le problème de la voilière dont il exprime la propriété en termes différentiels : « en supposant les petites portions de courbe égales, les cubes des premières différentielles sont proportionnels aux secondes différences des abscisses[80] ». Le terme « Differentielle de differentielle » est celui qui est retenu dans la plupart des échanges entre Jean Bernoulli et L'Hospital pendant la période 1692-1694. Le terme « ordre » apposé à « différentielle » n'apparaît que vers 1694. Par exemple, dans sa

77 Jacques Bernoulli, « Additamentum ad solutionem curvae causticae fratrris John Bernoulli, una cum meditatione de natura evelutarum, etc. », *AE*, mars 1692, p. 110, G. W. Leibniz, « Generalia de natura linearum, anguloque contactus et osculi, provolutionibus, aliisque cognatis, et eorum usibus nonnullis, *AE*, septembre 1692, p. 440.

78 Jean Bernoulli, « Inventio centi circuli osculatoris, et evoluta », *Opera omnia*, tome 3, *op. cit.*, p. 437.

79 Patricia Radelet-De Grave, « La mesure de la courbure et la pratique du calcul différentiel du second ordre », *Sciences et techniques en perspective*, IIe série, vol. 8, 2004, p. 170.

80 *« sumtis aequalitus curvae portiunculis, cubi ex primis diffentiis ordinaturum sunt proportionalis secundis differentiis abscissarum »*, « Curvatura veli », *AE*, mai 1692, p. 201.

publication, en novembre 1694, portant sur la construction des « équations différentielles de premier degré [*primi gradus*] », Jean Bernoulli émet le vœu de réaliser une méthode similaire pour les « différentielles secondes et de tout degré [*differentialis secundi altiorisque gradus*][81] ». La même année, dans son article portant sur la construction de la courbe isochrone paracentrique, Leibniz rappelle son intérêt pour trouver des moyens de construction des courbes « transcendantes irréductibles à une équation algébrique de degré déterminé[82] ». Dans le cadre de *La Géométrie*, les courbes « géométriques » ont une équation algébrique et peuvent être tracées par une suite ordonnée de mouvements continus. Le degré de l'équation rend compte de la complexité de la construction. Probablement par analogie avec l'ordre de difficulté d'un problème géométrique, qui est mesuré par le degré de l'équation, Leibniz nomme le problème inverse des tangentes par « méthode générale des tangentes, soit des différentielles de premier degré [*gradus*][83] ». Leibniz ne cesse de répéter combien la nouvelle analyse surpasse l'ordinaire, c'est-à-dire celle de Descartes. Cependant, probablement parce que le monde des courbes transcendantes est plus éclectique que celui des courbes de *La Géométrie*, il est plus difficile de trouver des critères pour les ordonner[84].

---

81 Jean Bernoulli, « Modus generalis construendi omnes aequationes differentialis primi gradus », *AE*, novembre 1694, p. 435-437.

82 « Constructio propria problematis de curva isochrona paracentrica ... », *AE*, août 1694, p. 364.

83 *Ibid.*, p. 368. Parmentier traduit « gradus » par « ordre », *Naissance du calcul différentiel*, *op. cit.*, p. 295.

84 Leibniz dresse une taxinomie des différents types de quadratures. Celles-ci peuvent être des moyens de construction de certaines courbes transcendantes mais non pas les seuls. Viktor Blåsjö étudie les différents moyens de construction des courbes transcendantes essentiellement pour la période 1690-1700. Il montre que, contrairement aux courbes algébriques, il a été délicat d'établir un consensus sur les moyens de construction à retenir comme « géométriques » ainsi que d'en établir une hiérarchisation, Viktor Blåsjö, *Transcendental curves in the Leibnizian Calculus*, Series editor Umberto Botazzini, Academic Press, Elsevier, 2017.

Traiter algorithmiquement la recherche de points singuliers : l'échange entre L'Hospital et Jean Bernoulli (avril 1693 – décembre 1694)

Les premiers mois de la correspondance entre Jean Bernoulli et L'Hospital sont essentiellement consacrés à l'étude de nouvelles courbes et des problèmes qui l'accompagnent : la rectification de la logarithmique, la chaînette ou la recherche de l'enveloppe de paraboles. À partir d'avril 1693 et jusqu'en décembre 1694, les deux hommes se focalisent sur l'obtention de critères exprimés en termes différentiels qui permettraient de discerner, l'équation d'une courbe étant donnée, ses éventuels points singuliers. Il s'agit donc de décrire à l'aide de formules, dans lesquelles des différentielles sont impliquées, les conditions d'existence de ce type de points. La recherche de ces critères est très vite perçue comme intimement liée aux « différentielles de différentielles ». Par-là, la considération des développées apparaît très rapidement puisque les formules du rayon de courbure les font expressément intervenir.

Leibniz publie en septembre 1692 un article dans les *Acta*, intitulé « Indications générales sur les courbes, les angles de contact et d'osculation, les développées et autres notions qui s'y rattachent, ainsi que sur certaines de leurs applications[85] ». Dans cet article, il explique le lien entre les centres de courbure d'une courbe donnée et la développée :

> J'ai remarqué également par la suite que le centre du cercle osculateur d'une courbe donnée se trouve constamment situé sur la courbe permettant d'engendrer la courbe de départ par déroulement d'un fil et qu'il n'y a qu'une seule perpendiculaire (dans sa série) joignant le centre du cercle osculateur à la courbe [...] La raison pour laquelle la courbe génératrice par développement est le lieu de tous les centres osculateurs à une courbe donnée me semble s'expliquer ainsi : soient A et B deux points d'une courbe, l'intersection C des perpendiculaires à la courbe en A et B fournira le centre d'un cercle qui, s'il est de rayon AC, sera tangent à la courbe en A, en B s'il est de rayon CB, mais si A et B coïncident ou se situent à une distance inassignable, autrement dit en un point où les deux perpendiculaires se confondent, les deux contacts coïncident et les deux cercles tangents se fondent en un seul qui sera osculateur. Or, c'est précisément par le biais de cette intersection

85 « Generalia de natura linearum, anguloque contactus et osculi, provolutionibus, aliisque cognatis, et eorum usibus nonnullis », *AE*, septembre 1692, p. 440-446, ou *Naissance du calcul différentiel*, *op. cit.*, p. 224-235.

> entre deux perpendiculaires infiniment peu différentes [*perpendicularium inassignabiliter differentium*], qu'on trouvera également les courbes de développement, comme il ressort de l'ouvrage de Huygens sur les Pendules (*ibid.*, p. 225).

Cette remarque comporte l'idée clef pour l'invention d'une méthode pour trouver le centre d'un cercle osculateur car il suffit de trouver le point d'intersection de deux normales « infiniment proches ». C'est en effet la méthode adoptée par Huygens dans son traité l'*Horologium oscillatorium*[86]. Cette méthode conduit Leibniz à considérer, comme Jacques Bernoulli, qu'au point d'inflexion le cercle osculateur dégénère en une ligne droite car

> Il faut également remarquer que *la courbure minimale et ouverture maximale* ont lieu en un point d'inflexion, et M. Bernoulli [Jacques] a déclaré très justement qu'en ce cas le cercle osculateur dégénère en une ligne droite ; son rayon [du cercle osculateur] est en effet infini, son centre tombant au point d'intersection de la développée et de son asymptote. Car avant de devenir de divergentes convergentes, les deux perpendiculaires très voisines qui jusque-là se coupaient d'un certain côté de la courbe, doivent être parallèles (*ibid.*, p. 229).

Dans la lettre du 7 avril 1694 (*DBJB, 1*, p. 203), L'Hospital interroge Jean Bernoulli sur ce passage dont le contenu lui semble incorrect. Il a trouvé un contre-exemple : une courbe possédant un point d'inflexion dont le rayon de courbure n'est pas infini. Pour la construire, il développe une courbe BAC possédant une inflexion au point A avec une tangente verticale FG en ce point. La développante DAE s'infléchit en A et son rayon de courbure y est nul. À cette courbe il peut même faire correspondre une équation :

> supposons par exemple que la courbe DAE soit la paraboloïde $aax^3 = y^5$, il est facile de démontrer qu'elle a un point d'inflexion en A et que le rayon de sa développée en ce point est nul ou zéro (*ibid.*, p. 204)[87].

---

86 Voir commentaire de Parmentier dans *Naissance du calcul différentiel*, *op. cit.*, note 17, p. 227.

87 BAC est la développante d'équation $aax^3 = y^5$, la développée EAD possède un point d'inflexion pour lequel le cercle osculateur a un rayon nul.

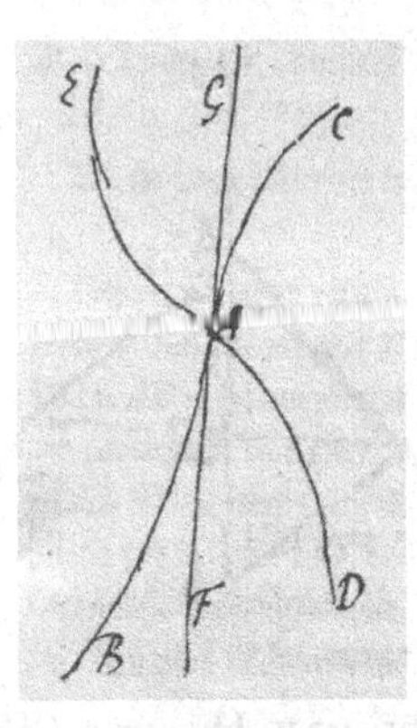

FIG. 45 – Guillaume de L'Hospital, 7 avril 1694,
L Ia 660, Nr. 16*, © Universitätsbibliothek Basel.

L'Hospital avait déjà annoncé sa découverte à Huygens dans une lettre datant du 22 mars. Il ajoutait dans celle-ci que Jacques Bernoulli se trompait en affirmant qu'au sommet des paraboloïdes, le cercle osculateur a un rayon infiniment grand. Il y a au contraire une infinité de paraboloïdes dont le cercle osculateur a un rayon nul. Il précise la règle :

> Soit en général m l'exposant des abscisses et n celui des appliquées (je suppose m moindre que n, afin que ces courbes soient convexes par rapport à leurs axes), je dis que si $2m$ surpasse n le rayon de la développée au sommet est nul, et qu'au contraire si $2m$ est moindre que n il sera infiniment grand. Je vous enverrai la démonstration si vous le souhaitez[88].

Dans sa réponse du 16 juin 1694[89], Huygens confirme les erreurs commises par Leibniz et Jacques Bernoulli en expliquant que pour un paraboloïde d'équation $a^d x^m = y^n$, la sous-normale BD qui devient le rayon de la développée pour le sommet E est donnée par $\frac{m}{n}\sqrt[n]{a^{2d} \times x^{2m-n}}$. Si $2m > n$, BD devient « infiniment petite en appetissant x » et au contraire lorsque $2m<n$, elle devient « infiniment longue ». Dans la lettre du 4 octobre 1694, L'Hospital affirme que « la démonstration que vous m'envoyez pour ma règle touchant les rayons des développées est conforme à la mienne » (*OH*, X, p. 686).

88 Lettre de L'Hospital à Huygens du 22 mars 1694, *OH*, X, p. 585-586.
89 Lettre de Huygens à L'Hospital du 16 juin 1694, *OH*, X, p. 624.

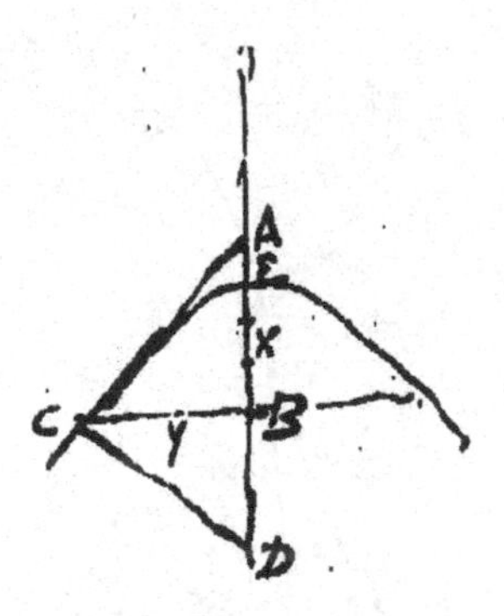

FIG. 46 – Christiaan Huygens, *OH*, X, p. 625,
© Bibliothèque nationale de France.

L'Hospital explique que Leibniz a partiellement raison de dire que deux droites infiniment proches (les rayons de la développée) de convergentes ne peuvent pas devenir divergentes au point d'inflexion sans passer auparavant par le parallélisme[90]. Cependant, Leibniz n'indique pas que dans ce cas il a supposé la croissance de ces rayons en allant au point d'inflexion. En revanche, dans le cas où ces rayons vont en décroissant, ils deviennent nuls au point d'inflexion, donc le cercle osculateur se réduit à un point. Or, puisque la formule du rayon de courbure, en supposant dx constant, est donnée par $\frac{(dx^2+dy^2)\sqrt{dx^2+dy^2}}{-dxddy}$, la condition d'inflexion en un point se reformule en écrivant que ddy est infini ou nul[91].

Ce résultat ne s'accorde pas avec les *Lectiones de Calculo Differentialium* de Jean Bernoulli et surprend L'Hospital qui demande des explications. Pour lui, au point d'inflexion, ddy est toujours nul et la valeur du rayon de la développée y est infini. De plus, géométriquement il ne comprend pas que les tangentes infiniment proches puissent devenir « nulles ou zéro » plutôt que parallèles et confondues.

90 Le résultat de Leibniz et Jacques Bernoulli est vrai à chaque fois que l'on considère le graphe d'une fonction f deux fois continûment dérivable car dans ce cas f' est extrémal au point d'inflexion et l'on a $f'' = 0$ et donc le rayon de la développée infini.

91 Cette formule est connue par L'Hospital par *Methodo integralium* de Jean Bernoulli, leçon XVI, « Inventio centri circuli osculatoris, & Evoluta », Bernoulli, Jean, *Opera omnia*, *op. cit.*, t. III, p. 434-437, ou par le manuscrit FR 17860, fol. 140-143v°. La formule apparaît dans le dernier folio.

Dans la lettre du 22 avril 1694[92], Bernoulli approuve la critique de L'Hospital et fournit des explications supplémentaires. La première affirmation est ferme :

> sans que cela [que le rayon soit nul] fasse aucune difficulté pour ce qui est de l'expression generale de ce rayon $\frac{\left(dx^2+dy^2\right)\sqrt{etc}}{-dx\,ddy}$ car je nie qu'au point d'inflexion *ddy* soit toujours = 0, bien loin de là il peut aussy étre infini par rapport aux autres *ddy* ; c'est ce qui fait que l'expression generale soit aussy = 0 (*ibid.*, p. 206).

Bernoulli explique la « raison » de ce phénomène :

> la raison en est qu'à mesme que la courbure croist, *ddy* croist aussi, si bien que lorsque la courbure est infinie, c'est à dire le rayon de la développée infiniment petit, *ddy* devient aussi infini par rapport aux autres ; je dis par rapport, car une différentielle de quelque genre que ce soit peut étre infiniment plus grande que les autres du méme genre, et toutefois infiniment plus petite qu'une différentielle du degrez precedent (*ibid.*, p. 206).

De cette explication il déduit – contrairement à ce qu'il pensait autrefois – qu'il n'est pas nécessaire pour une courbe qui change de convexité de passer par la droiture (et donc que *ddy* soit égal à 0). Pour agrémenter son explication, Bernoulli ajoute qu'il y a bien quelquefois une sorte de « passage par la droiture » mais celui-ci ne doit pas être compté car « cette droiture peut aussi quelquefois n'occuper qu'une différentielle de la courbe infiniment petite par rapport aux autres différentielles » (*ibid.*, p. 206)[93].

Pour accepter la validité du cas « *ddy* = ∞ », le retour au sens géométrique de la courbe – comme résultant d'une décomposition en mouvements infinitésimaux de la développée – a été essentiel pour L'Hospital[94].

---

92 Lettre de Jean Bernoulli à L'Hospital du 22 avril 1694, *DBJB*, 1, p. 205.

93 Les deux hommes savent bien que la condition *ddy* = 0 est seulement nécessaire et que la réciproque est fausse, voir la lettre de L'Hospital à Jean Bernoulli du 7 avril 1694, *DBJB*, 1, p. 204 et la lettre de Jean Bernoulli à L'Hospital du 22 avril 1694, *DBJB*, 1, p. 207.

94 Bernoulli montre que non seulement le rayon de la développée n'est pas nécessairement infini au point d'inflexion mais la plupart des courbes qui ont un point d'inflexion ont un rayon nul en ce point, lettre du 22 avril 1694, *DBJB*, 1, p. 207 et du 21 mai 1694, *ibid.*, p. 217-222.

Points de rebroussement de la première et de la deuxième sorte, la considération du rayon de courbure

Dans la lettre du 22 avril 1694, Bernoulli considère des courbes qu'il appelle « bicornes » dont « les plus grandes ou plus petites ordonnées » passent par un point qu'il appelle de « rebroussement[95] ». Dans la lettre du mois de mai 1694[96], L'Hospital s'étonne que Bernoulli affirme qu'en un point de rebroussement, le rayon de courbure est nécessairement nul, il affirme au contraire que le rayon peut être égal à infini – comme pour certains paraboloïdes – mais aussi égal à une valeur déterminée autre que zéro[97].

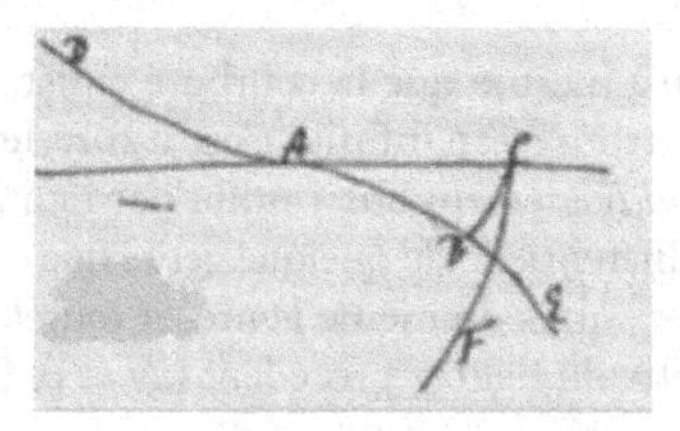

FIG. 47 – Jean Bernoulli, 21 mai 1694, L Ia 660, Nr. 17*, © Universitätsbibliothek Basel.

Pour montrer cette dernière affirmation, il considère une courbe DAE dont la tangente au point d'inflexion la ligne AC. En développant à partir du point B il obtient une développante BCF « bicorne » qui admet un point de rebroussement en C et dont le rayon de courbure n'est ni nul ni infini. Ainsi, L'Hospital conclut que toute considération sur le rayon de courbure « ne peut de rien servir pour trouver ces sortes de points » (*ibid.*, p. 215). Dans sa réponse, Bernoulli est d'accord pour affirmer qu'au point de rebroussement, le rayon puisse aussi être égal à l'infini ou à zéro[98]. En revanche, les deux parties de la courbe proposée par L'Hospital n'étant pas de convexités opposées, il ne considère pas que cette courbe appartienne au même genre de courbe « bicorne » dont il était question, de sorte qu'elle ne constitue donc pas un contre-exemple.

95 Lettre de Jean Bernoulli à L'Hospital du 22 avril 1694, *DBJB*, 1, p. 207.
96 Lettre de L'Hospital à Bernoulli de mai 1694, *DBJB*, 1, p. 214.
97 Lettre de Jean Bernoulli à L'Hospital du 26 janvier 1694, *DBJB*, 1, p. 201. Cette lettre est perdue.
98 Lettre du 21 mai 1694, *DBJB*, 1, p. 217.

Il affirme que la considération de la développée peut aussi servir pour trouver le point de rebroussement de cette seconde sorte (*ibid.*, p. 218). Il raisonne en considérant une courbe ABC de développée GDE. Il tire d'une part deux rayons CE et BD de la développante puis deux rayons DF et DE de la développée. En supposant C et B infiniment proches, BDC et EFD sont alors deux triangles semblables, il peut écrire

$$\frac{DE}{DF}=\frac{CB}{BD}.$$

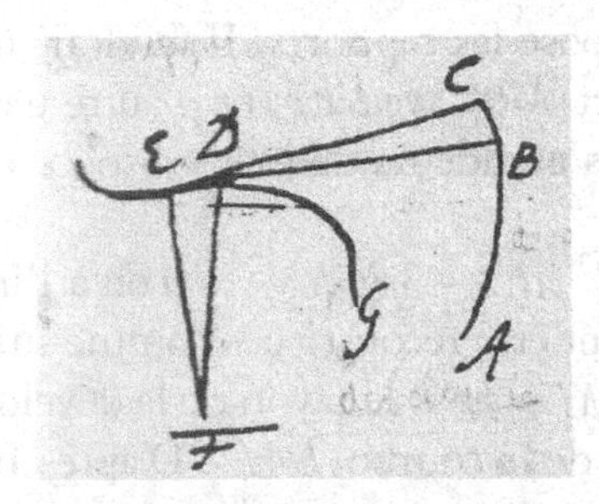

FIG. 48 – Jean Bernoulli, 21 mai 1694, L Ia 660, Nr. 2, © Universitätsbibliothek Basel.

Bernoulli affirme qu'en supposant que le point C est un point de rebroussement de la seconde sorte il faut nécessairement que le point D qui lui correspond sur la développée soit un point d'inflexion[99]. Ainsi, comme au point d'inflexion le rayon DF est infini ou nul, le rapport entre l'arc infiniment petit DE et le rayon DF est soit nul soit infini et à cause de l'égalité donnée plus haut il en est de même pour le rapport entre l'arc infiniment petit CB et le rayon de courbure BD[100]. C'est ainsi qu'il légitime la règle pour trouver un point de

99 Contredit par L'Hospital dans la lettre suivante, voir plus bas.

100 On peut remarquer que son raisonnement est valable si la développée à point d'inflexion donne une développante avec point de rebroussement de première espèce. Il suffirait alors, pour convaincre L'Hospital, qu'il démontre qu'une rebroussante de première sorte provient, après éventuellement un nombre fini de développements, d'une courbe à point d'inflexion (les égalités de rapports données plus haut se renouvelant à chaque développement de courbe). Plus loin dans la lettre il affirme qu'une rebroussante de la seconde sorte est obtenue par déformation d'une courbe à point d'inflexion, le rebroussement de deuxième espèce étant « l'attouchement d'un point d'inflexion avec la partie de la courbe opposée », *ibid.*, p. 222.

rebroussement de la seconde sorte : « on prendra la différentielle de la courbe et on la divisera par son rayon du cercle baiseur ; ce qui vient, doit être fait égal à zéro ou à l'infini. » (*ibid.*, p. 218).

L'Hospital juge cette règle insuffisante car elle suppose que la développée d'une rebroussante de deuxième espèce soit une courbe à inflexion, ce qu'un contre-exemple montrera[101]. Pour cela, il considère la courbe EAL, rebroussante de deuxième sorte en A et de tangente AB. En développant à partir du point B, on produit la courbe DBC qui est aussi une rebroussante de deuxième sorte. Il critique ensuite la façon dont Bernoulli compose les rapports. Il faudrait normalement mettre en rapport d'une part Mm avec Ff et d'autre part les rayons MF et FG car « ce sont des grandeurs de même espèce » et on obtiendrait la formule générale :

$$dx^2 d^3 y dy^2 - 3 dy ddy^2 = 0 \text{ ou à l'infini.}$$

Les calculs peuvent être reconstitués comme suit[102]. Soit r' le rayon de la développée en M, par r le rayon de la développée en F et par s l'abscisse curviligne de la courbe LAE. D'après Bernoulli

$$\frac{r}{dr'} = \frac{r'}{ds}.$$

Or

$$r' = \frac{\left(dx^2 + dy^2\right)\sqrt{dx^2 + dy^2}}{-dxddy}$$

lorsque dx est constant. Ainsi en différentiant

$$\frac{dr'}{ds} = \frac{\frac{-3}{2} dxddy\left(dx^2 + dy^2\right)^{\frac{1}{2}}\left(2dxddx + 2dyddy\right) - \left(ddyddx + dxdddy\right)\left(dx^2 + dy^2\right)^{\frac{3}{2}}}{dx^2 ddy^2}$$

puis comme $ddx = 0$, il est possible de simplifier :

$$\frac{dr'}{ds} = \frac{-3dxdyddy^2\left(dx^2 + dy^2\right)^{\frac{1}{2}} + d^3 ydx\left(dx^2 + dy^2\right)^{\frac{3}{2}}}{dx^2 ddy^2} = \frac{r}{r'}$$

101 Lettre de L'Hospital à Jean Bernoulli du 7 juin 1694, *DBJB*, 1, p. 223.

102 En suivant les indications de la note 2) de l'édition de *DBJB*, 1, p. 224.

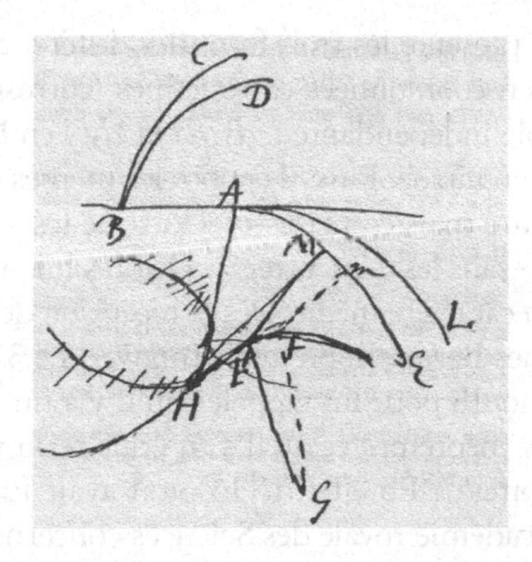

FIG. 49 – Guillaume de L'Hospital, 7 juin 1694,
L Ia 660, Nr. 18*, © Universitätsbibliothek Basel.

Or comme r' n'est ni nul ni infini et que r est nul ou infini, le rapport précédent doit être égal à zéro ou à l'infini. De plus, ddy n'étant ni nul ni infini la relation $dx^2d^3ydy^2 - 3dyddy^2 = 0$ ou à l'infini en découle. L'Hospital ajoute que cette relation est aussi valable pour la rebroussante CBD car « le rayon BA étant un plus petit, sa différentielle doit être nulle ou infinie » (*ibid.*, p. 224)[103].

Les théorèmes dorés, le « marquage » de la différentielle seconde

L'Hospital s'intéresse aux formules de rayons de courbure que Jacques Bernoulli a regroupées sous le nom de « théorème doré [*aureum theorema*] » et qu'il a publiées dans un article des *Acta* en juin 1694[104]. Cet article s'intéresse principalement à une courbe que Jacques a nommé la « courbe élastique[105] ». Cependant, avant même de décrire l'obtention de l'équation

103 Le début du raisonnement est le même sauf que l'on note par r le rayon de la développée en A et par r' le rayon de la développée en B. Comme en B, le rayon est un minimum on a $\frac{dr'}{ds}$ qui est égal à zéro ou à l'infini ce qui donne en définitive la même relation.

104 « Curvatura laminae elasticae. Ejus identitas cum curvatura lintei a pondere inclusi fluidi expansi. Radii circulorum osculantium in terminis simplicissimis exhibitis, una cum novis quibusdam theorematis huc pertinentibus, &c. », *AE*, juin 1694, p. 262-270.

105 Il découvre les formules différentielles du rayon de courbure entre 1689 et l'année 1691, Patricia Radelet De Grave, « La mesure de la courbure et la pratique du calcul différentiel du second ordre », *op. cit.*

de cette courbe, il présente les trois formules différentielles de rayon de cercle osculateur en coordonnées cartésiennes (correspondant chacune au choix de variable indépendante : ds, dx et dy) en les accompagnant d'une démonstration rapide. Puis, il énonce les mêmes types de formules de rayon de courbure mais cette fois-ci « lorsque les appliquées partent d'un même point » sans les démontrer[106]. D'après lui ; l'expression de ces dernières aurait un caractère inédit. Dès la réception des *Acta*, L'Hospital s'étonne que Jacques Bernoulli prétende innover. Le 31 décembre 1694, il écrit à Jean Bernoulli pour lui rappeler qu'il y a un peu plus d'un an, il utilisait déjà ces théorèmes et qu'il s'en était servi pour la rédaction d'un de ses mémoires[107]. En effet, L'Hospital avait lu le 31 août 1693, un mémoire à l'Académie royale des Sciences concernant les caustiques par réfraction dans lequel il démontrait la formule du rayon de courbure lorsque les appliquées partaient d'un même point[108].

La démonstration du mémoire est reprise à l'identique dans la lettre à Bernoulli : M et m sont des points infiniment proches, CM est le rayon de courbure. L'Hospital ne l'écrit pas mais il suppose la différentielle ds constante. BE et Be sont perpendiculaires sur les rayons MC et mC respectivement. $BM = y$, $Mm = ds$, $MR = dx$. Il affirme que les triangles MRm, MEB (ou MFB) sont semblables. Il n'écrit pas que pour affirmer cela il suppose que le triangle BEF est infiniment petit par rapport à RBE [109]. Il a donc

$$\frac{ME \text{ ou } MF}{BM} = \frac{MR}{Mm}$$

106 C'est-à-dire, ce qui en langage moderne s'appelle coordonnées polaires.

107 Lettre de L'Hospital à Jean Bernoulli du 31 décembre 1694, *DBJB*, 1, p. 250-252.

108 Guillaume de L'Hospital, « Méthode facile pour déterminer les points des caustiques par réfraction, avec une manière nouvelle de trouver les développées », *Mémoires de l'Académie des sciences*, *op. cit.*, 31 août 1693. Il envoie également la démonstration à Jean Bernoulli dans la lettre du 31 décembre 1694.

109 Les triangles semblables sont ceux qui sont foncés sur la figure. Il y a donc aussi un triangle de sommets M et B qui est infiniment petit par rapport à MEB ou MEF puisqu'un de ses côtés est infiniment petit par rapport à ME ou MF . Dans le mémoire, on retrouve les mêmes suppositions non explicitées.

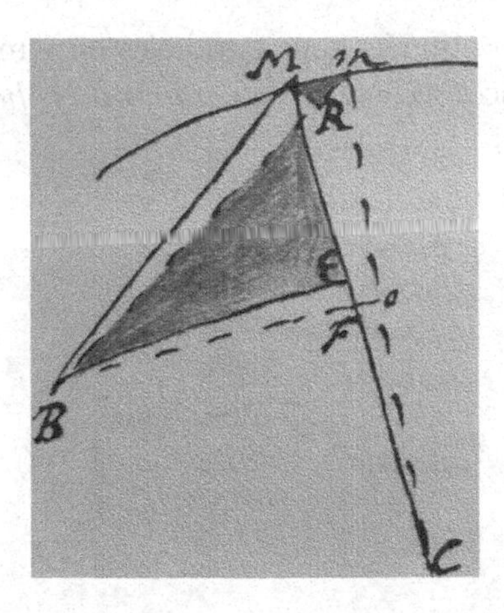

FIG. 50 – Jean Bernoulli, 31 décembre 1694,
L Ia 660, Nr. 23*,

ce qui donne

$$MF = \frac{ydx}{ds} \quad \text{et} \quad \frac{BE}{BM} = \frac{Rm}{Mm}$$

d'où

$$BE = \frac{ydy}{ds}$$

En différenciant et en tenant compte que *ds* est constant :

$$Ee(=Fe) = d(BE) = \frac{dy^2 + yddy}{ds} \quad (*)$$

Par ailleurs, dans le triangle CMm, Fe est parallèle à Mm donc :

$$\frac{Mm - Fe}{Mm} = \frac{MF}{MC}$$

d'où

$$MC = \frac{MF \times Mm}{Mm - Fe} = \frac{ydxds}{dx^2 - yddy}$$

Qu'y-a-t-il alors d'inédit dans la formulation de Jacques Bernoulli ? L'Hospital l'explique : Jacques Bernoulli a démontré les formules du rayon lorsque les appliquées sont parallèles en « marquant[110] » sur la figure les « différences secondes » (ici, $mn = ddx$, $ho = ddy$).

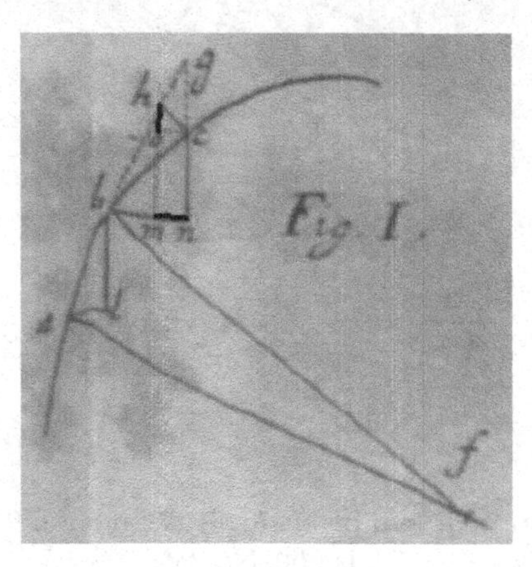

FIG. 51 – Jacques Bernoulli, « Curvatura laminae elasticae … », *AE*, juin 1694, planche VI, fig. I, © Biblioteca Museo Galileo.

En effet, dans son article sur la courbe élastique, Jacques Bernoulli considère une courbe abc. Dans la première partie de sa démonstration ab, bc et bc sont des éléments de courbes infiniment petits et supposés égaux qu'il note par ds. bg est le prolongement de ab donc il est supposé être tangent à la courbe en a , le rayon de courbure $fa = fb$ est noté z , le segment $ho = hm - nc = ddy$. Les triangles hcb et abf dont semblables et comme ds est constant, les triangles bmc et hoc les sont aussi. Or,

$$\frac{ho}{bc} = \frac{ho}{hc} \times \frac{hc}{bc} = \frac{bm}{bh} \times \frac{ab}{bf} = \frac{al}{ab} \times \frac{ab}{bf} = \frac{al}{bf} = \frac{dx}{z}$$

donc

$$\frac{ddy}{ds} = \frac{dx}{z}$$

Cette démonstration fournit la première des formules du rayon de courbure en coordonnées cartésiennes. Pour réussir, Jacques Bernoulli a

110 La figure ci-dessous est extraite de l'article de Jacques Bernoulli. En supposant une des différentielles constantes, l'auteur peut marquer les différentielles secondes des deux autres variables.

utilisé ainsi le « marquage » de la différentielle seconde par le segment ho de sorte qu'il n'a pas eu besoin de différentier une équation. L'Hospital voudrait parvenir à démontrer les formules « lorsque les appliquées partent d'un même point » d'une manière similaire – c'est-à-dire en « marquant » les différentielles secondes – mais il ne réussit pas. Dans la démonstration de L'Hospital, les différentielles secondes apparaissent suite à un calcul – celui marqué par * – consistant à différentier une équation différentielle de premier ordre mais n'y sont pas représentées. Ainsi ce qui pose difficulté à L'Hospital est de figurer les différentielles secondes. Le 12 janvier 1695 Jean Bernoulli lui montre enfin cette figuration et la manière de s'en servir pour obtenir la formule du rayon de courbure[111]. Il considère M , m et n trois points infiniment proches. Les appliquées BM, Bm et Bn sont notées par y, les différentielles constantes de la courbe Mm, mn sont notées par ds ; les différentielles des appliquées sont mS et nR, notées par dy , les différentielles « angulaires » MS et mR sont notées dx. Soit a le point de la droite Mm tel que $ma = mn$. Bernoulli trace le cercle de centre m et de rayon ma : par construction l'arc de cercle an est infiniment petit par rapport à l'arc ma . ($ddx = no$, $ddy = bo$). Il considère ensuite le point b tel que l'angle $amb = mBR$. Or $mMS + mSM$ est égal à l'angle externe ($ddx = no$, $ddy = bo$)

$$amB = amb + bmB = mBR + bmB = mBR + bmR + RmB \,.$$

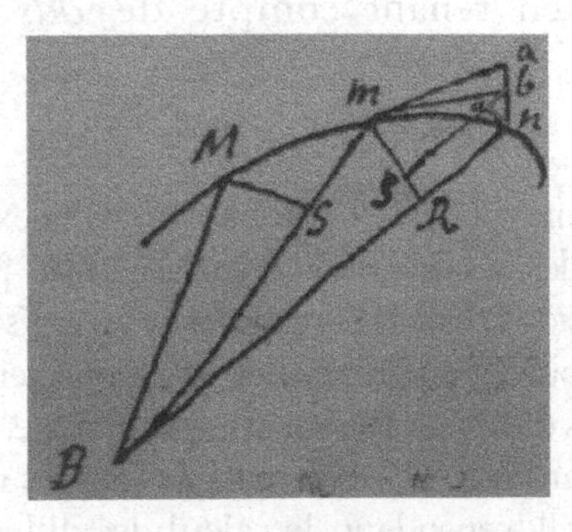

FIG. 52 – Jean Bernoulli, 12 janvier 1695,
L Ia 660, Nr. 8, © Universitätsbibliothek Basel.

111 Lettre de Jean Bernoulli à L'Hospital du 12 janvier 1695, *DBJB*, 1, p. 256. Cette démonstration sera reprise par L'Hospital dans son ouvrage, art. 64.

En ôtant l'angle droit $mSM = mBR + RmB$, il obtient : $mMS = bmR$ (1) Il considère alors la droite bs parallèle à nB, comme an est infiniment petit par rapport à l'arc ma, il peut supposer que $mb = mn = mM$ (différentielles constantes) (2). Il déduit de (1) et (2) que les triangles mMS et bms sont semblables et égaux.
La différence $mR - ms = on$ est la différence seconde des x c'est-à-dire : $no = ddx$ et $bo = ddy$. Ainsi, $bn = \sqrt{ddx^2 + ddy^2}$. En vertu de l'égalité des triangles, il peut écrire

$$\frac{Bn}{mR} = \frac{ma}{ab},$$

c'est-à-dire

$$ab = \frac{mR \times ma}{Bm} = \frac{dsdx}{y}$$

donc

$$an = ab + bn = \frac{dsdx}{y} + \sqrt{ddx^2 + ddy^2}.$$

Or le rayon de courbure r est la troisième proportionnelle de an à am donc $= \frac{am^2}{an}$ ou encore $= \frac{yds^2}{dsdx + y\sqrt{ddx^2 + ddy^2}}$. En différenciant

$dx = \sqrt{ds^2 - dy^2}$ (en tenant compte de $dds = 0$) il obtient : $ddx = \frac{-dyddy}{dx}$, donc $r = \frac{ydxds}{dx^2 \pm yddy}$.

En définitive, deux types de démonstrations coexistent : l'une où les différentielles secondes apparaissent résultant d'un procédé calculatoire, elles sont des expressions dont la signification est présentement mise entre parenthèses, l'autre où ces différentielles sont représentées sur la figure et sont parties prenantes d'un raisonnement géométrique. Certes, pour démontrer la formule, le marquage des différences secondes n'est pas absolument nécessaire à L'Hospital, cependant, le calcul des différences apparaît dans un cadre mathématique fortement géométrique et cet exemple montre que pour s'approprier le calcul leibnizien, il est indispensable à L'Hospital de procéder par un va-et-vient entre l'interprétation géométrique des objets auxquels la symbolique leibnizienne renvoie et leur manipulation calculatoire.

« IL Y A LONGTEMPS QUE JE SÇAIS QUE VOUS ÊTES UNIVERSEL » : LA RELATION L'HOSPITAL-LEIBNIZ

Le 14 décembre 1692, par l'intermédiaire de Malebranche, débute l'échange épistolaire entre Leibniz et L'Hospital. Leibniz est heureux d'initier ce commerce car il connaît, par le biais de Malebranche et Huygens, la réputation de mathématicien de L'Hospital. De son côté, L'Hospital reconnaît en Leibniz l'inventeur du nouveau calcul et il lui marque sa plus grande admiration : « Il y a longtemps que je sçais que vous êtes universel[112] ».

L'Hospital profite de cet échange pour le questionner essentiellement sur des questions mathématiques, certaines figurent parmi celles qu'il débat avec Jean Bernoulli, ce qui lui permet d'enrichir les réponses.

Il est intéressant de constater que de son côté le philosophe promeut son nouveau calcul auprès de L'Hospital en usant des mêmes arguments avancés dans les journaux, en particulier dans le *Journal des Sçavans*. De plus, il introduit des sujets, absents dans la correspondance entre Bernoulli et L'Hospital, concernant l'origine du calcul et le statut des différentielles. Ces témoignages permettent de mieux saisir la conception que Leibniz a de son calcul et la manière dont il la présente auprès de la communauté savante française, en particulier à L'Hospital qui en est un notable représentant.

L'Hospital intermédiaire dans la promotion du nouveau calcul

En mai 1692, Leibniz publie au *Journal des Sçavans* un article concernant sa résolution du problème de la chaînette[113]. Il reprend des arguments en faveur de l'utilisation du nouveau calcul, très proches de ceux de l'article sur la chaînette, publié dans les *Acta* en septembre 1691. D'après lui, l'analyse ordinaire – celle de Viète et de Descartes – ne suffit pas pour traiter les problèmes de géométrie, en particulier les problèmes transcendants. « L'Analise des infinis », – qui est à distinguer de la Géométrie de Cavalieri et de l'arithmétique des infinis de Wallis – le permettrait. Ces explications sont reprises dans sa deuxième lettre à L'Hospital :

> on n'est pas encor le maistre des problemes semblables à ceux de Diophante ; et quant à l'analyse des Transcendantes, ce n'est que depuis peu, comme

112 Lettre de L'Hospital à Leibniz, A III 5, p. 494.

113 « De la chaînette, ou solution d'un problème fameux proposé par Galilei, pour servir d'essai d'une nouvelle analise des infinis, avec son usage des logarithmes, & une application à l'avancement de la navigation », *JS*, 31 mars 1692, p. 147-153.

> vous sçavés, Monsieur, qu'on commence de s'en servir par un calcul reglé. La perfection de l'Analyse des Transcendantes ou de la Geometrie où il entre en consideration de quelque infini seroit sans doute la plus importante à cause de l'application, qu'on en peut faire aux operations de la nature, qui fait entrer l'infini en tout ce qu'elle fait[114].

L'Hospital approuve le projet leibnizien, ce dont le philosophe allemand le félicite : « Et je suis ravi de voir que vous en avés compris la consequence. Car si quelqu'un est capable d'y aller bien loin ce sera vous » (*ibid.*).

Deux ans plus tard, en août 1694, dans un article intitulé « Considérations sur la différence qu'il y a entre l'Analyse ordinaire, et le nouveau calcul des transcendantes[115] », Leibniz revient sur la distinction entre la nouvelle analyse et celles qui la précèdent. Les sujets dont il avait indiqué l'importance entre 1675 et 1679 auprès de Gallois, Malebranche et La Roque – mais qui n'avaient pas suscité de l'intérêt – demeurent, à ses yeux, des points essentiels et toujours d'actualité[116]. Dans cet article, il reconnaît pour la première fois les apports de L'Hospital et le présente ainsi publiquement comme un allié à son combat pour la diffusion de son calcul en France (*ibid.*, p. 404).

Le statut des infiniment petits : les déclarations de Leibniz

Dans l'article de 1692, Leibniz souligne ce qu'apporte de nouveau son calcul :

> Elle [l'Analyse des infinis] montre un algorithme nouveau, c'est-à-dire une nouvelle façon d'ajouter, de soustraire, de multiplier, de diviser, d'extraire, propre aux quantitez incomparables, c'est-à-dire à celles qui sont infiniment grandes, ou infiniment petites en comparaison des autres. Elle employe les equations tant finies, qu'infinies ; et dans les finies elle fait entrer les inconnues dans l'exposant des puissances, ou bien au lieu des puissances ou des racines, elle se sert d'une nouvelle affection des grandeurs variables, qui est la variation mesme, marquée par certains caractères, et qui consiste dans les différences, ou

114 A III, 5, p. 480.

115 « Considérations sur la différence qu'il y a entre l'Analyse ordinaire, et le nouveau calcul des transcendantes », *JS*, 30 août 1694, p. 404-407.

116 Par exemple, trouver les moyens de « délivrer les différentielles impliquées par le moyen des sommes pures ou quadratures » ou ceux de « donner effectivement les sommes ou quadratures pour parvenir aux grandeurs ordinaires ou algebriques de l'analise commune » (*ibid.*, p. 406) pour lesquels l'usage des séries infinies est de grand intérêt.

> dans les differences des differences de plusieurs degrez, auxquelles les sommes sont réciproques, comme les racines le sont aux puissances (*ibid.*, p. 448).

Son calcul est avant tout un algorithme muni d'opérations semblables à celles de l'algèbre ordinaire – addition, soustraction, multiplication, division et extraction de racines – qui traitent des « quantitez incomparables qui sont les infiniment grands ou les infiniment petits en comparaison des autres ». Cet algorithme s'occupe donc de grandeurs variables pour lesquelles il est à même de traiter leurs variations à l'aide d'un nouveau caractère qui leur est destiné. Cependant, alors qu'il décrit par la suite sa solution au problème de la chaînette, il s'abstient de faire apparaître la caractéristique « d ». Il en est de même pour l'article de 1694.

Qu'entend Leibniz par « incomparable » ?

En 1689, Leibniz publie un article intitulé « *Essai sur les causes des mouvements célestes*[117] » aux *Acta*. Pour démontrer des résultats, il explique que lors de ses calculs il s'est autorisé à négliger certaines quantités car il les a jugées inutiles pour conclure et il destine un paragraphe (le § 5) à justifier cette manière de procéder. Il assure qu'on n'a pas besoin de considérer ces quantités pour des « infiniment petits » mais pour ce qu'il nomme et écrit en *italique* des *quantités incomparablement petites*. Il justifie de les avoir utilisées :

> Au cours de la démonstration j'ai employé des *quantités incomparablement petites* par exemple la différence de deux grandeurs ordinaires incomparable avec ces quantités. Il me semble qu'on peut exposer très clairement ceci de la manière suivante. Ainsi, si on refuse d'employer des *infiniment petits* on peut assumer des grandeurs aussi petites qu'on le juge suffisant pour qu'elles soient incomparables et pour que l'erreur qu'elles produisent n'ait plus d'importance et même soit inférieure à une erreur donnée[118].

Dans ce passage, Leibniz semble octroyer à « infiniment petit » une acception qui le distinguerait du terme « incomparable ». Il insiste sur le fait que la notion d'incomparabilité est une notion relative et fournit des éléments de réponse à une question fondamentale : comment

117 « Tentamen de motuum coelestium causis », *AE*, février 1689, p. 82-96.

118 « *Assumsi inter demonstrandum quantitates incomparabiliter parvas, verbi gratia differentiam duarum quantitatum communium ipsis quantitatibus incomparabilim. Sic enim talia, ni fallor, lucidissime exponi possunt. Itaque si quis nolit adhibere infinite parvas, potest assumere tam parvas quam sufficere judicat, ut sint incomparabiles, & errorem nullius momenti, imo dato minorem, producant* », *ibid.*, p. 85.

estimer qu'une quantité est incomparable par rapport à une autre ? Selon lui, cette estimation est laissée à l'appréciation de l'utilisateur : « aussi petites qu'on le juge suffisant » pour que l'erreur soit inférieure à l'exigence que ce dernier s'est donnée.

Pour rendre plus sensible son explication, il l'illustre d'exemples dans lesquels deux quantités peuvent être considérées incomparables l'une avec l'autre :

> De la même manière qu'on considère la terre comme un point c'est-à-dire son diamètre comme infiniment petit, au regard du ciel, on peut démontrer que si les côtés d'un triangle ont une base sans comparaison plus petite, l'angle qu'ils délimitent sera incomparablement plus petit qu'un angle droit et que la différence entre les côtés sera sans comparaison avec la longueur de ceux-ci ; de même la différence du sinus total, du sinus du complémentaire et du sinus de la sécante seront sont comparaison avec eux, comme la différence entre le sinus de la corde, de l'arc et de la tangente. Par la suite, puisque ces derniers sont eux-mêmes des infiniment petits, leurs différences seront *infiniment infiniment petites*, tout comme le sinus verse, qui sera sans comparaison avec le sinus droit. Et il y a une infinité de degrés tant d'infiniment grands que d'infiniment petits. [...][119].

Cela ne va pas sans rappeler les explications de la première méthode des tangentes de L'Hospital et de manière générale, les méthodes calculatoires de tangentes qui ont été étudiées dans le premier chapitre. Pour rappel, lorsque L'Hospital appliquait sa méthode aux « paraboles généralisées », il ne gardait que les deux premiers termes : les autres étaient jugés « sans importance » pour le problème que le calcul résout. Ainsi, par le lemme des incomparables, Leibniz se situerait dans la continuité de ses contemporains et ne ferait qu'instituer une pratique :

> On peut employer des triangles ordinaires semblables aux triangles *inassignables*, qui sont du plus grand usage pour faire apparaître les tangentes, les Maxima et Minima, et la courbure des courbes, de même dans presque toutes les applications de la géométrie dans la nature, car si on représente un mouvement par une courbe ordinaire parcourue en un temps donnée par un mobile, l'impetus c'est-à-dire la vitesse, sera représenté par une ligne infiniment petite, et l'élément de la vitesse, comme l'impulsion de la gravitation ou l'effort [*conatus*] centrifuge, par une ligne infiniment infiniment petite. J'ai

119 *« Quemadmodum terra pro puncto seu diameter terrae pro linea infinite parva habetur, respectu coeli, sic demonstrari potest, si anguli latera habeant basin ipsis incomparabiliter minorem, angulum comprehensum fore recto incomparabiliter minorem, & differentiam laterum fore ipsis differentibus incomparabilem ; [...] », ibid.*

voulu faire ces remarques qui interviennent comme des lemmes dans *notre méthode des grandeurs incomparables* et dans *l'Analyse des infinis*, ainsi que dans la nouvelle Doctrine des *éléments*[120]

En désignant son calcul différentiel par « méthode des incomparables », il semblerait que son calcul ait vocation à être plus général que d'autres méthodes et pour cause, il traite non seulement des infiniment petits mais des « infiniment infiniment petits ». En effet, le calcul s'occupe de problèmes géométriques qui nécessite non seulement de négliger des quantités infiniment petites par rapport à des finies mais de distinguer différents ordres de négligeable[121].

Bernard Nieuwentijt (1654-1718) est un philosophe et mathématicien hollandais. En 1694, il publie *Considerationes circa analyseos ad quantitates infinite parvas applicatae principia, et calculi differentialis usum resolvendis problematibus geometricis* puis en 1695, *Analysis infinitorum seu curvilineorum ex polygonorum natura deductae*[122] Le dessein de l'*Analysis infinitorum* est de fournir les principes pour fonder une méthode utilisant les infiniment petits (de premier ordre). Bien qu'il ait été publié un an après la publication de *Considerationes*, la quasi-totalité de la rédaction de Analysis est antérieure à 1690, c'est-à-dire avant qu'il ait pris connaissance des écrits de Leibniz. Cependant, quelques pages ont été écrites plus tard et font référence au calcul leibnizien en y émettant quelques critiques[123].

120 *« Et possunt adhiberi triangula communia inassignabilibus illis similia, quae in tangentibus, Maximisque & Minimis, & explicanda curvedine linearum usum habent maximum ; item in omni pene translatione Geometriae ad naturam, nam si motus exponatur per lineam communem, quam dato tempore mobile absolvit, impetus seu velocitas exponetur per lineam infinite parvam, & ipsum elementum velocitatis, quale est gravitatis solicitatio, vel conatus centrifugus, per lineam infinities infinite parvam. Atque haec lemmatum loco annotanda duxi, pro Methodo nostra quantitatum incomparabilium ; & analysi infinitorum, tanquam Doctrinae hujus novae Elementa. », ibid.*

121 Pour la question de Leibniz et les incomparables, on pourra consulter l'article de Herbert Breger, « On the grain of sand and heaven's infinity » dans « Für unser Glück oder das Glück anderer : Vorträge des X. Internationalen Leibniz-Kongresses, Hannover, 18.-23. Juli 2016 », vol. 6, édité par Li, Wenchao, Georg Olms Verlag, Hildesheim, 2017, p. 63-79.

122 Bernard Nieuwentijt, *Considerationes circa analyseos ad quantitates infinite parvas applicatae principia, et calculi differentialis usum in resolvendis problematibus geometricis*, Amsterdam, 1694. *Analysis infinitorum seu curvilineorum proprietates ex poligonorum natura deductae*, Amsterdam, 1695.

123 Rienk H. Vermij, « Bernard Nieuwentijt and the Leibnizian Calculus », *Studia Leibnitiana*, Bd. 21, H. 1, 69-81, 1989, p. 75.

Dans *Analysis infinitorum*, Nieuwentijt suppose que toute quantité finie peut être divisée en n'importe quel nombre de parties la rendant inférieure à toute quantité finie donnée. Ainsi un infiniment petit est ce qui est produit par la division d'une quantité finie par un nombre infini. Cependant, cela implique – ce que Leibniz récuse – qu'il existe un nombre infiniment grand m de sorte que toute quantité finie b divisée par m devient une quantité infiniment petite $\frac{b}{m}$.

Par ailleurs, Nieuwentijt pose en qu'axiome que toute quantité qui multipliée par une quantité, même infinie, ne produit pas une quantité finie doit être comptée en géométrie pour un pur rien [*merum nihil*]. Il y a donc exactement trois types de « quantités » : les finies, les infiniment petites et les infiniment grandes[124]. En particulier, le produit de deux quantités infiniment petites est un un zéro absolu. Cela implique que Nieuwentijt récuse l'existence de différentielles d'ordre supérieur ou égal à deux. Aussi, cela conduit à que la justification de l'étape de « l'élision des homogènes » des méthodes des tangentes consiste à interpréter les homogènes comme des purs zéros.

Leibniz répond à ces critiques par un article publié dans les *Acta* en juillet 1695 intitulé « Réponses à quelques objections soulevées par M. Bernard Nieuwentijt à propos de la méthode différentielle ou infinitésimale[125] ». En 1696, Nieuwentijt publie un deuxième ouvrage pour répondre à l'article de Leibniz[126]. Leibniz fait part de cette controverse à L'Hospital dans deux lettres le 14 juin et le 12 juillet 1695. Il explique que Nieuwentijt blâme « nos raisonnemens fondés sur le Calcul de

---

124 Paolo Mancosu, *Philosophy of Mathematics and Mathematical Practice in the Seventeenth Century*, *op. cit.*, p. 159.

125 « Responsio ad nonnullas difficultates a Dn. Bernardo Niewentijt circa methodum differentialem seu infintesimalem motas », *AE*, juillet 1695 et Leibniz, G. W., *Naissance du calcul différentiel*, *op. cit.*, p. 316-334.

126 *Considerationes secundae circà calculi differentialis principia et responsio ad nobilissimum G.G. Leibnitzium*, Amsterdam, Johannem Wolters, 1696. Cette controverse a fait l'objet d'études. Sans être exhaustive : Paolo Mancosu, « Early debates with Clüver and Nieuwentijt », *Philosophy of Mathematics and Mathematical Practice in the Seventeenth Century*, *op. cit.*, p. 156-164, Fritz Nagel, « Nieuwentijt, Leibniz, and Jacob Hermann on infinitesimals », Goldenbaum, Ursula, Jesseph, D., *Infinitesimal Differences, Controversies between Leibniz and his contemporanies*, W de G, Berlin, 2008, p. 195, Herbert Breger, « On the grain of sand and heaven's infinity » *op. cit.* et la présentation par Marc Parmentier de la réponse de Leibniz dans Leibniz, G. W., *Naissance du calcul différentiel*, *op. cit.*, p. 316-324.

differences, sans avoir donné des démonstrations de nos principes[127] ». Il ajoute :

> Il [Nieuwentijt] croit même que de nostre calcul s'ensuit, que lors qu'on prend les differences des Abscisses x egales, celles des ordonnées y et des courbes ou arcs C le devroient estre aussi. Il passe encor plus avant, et blâme quasi tous les Mathematiciens qui ont raisonné sur ces matieres ; parcequ'ils n'ont point distingué *infinite parvum a nullo* ; car selon luy pour que deux grandeurs soient egales il faut que leur difference soit nulle. Il prétend d'avoir trouvé le moyen de rectifier les demonstrations des Geometres ; et il met pour fondement que tout ce qui multiplié par un nombre infini ne devient pas une grandeur ordinaire n'est rien. C'est pourquoy il veut que les quarrés ou rectangles des lignes infiniment petites comme $dxdx$ ou $dxdy$ ne sont rien, et que c'est pour cela qu'on a raison de les rejetter dans le calcul de M. Fermat. C'est pour cela aussi qu'il ne veut point admettre les grandeurs differentio-differentielles comme ddx (*ibid.*, p. 416).

Afin que ces reproches cessent, Leibniz émet le vœu que L'Hospital fasse paraître bientôt son ouvrage car ainsi il y expliquera le calcul. En attendant, il signale qu'il a renvoyé Nieuwentijt à ses lemmes sur les incomparables et rappelle à L'Hospital que par « grandeurs incomparables », il entend celles « dont l'une multipliée par un nombre fini que ce soit, ne sçauroit exceder l'autre, de la même façon qu'Euclide la pris dans sa cinquième definition du cinquieme livre. » (*ibid.*)

La deuxième lettre à L'Hospital est écrite le 12 juillet 1695 après la parution de son article dans les *Acta*. Leibniz revient sur la prescription du mathématicien hollandais :

> Il s'imagine qu'on ne doit jamais rejetter en calculant, que ce qui n'est rien absolument, et non pas ce qui est infiniment petit[128].

Il incrimine Nieuwentijt d'« habiller à sa mode » le calcul leibnizien en remplaçant la notation dx et dy par les lettres « *e*, *v*, etc. » (*ibid.*). Mais cette notation s'adaptant difficilement aux differentio-differentielles, il prendrait « le parti de les rejetter absolument comme des riens » et conviendrait que le quarré de dx n'est rien. De plus, ce « parti » lui permet d'expliquer que dans les calculs de Barrow, Fermat et Sluse « on garde le *e* et le *o*, et on rejette les termes où se trouvent leurs quarrés ».

127 Lettre de Leibniz à L'Hospital du 14 juin 1695, A III, 6, p. 415.
128 Lettre de Leibniz à L'Hospital du 12 juillet 1695, A III, 6, p. 450.

Mais, selon Leibniz, la raison de cette élimination se trouve dans la notion d'incomparabilité. Les termes homogènes disparaissent non pas parce qu'ils sont des zéros mais parce qu'ils sont « incomparablement mineurs » par rapport aux lignes infiniment petites.

Dans son article en réponse à Nieuwentijt, Leibniz reprend des arguments contenus dans les lettres à L'Hospital mais les développe davantage. En premier lieu, il revient sur la définition d'égalité car il considère qu'elle est à l'origine des incompréhensions. Il énonce clairement qu'il juge que deux termes sont égaux lorsque

> non seulement lorsque leur différence est absolument nulle [*omnino nulla*], mais aussi lorsqu'elle est incomparablement petite, et bien qu'on ne puisse dire en ce cas que cette différence soit absolument Rien [*Nihil omnino*], elle n'est pourtant pas une quantité comparable à celles dont elle est la différence. Ajoutons à une ligne un point d'une autre ligne, ou une ligne à une surface, nous n'accroissons pas leur grandeur. Il en va de même si nous ajoutons à une ligne une autre ligne mais incomparablement plus petite. Aucune construction ne peut non plus montrer un tel accroissement. Car à l'exemple d'Euclide, livre 5, je considère que seules sont comparables des grandeurs homogènes [*homogeneas quantitates*], dont le produit de l'une par un nombre, un nombre fini s'entend, peut surpasser l'autre. Je pose donc que deux grandeurs dont la différence n'est pas de cette nature sont égales, comme l'admit également Archimède et tout le monde auprès de lui. C'est précisément dans ce cas qu'on dit qu'une différence est plus petite que toute grandeur donnée[129].

Leibniz précise que la nouvelle conception de l'égalité – sur laquelle repose son calcul différentiel – a tout son sens dans le cadre euclidien. Les deux exemples d'incomparables fournis ne relèvent pas du même type d'hétérogénéité : l'un est lié à la notion de dimension (point/ligne/surface), l'autre à l'idée « de plus petit que toute grandeur donnée » et sans « construction ». Dans ce contexte, Leibniz peut affirmer que sa définition de l'égalité n'est rien d'autre qu'une explicitation de notions admises par « Archimède ». En effet, dans le raisonnement par l'absurde, pour

129 « *Quemadmodum si lineae punctum alterius lineae addas, vel superficiei lineam, quantitatem non auges. Idem est, si lineam quidem lineae addas, sed incomparabiliter minorem. Nec ulla constructione tale augmentum exhibiri potest. Scilicet eas tantum homogeneas quantitates comparabiles esse, cum Euclide lib. 5. defin. 5 censeo, quarum una numero, sed finito, multiplicata, alteram superare potest. Et quae tali quantitate non differunt, aequalia esse statuo, quod etiam Archimedes sumsit, aliique post ipsum omnes. Et hoc ipsum est, quod dicitur differentiam esse data quavis minorem* », *AE*, juillet 1695, p. 311, traduction par Marc Parmentier, Naissance du calcul différentiel, *op. cit.*, p. 326-327.

démontrer que deux grandeurs (homogènes) sont égales, il est supposé qu'elles diffèrent d'une grandeur homogène non nulle, puis il est montré que cela conduit à une absurdité. Nul besoin de statuer sur la nature de cette grandeur puisque son existence est contradictoire. Elle joue le role d'une fiction géométrique, indispensable à ce type de raisonnement.

Leibniz répond également sur l'objection portant sur l'existence des differentio-différentielles. Il argumente aussi en faisant appel au caractère variable des différentielles : « Ainsi chaque fois que les termes ne croissent pas uniformément, les accroissements ont alors à leur tour des différences, qui ne sont autres que les différences des différences[130] ». Dans « Additio ad hoc schediasma », il ajoute que « S'il n'existait que des différences premières toutes les quantités croîtraient uniformément, autrement dit toutes les lignes seraient des droites[131] ».

La réception du « principe de continuité » chez L'Hospital

En septembre 1686, Leibniz publie un article[132] dans la revue *Nouvelles de la République des Lettres* dans lequel il critique les lois cartésiennes du mouvement, fondées sur l'estimation de la force par la quantité de mouvement. À la fin de l'article, Leibniz défie les cartésiens de trouver la courbe sur laquelle un corps pesant descend uniformément et approche également de l'horizon en temps égaux[133]. Cet article est immédiatement suivi d'une réponse de Catelan[134]. Cet échange polémique dure

130 *« Nam qutiens termini non crescunt uniformitet necesse est incrementa eorum rursus differentias habere, quae sint utique differentiae differentiarum »*, AE, juillet 1695, p 315 et Leibniz, G. W., Naissance du calcul différentiel, *op. cit.*, p. 332.

131 Un mois plus tard, en août 1695, Leibniz fournit des arguments supplémentaires contre les objections de Nieuwentijt, « Addenda ad D.N. GGL Schediasma proximo mensi Julio pag. 310 & seqq. Insertum », AE, août 1695, p. 369-372 et G. W. Leibniz, *Naissance du calcul différentiel*, *op. cit.*, p. 335-337.

132 « Démonstration courte d'une erreur considérable de Mr Descartes et de quelques autres touchant une loi de la nature selon laquelle ils soutiennent que Dieu conserve dans la matière la même quantité de mouvement, de quoi ils abusent même dans la mécanique », *Nouvelles de la République des Lettres*, art. II, septembre 1686, p. 996-1003.

133 « or cette variété de temps m'a fait penser à un joli problème, que je viens de résoudre présentement et que je veux marquer ici, afin que notre dispute donne quelque occasion à l'avancement de la Science : *trouver une ligne de descente, dans laquelle le corps pesant descende uniformément et approche également de l'horizon en temps égaux.* L'analyse de Messieurs les cartésiens le donnera peut-être aisément », *ibid.*, p. 997.

134 « Courte remarque de M. l'Abbé D.C. où l'on montre à M. G. Leibniz le paralogisme contenu dans l'objection précédente », à la suite de l'article de Leibniz.

jusqu'en avril 1689. Malebranche, dont les conceptions mécaniques sont cartésiennes, est concerné par le contenu de ces articles. Il montre à Leibniz ses réticences à adhérer à sa conception de la force[135].

En juillet 1687, Leibniz publie une lettre dans la revue hollandaise, à l'attention du philosophe français, dans laquelle il met en avant un « principe général utile à l'explication des loix de la nature ». Il estime que ce principe est un argument de taille pour convaincre Malebranche et les cartésiens de leur erreur[136]. Il assure que ce principe tire « son origine de l'infini » et que, s'il est d'abord « absolument nécessaire en Géométrie », il « réussit encor dans la physique, par ce que la souveraine sagesse, qui est la source de toutes choses, agit en parfait géomètre[137] ». Suit l'énoncé du principe :

> Lorsque la difference de deux cas peut estre diminuée au dessous de toute grandeur donnée *in datis* ou dans ce qui est posé, il faut qu'elle se puisse trouver ainsi diminuée au dessous de toute grandeur donnée *in quaesitis* ou dans ce qui en resulte, ou pour parler plus familierement. Lorsque les cas (ou ce qui est donné) s'approchent continuellement et se perdent enfin l'un dans l'autre, il faut que les suites ou evenemens (ou ce qui est demandé) le fassent aussi. Ce qui dépend encor d'un principe plus general, sçavoir : *Datis ordinatis etiam quaesita sunt ordinata* (*ibid.*)[138].

Afin d'« entendre » l'énoncé du principe, Leibniz le fait suivre d'exemples qu'il emprunte à la géométrie et à la physique. La supposition que le repos puisse être considéré comme « une vitesse infiniment

135 Pour une étude de l'échange entre Malebranche et Leibniz concernant la polémique de l'estimation de la force par la quantité de mouvement : André Robinet, *Malebranche et Leibniz, Relations personelles*, *op. cit.* chapitre IV ou « Mathématiques et réforme de la Physique », Claire Schwartz, *Malebranche, Mathématiques et Philosophie*, *op. cit.*

136 « Lettre de M. L. sur un principe general utile à l'explication des loix de la nature pour la considération de la sagesse divine, pour servir de réplique à la réponse du R.P.D. Malebranche », *Nouvelles de la République des Lettres*, juillet 1687, art. VIII, p. 744-753.

137 Lettre de Leibniz à P. Bayle, *OM*, XVIII, p. 453.

138 Ce qui se traduit par « Les données étant réglées, les choses recherchées sont aussi réglées ». Breger donne aussi cette formulation : « Si une différence dans les données peut être arbitrairement réduite, alors il en va de même pour les différences qui sont dépendantes dans le recherché ». Il commente que pour Leibniz lorsque le donné et le recherché sont continus alors toute fonction entre eux ne peut être que continue, Herbert Breger, « Le continu chez Leibniz » dans Salanskis/Sinaceur (dir.), *Le labyrinthe du continu*, colloque de Cerisy, Jean-Michel Salanskis et Hourya Sinaceur (éd.), Paris ; Berlin ; New York, Springer, 1992, p. 77.

petite », lui permet de contredire les lois cartésiennes du mouvement. Aussi, Leibniz explique que « l'on sçait » que l'on peut traiter le cas d'une ellipse comme le cas d'une parabole car « la différence de l'ellipse et de la parabole peut devenir moindre qu'aucune différence donnée » : il suffit de supposer que l'un des foyers est suffisamment éloigné de l'autre pour que les rayons provenant de ce foyer puissent être considérés presque parallèles. Ces rayons différeront de rayons parallèles « aussi peu que l'on voudra ». Pourvu que la parabole soit considérée comme « une figure qui diffère de quelque Ellipse moins que d'aucune différence donnée », elle vérifiera alors les théorèmes géométriques de l'ellipse « en général ». Le principe stipule donc que les propriétés géométriques sont conservées par le passage continu d'un état à un autre. Pour Leibniz le fait de « pouvoir rendre une différence aussi petite que l'on veut » suppose que cela s'effectue de manière continue.

Ce principe de raisonnement apparaît dans la pensée leibnizienne comme un argument essentiel et « nécessaire ». Leibniz choisit de présenter des exemples qui montrent la fécondité de son application. Plus en avant dans son texte, il se sert de son principe pour justifier qu'une égalité puisse « estre considérée comme une inégalité infiniment petite », et qu'on puisse « faire approcher l'inégalité de l'égalité autant que l'on veut ».

Cette lettre décrivant le principe de continuité est bien évidemment connue de Malebranche, de Catelan et de leurs proche, il est possible que L'Hospital, alors âgé de 26 ans s'y soit intéressé au moment même de sa publication. En revanche, l'Abbé Foucher (1644-1696), ami de Malebranche et de Leibniz – qu'il a connu lors de son séjour parisien – est au fait de la polémique des forces vives[139]. Foucher et Leibniz échangent épistolairement de 1679 jusqu'à la mort du chanoine en avril 1696. Foucher sert souvent d'intermédiaire à Leibniz pour publier des articles au *Journal des Sçavans*[140]. En particulier, nombre de leurs échanges sont publiés et sont par conséquent connus par la communauté savante.

139 Lettre de Foucher à Leibniz du 28 décembre 1686 : « J'ai vu dans le Journal de Holende vostre problême avec une réponse qu'on y a faite touchant le principe de la méchanique », *Lettres et opuscules inédits de Leibniz*, précédés d'une introduction par A. Foucher de Careil, Paris, Librairie philosophique de Ladrange, 1854, p. 59.

140 L'article sur la chaînette par exemple : « Votre problème de la chaisne pendante de Galilée sera inséré dans le premier journal », lettre de Foucher à Leibniz du 31 décembre 1691, *op. cit.*, p. 84.

Foucher ne s'accorde pas avec Leibniz sur la pertinence du principe de continuité, il refuse d'admettre que « la nature n'agit pas par saut » qui en est une reformulation[141]. Dans la lettre du 31 décembre 1691[142], Foucher lui explique que bien que Malebranche s'accorde avec Leibniz sur « la manière d'agir de la nature, par des changements infiniment petits et jamais par saut » (*ibid.*, p. 84), il doute encore de ce principe car il craint

> que cela ne revienne à l'argument des pyrrhonniens, qui foisoient marcher la tortüe aussi vite qu'Achile ; car toutes les grandeurs pouvant être divisées à l'infini, il n'y en a point de si petite dans laquelle on ne puisse concevoir une infinité de divisions que l'on n'épuisera jamais, d'où il suit que ces mouvements se doivent faire tout à coup, par rapport à de certains indivisibles physiques et non mathématiques (*ibid.*, p. 84-85).

Pour Foucher, appliquer ce principe dans la nature est incompatible avec la divisibilité infinie des grandeurs car cela conduit à des paradoxes comme celui de Zénon. Dans sa lettre de réponse, qui sera publiée au *Journal des Sçavans* le 2 juin 1692[143], Leibniz répète que

> Mon axiome, que la nature n'agit jamais par saut, est d'un grand usage dans la physique. Il détruit les atomes, les petis repos, les globules du second élément, et les autres semblables chimères. Il rectifie les loix du mouvement. Ne craignez point, monsieur, la tortuë que les pirrhoniens faisoient aller aussi vite qu'Achille. Vous avez raison de dire que toutes les grandeurs peuvent être divisées à l'infini. Il n'y en a point de si petite, dans laquelle on ne puisse concevoir une infinité de divisions que l'on n'épuisera jamais. Mais je ne vois pas quel mal il en arrive, ou quel besoin il y a de les épuiser. Un espace divisible sans fin se passe dans un tems aussi divisible sans fin. Je ne conçois point d'indivisibles physiques sans miracle, et je crois que la nature peut réduire les corps à la petitesse que la géométrie peut considérer (*ibid.*, p. 89-90).

Leibniz assure que son principe de continuité n'est absolument pas compatible avec des conceptions atomistes, mais ici il ne développe pas

141 « Rien ne se fait tout d'un coup, et c'est une de mes grandes maximes et des plus vérifiées, que la *nature ne fait jamais de sauts*. J'appelais cela la *Loi de la Continuité*, lorsque j'en parlais autrefois dans les Nouvelles de la République des Lettres, et l'usage de cette loi est très considérable dans la physique [...] », *Nouveaux essais sur l'entendement humain*, Paris, Garnier-Flamarion, 1966, Préface, p. 40.

142 Lettre de Foucher à Leibniz du 31 décembre 1691, *Lettres et opuscules inédits de Leibniz*, *op. cit.*, p. 84.

143 La lettre est non datée, *ibid.*, p. 88. Elle est publiée dans le *Journal des Sçavans*, 2 juin 1692, p. 187.

davantage. Dans la lettre du 12 mars 1693, publiée dans le *Journal des Sçavans* le 16 mars 1693[144], Foucher reste dans l'incompréhension du principe leibnizien, il ajoute qu'il ne comprend pas non plus comment le savant allemand puisse admettre « des divisibles et des indivisibles tout ensemble[145] ». Pour lui, cela « redouble la difficulté » car

> en effet pour ajuster les parties du temps avec celles de l'espace que les mobiles parcourent, il faut que l'indivisibilité ou la divisibilité se rencontrent de part et d'autre (*ibid.*, p. 102).

Dans sa réponse du 3 août 1693, également publiée dans le *Journal des Sçavans*[146], Leibniz éclaircit la manière dont il faut comprendre les « indivisibles » pour que leur usage soit cohérent avec l'application de son principe :

> Quant aux indivisibles, lorsqu'on entend par là les simples extrémités du tems ou de la ligne, on n'y sauroit concevoir de nouvelles extrémités, ni des parties actuelles ni potentielles. Ainsi les points ne sont ni gros ni petits, et il ne faut point de saut pour les passer (*ibid.*, p. 119).

il ajoute :

> Cependant le continu, quoiqu'il ait partout de tels indivisibles, n'en est point composé [...] Le Père Grégoire de Saint-Vincent, a fort bien montré par le calcul même de la divisibilité à l'infini, l'endroit où Achille doit attraper la tortuë qui le devance, selon la proportion des vitesses. Ainsi la géométrie sert à dissiper ces difficultés apparentes (*ibid.*, p. 120-121).

Le terme « indivisibles » est donc à comprendre dans un sens « idéal » et non réel car sinon cela conduit à des paradoxes : la géométrie, qui est la science du continu « sert à dissiper ces difficultés apparentes[147] ». Ses explications ne suffisent toujours pas à convaincre Foucher.

---

144 Lettre de Foucher à Leibniz du 12 mars 1693, *ibid.*, p. 100, *JS*, 16 mars 1693, p. 124-127.

145 Il attribue cela à Leibniz car il vient de lire deux de ses anciens traités : *De motus abstracto, de Motu concreto.* Dans sa lettre de réponse du 3 août 1693, Leibniz lui explique que ces traités datent de vingt ans et que leur contenu est caduc : « il y a plusieurs endroits sur lesquels je crois être mieux instruit presentement ; et entre autres, je m'explique tout autrement aujourd'hui sur les indivisibles. C'était l'essai d'un jeune homme qui n'avoit pas encore approfondi les mathématiques », *ibid.*, p. 119.

146 *Ibid.*, p. 119, *JS*, 3 août 1693, p. 355.

147 On pourra consulter à ce sujet : Frank Burbage et Nathalie Chouchan, *Leibniz et l'infini*, Paris, Presses universitaires de France, 1993, p. 96-116.

Dans une lettre du 12 juillet 1695, Leibniz s'adresse à L'Hospital pour lui demander son avis sur ces articles parus en juin et juillet[148]. La réponse du 3 septembre[149] témoigne de l'intérêt que L'Hospital y porte, mais surtout dans celle du 1er décembre 1695[150], il reconnaît les vertus du principe de continuité :

> Il y a encore un principe dont on vous est redevable, et dont je conviens avec vous, et qui est d'une utilité merveilleuse pour résoudre plusieurs questions tant phisiques que mathematiques, c'est que la nature n'agit point *per saltum*, et qu'ainsi le repos peut être considéré comme un mouvement infiniment petit etc. (*ibid.*, p. 555).

L'HOSPITAL ET LE GROUPE AUTOUR DE MALEBRANCHE

L'Hospital a maintenu tout au long de sa vie de très bons rapports avec Malebranche. Mais qu'en est-il pour les autres membres du cercle du philosophe ?

FRANÇOIS DE CATELAN, L'OPINIÂTRETÉ DÉÇUE D'UN CARTÉSIEN

Catelan est mêlé à une liste conséquente de polémiques dans lesquelles il veut défendre ses idées profondément cartésiennes. Il attaque Huygens contre la question du centre d'oscillation tel qu'elle est traitée dans son célèbre ouvrage *Horologium Oscillatorium*[151]. Cette polémique avec Huygens dure environ un an – entre décembre 1681 et septembre 1682 – elle est rendue publique dans le *Journal des Sçavans*[152]. Puis, Jean

148 Lettre de L'Hospital à Leibniz du 12 juillet 1695, A III, 6, p. 441.

149 Lettre de L'Hospital à Leibniz du 3 septembre 1695, A III, 6, p. 487.

150 Lettre de L'Hospital à Leibniz du 1er décembre 1695, A III, 6, p. 554.

151 Christiaan Huygens, *Horologium oscillatorium*, *OH*, IX.

152 La bibliographie de Catelan a été établie par André Robinet par deux articles : « L'abbé de Catelan, ou l'erreur au service de la vérité », *Revue d'Histoire des Sciences et de leurs applications*, vol. 11, N° 4, Paris, 1958 et « L'Abbé de Catelan, documentation et informations », *Revue d'Histoire des Sciences et de leurs applications*, tome 13, n° 2, 1960, p. 135-137. Pour cette polémique on pourra également consulter Jean-Étienne Montucla, *Histoire des Mathématiques*, 2 volumes, Paris, Jombert, 1754, p. 130-132.

Bernoulli prend parti pour Huygens contre Catelan : cinq articles sont publiés dans le même journal[153]. Enfin Leibniz engage en septembre 1686 la controverse « des forces vives » dans laquelle Catelan se charge de défendre les positions cartésiennes.

À la suite de la publication en 1691 des deux traités de Catelan, une autre querelle s'était engagée entre L'Hospital et ce dernier[154]. Un compte rendu de la *Logistique* est publié au *Journal des Sçavans* le 4 février 1692. En janvier 1692, une lettre de L'Hospital est publiée dénonçant les erreurs de l'ouvrage *Principe de la science générale*[155]. Catelan rectifie l'ouvrage à partir des objections de L'Hospital et publie une autre édition « maquillée » de la précédente en février 1692. De mars à décembre 1692 paraissent cinq articles au *Journal des Sçavans* portant sur d'autres erreurs présentes dans *Principe de la Science générale des lignes courbes*. L'Hospital, qui signe par « M. G. », pointe des erreurs commises dans la méthode des normales ou dans celle de la recherche des points d'inflexion. Catelan s'obstine à affaiblir les arguments de L'Hospital sans succès. Dans l'avant dernier article, le 15 décembre 1692, L'Hospital retrace les principales étapes de la controverse. Il soutient que la méthode de Catelan n'apporte rien de nouveau par rapport à celle de Barrow, seules les notations sont modifiées. Il ajoute que la méthode pour chercher le point de recourbement et la « manière de former le deuxième terme des puissances incommensurables[156] » est due à Leibniz[157], comme le montre d'après lui la publication « *Nova Methodus* ». Ni l'une ni l'autre de ces remarques ne sont parfaitement exactes puisque d'une part Catelan reformule à sa manière ce qu'il a pu apprendre des leçons de Barrow et d'autre part, la présentation des résultats chez Leibniz diffère complètement de celle de Catelan, ne serait-ce par l'utilisation de la caractéristique. L'Hospital force la critique pour dévaloriser davantage le travail de Catelan : non seulement celui-ci commettrait des erreurs mais il plagierait. Il n'apporterait donc

153 Du 21 avril 1684 à septembre 1684, « L'abbé de Catelan, ou l'erreur au service de la vérité », *op. cit.*, p. 295.

154 Cette controverse a été étudiée en grande partie par Pierre Costabel dans *Mathematica*, p. 89-102.

155 André Robinet, « L'Abbé de Catelan, documentation et informations », *op. cit.*, p. 136.

156 C'est-à-dire de remplacer $(x+o)^{\frac{p}{q}}$ par $x^{\frac{p}{q}} + \frac{p}{q} x^{\frac{p}{q}-1}$.

157 *JS*, 15 décembre 1692, p. 489.

rien de nouveau et il serait en outre incapable de résoudre les problèmes épineux qui lui ont été proposés :

> Il n'a pas jugé à propos de toucher au problême que je lui avois proposé, et dont j'ai fait mettre la solution dans le 34-journal [courbe de Beaune]. Cependant M. Descartes dont il parle si souvent, & de qui il prétend pousser si loin les inventions, n'a pas dédaigné de s'y appliquer, & il dit mesme qu'il ne sçait point qu'aucun des plus celebres Mathématiciens de Paris & de Toulouse ausquels M. de Beaune l'avoit proposé, en eust trouvé la solution. Notre auteur en a usé de la mesme sorte à l'egard des deux problêmes que M. Leibniz lui a proposez dans les Actes de Leipsic [courbe isochrone] [...] Il devroit donc me proposer à son tour quelques problêmes, dont il ne publiast la solution que deux ou trois mois aprés comme j'ai fait, afin de voir si je n'en pourrois pas venir à bout pendant ce temps. Il devroit aussi chercher la rectification de la courbe de M. de Beaune, en supposant la quadrature de l'hyperbole ; ce que j'ai proposé en dernier lieu dans le journal du 1. Septembre, et dont je donnerai la solution dans la suite. Le Public tireroit au moins quelque utilité de cette dispute [...] (*ibid.*, p. 489).

Pour L'Hospital, la mathématique que défend Catelan n'invente rien et elle n'est pas apte à résoudre les problèmes de plus en plus ardus. Alors qu'il le juge incapable, L'Hospital défie Catelan de poser de nouveaux problèmes. L'Hospital décide d'arrêter la querelle ici, même s'il y aura un court article supplémentaire sans que rien de significatif ne soit ajouté. Le temps destiné à contredire les écrits de Catelan est passé : en décembre 1692, il met tous ses espoirs de renouveau dans le calcul leibnizien. Cet épisode affaiblit la proximité entre Malebranche et Catelan même si ce dernier n'est définitivement isolé du groupe qu'à partir de 1694[158].

VARIGNON : ÉTABLIR UNE CONFIANCE

Pour les autres membres du groupe – mis à part Varignon avec qui il est plus réservé jusqu'en 1694[159] – L'Hospital entretient des rapports de camaraderie. Reyneau, par exemple, profite de ses courtes vacances de l'été 1692 pour lui rendre visite à sa maison à Oucques[160].

---

158 André Robinet, « L'abbé de Catelan, ou l'erreur au service de la vérité », *op. cit.*, p. 293.

159 Varignon prend parti pour Catelan pour la défense de *Science générale des lignes courbes*. D'après Costabel, le groupe lui tient rigueur de ce « faux pas » jusqu'environ 1694, *DBJB*, 2, p. 12-13.

160 Lettre de Jean Bernoulli à Pierre Varignon le 24 septembre 1692, *DBJB*, 2, p. 24.

L'Hospital est jaloux de ses leçons bernoulliennes, il permet difficilement que des copies en soient effectuées. J. H. Stähelin, le secrétaire de Jean Bernoulli effectue une copie pour son maître. Pour rappel, il est très possible que ce soit celle-ci qui ait été utilisée par Byzance et par Malebranche pour ses cahiers de calcul intégral, et c'est également possible que Reyneau en ait fait une copie. Lorsque Bernoulli fut de retour à Bâle, d'autres copies furent confectionnées. Jacques Bernoulli participa à leur diffusion en s'attribuant un certain mérite en tant que maître de Jean. Varignon apprit en 1694 qu'un professeur de Genève avait reçu le cours complet par l'intermédiaire des frères Bernoulli[161]. Dans une lettre de janvier 1694, il prie Jean Bernoulli de lui faire retranscrire : « Mr. Stehelin les aura sans doute, & il pourra vous les prêter pour me les faire copier : je vous tiendray compte de tout ce qu'il vous aura couté ». Jean Bernoulli assure ne pas disposer de copiste pour ce labeur bien que la raison plus probable soit qu'il souhaite respecter les conditions du contrat établi avec L'Hospital[162]. Varignon ne perd pas espoir et insiste à nouveau dans la lettre du 15 mars 1694 :

> Je vous rends très humbles graces de ce que vous voulez bien m'accorder de vos écrits. Quoy qu'à présent vous ne voyez personne qui m'en puisse faire de copie, j'espère neansmoins que dans la suitte il s'en pourra trouver quelqu'un : payez le, dis-je s'il vous plaist, fort gracement affin de l'y engager, & je vous tiendray compte de tout[163].

Si L'Hospital exprime une certaine méfiance envers Varignon ce n'est pas le cas des autres membres du groupe. Reyneau le considère comme un maître à consulter[164], et Malebranche lui fait confiance pour examiner les anciens ouvrages de Prestet. De façon générale, en raison de sa position académique depuis novembre 1688, les membres du groupe et Jean Bernoulli s'imposent des relations cordiales avec lui (*ibid.*). En outre, Jean Bernoulli ne cesse de rendre proches Varignon et L'Hospital (*ibid.*). La publication de son traité s'approchant, L'Hospital devient

161 Lettre de Varignon à Jean Bernoulli du 20 janvier 1694, *DBJB*, 2, p. 55.

162 Le 26 janvier 1694, Bernoulli écrit une lettre à L'Hospital qui n'a pas été retrouvée. L'Hospital précise dans sa réponse du 17 mars qu'il ne souhaite pas qu'il envoie des copies des leçons à d'autres, il cite en premier Varignon.

163 Lettre de Varignon à Jean Bernoulli du 15 mars 1694, *DBJB*, 2, p. 61-62.

164 *DBJB.*, Introduction, p. 13.

moins prudent : à partir de 1695, Varignon est devenu un homme de confiance aux yeux de L'Hospital[165].

MALEBRANCHE ET L'HOSPITAL, UNE AMITIÉ COLLABORATRICE

Malebranche connaît L'Hospital de longue date par la fréquentation de milieux savants parisiens, notamment celui du Duc de Roannez. Il apprécie ses talents de mathématicien et l'a sollicité notamment pour conseiller Prestet. Bénéficiant des cours de Jean Bernoulli, L'Hospital n'hésite pas à transmettre ses connaissances à son ami Malebranche. Les *Cahiers de Calcul intégral* témoignent de cette période. Les cahiers II et III – qui correspondent étroitement à la section « *Quadratura Spatiorum* » de Bernoulli – contiennent effectivement des études rédigées entre 1692 et 1693 en collaboration avec L'Hospital qui prolongent les leçons de Bernoulli. Suivent ensuite plusieurs résolutions traitées conjointement par les deux amis. Il s'agit de problèmes transmis par Jean Bernoulli pendant l'été 1692 à Oucques ou via leur correspondance[166] comme le problème de la « tractoria » ou « courbe des chaloupes » et également la rectification de la logarithmique qui l'occupe dès 1692[167].

En 1694, Malebranche sollicite Reyneau pour élaborer un ouvrage élémentaire sur l'arithmétique[168], l'algèbre et la géométrie en reprenant éventuellement les écrits de Prestet tandis que L'Hospital prépare sa publication pour « ses sections coniques et le calcul différentiel avec l'application au problème de géométrie ». Malebranche fait donc confiance à L'Hospital pour rédiger des écrits de mathématiques plus profondes que celle dont doit s'occuper Reyneau. Cependant, L'Hospital est le plus à même de juger ce qui est essentiel : il abandonne la publication du traité sur les coniques et modifie le traité de calcul différentiel prévu.

165 *Ibid.*, p. 13. Voir aussi *Mathematica*, p. 310-311.

166 FR 24237, Quadrature du folium de Descartes (f° 78r° et 80r°), « Trouver la nature de la courbe dont les différences secondes des abscisses sont proportionnelles aux I^eres^ diff. des appliquées », « Chercher la nature d'une courbe dont on sait que les 2 différences des abscisses sont proportionnelles aux cubes des différences I^ers^ des appliquées » (fol. 79r°), « Trouver l'espace renfermé par la courbe dont l'équation est $\frac{2xdx}{aa}\sqrt{x^4 - a^4}$ » (f° 85r°), « Trouver la longueur de la logarithmique » (f° 92r°), « Figure pour l'inverse des tangentes etc. » dans lequel il traite chacun des cas d'équation différentielle dans lequel soit la tangente, soit la perpendiculaire (normale), soit la soustangente, soit la sousperpendiculaire est constante (f° 86r°).

167 Lettre de L'Hospital à Huygens du 26 juillet 1692, *OH*, X, p. 305.

168 Lettre de Malebranche à Reyneau le 30 décembre 1694, *OM*, XIX, p. 619.

L'Hospital a donc une étroite relation avec les membres du groupe autour de Malebranche, il y est considéré comme un mathématicien de valeur. Alors que les centres d'intérêt mathématiques du groupe avant 1692 étaient diversifiés et ne se réduisaient pas uniquement au nouveau calcul[169], L'Hospital, par son enthousiasme, convainc qu'il est nécessaire de se focaliser dans son étude quasi exclusive. Le cinquième chapitre montrera comment ce groupe s'implante à l'Académie royale des sciences.

LA PREMIÈRE INTERPRÉTATION VARIGNONIENNE DU CALCUL LEIBNIZIEN, UNE ARTICULATION AVEC UN HÉRITAGE BARROWNIEN

Varignon aborde de manière autonome le calcul différentiel. En effet, certaines lettres envoyées à Jean Bernoulli apprennent non seulement qu'il n'a pas été invité à bénéficier des copies des leçons de calcul différentiel à la fin 1691, mais que les années suivantes il ne parvient pas non plus à accéder aux manuscrits de ces leçons, dont il aura moins besoin après la publication en 1696 de l'*Analyse des infiniment petits pour l'intelligence des lignes courbes*.

Dans la lettre du 21 janvier 1693, Varignon explique à Bernoulli qu'il vient de « déterrer » le calcul différentiel, qu'il juge plus « expéditif que l'ordinaire », cependant, il ne saisit pas encore comment s'appliquent les « différentielles de différentielles », c'est la raison pour laquelle il lui demande de lui proposer des solutions de problèmes dans lesquelles elles interviennent[170]. Peu aidé dans l'accès à ces nouvelles connaissances mais avec une ferme volonté de s'initier à la nouvelle analyse, il cherche à se procurer de façon systématique les articles de Leibniz et des Bernoulli parus dans les *Acta Eruditorum* puisqu'ils constituent la seule littérature disponible pour lui : si en juin 1693, il ne possède que les numéros

169 Le fonds oratorien montre que les sujets de recherche ne se limitaient pas aux méthodes d'invention. Le travail de Prestet en algèbre et combinatoire en est un exemple notoire. On pourra consulter les reproductions de manuscrits du groupe traitant de résolution d'équations, géométrie pratique, calcul approché de π, dans *Mathematica*, p. 109-130.

170 Lettre de Varignon à Jean Bernoulli du 21 janvier 1693, *DBJB*, 2, p. 29.

allant jusqu'en septembre 1688, il dispose en juillet 1694 de tous ceux allant jusqu'à fin 1693[171].

En janvier 1694, Varignon lit le premier mémoire où il utilise le calcul leibnizien. Dans ce mémoire, intitulé « Démonstration générale de l'arithmétique des infinis ou de la géométrie des indivisibles[172] », il obtient un théorème concernant les quadratures des paraboles (comme dans le mémoire de 1692) mais aussi de toutes les hyperboles. Au début de son texte, il affirme :

> L'Utilité immense de l'arithmétique des infinis dans la Géométrie, a rendu cette manière de la traiter fort à la mode. Mr Wallis nous a donné les Règles dans son livre intitulé *Arithmetica infinitorum* ; mais ni luy, ni personne que je sçache ne les a encore universellement démontrées. Voicy comment on peut le faire par le calcul de Mr Leibnitz (*ibid.*, f° 1).

Ce passage confirme que Varignon ne connaît pas le manuscrit de L'Hospital concernant sa démonstration « géométrique » de l'Arithmétique des infinis. Varignon y souhaite démontrer les résultats concernant les sommes directes et les sommes réciproques, établies par « induction » dans l'*Arithmetica infinitorum*, en les déduisant du théorème sur les quadratures de paraboles ou hyperboles.

Il expose ainsi son théorème : la droite AC est divisée en une indéfinité de parties égales BB, de sorte que tous les AB forment une progression arithmétique croissante depuis « zéro » jusqu'à AC. Cette formulation reprend le début des énoncés des propositions wallisiennes. Les ordonnées BD vérifient $\frac{BD^m}{EC^m} = \frac{AB^m}{AC^n}$ où m et n sont des grandeurs positives, négatives, entières ou rompues. Dans ces conditions, il affirme que

> la somme des ordonnées BD, c'est-à-dire la figure entière $ACEDA$ est au produit $EC \times CA$ fait du nombre AC de ces ordonnées[173] par la dernière BC, comme n est à $m \times n$ (*ibid.*)

---

171 Lettre de Varignon du 29 juin 1693, *DBJB*, 2, p. 35. Varignon affirme posséder les numéros jusqu'en septembre 1688. Lettre du 28 juillet 1694, *ibid.*, p. 67 : Bernoulli lui a envoyé 63 exemplaires qui correspondraient aux numéros d'octobre 1688 à fin 1693.

172 « Démonstration générale de l'arithmétique des infinis ou de la géométrie des indivisibles », Pochette de séance du 2 janvier 1694, f° 1-4.

173 Ce qu'il a désigné dans son énoncé par « ordonnée BD » est en fait un rectangle dont les côtés sont l'ordonnée BD et la différentielle BB.

Pour démontrer ce résultat, il note $AB = x, AC = a$, leurs « différentielles » $BB = dx$ (qui sont égales), $BD = y$ et $EC = b$.

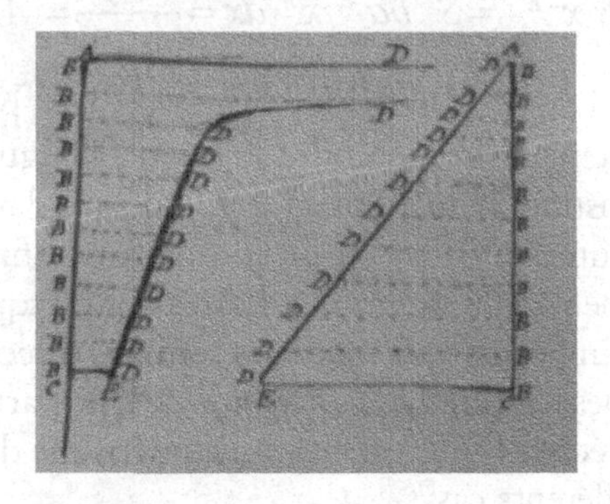

FIG. 53 – Pierre Varignon, « Démonstration générale de l'arithmétique des infinis ou de la géométrie des indivisibles », Pochette de séance du 2 janvier 1694, f° 4, © Archives de l'Académie des sciences.

Avant de poursuivre, il indique qu'une « lettre », un S majuscule, signifiera « somme » dans la suite de sa démonstration.

Comme $\frac{a^m}{x^m} = \frac{b^n}{y^n}$, il peut écrire : $ba^{\frac{-m}{n}} x^{\frac{m}{n}} = y$ ou encore $ba^{\frac{-m}{n}} x^{\frac{m}{n}} dx = ydx = DBBD$.

Il s'agit donc de calculer la somme $S\ DBBD$ « égale » à la figure *ABDA*. C'est uniquement ici qu'il fait réellement appel au « calcul de Mr Leibnitz – Act Erud. Oct 1684[174] » – puisqu'il utilise une version de la formule classique de dérivation :

$$x^{\frac{m}{n}} dx = \frac{d\left(nx^{\frac{m}{n}}\right)}{m+n}$$

qu'il « somme »

$$S\frac{d\left(nx^{\frac{m}{n}}\right)}{m+n} = n\frac{\frac{x^{\frac{m+n}{n}}}{n}}{m+n}$$

174 C'est-à-dire l'article « Nova methodus ».

puis

$$nba^{\frac{-m}{n}} x^{\frac{m+n}{n}} = S\ ba^{\frac{-m}{n}} x^{\frac{m}{n}} dx = \frac{nxy}{m+n} = ABDA$$

L'identification de l'espace $DBBD$ à l'expression ydx permet à Varignon de calculer directement avec moindre sujétion à la figure. Ce n'était pas le cas de sa démonstration du 29 mars 1692 puisque dans celle-là il effectuait une transmutation de la courbe en une autre afin de la quarrer[175].

De ce théorème il déduit deux corollaires dans lesquels, entre autres, il fournit « la valeur générale de toutes les sommes directes » (corollaire 1) et celle des sommes réciproques (corollaire 2). Une partie des corollaires est consacrée à préciser l'interprétation géométrique de la valeur de ces sommes selon différents cas[176].

Quelques mois plus tard, le 27 novembre 1694, son assimilation du calcul leibnizien est suffisamment sûre pour qu'il puisse lire un mémoire dans lequel il démontre à l'aide uniquement du calcul différentiel les six formules du rayon de la développée[177]. Il fait part à Jean Bernoulli de l'enthousiasme que lui procurent les progrès de ses connaissances du nouveau calcul : « je ne sçaurois du tout perdre de vue le charmant & merveilleux calcul differentiel, de sorte qu'il se passe peu de jours que je n'en fasse quelque chose[178] ».

La lecture du mémoire « Rectification et quadrature de l'évolute du cercle décrite à la manière de Monsieur Hugens » lors de la séance du 18 juin 1695 et celle du mémoire du 30 juillet 1695, portant sur une nouvelle manière de déterminer la courbe isochrone, témoignent

175 On pourra consulter un commentaire de cette démonstration par Jeanne Peiffer, « Pierre Varignon, lecteur de Leibniz », *op. cit.*

176 Selon le signe de m et de n et selon l'ordre des deux nombres. Lorsque m et n sont positifs, $m > n$ et $m = n$, il interprète la valeur générale de la somme comme un espace parabolique ou un espace triangulaire. Lorsque m et n sont négatifs, il interprète la valeur générale de la somme réciproque comme un espace asymptotique, certains sont qualifiés de « plus qu'infinis ».

177 « Démonstration de six manières différentes de trouver les rayons des dévelopées, lors même que les ordonnées des courbes qu'elles engendrent, concourent en quelque point que ce soit ; & par conséquent aussi pour les cas où elles sont parallèles entr-elles », Pochette de séance du 27 novembre 1694, Archives de l'Académie royale des sciences. Le 11 décembre 1694, il lit un mémoire sur la manière de trouver les tangentes aux spirales dans lequel il utilise également le calcul différentiel : « Manière générale de trouver les tangentes des spirales de tous les genres, et de tant de révolutions qu'on voudra, avec leurs quadratures indéfinies », Pochette de séance du 11 décembre 1694.

178 Lettre de Varignon à Jean Bernoulli du 29 décembre 1694, *DBJB*, 2, p. 76.

respectivement de sa maîtrise du calcul différentiel pour résoudre des problèmes géométriques et pour l'appliquer à la résolution de problèmes physico-mathématiques[179]. Dans les premières lignes de ce dernier mémoire, Varignon rappelle que d'autres démonstrations ont été fournies mais que la sienne est une « manière très simple ». Elle découle d'une règle sur la chute des corps dont il avait fait part à l'Académie en juin 1693[180]. Nul besoin pour le lecteur de prêter attention à la figure. En effet, Varignon résout brièvement le problème de l'isochrone par l'usage exclusif du calcul leibnizien et trouve que la solution est la parabole semi-cubique. Il fait part de cet épisode à Jean Bernoulli dans deux lettres[181].

Le 12 novembre 1695, il lit un mémoire intitulé « Du déroulement des spirales de tous les genres, ou l'on fait voir qu'elles se déroulent toutes en paraboles de degré seulement plus haut que le leur, avec une méthode générale pour tous les déroulements[182] ». Dans les premières lignes, il rappelle que Pascal a démontré le résultat pour la spirale d'Archimède[183] mais que sa démonstration est « si longue qu'il n'est pas aisé de soutenir tout ce qu'il faut d'attention pour l'entendre ». Pascal dédie cette démonstration à son ami Arnauld. Il choisit en effet une démonstration, longue de six pages, à la « manière des anciens » au détriment d'autres méthodes (*ibid.*, p. 2.). Fermat est également cité pour sa démonstration de la rectification pour toute spirale « à l'infini », mais cette démonstration est aussi critiquée en raison de sa « longueur » et son « embarras ». Varignon suppute que c'est en raison de cette présentation « embarrassante » que Wallis et le Père Nicolas auraient tenté de « donner quelques exemples que le Père seul à démontrés ». À nouveau, la manière de démontrer de Wallis

179 « Courbe isochrone lelong de laquelle les corps descendent d'une vitesse uniforme par rapport à l'horizon, en sorte qu'ils s'en approchent également en temps égaux », 30 juillet 1695, *PVARS*, t. 14, f°. 135v°-136r°.

180 « Application de la règle générale des mouvemens accélérez à toutes les hypotheses possibles d'accélération ordonnées dans la chute des corps, *Mémoires de Mathématiques et de physique*, 1693, p. 107-115. Pour un commentaire de cette règle générale, on pourra consulter l'article précédemment cité de Christophe Schmit, p. 533-538.

181 Lettres de Varignon à Jean Bernoulli du 15 août 1695 et du 24 mai 1696, *DBJB*, 2, p. 90 et 97-98. Dans la deuxième de ces lettres, Varignon résume sa communication à l'Académie. Il lui explique que bien que la résolution de ce problème ait été fournie depuis longtemps et de diverses manières, sa démonstration a cela d'original qu'elle résulte de sa « règle pour la des chutte des corps ».

182 *PVARS*, 12 novembre 1695, t. 14, f° 192r°-193r°.

183 Égalité des lignes spirale & parabolique, lettre de Monsieur Dettonville à Monsieur A.D.D.S dans *Lettres de A. Dettonville*, *op. cit.*

est critiquée. Ce récit, qui occupe un tiers de son mémoire, a pour objet de montrer les difficultés insurmontables que constitue d'élaborer une démonstration générale du théorème de rectification des spirales sans que cela conduise à une écriture longue et embarrassante. Varignon affirme apporter une solution : « à le prendre à la manière qu'on fait ici, l'infini est tout aussi facile à démontrer qu'un seul cas particulier ». En effet, à l'aide exclusive du calcul leibnizien, Varignon démontre, en moins d'une page de calculs, que toute spirale générale dont l'équation est $\frac{c^p}{x^p} = \frac{a^q}{y^q}$ se « déroule » en une parabole d'équation

$$(p+q)sa^{\frac{p+q}{p}} = qcy^{\frac{p+q}{p}}.$$

Ces mémoires indiquent que son accès au nouveau calcul n'est resté laborieux que jusqu'en 1694. La manière d'introduire ces mémoires, ainsi que les remarques qu'il glisse entre deux étapes démonstratives, montrent le nouveau calcul a convaincu Varignon en raison des possibilités de généralisation et de brièveté qu'il permet. Néanmoins, le calcul leibnizien n'a pas l'exclusivité puisque Varignon ne délaisse pas d'autres méthodes infinitistes pour résoudre des problèmes de géométrie comme ceux de quadratures ou de rectifications de courbes mécaniques[184].

Encore en 1696, alors qu'il est capable de résoudre des problèmes difficiles (comme celui des chaloupes[185]) en utilisant la courbe logarithmique, il n'est pas au courant de résultats fondamentaux du nouveau calcul. Ces résultats sont pourtant assimilés par le cercle autour de Malebranche depuis la période 1692-1693, comme en témoignent certains passages des *Cahiers de calcul intégral* de Malebranche. Dans une lettre du 18 juin 1696 adressée à Jean Bernoulli, il demande des précisions sur le lien entre la rectification de la logarithmique et la quadrature d'un espace hyperbolique[186].

---

184 « Nouvelle méthode pour les quadratures et rectifications indéfinies des épicycloïdes », 13 août 1695, *PVARS*, t. 14, f° 166r°-168r° et « Rectification et quadrature indéfinies des cycloïdes à bases circulaires, quelque distance qu'on suppose entre leur point décrivant et le centre du cercle mobile », 3 sept 1695, *PVARS*, t. 14, f° 181r°-184r°.

185 Lettre de Varignon à Jean Bernoulli du 21 janvier 1693, *DBJB, 2*, p. 29 : « je viens de trouver la courbe que décrivent les chaloupes qu'on traine le long du bord de la Rivière avec une corde : c'est une Logarithmique d'une nouvelle espèce ».

186 Lettre de Varignon à Jean Bernoulli le 18 juin 1696, *DBJB*, 2, p. 102-103.

CONCLUSION

La première appropriation du calcul leibnizien débute par les leçons de Jean Bernoulli et culmine par la publication du traité *Analyse des infiniment petits pour l'intelligence des lignes courbes* de L'Hospital. Cette appropriation s'effectue au sein du groupe autour de Malebranche et il était donc crucial d'analyser, à la loupe, comment l'initiation au calcul leibnizien s'y opérait. Que L'Hospital ait été le membre le plus actif pour l'acquisition et la promotion du calcul est incontestable, cependant chacun des membres a également joué un rôle.

Carré copie, et en recopiant apprend et déjà interprète un savoir qui est en train de se faire. Byzance articule les méthodes précédentes avec le nouveau calcul leibnizien par une traduction des procédures via la caractéristique leibnizienne. Les manuscrits – étudiés dans le précédent chapitre – concernant la méthode des tangentes de L'Hospital ou celui sur l'Arithmétique des infinis de Wallis comportent de nombreuses *marginalia* avec la notation différentielle : ce sont des tentatives de traduction de méthodes d'inventions à l'aide de la notation leibnizienne. À l'inverse, des *marginalia* avec les anciennes notations de Fermat ou de Barrow sont présentes dans certains manuscrits traitant le nouveau calcul. Cette façon de procéder est habituelle parmi les membres du groupe : pour mieux appréhender le nouveau signe, il leur est utile de saisir d'abord ce à quoi il renvoie de déjà connu. La compléxité de la caractéristique leibnizienne demande un effort de compréhension supplémentaire. Les leçons de Jean Bernoulli sont dans ce cas d'une aide toute relative. En effet, l'opération de différentiation présente deux aspects dont la distinction doit être appréhendée lors de son apprentissage : le premier est algorithmique et le deuxième géométrique.

Le caractère algorithmique du calcul leibnizien, en prolongeant d'une certaine façon les règles de l'algèbre, conduit à un confort propice à sa réception, à condition d'accepter les règles d'incomparabilité. Cet aspect est clairement explicité dans les leçons bernoulliennes. Chez Malebranche, la conception du nouveau calcul comme un prolongement possible de l'algèbre en tant que générateur de rapports exacts est fondamental. Il est utile de prendre en compte son approche pour comprendre que de la perception de ces rapports découle une évidence calculatoire. Pour L'Hospital, la supériorité calculatoire de la nouvelle analyse est l'argument clef qui le convainc. Mais, si l'aspect algorithmique le fascine, il reste attentif à la manière d'interpréter les signes du calcul. Son travail d'apprentissage est loin de se limiter à intégrer des techniques opératoires de calcul, il a consisté à octroyer un sens géométrique aux éléments différentiels. Les différentielles apparaissent presque exclusivement dans des configurations géométriques. Le dx qui est l'expression de la différence entre deux points « consécutifs » infiniment proches est représenté sur une figure par un segment certes fini, mais qui est supposé infiniment petit. Il en est de même pour les différentielles d'ordre supérieur. L'invention du calcul leibnizien a pour but de résoudre des problèmes liés aux courbes. Or, pour intégrer le cadre géométrique dans lequel ces courbes habitent, ces entités différentielles sont naturellement être interprétées géométriquement.

Ce que les membres du groupe appelaient quelques années auparavant des « indivisibles » et qui étaient interprétés comme composants un continu, deviennent des êtres hybrides. Ils sont désormais des indivisibles munis d'une étiquette : leur expression différentielle. La manière dont Malebranche parvient à interpréter une aire comme l'intégrale d'éléments différentiels dans le but de calculer est dans ce sens instructive. Par ailleurs, l'étude portant sur la recherche d'un traitement calculatoire aux problèmes liés à la courbure montre que pour L'Hospital, le passage par une interprétation géométrique a été essentiel à l'apprentissage et au développement ultérieur de ses recherches. Pour l'obtention de la formule du rayon de courbure, deux voies sont possibles. La première s'effectue par la manipulation calculatoire conduisant à la formule souhaitée. La deuxième – chère à L'Hospital – s'appuie sur un raisonnement à partir d'une figure dans laquelle les différentielles secondes y sont « marquées » apparaissant ainsi comme des éléments géométriques. Sa confiance en l'aspect purement calculatoire de l'algorithme leibnizien est acquise à condition que le calcul ne produise pas des énoncés équivoques. Il est d'ailleurs significatif que Jean Bernoulli réponde par des explications d'ordre géométrique lorsque L'Hospital s'étonne de ce que « $ddy = \infty$ au point d'inflexion ». D'autres exemples de ce genre marquent la réception du calcul leibnizien. Ainsi, celle-ci a exigé que l'intégration des éléments différentiels se réalise en cohérence avec le cadre géométrique dans lequel ils permettent un calcul. Cette intégration conduit à une transformation de la géométrie infinitésimale, telle qu'elle était connue et pratiquée avant que le calcul leibnizien n'apparaisse[187].

L'expérience du nouveau calcul demande en même temps l'acceptation d'une mise entre parenthèses du pendant géométrique, c'est à ce quoi acquiescent Malebranche, L'Hospital, Varignon ou leurs camarades. Ils font alors preuve d'une confiance nécessaire et féconde dans l'algorithme.

La première réception du calcul leibnizien est celle des mathématiciens regroupés autour de Malebranche. Il s'agit désormais pour leurs membres de le diffuser. En décembre 1694, Malebranche attend de la part de L'Hospital « ses sections coniques et le calcul différentiel avec l'application au problème de geometrie[188] ». Cependant, L'Hospital ne satisfiera pas complètement l'attente de son ami parisien, c'est ainsi tout au moins qu'il l'explique à Jean Bernoulli :

> je suis sur le point de faire imprimer mon traité des sections coniques en etant persécuté par le père Malebranche et quelques uns de ses amis, j'y joindrai un petit traité du calcul differentiel, où je vous rendrai toute la justice que vous meritez. Je n'y parlerai point du tout du calcul integral, laissant cela à Mr Leibniz qui a dessein d'en faire un traité comme vous le savez, sous le titre de *scientia infiniti*, de sorte que ceci sera proprement qu'une introduction au sien [...][189]

L'ouvrage sur les sections coniques ne sera pas publié de si tôt. L'*Analyse des infiniment petits pour l'intelligence des lignes courbes* est la première présentation du calcul différentiel en Europe. Elle est en français. C'est par sa lecture et son étude qu'advient la deuxième période de réception du calcul.

187 On pourra consulter Craig Fraser, « Non standard Analysis, infinitesimals, and the History of calculus » dans *A delicate Balance : global perspectives on innovation and Tradition in the History of Mathematics*, editors David Bowe and Wann-Shang Horng, Springer, 2015, p. 25-48.

188 Lettre de Malebranche à Reyneau du 30 décembre 1694, *OM*, XIX, p. 620.

189 Lettre de L'Hospital à Jean Bernoulli du 22 août 1695, *DBJB*, 2, p. 304.

LE TRAITÉ *ANALYSE DES INFINIMENT PETITS POUR L'INTELLIGENCE DES LIGNES COURBES* (1696)

INTRODUCTION

Leibniz considère que les premiers articles parus dans les *Acta Eruditorum* décrivant le nouveau calcul ne sont pas suffisants pour exposer l'ampleur de l'« Analyse de l'infini ». Il forme le projet d'écrire un ouvrage, qu'il intitule par avance *Scientia infiniti*, qui présenterait la nouvelle analyse. C'est ainsi qu'il l'explique à Malebranche dans une lettre en 1693 :

> Si j'ay un jour quelque loisir, je proposeray un peu plus clairement que je n'ay fait dans les *Actes de Leipzig*, les regles et les usages de ce calcul ; Outre qu'il y a plusieurs *errata* capables d'obscurcir la chose, et c'est pour cela que je crois que plusieurs n'y ont rien compris[1].

Pour ce faire, il sollicite les principaux géomètres européens au fait du nouveau calcul – c'est-à-dire essentiellement les frères Bernoulli et L'Hospital – pour qu'ils apportent leur collaboration. Nombre de ses correspondants – Malebranche, Huygens – insistent pour l'écriture de cet ouvrage, mais pris par ses nombreuses occupations, il ne réalise pas ce projet[2].

En mars 1695, Malebranche détient le manuscrit de L'Hospital traitant de calcul différentiel qu'il souhaite publier. Cependant connaissant

1 Lettre de Leibniz à Malebranche fin janvier-début février, *OM*, XIX, p. 598.

2 Pour une étude de ce projet non abouti, on pourra consulter l'article de Pierre Costabel, « De *Scientia infiniti* », *Aspects de l'homme et de l'œuvre, 1646-1716*, ouvrage publié avec le concours du Centre National de la Recherche Scientifique Aubier-Montaigne, Paris, 1968, p. 105-117.

le projet de Leibniz, il craint que cette publication pourrait l'offusquer. Leibniz, au contraire, est enthousiaste :

> Quoyque j'aye dessein de composer quelque chose sur nostre nouveau calcul et autres matières connexes, sous le titre de la Science de l'infini, je n'y suis pas pourtant fort avancé, et j'ay de la matière sans luy avoir encore donné aucune forme. Ainsi cela ne vous doit point empecher de publier ce que vous avés projetté ; et puisque le R.P. de Malebranche a tiré de vous un écrit, dont vous luy avés laissé la disposition, et qu'il a dessein de faire imprimer[3].

À cette nouvelle, L'Hospital lui explique que son écrit n'est que « peu de chose ». S'il consent à le publier, c'est dans l'espoir que son illustre correspondant offre enfin au public l'ouvrage plus complet « sur la science de l'infini et dont celui-ci ne doit être regardé que comme une introduction[4] ». Leibniz montre encore une fois son entière confiance dans L'Hospital, et attend avec impatience la lecture de son ouvrage : « Je souhaitte de tout mon cœur que nous ayions le bien de voir vostre ouvrage ou je m'attends d'apprendre considerablement[5] ».

En raison de l'accord passé avec L'Hospital en 1694, Jean Bernoulli se trouve dans une position « embarrassante » lorsque Leibniz le sollicite pour collaborer à *Scientia infiniti* :

> J'ay reçû ces jours passés une lettre de Mr Leibnits, où il me prie encor de luy communiquer quelques unes de mes découvertes pour les inserer dans son traité de *scientia infiniti* : mais je ne sçay pas comment je me dois comporter à cet egard ; car de quel biais que je prenne la chose je me trouve fort embarassé ; Il est bien vray que je vous ay promis de ne faire part de mes decouvertes qu'à vous, mais me conseilleriez vous de refuser à Mr Leibnits sa demande et de rompre entierement le commerce avec luy ? en vérité cela seroit agir peu honnétement avec un homme à qui je suis beaucoup redevable [...][6].

Dans la lettre du 22 août 1695, L'Hospital, pour la première fois, informe Jean Bernoulli de la publication imminente de son traité sur les sections coniques. Il mentionne qu'il y joindra un « petit traité de calcul différentiel » dans lequel « je vous rendrai toute la justice que vous meritez[7] ». Mais ces publications sont retardées : « Mon livre s'imprime

3 Lettre de Leibniz à L'Hospital le 27 décembre 1694, A III, 6, p. 250.
4 Lettre de L'Hospital à Leibniz du 2 mars 1695, A III, 6, p. 295.
5 Lettre de Leibniz à L'Hospital du 20 juillet 1696, A III, 7, p. 25.
6 Lettre de Jean Bernoulli à L'Hospital du 22 juillet 1694, *DBJB*, 1, p. 232.
7 Lettre de L'Hospital à Jean Bernoulli du 22 août 1695, *DBJB*, 1, p. 304.

fort lentement ayant eu des affaires qui m'en ont détourné, cependant je crois qu'il sera achevé d'imprimer à la fin de cette année[8] ». Le traité des sections coniques n'est finalement pas publié[9]. Début 1696, L'Hospital tombe malade, ce qui aggrave le retard. Malebranche prend la relève et se charge de la publication. Le 18 février 1696, il déclare :

> Je suis occupé à l'impression du livre de Mr. De L'Hospital, qui sera finie dans un mois, c'est de la plus fine géométrie, le titre est *Analyse des Infiniment petits et de l'application de cette analyse à divers problèmes*[10].

En juin 1696, l'ouvrage est publié anonymement sous un titre différent : *Analyse des infiniment petits pour l'intelligence des lignes courbes* (dorénavant *AI)*, ce qui suggère que L'Hospital a repris en main l'édition[11]. Il en avise Jean Bernoulli en lui rappelant que l'ouvrage ne traite que de calcul différentiel :

> […] mon but n'a été que de faire proprement une introduction à ce que Mr. Leibniz et d'autres pourroient donner dans la suitte, je ne doute point que si vous vouliez prendre la peine, vous ne donnassiez tout ce qu'on peut souhaiter dans le calcul integral, et c'est à quoi on devroit vous exciter de travailler, car il me semble que MR. Leibniz a trop d'occupations pour pouvoir expliquer les choses comme il seroit à souhaiter[12].

La publication de son ouvrage rend donc L'Hospital plus souple vis-à-vis du vœu de secret qu'il exigeait de Jean Bernoulli. Il envoie un exemplaire à chacun des illustres savants, c'est-à-dire son professeur, le frère de celui-ci et bien sûr Leibniz, un dernier étant réservé à Otto Mencke, directeur des *Acta Eruditorum*[13].

Avant la publication de l'ouvrage, aucune information concernant son contenu n'est donc divulguée. Il est certes question de calcul différentiel, mais L'Hospital ne dit mot des sections qui seront traitées, ni de la manière de présenter. Que contient-il ? Comment se présente son contenu ?

---

8 Lettre de L'Hospital à Leibniz du 3 septembre 1695, A III, 6, p. 487.

9 Un traité sur les sections coniques est publié de façon posthume en 1708 mais il reprend des manuscrits dont la date probable est 1698. Voir plus loin dans ce chapitre au § 2).

10 Lettre de Malebranche à P. Berrand du 18 février 1696, *OM*, XIX, p. 632.

11 Pour des détails supplémentaires de cette publication, on pourra lire le récit de Pierre Costabel dans *Mathematica*, p. 309-312.

12 Lettre de L'Hospital à Jean Bernoulli du 15 juin 1696, *DBJB*, 1, p. 319-320.

13 Lettre de L'Hospital à Leibniz du 20 juillet 1696, A III, 7, p. 25.

L'Hospital a reçu le calcul par différentes voies : dans un premier temps il s'agit de cours dont il garde une trace écrite. Sans la présence de Jean Bernoulli à Paris, L'Hospital s'instruit d'articles savants – la plupart issus des *Acta* – dont la lecture le conduit à échanger avec son professeur, Huygens et Leibniz. L'Hospital apprend donc à pratiquer le calcul essentiellement pour et par la résolution de problèmes. Cette manière de procéder n'exclut pas pour autant d'interroger « les principes du calcul » dont il rend compte dans la première section de son traité.

En définitive, l'ouvrage est long de 181 pages auxquelles il faut ajouter 14 pages de Préface. Il est illustré de 156 figures qui rendent plus aisée la lecture des dix sections. La première section, intitulée « où l'on donne les Règles du calcul des Différences » prend une forme similaire à la présentation des traités mathématiques d'éléments : définitions, demandes et propositions énonçant les règles du calcul. Comme la Préface l'indique, il s'agit ici de fournir les « principes du Calcul[14] ». En revanche, la forme de toutes les autres sections n'est plus la même. Chacune des propositions correspond à un problème et à sa résolution générale, elle est suivie d'exemples l'illustrant. Les sections – sauf pour les deux dernières – ont un intitulé qui commence par « Usage du calcul des différences pour ». Ainsi l'ouvrage est clairement structuré selon le type de problèmes résolubles à l'aide du calcul différentiel. Les sections sont ordonnées par ordre croissant de complexité des contenus. Les sections II, III et IV s'occupent de recherche de tangentes, d'*extremum* et de points d'inflexion. Les sections V, VI et VII traitent de la recherche de développées et de caustiques. Ces derniers problèmes sont des cas particuliers de ceux d'enveloppes de courbes qui sont traitées dans la huitième section.

Dans ce chapitre est examiné le calcul leibnizien tel que L'Hospital le présente dans l'*Analyse des infiniment petits pour l'intelligence des lignes courbes*. Par cette analyse, il est montré en quoi cet ouvrage représente le témoin matériel de l'achèvement de la première réception française du calcul leibnizien. Par réception, est entendu ici essentiellement celle de Guillaume de L'Hospital. Lecteur actif, il est déterminé par des pratiques mathématiques en usage. Ses lectures qu'elles soient celles de géomètres français (Fermat, Descartes, Pascal) ou anglais (Wallis et Barrow) l'imprègent. Il est question d'examiner les manières dont

14 *AI*, Préface.

il articule cet horizon d'attente avec les nouvelles connaissances. Ce chapitre relève donc d'une génétique du traité de L'Hospital.

Tout d'abord est examiné la Préface. Elle constitue un véritable plaidoyer en faveur de la nouvelle analyse comme désormais la seule voie à suivre.

Sont analysées ensuite les manières d'introduire les principales notions du calcul différentiel, en les comparant à celles des *Lectiones de calculo differentialium* de Jean Bernoulli. Les *Lectiones* présentent des lacunes et non des moindres. Tout d'abord, des définitions cruciales, comme celle de « quantité variable continuellement », font défaut. Ensuite, certaines justifications ne satisfont pas L'Hospital qui les modifie en s'aidant de ses lectures et échanges. L'analyse de cette « mise au propre » constitue un élément essentiel pour l'étude de la lecture hospitalienne puisqu'il est recherché ici de quelle manière L'Hospital restitue les « principes du calcul ». Est-il fidèle à Leibniz ? De quelles façons s'appuie-t-il sur d'autres écrits comme ceux de Barrow ou de Newton ?

En dernier lieu, une analyse comparée de l'*AI* avec le deuxième livre du manuscrit FR 25302 et les *Lectiones de calculo differentialium* permettra de caractériser la façon dont L'Hospital ordonne et agence des contenus similaires en vue de présenter son interprétation de l'Analyse des infinis.

LA PRÉFACE : UN PLAIDOYER POUR L'*ANALYSE DES INFINIS*

En 1696, le calcul leibnizien, rendu public plus de dix ans en arrière, est de plus en plus diffusé à travers de nombreux articles. Cependant, ces articles s'adressent exclusivement à un cercle restreint de savants. L'absence d'ouvrage traitant l'Analyse des infinis est patente, Leibniz s'en plaint et voudrait que son projet d'écriture la *Sciencia Infiniti* émerge au sein de la *République des Lettres*. Se limitant au seul calcul différentiel, L'Hospital a pour dessein de fournir la première présentation structurée de l'Analyse des infinis. Bien que l'élaboration de cet ouvrage soit exclusivement celle de L'Hospital, elle tire initialement son origine d'un projet commun avec Malebranche. Si bien qu'en écrivant son ouvrage,

L'Hospital s'adresse tout d'abord à ses camarades qui comme lui, ont découvert le nouveau calcul par Jean Bernoulli. Mais sa visée est plus large : en publiant le premier ouvrage traitant de l'Analyse des infinis, il s'adresse à toute la communauté des savants géomètres français et européens avec lesquels il partage la connaissance et la pratique de toutes les méthodes d'invention dont il a été question dans les deux premiers chapitres.

Il n'est pas certain que L'Hospital soit l'auteur de la Préface car Fontenelle se serait attribué la paternité. Cependant fin 1695, il est aussi peu probable que ce dernier connût suffisamment le calcul leibnizien pour être à même d'élaborer une préface rendant compte de tous les enjeux de la nouvelle Analyse[15]. En absence de certitude l'auteur sera, par la suite, désigné par « le préfacier ».

La Préface, longue de quatorze pages, se divise en deux parties. La première argumente la nouveauté de l'Analyse des infinis. Le préfacier dresse un récit historique de cette invention de telle sorte que son dénouement – l'invention du nouveau calcul – paraît immanquable. La deuxième partie décrit par ordre chacune des sections. La nouvelle Analyse représenterait ainsi l'aboutissement des mathématiques qui la précèdent.

L'ÉMERGENCE DE L'ANALYSE DES INFINIS : LE RÉCIT D'UN PROGRÈS

La nouvelle analyse des infiniment petits est la plus propre à établir « les véritables principes des lignes courbes ». Sur quoi s'appuie une telle affirmation ? Elle serait la seule à offrir le moyen de considérer pleinement les courbes comme polygones d'une infinité de côtés. Cette considération n'est certes pas nouvelle, elle est même de « tout temps », cependant :

> on en étoit demeuré là : ce n'est que depuis la découverte de l'Analyse dont il s'agit ici, que l'on a bien senti l'étenduë & la fécondité de cette idée.

L'idée selon laquelle la courbe est un polygone d'une infinité de côtés n'a rien d'audacieux, les Anciens l'avaient « senti ». Le préfacier soutient que cette conception a une histoire, celle d'un polissage. Partant des laborieuses figures circonscrites/inscrites des Anciens, elle culmine dans l'invention de l'Analyse des infinis. Les Anciens « ont touché qu'à fort peu de courbes », mais « ils ne sont point égarés […] ils ont fait ce que

15 C'est l'avis de Pierre Costabel, *DBJB*, 3, Introduction, p. 13.

nos bons esprits auroient fait en leur place ; [...] » (*ibid.*). Le préfacier, prenant le rôle d'historien, établit les étapes cruciales qui ont conduit nécessairement à l'Analyse des infinis : « Tout cela est une suite de l'égalité naturelle des esprits et de la succession nécessaire des découvertes. » Des acteurs importants sont cités en raison de leur contribution à cet édifice. Un hommage est rendu à Descartes et son « heureuse hardiesse qui fut traitée de révolte » et par qui « on ouvrit les yeux, et l'on s'avisa de penser ». L'Analyse ordinaire – c'est-à-dire l'algèbre – lui a suffi pour élaborer une méthode des tangentes. Le préfacier célèbre également Pascal dont le mérite est d'avoir établi des résultats importants sur les courbes en considérant « leurs éléments », c'est-à-dire « des infiniment petits ». Remarquons qu'il surinterprète puisque Pascal ne nomme jamais ces éléments par des « infiniment petits ». Le préfacier souligne également que le mathématicien clermontois n'a obtenu ses résultats qu'« à force de tête et sans analyse », c'est-à-dire sans intervention de calcul[16]. Par ailleurs, Fermat a amélioré la « méthode des tangentes » de Descartes. Cependant, Barrow l'a surpassé car il a considéré « de plus près la nature des polygones » en observant le triangle – caractéristique – semblable au triangle formé par l'ordonnée et la sous-tangente, vision qui lui a inspiré sa méthode calculatoire. Or, cette méthode ne permet pas ni d'ôter les fractions, ni de faire « évanouir » les signes radicaux. Ce défaut est pallié enfin – c'est la dernière étape – par l'invention leibnizienne.

Le genre de discours rencontré dans cette Préface ressemble à celui de certains écrits de Leibniz[17]. Le savant allemand aime faire précéder la présentation d'une nouveauté en retraçant son histoire. La connaissance du processus historique est selon lui au moins aussi essentielle que l'invention elle-même car elle permet de progresser dans l'art d'inventer[18] :

> [...] il n'y a rien de si important que de voir les origines des inventions qui valent mieux à mon avis que les inventions mêmes, à cause de leur fécondité, et parce qu'elles contiennent en elles la source d'une infinité d'autres qu'on

16 Pascal disposait d'un langage symbolique propre et indépendant des algébristes contemporains de Descartes, Dominique Descotes, « An unknown mathematical manuscript by Blaise Pascal », *op. cit.*

17 Par exemple : « De Vera proportione circuli » pour l'histoire de l'expression de π ou « De Geometria recondita et analysi indivisibilium atque infinitorum » pour l'histoire de son calcul.

18 Marc Parmentier développe cette idée dans« Introduction, l'optimisme mathématique », *Naissance du calcul différentiel*, *op. cit.*, p. 43-45.

> pourra en tirer par une certaine combinaison (comme j'ai coutume d'appeler) ou application à d'autres sujets lorsqu'on s'avisera de le faire comme il faut[19].

Pour Leibniz l'histoire d'une invention est l'histoire d'un progrès. Cette conception est reprise dans la Préface de l'*AI* : l'Analyse des infinis est l'aboutissement nécessaire d'une suite d'événements dont elle représente l'achèvement le plus complet. Cependant, alors que Leibniz reconnaît souvent les apports de Cavalieri et de Wallis, le récit de la Préface les exclut. À l'exception de Barrow, le préfacier fait de l'avènement de la nouvelle analyse l'affaire, principalement de mathématiciens français, ceux justement qui constituent l'horizon d'attente du cercle autour de Malebranche.

CETTE ANALYSE « QUI PENETRE JUSQUES DANS L'INFINI MÊME »

Une analyse des infiniment petits

Le préfacier indique dès la première phrase que la nouvelle analyse suppose la commune mais que contrairement à celle-ci, qui ne traite qu'avec des grandeurs finies, la nouvelle « compare les différences infiniment petites des grandeurs finies », c'est-à-dire découvre « les rapports de ces différences », mais aussi « les rapports de ces différences [differences de differences] ». L'expression « établissement de rapports » étant du domaine des grandeurs, le préfacier présente donc la nouvelle analyse comme manipulant les différences comme si elles étaient des grandeurs finies.

Insistant sur le rôle nécessaire de cette analyse, le préfacier affirme que l'Analyse des infinis conduit aux « véritables principes des lignes courbes ». Il cite la considération de la courbe comme un polygone d'une infinité de côtés et explique pourquoi la nouvelle Analyse permet de rendre actuelle l'équivalence entre la courbe et le polygone :

> il n'appartient qu'à l'Analyse des infiniment petits de déterminer la position de ces côtés pour avoir la courbure qu'ils forment, c'est-à-dire les tangentes de ces courbes, leurs perpendiculaires, leurs points d'inflexion ou de rebroussement, les rayons qui s'y réfléchissent, ceux qui s'y rompent, &c.

Ce qui s'avère donc crucial et nouveau est de traiter les « différences ». Le préfacier insiste sur cette conception en mettant en avant la capacité

19 Lettre au directeur du *Journal des Sçavans*, citée par Marc Parmentier, *ibid.*, p. 44.

de cette analyse à établir des rapports entre les différences infiniment petites de quelque genre qu'elles soient – « différences de différences, différences troisièmes, quatrièmes et ainsi de suite » :

> Elle compare les différences infiniment petites des grandeurs finies ; elle découvre les rapports de ces différences : & par-là elle fait connaître ceux des grandeurs finies, qui comparées avec ces infiniment petits sont comme autant d'infinis. [...] La comparaison des infiniment petits de tous les genres luy est également facile (*ibid.*).

Le terme « calcul » apparaît peu dans le texte, le préfacier n'insiste pas sur cet aspect, en particulier il n'évoque pas l'élaboration de règles propres à l'algorithme différentiel. Seul est signalée « l'indifférence » du calcul aux signes radicaux.

Il est intéressant de comparer ce texte à celui que Leibniz avait publié sous forme d'un article en mars 1692 dans le *Journal des Sçavans*. Dans cet écrit intitulé « De la chaînette », vu au chapitre précédent, Leibniz promeut son calcul auprès des savants français. Prenant comme prétexte les multiples résolutions du problème de la chaînette obtenues par son algorithme, il offre une brève présentation de « son calcul nouveau » ou « Analyse des infinis » dont il souligne à quel point il surpasse l'analyse ordinaire. Sur ce point, le préfacier reprend Leibniz. En revanche, Leibniz focalise sur la particularité de son « algorithme nouveau » : il est constitué des opérations habituelles de l'algèbre mais il s'applique à des « quantités incomparables ». Le terme « incomparable » est absent de la Préface. Ainsi, les manières de présenter l'Analyse des infinis diffèrent : alors que Leibniz insiste sur l'inédit des qualités calculatoires, le préfacier présente la nouvelle analyse comme étant une géométrie qui prolonge « l'ordinaire ».

Une analyse dédiée aux courbes

Le préfacier a expliqué en quoi cette nouvelle analyse est la plus propre à l'étude des courbes. Le titre « Analyse des infiniment petits pour l'intelligence des lignes courbes » désigne bien le dessein de l'ouvrage : expliquer ce qu'est l'Analyse des infinis et en quoi elle est propice à l'« intelligence » des courbes. Le préfacier met en avant la cohérence des neuf premières sections de l'ouvrage. Si la première explique les principes du calcul, chacune des neuf suivantes correspond à l'application du calcul pour trouver une propriété d'une courbe – tangentes, *maximis et minimis*, flexion et rebroussement, développées et caustiques – ou pour déterminer l'enveloppe d'une famille de courbes. Il ne souligne pas l'ordre de complexité croissante des problèmes.

Cette analyse suppose l'ordinaire mais elle traite avec l'infini. Cependant d'autres méthodes permettaient de trouver également des tangentes, les normales, les points d'inflexion et le cercle osculateur. La dernière section est destinée à montrer comment les méthodes de Descartes et de Hudde peuvent être retrouvées par le calcul différentiel qui apparaît comme le plus général. De fait – et le préfacier insiste sur ce point – une des caractéristiques de la nouvelle analyse est de générer des énoncés généraux : « il est à remarquer que dans les Sections 2, 3, 4, 5, 6, 7, 8, il n'y a que tres-peu de Propositions ; mais elles sont toutes générales [...] ». Ce point sera développé plus en avant dans ce chapitre.

LES DÉFINITIONS ET LES SUPPOSITIONS DE L'ANALYSE DES INFINIMENT PETITS

DES DÉFINITIONS

Leibniz n'use pas du terme « infiniment petit » comme une notion fondamentale dans son article *Nova Methodus*, bien qu'il y fasse appel pour sa conception de la courbe et de la tangente. Cependant, dans d'autres articles il introduit les quantités différentielles par le terme « infiniment petits », par exemple en 1686 en nommant son calcul par « calcul des infiniment petits[20] ». Dans *Lectiones de calculo differentialium*, Jean Bernoulli utilise, sans le définir, le terme « différentielle » [*differentialis*] qu'il lie à la notion « d'indéterminée ».

20 Il explique : « jusqu'au jour où je découvris enfin ce véritable complément de l'Algèbre pour les transcendantes qu'est mon calcul des infiniment petits, que je nomme également différentiel, calcul des sommations, quadratique et assez judicieusement me semble-t-il, *Analyse des indivisibles et des infinis.* », G. W. Leibniz, « De Geometria recondita », *Naissance du calcul différentiel*, *op. cit.*, p. 141. Paolo Mancosu affirme également dans *Philosophy of Mathematics & Mathematical Practice in the Seventeenth Century* que Leibniz introduit les différentielles comme infiniment petits mais il ne fournit pas de références, *op. cit.*, p. 156.

L'Hospital destine la première section de l'*AI*, intitulée « où l'on donne les règles de ce calcul », à restituer les définitions des notions auxquelles la nouvelle analyse se réfère et à énoncer les demandes sur lesquelles elle s'appuie. Il fournit ensuite les règles de calcul en les accompagnant de justifications.

La notion de quantité variable, sa définition

Dans ses leçons, Jean Bernoulli traite de quantités « qui augmentent et diminuent » sans préciser quelle manière ces incréments se produisent. Dans la première section de l'*AI*, L'Hospital fournit deux définitions cruciales pour le reste de son développement. La première définition concerne les « quantités variables » qui sont

> celles qui augmentent ou diminuent continuellement ; & au contraire quantités constantes celles qui demeurent les mêmes pendant que les autres changent. Ainsi dans une parabole les appliquées et les coupées sont des quantités variables, au lieu que le paramètre est une quantité constante (*AI*, p. 1).

Dans la Préface, le terme « grandeur » apparaissait à plusieurs reprises alors que dans le reste de l'ouvrage, ce terme n'est utilisé qu'à de rares occasions. C'est l'inverse qui se produit pour le terme de « quantité », absent de la Préface, et présent dans plus d'une quarantaine d'occurrences dans le corps du texte.

L'examen de cet usage en regard des écrits français est utile.

Dans les *Nouveaux Élémens de Géométrie* (1683), Arnauld inverse la proportion entre les deux termes. Il utilise le terme « quantité » pour désigner

> une grandeur en général, en tant que ce mot comprend l'étendue, le nombre, le temps, les degrés de vitesse, et généralement tout ce qui se peut augmenter en ajoutant ou multipliant, et diminuer en soustrayant ou divisant, etc.[21].

Dans son *Dictionnaire mathématique ou idée générale des Mathématiques*[22], Jacques Ozanam restreint la définition de grandeur à une « quantité

21 Antoine Arnauld, *Nouveaux Élémens de Géométrie*, Paris, Desprez, 1683, Livre premier, p. 2.

22 Jacques Ozanam, *Dictionnaire mathématique ou idée générale des Mathématiques : dans lequel on trouve les termes de cette science plusieurs termes des Arts et des autres sciences avec des raisonnemens qui conduisent peu à peu l'esprit à une connaissance universelle des mathématiques*, Paris, chez Estienne Michallet, 1691.

continue », c'est-à-dire ayant une étendue et dont les parties sont jointes ensemble. Elle est du ressort de la géométrie d'Euclide (*ibid.*, p. 93). Dans *Élémens de Mathématiques ou Traité de la grandeur en général* (1689), Bernard Lamy utilise très peu le terme « quantité » mais s'en sert pour définir ce qu'est une grandeur. Il explique que le terme « grandeur » s'applique à toutes sortes de choses puisque qu'il renvoie à « tout ce qui peut être augmenté ou diminué[23] ». Pour spécifier les types de grandeurs (continues, discrètes) il utilise le terme « quantité » qu'il rend dans ce contexte synonyme de « grandeur ». Dans *Élémens de géométrie*, Lamy se sert du terme « quantité » pour définir le « rapport ou la raison de deux grandeurs » qui est ainsi leur comparaison selon « la quantité ». Ainsi, le terme « quantité » est indispensable pour définir la grandeur au point presque que quelquefois l'un peut être pris pour l'autre. Bien entendu, lorsqu'il s'agit de géométrie, c'est le terme de « grandeur », dans le sens de quantité continue, qui est retenu dans ces traités. De la sorte le terme « quantité » peut avoir un sens plus général et s'appliquer à ce qui ne relève tout simplement pas de la qualité. Ainsi, pour définir la notion de variabilité, L'Hospital choisit de l'associer au terme « quantité », proche de celui de « grandeur » mais bien moins connoté. Les « quantités variables » sont donc un nouveau type de quantités, dont la définition n'est pas à rattacher nécessairement à la notion euclidienne de grandeur.

L'introduction de l'adverbe « continuellement » enrichit substantiellement la définition, mais ce terme n'est nulle part défini. « Continuellement » aurait ainsi le statut de « terme primitif » dans l'acception de la logique de Port-Royal[24]. Il sera question *infra* d'examiner dans quelles situations le terme « continuellement » apparaît dans le texte de L'Hospital, ce qui pourra préciser le sens de « quantité variable ».

L'accent mis sur le caractère continu de la variation lui sert immédiatement après à définir le terme « différence » :

> La portion infiniment petite dont une quantité variable augmente ou diminue continuellement, en est appelée la *Différence* (*AI*, p. 2).

23 Bernard Lamy, *Élémens de Mathématiques ou Traité de la grandeur en général*, Paris, Pralard, 1689, p. 3.

24 Blaise Pascal, *De l'esprit géométrique : Écrits sur la Grâce et autres*, Paris, GF-Flammarion, 1993, p. 71 ou Antoine Arnauld et Pierre Nicole, *La logique ou l'art de penser*, chapitre XIII, première partie, « Observations importantes touchant la définition des noms », *op. cit.*, p. 83.

Étant donné que l'*AI* est écrite en français, une remarque s'impose : L'Hospital utilise le terme « portion » pour caractériser la notion de différence. Ce terme renvoie à la partie d'un tout homogène[25]. Même s'il utilise ce mot peu par la suite, ce choix n'a rien de cryptique, il souhaite expliquer le terme « différence » dans le cadre des quantités géométriques sur lesquelles porte son propos[26]. Ce terme est d'ailleurs celui qui est le plus souvent utilisé par Pascal. Le terme « portion » convient aux courbes dont l'intelligence est justement clarifiée grâce à l'Analyse des infinis. Preuve en est qu'il fait immédiatement suivre cette définition, sans même changer de paragraphe, par des exemples de différences qui peuvent apparaître dans l'étude d'une courbe.

Pour cela, il considère une courbe quelconque AMB de diamètre la ligne AC, le point M puis le point m qui est supposé infiniment proche de M. L'Hospital représente les différences sur la figure au moyen de constructions géométriques élémentaires. Ce point est important car il signifie que les différences peuvent être construites géométriquement, comme les grandeurs ordinaires. Par exemple, il trace une perpendiculaire à PM passant par M qui coupe pm en R : Rm figure la différence des ordonnées alors que Pp figure la différence de AP. De même, en traçant un « petit » arc de cercle de centre A (et de rayon AM) qui coupe Am en S, il figure la différence[27] Sm de AM. La représentation des différences résulte des gestes (infiniment petits) du géomètre maniant la règle et le compas. Bien que figurées et ainsi prenant une connotation statique, elles proviennent de la variation de position entre le point M et le point m, dont découlent les variations infiniment petites d'ordonnée, ou d'abscisse, ou d'arc, ou encore d'aires.

25 *Dictionnaire historique de la langue française*, sous la direction d'Alain Rey, Paris, Le Robert, 2012, p. 2717.

26 Schubring indique que la désignation de « portion » pour une différence contient des « connotations évidentes au contexte statique des indivisibles », *Conflicts Betweenn Generalization, Rigor, and Intuition*, *op. cit.*, p. 192. L'auteur ne partage pas totalement pas cet avis.

27 D'autres lectures sont possibles : le « triangle » MAm de base l'arc Mm est la différence du l'espace curviligne AM et $MPpm$ est la différence de l'espace mixtiligne compris entre les droites AP, PM, et l'arc AM.

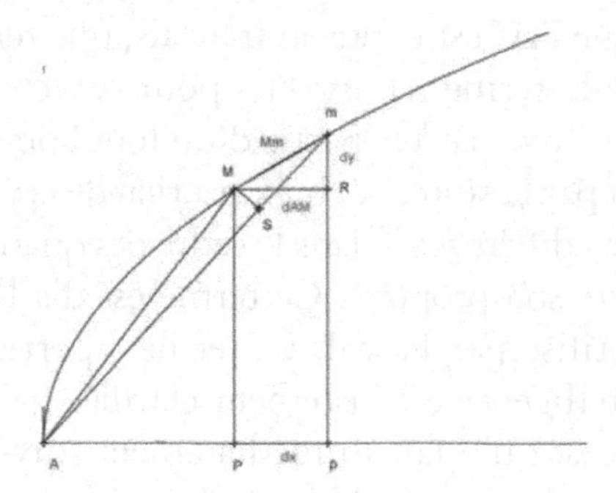

FIG. 54 – Figure réalisée par l'auteure, d'après *AI*, planche 1, fig. 1.

Dans la section IV intitulée « Usage du calcul des différences pour trouver les points d'inflexion & de rebroussement », L'Hospital définit les différences secondes en imitant la définition de différence :

> La portion infiniment petite dont la différence d'une quantité variable augmente ou diminuë continuellement, est appellée la *différence de la différence*, ou bien sa *différence seconde* (*ibid.*, p. 55).

Une différence est donc elle-même une quantité variable à laquelle pourra s'appliquer les règles de différenciation. La proposition I de cette section traite de la manière de « prendre la différence d'une quantité composée de différences quelconques » (*ibid.*, p. 58). L'Hospital affirme qu'il faut supposer une des différences constante, puis traiter « les autres comme des variables » en se servant des règles prescrites dans la section I (voir plus en avant).

La nouvelle notation leibnizienne « d » est introduite sous forme d'un « avertissement » :

> on se servira par la suite de la lettre d pour marquer la différence d'une quantité variable que l'on exprime par une seule lettre ; & pour éviter la confusion, cette note d n'aura point d'autre usage dans la suite du calcul (*ibid.*, p. 2).

L'Hospital indique qu'une seule lettre va permettre de marquer toute sorte de différences, y compris les différences d'ordre supérieur : il suffit d'écrire le nombre de d correspondant à l'ordre (*ibid.*, p. 55)[28]. Il ne

28 « Par exemple on marquera par dd la différence seconde ou de second genre, par ddd , la différence troisième ou du troisième genre ; par $dddd$, la différence quatrième ou du quatrième genre ; & de même des autres ».

promeut pas directement la supériorité de la notation leibnizienne mais la suggère. En ce sens, ce passage est à rapprocher de celui de Leibniz dans son article de 1686 : « Je préfère employer des signes semblables à dx plutôt que de les remplacer par des lettres, parce que ce dx est une certaine modification de x, et grâce à lui on parvient si nécessaire, à ne laisser dans le calcul que la seule lettre x [...][29] ».

L'introduction du vocable « variable »

Leibniz publie dans les *Acta Eruditorum*, deux articles, l'un en avril 1692 et l'autre en juillet 1694 qui s'intitulent respectivement « Construction à partir d'une infinité de courbes ordonnées et concourantes, de la courbe tangente à chacune d'elles ; nouvelle application pour ce faire de l'Analyse des infinis » et « Nouvel emploi du calcul différentiel appliqué à différentes constructions possibles d'une courbe à partir d'une propriété de ses tangentes[30] » Le premier article ne contient aucun calcul, Leibniz présente les nouvelles notions qui vont lui permettre de résoudre le problème général de « la courbe tangente à une infinité d'ordonnées », c'est-à-dire celle qui en langage moderne se nomme « enveloppe de courbes[31] ». Dans le deuxième article il reprend la terminologie introduite dans le premier, mais il s'applique essentiellement à présenter la méthode algorithmique de résolution.

Dans son premier article, Leibniz juge indispensable d'introduire de nouveaux vocables. Cela permet, avance-t-il, de « faire signe à l'esprit, l'aiguilloner et concevoir des notions universelles[32] ». Il a rencontré le

29 G. W. Leibniz, « De Geometria recondita », *Naissance du calcul différentiel*, *op. cit.*, p. 138.

30 « De linea ex lineis numero infinitis ordinatim ductis inter se concurrentibus formata easque omnes tangente. Ac de novo in ea re analyseos infinitorum usu », *AE*, avril 1692, p. 168-171, « Nova calculi differentialis applicatio et usus ad multiplicem linearum constructionem ex data tangentium conditione », *AE*, juillet 1694, p. 311-316. Des versions françaises se trouvent dans l'édition de Marc Parmentier qui seront citées par la suite. Cette traduction sera par la suite celle qui sera citée.

31 Pour une étude détaillée de ces deux articles, on pourra consulter l'ouvrage de Stevan B. Engelsman, *Families of Curves and the origins of Partial differentiation*, Amsterdam, North Holland, 1984. Pour une étude sur la correspondance entre Leibniz et L'Hospital au sujet de la résolution de ce problème : Mónica Blanco Abellán, « La correspondencia entre Leibniz y el Marqués de L'Hospital : sobre la envolvente de una familia de curvas », *Quaderns d'Història de l'Enginyeria*, volum XVI, Barcelona, 2018, p. 143-165.

32 G. W. Leibniz, « De linea ex lineis numero infinitis ordinatim ductis inter se concurrentibus formata easque omnes tangente. Ac de novo in ea re analyseos infinitorum usu », *Naissance du calcul différentiel*, p. 221.

problème de recherche d'enveloppe de droites dans les cas particuliers des caustiques (chez Tschirnhaus) et des développées (chez Huygens). Il souhaite le généraliser. À cette fin, il étend la notion « d'ordonnées » à toutes sortes de lignes, qu'elles soient droites ou courbes. Ainsi, seront nommées lignes ordonnées celles dont sont « données, en ordre, les positions » (*ibid.*, p. 216)[33]. À cette définition, il ajoute une « seule condition » :

> qu'on connaisse la loi permettant, pour tout point donné d'une courbe déterminée (prise comme ordinatrice), de tracer la courbe correspondante, cette dernière sera l'une des courbes qu'on doit tracer par ordre, courbes dont sont données en ordre les positions (*ibid.*)[34].

Dans la suite, il illustre ce type de construction par plusieurs exemples. Parmi les exemples, au développement d'une courbe correspond la développée, elle est « l'ordinatrice » des droites perpendiculaires engendrée par le développement, c'est-à-dire l'ordinatrice de la développante[35].

Pour trouver « l'ordinatrice », Leibniz part de l'idée selon laquelle deux lignes (ordonnées) « très voisines (c'est-à-dire infiniment peu différentes, situées à une distance infiniment petite) » doivent être considérées comme concourantes (*ibid.*, p. 217)[36]. Grâce à cette remarque, il est facile d'obtenir l'ordinatrice en prenant « dans l'ordre » ces points d'intersection. Il ajoute que l'ordinatrice a la caractéristique d'être tangente à toutes les courbes ordonnées, mais il ne démontre pas ce résultat estimant que cette propriété est évidente dès qu'on y réfléchit un peu[37]. Pour se faire comprendre, il use d'une comparaison entre le problème coutumier de la recherche de tangente à une courbe avec celui de la recherche de la courbe tangente à une famille « ordonnée » de courbes. Dans le premier cas : l'équation de la courbe correspond

---

33 « *ideo nos tales lineas generalites vocabimus odinatim ductas, vel ordonatim (positiones) datas.* », « De linea ex lineis numero infinitis ordinatim.... », *AE*, avril 1692, p. 168.

34 « *modo lex habeatur, secundum quam dato linea cujusdam datae (tanquam ordinatricis) puncto, respondens ei puncto linea duci possit, quae una erit ex ordinatim ducendis, seu ordinatim positione datis* », *AE*, avril 1692, p. 168.

35 « [...] la courbe de développement qui, comme l'a découvert Huygens, est en effet tangente à toutes les droites perpendiculaires à la courbe engendrée par le développement », Leibniz, G. W., *Naissance du calcul différentiel*, *op. cit.*, p. 217.

36 « *tales lineae proxima, tamen regulariter duae quaevis tales lineae proxima, (id est infinitesima differentes, seu infinite parvam habentes distantiam) concurrunt inter se* », *AE*, avril 1692, p. 168.

37 « *quam proprietatem, cum meditantibus satis appareat, demonstrare hic non est opus* », *AE*, avril 1692, p. 168.

à la « loi des ordonnées ». La tangente est unique, comme le sont les segments constants qui ont permis la construction de la courbe – désignés par « paramètres » – ou toute « autre fonction ». Ils sont qualifiés d'« indifférentiables ». La tangente s'obtient en considérant deux ordonnées (infiniment proches l'une de l'autre), les coordonnées du point de tangence sont différentiables. Il suffit donc de différentier l'équation de la courbe. En revanche, dans la recherche d'une enveloppe de courbes, une infinité de courbes son « ordonnées » par une loi exprimée à l'aide de paramètres : il est requis de trouver l'« unique » courbe qui leur est tangente. Ici, les coordonnées [d'un point de l'enveloppe de la courbe] sont « indifférentiables » et au moins un des paramètres est « variable » ou « différentiable ». En variant, ce dernier détermine le procédé de génération (toujours ordonné) des lignes. Il précise en outre qu'il peut y voir des constantes communes à toutes les lignes et il les nomme de ce fait « constantes absolues [*constantissima*] ».

Il est manifeste que Leibniz introduit la notion de variation en insistant sur son caractère ordonné. Toute variation se produit en suivant l'ordre déterminé par la loi de progression des lignes ordonnées[38]. Dans le deuxième article, il énonce ainsi le problème de recherche :

> Les positions ordonnées [*positione ordinatim datis*] des tangentes (qu'il s'agisse ou non de droites) étant données, trouver la courbe ou, ce qui revient au même : trouver la courbe tangente à une infinité de lignes, dont on connaît les positions ordonnées [*ordinatim positione*][39].

En reprenant la terminologie de l'article de 1692, il souligne encore :

> Mais lorsqu'on compare les courbes de la série entre elles, c'est-à-dire lorsqu'on considère le passage [*transitum*] d'une courbe à l'autre, certains coefficients sont absolument constants, autrement dit permanents (ceux qui demeurent

38 Henk Bos précise : « *In the practice of the eibnizian calculus, the variable is conceived as taking only the values of the terms of the sequence. Thus, the conception of a variable and the conception of a sequence of infinitely closes values of that variable, come to coincide.* », « Differentials, Higher-Order Differentials ans the Derivative in the Leibnizian Calculus », *op. cit.*, p. 16. Ici, la série (ordonnée) des lignes ordonnées « très voisines » les unes des autres, constituent une variable.

39 G. W. Leibniz, *Naissance du calcul différentiel*, *op. cit.*, p. 271. « *Lineis (rectis vel curvis) propositam tangentibus, positione ordianatim datis, invenire propositam, vel quod eodem redit : invenire lineam, quae infinitas lineas ordinatim positione datas tangit* », « *Nova calculi differentialis applicatio et usus ad multiplicem linearum constructionem ex data tangentium conditione* », *AE*, juillet 1694, p. 311.

> constants non seulement pour une, mais pour toutes les courbes de la série), les autres sont variables. Bien entendu pour que soit donnée la loi de la série des courbes, encore faut-il que ne subsiste parmi les coefficients qu'une seule variabilité [...] (*ibid.*, p. 272)[40].

Leibniz ne précise pas ici le caractère continu de la variation, même si dans certains de ces exemples il est patent. C'est le cas du mouvement de traction, la tractrice apparaissant comme l'enveloppe des tangentes[41].

Dans le premier article, l'introduction de la terminologie étant une étape cruciale. Mais l'introduction de ces nouveaux vocables n'a de sens que dans le contexte de la nouvelle analyse sur laquelle repose toute la méthode :

> tout repose entièrement sur mon Analyse des indivisibles et le calcul auquel cette Méthode fait appel n'est autre que mon calcul différentiel[42].

Dans le cadre de la nouvelle analyse, le géomètre pourra choisir selon « le but poursuivi » quelles sont les quantités qui doivent être supposées variables[43].

Bien que dans le premier article Leibniz n'illustre pas sa nouvelle méthode par des exemples traités à l'aide de son calcul, il soumet des problèmes comme celui de la recherche de l'enveloppe d'ellipses ou d'hyperboles. Il est convaincu que ceux qui entendent la nouvelle analyse « n'auront pas de mal à obtenir à leur tour ces résultats » (*ibid.*, p. 220). Et, en effet, L'Hospital montre de l'intérêt pour l'article des *Acta* dès sa première lettre adressée à Leibniz le 14 décembre 1692[44]. Il explique que

---

40 *« Sed comparando curvas seriei inter se, seu transitum de curva in curvam considerando, aliae coefficientes sunt constantissima, seu permanentes, (quae manent non tantum in una, sed & in omnibus seriei curvis,) aliae sunt variabiles. »*, *AE*, juillet 1694, p. 311.

41 Henk Bos remarque également l'utilisation de l'adjectif « *continuus* » pour la variable recouvrant une suite de valeurs infinie, *op. cit.*, p. 16.

42 G. W. Leibniz, *Naissance du calcul différentiel*, *op. cit.*, p. 218. *« Res autem pendet a nostra Analysi indivisibilium, et calculi hujus Methodi tantum applicatio est nostri calculi differentialis »*, *AE*, juillet 1694, p. 169.

43 « Au demeurant lorsque nous disposons de plusieurs équations déterminantes, rien ne nous empêche de considérer plusieurs paramètres comme différentiables, dans la mesure où nous pouvons également obtenir plusieurs équations différentielles permettant de les déterminer [...] Ceci nous montre bien qu'une même équation peut comporter plusieurs équations différentielles différentes, c'est-à-dire différentiable de plusieurs manières, selon le but poursuivi », G. W. Leibniz, *Naissance du calcul différentiel*, *op. cit.*, p. 220.

44 Lettre de L'Hospital à Leibniz du 14 décembre 1692, A III, 5, p. 448.

pour saisir mieux son contenu il a imaginé un exemple : trouver la ligne qui touche une infinité de paraboles passant toutes par un point fixe D et dont chacun des sommets passe par une demi-ellipse donnée AEB. Il demande à Leibniz des indications pour résoudre ce problème à l'aide du calcul différentiel. Dans la lettre du 8 décembre 1692, il formule la même demande à Jean Bernoulli en faisant référence à l'article de Leibniz : « je voudrois bien que vous m'enuoayassiez une methode generale pour résoudre des problemes tels que celui-ci[45] ». Ce dernier lui transmet des indications très fournies puisqu'elles lui permettent de résoudre entièrement le problème : « La manière dont vous trouvez l'intersection de deux paraboles infiniment proches me paroit fort ingenieuse[46] ». Dans la lettre du 24 février 1693, L'Hospital affirme à Leibniz « avoir découvert la manière d'appliquer le calcul différentiel à l'invention de la ligne qui touche en rang une infinité d'autres lignes données[47] » et lui décrit cette méthode qu'il tient probablement en grande partie de Jean Bernoulli. Au lieu de passer par une ellipse donnée les sommets des paraboles sont supposées passer par une ligne ABC quelconque, L'Hospital a donc rendu plus général le problème qu'il avait posé au tout début.

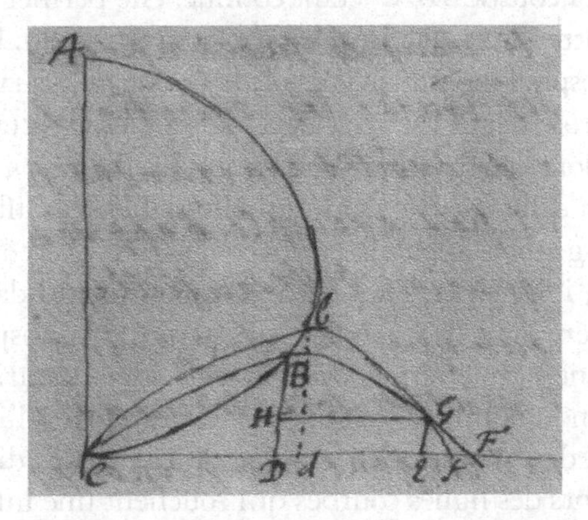

FIG. 55 – Guillaume de L'Hospital, 24 février 1693, LBr 560, f° 23v°, © Gottfried Wilhelm Leibniz Bibliothek Hannover.

45 Lettre de L'Hospital à Jean Bernoulli du 8 décembre 1692, *DBJB*, 1, p. 160.

46 La lettre de Bernoulli est perdue. Lettre de L'Hospital à Jean Bernoulli du 2 janvier 1693, *DBJB*, 1, p. 161.

47 Lettre de L'Hospital à Leibniz du 24 février 1693, A III, 5, p. 496.

Les paraboles infiniment proches CBF, Cbf s'interceptent au point commun G qui représente ce qui est cherché. Les « connues » sont $CD = x$ et $DB = y$ et les « inconnues » sont $CE = u, EG = z$ (les coordonnées de G). Par la caractérisation d'une quelconque de ces paraboles, il peut écrire

$$\frac{DF^2}{HG^2} = \frac{DB}{HB}$$

ou

$$2uxy - uuy = xxz \quad (1)$$

qui est « l'équation commune de toutes les paraboles ». Comme « les inconnues u et z demeurent les mesmes pendant que les connues x et y changent », il peut différentier l'équation (1) et obtient

$$2uxdy + 2uydx - uudy = 2zxdx$$

puis en remplaçant z

$$u = \frac{2yxdx - 2xxdy}{2ydx - xdy}.$$

L'équation de la courbe ABC étant connue, elle permet de déterminer une relation entre dx et dy, ainsi le problème est résolu. En résolvant ce problème, L'Hospital montre qu'il a saisi la notion de « quantité variable » dans son caractère relatif : selon le type de problème certaines quantités « changent » alors que d'autres « demeurent les mêmes », ce qui conduit à une équation différentielle dans laquelle seules les différentielles des quantités changeantes apparaissent.

Cependant, il est intéressant de remarquer que, ni dans cette lettre ni dans celle envoyée le 2 janvier à Bernoulli, L'Hospital utilise le terme « constant » ou le terme « variable ». L'idée de variation est donc présente mais non nommée. Cet exemple sera repris à l'identique dans la section VIII de l'*AI* intitulée « Usage du calcul des différences pour trouver les points des lignes courbes qui touchent une infinité de lignes données de position, droites ou courbes » (*AI*, p. 131). Il introduit ce type de problème par l'exemple de la courbe tangente à une infinité de paraboles passant par un point donné et une courbe donnée. La résolution est décrite à l'identique à celle de la lettre adressée à Leibniz. L'équation différentielle est obtenue en supposant « constant » ce qui dans d'autres circonstances était variable. Leibniz répond à cette lettre vers la mi-mars 1693[48]. Cette réponse est intéressante. Leibniz félicite L'Hospital pour sa résolution. Il reprend le vocabulaire de « rang de lignes » en précisant encore par un exemple la différence entre le terme « constant » et celui de « constante absolue [*constantissima*] ». Il voudrait désormais s'intéresser aussi à un type semblable de problème :

> Comme je puis tousjours trouver la touchante commune à un rang de lignes, je voudrois pouvoir aussi trouver tousjours la perpendiculaire commune, ou la ligne qui feroit un angle commun (*ibid.*, p. 510).

Le problème de « trouver les points des lignes courbes qui touchent une infinité de lignes données de position, droites ou courbes » est le plus général. C'est à l'occasion de sa recherche qu'il a été nécessaire à Leibniz d'introduire des vocables pour désigner des nouvelles notions[49], notamment celui de « variable ». Il insiste sur le fait que l'Analyse des infinis est la plus propre à traiter ces problèmes car elle dispose de l'outil calculatoire qui permet de discriminer ce qui est variable de ce qu'il ne l'est pas, idée sur laquelle repose la résolution du problème fondamental de la recherche d'enveloppe des courbes. La notion de « quantité variable » apparaît donc comme une « notion fondamentale » de l'Analyse des infinis. C'est probablement la raison pour laquelle L'Hospital décide de placer sa définition au commencement de son ouvrage dans la section consacrée aux « éléments » du calcul différentiel. Même si les expressions « quantité variable » ou « variable » sont utilisées avec parcimonie dans le traité, L'Hospital a saisi que cette notion inédite est indispensable pour résoudre de nouveaux problèmes, lesquels sont traitables presque exclusivement par l'Analyse des infinis[50]. Il fallait donc consacrer la notion de « quantité variable », c'est ce que L'Hospital repère et effectue pour la première fois.

---

48 Lettre de Leibniz à L'Hospital, mi-mars 1693, A III, 5, p. 509.

49 Deleuze affirme que « La philosophie est l'art de former, d'inventer, de fabriquer des concepts », il place Leibniz justement dans la lignée de création exubérante : « Et puis il y a les philosophes exaspérés. Pour eux chaque concept couvre un ensemble de singularités, et puis il leur en faut toujours d'autres, toujours d'autres concepts. On assiste à une folle création de concepts. L'exemple typique c'est Leibniz, il n'en a jamais fini de créer à nouveau quelque chose », « Cours sur Leibniz du 15 avril 1980 », *Les cours enregistrés de Gilles Deleuze : 1979-1987*, Mons, Sils Maria, Collection De nouvelles possibilités d'existence, nº 15, 2006.

50 Le couple variable-constante est présent dans l'ensemble de l'*AI*. Par exemple, dans la section V : « Usage du calcul des différences pour trouver les développées » (*AI*, p. 55), il est indispensable de supposer une des trois différentielles dx, dy, du, respectivement de

La prégnance géométrique

La définition de « différence » a un pendant géométrique notoire, sa figuration est omniprésente dès le début du traité. Le précédent chapitre a montré combien dans ses recherches il avait été important pour L'Hospital d'interpréter les différentielles en termes géométriques. Cette exigence est présente dans l'*AI*, dès la première section lorsqu'il figure les différences sur une courbe (voir *supra*) et notamment dans la section IV destinée à la recherche des points d'inflexion et de rebroussement (*AI*, p. 55). Ici, il destine trois pages à décrire le « marquage » des différences secondes selon le type de coordonnées et selon quelle différence est supposée constante : « On peut marquer en cette sorte les différences secondes dans toutes les suppositions possibles ». Par exemple lorsque les appliquées sont parallèles, L'Hospital considère trois points infiniment proches M, m et n. H est l'intersection de la droite nS, parallèle à mR, k est l'intersection de Mm et de l'arc de centre m et de rayon mn. La droite nl est parallèle à mS, li et kcg sont parallèles à Sn. La section I a montré comment lire sur la figure, entre autres, les différences de l'abscisse : $dx = MR$ ou mS, de l'ordonnée : $dy = mR$ ou nS et de l'arc : $du = Mm$ ou mn.

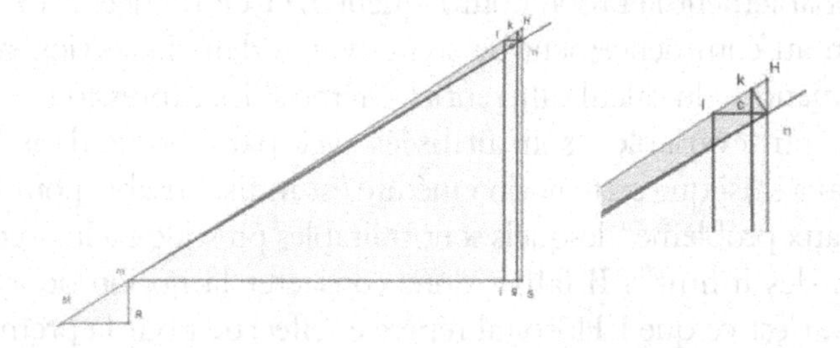

FIG. 56 – Figure réalisée par l'auteure, d'après *AI*, p. 55-57.

Pour pouvoir lire les différences secondes, L'Hospital explique qu'il faut supposer qu'une des trois différences est constante (par rapport aux deux autres). Il traite chacun des trois cas. Lorsque la variable dx est constante, c'est-à-dire lorsque les segments MR et mS sont égaux, les triangles MRm et mSH sont « égaux », ainsi la différence seconde des

l'abscisse, de l'ordonnée ou l'arc, constante par rapport aux deux autres afin d'obtenir une formule de rayon de courbure. Cet exemple sera repris *infra*.

ordonnées est figurée par $Rm - Sn = Hn$ et celle de l'arc ddu par Hk. Lorsque dy est constante, c'est-à-dire lorsque les segments Rm et Sn sont égaux, les triangles mil et Mrm sont « égaux », $ddx = iS$ et $ddu = lk$. Enfin, lorsque du est constante, c'est-à-dire lorsque Mm et mn sont « égaux » et les triangles MRm et mgk sont « égaux », ddy est figurée par kc et ddx par cn.

LES DEMANDES OU SUPPOSITIONS

Les « demandes ou suppositions » sont énoncées l'une à la suite de l'autre dans la première section de l'*AI* :

> I. Demande ou supposition
>
> On demande qu'on puisse prendre indifféremment l'une pour l'autre deux quantités qui ne diffèrent entr'elles que d'une quantité infiniment petite : ou (ce qui est la même chose) qu'une autre quantité qui n'est augmentée ou diminuée que d'une autre quantité infiniment moindre qu'elle, puisse être considérée comme demeurant la même.
>
> [...]
>
> II. Demande ou supposition
>
> On demande qu'une ligne courbe puisse être considérée comme l'assemblage d'une infinité de lignes droites, chacune infiniment petite : ou (ce qui est la même chose) comme un poligône d'un nombre infini de côtés ; chacun infiniment petit, lesquels déterminent par les angles qu'ils font entr'eux, la courbure de la ligne (articles 2 et 3, *AI*, p. 2-3).

À la fin de la Préface de l'*AI*, il était précisé que ces deux demandes allaient être formulées au commencement du traité « sur lesquelles seules il est appuyé » mais qu'elles ne seraient pas démontrées car :

> [...] paraissent si évidentes, que je ne croy pas qu'elles puissent laisser aucun doute dans l'esprit des Lecteurs attentifs. Je les aurais pû démontrer facilement à la manière des Anciens, si je ne me fusse proposé d'estre court sur les choses qui sont déjà connuës, & de m'attacher principalement à celles qui sont nouvelles (Préface, *AI*).

Quel rôle joue cet avertissement situé juste avant l'exposé de la nouvelle analyse ?

La première section de l'*AI* suit ce que la logique de Port-Royal désigne par la « méthode de doctrine ». Il s'agit de la méthode dont usent les géomètres pour exposer « une connaissance claire et distincte de la vérité[51] ». Dans les *Nouveaux Élémens de Géométrie*, Arnauld juge opportun de placer entre la Préface et le premier Livre des « définitions de quelques mots dont on s'est servi dans ces Elemens sans les définir, parce qu'ils sont plûtost de Logique que de Geometrie[52] ». Il s'agit des types d'énoncés fréquents dans des éléments de géométrie : « axiome », « demande » ou « théorème ». Selon Arnauld, l'« axiome » est une proposition qui est « si claire qu'elle n'a pas besoin de preuve ». Proche du sens de celui-ci, la « demande » est le mot dont on se sert quand

> on a quelque chose à faire, qui est si facile qu'on n'a pas besoin de preuve pour demontrer qu'on a fait ce que l'on vouloit faire : comme ; *Décrire un Cercle d'un intervale donné.*

La demande et l'axiome ont donc en commun d'être clairs et évidents. Il arrive qu'Arnauld ne les distingue pas[53]. Lamy dans ses *Éléments de géométrie* (1685) destine aussi quelques pages à des « définitions de quelques termes dont on se sert en mathématiques » qu'il place également entre la Préface et le corps du texte. Comme pour Arnauld, « l'axiome » est une « proposition si claire qui n'a pas besoin de preuve ». La « supposition ou demande » n'est pas si « évidente que l'axiome » mais elle est autant incontestable. On demande de l'accorder pour ne pas être obligé de la démontrer[54]. Dans l'édition de 1695, Lamy modifie la définition d'axiome. Il maintient l'idée qu'un axiome est un énoncé clair mais il souligne que son évidence est partagée : « on appelle axiome une vérité claire & constante qu'on connoît sans étude et dont tout le monde convient[55] ». Par ailleurs, il préfère au terme « demande » le terme « proposition évidente » qu'il définit comme étant une proposition qui « n'est pas connuë avant qu'on l'étudie, mais qui le devient aussitôt qu'on y fait attention » (*ibid.*).

En composant leurs éléments de géométrie, Arnauld et Lamy jugent nécessaire d'avertir quelle est la valeur de ces types d'énoncés pour

---

51 Antoine Arnauld et Pierre Nicole, *La logique ou l'art de parler*, *op. cit.*, p. 289.

52 Antoine Arnauld, *Nouveaux élémens de géométrie*, *op. cit.*, non paginé, entre la Préface et le Livre I.

53 Livre V, second et troisième « axiome ou demande » qui correspondent à la possibilité de mener une unique droite passant par deux points et à celle de prolonger une droite donnée.

54 Bernard Lamy, *Élémens de Géométrie*, *op. cit.*, édition de 1685, non paginé.

55 Bernard Lamy, *Élémens de Géométrie*, *op. cit.*, édition de 1695, p. 2.

l'économie de l'ouvrage. Dans *La logique ou l'art de penser*, Arnauld et Nicole avaient pointé les principaux défauts qui peuvent se rencontrer dans la « méthode de doctrine » et dont *Les Éléments* d'Euclide pâtissent. Le premier défaut qui est « la source de presque tous les autres » est

> d'avoir plus de soin de la certitude que de l'évidence, et de convaincre l'esprit plutôt que de l'éclairer[56].

Pour avoir une « parfaite science de quelque vérité », il ne suffit pas d'être convaincu que cela est vrai, mais il est en revanche essentiel de savoir « par des raisons prises de la nature de la chose même, pourquoi cela est vrai » (*ibid.*, p. 307). Les autres défauts découlent de ce premier : « prouver des choses qui n'ont pas besoin de preuve », « démontrer par l'impossible », « démontrer par des voies très éloignées » et « n'avoir aucun soin du vrai ordre de la nature » (*ibid.*, p. 306-313). Or, pour ne pas tomber dans l'un de ces défauts, il est utile de clarifier la typologie des énoncés propres à l'exposition de la géométrie, d'où l'insertion du paragraphe destiné aux « définitions de quelques termes dont on se sert en mathématiques ». Il est néanmoins indispensable que « l'évidence » de tels énoncés soit reconnue « par tout le monde », y compris par le lecteur. Ainsi, le préfacier de l'*AI* a-t-il rappelé de ce qui désormais n'a plus besoin ni d'être démontré à la manière des Anciens, ni d'être justifié : la courbe comme polygone d'une infinité de côtés est une évidence, comme l'est la nouvelle égalité.

LES RÈGLES ET LA PREMIÈRE DEMANDE

La première demande définit un nouveau type d'égalité entre deux quantités en usant de l'expression « quantité infiniment moindre » sans que cette expression soit définie. Cependant, il semble que cette demande pourrait être interprétée en faisant appel au principe de continuité[57]. Leibniz et L'Hospital ont échangé sur ce principe, L'Hospital estime que celui-ci est « d'une utilité merveilleuse ». Par ce principe universel une égalité peut être considérée comme « une inégalité infiniment petite » à condition que les termes de cette égalité varient continument.

---

56 Antoine Arnauld et Pierre Nicole, *La logique ou l'art de parler*, *op. cit.*, p. 307.

57 Voir *supra* au chapitre précédent le paragraphe « La réception du "principe de continuité" chez L'Hospital ». On pourra consulter à ce sujet l'article de Herbert Breger, « Le continu chez Leibniz », *op. cit.*, p. 77.

Selon Leibniz, le principe de continuité est « absolument nécessaire en Géométrie », il s'applique donc en particulier au cas de deux quantités géométriques variables qui pourront être prises l'une pour l'autre lorsque leur différence pourra « estre diminuée au-dessous de toute grandeur donnée *in datis* ou dans ce qui est posé » et « *in quaesitis* ou dans ce qui en résulte ». Leibniz ajoute que ce principe dépend d'un principe plus général : « *Datis ordinatis etiam quaesita sunt ordinata* ». Il s'agit d'un principe d'ordre que le principe de continuité induit. L'Hospital omet de situer la notion de continuité en relation avec l'idée d'ordre. En revanche, il est important pour lui de spécifier dans ses définitions le caractère continu de la variation. Ainsi « deux quantités qui ne diffèrent continument que d'une quantité infiniment moindre », signifierait qu'elles peuvent être prises pour égales en vertu du principe de continuité.

Les règles de différenciation arrivent après l'énoncé des deux demandes. Ceci est cohérent car la première demande est indispensable à L'Hospital pour justifier les règles sur lesquelles justement est fondé la pratique de l'algorithme. Pour montrer la règle de la différence du produit, L'Hospital explique que comme la quantité variable x devient $x+dx$ et la quantité variable y devient $y+dy$, le produit xy devient $(x+dx)(y+dy)=xy+xdy+ydx+dxdy$ (*AI*, p. 4). Il s'agit de rendre compte de ce que $dxdy$ est une « quantité infiniment petite par rapport aux autres ». Dans ses leçons de calcul différentiel, Bernoulli avait renvoyé à la première demande mais il avait omis d'expliquer pourquoi il se trouvait bien dans la situation pour pouvoir y faire appel. L'Hospital va comparer $dxdy$ à ydx en comparant chacune de ces quantités à la différence dx : « si l'on divise ydx & $dxdy$, par dx on trouve d'une part y, & de l'autre dy qui en est la différence, & par conséquent infiniment moindre qu'elle » (*ibid.*). La division de chacune des deux quantités au tiers dx montre que l'une $\frac{dxdy}{dy}=dy$ est la différence de l'autre $\frac{ydx}{dx}=y$.

Étant sa différence elle est donc par définition « infiniment moindre qu'elle ». Comme la Préface l'annonçait, l'Analyse des infinis établit des relations entre les différences en prolongeant la pratique usuelle avec les grandeurs géométriques.

ENQUÊTE SUR L'ORIGINE DE QUELQUES « FONDEMENTS » DE L'ANALYSE DES INFINIS DE L'HOSPITAL

Le caractère « évident » des deux demandes avait été souligné dans la Préface. Dans ce paragraphe, le deuxième postulat est questionné quant à l'origine de son « évidence ».

L'idée de considérer une courbe comme un polygone d'une infinité de côtés n'est pas inédite et elle est même extrêmement présente dans la littérature mathématique du XVIIe siècle. En particulier, elle se retrouve chez les géomètres dont L'Hospital est héritier, Arnauld et Lamy parmi les français mais aussi l'anglais Barrow. Pour les deux géomètres français, que le cercle soit considéré come un polygone d'une infinité de côtés fait même l'objet d'une demande[58]. Pour Barrow, la courbe peut être considérée comme un assemblage de segments infiniment petits déterminés par des divisions égales sur l'axe de la courbe, le polygone est un espace gradiforme[59]. Dans chacun de leur traité, Arnauld et Lamy ne s'intéressent à la notion de « polygone d'une infinité de côtés » que dans le seul but de l'appliquer à des démonstrations concernant le cercle, dont une propriété caractéristique est justement d'avoir une courbure constante. Dans un contexte différent, celui d'une de ses méthodes des tangentes, L'Hospital avait été amené également à introduire cette notion afin d'obtenir des simplifications calculatoires. La deuxième demande de l'*AI* n'a aucune exigence vis-à-vis des angles du polygone. Et pour cause : cette indétermination a la vertu de permettre d'introduire la notion de « courbure de la ligne » puisque les angles des côtés du polygone la déterminent (*AI*, p. 3).

Le cercle comme polygone à une infinité de côtés : proposition ou demande ? Les Éléments de géométrie *de Lamy*

En 1685, Lamy publie un ouvrage intitulé *Élémens de Géométrie*[60]. Cet ouvrage aura deux éditions : la première est publiée en 1685 puis en 1692 sans changement – sauf le titre qui devient *Nouveaux éléments de*

58 Antoine Arnauld, *Nouveaux Éléments*, *op. cit.*, p. 310.

59 Voir le paragraphe consacré aux techniques de transmutations de Barrow au chapitre « De la Géométrie à l'arithmétique des indivisibles », p. 111 de cet ouvrage.

60 Bernard Lamy, *Les Éléments de géométrie ou de la mesure des corps, qui comprennent tout ce qu'Euclide a enseigné : les plus belles propositions d'Archimède et l'Analise par le RP Lamy*, Grenoble, à Paris, chez André Pralard, 1685.

géométrie ou la mesure du corps – puis une deuxième édition en 1695 qui connaît huit publications dont les quatre dernières sont posthumes[61]. La notion de « polygone à une infinité de côtés » apparaît dans les *Éléments de géométrie* de l'enseignant oratorien Bernard Lamy dans les éditions de 1685 et 1695. Il est intéressant de voir comment évolue son statut dans un ouvrage élémentaire d'enseignement.

Dans la préface des *Élémens de Géométrie*, Lamy affirme sa filiation à Arnauld « [...] C'est dans les Elémens de Monsieur Arnaud qu'on trouve cet ordre naturel, qui n'est point dans ceux d'Euclide ». Comme Arnauld, il préconise d'introduire les éléments de géométrie selon un « ordre naturel », du simple au composé, et du général au particulier. Il estime aussi que les écrits des Anciens ne satisfont pas car ils manquent de clarté[62].

Dans le Livre II « De la seconde dimension des corps », section IV « De la mesure des aires et des surfaces », Lamy justifie l'appellation « polygone d'une infinité de côtez » destiné au cercle. Pour ce faire, il demande d'abord de considérer qu'un polygone circonscrit (respectivement inscrit) soit plus grand (respectivement plus petit) que son cercle. Puis, il montre qu'étant donnés un cercle et un polygone qui lui est circonscrit (respectivement qui lui est inscrit), il est possible de construire un autre polygone circonscrit (respectivement inscrit) dont le périmètre et la surface soient inférieures (respectivement supérieures) au premier. Par construction, ces polygones ont des côtés égaux. De ces résultats, il conclut

> que plus un Polygone a de côtez, son circuit et sa surface approchent plus du circuit & la surface du cercle auquel il est circonscrit ; & qu'ainsi un Polygone circonscrit d'une infinité de côtez ne differe point du cercle (*ibid.*, p. 96).

Dans l'édition de 1695, apparaissent des modifications significatives. Lamy, au lieu de deux demandes, en énonce trois. Les deux premières

61 1695, 1701, 1704, 1710, 1731, 1732, 1734 et 1740. Les références sont prises à l'édition de 1685 (ou 1692) ou à celle de 1695. Si aucun changement n'est effectué entre les deux, est la première édition de 1685 sera celle qui sera citée.

62 « Je ne veux pas dire que les démonstrations qu'on voit dans les Ouvrages des Anciens, manquent du côté de la vérité, puis qu'elles sont certaines ; mais elles pechent contre la netteté & la clarté, étant trop longues et embaraßées. [...] [avec les démonstrations à l'ancienne] Ils [les élèves] ne sont point assujettis à un ordre qui pût conduire le Lecteur de ce qu'il connaît à ce qu'il ne connaissait pas, sans autre travail que celuy d'une attention médiocre », Préface, édition de 1695.

sont identiques à la version de 1685. La troisième affirme qu'« un cercle peut être pris pour un poligone d'une infinité de côtez ». Or, pour Lamy, une demande ou une proposition évidente est

> une proposition qui n'est pas si évidente qu'un Axiome, mais aussi qu'on ne peut contester ; ainsi on demande qu'on accorde, pour n'être pas obligé de la démontrer[63].

Ainsi, Lamy fait d'un corollaire une demande qu'il n'est donc plus « obligé de démontrer ». Il insiste sur son évidence :

> Car par exemple, si un poligone dont le diamètre est petit avait un million de côtez, il est évident qu'il ne differerait pas sensiblement d'un cercle. Si dis-je on conçoit dans un cercle autant de côtez qu'il y a de points sensibles, ce sera un polygone & un cercle en même temps (*ibid.*, p. 118).

Ainsi, pour comprendre un cercle comme un polygone d'une infinité de côtés, il faut identifier ces « points sensibles » avec les côtés d'un polygone. Que veut-il dire par « point sensible » ? Dans les deux éditions, un point est défini par « ce qui n'a aucune partie et qui par conséquent est indivisible », c'est-à-dire « que c'est une grandeur dont on ne considère point les parties dans lesquelles elle peut être divisée » (*ibid.*, p. 8). Ainsi, l'union des mots « point » et « sensible » s'apparente à un oxymore. Sauf que dans l'édition de 1695, Lamy complète cette définition en expliquant que la ligne peut être aussi considérée comme « la trace d'un point qui se meut ou change de place ». Le « point sensible » peut alors s'interpréter comme une trace d'un point, c'est-à-dire un segment de taille extrêmement petite. De cette manière, il n'y aurait donc pas de contradiction à considérer « un polygone & un cercle en même temps ».

Un autre point mérite d'être remarqué. Dans la version de 1685, sa justification s'appuyait sur la possibilité d'encadrer le cercle par les polygones successifs de manière de plus en plus serrée. En 1695, dans un paragraphe plus en avant après la demande ci-dessus commentée, Lamy revient sur la considération du cercle comme polygone d'une infinité de côtés et sa justification. Pour ce faire, il reprend la même démarche

63 Dans la version de 1695 la demande est désignée par « proposition évidente » mais elle garde le même statut. On retrouve, comme chez Arnauld, quelques pages déstinées à définir « quelques termes dont on se sert dans les mathématiques » (non paginé).

qu'en 1685 et réaffirme, cette fois-ci sous forme de corollaire, qu'un « polygone inscrit d'une infinité de côtez peut être pris pour un cercle » (*ibid.*, p. 119)[64]. À ce stade de son développement, il peut utiliser cette conception du cercle pour montrer que l'aire d'un cercle est la même que celle d'un triangle ayant pour base sa circonférence et pour hauteur son rayon (*ibid.*, p. 120), car il a démontré ce résultat pour un polygone quelques pages avant. Il va désormais de soi que ce qui est valable pour un nombre fini de côtés, l'est aussi pour un nombre infini.

La fin du Livre II termine par un scolie :

> Il est facile, un cercle étant donné, de trouver une surface dont la différence avec celle de ce cercle soit plus petite qu'une grandeur donnée (*ibid.*, p. 125).

Cet énoncé est à la base des raisonnements *ad absurdum*. Il aurait permis de justifier la conception du cercle comme polygone d'une infinité de côtés. Lamy choisit de le placer en dernier. Lamy a pour dessein de présenter la géométrie dans un « ordre naturel ». C'est dans ce cadre de pensée que s'inscrit la légitimation du vocable « polygone d'une infinité de côtés », qui s'ajoute au dictionnaire du géomètre comme une « définition de nom[65] ». Considérer qu'un cercle est un polygone d'une infinité de côtés permet des démonstrations directes. Aussi, Lamy s'assure du bien-fondé de sa démarche. Le vocable « polygone d'une infinité de côtés » lui permet une démonstration directe car il renvoie à la possibilité de reformuler cette dernière à la manière des Anciens.

Lamy est très proche de Malebranche[66] et de son cercle, il est au courant des nouveautés scientifiques et de leurs publications. Il situe le travail du cercle de Malebranche dans la continuité du sien. En effet, dans son ouvrage *Entretiens sur les sciences*[67], il consacre le sixième entretien à conseiller les « bons livres », c'est-à-dire ceux dont la connaissance est indispensable (*ibid.*, p. 197). Dans l'édition de 1694, il juge que la publication prochaine d'un « Traité des Sections coniques et un Traité

---

64 Ce réagencement d'énoncés n'est pas incohérent. Lamy, comme d'autres auteurs, souhaite proposer un nouvel arrangement des éléments euclidiens. Dans ce sens, qu'un énoncé soit une demande a un caractère relatif.

65 Antoine Arnauld et Pierre Nicole, *La logique ou l'art de penser*, *op. cit.*, p. 78-91.

66 Lettre de Malebranche à Lelong : « Avec Bernard [Lamy], on s'aime de tout cœur c'est un ami » cité dans Girbal, François, *Bernard Lamy*, Paris, PUF, 1964, p. 112.

67 Bernard Lamy, *Entretiens sur les sciences*, édition critique présentée par François Girbal et Pierre Clair, Paris, PUF, 1966.

sur l'Analyse » rédigés par L'Hospital est « une suite » de ses deux propres traités, *Élémens de Mathématiques* et *Élémens de Géométrie* (*ibid.*, p. 221-222). Si Lamy ne fait pas partie de ceux qui s'initient au calcul leibnizien, il est au courant de l'intérêt que le calcul suscite auprès de ses amis : « J'entends parler avec beaucoup d'éloges des Nouvelles Découvertes de Mr de Leibnitz sur l'Analise » (*ibid.*, p. 222).

Les ouvragres de L'Hospital apparaissent dans la lignée de mathématiciens pour laquelle considérer une courbe comme « polygone d'une infinité de côtés » est devenue une évidence partagée. Cependant, il va au-delà puisque la forme de ce polygone est la plus générale possible. Dans ce sens, il partage la conception leibnizienne de la courbe comme « polygone infinitangulaire[68] ».

La justification de L'Hospital

Vers 1694 un traité des sections coniques devait être publié conjointement à un traité de calcul différentiel. Ce projet est abandonné. Cependant, L'Hospital entreprend indépendamment de Malebranche une nouvelle rédaction du traité des coniques, probablement entre 1698 et 1700 (*Mathematica*, p. 313), peu après la publication de l'*Analyse des infiniment petits*. Il meurt en 1704 laissant des manuscrits. Malebranche et Varignon sont chargés de publier certains de ses écrits : un traité de sections coniques est finalement publié à titre posthume en 1707, il s'agit du *Traité analytique des sections coniques et de leurs usages pour la résolution des équations dans les problèmes tant déterminez qu'indéterminez*[69]. Ce traité se présente sous forme de définitions, propositions et théorèmes, certains d'entre eux étant des problèmes de construction. Chacun des trois premiers livres est destiné à une présentation d'une des trois coniques[70]. Ils ont une structure très similaire : définitions, nombre d'intersections

68 Voir au deuxième chapitre le paragraphe intitulé « Leibniz : au-delà de Wallis ? les articles des *Acta Eruditorum* ».

69 *Traité analytique des sections coniques et de leurs usages pour la résolution des équations dans les problèmes tant déterminez qu'indéterminez*. Ouvrage posthume de mr le Marquis de L'Hospital, honoraire de l'Académie Royale des Sciences, Paris, chez Boudot, 1707.

70 L'Hospital traite de leurs propriétés, entre autres : foyers, diamètres, tangentes Il recherche les tangentes par des arguments géométriques. Aucune utilisation de méthode de tangente n'est utilisée contrairement à son obtention dans le manuscrit FR 25306 ou FR 25308 qui est effectuée en utilisant la méthode de Barrow. Mais celle-ci est présentée de cette manière dans le Cinquième livre.

d'une droite donnée avec la conique, recherche de la tangente en un point. Chacun de ces trois livres commence par décrire la construction de la conique correspondante à l'aide d'ustensiles variés, certains pouvant glisser : règles, fils tendus à l'aide d'un style, équerres. Un mouvement réglé de ces instruments conduit au tracé de la conique[71]. Le Livre IV présente et démontre des propriétés communes aux trois coniques. Pour ce faire, il peut arriver à L'Hospital de considérer que la parabole est un cas particulier de l'ellipse ou de l'hyperbole par des arguments faisant intervenir l'infini[72]. Le cinquième Livre, intitulé « De la comparaison des Sections coniques entre elles, & de leurs Segmens », s'intéresse à la comparaison des aires de coniques. L'Hospital présente de façon ordonnée une série de lemmes, théorèmes et corollaires de teneur infinitésimale, mais dans lesquels le calcul leibnizien est absent.

Les deux premiers lemmes sont d'une grande importance car il s'en sert ensuite pour démontrer une grande partie des autres :

> Lemme I
>
> Si la différence de deux quantités diminuë continuellement, en sorte qu'elle devienne enfin moindre qu'aucune grandeur donnée ; je dis que dans cet état, ces deux quantités seront égales (*ibid.*, p. 123).

Ce lemme est une reformulation de la première demande de l'*AI*. En effet, des quantités dont la différence « diminuë continuellement » sont celles qu'il a définies comme « quantités variables ». De même, la différence qui « diminuë continuellement, en sorte qu'elle devienne enfin moindre qu'aucune grandeur donnée » est ce qui est appelé « quantité infiniment moindre » par rapport à celles dont elle est la différence.

Pour démontrer ce lemme, L'Hospital raisonne, par l'absurde : si ces deux quantités n'étaient pas égales, il serait possible « d'assigner » une différence, ce qui est contraire à l'hypothèse. Il énonce ensuite le deuxième lemme :

71 *Ibid.*, p. 1-2 (parabole), p. 19 (ellipse), p. 47 (hyperbole).

72 « Et par conséquent on peut regarder une Parabole, comme une Ellipse ou une Hyperbole, dont l'axe est infini : sçavoir, le premier dans l'Hyperbole, & celui des deux qu'on voudra dans l'Ellipse », *ibid.*, p. 101. Leibniz utilise la même image dans son article sur le principe de continuité, « Lettre de M. L. sur un principe general utile à l'explication des loix de la nature pour la considération de la sagesse divine, pour servir de réplique à la réponse du R.P.D. Malebranche », *Nouvelles de la République des Lettres*, juillet 1687, art. VIII, p. 744-753. Voir *supra* « La réception du principe de continuité chez L'Hospital » au chapitre précédent.

> Lemme II
> Si la raison de deux quantités est telle que l'antécédent demeurant toujours le même, sa difference avec son consequent diminuë continuellement, en sorte qu'elle devienne enfin moindre qu'aucune grandeur donnée ; je dis que dans cet état, ces deux quantités seront égales (*ibid.*, p. 123).

L'énoncé de ces deux lemmes est à rapprocher de celui du lemme de Newton qui apparaît au Livre I des *Principia Mathematica*[73] :

> Les quantités, et les raisons des quantités, qui en un quelconque temps tendent continuellement [*constanter*] à l'égalité, et qui avant la fin de ce temps peuvent s'approcher de plus près l'une de l'autre que de toute différence donnée, sont à la fin égales[74].

Le traité newtonien est connu de L'Hospital et du cercle de Malebranche[75] mais « le style mathématique[76] » newtonien est complètement absent de l'*AI*. Certes, Newton est cité dans la Préface dans le but d'indiquer que le savant anglais a trouvé quelque chose de « semblable » au calcul de Leibniz « comme il paroît par l'excellent Livre intitulé *Philosophia naturalis principia Mathematica* » mais qu'il y manque « la caractéristique de M. Leibniz » qui « rend le sien [calcul] beaucoup plus expéditif[77] ». Le document ici analysé est le premier dans lequel L'Hospital adopte un type de présentation proche de celle qui apparaît dans le Livre I des *Principia*.

Le lemme III énonce :

> Si l'on suppose sur une ligne courbe quelconque *ABG* un arc *MN* infiniment petit, c'est-à-dire, moindre qu'aucune grandeur donnée ; & qu'on imagine

73 Isaac Newton, *Philosophiae Naturalis Principia Mathematica*, Londres, Strater, 1687, p. 26.

74 « *Quantitates, ut & quantitatum rationes, quae as aequelatatem dato tempore constanter tendunt & eo pacto propius ad invicem accedere possunt quam pro data quavis differentia ; fiunt ultimo aequales* », *ibid.*, p. 26.

75 Dans les lettres du 2 janvier 1693 et 20 février 1693 adressées à Jean Bernoulli, L'Hospital fait référence aux *Principia*, en particulier au lemme XXV (*DBJB*, 1, p. 163 et 165). Par ailleurs, Costabel signale deux lettres de Jaquemet adressées à Reyneau de l'année 1692, il ne précise pas comment il a établi que L'Hospital a lu l'ouvrage, *Mathematica*, p. 6. On pourra consulter l'article de Mónica Blanco Abellán, « Could L'Hospital have read Newton's *Methodus Fluxionum* ? », "3rd International Conference of the European Society for the History of Science", Viena, 2008, p. 61-68.

76 François de Gandt, « Le style mathématique des *Principia* de Newton », *Revue d'histoire des Sciences*, 1986, tome 39, n° 3, p. 195-222.

77 Préface de l'*AI*. Le préfacier fait référence en marge à l'article de Leibniz « Considérations sur la différence qu'il y a entre l'analyse ordinaire, et le nouveau calcul des transcendantes par M. Leibnits », *op. cit.*, p. 405.

> par les extrémités de cet arc les ordonnées MP, NQ, à l'axe ou diamètre AC, avec les parallèles MR, NS, à ce diamètre : je dis que les parallélogrammes $PQRM, PQNS$, peuvent être pris chacun pour l'espace $PQNM$ renfermé entre les ordonnées PM, QN, la petite droite PQ, & le petit arc de la courbe MN (*ibid.*, 123).

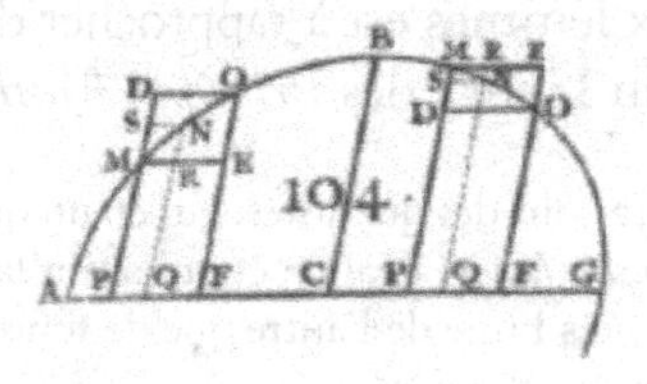

FIG. 57 – Guillaume de L'Hospital, *Traité analytique des sections coniques et de leurs usages pour la résolution des équations tant déterminées qu'indéterminées*, Paris, chez Moutard, 1726, planche 12, fig. 104, © Bibliothèque nationale de France.

Ce lemme, qui a une correspondance dans les *Principia*, est fondamental pour la suite de son développement[78]. Par-là, il déduit plusieurs propositions liées entre elles et dont l'ensemble constitue une sorte de compilation de résultats à teneur infinitiste[79]. Par la suite, L'Hospital énonce plusieurs propositions qui justifient des relations de comparaison entre éléments géométriques, au voisinage d'un point de la courbe. Le lemme IV énonce :

> Si l'on suppose sur une ligne courbe quelconque un arc infiniment petit MN ; & qu'on imagine les tangentes MT, NT, qui se rencontrent au point T, la soustendante MN, & la droite NS perpendiculaire sur MT prolongée : je dis qu'on peut prendre pour l'arc MN la soustendante MN, ou la somme des deux tangentes MT, NT, ou enfin la droite MS (*ibid.*, p. 127).

78 Correspond aux lemmes II, III et IV du Livre I des *Principia*.

79 Concernant les quadratures, L'Hospital établit que toute portion de courbe est la somme de parallélogrammes inscrits ou circonscrits générées par une quelconque division infinie de la courbe (Corollaire I, article 184). Deux figures $CMDOC$, $EGFHE$ placées entre deux parallèles et telles que quel que soit la parallèle MH coupant les figures, les lignes interceptées MO et GH aient un même rapport alors les figures ont le même rapport (Corollaire III, art. 186). Il ne fait aucune référence à Cavalieri.

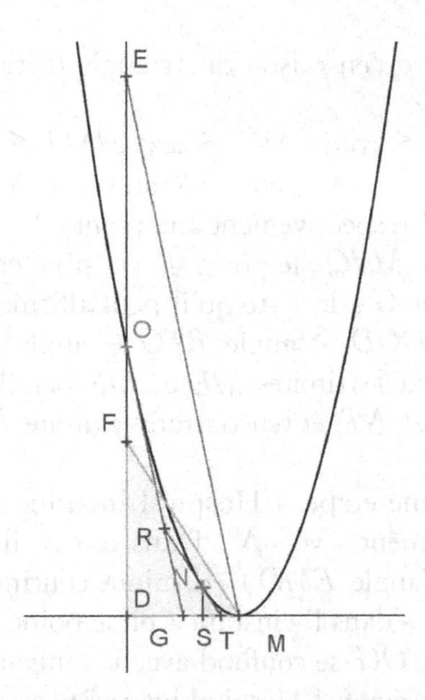

FIG. 58 – Figure réalisée par l'auteure, d'après Guillaume de L'Hospital, *Traité analytique des sections coniques et de leurs usages pour la résolution des équations tant déterminées qu'indéterminées*, Paris, Chez Boudot, 1707, p. 127, © Bibliothèque nationale de France.

La similitude de cet énoncé avec celui du lemme VII des *Principia*[80] est à nouveau patente. La différence est que Newton n'écrit pas que ces quantités peuvent être prises l'une pour l'autre mais que leur « dernière raison » est celle de l'égalité[81].

Comme pour le lemme III[82], la démonstration du lemme IV procède en trois étapes[83]. Dans la première étape, L'Hospital fait des considérations sur une figure finie. Pour ceci, il considère du côté de N, l'arc fini $MO.OG$ est la tangente en O et OD est parallèle à NS. Dans cette

80 « *Jisdem positis, dico quod ultima ratio arcus, chordae & tangentis ad invicem est ratio aequalitatis.* », *op. cit.*, p. 30.

81 « *quod ultima ratio arcus, chordae & tangentis ad invicem est ratio aequalitis* », *Principia*, *op. cit.*, p. 30.

82 La démonstration de ce lemme n'est pas développée ici mais elle a la même structure en trois temps que celle exposée.

83 Il se place d'abord dans le cas concave (puis traite ensuite de la même manière le cas convexe et le cas concave-convexe).

situation il affirme qu'en raison du triangle rectangle MDO, il est « clair » que

$$\text{Tangente } MD < \text{corde } MO < \text{arc } MNO < MG+GO \quad (*)$$

Il considère ensuite la tangente TR au point N qui coupe les tangentes MO et OG respectivement aux points M et G. En raison de la concavité de l'arc MNO, le point T est situé entre M et G et le point R entre O et G, de sorte qu'il peut affirmer que

$$\text{angle } OGD > \text{angle } RTG \ (= \text{angle } NTS)$$

Il considère ensuite les droites ME et MF parallèles respectivement aux tangentes OG et NT et rencontrant la droite DO respectivement aux points E et F.

Dans la deuxième étape, L'Hospital imagine que le point O se « meut continuellement » vers N. Dans ce cas, il est « visible » que l'angle OGD (ou l'angle EMD) « diminue continuellement » jusqu'à ce qu'il s'« évanouit » dans l'« instant » où le point O parvient en M puisque la tangente OG se confond avec la tangente MD.

Dans la troisième étape, L'Hospital interprète en termes d'infiniment petits le passage délicat entre le fini (MO fini) et l'évanouissement complet décrit dans deuxième étape ($M = O$). Ce passage est celui dans lequel O « passe » par N, c'est-à-dire lorsque M est « infiniment proche de N ». Dans ce cas, la tangente ME est en MF et ne diffère de la tangente MD que « d'une grandeur moindre qu'aucune donnée ». Or d'après le lemme II, dans ce cas, le rapport $\frac{ME}{MD} = \frac{MF}{MD} = \frac{TN}{TS}$ est égal à un.

La somme des deux tangentes $MT + TN$ est égal à MS donc l'inégalité (*) devient une « égalité » et MS peut être pris pour l'arc MN ou la corde MN.

Pour démontrer cette dernière étape, Newton procédait par une « méthode des témoins finis » qui consiste à « déformer une figure géométrique jusqu'à un état limite[84] ». Ce qui fait la différence avec L'Hospital, c'est qu'il conserve « dans le fini une configuration toujours semblable[85] ».

De ce lemme, L'Hospital déduit que l'on peut considérer une tangente comme une droite passant par deux points infiniment proches (corollaire 3) et une courbe comme un polygone d'une infinité de côtés :

84 François de Gandt, « Le style mathématique des *Principia* de Newton », *op. cit.*, p. 198.
85 Pour la description et l'analyse du lemme VII, *ibid.*, p. 205-206.

> d'une infinité de côtés, chacun infiniment petit, que l'on pourra prendre pour la ligne courbe : puisqu'elle n'en differera en aucune manière. De plus les petits côtés de ce Polygone étant prolongés de part & d'autre, seront les tangentes de cette courbe ; puisqu'ils passent chacun par deux de ses points infiniment proches l'un de l'autre (*ibid.*, p. 128).

Ce corollaire est suivi d'une précision à propos de la notion de tangente :

> On doit faire ici attention que l'idée ou notion qu'on a donnée des tangentes des Sections Coniques, ne convient qu'aux lignes courbes qui sont toujours concaves dans toute leur étendue vers le même côté, comme sont les sections coniques, au lieu que cette dernière notion est generale pour toutes sortes de lignes courbes. Aussi est-ce elle qui sert de fondement à la méthode des tangentes que j'ai expliquées, dans mon Livre des Infiniment petits, & que j'ose assûrer être là plus simple & la plus generale qu'on puisse souhaiter (*ibid.*).

L'Hospital a en effet fourni une définition restrictive de lignes « tangentes » mais qui suffisait pour obtenir celles des coniques. Dans le cas de la parabole – mais les autres définitions sont analogues – elle était définie comme

> Une ligne droite qui ne rencontre la parabole qu'en un point, et qui étant continuée de part et d'autre n'entre point dedans, mais tombe au dehors (*ibid.*, p. 2).

L'Hospital affirme que ce qu'il vient de démontrer – et qui lui sert par la suite à démontrer d'autres propositions concernant les coniques – est plus général. Ainsi, bien que la notion de tangence introduite au début de son traité suffise pour le traitement des coniques, le véritable « fondement » de la notion de « tangente » provient de l'Analyse des infinis. L'idée selon laquelle le « polygone à une infinité de côtés » de l'Analyse des infinis est l'outil essentiel à l'intelligence de la courbe est donc ici à nouveau revendiquée.

Dans cette démonstration, comme dans de nombreux passages du traité des sections coniques, l'idée de mouvement est essentielle. L'Hospital s'en sert pour décrire l'engendrement de toutes les lignes géométriques qui apparaissent dans le traité. Dans la plupart des occurrences, il précise que ce mouvement procède « continuellement ». Ce terme apparaît dans une dizaine d'autres passages, la plupart se trouvent justement dans le Livre V. L'Hospital en use pour qualifier la manière dont certaines quantités géométriques « diminuent », « se meuvent » ou « changent ». Ces dernières sont donc des quantités variables, telles qu'elles sont définies dans l'*AI*, même si ce terme, comme également celui de « constante », est complètement absent du traité. Dans l'*AI*, le terme « continuellement » apparaît une vingtaine de fois. Dans la plupart des cas, il spécifie la modalité de changement des quantités géométriques (abscisses, ordonnées, courbure, etc.). C'est tout à fait cohérent car ces quantités sont considérées comme des quantités variables que l'Analyse des infinis traite. Le terme « continuellement » qualifie aussi le mouvement, par exemple, celui des points qui « s'approchent continuellement » ou celui qui est à l'origine de l'engendrement d'une courbe. Par ailleurs, L'Hospital utilise le terme « continuellement » dans un sens plus restrictif, pour exprimer un état permanent[86], par exemple, une ligne BH qui joint deux cercles passe « continuellement » par un point G (*ibid.*, p. 116). Ce sens est absent dans le traité des sections coniques.

Le terme « continuellement » apparaît lié à un état qui se répète sans cesse ou à une succession sans interruption. Le mouvement engendre une courbe parce qu'il s'effectue « continument ». Le temps serait-il une variable privilégiée sans que cela soit explicité ? Barrow et Newton affirment explicitement le caractère originel du temps et du mouvement. Selon Barrow, le temps permet de mesurer la continuation [*perseverans*] des choses dans leur être[87] et de ce fait la continuité de l'existence des choses est impliquée par le temps[88]. Le temps est donc une notion plus originaire que celle de continuité. Cette conception permet à Barrow dans sa deuxième leçon de définir toute courbe par le mouvement :

> Ayant tenté de considérer les différentes voies par lesquelles les grandeurs sont conçues être produites ; nous avons commencé en abordant la première et principale voie, qui est réalisée par le mouvement local[89].

Dans les deux traités de L'Hospital, la présence persistante du terme « continuellement » renvoie souvent à une notion de « continuité »

---

86 *AI*, p. 37, 104, 116, 120, 143 et 146.

87 *« tempus est perseverantia rei cujusque in suo esse »*, Isaac Barrow, *Lectiones geometricae*, p. 2.

88 *« Tempus igitur non actualem existentiam, at capacitatem tantum seu possibilitatem denotat permanentis existentiae »*, *ibid.*, p. 3.

89 *« Varios, quibus productae concipiantur magnitudines aggressi modos considerare, primum & praecipuum attingere caepimus illum, qui motu peragitur locali. »*, *ibid.*, p. 13.

primitive, sans expliciter une relation au temps. Des auteurs, comme Barrow, explicitent cette relation avant d'entamer l'étude des lignes courbes[90]. Le « flux continu » qui apparaît dans les textes de Barrow ou Newton est conçu toujours par rapport à un principe temporel absolu.

Pour faciliter la signification de la « variation », il est certes possible de comprendre le « continuellement » de manière « pragmatique », voire « métaphorique », en se référant à un mouvement (temporel) mais L'Hospital ne choisit pas de procéder ainsi pour l'écriture des définitions. Cette omission n'est pas fortuite. L'Hospital insiste sur le fait que l'Analyse des infinis permet de connaître des grandeurs finies par la comparaison de leurs différences. Sa mise en pratique nécessite la formulation de deux demandes, dont la première est le principe même du déploiement de l'algorithme. Or, ces demandes découlent du principe général de continuité. De la sorte L'Hospital laisse la possibilité de penser la notion de continuité autrement qu'en la liant à un temps absolu.

L'ANALYSE DES INFINIMENT PETITS : CONQUÉRIR LA GÉNÉRALITÉ

ANALYSE DES INFINIMENT PETITS POUR L'INTELLIGENCE DES LIGNES COURBES : LE DEVENIR DES NOUVEAUX ÉLÉMENTS

À la fin de 1692, L'Hospital pointe la capacité de sa méthode des tangentes à traiter des courbes mécaniques. Néanmoins, il ne parvient pas à énoncer des propositions suffisamment générales, comme Barrow l'effectue sans utiliser de calcul[91]. En effet, dans les *Lectiones geometricae*, la recherche des tangentes est classée par types de courbes. Plus précisément, le classement se règle selon le type de relation entre la courbe (dont la tangente est cherchée) et d'autres (dont la tangente est

90 Les cinq premières leçons des *Lectiones geometricae* étaient destinées à des néophytes et ne devaient pas faire partie à l'origine du reste de l'ouvrage. Ainsi, Barrow n'insistait pas nécessairement sur de telles clarifications avant d'aborder la lecture des leçons concernant l'étude géométrique des courbes, Mickael S. Mahoney dans Feingold, Mordechai (ed), *Before Newton, the life and times of Isaac Barrow*, *op. cit.*, p. 202.

91 Voir au premier chapitre.

connue)[92]. Barrow parvient ainsi à traiter des courbes particulières en les intégrant comme un cas relevant d'une des propositions générales[93]. De cette classification L'Hospital avait retenu la relation entre l'ordonnée d'une première courbe et l'arc de la deuxième. Dans l'*AI*, la structure de toute la section II est conduite par l'idée de présenter des problèmes sous forme de propositions les plus générales possibles, dont relèvent des courbes particulières. Si le manuscrit de L'Hospital ne traitait pas toutes les courbes traitées par Barrow, l'*AI* intègre la totalité et en ajoute d'autres. L'Hospital a aussi à sa disposition un manuscrit des *Lectiones de Calculo differentialium* de Jean Bernoulli dans lesquelles des recherches de tangentes sont traitées mais sans qu'il y ait aucune tentative de classification[94]. Par exemple, il traite la quadratrice de Dinostrate comme cas particulier de la proposition IX[95].

L'étude génétique du texte final de L'Hospital bénéficiera de comparaisons entre les différentes approches que ce soit celle de Barrow, celle de Jean Bernoulli ou celle de L'Hospital[96].

Le cas de la conchoïde de Nicomède est intéressant à cet égard. En effet, la conchoïde de Nicomède apparaît comme un cas particulier de la proposition VI mais aussi de la proposition VII, plus générale encore que la précédente[97]. La proposition 12 de la leçon VIII de *Lectiones geometricae* permet à Barrow de traiter cette courbe dans le cadre de la proposition suivante :

> Soit *XEM* une courbe de tangente *ER* en *E* ; soit également *YFN* une autre courbe reliée à la première de sorte que si une ligne droite *DEF* est tracée

92 La première classe est celle de paires (ou triplets) de courbes définies par une relation donnée entre les ordonnées. Le but est de construire la tangente de l'une des deux (ou trois) en connaissant celle(s) de l'autre (des autres). Elle fait l'objet de la leçon VIII. La suivante traite des courbes reliées l'une à l'autre en termes de séries de moyennes arithmétiques et géométriques. La leçon X traite de courbes reliées par une relation avec l'arc d'une deuxième courbe dont on sait tracer la tangente.

93 Parmi les courbes célèbres qui sont traitées sans calcul : La cissoïde (Lect. VIII, 17), la conchoïde de Nicomède (Lect. VII, prop. 12), la cycloïde (lect. X, prop. 1), la spirale (Lect. X, prop. 9), la quadratrice de Dinostrate (Lect. X, prop. 10).

94 Jean Bernoulli traite la parabole simple et les paraboloïdes, l'ellipse, l'hyperbole, la logarithmique, la cycloïde, la conchoïde, la cissoïde, la quadratrice de Dinostrate et la spirale d'Archimède.

95 Proposition IX, section II, *ibid.*, p. 25.

96 Une étude comparative entre les différentes résolutions des problèmes communs à l'*AI* et aux *LCD* a été effectuée par Mónica Blanco Abellan, *Hermeneùtica del càlcul diferencial a l'Europa del segle XVIII*, *op. cit.*, p. 41-72.

97 Propositions VI et VII, section II, *ibid.*, p. 21-22.

par un point D l'interceptée EF est toujours égale à une droite donnée Z ; alors la tangente à la courbe se trace ainsi : prendre $DH=Z$ (le long de DEF), et par le point H tracer AH perpendiculaire à DH , croisant ER en B ; Tracer par F , FG parallèle à AB ; prendre $GL=GB$ alors LFS étant tracée est la touchante à la courbe YFN [98].

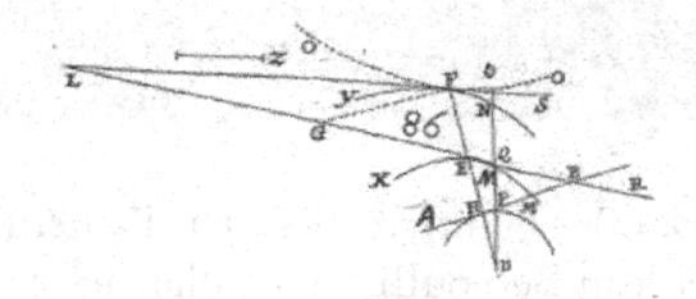

FIG. 59 – Isaac Barrow, *Lectiones geometricae*, Londres, Godbid, 1670, planchet 4, fig. 86, © Bibliothèque nationale de France.

Barrow démontre la construction géométrique de la tangente en F . Il indique que dans le cas où la courbe XEM est une droite, la courbe DEF est la conchoïde de Nicomède.

L'Hospital fournit deux propositions par lesquelles il est possible d'obtenir la tangente à la conchoïde. La première est la proposition VI, section II, qui énonce :

> Soit une ligne courbe APB dont l'on sçache mener les tangentes PH , & un point fixe F hors de cette ligne ; soit une autre courbe CMD telle que menant comme on voudra, la droite FPM , la relation de FP à FM soit exprimée par une équation quelconque. Il faut du point M mener la tangente MT (*AI*, p. 21).

Même si la conchoïde de Nicomède est le seul exemple qui suit l'énoncé de cette proposition, celle-là est plus générale que celle de Barrow puisque pour ce dernier, la relation est que la différence $FM-FP$ est égale à une droite donnée alors que pour L'Hospital la relation entre FP à FM est une « équation quelconque ».

Dans *LCD*, Jean Bernoulli considère (fig. 60), sans le dire, la perpendiculaire GK à GA . Sans indiquer que l'angle DGF est infiniment moindre que l'angle LGF , il estime l'angle LGF égal à l'angle DFE . Les triangles DEF et DLG sont de ce fait semblables, comme le sont deux autres paires de triangles qu'il considère pour obtenir la tangente AK [99].

98 Isaac Barrow, *Lectiones geometricae*, *op. cit.*, p. 66.

99 Problème VII, *LCD*, p. 12-13.

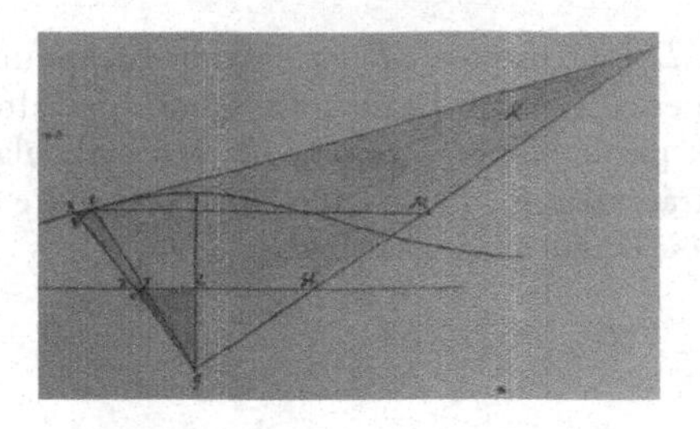

FIG. 60 – Figure réalisée par l'auteure, d'après Jean Bernoulli, *LCD*, planche 2, fig. 8.

Il pose ensuite $a = GL$, $b = CF = AD$, $x = GD$, $dx = DE = AB$. En vertu de la similitude de DEF et DLG : $\frac{DL}{LG} = \frac{DE}{EF}$ soit $EF = \frac{adx}{\sqrt{x^2 - aa}}$, par la similitude des triangles BGC et EGF, il a $\frac{GF}{GC} = \frac{EF}{BC}$ soit $BC = \frac{axdx + abdx}{x\sqrt{xx - aa}}$, puis, par la similitude des triangles ABC et AGK, il a $\frac{AB}{BC} = \frac{AG}{GK}$, soit $GK = \frac{ax^2 + 2abx + abb}{x\sqrt{xx - aa}}$.

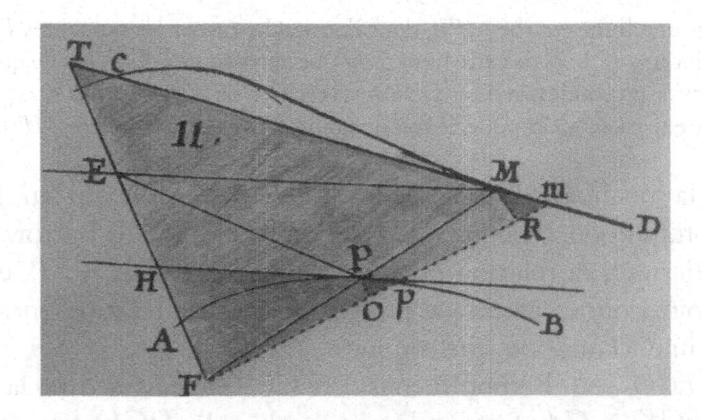

FIG. 61 – Guillaume de L'Hospital, *AI*, planchet 1, fig. 11, © Bibliothèque nationale de France.

Pour démontrer cette proposition, L'Hospital considère, comme Bernoulli, un triplet de triangles semblables qui apparaît naturellement dans la configuration[100]. En effet, le premier couple de triangles semblables, FHP, Pop ont un de leurs côtés qui appartient à la tangente de la première courbe, pour la conchoïde de Nicomède, cette tangente est toujours la droite polaire. Ainsi, dans la démonstration de L'Hospital, le fait que la courbe n'est pas nécessairement une droite n'intervenait pas dans la démonstration, seul compte la connaissance des tangentes, ce qui est donné par hypothèse. Il considère la perpendiculaire FT à FM et pose $PF = x$, $FH = s$ (qui est connue), $po = dx$. De la similitude des triangles POp et HFP, il tire

$$\frac{PF}{FH} = \frac{pO}{OP} \text{ soit } OP = \frac{sdx}{x},$$

puis de la similitude des triangles POF et MRF, il obtient

$$\frac{FP}{FM} = \frac{OP}{RM} \text{ soit } RM = \frac{sydx}{xx}$$

et enfin de la similitude des triangles FTM et MRm, il a

$$\frac{mR}{RM} = \frac{FM}{FT} \text{ soit } FT = \frac{syydx}{xxdy}.$$

La dernière égalité de Bernoulli s'obtiendrait facilement à partir de la dernière de L'Hospital : $FT = \frac{syydx}{xxdy}$ puisque $s = FH$ correspond chez Bernoulli[101] à GH et que la relation de FP à FM est $FM = x + b$.

Ainsi, en s'inspirant de la démonstration de Bernoulli et par le moyen du calcul différentiel, L'Hospital perçoit et réalise la possibilité de traiter le cas de la conchoïde comme un cas particulier d'un type plus général de courbes, celles dont « la relation de FP à FM soit exprimée par une équation quelconque ». Cette généralisation surpasse celle de la proposition barrowienne. Par ailleurs, la recherche de la tangente à la conchoïde relève d'un autre cas encore plus général que celui de la proposition VI, il est décrit ainsi dans la proposition VII :

> Soit une ligne ARM dont l'on sçache mener les tangentes MH, & qui ait pour diamètre la droite $EPAHT$: soit hors de ce diamètre un point fixe

100 Chez Bernoulli, les triplets de triangles sont DEF, DLG; GEF, GBC et GAK, ABC qui correspondent chez L'Hospital à FHP, Pop; FPO, FMR et TFM, MRm.

101 Chez Bernoulli, $= \frac{ax}{\sqrt{x^2 - a^2}}$, $y = x + b$ donc $\frac{dx}{dy} = 1$, d'où : $GK = \frac{\frac{ax}{\sqrt{x^2 - a^2}} \times (x+b)^2}{xx} = \frac{a(x+b)^2}{x\sqrt{xx - aa}}$ qui est bien la l'expression obtenue par Bernoulli.

> F, d'où parte une ligne droite indéfinie $FPSM$ qui coupe le diamètre en P & la courbe en M. Si l'on conçoit maintenant que la droite FPM en tournant autour du point F, fasse mouvoir le plan PAM toûjours parallèlement à soi-même le long de la ligne droite ET immobile et indéfinie, en sorte que la distance PA demeure par tout la même ; il est clair que l'intersection continuelle M des lignes FM, AM décrira dans ce mouvement une ligne courbe CMD. On se propose de mener d'un point donné M sur cette courbe la tangente MT (*ibid.*, p. 26).

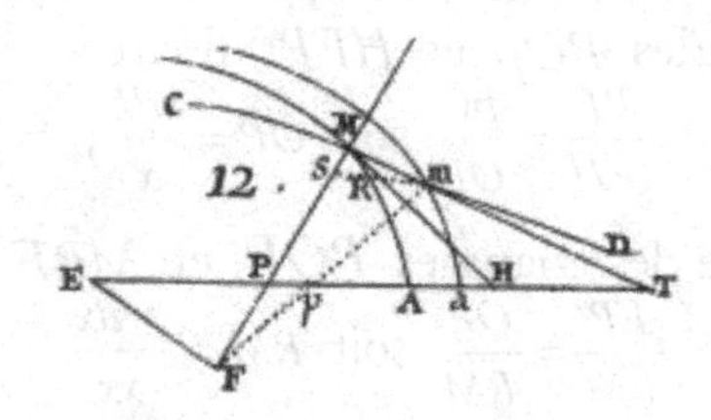

FIG. 62 – Guillaume de L'Hospital, *AI*, planche 1, fig. 12, © Bibliothèque nationale de France.

L'Hospital indique que selon que la courbe de départ AMC soit une droite, un cercle dont le centre est le point P ou une parabole, la courbe résultante CMD sera une hyperbole, ou la conchoïde de Nicomède ou encore la compagne du paraboloïde de Descartes[102].

L'Hospital apprécie la généralité des propositions des *Lectiones Geometricae* de Barrow, par l'algorithme différentiel il constitue des énoncés de propositions plus généraux, étendant ainsi le champ des courbes pouvant être traitées. Dans les *LCD*, Bernoulli lui montre comment l'application du calcul permet l'obtention aisée de la tangente à la conchoïde. Par cet exemple, comme dans d'autres cas particuliers présents dans *LCD*, L'Hospital éprouve la fécondité du nouveau calcul. Mais surtout et au-delà de cette fécondité perçue dans l'application du cas particulier, L'Hospital saisit que le nouveau calcul permet de traiter des expressions traduisant des relations générales entre des courbes. La section II, destinée à la recherche de tangentes est ainsi composée de problèmes-propositions très généraux, les courbes célèbres de l'Antiquité relèvent de cas particuliers de ces propositions. Chaque proposition considère un couple (ou un triplet) de courbes, dont on connaît le tracé

102 L'Hospital écrit en marge la référence à *La Géométrie*, Livre 3.

de la tangente pour l'une d'elles ainsi que la relation qui les lie. Cette section est résumée sous forme de tableau en faisant apparaître la relation entre les deux courbes[103].

Ce type de présentation n'est pas exclusive de la deuxième section, il est le modèle de la manière de structurer l'ensemble de l'ouvrage. La Préface annonce que les sections allant de 2 à 8 contiennent peu de propositions mais plutôt qu'un défaut cela constitue une qualité car

> elles sont toutes générales, & comme autant de Méthodes dont il est aisé de faire l'application à tant de propositions particulières qu'on voudra : je la fais sur quelques exemples choisis, persuadé qu'en fait en Mathématique il n'y a à profiter que dans les méthodes, & que les livres qui ne consistent qu'en détail ou en propositions particulieres, ne sont bons qu'à faire perdre du temps à ceux qui les font, & à ceux qui les lisent (*AI*, Préface).

UNE STRUCTURE AU SERVICE DE LA GÉNÉRALITÉ

Le préfacier explique que de « l'étendue de ce calcul » naissent « une infinité de découvertes surprenantes » par rapport aux tangentes, extremum, points d'inflexion, développées, caustiques par réflexion ou réfraction, etc. Il annonce ensuite chaque section avec un bref descriptif du sujet traité[104]. L'ouvrage contient en tout dix sections. La première contient les principes du calcul. Chacune des sections de II à VIII a un intitulé qui commence par : « usage du calcul des différences » : il s'agit d'étudier des problèmes sur les courbes. Les deux dernières sections ne se libellent pas de la même manière mais elles ne sont pas pour autant à mettre complètement à part. La section IX contient cinq propositions. La première permet de déduire la valeur d'une ordonnée d'une courbe exprimée par un quotient « dont le numérateur et le dénominateur deviennent chacun zéro lorsque $x = a$ » (*AI*, p. 165).

103 Par exemple : « Soit une ligne courbe AM telle que les coupées AP soient des portions d'une ligne courbe dont l'on sçache mener les tangentes PT; et qu'il faille du point donnée M sur la courbe AM mener la tangente MT » (prop. II et III), ou « Soient deux lignes AQC, BCN qui ayent pour diamètre la droite $TEABF$, et dont l'on sçache mener les tangentes QE, NF ; soit de plus une autre ligne courbe MC telle que la relation des appliquées MQ, QP, NP, soit exprimée par une équation quelconque. Il faut d'un point donné M sur cette dernière courbe lui mener une tangente MT » (prop. IV).

104 Pour un commentaire de ces sections, on peut consulter « Translator's Preface », Guillaume de L'Hospital, *L'Hôpital's Analyse des infiniment petits, an annoted translation with material by Johann Bernoulli*, Robert E. Bradley, Salvatore J. Petrelli et C. Edward Sandifer (ed.), Science Networks Historical Studies vol. 50, Birkhaüser, 2015.

Les autres propositions concernent la recherche de tangentes de courbes définies au moyen de développées. La dernière section déduit du calcul des différences des règles de Descartes et Hudde pour les tangentes, points d'inflexion et rayon de courbure (voir *infra*). Les sections de II à X sont listées ci-dessous :

- Section II : Usage du calcul des différences pour trouver les tangentes de toutes sortes de courbes
- Section III : Usage du calcul des différences pour trouver les plus grandes et les moindres appliquées, où se réduisent les questions de *maximis et minimis*
- Section IV : Usage du calcul des différences pour trouver les points d'inflexion et de rebroussement
- Section V : Usage du calcul des différences pour trouver les Développées
- Section VI : Usage du calcul des différences pour trouver les Caustiques par réflexion
- Section VII : Usage du calcul des différences pour trouver les Caustiques par réfraction
- Section VIII : Usage du calcul des différences pour trouver les points des lignes courbes qui touchent une infinité de lignes données de position, de droites ou courbes
- Section IX : Solution de quelques problèmes qui dépendent des Méthodes précédentes
- Section X : Nouvelle manière de se servir du calcul des différences dans les courbes géométriques, d'où l'on déduit la méthode de Mrs Descartes & Hudde.

Au vu de l'agencement des sections, il est manifeste que L'Hospital choisit de traiter des problèmes des plus simples aux plus complexes même s'il ne le signale pas. Pour les problèmes des premières sections : recherche de tangentes, de *maximis et minimis* et de points d'inflexion, d'autres méthodes existaient pour traiter ces problèmes mais le calcul des différences permet des propositions très générales et ainsi peut traiter toutes sortes de courbes. De plus, la fécondité du calcul permet de ne plus se soucier de l'embarras du calcul dont se plaignaient des géomètres tels que Descartes et Fermat.

Le préfacier avait célébré des géomètres célèbres : Huygens pour la recherche de développées ou Tschirnhaus pour les caustiques. Le premier présente ses résultats sur les développées par des démonstrations à l'ancienne. Le deuxième découvre les caustiques en 1682, sa méthode ne s'applique qu'aux courbes géométriques. Trois sections sont destinées à ces problèmes. Ces problèmes ne concernent plus la recherche d'un attribut d'une courbe prise individuellement (tangente, point d'inflexion ou de rebroussement). Ce qui est cherché n'est plus une grandeur ou un point singulier mais une courbe. En cela ils sont véritablement d'un autre type que ceus des premières sections.

La section VIII est destinée à user du calcul des différences pour « trouver les points des lignes courbes qui touchent une infinité de lignes données de position, de droites ou courbes » (*ibid.*, p. 131-144). Comme vu plus haut, les articles leibniziens de 1692 et 1694 sont à l'origine de cette section. Le mathématicien allemand prend le soin de généraliser la notion d'ordonnée dans le but de résoudre la recherche d'enveloppes de toutes sortes de lignes qu'elles soient droites ou courbes. Ainsi la recherche des développées et de caustiques est un cas particulier de ce cas. Dans *AI*, la proposition IV concerne la recherche d'une courbe tangente à toutes les perpendiculaires d'une courbe donnée (*ibid.*, p. 138). L'Hospital signale qu'il est « évident » que ce problème est identique à celui de la recherche des développées et que par conséquent « il seroit inutile d'en donner des exemples nouveaux » (*ibid.*, p. 139).

L'objet de la dernière section du traité a pour dessein de montrer comment déduire par le calcul leibnizien « la Méthode de Mrs Descartes & Hudde » (*ibid.*, p. 164).

DESCARTES SUBSUMÉ : LA SECTION X

La méthode des cercles tangents présentée dans *La Géométrie* est améliorée en considérant une droite tangente plutôt qu'un cercle tangent. Des améliorations calculatoires sont élaborées également par le mathématicien hollandais Hudde pour trouver algébriquement les racines simples, doubles ou triples d'une équation[105].

105 Outre que dans l'édition de *La Géométrie* de Van Schooten, la méthode de Hudde est présentée dans le deuxième tome des *Nouveaux Élémens de mathématiques* de Prestet, *op. cit.*, p. 488.

Dans la section X, intitulée « Nouvelle manière de se servir du calcul des différences dans les courbes géométriques, d'où l'on déduit la Méthode de Mrs Descartes & Hudde », L'Hospital a pour dessein de montrer qu'en utilisant les différences, il est aisé de retrouver les méthodes de Descartes et de Hudde traitant des courbes géométriques pour des recherches de *maximis* et *minimis*, de tangente, de point d'inflexion, ou d'autres caractéristiques. La Préface indiquait qu'en cette section

> l'on verra qu'il [le calcul des différences] tire tout ce qu'on peut tirer de celle de Mrs Descartes & Hudde, & que la preuve universelle qu'il donne de l'usage qu'on y fait des progressions arithmétiques [de Hudde], ne laisse plus rien à souhaiter pour l'infaillibilité de cette dernière Méthode (*AI*, Préface).

Au début de la section, L'Hospital s'intéresse à une courbe ADB qui a la particularité que toute parallèle au diamètre l'intercepte en deux points M et N. Il précise qu'il est en outre supposé que la partie interceptée MN peut devenir infiniment petite et que dans ce cas elle est nommée « différence ». Cette définition n'est pas la même que dans la section I du traité. Le corollaire I et II concluent que lorsque la partie MN devient infiniment petite, l'appliquée ED est un *maximum* ou un *minimum* et que c'est uniquement dans ce cas que l'on peut considérer que AE a une différence. Par le corollaire III, L'Hospital explique qu'il est « évident » qu'à chaque valeur $AK = y$ de l'ordonnée, correspondent deux valeurs de $x : AP$ et AQ. Ainsi, y « demeurant la même », l'ordonnée maximale ED correspond à une racine double.

Pour la trouver, il faut que la courbe « soit délivrée d'incommensurables, afin que la même inconnue x qui en marque les racines puisse avoir différentes valeurs » (*ibid.*, p. 164). Cette affirmation l'amène à énoncer la Proposition I : pour trouver le maximum ou le minimum des appliquées ED, il faut différentier l'équation en supposant y constant (*ibid.*, p. 165). Il fait suivre cet énoncé par une application au folium de Descartes d'équation

$$x^3 + y^3 = axy$$

En supposant y constant, la différence est

$$3xxdx = aydx$$

donc

$$y = \frac{3xx}{a}$$

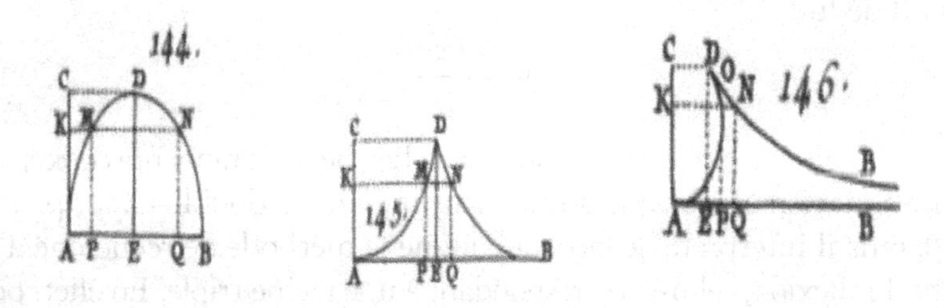

FIG. 63 – Guillaume de L'Hospital, *AI*, planche 11, fig. 144-145-146, © Bibliothèque nationale de France.

Puis en remplaçant y par $\frac{3xx}{a}$ dans l'équation du folium, il obtient

$$x = \frac{1}{3}a\sqrt[3]{2}.$$

L'Hospital indique d'abord qu'il est « évident » que cette méthode permet aussi de trouver les points de rebroussement. Par ailleurs, il remarque que cette « nouvelle manière de considérer les différences dans les courbes géométriques est plus simple et moins embarassante en quelques rencontres, que la première » (*ibid.*, p. 165) : il note en marge « Sect. 5 », c'est-à-dire à la section où il a traité la recherche de points de rebroussement[106].

Le corollaire qui suit est décisif, L'Hospital y montre l'« évidence » de l'équivalence entre la procédure de différenciation en supposant x variable et y constant, et l'application de la méthode de Hudde, consistant à multiplier l'équation par une progression arithmétique. Il illustre ce propos en considérant à nouveau le folium de Descartes : en multipliant chaque terme par la progression arithmétique 3, 2, 1, 0, il obtient

$$3x^3 - axy = 0$$

106 En effet, il explique que le cas des rebroussantes n'est qu'un cas qui dérive du précédent car à chaque x donné, il y a aussi deux valeurs de y. Il conclue qu'il suffit de différencier l'équation (avec x et y comme variables) et d'annuler tous les termes multiples de dx et tous ceux qui sont multiples de dy. Il met en garde le lecteur de la nouvelle façon de considérer ici ce qu'est une différence : « Mais il faut bien prendre garde que dx & dy marquent ici les différences de deux appliquées qui partent d'un même point, & non pas (comme ci-devant Sect. 3) la différence de deux appliquées infiniment proches. ». Sur la figure 146 : $dx = MN$ et $dy = MO$.

d'où il déduit

$$y = \frac{3xx}{a}$$

Par la suite, il explique pourquoi la recherche de la tangente correspond à une équation algébrique admettant une racine double (*ibid.*, p. 168-169), puis il interprète de façon analogue la méthode de recherche d'un point d'inflexion, celui-ci correspondant à une racine triple. En effet, pour une sécante donnée à la courbe, la tangente en un point correspond à la rencontre de deux points (donc algébriquement « deux racines égales ») ; comme la tangente laisse localement de part et d'autre la courbe, ce point est aussi celui de la rencontre avec l'autre intersection de la tangente. Il traite pareillement jusqu'à la fin de la section les recherches de cercle baisant (« réunion de deux points touchants »), ou de normale (« deux racines égales »), ou de caustique et enfin d'enveloppe de paraboles (*ibid.*, p. 170). Tous ces problèmes avaient été traités dans les sections précédentes sans que les courbes soient nécessairement géométriques, L'Hospital y fait souvent appel pour traduire la résolution du problème en langage algébrique[107].

Ainsi, L'Hospital réussit dans cette dernière section à montrer que la méthode de Descartes et celle de Hudde se déduisent du calcul des différences. L'Analyse des infinis les englobe : « si elles sont limitées, on voit par toutes les précédentes que ce n'est pas un défaut de ce calcul, mais de la Méthode cartésienne à laquelle on l'assujettit » (*AI*, Préface).

Par ces exemples, cette section illustre à nouveau la généralité du calcul leibnizien. Cependant, ce faisant elle montre également que les méthodes algébriques peuvent être pertinentes lorsqu'il s'agit de traiter des courbes géométriques. Cet argument apparaîtra plus tard lors du débat à l'Académie royale des sciences contre l'utilisation du calcul leibnizien.

En juin 1696, un compte rendu de l'*AI* est publié au *Journal des Sçavans*[108]. D'après le rédacteur, le calcul des différences – qui avait été trop succinctement présenté par Leibniz – y est exposé amplement et « démontré fort netement ». Le compte rendu souligne huit fois

107 Les articles nommés sont : art 67 (*ibid.*, p. 170) ; art 76 (*ibid.*, p. 174 et p. 179).
108 *JS*, septembre 1696, p. 414-418.

l'intention de proposer des « voyes generales » pour l'étude de la nature de toute sorte de courbes : « Les méthodes générales, que l'auteur donne pour cela, sont simples et suivent naturelement de ce calcul » (*ibid.*, p. 414). Le rédacteur loue la « sublimité » des nombreuses découvertes que l'ouvrage contient mais, en raison de la supériorité des thèmes traités, il avoue se trouver réduit « à ne donner que le catalogue ou la liste des matières qu'il traite » : au moins les « connoisseurs » en entreveront « quelques beautez ». Reconnaissant et louant le caractère novateur de l'*AI*, le rédacteur juge donc l'ouvrage difficile et réservé aux « connoisseurs ».

CONCLUSION

Le traité *Analyse des infiniment petits pour l'intelligence des lignes courbes* témoigne de la mise en ordre de la première réception française du calcul leibnizien.

Plusieurs aspects ont été examinés.

La Préface est avant tout un récit téléologique dans lequel l'Analyse des infinis apparaît comme l'aboutissement de la géométrie des courbes. Le préfacier insiste sur la nécessité de considérer l'infini pour traiter intimement la ligne courbe. L'Analyse des infinis, en maniant les rapports d'infiniment petits de tout ordre, conduit quiconque « jusqu'aux véritables principes des lignes courbes ». Parce qu'elle établit des rapports de grandeurs infiniment petites, elle apparaît comme une nouvelle géométrie prolongeant naturellement à la fois la géométrie des Anciens et celle de Descartes.

Le titre « Analyse des infiniment petits pour l'intelligence des lignes courbes » annonce une présentation d'une nouvelle analyse – celle des infiniment petits – qui rend intelligibles les courbes. La première section est la seule pour laquelle L'Hospital choisit une « méthode de doctrine » afin d'expliciter clairement les définitions et demandes sur lesquelles s'appuie la nouvelle analyse des différences. Dans ce but, il lui est nécessaire de définir en premier la nouvelle notion de « quantité continuellement variable » à laquelle le terme « différence » est intrinsèquement lié. L'Analyse des infinis est la plus propre pour traiter le courbe car elle suppose la courbe comme étant engendrée par la variation continue d'une quantité. Cet aspect est crucial et extrêmement nouveau par rapport aux géométries « ordinaires ». Interpréter une situation géométrique comme résultant d'une variation infinitésimale n'est pas, quant à la résolution d'un problème, la même approche que celle d'une interprétation en termes algébriques. Le cas de la tangente illustre bien ce changement de perspective : dans un cas, une tangente en un point M est une sécante dont un des points, distinct de M, s'en approche continûment et infiniment, dans l'autre cas, une tangente correspond à l'étude des conditions pour qu'une équation algébrique ait une racine double. Il sera question dans le dernier chapitre d'examiner la difficulté éppreouvée par les acteurs du débat académique pour expliciter une traduction entre ces deux approches.

La première section était essentielle aussi pour comprendre la cohérence de la structure de l'ouvrage. Elle a pour rôle de fonder toutes les méthodes de résolution des sections suivantes. À la manière des auteurs de Port-Royal, elle présente les éléments sur lesquels repose l'Analyse des infinis invitant ainsi le lecteur à la connaissance d'une nouvelle géométrie, en inaugurant comme « évidents » les réquisits indispensables que sont les demandes.

Les autres sections sont de teneur différente. Il s'agit désormais d'expliquer comment user du calcul des différences pour résoudre toutes sortes de problèmes géométriques liés aux courbes. Le calcul différentiel permet de généraliser des énoncés : l'architecture de l'ouvrage l'illustre. Il englobe l'analyse « ordinaire » car elle permet de réexprimer les méthodes d'invention qui la précèdent et d'énoncer des propositions plus générales.

Le même mois que la publication de l'ouvrage Joseph Sauveur lit deux mémoires à l'Académie Royale des Sciences intitulés « Demonstration par lignes des Regles du Calcul des Differentielles pour la multiplication et la division[109] » et « Règles pour les puissances[110] ». Par ces mémoires, il souhaite justifier géométriquement les règles du calcul devant ses pairs. Pour les suppositions, il ne se réfère qu'à l'ouvrage de L'Hospital et aucunement à Leibniz. L'Hospital avait lu quelques mémoires à l'Académie

109 *PVARS*, t. 15, f° 103r°-105r°.
110 *Ibid.*, f° 111v°-114v°.

dans lesquels il utilisait le calcul différentiel mais peu d'académiciens étaient à même de le comprendre. La lecture de Sauveur au sein de l'Académie marque un jalon supplémentaire pour instituer le calcul. Il est important de souligner que la principale référence pour le calcul leibnizien au sein de l'Académie sera celle du traité de L'Hospital. Il convient maintenant d'analyser de quelle manière il a été reçu et accepté au sein de cette institution savante.

TROISIÈME PARTIE

LE CALCUL LEIBNIZIEN À L'ACADÉMIE (1696-1706)

LA GESTATION D'UNE CRISE (1693-1699)

INTRODUCTION

L'Académie royale des sciences connaît le calcul leibnizien grâce à la lecture de mémoires, essentiellement de L'Hospital et de Varignon. Cependant, bien que ces mémoires montrent la fécondité du nouveau calcul, peu – mis à part les auteurs desdits mémoires – sont ceux qui peuvent prétendre à la compréhension de ce calcul. La publication de l'*Analyse des infiniment petits pour l'intelligence des lignes courbes* marque à la fois la fin d'une étape cruciale pour la réception du calcul leibnizien et le début d'une autre. Publiée sous le sceau de l'Imprimerie royale, l'Analyse des infinis est désormais une science publique que l'Académie royale des sciences ne saurait ignorer.

Pendant les quatre années qui suivent la publication de l'*AI*, quelques critiques émergent à propos de la « méthode des infinis » mais elles sont relativement ténues. Cependant, en juillet 1700, Michel Rolle lance une attaque acérée contre « les suppositions fondamentales de la Géométrie des infiniment petits[1] ». Elle conduit, les années suivantes, à un débat houleux à propos de l'utilisation du calcul leibnizien.

Ce chapitre enquête sur l'émergence d'une telle crise.

Dans un premier temps, afin de comprendre dans quelle mesure le cadre académique est propice ou défavorable au nouveau calcul, il a paru nécessaire de dresser un tableau des recherches et pratiques mathématiques des académiciens lorsque la « nouvelle géométrie de l'infini » fait irruption. Pendant les séances académiques, la pratique des méthodes infinitistes est coutumière de tous les géomètres, y compris ceux qui seront

1 *PVARS*, t. 19, f° 281v°.

qualifiés de « vieux stile ». S'il est vrai que l'utilisation d'« infiniment petits » – notion sur laquelle le calcul leibnizien s'appuie – n'apparaît pas nécessairement illicite, il est nécessaire d'écarter cette éventuelle critique comme étant spécifiquement adressée au calcul leibnizien pour préciser ainsi celles qui le sont. Qu'est-ce qui, aux yeux des attaquants du nouveau calcul, rend inacceptable son utilisation ?

Pour répondre, les témoignages des académiciens de la première génération sont précieux : Christiaan Huygens, Jean Gallois, Philippe de La Hire. Contemporains dans leur jeunesse de géomètres comme Roberval, Pascal et Fermat, ils ont assisté à l'émergence de leurs méthodes d'invention mais aussi des discours et des débats à leur propos. Quel rapport critique entretiennent-ils avec le calcul leibnizien ? Le personnage de Michel Rolle mérite ensuite une attention particulière. Il plaide pour l'application de l'algèbre à la géométrie. Ses critiques envers le calcul sont probablement à distinguer de celles des autres académiciens.

Il convient également d'examiner les arguments de ceux qui usent et défendent le nouveau calcul.

L'Analyse des infinis est un moyen imparable pour résoudre de nombreux problèmes, en particulier ceux à caractère physico-mathématique, pour lesquels la géométrie « ordinaire » peine à rivaliser. Ainsi, en juin 1696, Jean Bernoulli défie les « mathématiciens les plus perspicaces de l'univers » de trouver la courbe de descente la plus rapide entre deux points placés sur un plan vertical. D'après le mathématicien bâlois, pour trouver la solution de ce problème de *brachystochrone*, « la Géométrie ordinaire ne peut aller[2] ». L'enjeu est de taille car résoudre publiquement ce type de problèmes conduirait à une reconnaissance institutionnelle de la nouvelle analyse.

L'année 1699 marque dans l'histoire de l'Académie royale des sciences une étape essentielle. Un nouveau règlement est mis en place, codifiant certaines des procédures et des conduites déjà présentes dès 1690[3]. Le renouveau de 1699 produit une augmentation des effectifs. Des nominations donnent au groupe malebranchiste une représentation remarquable à l'intérieur de l'Académie[4] : L'Hospital (1693) devient membre

2 Séance du 16 mars 1697, *PVARS*, t. 16, f° 56r°.

3 Roger Hahn, *L'Anatomie d'une institution scientifique, L'Académie des sciences de Paris, 1666-1803*, Paris ; Yverdon, éditions des archives contemporaines, p. 40.

4 Dans cette étude, les académies de Province ne sont pas tenues en compte. On pourra consulter : McClellan, James E., *Science reorganized, Scientific societies in the eighteenth century*, New York, Columbia University Press, 1985, p. 89-99.

honoraire, Varignon (1688) et Fontenelle (1697) entrent dans la classe des pensionnaires, Carré (1697) dans celle d'élève (de Varignon). Les nouvellement élus sont Malebranche comme membre honoraire, Des Billettes comme pensionnaire et Parent comme élève (Des Billettes)[5]. Les frères Bernoulli, Leibniz et Newton sont nommés associés étrangers. Par ailleurs, le règlement exige des académiciens, sauf pour les membres honoraires, de déclarer au début de chaque année l'objet de leur recherche[6]. Par cet engagement déclaré devant ses pairs, l'académicien affermit et précise sa position.

Ce nouveau règlement modifie les places des académiciens au sein de cette compagnie savante. Ce remaniement intervient pour asseoir l'autorité des arguments pour l'utilisation du calcul leibnizien.

HUYGENS, LEIBNIZ ET L'HOSPITAL : DISCUSSION SUR LE STATUT DU CALCUL

HUYGENS ACADÉMICIEN

« Mon Archimède » : c'est ainsi que son père Constantin désigne son fils en vertu de ses talents mathématiques et de son ingéniosité pour ses constructions pratiques[7]. Sa découverte de l'anneau de Saturne en 1655 puis, l'invention de l'horloge à pendule en 1656 permettent à Christiaan Huygens d'acquérir notoriété au sein de la République des Lettres. Il est élu à la *Royal Society* en 1664 pendant son séjour à Londres. Sa réputation se répand dans les milieux parisiens et parmi les proches du ministre Colbert[8]. Il apparaît comme celui qui est le plus qualifié pour assurer la succession scientifique française, que des personnalités

5 Pour les académiciens nommés avant 1699 est indiquée entre parenthèses l'année de leur nomination et pour chacun des élèves leur pensionnaire associé.

6 Article 21 : « Chaque académicien pensionnaire sera obligé de déclarer par écrit à la Compagnie le principal ouvrage auquel il se proposera de travailler, et les autres académiciens seront invités à donner une semblable déclaration de leurs desseins », janvier 1699, *PVARS*, t. 18, f° 109 v°.

7 Henk Bos, « Œuvre et personnalité de Huygens », *Huygens et la France*, avant-propos de René Taton, Paris, Vrin, 1982, p. 3.

8 Ce dernier joue un rôle important dans sa nomination à l'Académie.

comme Pascal, Descartes, Mersenne ou Fermat ont incarné. Huygens devient membre de l'Académie royale des sciences à sa création en 1666. Il participe activement à l'élaboration de projets la concernant, devenant ainsi un personnage de haute importance au sein de cette institution[9]. Son séjour à Paris s'étend de mai 1666 à août 1681, interrompu par deux séjours en Hollande. Pendant toute sa période académique, Huygens s'intéresse à des sujets divers, et ses recherches apportent un prestige considérable à l'Académie[10]. Des articles et mémoires liés à son travail académique sont publiés, en grande partie dans le *Journal des Sçavans*[11], puisque l'Académie n'a pas encore mis en place un système de publication réservé aux travaux de ses membres.

En 1673, Huygens publie un de ses plus célèbres ouvrages *Horologium Oscillatorium* qu'il dédie au Roi Soleil[12]. Après son départ il reste en contact avec l'Académie, particulièrement par l'intermédiaire de Gallois et La Hire. Ce dernier est chargé en 1686 de publier divers ouvrages d'académiciens de prestige, certains décédés comme Frénicle et Roberval. À cette occasion, il sollicite Huygens pour qu'il choisisse parmi ses mémoires académiques, ceux qu'il souhaiterait voir publiés. Huit mémoires sont finalement insérés dans ce recueil, dont deux traitent la règle de *maximis* et *minimis* et celle des tangentes[13].

Une grande partie des démonstrations de Huygens sont présentées *more geometrico*. Cependant, il n'hésite pas à utiliser des méthodes d'invention utilisant des infiniment petits[14]. Pour lui ces méthodes ont souvent un rôle heuristique et nécessitent ensuite une démonstration à la manière des Anciens.

Pendant son séjour parisien (1672-1676), Leibniz rencontre Huygens qui l'initie aux mathématiques[15]. L'amitié qui les noue conduit à un

9 On pourra lire l'article de René Taton, « Huygens et l'Académie royale des sciences », *Huygens et la France*, *op. cit.*, p. 57-68.

10 Un récapitulatif est décrit dans *OH*, XXII, p. 383-771, en particulier dans la partie « Huygens académicien 1666-1681 » (p. 623-718).

11 *OH*, XXII, p. 375-379 (nº de 14 à 36).

12 Christiaan Huygens, *Horologium Oscillatorium sive de motu pendulorum ad horologio aptato, demonstrationes geometricae*, Parisis, *OH*, XVII.

13 *Divers ouvrages de Mathématiques et de Physique. Par Messieurs de l'Académie Royale des Sciences*, Paris, Imprimerie royale, 1693. Ces deux règles ont été étudiées au premier chapitre.

14 Henk Bos, « L'élaboration du calcul infinitésimal, Huygens entre Pascal et Leibniz », *Huygens et la France*, *op. cit.*, p. 116-121.

15 Sur la relation Huygens/Leibniz, Henk Bos, « The influence of Huygens on the formation of Leibniz ideas », *Studia Leibnitiana suppl.*, 17, 1978, p. 59-68, Heinekamp, A., « Huygens

échange épistolaire de plus de soixante-quatre lettres qui s'achève par le décès de Huygens en 1695. À partir de 1690, Huygens s'intéresse particulièrement à la résolution de problèmes physico-mathématiques qui sont l'apanage du nouveau calcul leibnizien. Il les surmonte pourtant sans calcul différentiel mais par le biais de méthodes infinitésimales[16]. Ainsi sont résolus le problème de la caténaire, de la courbe isochrone[17], ou encore de la tractrice[18].

Maintes fois, Leibniz essaie de le convaincre de l'utilité d'une nouvelle symbolique. Cependant, Huygens ne saisit pas comment l'application de la « charactéristique » pourrait améliorer la résolution de problèmes mathématiques, et dans tous les cas, il ne comprend pas en quoi il est nécessaire de l'introduire :

> Je ne conçois pas, par ce que vous m'en étalez que vous y puissiez fonder de si grandes espérances [...] Enfin je ne vois point par quel biais vous pourriez appliquer votre charactéristique à toutes ces choses différentes qu'il semble que vous y vouliez réduire, comme les quadratures, l'invention des courbes par la propriété des tangentes, les racines irrationnelles des Equations, les plus courtes et plus belles constructions des problèmes géométriques[19].

Dans une lettre du 15 juillet 1690, Leibniz demande à Huygens s'il a eu l'occasion de lire son article « *Nova methodus* » dans lequel il propose un nouveau calcul « pour assujetir à l'analyse ce que M. Descartes luy même en avoit excepté » (*OH*, IX, p. 450). Ce calcul, avance Leibniz, permettrait de considérer toutes les « affections des grandeurs » – non seulement les puissances et les racines – mais aussi les « differences et incréments de grandeur ou elements de la grandeur y, ou bien les differences des differences ou les differences des differences, ou les differences des differences des differences &c ». Il prône les avantages de son calcul, en particulier pour traiter les transcendantes. Dans la lettre du 24 août 1690, Huygens lui répond qu'il a vu « quelque chose de

vu par Leibniz », *Huygens et la France*, *op. cit.*, p. 99-114, Joseph E. Hofmann, *Leibniz in Paris*, *op. cit.*

16 Henk Bos, « L'élaboration du calcul infinitésimal, Huygens entre Pascal et Leibniz », *op. cit.*, p. 115-119.

17 Publié dans *Nouvelles de la République des Lettres* le 8 octobre 1687 et réédité dans *OH*, IX, p. 224-226.

18 On pourra consulter Viktor Blåsjö, « Transcendantal curves by curve tracing », *Transcendental curves in the Leibnizian Calculus*, *op. cit.*, p. 101-126.

19 Lettre de Huygens à Leibniz du 22 novembre 167, *OH*, VIII, p. 243.

Vostre nouveau calcul Algebraique » mais y trouvant de « l'obscurité » et ayant une « méthode équivalente » pour trouver les tangentes ou pour d'autres recherches, il ne s'y était pas attardé davantage. Dans la lettre du 9 octobre 1690, cette même idée est reprise :

> J'ay taschè depuis ma dite lettre d'entendre votre *calculus differentialis*, et j'ay tant fait que j'entends maintenant, mais seulement depuis 2 jours les exemples que vous en avez donné, l'un dans la Cycloide, qui est dans votre lettre, l'autre dans la recherche du Theoreme de Mr. Fermat [loi des sinus], qui est dans le Journal de Leipsich de 1684. Et j'ay mesme reconnu les fondements de ce calcul et de vostre methode que j'estime estre très bonne et tres utile. Cependant je crois encore d'avoir quelque chose d'équivalent, comme je vous ay escrit dernierement, et la raison qui me persuade, c'est non seulement la solution que je trouvay de vostre Problème de la Ligne courbe de descente egale [courbe isochrone], mais aussi l'examen, que j'ay fait de la Tangente d'une autre Courbe fort composée, dont vous m'envoiastes la construction il y a desja plusieurs années. Car par ma methode je trouve cette mesme construction et toutes les autres sans que les quantités irrationnelles m'embarrassent, et à tout cela je ne me sers d'aucun calcul extraordinaire ni de nouveaux signes. (*OH*, IX, p. 497)

Dans ce passage, Huygens reconnaît l'utilité de la méthode de Leibniz et même ne remet pas en question son fondement. Cependant, bien qu'il l'estime, il possède une méthode qui lui est équivalente, et qui, en revanche, ne nécessite pas l'introduction de « nouveaux signes ». Ainsi, Huygens nuance le caractère novateur de l'invention leibnizienne pour traiter certains problèmes, comme ici celui de la recherche de tangentes de certaines courbes. Néanmoins, il est impatient de connaître quelles sont les autres possibilités qu'offre le nouveau calcul, notamment pour la résolution de problèmes physico-mathématiques pour lesquels il éprouve un grand intérêt. Il demande fréquemment à Leibniz de lui fournir des exemples. Dans la suite du passage précédemment cité, il le sollicite ainsi :

> Mais pour juger mieux de l'excellence de vostre Algorithme, j'attends avec impatience de voir les choses que vous aurez trouvées touchant la ligne de la corde ou chaine pendante, que Mr Bernoully vous a proposée a trouver, dont je luy sçay bon gré, parce que cette ligne renferme des proprietez singulieres et remarquables. (*ibid.*)

Outre le problème de la courbe isochrone qu'Huygens a résolu en 1687 sans utiliser le calcul différentiel, il s'est intéressé immédiatement au problème de la chaînette que Jacques Bernoulli avait posé dans les *Acta* en mai 1690. Trois mois plus tard, il trouve non seulement la solution mais également des « proprietez singulieres », toujours sans utiliser le calcul différentiel[20]. Cependant, Huygens, afin de mieux comprendre la portée du nouveau calcul, est curieux de savoir quelle est la voie qu'adopterait l'algorithme pour trouver la courbe solution et les propriétés qu'il a lui-même trouvées par d'autres moyens. Sa solution de la caténaire est publiée dans les *Acta* du mois de juin 1691 conjointement avec celles de Leibniz et les frères Bernoulli[21]. Dans son article, Leibniz fournit une construction de la caténaire ainsi que la construction de la tangente et sa rectification, il ne décrit pas cependant la manière qui l'a conduit à de tels résultats.

Dans le cas de la caténaire, comme fréquemment dans d'autres cas, Huygens ne comprend pas comment Leibniz est abouti à ses résultats et suppute qu'ils proviennent de l'application de cet algorithme qui lui semble si mystérieux. Le 1er septembre 1691, en se référant à la solution leibnizienne du problème de la caténaire (publiés au mois de juin), il explique au savant allemand :

> Je consideray en suite pourquoy plusieurs de vos decouvertes m'estoient echappées, et je jugeay que ce devoit estre un effet de vostre nouvelle façon de calculer ; qui vous offre, à ce qu'il me semble, des veritez que vous n'avez pas mesme cherchées, car je me souviens que dans une de vos lettres precedentes vous m'aviez dit en parlant de ce que vous aviez trouvé touchant la Catenaria, que le calcul vous offroit cela de soy mesme, ce qui certainement est fort beau (*OH*, X, p. 129).

Ce passage est très intéressant car Huygens livre quelques considérations sur la différence entre ce qu'il estime être un calcul et le calcul de Leibniz. Le savant hollandais considère que Leibniz a une tout autre « façon de calculer ». Celle-ci le surprend car elle fournit des « veritez que vous n'avez pas mesme cherchées ». Pour Huygens, si des choses lui ont « échappées » c'est parce que sa propre manière à lui de calculer ne saurait produire un supplément de résultats, alors qu'il suppose que le nouveau calcul est davantage capable d'en offrir de « soy mesme ». Jean Bernoulli et Leibniz ont ramené la construction de la caténaire à la

20 Voir l'appendice II de la lettre précédemment citée. Il s'agit du manuscrit de la solution de la caténaire avec en sus des propriétés supplémentaires de la courbe.

21 « Christiani Hugenii, Dynastae in Zülechem solutio ejusdem Problematis », *AE*, juin 1691, p. 281-282.

quadrature de l'hyperbole, réduction que Huygens trouve « fort belle » car elle « donne avec facilité la manière de trouver les points de la courbe » (*ibid.*, p. 131). Cependant, il ne parvient pas à comprendre comment ils y sont parvenus même si cette solution s'accorde avec la sienne[22]. Il les sollicite pour qu'ils soient plus prolixes sur le détail de leur solution :

> [...] il se peut que voutre Reduction est fondée sur autre chose, ce que je seray bien aise d'apprendre. Si Mr Bernoully en examinant le rapport entre nos inventions (ainsi que vous le souhaitez) vouloit en mesme temps expliquer les fondemens de ses decouvertes, il ne seroit pas besoin que vous prissiez la peine de m'instruire, et il m'aideroit par là à entendre votre *calculus differentialis*, dont je commence à avoir grande envie ; mais peut-estre il nous fera attendre encore longtemps. (*ibid.*, p. 132)

De la connaissance du calcul leibnizien, Huygens attend enrichir la manière d'aborder la résolution de problèmes. Il en est de même en ce qui concerne la capacité du nouveau calcul à traiter les transcendantes et les problèmes inverses des tangentes que Leibniz loue si souvent. Dans la lettre du 5 mai 1691, il exprime son « envie de l'étudier à fond », mais se plaint encore à son ami de ne pas développer suffisamment ses explications lorsqu'il fournit des solutions à l'aide de son calcul différentiel (*OH*, X, p. 112). Ainsi, lorsqu'il lui demande de lui exposer ce qu'il sait sur le problème inverse des tangentes, il lui prie « d'estre clair en ce que vous donnerez, et de ne pas supposer que nous entendions vostre *calculus differentialis* » (*OH*, X, p. 93). Le reproche est adressé à Leibniz presque un an plus tard, le 4 février 1692, à propos de ses recherches sur la cycloïde :

> Vous apportez une nouvelle facilité au calcul, mais ne donnez pas l'invention qu'il faut pour la solution des problèmes extraordinaires, non plus que Viete pour l'Algèbre (*OH*, X, p. 253).

Alors que Leibniz ne cesse tout au long de sa vie de faire l'éloge de l'*Ars inveniendi*, Huygens reproche ici au calcul leibnizien de ne pas montrer la voie de l'invention[23].

22 Huygens a ramené la construction de la caténaire à la quadrature de la courbe d'équation $xxyy = -aayy + a^4$.

23 Dans une lettre datée de novembre 1691, il déclare à son interlocuteur (inconnu) en se référant aux solutions proposées de la caténaire : « mais nous ferons encore plus pour l'utilité des géomètres si nous découvrons les voies qui nous ont conduit à ces decouvertes. », *OH*, X, p. 216.

À la fin de sa solution de la caténaire, Jean Bernoulli fait mention de chaînettes « à densité inégale » qu'il affirme pouvoir traiter par le calcul différentiel. À ce propos, dans la lettre du 1er septembre 1691, Huygens explique à Leibniz :

> Je ne voudrois jamais m'amuser à ces differentes natures de chaines, que Mr Jo. Bernoully propose comme devant achever ou pousser plus avant cette spéculation. Il y a certaines courbes que la nature présente souvent à notre vue, et qu'elle decrit pour ainsi dire elle mesme, lesquelles j'estime dignes de consideration, et qui d'ordinaire renferment plusieurs proprietez remarquables (*OH*, X, p. 133).

Il cite des courbes telles que le cercle, les sections coniques, la cycloïde et la caténaire. Cependant, il juge sévèrement le fait

> d'en forger de nouvelles, seulement pour y exercer sa géométrie, sans y prévoir d'autre utilitè, il me semble que c'est *difficiles agitare nugas*, et j'ay la mesme opinion de tous les problemes touchant les nombres, *Calculis ludimus, in supervacuis subtilitas teritur*, dit quelque part Seneque en parlant de certaines disputes frivoles des philosophes Grecs (*ibid.*).

Construire de nouvelles courbes uniquement pour tester le pouvoir du nouveau calcul est un usage qu'il juge extravagant. Il s'agit pour Huygens d'une inversion des rôles : le calcul aide la géométrie à résoudre des problèmes mais il ne faut pas forcer la géométrie à fournir des problèmes difficiles pour lesquels le calcul pourra montrer sa virtuosité, cela est artificiel et complètement vain. Il dévalorise ce type de démarche en citant le dicton classique « *difficiles agitare nugas*[24] ». Il veut souligner par là que le temps ne doit pas être perdu en problèmes difficiles mais inutiles. Ses remarques sont d'autant plus intéressantes qu'Huygens, en citant la fin de 106e lettre de Sénèque à Lucilius : « *latrunculis ludimus. In supervacuis subtilitas teritur ; non faciunt bonos ista, sed doctos* », échange « *latrunculis* » pour « *calculis*[25] ». Ainsi, il se réfère délibérément à la littérature morale pour qualifier une pratique mathématique, même si pour cela il est prêt à modifier le texte. Il livre ainsi à son ami ce qu'il considère être une « éthique » du géomètre en relation à l'acte de calculer.

---

24 Huygens cite un epigramme du poète Martial : « Turpe est difficiles habere nugas. Et slultus labor est ineptiarum. »

25 Les romains avaient un *ludus latrunculorum* avec des pieces similaires au jeu d'échecs, celles-ci étaient nommées *calculi*.

Sur ce point, Leibniz partage l'avis de son ami à une limitation près : « si ce c'est que cela puisse servir à perfectionner l'art d'inventer[26] ».

Face aux reproches d'obscurité qu'Huygens a adressé au nouveau calcul, Leibniz est déconcerté, dans une lettre du 8 janvier 1692, il lui écrit :

> Je m'estonne que mes caracteres vous pouvoient encor paroistre difficiles puisque Vous aviés compreis les elemens de calcul que j'avois donné dans les Actes de Leipzig [...] (*OH*, X, p. 226).

Puis il lui explique en quoi son propre calcul lui est si estimable :

> Je me souviens qu'autres fois lors que je consideray la cycloide, mon calcul me presenta presque sans meditation la pluspart des decouvertes qu'on a faites la dessus. Car ce que j'aime le plus dans ce calcul, c'est qu'il nous donne le même avantage sur les anciens dans la Geometrie d'Archimède, que Viete et des Cartes nous ont donné dans la Geometrie d'Euclide ou d'Apollonius ; en nous dispensant de travailler avec l'imagination (*ibid.*, p. 227).

La Géométrie permet de résoudre des problèmes de la géométrie euclidienne par le calcul algébrique sans être autant assujetti à la figure. Dans ce passage, Leibniz explique que de manière analogue à Descartes mais en matière de quadratures, son calcul permet de produire des résultats concernant les courbes transcendantes comme pouvait en fournir la géométrie archimédienne pour d'autres courbes. Il souligne que son calcul a l'avantage de dispenser de « travailler avec l'imagination », c'est-à-dire ici de ne pas se soucier de la figure.

Les échanges à propos du statut du calcul continuent et s'enrichissent par la participation de L'Hospital.

L'Hospital a rencontré Huygens dans les milieux parisiens français que tous les deux fréquentaient lorsque ce dernier séjournait dans la capitale. Un épisode épistolaire avait occupé les deux savants, du début de 1690 jusqu'en juillet 1690 (*OH*, IX, p. 457), à propos de l'attaque de Catelan contre la conception du centre d'oscillation hugonienne. Leur correspondance reprend par une lettre datée du 26 juillet 1692 dans laquelle L'Hospital prie Huygens de lui faire parvenir des questions mathématiques pour tester le calcul leibnizien et lui prouver combien celui-ci est fécond (*OH*, X, p. 305). En septembre 1692, L'Hospital publie un mémoire au *Journal des Sçavans* intitulé « Solution d'un

26 Lettre de Leibniz à Huygens du 21 septembre 1691, *OH*, X, p. 161.

problème que M. de Beaune proposa autrefois à M. Descartes et que l'on trouve dans la 79. De ses lettres, tome 3. Par Mr G*** ». Dans ce mémoire, il affirme qu'il est « évident » que cette courbe dépend de la quadrature de l'hyperbole et qu'elle est mécanique au sens de Descartes. Il indique son asymptote et la position du centre de gravité d'une portion de courbe. Cependant, volontairement il ne fournit pas de démonstration :

> Je ne mets point ici de démonstration, parce que ceux qui entendent de ces matieres, la trouveront aisément, & qu'il faudrait trop de discours pour le faire comprendre aux autres (*JS*, septembre 1692, p. 402).

Cette occultation est probablement motivée par la polémique avec Catelan[27]. Cependant Huygens se considère comme faisant partie des « autres » qui « n'entendent pas ces matières ». Le 22 octobre 1692, il avoue à L'Hospital ne pas savoir par quelle voie il est parvenu au résultat, bien qu'il suppose que la connaissance du calcul différentiel en est l'origine :

> [...] mais tout cela est aisé et nullement comparable à ce que vous avez fait. Vous sçavez fort bien l'usage à ce que je vois, des *dx* et des *dy* de Mr. Leibnitz, qui assurement a quelque chose de fort bon, en ce qu'il nous fait apercevoir souvent des veritez et des consequences, qui ne se presenteroient pas sans cela[28].

Huygens admire la capacité de L'Hospital à assimiler si bien le nouveau calcul pour être à même de résoudre des problèmes épineux comme ceux des propriétés de la logarithmique et sa rectification, lui-même y ayant été confronté[29]. Il insiste aussi ici, comme déjà auprès de Leibniz, sur le fait que le nouveau calcul mène à des « veritez et des consequences, qui ne presenteroient pas sans cela » (*OH*, X, p. 328), c'est-à-dire qu'il pointe à nouveau sur une sorte d'excès auquel conduit

27 Ce mémoire est la suite d'une liste conséquente d'articles écrits par L'Hospital et destinés à critiquer les erreurs de l'ouvrage de Catelan : dans l'un d'eux il défie ce dernier de résoudre le problème de De Beaune en utilisant uniquement les mathématiques cartésiennes.

28 Lettre de Huygens à L'Hospital du 22 octobre 1692, *OH*, X, p. 325. En examinant la solution de L'Hospital, Huygens s'aperçoit qu'il peut trouver la surface du solide (même infinie) que fait une portion de logarithmique en tournant sur la sous-tangente et le cercle qui mesure la plus grande courbure, *ibid.*, p. 327-328.

29 On pourra lire le chapitre « La courbe logarithme pour elle-même » de Dominique Bénard, IREM, *Histoires de Logarithmes*, Paris, Ellipses, p. 191-215.

l'application de l'algorithme. Tout en nourrissant l'espoir d'obtenir davantage de précisions sur ce calcul à travers leurs échanges, il préfère aussi ici utiliser ses propres méthodes dépourvues du symbolisme « obscur ». Dans cette même lettre, il écrit à L'Hospital qu'il ne doit sûrement pas ignorer

> une méthode peu connuë, que j'ay debrouillée il n'y a pas longtemps ; qui sert grandement dans ces recherches de quadratures, des centres de gravité et du problème renverse des Tangentes. [...] C'est par elle aussi que je suis venu à bout de la quadrature assez remarquable de la courbe dont l'équation est $x^3 + y^3 = xyn$, que Mr. Des Cartes, dans sa lettre 65e du 3e volume [...] (*ibid.*, p. 351)[30]

Grâce à cette méthode, Huygens fournit le résultat de la quadrature du folium entier et s'émerveille du résultat : « on ne s'imaginerait pas que cette courbe dût avoir une quadrature si régulière et si simple. Celle-ci est générale pour les segments, l'étant de même qui s'exprime par un seul terme » (*ibid.*, p. 352). Les idées principales de sa résolution sont données dans ce qui suit.

21 NOV. 1692. *HANC E TENEBRIS ERUI QUADRATURAM*

Pour quarrer le folium d'équation $e^3 + u^3 = beu$, où b est une constante. Huygens pose $b^2u = ae^2$ et se ramène, par une transformation d'équation, à quarrer la courbe d'équation $e^3 = \frac{b^5 a - b^6}{a^3}$. Il pose

$$e^3 = b^2 v \text{ ou } b^2 v = b^2 i - b^2 y \text{ avec } b^2 i = \frac{b^5 a}{a^3} \text{ ou } a^2 i = b^3$$

ce qui l'amène à interpréter la somme des e^3 comme la différence entre deux aires d'hyperboles, dont il connaît les résultats généraux pour leurs quadratures[31]. D'autres courbes interviennent illustrant certaines

30 Cette méthode « peu connue » est exposée par Fermat dans « De aequationum localium transmutatione et emendatione ad multimodam curvileneorum inter se vel cum rectilineis comparationem, cui annectitur proportionis geometricae in quadrantis infinitis parabolis et hyperbolis usus », *Varia Opera*, p. 44-57, *OF*, I, p. 255-288, *OF*, III, p. 216-240. On pourra consulter l'étude : Jaume Paradis, Josep Pla et Pelegri Vider, « Fermat's method of quadrature », *Revue d'Histoire des Mathématiques*, 14 (2008), p. 10-11. Cette méthode repose sur le théorème qui, en notations modernes, s'écrit : $\int_{x_1}^{x_2} y^m dx = x_2 y^m - x_1 y^m - m \int_{y_1}^{y_2} x y^{m-1} dy$.

31 Pour la quadrature de ces hyperboles par Huygens, voir : *ŒH*, X, p. 364-367. Le lecteur pourra vérifier le résultat aisément en utilisant les notations modernes.

transformations opérées sur les équations[32]. Cette manière de faire lui permet de suivre visuellement, directement sur la figure, la correspondance entre la quadrature du folium et celle de la transformée. Huygens présente chaque étape calculatoire par son pendant géométrique. Par exemple, le changement de variable « $b^2u - ae^2$ » a une interprétation géométrique qu'il explicite : « $b^2u = ae^2$ d'où $a = \frac{b^2}{e^2}u$ » si bien « qu'une autre courbe peut-être construite *KI* dont l'équation est $e^3 = \frac{b^5a - b^6}{a^3}$ ». Il montre alors que quarrer le folium revient à quarrer l'espace compris entre les deux hyperboles[33].

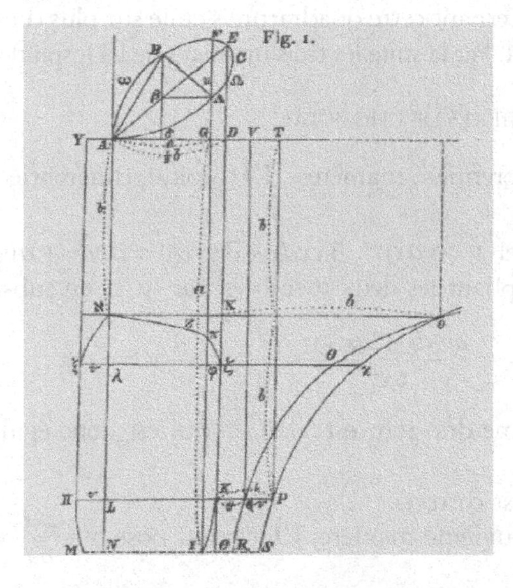

Fig. 64 – Christiaan Huygens, *OH*, X, p. 374, © Bibliothèque nationale de France.

32 Sur la figure ζπξ.

33 Pour une étude du rapport de Huygens avec le calcul infinitésimal, on pourra consulter Henk Bos, « Élaboration du calcul infinitésimal » dans *Huygens et la France*, *op. cit.*, p. 115-121. Une étude du traitement de la courbe isochrone y est présentée. Pour une comparaison des traitements de la courbe isochrone par Jean Bernoulli, Huygens et Leibniz, on pourra consulter le mémoire de Sandra Bella, *Une histoire de la réception du calcul des différences dans les milieux savants français (1686-1696)*, *op. cit.*, p. 63-74.

Dans la lettre du 12 février 1693, L'Hospital confirme les résultats de Huygens concernant la quadrature du segment AB (égal à $\frac{bee}{6u}$) et celle du segment AΛ (égal à $\frac{bee}{6e}$), qui s'expriment toutes deux par un seul terme[34]. Il se flatte d'avoir trouvé le résultat de trois manières différentes mais ne développe aucune d'elles. Huygens est satisfait que ses résultats correspondent à ceux envoyés par L'Hospital mais il aimerait obtenir des explications : « je souhaiterois de sçavoir ce que vous appelez trois manières différentes sont autant de différentes méthodes[35] ». L'exiguïté des réponses de L'Hospital conduisent encore à d'autres questions, et l'échange concernant cette quadrature s'étale sur plus d'un an, jusqu'au 18 janvier 1694. Par la suite les trois manières de L'Hospital sont détaillées.

LES TROIS MANIÈRES DE L'HOSPITAL

Dans la « première manière », L'Hospital, différentie l'équation du folium

$$x^3 + y^3 = axy \ : \ 3xxdx + 3yydy = axdy + aydx$$

puis en multipliant les deux membres par y et en substituant y^3, il obtient

$$\frac{ay^2dx - 2axydy}{6x^2} + \frac{1}{2}xdy + \frac{1}{2}ydx = ydx .$$

Or la somme des ydx est ABC [36] qui est donc égale à $\frac{1}{2}xy - \frac{ayy}{6x}$ (résultat qui est correct).

Dans la deuxième manière, L'Hospital pose $y = \frac{zxx}{aa}$ d'où il déduit $x^3 = \frac{a^5z - a^6}{z^3}$ puis en prenant les différences il obtient $ydx = \frac{-2a^3dz}{3z^2} + \frac{a^4dz}{z^3}$. Enfin, en sommant de part et d'autre, il obtient que l'espace ABC est égal à $\frac{2axx}{3y} - \frac{x^4}{2yy}$.

34 Les notations de la figure sont celles de Huygens et non celles utilisées par L'Hospital dans ces lettres.

35 Lettre de Huygens à L'Hospital du 9 avril 1693, *OH*, X, p. 437.

36 Résultat élémentaire de *Calculo integralium*.

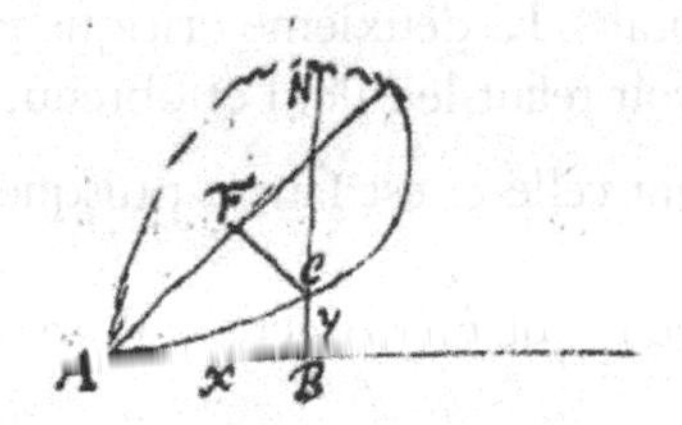

FIG. 65 – Guillaume de L'Hospital, *OH*, X, p. 453,
© Bibliothèque nationale de France.

Pour la troisième manière, L'Hospital affirme qu'il part de la relation entre AF et FC. Il ne développe pas davantage mais il indique qu'il pourra fournir la solution à la demande. L'Hospital expose donc des calculs en signalant uniquement que les trois manières

> dependent d'une mesme methode qui consiste à donner à l'equation une forme telle qu'il y ait d'une par ydx ou xdy et de l'autre des quantités dont on puisse prendre les sommes (*OH*, X, p. 453).

Mais cette indication ne satisfait toujours pas Huygens. Décelant une erreur dans le résultat obtenu par la deuxième manière, il est incapable d'en trouver l'origine. Dans la lettre du 23 juillet 1693, il s'en plaint explicitement : « J'avais donné 2 ou 3 matinées à examiner cette lettre, quand je reçus l'autre du 2e de ce mois, qui m'a encore de nouveau taillé de la besogne » (*ibid.*, p. 457). Ses questions ne concernent pas uniquement la quadrature du folium, dans un autre problème par exemple il ne perçoit pas comment s'effectue un calcul de différentielles[37]. Pour le folium, son jugement est sévère : « Vous dites que vous m'envoyez les trois différentes voies pour la quadrature de la Feuille, et il semble cependant que vous ne m'en envoyez pas une. »

Trois critiques sont formulées chacune portant sur une des manières. La première critique porte sur l'obtention de la somme de $\frac{ayydx - 2axydy}{6xx}$ lors de l'exposé de la première manière. Comment est-il parvenu au terme $-\frac{ayy}{6x}$? Huygens parvient tout seul à réduire cette difficulté sans attendre

37 Par exemple, Huygens demande comment est-ce qu'on peut calculer dm lorsqu'on a posé $x = my^2$. Il a fini par comprendre pourquoi on obtient $yydm + 2mydy$ mais sa façon de le démontrer passe par un détour sur la figure. Voir la note 3, *OH*, X, p. 458.

la réponse de L'Hospital[38]. La deuxième critique porte sur la deuxième manière. Il affirme avoir refait le calcul et obtenu, comme lui, la valeur $\frac{2axx}{3y}-\frac{x^4}{2yy}$. Cependant celle-ci est fausse puisque quand il l'égale à la valeur $\frac{1}{2}xy-\frac{ayy}{6x}$ – qu'il sait être exacte – il arrive à une absurdité[39] : $-ay^3 = ax^3$. Il lui manque pour être exacte d'y ajouter $\frac{a^2}{6}$, c'est-à-dire la quadrature du folium entier. Dans la lettre du 5 août 1693, il indique à L'Hospital que sa méthode est en fait appliquée pour $y = BN$ et non pour $y = BC$, et que le résultat obtenu est, non celui de ABC, mais celui de ANB. Bien qu'ayant réussi à rectifier l'erreur, Huygens reste insatisfait car il voudrait comprendre pourquoi la méthode de L'Hospital aboutit à quarrer l'espace ANB et non pas l'espace ACB. Certes, il a repéré l'erreur mais il ne comprend pas sa véritable origine.

Dans la lettre du 3 septembre 1693, il affirme avoir résolu la difficulté :

> les sommes de $\frac{-2a^3dz}{3z^2}$ et $+\frac{a^4dz}{z^3}$ dans vos positions, ne font pas $\frac{2axx}{3y}-\frac{x^4}{2yy}$, mais $\frac{2axx}{3y}-\frac{2}{3}aa$ et $-\frac{1}{2}\frac{x^4}{yy}+\frac{1}{2}aa$, qui font $\frac{2}{3}\frac{axx}{y}-\frac{1}{2}\frac{x^4}{yy}-\frac{1}{6}aa$, de sorte que ces sommes ne se prennent pas comme à l'ordinaire, mais demandent qu'on y emploie d'autres moyens et d'autres considérations (*OH*, X, p. 490).

Il ne développe pas ces considérations dans la lettre mais celles-ci se trouvent ailleurs[40]. Huygens a compris que le changement de variable opéré par L'Hospital est le même que le sien (le rôle de z, x, y et a sont joués par a, e, u et b). La sommation devait donc s'exécuter depuis la valeur $z = a$ à la valeur $z = \frac{a^2y}{x^2}$. Huygens obtient ensuite le résultat par la quadrature de deux hyperboloïdes.

38 Dans la lettre suivante du 5 août 1693, il explique qu'en posant, à la manière de L'Hospital, $x = my^2$, il obtient le résultat de la somme, *OH*, X, p. 474.

39 Voir la note 15, *OH*, X, p. 461. En continuant ses calculs afin de réduire l'erreur, il obtient $\frac{2axx}{3y}-\frac{x^4}{2yy}=\frac{1}{2}xy-\frac{ayy}{6x}+\frac{a^2}{6}$. Or, le dernier terme correspond exactement au folium entier.

40 Livre J, *ibid.*, p. 491, note 2.

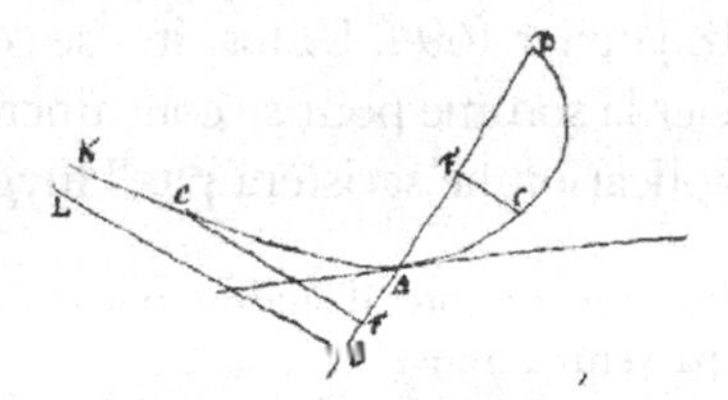

FIG. 66 – Guillaume de L'Hospital, *OH*, X, p. 566,
© Bibliothèque nationale de France.

L'Hospital n'a pas explicité encore la résolution de la « troisième manière » mais dans la lettre du 25 novembre 1693, à la demande de Huygens[41], il fournit des éléments de sa résolution. Pour ce faire, il pose $AF = u$, $FC = z$, $AD = b$, $BC = y$ et $AB = x$.

L'équation se réduit à $z^2 = \dfrac{bu^2 - u^3}{b+3u}$ pour les u positifs et $z^2 = \dfrac{bu^2 + u^3}{b-3u}$ pour les u négatifs. En intégrant $-z\,du$, il obtient l'espace DCF qui est égal à la somme de $-udu\sqrt{\dfrac{b-u}{b+3u}} = \dfrac{1}{6}(b-u)\sqrt{bb+2bu-3uu}$. De même, il obtient que l'espace $KCFEL$ est égal à $\dfrac{1}{6}(b+u)\sqrt{bb-2bu-3uu}$. Enfin, en faisant $u=0$, il trouve que l'espace $DCAD = KCAFEL = \dfrac{1}{6}bb$.

L'Hospital n'a toujours pas détaillé tous les calculs. Huygens le lui reproche dans la lettre suivante datée du 24 décembre 1693 : il déclare qu'il a suivi les premiers calculs mais ignore comment il a obtenu de telles sommes :

> Mais de trouver la somme des $udu\sqrt{\dfrac{b-u}{b+3u}}$, je vois que c'est précisément la même chose pour moi que de trouver la quadrature de la courbe $z^2 = \dfrac{bu^2 - u^3}{b+3u}$ que l'on cherche. De sorte Monsieur que je demeure aussi peu instruit de cette 3e manière de quadrature que je l'étais auparavant. Permettez-moi donc de vous demander quelque peu plus d'éclaircissement (*ibid.*, p. 578.)

41 Huygens demande des précisions supplémentaires car L'Hospital ne détaille nullement sa solution. Il affirme l'avoir résolu de façon géométrique en montrant qu'elle dépend de la quadrature de l'hyperbole : voir note 17, *ibid.*, p. 462.

Dans la lettre du 18 janvier 1694, L'Hospital se contente de signaler qu'il suffit de différencier la somme pour se convaincre du résultat. Mais il prévoit que cette explication ne satisfera pas Huygens :

> Je vois bien que pour vous contenter il faudrait que je vous fisse voir le chemin que j'ai tenu pour parvenir à trouver cette somme, c'est ce que je ne puis faire dans une lettre parce que cela dépend de plusieurs règles particulieres qui sont une suite les unes des autres et qui demanderoient un petit traité à part, mon dessein est de le faire quand j'auray le loisir, et je vous le communiquerai alors avec plaisir me trouvant heureux d'avoir quelque chose qui soit de vôtre goust, et à vous dire le vrai c'est ce qui m'a empesché jusqu'à présent de vous envoyer cette 3e maniere me doutant bien de ce qui est arrivé (*ibid.*, p. 580).

La résolution de cette énigme peut se trouver à l'appui de la leçon 2 de *Calculo integralium* de Jean Bernoulli, intitulée *De quadratura spatiorum*[42] et dans laquelle sont présentées des règles générales pour intégrer des quantités irrationnelles[43].

En suivant les préceptes contenus dans leçon bernoullienne pour intégrer $\sqrt{\frac{b-u}{b+3u}}$, la première étape consiste à mettre le radical au dénominateur :

$$A = udu\sqrt{\frac{b-u}{b+3u}} = \frac{(b-u)u}{\sqrt{(b+3u)(b-u)}}du = \frac{bu-u^2}{\sqrt{b^2+2ub-3u^2}}du .$$

La deuxième étape consiste à multiplier le numérateur et le dénominateur par u afin que le degré sous le radical soit égal à celui du numérateur ajouté de 1 :

$$A = \frac{1}{12}\frac{12bu^2-12u^3}{\sqrt{-3u^4+b^2u^2+2u^3b}}du =$$

$$\frac{-12u^3+6u^2b+2b^2u}{12\sqrt{-3u^4+b^2u^2+2u^3b}}du - \frac{b(-6u+2b)}{12\sqrt{-3u^2+b^2+2ub}}du = C+D$$

42 Jean Bernoulli, *Opera omnia tam autea sparsim edita quam hactenus inedita*, *op. cit.*, tome 3, p. 394.

43 *Ibid.*, p. 397 : « *omnia signum radicale transferatur in denominatorem ut numerator omnimo rationalis evadat ; dein membrum numeratoris, ubi littera indeterminata plurimas habet dimensiones, ad plures adhuc dimensiones elevator, sicut et radix surda, quae quotiescunque membrum superius multiplicatum per dimensionem quandam indeterminatae, ista per duplam dimensionem multiplicatur ; sic enim fractio semper aequoalis manebit ; multiplicatio itaque eousque continuari debet donec litterae indeterminatae plurimae dimensio in radice unitate excedat membrum ejusdem litterae plurimae dimensionis in numeratore [...]* ».

Par construction les sommes de C et de D sont respectivement :

$$\frac{1}{6}\sqrt{-3u^4+b^2u^2+2u^3b} \text{ et } -\frac{b}{6}\sqrt{-3u^2+b^2+2bu}\,.$$

Enfin, de leur somme il vient :

$$\frac{1}{6}(u-b)\sqrt{-3u^2+b^2+2bu}$$

CONCLUSION : CALCULER *VS* CALCULER

L'Hospital calcule. Pour la quadrature d'un espace il est requis de connaître la différentielle de cet espace, ce qui revient à savoir manier une formule. Comment procède-t-il ? Il affirme qu'il suffit d'obtenir un membre égal à « ydx » ou « xdy » puis d'intégrer. Il s'agit donc de calculer sans se soucier présentement d'interpréter géométriquement. En procédant ainsi il obtient la quadrature souhaitée. Aucune explication n'est donnée sur les conditions de validité de cette manipulation. Le calcul vaudrait-il pour démonstration ? Dans la deuxième solution, il procède de façon analogue via un « changement de variable » qu'il n'interprète pas géométriquement, contrairement à Huygens. Pour ce dernier, l'oubli de la constante d'intégration est significatif. Il l'interprète comme la possibilité d'une perte du lien entre le signe et son sens. Dans une lettre du 17 septembre 1693, Huygens commente auprès de Leibniz plusieurs aspects de son expérience avec le calcul différentiel (*OH*, X, p. 509). D'abord, il explique que L'Hospital lui « a donné tant d'exercice en matière de Géométrie » qu'il a « cru devoir eviter celuy qui me pouvoit venir d'un autre costé [...] ». En se référant à l'erreur produite dans la « deuxième manière », il estime qu'il n'est pas « bon que le calcul differentiel produisist autre chose que ce qu'on luy demande ». Cette remarque est très intéressante car elle rend compte de l'état d'esprit que conserve encore Huygens vis-à-vis du calcul symbolique leibnizien : s'il peut admettre qu'il s'agit d'un autre type de calcul dont il ne maîtrise l'usage, il exige de lui qu'il soit parfaitement au service du calculateur. Il est manifeste que, pour Huygens, sa réticence ne provient pas de l'usage de quantités infiniment petites dont il est finalement familier, mais de son expérience avec l'écriture symbolique leibnizienne. De son côté, L'Hospital cherche à convaincre de la supériorité du calcul différentiel comme langage mathématique.

Cependant, Huygens témoigne particulièrement dans cette lettre de son émerveillement pour le nouveau calcul. Dans un article du mois de mai 1693, après avoir fourni la solution du problème de la courbe de Beaune, Jean Bernoulli a posé le problème de trouver la courbe ayant la propriété que chacune de ses touchantes BD soit à sa sous-tangente AD de raison donnée de M à N [44]. Ce problème suscite l'intérêt de L'Hospital, Leibniz et de Huygens, et ils trouvent tous les trois une solution. À ce propos, Huygens écrit une remarque qu'il transmet à Leibniz dans la lettre du 17 septembre 1693 pour sa publication dans les *Acta*[45]. Il lui annonce que par elle « vous connoîtrez Monsieur, que j'ay fait quelque progres dans les subtilitez geometriques et dans vostre excellent calcul differentiel, dont je goute de plus en plus l'utilitè » (*OH*, X, p. 511). Cette publication est symboliquement importante parce que Huygens reconnaît la valeur du calcul différentiel devant la République des Lettres[46]. Plus loin dans la lettre du 17 septembre, en observant les différentes contributions apportées au problème de la courbe de Beaune – la sienne, celles de L'Hospital[47], de Leibniz et de Jean Bernoulli – il exprime son enthousiasme pour « la beautè de la geometrie dans ces nouveaux progres qu'on y fait tous les jours » et félicite Leibniz d'y avoir « si grande part, Monsieur, quand ce ne seroit que par vostre merveilleux calcul[48] ».

Sa curiosité pour le calcul leibnizien n'a pas cessé de s'accroître. Il ne se lasse pas de solliciter Leibniz pour approfondir ses connaissances, en particulier il souhaiterait comprendre les différentielles d'ordre deux :

> M'y voilà maintenant mediocrement versè [au calcul leibnizien], si non que je n'entens encore rien aux *ddx*, et je voudrois scavoir si vous avez rencontrè des problemes importants ou il faille les emploier, afin que cela me donne envie de les etudier (*OH*, X, p. 511).

---

44 Jean Bernoulli, « Solutio problematis cartesio propositi Dn de Beaune, exhibita a Joh. Bernoulli », *AE*, mai 1693, p. 235.

45 Christiaan Huygens, « C.H.Z. de Problemate Bernouliano in actis Lipsientibus hujus anni pag. 235 proposito », *AE*, octobre 1693, p. 475-476.

46 *« [...] ut egregie jam animadvertit Vir celeberrimus calculi differentialis inventor, sine quo vix effet, ut ad hasce geometricae subtilitates admitteremur »*, *ibid.*, p. 476.

47 Publiée au *JS* le 1er septembre 1692, p. 401-403 : « Solution du problème de M. de Beaune proposa autrefois à M. Descartes et que l'on trouve dans la 79. De ses lettres, tome 3, par Mr. G*** ». (voir *supra*).

48 Lettre de Huygens à Leibniz du 17 septembre 1693,, *OH*, X, p. 511. Selon l'édition de *OH*, ce passage est souligné dans la lettre qui se trouve à Hanovre, probablement par Leibniz (note 20 de cette lettre).

Ainsi, la lettre du 17 septembre 1693 témoigne d'une modification de la position hugonienne par rapport au calcul leibnizien : bien qu'il ne soit pas convaincu de le préférer en toute circonstance à ses propres méthodes, il reconnaît que ce calcul est calcul, et bien qu'il soit encore dépassé par son utilisation, il souhaiterait en savoir plus parce que désormais il conçoit des espoirs fondés sur sa fécondité. Dans son esprit, l'important est de résoudre les problèmes et sa manière géométrique de les aborder lui convient[49].

Malgré son départ en 1672, l'Académie reconnaît à Huygens le prestige que ses travaux lui ont apporté. Il est désormais une figure emblématique des sciences françaises. Leibniz et L'Hospital ne l'ignorent pas et c'est probablement l'une des raisons qui les amènent à vouloir le convaincre de l'utilité du nouveau calcul. Dans l'article du *Journal des Sçavans* de 1694, en se référant à l'intégration de son « nouveau calcul des différences » au sein de la République des Lettres, Leibniz déclare « & enfin M. Hugens lui mesme en a reconnu & approuvé la consequence[50] ». Ce qu'il dit n'est pas faux : Huygens n'est pas contre l'utilisation du calcul et en estime sa fécondité mais le savant allemand omet de préciser que son éminent ami reste à jamais fidèle à sa manière géométrique.

Les géomètres de l'Académie des sciences sont pour certains de la génération de Christiaan Huygens. Il convient d'examiner maintenant comment leur pratique géométrique au sein de l'Académie crée un climat propice à intégrer l'Analyse des infinis, particulièrement telle qu'elle est présentée dans l'ouvrage de L'Hospital.

49 Henk Bos, « Élaboration du calcul infinitésimal », *op. cit.*, p. 119 : « Voilà une chose caractéristique de l'esprit de Huygens. Pour lui, c'est la construction, c'est-à-dire la résolution de problèmes qui est le but final ».

50 « Considérations sur la différence qu'il y a entre l'Analyse ordinaire, et le nouveau calcul des transcendentes par M. Leibnits », *op. cit.*, p. 404.

UNE OFFICIALISATION DE L'ANALYSE DES INFINIMENT PETITS : LA LECTURE DE JOSEPH SAUVEUR

L'Hospital est à l'origine de l'introduction du calcul des différences à l'Académie des sciences puisque dès sa nomination en juin 1693[51], il lit des mémoires l'utilisant pour résoudre des problèmes de recherche de caustiques en utilisant les développées[52]. Deux ans plus tard, Varignon utilise à son tour le calcul pour résoudre des problèmes mathématiques ou physico-mathématiques. La présence de la nouvelle analyse n'est donc l'affaire essentiellement que de L'Hospital et de Varignon.

L'appropriation du calcul différentiel avait conduit à un questionnement sur les signes et sur les objets auxquels ces signes renvoient. Pour L'Hospital, pour Varignon ou pour leurs amis, l'appropriation n'est pas immédiate, elle passe par des questionnements, certains propres à chacun. De quelles manières les mémoires utilisant le calcul différentiel étaient écoutés et compris par les académiciens novices au nouveau calcul ? Dans l'Éloge de L'Hospital, Fontenelle affirme qu'avant la publication de l'*AI*, la nouvelle analyse s'apparentait à une

> science cabalistique renfermée entre cinq ou six personnes. Souvent on donnait dans les journaux les solutions, sans laisser paraitre la méthode qui les avait produites ; et lors même qu'on les découvrait, ce n'étaient que quelques rayons de cette science qui s'échappaient, et les nuages se renfermaient aussitôt. Le public, ou, pour mieux dire, le petit nombre de ceux qui aspiraient à la haute géométrie, étaient frappés d'une admiration inutile qui ne les éclairait point, et l'on trouvait moyen de s'attirer leurs applaudissements, en retenant l'instruction dont on aurait dû les payer[53].

---

51 « Mr l'Abbé Bignon a présenté de la part de Monseigneur de Pontchartrain monsieur le marquis de L'Hospital pour être du corps de la compagnie », 17 juin 1693, *PVARS*, f° 135 v°.

52 « Méthode facile pour déterminer les points des caustiques par réfraction avec une manière nouvelle de trouver les développées », 31 août 1693, *Mémoires de l'Académie royale des sciences*, p. 380-384, « Nouvelles remarques sur les développées, sur les points d'inflexion et sur les plus grandes et les plus petites quantitez », 30 novembre 1693, *Mémoires de l'Académie royale des sciences*, p. 397-400.

53 *HARS*, 1704, p. 125.

Les années qui précèdent la publication de *AI*, les procès-verbaux des séances académiques ne contiennent aucun commentaire concernant l'utilisation de la nouvelle analyse. Provoquerait-elle l'indifférence ?

Quelques jours après la publication de l'*AI*, Joseph Sauveur est nommé membre de l'Académie et se charge, lors des séances du 23 et 30 juin 1696, de présenter une démonstration des règles du calcul différentiel : celles de la multiplication et de la division puis de celle des puissances.

Sauveur est un enseignant. Il a obtenu la chaire de professeur de mathématiques au Collège Royal depuis 1686 et il y enseigne la géométrie et l'arithmétique. Pendant des dizaines d'années, son cours de géométrie est largement diffusé au moyen de copies auprès de maîtres de mathématiques puis finalement publié à titre posthume en 1764[54]. Comme l'« Avertissement » de cette publication l'indique, Sauveur est, quant à la manière de présenter la géométrie, dans la lignée directe de Port-Royal : « L'ordre que M. Sauveur a suivi dans ses Elémens de Géométrie est à peu près celui de la Géométrie de *Port Royal* ou de M Arnaud[55] ».

Pour démontrer les règles du calcul, Sauveur avertit qu'il s'appuiera sur certains passages de l'*AI.* Ainsi, deux suppositions précèdent son développement. La première indique qu'il applique sur les lignes, les surfaces et les corps « ce qui a esté dit des quantitez variables et permanentes, dans la première section de l'Analyse des infiniment petits[56] ». Il illustre cette proposition par deux exemples : si le segment AB représente « une quantité variable qui croist, sa différentielle BC s'appellera $+dx$, et si elle decroist, sa différentielle sera $-dx$ ». De même, il affirme que si un parallélogramme AF augmente, sa différentielle sera le gnomon extérieur EfB .

La deuxième supposition correspond à la première demande de l'*AI* :

> l'on peut prendre indifféremment l'une pour l'autre une quantité seule et une quantité + ou – sa différentielle (*ibid.* 105r°).

---

54 Joseph Sauveur, *Géométrie élémentaire et pratique de seu M. Sauveur, de l'Académie Royale des Sciences, revue, corrigée et aumentée* par M. LeBlond, Maître de Mathématiques des enfans de France, des pages de la grande Ecurie du Roi, &c, Paris, Jombert, 1764.

55 « Avertissement », *ibid.*, vij.

56 « Démonstration par lignes des Règles du Cacul des Differentielles pour la multiplication et la division », *PVARS*, t. 15, f° 103r°-105r°, « Regle pour les puissances », *PVARS*, t. 15, f° 111v°-114v°.

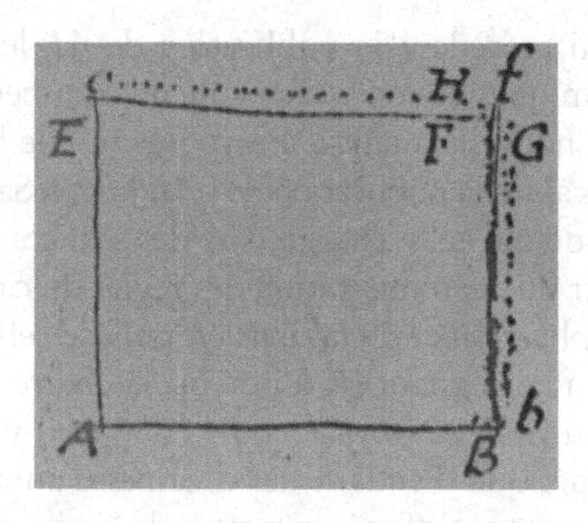

FIG. 67 – Joseph Sauveur, « Démonstration par lignes des Règles du Calcul des Differentielles pour la multiplication et la division », septembre 1696, *PVARS*, t. 15, f° 103v°, Archives de l'Académie des sciences, © Bibliothèque nationale de France.

Sauveur propose deux manières de démontrer la règle pour le produit : « le produit xy de deux quantitez variables je dis que sa différentielle est $ydx + xdy$ ».

La première manière repose sur la considération d'un parallélogramme. Sauveur identifie le parallélogramme AF construit sur les côtés $AB(x)$ et $AC(y)$ avec le produit xy. Le gnomon BFe est la différentielle du parallélogramme et il est égal à la somme des trois parallélogrammes BG (ydx), EH (xdy) et GH ($dxdy$).
Or

$$xdy + dxdy = (x + dx)dy.$$

Par la deuxième supposition, $x + dx$ peut être pris pour x, donc xdy peut être pris pour $(x + dx)dy$.

Dans la deuxième manière, Sauveur considère un triangle ACB. À la manière de Descartes, il suppose AC égal à une unité, ce qui lui permet par la suite de construire certaines lignes de longueur donnée. Il pose $CB = x, Bb = dx, CD = y, et\ Dd = dy$. Il trace le segment DE parallèle à AB et les segments DG et de parallèles à Ab. Cette construction fait apparaître ainsi Ee comme différentielle de CE.

À cause « des parallèles », il écrit

$$\frac{CA}{CB} = \frac{CD}{CE} \text{ ou } \frac{1}{x} = \frac{y}{CE}$$

et obtient

$$CE = xy.$$

et

$$\frac{CA}{Bb} = \frac{CD}{EG} \text{ ou } \frac{1}{dx} = \frac{CD}{EG}$$

d'où

$$EG = ydx.$$

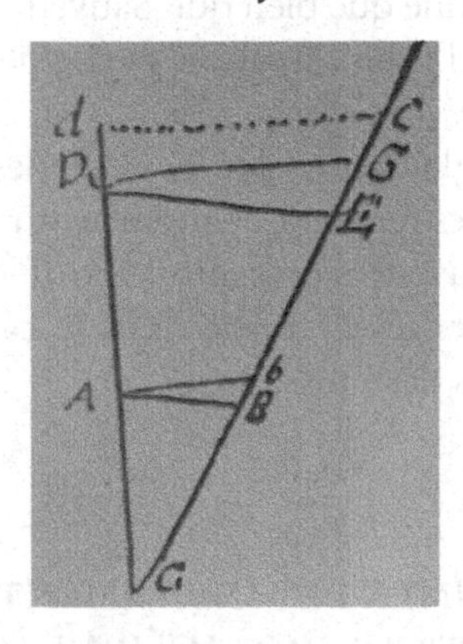

FIG. 68 – Joseph Sauveur, « Démonstration par lignes des Règles du Calcul des Differentielles pour la multiplication et la division », septembre 1696, *PVARS*, t. 15, f° 104r°, Archives de l'Académie des sciences, © Bibliothèque nationale de France.

Il n'est pas gêné ici d'écrire des rapports entre une quantité finie et une quantité infiniment petite. Puis, en utilisant la deuxième supposition (mais ici sans s'y référer), il prend CB pour Cb et écrit :

$$\frac{CA}{CB \text{ ou } Cb} = \frac{Dd}{Ge} \text{ ou } \frac{1}{x} = \frac{dy}{Ge},$$

ce qui donne

$$Ge = xdy.$$

La différentielle de CE est $Ee = EG + Ge = xdy + ydx$.

La preuve de Sauveur repose essentiellement sur la considération de figures sur lesquelles il s'est attaché à représenter les différentielles des « lignes ». Il est intéressant de la comparer avec celle de l'*AI* publiée le même mois. Chez L'Hospital, aucune figure n'est considérée, sa preuve repose uniquement sur la manipulation d'expressions et la comparaison de rapports. Comment comprendre le choix d'une telle présentation de la part de Sauveur ?

Sauveur s'adressant aux académiciens souhaite montrer qu'il y a une interprétation des règles du calcul dans le cadre de la géométrie « ordinaire », probablement celle que lui-même enseigne.

Les années suivantes, il utilise peu le calcul différentiel. Dans son éloge, Fontenelle explique que bien que Sauveur ne fût pas réticent à la nouvelle géométrie de l'infini, il faisait partie de ceux « qui ne veulent pas trop l'exalter[57] ».

La preuve de la règle de division et celle des puissances ne seront pas reproduites ici. Elles reposent également sur la considération d'une figure sur laquelle Sauveur représente les différentielles de quantités géométriques : un parallélogramme dans le cas du quotient, et une ligne brisée dans le cas des puissances.

INDÉFINIMENT ET INFINIMENT PETITS : UNE PRATIQUE PARTAGÉE À L'ACADÉMIE

Dans sa présentation du calcul leibnizien, L'Hospital considère des infiniment petits : les différences des quantités variables. Ces quantités apparaissent dans son ouvrage mais aussi dans ses mémoires. Or, les géomètres français considèrent dans leur pratique des infiniment ou indéfiniment petits. Les méthodes des indivisibles, qu'ils héritent en particulier de Pascal et Roberval, leur sont coutumières. Dans quelle mesure cette pratique est-elle propice à admettre les quantités infiniment petites du calcul leibnizien ?

57 Bernard Le Bovier de Fontenelle, « Éloge de M. Sauveur », *HARS*, 1716.

GALLOIS, HOMMAGE À ROBERVAL

Ses diverses études[58] et ses protections ministérielles amènent Jean Gallois à être élu membre de l'Académie royale des Sciences en 1667[59]. Peu après, il obtient le poste de secrétaire de l'Académie entre 1668 et 1670 ce qui le conduit à renforcer des liens étroits avec des savants, en particulier il échange avec Oldenburg. Les années suivantes, il fréquente Huygens et Leibniz pendant leurs séjours parisiens puis quelques lettres sont échangées avec chacun d'eux après leurs départs. En plus de ses fonctions académiques Gallois est enseignant. En mai 1686, il obtient la chaire prestigieuse de mathématiques au Collège Royal qu'il échange en juin de la même année pour celle de langue grecque.

Lié étroitement à Denis de Sallo, créateur du *Journal des Sçavans*, Gallois contribue à sa publication et en devient rédacteur en 1666. À la mort de Sallo, en 1669, il obtient le privilège du journal pendant douze ans. Dans les premières années, le *Journal des Sçavans* destine une partie conséquente aux sciences, dans laquelle il rend compte essentiellement de l'activité de l'Académie. Cependant, ses responsabilités académiques empêchent Gallois de maintenir le rythme de parution de la première année. Après des années peu fournies en numéros et même des interruptions, il confie le Journal à l'Abbé de la Roque en 1672. En 1692 et 1693, il s'occupe d'une nouvelle revue intitulée *Mémoires de mathématiques et de physique tirez des Registres de l'Académie royale des sciences*[60]. La première publication est précédée d'un avertissement qui explique l'origine de sa création :

> Il arrive souvent à ceux qui composent l'Académie Royale des Sciences, de faire de ces petites Pieces pour profiter des occasions qui se présentent tous les jours. [...] Jusqu'ici l'on s'étoit contenté de mettre dans les Registres de l'Académie des Pieces détachées & hors d'œuvre : mais comme plusieurs personnes ont souhaité que l'on en fit part au Public, on a résolu d'en faire dorénavant imprimer des Recueils, tout au moins à la fin de chaque mois [...][61].

58 Selon l'éloge écrit par Fontenelle, Gallois a étudié la théologie, l'histoire sainte, les langues anciennes et modernes, les mathématiques, la philosophie et la médecine.

59 Cette biographie s'appuie de celle dressée par Jean-Pierre Vittu, « Jean Gallois », « Dossier Jean Gallois » Archives de l'Académie des sciences.

60 *Mémoires de mathématiques et de physique tirez des Registres de l'Académie royale des sciences*, Paris, Imprimerie royale, 1692 et 1693.

61 Cité dans « Avertissement », *Mémoires de l'académie royale des Sciences depuis 1666 à 1699*, tome X, Paris, la Compagnie des Libraires, 1730, xviij.

Cette publication, très soignée, rend compte des principaux travaux scientifiques de l'Académie : astronomie, mathématiques, géographie, entre autres. Deux comptes rendus d'ouvrages sont écrits par Gallois dont l'un est examiné dans le paragraphe suivant. Douze numéros en 1692 et douze en 1693 sont publiés par l'imprimeur Anisson avant son interruption définitive. Elle représente la première tentative pour établir une publication régulière des travaux de l'Académie[62].

Ces quelques éléments biographiques montrent que Gallois est un personnage complètement inséré dans le réseau savant français et dont les responsabilités institutionnelles lui octroient un pouvoir certain au sein de la communauté savante française.

En 1677, un recueil d'ouvrages est publié contenant certains travaux de Blondel, Picard, Frénicle et Mariotte[63]. Mais d'autres travaux importants sont restés sans publication. Philippe de La Hire en est chargé. En 1693, *Divers ouvrages de Mathématiques et de Physique, par Messieurs de l'académie Royale des sciences* est publié. En avril 1693, Gallois écrit un compte rendu de cet ouvrage qui est inséré dans *Mémoires de mathématiques et de physique tirez des Registres de l'Académie royale des sciences*[64].

Roberval n'a pas été beaucoup publié de son vivant, ce recueil répare ce manque puisqu'il contient trois de ses ouvrages dont le *Traité des indivisibles.* Le commentaire composé par Gallois constitue un hommage à son prédécesseur :

> C'est une méthode [celle des indivisibles de Roberval] presque semblable à celle de Cavallieri, mais Mr de Roberval avoit inventée en lisant Archimède, cinq ans avant que l'Ouvrage de Cavallieri eût paru. Quoiqu'il y ait beaucoup de rapport entre ces deux méthodes, néanmoins il y a cette difference, que Cavallieri considere des surfaces comme si elles étoient composées d'une infinité de lignes ; […] mais Mr de Roberval regarde la surface comme composée d'autres petites surfaces, ou en égale différence, ou en quelqu'autre proportion […] : Ainsi il garde toûjours la loi des Homogènes, & il évite ce qu'il y a de choquant dans la méthode de Cavallieri ; dans laquelle il semble que l'on compare ensemble des choses d'une nature entierement différente, comme des

62 Éric Brian, Christiane Demeulenaere-Douyère (dir.), *Histoire et mémoire de l'Académie des sciences. Guide de recherche*, Londres-Paris-New-York, Tec et Doc Lavoisier, 1996, p. 111.

63 *Recueil de plusieurs traitez de mathématiques de l'Académie royale des sciences*, Paris, Imprimerie royale, 1676-1677.

64 Jean Gallois, « Extrait du livre intitulé Divers ouvrages de Mathématiques et de Physique, par Messieurs de l'Académie Royale des Sciences dans Mémoires de l'Académie royale des sciences depuis 1666 à 1699 », Paris, Imprimerie royale, 1730, p. 290.

> lignes avec des surfaces, et des surfaces avec des solides. Par le moyen de cette méthode ce Traité enseigne à quarrer diverses figures comprises par des lignes courbes [...]. Ce Traité est l'un des plus beaux Ouvrages de Géométrie : aussi M. de Roberval dit dans une de ses Lettres à Torricelli, qu'il est redevable à cette méthode des Indivisibles, de ce qu'il a trouvé de plus beau (*ibid.*, p. 296).

Dans le but de quarrer une figure, la méthode de Roberval consiste à la « transformer » en une autre par le moyen de lignes que Torricelli appelle les « lignes robervaliennes ». Elle est très similaire à celles décrites dans les ouvrages de Jacques Grégory et Barrow et qui ont été examinées dans le deuxième chapitre sous le nom de « méthodes de transmutations ». Gallois relève cette similitude :

> elle est au fond celle-là même qui a depuis été débitée par Grégory dans sa Géométrie universelle, et après lui par Barrow dans son livre intitulé *Lectiones Geometricae* (*ibid.*, p. 300).

Ce témoignage indique que Gallois n'est pas réticent à l'utilisation de méthodes infinitésimales à condition qu'elles respectent la « loi des Homogènes », c'est-à-dire qu'une surface ne serait être composée de lignes au sens strict. Certains lecteurs de Cavalieri, dont Roberval, avaient interprété sa méthode comme si elle reposait sur cette supposition. Or, Cavalieri n'a jamais prétendu cela, une surface est engendrée par la trace d'une ligne qui se meut selon une règle. Gallois reprend donc ici une critique qui avait été adressée à tort à Cavalieri.

Plus en avant, il explique qu'il soupçonne Jacques Grégory d'avoir « déguisé » la méthode de Roberval après en avoir pris connaissance grâce à Torricelli pendant son voyage en Italie[65]. Jacques Gregory est mort en 1675. David Grégory, le neveu de Jacques, écrit une réponse en novembre 1694 pour défendre son oncle de ces accusations. Cette lettre est publiée aux *Philosophical Transactions*, mais Gallois n'en prend connaissance qu'en 1703[66]. Dans cette réponse, David Grégory affirme que la démonstration de Roberval est « mauvaise[67] ».

65 *Ibid.*, p. 301 : « Grégory au voyage qu'il fit depuis en Italie en eut connoissance; & que l'ayant un peu déguisée, il la fit aussi tôt imprimer dans sa Géométrie universelle, sur les lieux mêmes : car ce fut à Padouë que son livre fut imprimé. Il semble aussi témoigner dans la Préface de ce Livre que la conscience lui faisait appréhender sur cela quelques reproches. »

66 « *Réponse à l'écrit de M. David Gregorie*, touchant les lignes appellées Robervalliennes, qui servent à transformer les figures », 3 mars 1703, *MARS*, p. 70-77.

67 *Ibid.*, p. 74.

PHILIPPE DE LA HIRE : UN MATHÉMATICIEN DU *VIEUX STYLE ?*

Le 23 février 1697, Philippe de La Hire lit un mémoire à l'Académie intitulé « Remarque sur l'usage qu'on doit faire de quelques suppositions dans la méthode des infiniment petits[68] » dans lequel il attire l'attention sur des risques d'erreurs encourus à utiliser certaines suppositions qu'il qualifie de « nouvelles » :

> Cependant, dans ces derniers temps, on a commencé a considerer des courbes comme des Polygones dont les côtez estoient si petits qu'il ne pouvoit y avoir aucune difference sensible entre l'Arc et la courbe et sa corde ou côté du Polygone ; et c'est par ce moyen qu'on a fait une infinité de decouvertes tres curieuses dans ce genre de Geometrie. Mais comme il peut se trouver des cas ou il est difficile de ne pas tomber dans l'erreur, j'ay cru que l'exemple que je raporte icy, feroit connoître avec quelle précaution on doit s'en servir (*ibid.*, 23 v°).

Si La Hire convient que ces suppositions sont souvent fécondes, il indique qu'elles peuvent toutefois conduire à l'erreur : c'est le cas de deux situations qu'il présente par la suite et pour lesquelles un manque de « précaution » a mené à des paradoxes. Il soupèse les suppositions « qu'on fait ordinairement », c'est-à-dire

> Comme lors qu'on considere deux lignes comme paralleles entr'elles, Quoiy qu'effectivement elles tendent en un point si elles sont tres proches l'une de l'autre, que d'un Triangle isoscelle dont la base est tres petite par raport a ses côtez les Angles sur la base sont suposez droits, ce qui est absolument faux, que les Tangentes des courbes sont aussi bien réputées égales à l'arc de la courbe que la corde cet arc, dans quelques retranchements des Tangentes, comme lors qu'ils sont faits par des perpendiculaires aux Arcs sur l'extrémité des Arcs, ce qui n'est pas vray universellement et plusieurs autres suppositions qu'on fait ordinairement et qui laissent toujours quelque doute dans l'esprit de ceux qui ne veulent rien accorder que ce qui est démontré dans la rigueur Geometrique ; car il faut toujours connoitre ou avoir démontré que ces fausses supositions étant prises autant de fois qu'on le supose ne peuvent pas faire une somme qui soit considerable (*ibid.*, f° 24 v°).

En effet, ces suppositions sont coutumières de la pratique mathématique de ses contemporains. Pour expliquer les incomparables, Leibniz utilisait d'ailleurs certains de ces exemples[69]. Ainsi, comme la plupart

68 Philippe de La Hire, « Remarque sur l'usage qu'on doit faire de quelques suppositions dans la méthode des infiniment petits », 23 février 1697, *PVARS*, t. 16, fol. 23 r°-28 r°.

69 « Tentamen de motuum coelestium causis », *AE*, février 1689.

de ses pairs géomètres, La Hire reconnaît que ces « suppositions » sont fécondes pour les découvertes. Cependant, soulignant qu'elles « laissent toujours quelque doute dans l'esprit », il conseille d'être attentif pour garantir la vérité tout en les utilisant : quelques précautions sont requises afin de rester dans la « rigueur Geometrique[70] ». Ces précautions consistent à s'assurer qu'un raisonnement partant de ces suppositions – autant de fois qu'elles aient été admises – peut être rendu équivalent à un raisonnement rigoureux. Par « raisonnement rigoureux », La Hire entend qu'il faut pouvoir exposer le résultat *more geometrico*, manière évoquée explicitement au début du mémoire.

Faire preuve de prudence lorsque ces suppositions sont admises est, aux yeux de La Hire, esssentiel. Pour en persuader, il décrit deux situations paradoxales qui partent de

> Celle [supposition] que ie prens icy est accordée par tous ceux qui se servent de ces metodes et il ne me semble pas qu'on la doive nier ; c'est que la corde d'un arc de cercle, indéfiniment petit ou aussi petit que l'on puisse imaginer est égale à ce même arc, et par consequent ce qu'on dit de la corde doit se dire aussi de l'arc (*ibid.*, fol. 24).

La première situation n'est pas analysée ici car son paradoxe provient plus de considérations mécaniques que mathématiques[71]. Dans la deuxième situation, La Hire considère un arc de cercle BE de centre C, BO « l'horizon » est tangent à l'arc en B. La corde EB est partagée en parties indéfiniment petites FG qui représentent les temps de parcours du corps en des temps « égaux ou inégaux ». Aux points de division F, G, … sont menés des parallèles à l'horizon FH, GI, … qui rencontrent l'arc aux points H, I, …

70 L'esprit de son discours rappelle celui de *La logique ou l'Art de penser* : « Ainsi, comme ces dérèglements d'esprit, qui paraissent opposés, l'un portant à croire légèrement ce qui est obscur et incertain, et l'autre à douter de ce qui est clair et certain, ont néanmoins le même principe, qui est la négligence à se rendre attentif autant qu'il faut pour discerner la vérité, il est visible qu'il faut y remédier de la même sorte, et que l'unique moyen de s'en garantir est d'apporter une attention exacte à nous jugements et à nos pensées », Arnauld Antoine et Pierre Nicole, *La logique ou l'art de penser*, *op. cit.*, p. 13.

71 Cet exemple a été étudié par Michel Blay, *La naissance de la mécanique analytique*, Bibliothèque d'histoire des sciences, Paris, PUF, 1992, p. 39-40.

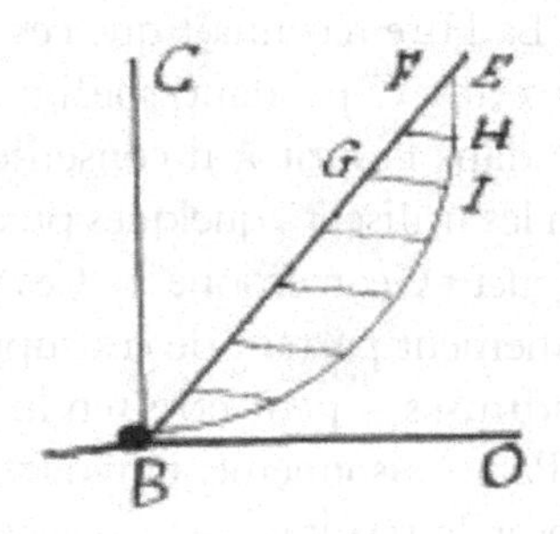

FIG. 69 – Philippe de La Hire, « Remarque sur l'usage qu'on doit faire de quelques suppositions dans la méthode des infiniment petits », 23 février 1697, *PVARS*, t. 16, f° 26r°, Archives de l'Académie des sciences, © Bibliothèque nationale de France.

Il considère alors les cordes EH , HI , … dont il indique « qu'on prendra pour les arcs mêmes » (*ibid.*, 26v°). En vertu « de la chute des corps par des lignes indifféremment inclinées », le corps qui parcourt la corde ou l'arc acquiert des vitesses égales lorsqu'il arrive aux lignes horizontales FH, GI , … et comme « les vitesses égales sont entr'eux comme les temps », La Hire en déduit que le temps t_{EH} par la corde EH est au temps t_{EF} par la ligne EF comme EH (arc ou corde) à EF et de même t_{HI} est à t_{FG} comme la corde ou l'arc HI est à FG, et « ainsy des autres ». La Hire s'autorise alors à sommer toutes les cordes EH, HI, … qui représente « le temps que le corps employera a descendre par l'arc EB » et la somme de toutes les lignes EF, FG , … qui représente le temps « qu'il employe a parcourir EB » (*ibid.*, 26 v°). Il en déduit ainsi que le temps pour parcourir « l'arc de cercle EB est supérieur à celui par la corde EB », ce qui est « un faux raisonnement[72] ».

Dans cet exemple, La Hire veut mettre en avant les difficultés rencontrées certaines fois lorsqu'une sommation indéfinie est effectuée sans qu'assez d'attention soit portée aux suppositions. La Hire explique que cet exemple est un parmi d'autres mais que celui-ci

> lui a semblé si sensible que ie ne fais de doute que ceux qui y feront quelque attention ne cherchent à s'asseurer par la Géométrie ordinaire de ce qu'ils auront trouvez par la methode des infinis (*ibid.*, 27v°).

72 Comme il l'a montré plus haut, *ibid.*, f° 24v°.

Au début du mémoire, La Hire qualifie de « nouvelles » ces suppositions. Cependant, ce qualificatif est à nuancer. En effet, ces suppositions font partie sans aucun doute de la plupart des méthodes infinitistes, elles seraient donc « nouvelles » par rapport à la manière des Anciens[73]. La « méthode des infinis » ne désignerait donc pas alors nécessairement le seul calcul leibnizien mais l'ensemble des méthodes infinitistes. Cependant, il est possible que la lecture de ce mémoire résulte d'un climat prudent envers l'introduction du nouveau calcul au sein de l'académie. Ainsi, lorsqu'il écrit « les Géomètres de ce temps » il désignerait ici particulièrement ceux qui usent du calcul leibnizien, il ferait ainsi de ces suppositions leur apanage pour mieux témoigner sa méfiance.

Dans une lettre adressée à Leibniz le 2 mars 1695[74], L'Hospital indique la parution d'un ouvrage de La Hire qui contient plusieurs traités dont l'un s'intéresse aux « épicycloïdes et de leurs usages dans les mechaniques[75] ». Il précise que

> l'on y trouve la dimension de l'espace et de la ligne courbe de l'epicycloïde à la manière des anciens. Il y a aussi *l'Examen de la courbe formée par les rayons réfléchis dans le cercle*, où il maltraite fort Mr Tschirnhauss, mais il semble que cela vient trop tard, tout cela se trouvant dans les Actes de Leipsic desquels cependant Mr de la Hire ne fait aucune mention.

Outre le traité sur les épicycloïdes, le livre contient un mémoire intitulé « Examen de la courbe formée par les rayons réfléchis dans le cercle[76] », dans lequel La Hire accuse Tschirnhaus de ne pas justifier suffisamment ses résultats sur les caustiques[77]. Ainsi, selon La Hire

---

73 L'analyse de Michel Blay interprète cette critique comme allant à l'encontre des partisans du calcul leibnizien. Or, la « méthode des infinis » ne désigne pas nécessairement le seul calcul leibnizien mais l'ensemble des méthodes « infinitistes ».

74 Lettre de L'Hospital à Leibniz, A III, 6, p. 298.

75 Philippe de La Hire, *Traité des épicycloïdes et de leur usage dans les mécaniques*, « Œuvres diverses de M. de la Hire de l'Académie royale des sciences », Mémoires de mathématique et de physique, 1694, tome IX. Ce traité s'intéresse à la dimension de l'espace de l'epicycloïde, la dimension des lignes epicycloïdes, de l'évolution des épicycloïdes et de la cycloïde, puis de leur usage dans la mécanique.

76 Philippe de La Hire, « Examen de la courbe formée par les rayons réfléchis dans le cercle » dans « Œuvres diverses de M. de la Hire de l'Académie royale des sciences », *Mémoires de mathématique et de physique*, Paris, Imprimerie royale, 1694, tome IX.

77 La Hire a rencontré Tschirnhaus à l'Observatoire, celui-ci lui aurait montré une méthode pour trouver la caustique du cercle. Cependant la Hire n'est pas convaincu : « mais comme la méthode dont il se servoit pour sa démonstration étoit une espece d'évolution

> Monsieur de Tchirnhaus nous auroit obligé de nous donner la démonstration de ce qu'il avance ; car la génération de cette ligne [caustique du cercle] est très-simple, elle mérite bien d'être autorisée d'une démonstration. Mais il témoigne pas le loisir de s'appliquer à ces sortes d'ouvrages, j'ai crû que je lui ferois plaisir d'en donner une au public telle que je la pourrois trouver à la manière des anciens ; (*ibid.*, p. 450)

Leibniz répond à L'Hospital le 18 mars 1695 sur un ton ironique[78] :

> Je ne suis pas faché que M. de la Hire veut bien se donner la peine que je ne voudrois point prendre de reduire en demonstrations à la façon des anciens, ce que nous decouvrons aisement par nos methodes. Ce seroit encor mieux, s'il se servoit de nouveaux moyens capables d'avancer l'art d'inventer, mais c'est de quoy je doute. En tout cas il me semble que bien loin de maltraiter M. Tschirnhauss, on devroit luy temoigner de l'obligation. Je souhaiterois d'obtenir un extrait des paroles de M. de La Hire (*ibid.*).

Cet extrait illustre la problématique liée à la valeur démonstrative d'une méthode d'invention. Personne ne doute de la vérité d'un énoncé établi par la méthode des Anciens. Leibniz rappelle néanmoins que cette méthode ne permet pas d'éclairer la voie de découverte. Les méthodes « nouvelles » ont une valeur démonstrative toute relative, mais elles enrichissent l'art d'inventer. Dans la lettre suivante, datée du 25 avril 1695[79], L'Hospital fait remarquer que La Hire ne donne rien « de nouveau » dans son traité sinon « les démonstrations qui sont à la manière des anciens et par consequent fort ennuyeuses et longues ». Dans sa réponse, Leibniz souligne qu'en démontrant « les nouvelles découvertes à la façon des anciens », La Hire a le mérite de rendre « ainsi temoignage à la vérité. Mais il aura souvent besoin de beaucoup de parole[80] ». Cet échange montre que les deux savants rangent La Hire dans la catégorie des géomètres réfractaires aux nouveautés et fidèles à la manière des Anciens. Cette appréciation est cependant à nuancer. La lecture du *Traité des épycicloïdes* précédemment cité montre que, contrairement à

---

fort différente de celle de Monsieur Hugens s'est servi dans son Traité des Pendules ; & qui ne nous sembloit point Géométrique, n'aïant pas démontré quelques Lemmes qui devoient précéder cetté évolution [...] ». L'article publié à ce sujet par le savant allemand ne le satisfait pas davantage, « Inventa nova, exhibita Parisiis Regiae Scientarum à D.T. », novembre 1682, *AE*, p. 364-365.

78 Lettre de Leibniz à L'Hospital le 18 mars 1695, A III, 6, p. 317-318.

79 Lettre de L'Hospital à Leibniz le 25 avril 1695, A III, 6, p. 341.

80 Lettre de Leibniz à L'Hospital du 13 mai 1695, A III, 6, p. 365.

ce qu'avance L'Hospital, La Hire ne présente pas tous les résultats *more geometrico.* Il use souvent de raisonnements infinitistes pour raccourcir son discours démonstratif.

Quand Leibniz échange avec L'Hospital, il n'a pas encore eu en main l'ouvrage de La Hire. Dans le manuscrit « Cum prodiisset[81] », écrit probablement vers 1702, Leibniz a une toute autre appréciation. Un paragraphe est destiné à expliquer les avantages de son principe de continuité en géométrie et en physique. Leibniz soutient que raisonner en s'appuyant sur ce principe n'a rien d'inédit. Il s'agit au contraire d'une démarche partagée. Pour appuyer cette affirmation, il interprète la manière d'établir certains des résultats de ses contemporains comme relevant aussi de ce type de raisonnement. Outre Descartes et Huygens, il cite La Hire pour son ouvrage récemment publié et qui correspond vraisemblablement à son traité sur les épicycloïdes (*ibid.*, f° 4r°).

LE RETOUR DE L'« HÉLÈNE DES GÉOMÈTRES »

En 1687, Leibniz défiait « les cartésiens » et leur analyse à trouver la courbe isochrone. Des résolutions avaient été immédiatement fournies entre autres par Huygens – sans calcul différentiel mais en utilisant une méthode infinitiste –, les frères Bernoulli et Leibniz. En juillet 1695, Varignon résout ce problème en appliquant pour sa première fois le calcul leibnizien. Il souhaite cependant présenter à l'Académie sa résolution comme « une autre manière très simple » qu'il déduit de ce qu'il « a donné sur la chutte des corps dans les mémoires de l'Académie au mois de janvier 1693 ». Ce mémoire apparaît ainsi comme le concours de deux avancées : celles de ses recherches pour l'obtention de lois générales de la mécanique – obtenues en 1693 – et celle du calcul leibnizien qui permet de aduire ces dernières. Ce mémoire est isolé dans le temps, et ce n'est qu'à partir de janvier 1698 que ses recherches en mécanique s'appuient systématiquement sur le calcul leibnizien. Entre 1697 et 1700, il se focalise sur la question de l'isochronisme en s'intéressant principalement à l'isochronisme de la cycloïde renversée et à la recherche des courbes isochrones dans diverses situations de contraintes.

81 G. W. Leibniz, « Cum Prodiisset », *Historia et Origo Calculi differentialis a G.G. Leibnitio* concripta zur zweiten säcularfeier du Leibnizischer Geburtstapes aus den Handschriften der königlichen bibliothek zu Hannover heurasgegeben von Gerhardt, Hannover, 1846, p. 39-50.

Pendant la séance académique du samedi 1er juin 1697, Varignon lit un mémoire dans lequel il démontre l'isochronisme de la cycloïde renversée. Il rappelle que cette propriété a été découverte et publiée en 1673 par Christiaan Huygens[82], mais il avance que sa démonstration est nouvelle car elle est « une des plus courtes et des plus simples qui ayent paru Jusqu'icy[83] ». Le 8 juin, une semaine plus tard, il lit deux autres démonstrations qu'il considère toujours plus simples que celles de Huygens mais moins simples que sa première[84]. À la même séance, Philippe de La Hire lit un mémoire sur le même sujet et intitulé « Démonstration du temps qu'un corps employe a tomber dans une cycloide et dans ses portions, avec quelques propriétés particulieres de Cycloides[85] ». La propriété d'isochronisme de la cycloïde mais aussi la mesure du temps de parcours le long d'une courbe sont des sujets d'intérêt à l'Académie puisque d'autres séances leur sont consacrés[86].

La démonstration du 1er juin s'appuie sur la notion d'« arcs semblables » à laquelle Varignon a destiné un mémoire lu le 23 février de la même année[87]. Varignon considère sur une cycloïde de cercle générateur CE, deux portions Aa, Bb d'arcs semblables à deux arcs AC, BC, c'est-à-dire tels que : $\frac{Aa}{Bb} = \frac{AC}{BC}$, puis les droites aM et bN parallèles au diamètre CE.

82 *Horollogium oscillatorium*, *OH*, XVIII.

83 *PVARS*, t. 16, f° 151 r°.

84 Pierre Varignon, « Seconde et Troisième démonstration des mouvemens isochrones dans la cycloïde renversée », 8 juin 1697, *PVARS*, t. 16, f° 162 r°-165 v°.

85 Philippe de La Hire, « Démonstration du temps qu'un corps employe a tomber dans une cycloide et dans ses portions, avec quelques propriétés particulieres de Cycloides », *PVARS*, t. 16, f° 157r°-161v°.

86 Pierre Varignon, « Nouvelle remarque sur les mouvements isochrones dans la cycloïde renversée. », *PVARS*, t. 16, f° 171r°-173r ; 14 juin 1697, La Hire, « Propriétés de toutes les roulettes », 7 juin au 28 juin 1698, *PVARS*, t. 17, f° 254r°-289r° et « Règle générale pour déterminer le temps que employe un corps pesant a descendre par quelque ligne courbe que ce soi », 9 et 30 août 1698, *PVARS*, t. 17, f°. 368r°-379v°.

87 Bien qu'il n'utilise ici aucun des résultats obtenus dans ce mémoire, il est intéressant de remarquer que cette notion lui est familière.

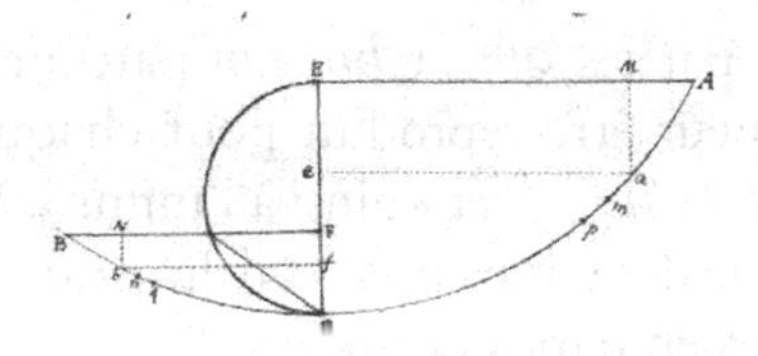

FIG. 70 – Pierre Varignon, « Nouvelle démonstration des mouvemens isochrones dans la cycloïde renversée », 1er juin 1697, *PVARS*, t. 16, f° 152r°, Archives de l'Académie des sciences, © Bibliothèque nationale de France.

Il annonce puis démontre que ces conditions conduisent à l'égalité (*ibid.*, f° 151r°-152v°)

$$\frac{Aa}{Bb}=\frac{\sqrt{aM}}{\sqrt{bN}}.$$

Cela étant obtenu, Varignon divise les arcs AC et BC en un nombre égal de parties égales et il définit comme « parties correspondantes » celles « qui y gardent le même ordre » : par exemple si am est la millième des parties égales de AC, et bn la millième de celles de BC, « ces millièmes en rang am et bn » sont appelées parties correspondantes. Cette définition lui est primordiale par la suite pour démontrer : « de quelque hauteur A, ou B, qu'un corps commence à tomber le long de AC, ou de BC, il arrivera toujours en C, en temps égaux » (*ibid.*, f° 153r°).

Varignon « imagine » l'arc AC divisé en une « indéfinité de parties égales am, mp &c » induisant ainsi une partition de BC en bn, nq, etc. parties correspondantes sur BC. Dans ce cas, $\frac{am}{bn}=\frac{AC}{BC}$ (division en parties égales) puis comme $\frac{am}{bn} = \frac{Aa}{Bb}$ (parties correspondantes), il obtient : $\frac{am}{bn}=\frac{\sqrt{aM}}{\sqrt{bN}}$. (premier résultat).

Il suppose ensuite que les parties am et bn obtenues par l'indéfinie division sont parcourues avec des vitesses uniformes acquises après les chutes de A en a, et de B en b. Celles-ci sont, d'après l'« l'hypothèse de Galilée », dans le même rapport que $\frac{\sqrt{aM}}{\sqrt{bN}}$ qui est donc égal à $\frac{am}{bn}$.

Par conséquent, les parties am et bn sont parcourues en temps égaux. Ce raisonnement peut être reproduit pour chaque couple de parties correspondantes mp et nq, ... et « ainsi à l'infini ». Varignon entreprend une somme indéfinie des temps pour conclure que les arcs AC et BC sont donc parcourus en temps égaux.

Il est à remarquer que dans sa démonstration Varignon suppose que la vitesse acquise reste uniforme pendant le parcours d'une division d'arc. L'arc étant divisé en un nombre indéfini de parties, la partie résultante est implicitement indéfiniment petite – Varignon ne l'écrit pas – et il semble que cette petitesse rend légitime la supposition de l'uniforme célérité. D'autre part, il suppose que la somme indéfinie de deux séries de temps égaux deux à deux, produit des sommes égales.

Le 8 juin, Varignon propose deux autres démonstrations qui ne sont pas ici restituées. Ces démonstrations font appel, comme la précédente, à une somme infinie de temps de parcours de portions infiniment petites[88]. Il n'utilise nullement le calcul leibnizien.

Le même jour, La Hire lit son mémoire. Sa démonstration n'est pas à la manière des Anciens. Sans la restituer, il est intéressant d'indiquer sur quelles suppositions elle s'appuie. Pour montrer l'égalité des temps de chute le long d'une demi-cycloïde et de l'une de ses portions, La Hire considère le demi-cercle générateur et sa portion correspondant à la portion de la cycloïde. Pour parvenir au résultat, il s'appuie sur la considération de division en parties indéfiniment petites et il effectue des sommes infinies. Ainsi, La Hire, bien que très attaché à la présentation à la manière des anciens, ne voit aucun inconvénient à utiliser des méthodes infinitistes, comme celles dont use Varignon, pour conduire sa démonstration et la présenter ainsi devant ses pairs.

88 Au goût de Varignon, la troisième est la moins belle car « je substitue pour quelque temps le mouvement uniforme au lieu de l'accéléré, comme a fait Mr Huygens », *ibid.*, f° 164r°.

LES PROBLÈMES PHYSICO-MATHÉMATIQUES : ÉPREUVE DÉTERMINANTE POUR LE CALCUL LEIBNIZIEN

L'invention du calcul induit la multiplication de problèmes physico-mathématiques. Leibniz et les frères Bernoulli ne cessent de proposer à la République des Lettres de nouveaux problèmes de ce type car l'Analyse des infinis peut se montrer particulièrement adaptée à les résoudre et ainsi montrer sa fécondité. Les discussions à propos de ces problèmes conduisent les géomètres à affiner leur compréhension de l'Analyse des infinis. Des exemples notoires sont ceux de la résolution des problèmes de la courbe élastique ou de la voilière[89]. La démarche habituelle pour traiter des problèmes physico-mathématiques s'effectue en deux étapes, la première consiste à ramener chacun de ces problèmes relevant de la physique à un énoncé purement géométrique, étape souvent ponctuée par « *ad puram Geometriam reductum* ». La deuxième – « Analysis » – présente la résolution du problème géométrique à l'aide du nouveau calcul[90]. Dans une lettre à Jean Bernoulli du 16 mai 1695 dans laquelle il est question de la résolution de la recherche de la chaînette, Leibniz souligne qu'il n'est pas toujours

> facile de ramener les problèmes de l'inversion de tangentes, c'est-à-dire à des différentielles. Par exemple, dans la recherche de la Chaînette, si nous ne connaissions pas par ailleurs grâce à des théorèmes de mécanique, une propriété de ses tangentes quant au centre de gravité, il nous aurait été difficile d'en obtenir la construction[91].

---

89 Michel Blay consacre une étude à plusieurs de ces problèmes physico-mathématiques en analysant les solutions de différents géomètres (principalement les frères Bernoulli), *La naissance de la mécanique analytique*, *op. cit.*, p. 62-108. Viktor Blåsjö destine plusieurs chapitres de son ouvrage *Transcendental curves in the Leibnizian Calculus* à la comparaison des résolutions de ces problèmes, notamment son chapitre 8, « Transcendental curves in physics », *op. cit.*, p. 177-189.

90 C'est la conclusion à laquelle parvient Blay concernant la résolution de problèmes physico-mathématiques. Il indique que les différents auteurs (les frères Bernoulli, L'Hospital et Leibniz) ont une démarche identique en deux étapes : ramener les questions de la science du mouvement à des questions de pure géométrie puis les résoudre si nécessaire à l'aide du calcul leibnizien, *La naissance de la mécanique analytique*, *op. cit.*, p. 109.

91 Lettre de Leibniz à Jean Bernoulli du 16 mai 1695, A III, 6, p. 354.

En 1692, Jean Bernoulli destine douze leçons à des problèmes physico-mathématiques[92]. Les leçons 33 à 35 traitent de la courbe isochrone (*curvae descensus aequalibilis*) et de la courbe isochrone paracentrique (*isochronae paracentricae*). Le reste des leçons (de 36 à 46) ne sont pas retranscrites dans la copie parisienne dont s'est servi Malebranche[93]. Elles traitent entre autres de la résolution de la voilière, de la caténaire mais pas de la courbe élastique. Bien qu'absentes du manuscrit parisien, L'Hospital a bénéficié de ces leçons pendant le séjour de Jean Bernoulli à Oucques (*Mathematica*, p. 164-165). Il est donc dès le début très au courant de l'application de l'Analyse des infinis aux problèmes physico-mathématiques. En 1695, il publie dans les *Acta* sa résolution du « problème du Pont-levis[94] ». Cependant l'intérêt qu'il porte aux problèmes physico-mathématiques est relatif. Comme il le répète fréquemment, il s'y intéresse à condition d'y avoir « ôter la phisique de la question afin de la raporter à la géométrie[95] » et il promet alors de pouvoir les résoudre. Pour lui, comme pour nombre de ses contemporains, les problèmes physico-mathématiques se résolvent à l'aide de l'Analyse des infinis à condition qu'ils aient été rapportés à la « pure géométrie ». Varignon adoptera une attitude différente et originale (voir *supra*). Dans la Préface à l'*AI*, L'Hospital reconnaît l'application possible et utile du calcul différentiel à la Physique, il avait d'ailleurs prévu une section pour montrer « le merveilleux usage de ce calcul dans la Physique, jusqu'à quel point de précision il peut porter, & combien les Mécaniques en peuvent retirer l'utilité », mais son état de santé l'en a empêché[96].

---

92 Jean, Bernoulli, *Lectiones mathematicae de calculo integralium in usum illust. Marc. Hospitalii conscriptate*, *op. cit.*, leçons 33 à 46, p. 482-518.

93 FL 17860.

94 Guillaume de L'Hospital, « Illustris Marchionis Hospitalii solutio problematis physico-mathematici ab erudito quodam geometra propositi », *AE*, février 1695, p. 56-59.

95 Lettre de L'Hospital à Jean Bernoulli du 19 février 1695, *DBJB*, 1, p. 263.

96 Préface, *AI*.

LE PROBLÈME DE LA BRACHYSTOCHRONE : UN ENJEU POUR LE CALCUL LEIBNIZIEN

La brachystochrone : un enjeu au sein de la République des Lettres

Dans les *Acta* du mois juin 1696, Jean Bernoulli propose aux mathématiciens de la République des Lettres un « nouveau problème[97] » : deux points *A* et *B* étant situés sur un plan vertical, il s'agit de trouver la courbe *AMB* qu'un point *M*, soumis à la gravité, doit parcourir pour aller de *A* à *B* dans le temps le plus bref. Il indique aux « amateurs » de ce genre de problèmes qu'il ne s'agit pas de pure spéculation et que la courbe recherchée est une courbe célèbre [*notissima*] et connue de tous les géomètres. Il dévoilera la solution si d'ici la fin de l'année personne ne l'a obtenue.

Trouver la brachystochrone est donc un problème de *minima* mais d'un type inédit à l'époque, puisqu'il ne s'agit pas comme à l'ordinaire de trouver la valeur d'une des coordonnées pour laquelle l'autre coordonnée est extrémale mais de trouver une courbe minimale parmi une famille infinie de courbes ayant toutes les mêmes extrémités *A* et *B*[98].

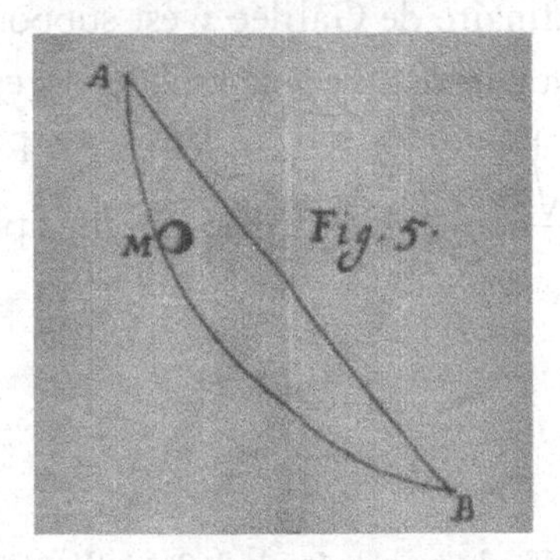

FIG. 71 – Jean Bernoulli, « Supplementum defectus geometricae cartesianae inventionem locurum [...] Problema novum mathematicis propositum », *AE*, juin 1696, tab. V, fig. 5, © Biblioteca Museo Galileo.

97 Jean Bernoulli, « Supplementum defectus geometricae cartesianae inventionem locurum [...] Problema novum mathematicis propositum », *AE*, juin 1696, p. 269.

98 On pourra lire le commentaire de Jeanne Peiffer : « Le problème de la brachystochrone à travers les relations de Jean I Bernoulli avec L'Hôpital et Varignon », *Studia Leibnitiana*, Sonderheft 17, Stuttgart, 1989, p. 59-98.

Leibniz prend connaissance du problème directement par une lettre de Jean Bernoulli datée du 9 juin 1696[99]. Il lui répond rapidement, le 16 juin 1696[100], en lui envoyant une solution correcte. Un délai supplémentaire est accordé, la date buttoir est repoussée à Pâques 1697.

Des solutions sont proposées par Leibniz, Jacques et Jean Bernoulli, Tschirnhaus, L'Hospital et un auteur anonyme qui s'avère être Newton. Elles sont publiées dans les *Acta* du mois de mai 1697. La courbe solution est une cycloïde[101].

Varignon est au courant du défi de la brachystochrone par une lettre de Jean Bernoulli datée du 15 mai 1696[102], avant même que celui-ci l'annonce dans les *Acta*. Malgré les indications de Jean Bernoulli[103], il ne parvient pas, même au bout d'un an, à résoudre le problème. C'est par son intermédiaire que L'Hospital prend connaissance du problème en mai 1696[104]. Se mettre à sa recherche le rend enthousiaste, cependant, dans la lettre du 15 juin, il demande à Jean Bernoulli de reformuler son énoncé et de le réduire « à la mathematique pure, car la phisique m'embarasse[105] ». Dans sa réponse du 30 juin celui-ci lui assure qu'il est très aisé de réduire ce problème « à la mathématique pure » puisque seul « le principe ordinaire de Galilée y est supposé[106] ». En désignant par x, AC, y, CM , la vitesse du point mobile M est $\sqrt{y}$. m étant un point infiniment proche de M , l'espace parcouru Mm est $\sqrt{dx^2 + dy^2}$, donc $\frac{\sqrt{dx^2 + dy^2}}{\sqrt{y}}$ exprime le temps pour parcourir Mm .

99 Lettre de Jean Bernoulli à Leibniz du 9 juin 1696, A III, 6, p. 783.

100 Lettre de Leibniz à Jean Bernoulli du 16 juin 1696, A III, 6, p. 795.

101 Pour une comparaison des différentes solutions, on pourra consulter : Jeanne Peiffer, « Le problème de la brachystochrone », *op. cit.*, p. 65-81 et Michel Blay, *La Naissance de la mécanique analytique*, *op. cit.*, p. 77-98.

102 Lettre de Jean Bernoulli à Pierre Varignon du 15 mai 1696, *DBJB*, 2, p. 92. Cette lettre est perdue mais nous en connaissant l'existence par la réponse.

103 Lettres de Varignon à Jean Bernoulli du 18 juin 1696, *DBJB*, 2, p. 103 puis celle du 15 mai 1697, *DBJB*, 2, p. 110.

104 Lettre de Varignon à Jean Bernoulli du 24 mai 1696, *DBJB*, 2, p. 92.

105 Lettre de L'Hospital à Jean Bernoulli du 15 juin 1696, *DBJB*, 1, p. 319.

106 Lettre de Jean Bernoulli à L'Hospital du 30 juin 1696, *DBJB*, 1, p. 321.

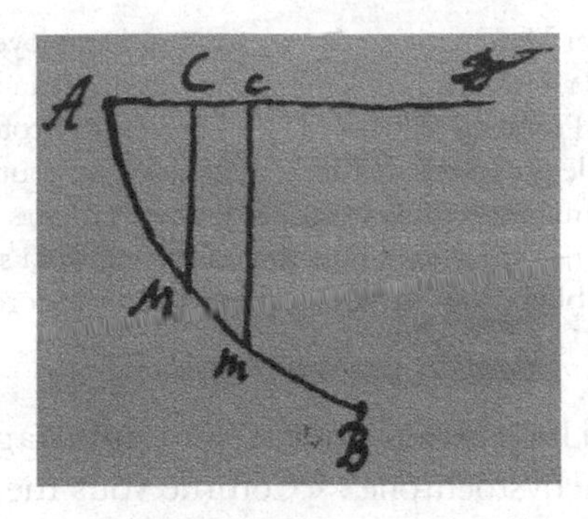

FIG. 72 – Jean Bernoulli, 30 juin 1696, L Ia 660, Nr. 18, © Universitätsbibliothek Basel.

Dans ces conditions, le problème de la brachystochrone est ramené à la « pure mathématique », et peut s'énoncer ainsi : « D'entre toutes les lignes *AMB* qui joignent deux points données *A* et *B* on cherche la nature de celle dont $\int \frac{\sqrt{dx^2+dy^2}}{\sqrt{y}}$ soit la plus petite ». Il ajoute

> Je voudrois que quelques uns de vos Geometres qui se vantent de posseder de si excellentes methodes de *maximis et minimis*, s'y attachassent, car voylà un exemple, qui leur donnera de la besoigne et peutetre plus que leur methode ne pourra faire[107].

Sans aucun doute, en reformulant le problème en termes de calcul leibnizien, Jean Bernoulli veut montrer que mise à part la nouvelle analyse, il n'y a probablement pas d'autres méthodes possibles pour le résoudre. C'est ce message qu'il souhaite adresser aux savants français, en particulier aux membres de l'Académie royale des sciences par l'intermédiaire de L'Hospital qui en est membre honoraire.

L'avis de recherche de « la courbe de plus vite descente » n'est pas immédiatement connu dès sa publication dans les *Acta* en mai 1696 : se procurer cette revue n'est pas toujours aisé. Dans le *Journal des Sçavans* du 19 novembre 1696, Leibniz énonce à nouveau le problème de la brachystochrone[108] en convoquant, comme Jean Bernoulli, les « méthodes diferentes » à surmonter le défi :

---

107 Lettre du 21 décembre 1696, *DBJB*, 2, p. 327-328.

108 « Extrait d'une lettre de M. de Leibniz sur son Hypothèse de Philosophe, & sur le problême curieux qu'un de ses amis propose aux Matematiciens ; avec une remarque sur quelques

> [...] un excellent Matematicien de mes amis, qui employe notre nouveau calcul des différences a résolu le problême suivant [celui de la brachystochrone] [...]
>
> L'auteur du Probleme (qui est M. Jean Bernoulli Professeur à Groningue) a trouvé bon de le proposer aux Mathematiciens, sur tout à ceux qui se servent des metodes diferentes de la nôtre ; & il atendra leurs solutions jusqu'après Pâques de l'année suivante. Si quelqu'un en trouve la solution, il est prié de ne la point publier avant ce terme, pour donner encore aux autres le temps de s'y exercer (*ibid.*, p. 454-455).

À son tour, L'Hospital encourage son entourage à s'exercer à la recherche de la brachystochrone : « Comme vous me marquiez souhaiter que nos geometres s'appliquassent à trouver la courbe de plus vite descente, je les ai excitez à la chercher[109] ». Parmi ses interlocuteurs géomètres, Sauveur « qui a fort bien compris l'Analyse des infiniment petits » propose une équation différentielle de la courbe mais n'étant pas « habile dans l'art de trouver les intégrales », il ne déduit pas quelle courbe « célèbre » résulterait de son intégration. En fait, Sauveur commet des erreurs dans son écrit lesquelles sont relevées par Jean Bernoulli et L'Hospital[110]. La démarche de Sauveur consiste à minimiser le temps de parcours sur un polygone en augmentant le nombre de ses côtés pour approcher la courbe de plus vite descente. La considération d'un polygone a été aussi la première idée qui a inspiré L'Hospital et dont il a fait part immédiatement à Jean Bernoulli le 30 novembre 1696. En considérant le point D milieu de la hauteur CB, il cherche le point E sur la parallèle DE à AC qui minimise le temps de parcours $AEEB$. Il mène ensuite deux autres parallèles FG, HK respectivement par le milieu de CD et celui de DB puis il cherche les points G et K tels que le mobile parcourant le polygone $AGEKB$ arrive en B en le moins de temps que par tout autre polygone (passant par E).

points contestez dans les Journaux precedens, entre l'auteur des principes de Physique, & celui des objections contre ces principes », *JS*, 19 novembre 1696, p. 451-455.

109 Lettre de L'Hospital à Jean Bernoulli du 31 décembre 1696, *DBJB*, 1, p. 333.

110 Lettre de Jean Bernoulli à L'Hospital du 15 janvier 1697, *DBJB*, 1, p. 337 et lettre de L'Hospital à Jean Bernoulli du 28 janvier 1697, *DBJB*, 1, p. 338.

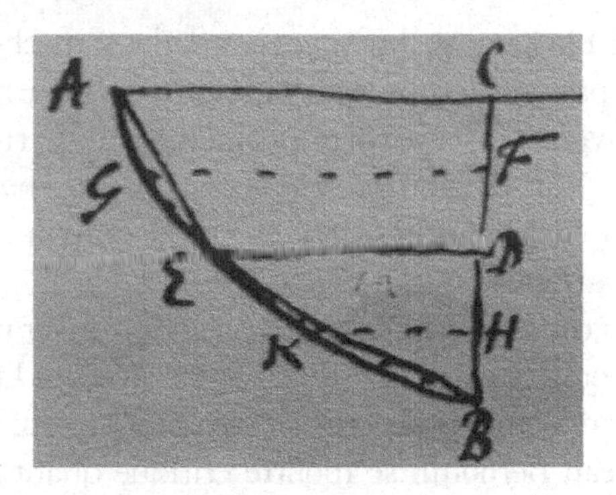

FIG. 73 – Guillaume de L'Hospital, 30 novembre 1696, L Ia 660, Nr. 43*, © Universitätsbibliothek Basel.

Cependant, il s'avoue vaincu lorsque le nombre de côtés augmente :

> Je songeois ensuite qu'en supposant un nombre infini de divisions on pourroit parvenir à déterminer les points de la courbe, mais comme cette voye qui est d'abord aisée lorsqu'il s'agit que de déterminer le point E devient difficile et embarassée lorsque le nombre de divisions augmente je l'ai abandonnée[111].

Dans sa réponse datée du 21 décembre 1696, Jean Bernoulli lui avoue aussi qu'il avait rencontré la même difficulté mais qu'il était parvenu à la surmonter. Il a même trouvé deux méthodes pour résoudre le problème, dont une est une manière « indirecte » dont il ne fournit aucun détail dans cette lettre. Il lui fait remarquer aussi que le problème de la brachystochrone sous « l'hypothèse de Galilée » est un cas particulier d'un problème plus général :

> Si je puis resoudre ces sortes de problemes par lesquels on demande de toutes les courbes qui joignent deux points donnés celle qui, contemplée en certaine façon, fasse *un plus grand* ou *plus petit*, je dis que je le puis en plusieurs cas, par exemple non seulement celuy que vous me proposés lorsque la somme des $\frac{\sqrt{dx^2+dy^2}}{\sqrt{y}}$ doit être la plus petite, car c'est la courbe de plus vite descente, mais aussi si on veut que $\frac{(dx^2+dy^2)^n}{Y}$ fasse un plus petit ; j'entends par n une puissance quelconque et par Y une quantité composée de quelque manière que ce soit de y ou de ses puissances et des connues.

111 Lettre de L'Hospital à Jean Bernoulli du 30 novembre 1696, *DBJB*, 1, p. 325.

Il propose à L'Hospital de lui envoyer ces deux méthodes, L'Hospital accepte dans un premier temps mais change d'avis car cela lui « osteroit le plaisir de pouvoir penser à vôtre probleme que je trouve de plus en plus curieux[112] ». Jean Bernoulli est d'accord de lui envoyer « jusques à nouvel ordre » et insiste auprès de L'Hospital pour qu'il suive attentivement ses indications[113].

En suivant ces conseils, L'Hospital parvient à trouver une solution, il la décrit à Jean Bernoulli dans sa lettre du 25 février 1697[114]. Elle s'inspire d'une analogie avec le problème de la courbe caténaire[115] que L'Hospital connaît depuis 1691[116]. Jean Bernoulli se montre critique quant à la méthode de son élève mais n'insiste pas car celui-ci parvient néanmoins à une solution qui correspond à la sienne. Le jour de Pâques arrivant, ce dernier décide d'envoyer cette solution à Leibniz pour qu'elle soit publié dans les *Acta*[117].

Ce mémoire est très concis[118]. L'Hospital y affirme que la solution est une cycloïde lorsque la vitesse est proportionnelle à la racine carrée de la hauteur $\sqrt{y} = y^{\frac{1}{2}}$. Il ajoute que dans l'hypothèse générale d'une vitesse proportionnelle à y^m alors l'abscisse x vérifiera l'équation différentielle $dx = \frac{my^m dy}{\sqrt{1-m^2y^{2m}}}$.

L'hypothèse de Galilée relève donc d'un cas particulier, celui pour lequel $m = \frac{1}{2}$.

112 Lettre de L'Hospital à Jean Bernoulli du 28 janvier 1697, *DBJB*, 1, p. 339.

113 Lettre de Jean Bernoulli à L'Hospital, mi-février 1697, *DBJB*, 1, p. 339.

114 Lettre de L'Hospital à Jean Bernoulli du 25 févier 1697, *DBJB*, 1, p. 342-343.

115 « Pour résoudre ce problème je considère la courbe AM placée en sorte que la ligne AP soit horizontale et que dans chacun de ses points M il y ait un poids exprimé par $y^{n-1}ds$; cela etant il est visible que cette courbe ainsi chargée doit prendre une situation telle que son centre de gravité approche le plus près qu'il est possible de l'horizontale AP, c'est-à-dire que la somme $y^n ds$ doit être la plus petite ». Il trouve que l'abscisse doit vérifier l'équation différentielle : $dx = \pm\frac{andy}{\sqrt{y^{2n}-aann}}$ puis si $n = -\frac{1}{2}$ (hypothèse de Galilée), $dx = \frac{ydy}{\sqrt{4ay-yy}}$ qui correspond à la cycloïde, lettre de L'Hospital à Jean Bernoulli du 25 février 1697, *DBJB*, 1, p. 342-343.

116 Jean Bernoulli, *Opera omnia*, *op. cit.*, t. III, leçons 39 et 40, p. 500-505.

117 Lettre de L'Hospital à Leibniz du 17 mars 1697, A III, 7, p. 331.

118 Guillaume de L'Hospital, « Domini Marchionis Hospitalii solutio Problematis de linea cellerimi descensus », *AE*, mai 1697, p. 217-218.

Souhaitant continuer à effectuer ses recherches de manière indépendante, L'Hospital avait décliné la proposition de recevoir les trois solutions de Jean Bernoulli mais un jour après avoir envoyé sa solution à Leibniz, il souhaite à présent connaître les trois solutions de Jean Bernoulli, « surtout celle qui va directement au but[119] ». Il reçoit ces solutions le 30 mars 1697. Elles font, par la suite, l'objet d'échanges épistolaires qui ne seront pas développés pas ici. Une seule des trois est publiée dans les *Acta* du mois de mai[120].

La brachystochrone à l'Académie des sciences

Certes, pour résoudre le problème de la brachystochrone, L'Hospital se nourrit principalement de son échange avec Jean Bernoulli. Il en est de même pour Varignon même s'il ne parvient pas à obtenir la solution. Cependant, il est très vraisemblable que ces deux académiciens se soient entretenus à ce sujet au sein de l'institution, en témoigne l'intérêt que Sauveur porte immédiatement à la recherche de ce problème en décembre 1696. Si ce problème fait l'objet de discussions entre académiciens, aucune séance ne lui a été encore accordée. Enfin, pendant la séance académique du 13 avril 1697, L'Hospital rend officielle la recherche de la brachystochrone dans l'agenda académique : « Mr Bernoulli Professeur de Mathematiques a Groningue a proposé a tous les Geometres le premier jour de cette année un Probleme de Linea cellerrimi descensus[121] ». Il indique que ce problème doit se résoudre sous « l'hypothèse de Galilée » et avant le jour de Pâques. L'Hospital souligne que le professeur Jean Bernoulli a averti que « la Geometrie ordinaire ne peut aller » pour trouver la solution, l'Analyse des infinis est la seule qui peut réussir. Cette remarque, dûment placée à la fin de son annonce, est cruciale. Jean Bernoulli veut persuader que seul le calcul leibnizien est capable de surmonter ce défi. Ainsi, si seule l'Analyse des infinis réussit à relever le défi, elle montrerait sa supériorité par rapport à d'autres méthodes et

---

119 Lettre de L'Hospital à Jean Bernoulli du 18 mars 1697, *DBJB*, 1, p. 346.

120 Jean Bernoulli, « John. B. Curvatura radii in diaphanis non uniformibus, solutioque problematis a se in Actis 1696, p. 269, propositi, de invenienda linea brachystochrona, id est, in seu radiorum unda construenda », *AE*, mai 1697, p. 206. Pour une description critique de la solution, on pourra consulter Jeanne Peiffer, « le problème de la brachystochrone », *op. cit.*, p. 67-79.

121 *PVARS*, t. 16, f° 52 v°.

obtiendrait ainsi une reconnaissance auprès de la République des Lettres, et plus particulièrement des institutions scientifiques européennes[122]. Formulé au sein de l'Académie, le défi devient localement un enjeu entre les partisans du calcul leibnizien (Varignon, L'Hospital, Sauveur, Carré) et ceux qui sont plus réticents, les géomètres du « vieux style », ainsi que les désigne Varignon.

Lors de cette même séance, L'Hospital fait savoir qu'il possède une solution, il la fait cacheter auprès du Secrétaire Du Hamel. Le 13 avril 1697, après Pâques, il lit son écrit latin contenant la solution : il s'agit à peu de choses près du même contenu que le mémoire publié dans les *Acta* du mois de mai. Il ne développe pas plus ici que dans les *Acta* une démonstration du résultat mais il en promet une[123]. Lors de la séance suivante, le 20 avril 1697[124], L'Hospital lit la « démonstration de sa solution ». Il choisit une preuve tout autre que celle critiquée par Jean Bernoulli. Il en estime sûrement plus sa qualité démonstrative et ainsi il juge probablement que sa lecture aura plus d'autorité devant ses pairs[125]. Deux lemmes et un corollaire structurent celle-ci et conduisent à déduire que la cycloïde est la solution du problème de la brachystochrone.

Dans le premier lemme, L'Hospital cherche la ligne $AEEB$ (polygone à deux côtés) pour laquelle le temps de parcours est minimal, sachant que les segments AE et EB sont parcourus respectivement avec une vitesse a et une vitesse b : il s'agit donc de savoir pour quel point E le temps de parcours exprimé par $t=\frac{AE}{a}+\frac{EB}{b}$ est un « plus petit ».

Ce lemme reprend l'idée initiale de la lettre du 30 novembre 1696 sauf qu'ici le point E n'est pas forcément sur une ligne médiane comme il l'était dans sa première tentative de résolution.

L'Hospital souligne que l'analyse des infiniment petits sait bien traiter ce problème :

> il est clair que par les principes établis dans la 3e section du livre des infiniment petits, que si l'on prend le point e, infiniment près du point E, le temps par AE,EB, doit estre égal au temps par Ae,eB. On aura donc $\frac{AE}{a}+\frac{EB}{b}=\frac{Ae}{a}+\frac{eB}{b}$ et partant $\frac{AE-Ae}{a}+\frac{EB-eB}{b}=0$.

122 Jeanne Peiffer, « le problème de la brachystochrone », *op. cit.*, p. 59.

123 *PVARS*, t. 16, f° 85 v°-86 r°.

124 *PVARS*, t. 16, f° 93 r°-96 r°.

125 Jeanne Peiffer, « Le problème de la brachystochrone », *op. cit.*, p. 76.

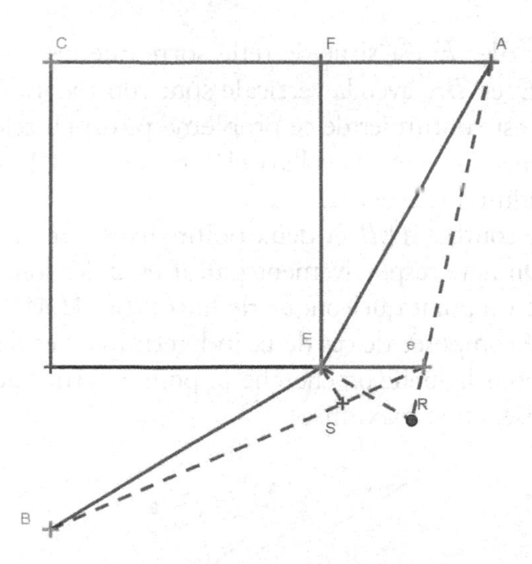

FIG. 74 – Figure réalisée par l'auteure, d'après Guillaume de L'Hospital, « M[r] le Marquis de l'Hôpital a donné la démonstration de la solution qu'il a trouvée du problème de Mr Bernoulli, de linea celerrimi descensus », 20 avril 1697, *PVARS*, t. 16, f° 96r°, fig. 1, Archives de l'Académie des sciences, © Bibliothèque nationale de France.

Il trace la perpendiculaire ER à AE qui coupe Ae en R et la perpendiculaire ES à BE qui coupe Be en S. Il ne l'écrit pas mais il considère que

$AE - Ae = AR - Ae = eR$ et que $EB - eB = SB - eB = -Se$.

Ainsi

$$\frac{eR}{a} = \sin REe = \frac{Se}{b} = \sin SEe.$$

Il considère aussi que les angles REe et FEA, respectivement les angles SEe et CBE peuvent être pris l'un pour l'autre en raison du fait qu'ils ne diffèrent que d'un infiniment petit[126]. Ces considérations le conduisent à affirmer que la position de E pour que le trajet soit minimal est tel que $\frac{\sin FEA}{\sin CBE} = \frac{a}{b}$.

126 Les angles *REe* et *FEA* diffèrent de l'angle *EAR* qui est infiniment moindre qu'eux, de même les angles *SEe* et *CBE* diffèrent de l'angle *EBS* infiniment moindre qu'eux.

Autrement dit, E est situé de telle sorte que les sinus des angles que forme AE et BE avec la verticale sont comme les vitesses.

L'Hospital est coutumier de ce problème puisqu'il relève d'un problème plus général énoncé dans l'article 56, section III de l'*AI* dont la résolution conduit à une égalité faisant intervenir les sinus[127]. Dans ce problème, une courbe AEB et deux points fixes C et F sont donnés de position. On note respectivement par u et z les longueurs CP et PF où P est un point quelconque de la courbe AEM. On considère une « quantité composée de ces deux indéterminées et d'autres droites a et b » et pour laquelle on cherche le point E sur la courbe APB qui la minimise, ou la maximise.

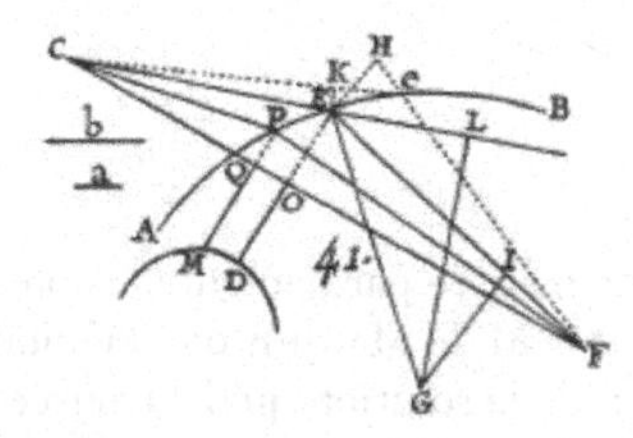

FIG. 75 – Guillaume de L'Hospital, *AI*, planche 4, fig. 41, © Bibliothèque nationale de France.

Pour résoudre ce dernier problème, L'Hospital construit une courbe DM pour laquelle le point M est sur la perpendiculaire PQM à CF et telle que la longueur QM soit égale à la quantité considérée. Il trace EG perpendiculaire à AEB et depuis l'un de ses points quelconque G, il trace les droites GL et GI respectivement perpendiculaires à CE et EF. Par e, point infiniment proche de E, il trace les droites Ce et Fe. K, respectivement H, est l'intersection du cercle de centre C et de rayon CF, respectivement de centre F et de rayon FE. Ainsi Ke, respectivement He, est la différence de CP et PZ (au signe près). En utilisant qu'au point E la différence de la quantité doit être nulle ou égale à l'infini, il déduit que dz doit être de signe opposé à du. Les triangles ELG et EKe et les triangles EIG et EHe sont semblables entre eux[128] donc

127 *AI*, art. 56, section III., p. 47. Le problème du voyageur présenté à la suite est un cas particulier de ce cas, *AI*, section III, exemple XI, p. 49-51.

128 L'Hospital considère que les angles GEe et LEK sont droits : en leur ôtant l'angle LEe, les restes LEG et KEe seront égaux.

$$\frac{GL}{GI}=\frac{Ke}{He}=\frac{du}{-dz}$$

Le lemme 2e est l'équivalent du lemme 1er pour un polygone à trois côtés : il s'agit de minimiser le temps de parcours du polygone $AEEHHB$ sachant que a, respectivement b et c est la vitesse le long de AE, respectivement EH et HB. Il démontre, en utilisant deux fois le premier lemme que :

$$\frac{\sin(FEA)}{a}=\frac{\sin(DHE)}{b}=\frac{\sin(CBH)}{c}$$

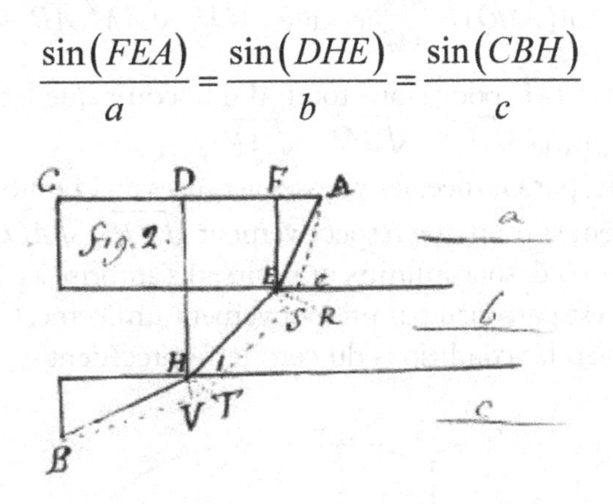

FIG. 76 – « M[r] le Marquis de l'Hôpital a donné la démonstration de la solution qu'il a trouvée du problème de Mr Bernoulli, de linea celerrimi descensus », 20 avril 1697, *PVARS*, t. 16, f° 96r°, fig. 2, Archives de l'Académie des sciences, © Bibliothèque nationale de France.

Ayant démontrée la relation précédente pour trois côtés, L'Hospital affirme qu'elle peut être établie pour un polygone à quatre côtés mais « qu'il est visible que cela sera toujours vray tel que puisse être le nombre de côtez du poligone qui joint A, et B, de telle grandeur qu'ils puissent estre[129] ». Ainsi, le problème de la brachystochrone consiste à trouver une courbe dont les sinus des angles des tangentes (côtés du polygone) sont comme les vitesses acquises aux points de tangence. Le reste de la lecture donnée à l'Académie consiste à démontrer qu'une cycloïde vérifie cette propriété. L'unicité de la courbe n'est pas prouvée. La cycloïde considérée est celle de base AC, d'origine A, et telle que le diamètre

129 *PVARS*, t. 16, f° 94 v°.

AM du cercle générateur ATM passe par le point B. Pour vérifier qu'elle est bien une solution, L'Hospital la considère comme un polygone d'une infinité de côtés. Il rappelle le résultat qu'il juge connu de la cycloïde, à savoir que la corde MQ est parallèle à la tangente AE en E. Il peut donc appliquer cette propriété à chacun des petits côtés HE, LH, BL, … Il en déduit que les angles FEA, DHE, GLH, CBL, … sont respectivement égaux à AMQ, AMR, AMS, AMT, … Comme :

$$\sin(AMQ) = \frac{AQ}{AM} \text{ et que } AQ = \sqrt{AM.AP}$$

En prenant AM pour sinus total, il en déduit que les sinus de ces angles sont comme $\sqrt{AP}$, $\sqrt{AO}$, $\sqrt{AK}$, …

Par ailleurs, par Galilée, les vitesses acquises aux points E, H, L, B, … sont en même raison que respectivement $\sqrt{AP}$, $\sqrt{AO}$, $\sqrt{AK}$, … Or, comme les côtés sont infiniment petits, il s'autorise à considérer que chacun d'eux est parcouru par un mouvement uniforme. Cette cycloïde vérifie donc bien les conditions du corollaire précédent.

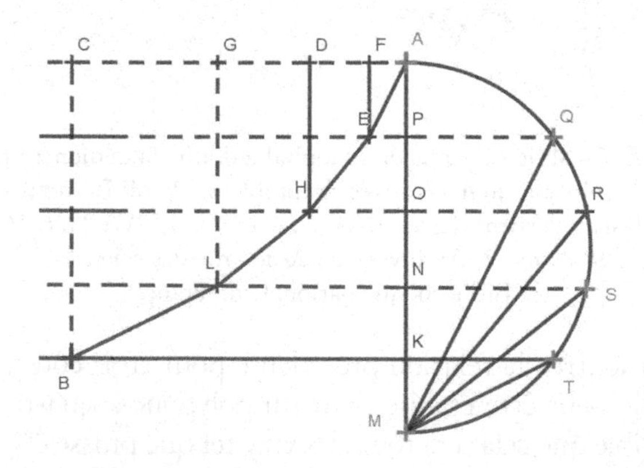

FIG. 77 – Figure réalisée par l'auteure, d'après « M^r^ le Marquis de l'Hôpital a donné la démonstration de la solution qu'il a trouvée du problème de Mr Bernoulli, de linea celerrimi descensus », 20 avril 1697, *PVARS*, t. 16, f° 96r°, fig. 3, Archives de l'Académie des sciences, © Bibliothèque nationale de France.

La figure telle qu'elle apparaît dans les registres des procès-verbaux est erronée : les points A, E, H, L et B sont alignés, ce qui contredit la caractéristique tangentielle de la cycloïde (*ibid.*, f°. 95r°). Du Hamel, secrétaire, témoignerait encore de certaines incompréhensions mathématiques.

Il est remarquable que dans cette démonstration, bien qu'il se réfère à son traité *Analyse des infiniment petits*, L'Hospital n'utilise pas le calcul leibnizien dans aucune des étapes. Certes, les suppositions de l'Analyse des infinis sont présentes, sans forcément d'ailleurs être toujours clairement explicitées. Or, L'Hospital possédait une autre démonstration, critiquée par Jean Bernoulli. Elle s'appuyait sur des développements calculatoires en usant fortement de la symbolique leibnizienne. Sans l'approbation de Jean Bernoulli, il est donc possible que L'Hospital n'ait pas voulu la présenter à ses pairs. Cependant, il est en tout à fait significatif qu'il choisit de présenter une démonstration pour laquelle le calcul leibnizien est complètement absent mais dans laquelle il utilise des suppositions communes à l'*AI* et aux méthodes infinitésimales.

Une victoire pour l'Analyse des infiniment petits

Dans une lettre du 15 mai 1697, Varignon explique à Jean Bernoulli les difficultés qu'il a rencontrées dans ses recherches pour la brachystochrone. Il a d'abord cherché à minimiser l'intégrale $\int \frac{\sqrt{dx^2 + dy^2}}{y}$ mais il s'avoue vaincu : « je bronchay, & je laissay tout là ».

Il explique que longtemps après il a appris par L'Hospital que

> Le géométrique de ce problème consistoit à trouver une courbe dont le sinus des angles des tangentes avec les verticales fussent entre eux comme les vitesses aquises aux points d'attouchement[130].

Il est difficile de savoir si L'Hospital fournit cette information à Varignon avant ou après avoir reçu les solutions de Jean Bernoulli, dont l'une s'appuie sur ce résultat. Jean Bernoulli est persuadé que L'Hospital la tient de lui et le signale à Varignon dans sa lettre de réponse du 27 juillet 1697 :

> Je ne m'étonne pas que vous l'ayez appris de luy longtemps aprez, car il ne sçavoit pas plutôt luy meme, mais je m'étonne qu'il ne vous ait pas dit que c'est moy qui le lui ay communiqué[131].

130 Lettre de Varignon à Jean Bernoulli, *DBJB*, 2, p. 110.
131 Lettre de Jean Bernoulli à Varignon du 27 juillet 1697, *DBJB, 2*, p. 116.

La règle des sinus apparaît aussi dans la 46e leçon de calcul intégral de Jean Bernoulli appliquée à l'étude de la courbure d'un rayon lumineux[132]. Cependant, si la démonstration du mathématicien bâlois s'appuie bien sur ce résultat, elle est fondamentalement réglée sur une analogie avec la dioptrique. Pour L'Hospital, la règle est, comme le souligne Jeanne Peiffer, « dégagée de toute analogie avec la dioptrique et mis en œuvre comme une condition géométrique abstraite[133] ». De plus, dans l'article 52 de l'*AI* (voir *supra*), L'Hospital généralisait ce problème de *minima* et obtenait une relation entre des sinus générale. Ceci témoigne de sa part d'une appropriation autonome de la portée de cette règle prolongeant certes l'enseignement de Jean Bernoulli.

Ainsi, bien que L'Hospital se soit inspiré de son professeur, son mémoire académique témoigne d'une élaboration originale. Par son défi, Jean Bernoulli a pour dessein de mettre à l'épreuve les géomètres européens. Il veut convaincre de la supériorité de l'Analyse des infinis et de son exclusivité pour traiter le problème de la brachystochrone. La démarche de L'Hospital consiste tout d'abord à actualiser ce défi au sein de l'Académie : il informe ses pairs que ce problème doit être parmi les préoccupations scientifiques des académiciens, tout en étant persuadé que seul le calcul leibnizien pourra le résoudre. Ainsi, sa tactique consiste à mettre la Compagnie devant son incapacité à résoudre le problème de la brachystochrone, ce qui a pour effet la reconnaissance de l'Analyse des infinis.

En 1697, L'Hospital est le seul académicien qui maîtrise suffisamment le calcul différentiel pour surmonter ce défi. Varignon et Sauveur ont échoué, mais pas seulement : La Hire a aussi tenté de trouver une solution mais il s'est trompé en proposant une parabole cubique[134]. Malheureusement, il n'existe aucune trace écrite d'une lecture par La Hire concernant cette proposition dans les registres des procès-verbaux de l'Académie. Il n'est donc pas possible de savoir s'il use ou pas de méthodes infinitistes. Dans une lettre adressée à Varignon, Jean Bernoulli explique qu'une de ses trois démonstrations qu'il avait envoyée à L'Hospital est à

132 « De curvitate radii solaris vel visivi, per medium inequaliter densum transeuntis », *Lectiones mathematicae de calculo integralium in usum illust. Marc. Hospitalii conscriptate*, Jean Bernoulli, *Opera*, *op. cit.*, t. III, leçon 46, p. 516-518.

133 Voir le paragraphe : « La question de l'indépendance de la démarche de L'Hospital », Jeanne Peiffer, « Le problème de la brachystochrone », *op. cit.*, p. 80.

134 Lettre de L'Hospital à Jean Bernoulli du 3 juin 1697, *DBJB*, 1, p. 349.

« à la manière des anciens » puis commente que celle-ci « pourra servir à convaincre Mr. de La Hire qui ne prenant point de gout à notre nouvelle analyse et la decriant comme fautive pretend avoir trouvé par 3 voyes differentes que la courbe cherchée étoit une parabole cubicale[135] ».

Dans une lettre adressée à Jean Bernoulli le 6 août 1697, Varignon rend compte de son désarroi à l'Académie :

> M. le Marquis de l'hopital est encore à la campagne, de sorte que je me trouve seul ici chargé de la défense des infiniment petits, dont je suis le vray martyr tant j'ay des-ja soutenu d'assauts pour eux contre certains mathématiciens du vieux stile, qui chagrins de voir que par ce calcul les Jeunes gens les attrapent & même les passent, font tout ce qu'ils peuvent pour le décrier, sans qu'on puisse obtenir d'eux d'écrire contre[136].

Varignon n'indique pas les noms de ceux qu'il nomme « mathématiciens du vieux stile » mais il s'agit probablement des académiciens La Hire et Gallois. Quoiqu'il en soit la résolution hospitalienne du problème de la brachystochrone marque sans aucun doute une victoire pour le calcul au sein de l'Académie. Varignon le confirme :

> Il est pourtant vray que depuis la solution que M. le Marquis de l'hopital a donnée de votre problème *de linea celerrimi descensus*, ils ne parlent plus tant ny si haut qu'auparavant.

VARIGNON : GÉNÉRALISER DES PROBLÈMES MÉCANIQUES À L'AIDE DU CALCUL LEIBNIZIEN

La recherche de la « formule générale » de l'isochrone

Varignon a peu appliqué le calcul leibnizien pour résoudre des problèmes de physique. Certes, le 30 juillet 1695 il a lu une résolution originale du problème de l'isochrone posé par Leibniz en 1687, mais cet exemple reste isolé. Entre 1696 et 1698, il rivalise avec La Hire dans le traitement de l'isochronisme de la cycloïde par des méthodes infinitistes mais sans calcul différentiel.

Varignon reconnaît volontiers que sa maîtrise du calcul leibnizien est limitée ; il ne parvient pas par exemple à résoudre le problème de la brachystochrone car, comme il l'avoue à Jean Bernoulli, il éprouve

135 Lettre de Jean Bernoulli à Varignon du 27 juillet 1697, *DBJB*, 2, p. 118.
136 Lettre de Varignon à Jean Bernoulli du 6 août 1697, *DBJB*, 2, p. 124.

des difficultés liées au calcul intégral. Ainsi, il n'a pas tiré profit des atouts du calcul leibnizien à la hauteur de son ambition, c'est-à-dire pour l'appliquer à la mécanique alors que celle-ci est sans aucun doute l'un de ses intérêts principaux.

Le 15 mai 1697 il fait part à Jean Bernoulli d'une de ses dernières recherches. Il voudrait généraliser le résultat hugonien de l'isochronisme de la cycloïde :

> Je m'avisay, il a quelques jours, de chercher en général ce que M. Huguens a trouvé des tems égaux dans la Cycloïde, c'est-à-dire une courbe AMB telle que de quelque hauteur A ou M qu'un corps tombe le long de AMB ou de MB, il arrive toûjours en B en tems égaux, suivant quelque puissance m des hauteurs que l'accélération des chuttes se fasse[137].

Il affirme qu'en appelant $BO=x$ les abscisses verticales et $OM=y$ les ordonnées horizontales, la courbe cherchée vérifie l'équation différentielle

$$dy=\frac{dx\sqrt{x^{2m-2}-a^{2m-2}}}{a^{m-1}}$$

sans fournir plus d'explications[138]. En prenant $m=\frac{1}{2}$, il retrouve la cycloïde puis il considère aussi les cas $m=\frac{3}{2}$ et $m=2$ pour lesquels il trouve comme solution respectivement une seconde parabole cubique et une courbe mécanique dont la construction dépend de la quadrature de l'hyperbole. Cependant, ces résultats lui paraissent paradoxaux : la courbe AMB est la réunion d'une courbe AMD et d'une droite DB. Selon son analyse, le corps tombant de A, ou de M, ou de D, doit arriver en B en temps égaux. Or cela lui semble absurde car le temps mis par le corps pour tomber de M en B par MDB est supérieur à celui mis par la droite MG, qui est lui-même supérieur à celui mis par la droite DB.

137 Lettre de Varignon à Jean Bernoulli du 15 mai 1697, *DBJB*, 2, p. 92.

138 Il n'explique pas comment il obtient cette équation. Cependant, comme Pierre Costabel le remarque, Varignon ne pose pas correctement le problème, lettre de Varignon à Jean Bernoulli du 26 août 1697, note 1, *DBJB*, 2, p. 125.

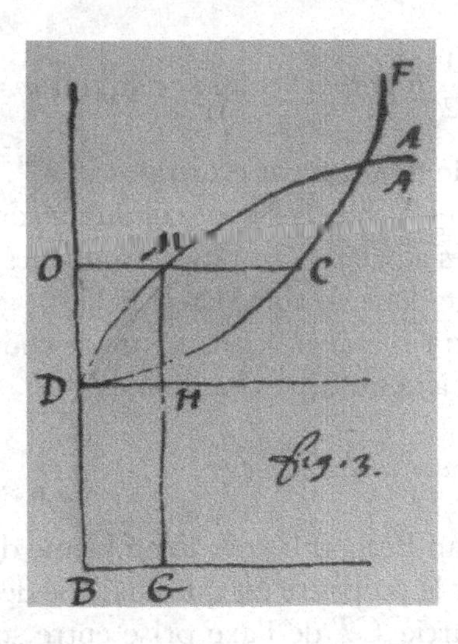

FIG. 78 – Pierre Varignon, 15 mai 1697, L Ia 660, Nr. 21*, © Universitätsbibliothek Basel.

Il sollicite Jean Bernoulli pour l'aider à lever ce paradoxe. Cette discussion fait l'objet de plusieurs lettres échangées entre les deux savants entre le 15 mai 1697 el le 18 février 1698. Dans cette discussion, Jean Bernoulli appelle « tautochrones » ce que Varignon continue à appeler « isochrones ». Le savant suisse ne remet pas en question la validité de l'équation différentielle proposée par Varignon, mais pour lever le paradoxe il explique que le mouvement est impossible lorsque $m \geq 1$, car les temps de chute sont « actuellement infinis[139] ».

Ces échanges conduisent Varignon à l'écriture d'un mémoire intitulé « Manière générale de trouver les courbes isochrones pour toutes les hypothèses imaginables d'accélération dans les corps qui tombent » qu'il lit le 4 janvier 1698 à l'Académie[140]. Dans ce mémoire, il affirme à nouveau que l'équation différentielle de l'isochrone est $dy = \frac{dx\sqrt{x^{2m-2} - a^{2m-2}}}{a^{m-1}}$

139 D'autres difficultés apparaissent liées à l'apparition du signe moins dans les intégrales. Jean Bernoulli explique que le temps de parcours le long d'une portion OM de courbe est supérieur à celui d'un segment de droite OD vertical correspondant. Or pour ce dernier la différentielle du temps est $\frac{dx}{x^m}$ où x^m est la vitesse acquise. Ainsi, dans le cas où $m \geq 1$, l'intégrale est infinie.

140 « Manière générale de trouver les courbes isochrones pour toutes les hypothèses imaginables d'accélération dans les corps qui tombent », *PVARS*, t. 17, f° 64v°-68r°.

traite le cas où $m = \frac{1}{2}$ (cycloïde) et aussi celui où $m = \frac{3}{2}$, mais il affirme que lorsque $m \geq 1$ le mouvement est impossible[141].

Il explique que ses recherches l'ont conduit à considérer un cas plus général que celui des accélérations proportionnelles aux puissances des hauteurs. Il envisage donc de considérer de façon générale une courbe dont les abscisses exprimeraient les hauteurs de chutes et les ordonnées les vitesses acquises à la fin de ces hauteurs[142].

Les « fonctions » du calcul leibnizien

En mai 1693, Jean Bernoulli pose le problème de trouver une ligne courbe CMM dont la propriété est que chacune de ses tangentes MT est toujours à la partie CT de l'axe prise entre son origine C et la rencontre T de la touchante en raison donnée de p à q[143]. Il demande la nature de cette courbe, ou la manière de la décrire. Autrement dit, il s'agit de trouver une courbe sachant que le rapport de la tangente et la sous-tangente est constant.

Grâce au calcul différentiel L'Hospital résout ce problème en mars 1694 et publie sa solution dans le *Journal des Sçavans*[144]. Dans un article paru dans le même journal le 30 août 1694 et intitulé « Considérations sur la différence qu'il y a entre l'Analyse ordinaire, & le nouveau calcul des transcendantes par M. Leibnits[145] », Leibniz s'appuie sur la réussite de L'Hospital pour revendiquer encore une fois que le propre du calcul différentiel est de traiter ce genre de problème et il remarque qu'il relève

141 *Ibid.*, f° 67r°. Il reprend les arguments de Jean Bernoulli : « il est aisé de s'en convaincre par le seul examen de leurs chuttes en ligne droite ».

142 Il considère que a et . sont des grandeurs constantes et note par z l'ordonnée de la courbe des vitesses. Dans ces conditions, il affirme que la « formule infiniment générale des courbes Isochrones » est : $\frac{b}{a} = \frac{dz}{\sqrt{dx^2 + dy^2}}$.

143 Jean Bernoulli, « Solutio problematis cartesio propositi Dn. De Beaune exhibita a John. Bernoulli Basilensi », *AE*, mai 1693, p. 235. Ce problème généralise le célèbre problème de De Beaune.

144 L'Hospital fournit une solution partielle qui est publiée au *Journal des sçavans* le 19 mars 1694 puis dans les *Acta* en mai 1694, *JS*, 19 mars 1694, p. 145-150 et dans les *AE*, mai 1694, p. 193-194. Ce problème a été l'objet d'un échange épistolaire entre les deux savants, *DBJB*, 1, p. 516, désigné par P_{37}.

145 *JS*, 30 août 1694, p. 404-406.

d'un type de problème encore plus général. Pour justifier cette assertion il introduit le terme « fonction » :

> Pour ce qui est de ceux qui ne servent que de l'analise ordinaire ; & pensent peut-être qu'elle leur suffit, il sera bon de proposer des problêmes semblables au dernier de M. Bernoulli. En voici un plus general, qui le comprend avec une infinité d'autres. Soit donnée la raison de M à N, entre deux fonctions quelconques de la ligne ACC : Trouver la ligne. J'appelle *fonctions* toutes les portions des lignes droites qu'on fait en menant des droites indéfinies, qui répondent au point fixe ; & aux points de la courbe ; comme sont AB ou $A\beta$ abscisse, BC ou βC ordonnée, AC corde, CT ou $C\theta$ tangente, CP ou $C\pi$ perpendiculaire, BT ou $\beta\theta$ soustangente, BP ou $\beta\pi$ sous-perpendiculaire, AT ou $A\theta$ *resecta*, ou retranchée par la tangente, AP ou $A\pi$ retranchée par la perpendiculaire ; $T\theta$ & $P\pi$ sous retranchées, *sub-resectae* à tangente *vel perpendiculari* ; TP ou $\theta\pi$ *corresecta*. Et une infinité d'autres d'une construction plus composée, qu'on se peut figurer (*ibid.*, p. 405).

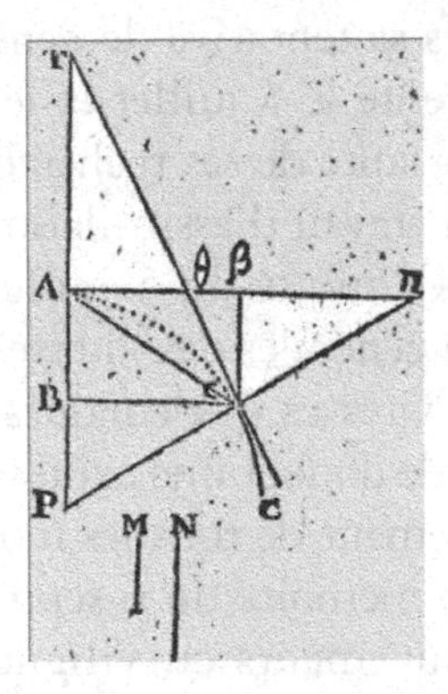

FIG. 79 – G. W. Leibniz, « Considérations sur la différence qu'il y a entre l'analyse ordinaire et le nouveau calcul des transcendantes », *JS*, 30 août 1694, p. 405, © Bibliothèque nationale de France.

Leibniz a introduit le mot « fonction » dans le vocabulaire mathématique à d'autres occasions[146], les « fonctions » leibniziennes sont définies

146 Marc Parmentier remarque que ce terme apparaît pour la première fois dans un manuscrit d'août 1673, *Naissance du calcul différentiel*, *op. cit.*, p. 219, il désigne les différents segments engendrés par les tangentes et les normales à une courbe. En commentant le problème de Jean Bernoulli, Leibniz utilise identiquement le terme « fonction » dans la lettre adressée Huygens le 9 juillet 1694, *OH*, X, p. 650. Il l'utilise publiquement pour la première fois dans son article « Construction à partir d'une infinité de courbes

géométriquement. Ici la relation envisagée entre les « fonctions » est celle d'un rapport constant entre des « portions de lignes droites », en langage moderne il s'agit d'une équation différentielle de premier degré. Dans ce dernier cas, Leibniz assure que le *calculus differentialis* peut « toujours résoudre » ce type de problème, c'est-à-dire qu'il permet de construire la ligne cherchée au moyen, dans le plus compliqué des cas, de quadratures ou de rectifications.

Varignon a montré un intérêt particulier pour cet article d'août 1694 puisqu'il le recopie intégralement pour l'envoyer à Jean Bernoulli quelques jours après sa parution : « je vas vous régaler d'un problème que pose Mr. Leibnitz dans le *Journal des Sçavans* du Lundy 30 Aoust 1694, & qui vous regarde[147] ».

De quelle manière Varignon s'approprie-t-il des idées contenues dans ce mémoire ?

Six mois environ après sa tentative de généralisation de l'isochrone le 4 janvier 1698, il présente le 5 juillet et le 6 septembre 1698 deux mémoires décisifs pour la suite de ses recherches. Ils témoignent d'une avancée notable dans son travail d'assimilation du calcul leibnizien.

Lors de la séance académique du 5 juillet 1698, Varignon lit un mémoire intitulé « Règle générales des vitesses variées, comme on voudra, aux mouvemens de vitesses quelconques variées à discrétion[148] ». Ce mémoire a pour objet de donner une expression générale de la vitesse afin de permettre le traitement de tous les mouvements, dans le cas de trajectoires rectilignes, le mémoire du 6 septembre[149] se focalise sur le cas plus général des mouvements curvilignes. Dans le mémoire du 5 juillet, il annonce que son dessein est de fournir une règle permettant de fournir la vitesse, le temps ou la distance parcourue connaissant une relation entre deux des trois. Pour ce faire il considère trois courbes qu'il décrit ainsi : $AB=x$ sont les espaces parcourus, $BE=z$ les temps employés pour les parcourir et $BC=y=DF$ les vitesses à chaque point

ordonnées et concourantes, de la courbe tangente à chacune d'elles ; nouvelle application pour ce faire de l'Analyse des infinis, *AE*, avril 1692, *op. cit.*

147 Lettre de Varignon à Jean Bernoulli, le 4 septembre 1694, *DBJB*, 2, p. 71-72.

148 Pierre Varignon, « Règle générale pour toutes sortes de mouvement de vitesses quelconques variées à discrétion », 5 juillet 1698, *PVARS*, t. 17, f° 297 v°-302 r°.

149 Pierre Varignon, « Application de la règle générale des vitesses variées, comme on voudra aux mouvements par toutes sortes de courbes, tant mécaniques que géométriques. D'où on déduit encore une nouvelle manière de démontrer les chuttes isochrones dans la cycloïde renversée », 6 septembre 1698, *PVARS*, t. 17, f° 387r°-391v°.

B de ces espaces. La courbe EE exprime les espaces par ses abscisses AB, et les temps BE employés à les parcourir, par ses ordonnées, la courbe CC exprime les espaces parcourus AB et les vitesses AC à chaque point B de ces espaces, enfin la courbe FF exprime les par ses ordonnées FD les vitesses « comparées » au temps BE ou AD. Comme pour son mémoire du mois de janvier, Varignon considère la courbe des espaces parcourus et celle des vitesses mais ajoute celle du temps. Chacune de ces trois variables peuvent s'exprimer l'une par rapport à l'autre grâce à la donnée de l'une des courbes.

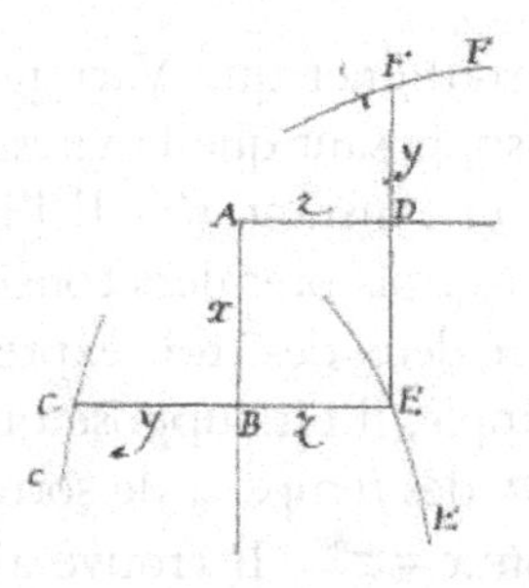

FIG. 80 – Pierre Varignon, « Règle générale pour toutes sortes de mouvement de vitesses quelconques variées à discrétion », 5 juillet 1698, *PVARS*, t. 17, f° 298, Archives de l'Académie des sciences, © Bibliothèque nationale de France.

Les segments AB, BE, DF *et* BC ne sont pas ici des « fonctions » au sens employé par Leibniz dans l'article *supra* puisque pour celui-ci les « fonctions » sont déterminées pour une seule courbe. Cependant, Varignon généralise la situation dans laquelle le terme « fonction » apparaissait mais sans utiliser ce terme. En établissant une « règle générale » entre ces segments, il parvient à mettre en relation les « fonctions » de chacune des courbes entre elles.

Pour énoncer la « règle générale », il introduit les notations différentielles et définit

> Les instants seront dz, l'espace parcouru à chaque instant, sera dx, et la vitesse avec laquelle dx aura été parcouru sera $= y$.
> De sorte que cette vitesse y, dans chaque instant, pouvant être regardée comme uniforme, a cause que $y \pm dy = y$, la notion seule des vitesses uniformes donnera $y = \frac{dx}{dz}$.

Dans ces conditions, Varignon énonce sa

> Règle générale des vitesses, Des temps, Des Espaces … $y = \frac{dx}{dz}$, ou $dz = \frac{dx}{y}$, ou $dx = ydz$.
> Quelles que soient presentement la vitesse d'un corps (accélérée, retardée, ou un mouvement varié comme on voudra), l'espace parcouru, et le temps employé à le parcourir ; deux de ses trois choses étant données a discretion, il sera toujours facile de trouver le troisième par le moyen de cette règle, même dans les variations de vitesse les plus bisarres qui se puissent imaginer (*ibid.*, fol. 299 v°).

Il est important de souligner que Varignon rend possible la formulation de sa règle en supposant que la vitesse puisse être considérée comme uniforme pendant l'instant dz. Il l'illustre immédiatement de plusieurs exemples. Les trois premiers considèrent tous le cas d'une relation parabolique entre deux des trois expressions x, y *ou* z.

Dans le premier exemple, il est supposé que les espaces parcourus suivent les puissances m des temps z, de sorte que la courbe EE est une parabole d'équation $x = z^m$. Il trouve ainsi la courbe CC qui exprime la vitesse y correspondante $y = mz^{m-1}$ ou $y = mx^{\frac{m-1}{m}}$. Ici, il distingue parmi les différentes valeurs de m celle pour laquelle $m = 2$, c'est-à-dire celle qui correspond à l'hypothèse de Galilée selon laquelle la distance parcourue est proportionnelle au carré du temps de parcours. Dans ce cas il trouve que $y = 2z$ et $x = \frac{y^2}{4}$, c'est-à-dire « les vitesses comme les temps », et « les espaces comme les quarrés des vitesses ».

Le deuxième exemple examine le cas de l'équation $x = y^m$ puis le troisième de $y = z^m$. Dans chacun des cas, Varignon retrouve les résultats qu'il avait établis dans un mémoire de 1693 et interprète « l'hypothèse de Galilée » comme un cas particulier[150]. Cependant, bien qu'il ait supposé une relation parabolique entre deux des expressions, il avertit qu'il est possible de supposer « tout autre égalité »,

---

150 « Avertissement. Dans les trois exemples précédents qui répondent aux trois expressions de la règle cy-dessus […] je n'y ay employé que deux suppositions de paraboles, à cause qu'elles sont les plus simples, qu'elles donnent encore toust ce que j'ay dit de ces sortes dans les mémoires de l'Académie de 1693. Et que l'hypothèse de Galilée (que j'ay principalement en vue) en fait un cas. », *ibid.*, f° 30 v°.

« géométrique ou mécanique », comme en témoignent les deux derniers exemples[151].

Si dans ce mémoire Varignon ne rend pas hommage explicitement au calcul leibnizien bien qu'il soit l'ingrédient incontournable pour la formulation de sa règle générale, il est indéniable que sa présentation rend compte des possibilités de généralité auxquelles conduit le processus calculatoire.

Sa volonté généralisatrice ne s'arrête pas là : pendant la séance académique du 6 septembre 1698, il lit un mémoire dans lequel les résultats obtenus dans le mémoire du 5 juillet sont prolongés au cas des trajectoires curvilignes :

> Si l'on au lieu de AB le corps se meut de même vitesse correspondante de AK (parallèle aux ordonnées) en G le long d'une courbe quelconque GG, dont les ordonnées sont $BG=v$, pendant des temps exprimées par les ordonnées $BH=s$ d'une autre courbe quelconque encore HH ; Il suit de même que l'on aura toujours $ds=\frac{\sqrt{dx^2+dv^2}}{y}$, [...], dz se changeant icy en ds, et dx en $\sqrt{dx^2+dv^2}$[152].

Dans ce cas, Varignon suppose non pas que la vitesse est uniforme dans l'instant dz pendant le parcours rectiligne dx mais qu'elle l'est pendant le parcours d'un arc infiniment petit, qu'il assimile à un segment.

Dans ce mémoire, l'isochronisme de la cycloïde renversée fait l'objet d'un des exemples d'application. Il considère que la courbe CC des vitesses y acquises à la fin de la chute de A en B, est une parabole d'équation $ax=yy$ « à la manière de Galilée » et que la trajectoire est une cycloïde renversée de sommet N, d'axe vertical MN, de cercle générateur MON. Pour trouver le temps employé à tomber le long de KG, il pose $AN=b$, $MN=2c, AB=x$, $BN=b-x=t$.
De plus,

$$NO=\sqrt{t^2+t(2c-t)}=\sqrt{2ct}.$$

Puis, comme les triangles NOB et NOs sont semblables, on a : $\frac{Oo}{d(NO)}=\frac{NO}{OB}$.

151 Exemple quatre : « $y=\sqrt{2ax-xx}$ » et exemple 5 : « $dz=\frac{dx}{\sqrt{2ax-xx}}$ ».

152 Pierre Varignon, « Application de la règle générale des vitesses variées, comme on voudra aux mouvemens partoutes sortes de courbes, tant mécaniques que géométriques. D'où l'on déduit encore une nouvelle manière de démontrer les chutes isochrones dans la cycloïde renversée », 6 septembre 1698, *PVARS*, t. 17, f° 387 r°.

Comme

$$d(NO)=\frac{cdt}{\sqrt{2ct}},$$

il peut écrire : $Oo=\dfrac{\frac{cdt}{\sqrt{2ct}}\times\sqrt{2ct}}{\sqrt{2ct-tt}}=\dfrac{cdt}{\sqrt{2ct-tt}}$.

puis

$$NO=\int\frac{cdt}{\sqrt{2ct-tt}}$$

Par ailleurs,

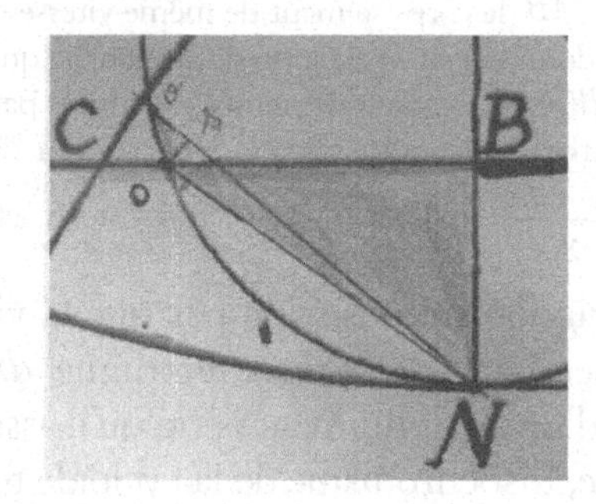

FIG. 81 – Figure coloriée par l'auteure, d'après Pierre Varignon, « Application de la règle générale des vitesses variées, comme on voudra … la cycloïde renversée », 6 septembre 1698, *PVARS*, t. 17, f° 388r°, Archives de l'Académie des sciences, © Bibliothèque nationale de France.

$$OB=\sqrt{2ct-tt}\text{ et }NO=\int\frac{cdt}{\sqrt{2ct-tt}},\ BG=v=\sqrt{2ct-tt}+\int\frac{cdt}{\sqrt{2ct-tt}}$$

d'où

$$dv=\frac{2cdt-tdt}{\sqrt{2ct-tt}}\text{ soit }dv^2=\frac{2c-t}{t}dt^2=\frac{2c-b+x}{b-x}dx^2$$

donc

$$ds=\frac{a}{y}\sqrt{dx^2+dy^2}=\frac{a}{y}\sqrt{dx^2+\frac{ac-b+x}{b-x}dx^2}=\frac{adx}{y}\sqrt{\frac{2c}{b-x}}=\frac{adx}{\sqrt{ax}}\sqrt{\frac{2c}{b-x}}$$

$$=dx\sqrt{\frac{2aac}{abx-axx}}$$

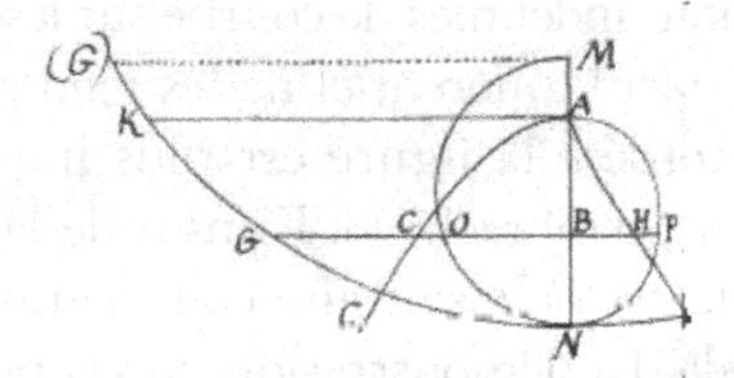

FIG. 82 – Pierre Varignon, « Application de la règle générale des vitesses variées, comme on voudra … la cycloïde renversée », 6 septembre 1698, *PVARS*, t. 17, f° 388r°, Archives de l'Académie des sciences, © Bibliothèque nationale de France.

ou encore

$$ds = \sqrt{2ac}\,\frac{dx}{\sqrt{bx - xx}}$$

soit

$$ds = \frac{2\sqrt{2ac}}{b}\,\frac{bdx}{2\sqrt{bx - xx}}$$

d'où

$$s = BH = \frac{2\sqrt{2ac}}{b}\int\frac{bdx}{2\sqrt{bx - xx}} = \sqrt{8ac}\,\frac{arcAP}{AN}$$

Ce qui fournit la courbe AHH dont les ordonnées BH expriment les temps pour parcourir KG. Il s'ensuit que le temps de la chute entière le long de KN est donc égal à $\sqrt{8ac}\,\frac{APN}{AN}$ ce qui est « constant et toujours le même, quelque soit ce point K de la cycloïde GKN » (*ibid.*, f° 389 r°).

Démontrer l'isochronisme de la cycloïde renversée suscitait l'intérêt à l'Académie depuis au moins un an. En se référant au traité *Horologium oscillatorium* de Christiaan Huygens[153], Varignon indiquait en juin 1698 que ses démonstrations étaient « plus courtes et des plus simples qui ayent paru Jusqu'icy[154] ». Dans ces mémoires, pour démontrer le résultat d'isochronisme de la cycloïde, Varignon s'appuyait sur la figure pour

153 Lettre de Pierre Varignon à Jean Bernoulli du 19 juillet 1693, *DBJB*, 2, p. 40-41.
154 *PVARS*, t. 16, f° 151 r°.

considérer des partitions indéfinies de courbe sur lesquelles il raisonnait. Certes, l'absence de calcul différentiel ne les rend pas plus longues. En revanche, le rôle accordé à la figure est plus important que dans la démonstration du 6 septembre 1698. Dans celle-la, le calcul du temps de chute le long de la cycloïde se traite comme un cas particulier, par une méthode générale. La démonstration ne s'appuie presque plus sur la considération de la figure géométrique mais sur le traitement d'expressions analytiques. Le 4 janvier 1698, Varignon finissait son mémoire en promettant de démontrer sa formule « $\frac{b}{a}=\frac{dz}{\sqrt{dx^2+dy^2}}$ ».

Cette promesse ne sera pas honorée ni dans ce mémoire, ni dans aucun autre. Cependant, presqu'un an plus tard, lors de la séance académique du 24 janvier 1699[155], Varignon rappelle qu'il avait fourni la formule générale pour toutes les courbes isochrones quelle que soit l'hypothèse de variation de vitesse. Ce mémoire lui inspire un autre problème : « Cette comparaison des temps des chuttes le long d'une même courbe m'a fait penser à les comparer aussi le long de courbes differentes ». Il voudrait résoudre le problème général suivant :

> Une courbe quelconque ABC étant donnée, en trouver une autre AEF le long de laquelle un corps tombant de quelque hauteur Q que ce soit, et selon telle hypothèse d'accélération ou de variation de vitesses qu'on voudra, le temps qu'il mettra à arriver en A, soit en raison donnée quelconque à ce qu'il en mettroit a y arriver en tombant de pareille hauteur P le long de CBA selon telle autre hypothese d'acceleration ou de variation de vitesse qu'on voudra encore, par exemple de m à n.

Il n'est pas nécessaire de développer cet exemple, la seule lecture de l'énoncé indique que Varignon a expérimenté suffisamment les atouts du calcul leibnizien pour parier sur son potentiel de généralisation.

Au cours des années suivantes, Varignon lit de nombreux mémoires utilisant le calcul leibnizien, la proportion de ceux qui portent sur la mécanique par rapport à ceux de géométrie est de plus de trois sur quatre.

155 Pierre Varignon, « Méthode pour trouver des courbes lelong des quelles un corps tombant, les temps de chute soient en telle raison qu'on voudra à ce qu'on voudra à ce qu'un corps mettrait à tomber de pareille hauteur », 24 janvier 1699, *PVARS*, t. 18, f° 105v°-106 r°.

LES MÉTHODES ALGÉBRIQUES ET LES COURBES : LE DESSEIN DE ROLLE

MICHEL ROLLE, ACADÉMICIEN

Michel Rolle est né le 21 avril 1652 à Ambert. Issu de milieu modeste, il reçoit dans sa jeunesse un enseignement élémentaire qu'il complète abondamment tout au long de sa vie de manière autodidacte. À partir de 1675, il s'installe à Paris et travaille comme clerc chez un notaire mais consacre également du temps pour apprendre l'arithmétique de Diophante et l'Algèbre. En 1682, il publie au *Journal des Sçavans* sa solution d'un problème d'arithmétique posé par Ozanam[156]. En remportant le succès il est repéré par Colbert qui lui obtient une pension assurant une certaine sécurité financière. Le Marquis de Louvois le choisit comme tuteur de ses enfants. Remarquant ses qualités, il joue de ses influences pour lui obtenir en 1685 un poste d'élève astronome à l'Académie royale des sciences trois ans avant Varignon. Alors que ses origines ne le destinaient pas à devenir membre du milieu savant, Rolle parvient à se frayer ainsi une des places les plus reconnues de l'institution. Ces conditions favorables lui permettent de se destiner exclusivement à ses recherches en Algèbre. Une de ses principales contributions est son *Traité d'Algèbre* qu'il publie en 1690[157]. Dans le second livre de ce traité il expose une méthode originale pour trouver les racines exactes ou approchées d'une équation polynomiale qu'il dénomme « méthode des cascades[158] ».

Leibniz est toujours curieux des travaux académiques et il prie ses interlocuteurs français de lui transmettre tout ce qui serait nouveau et

156 *JS*, 31 août 1682.

157 Michel Rolle, *Traité d'algèbre ou principes généraux pour résoudre les questions des Mathématiques*, Paris, chez E. Michallet, 1690.

158 Après une transformation du polynôme en un autre ayant des coefficients de signes alternés, Rolle effectue un algorithme (l'équivalent d'une dérivation) pour obtenir des polynômes de degré inférieur dont les racines donneront des encadrements des racines du polynôme originaire. Pour une description plus détaillée, on pourra consulter Christopher Washington, « Michel Rolle and his method of cascades », https://www.maa.org/sites/default/files/pdf/upload_library/46/Washington_Rolle_ed.pdf (consulté le 11 juin 2021) ou Julius Shain, « The method of cascades », *The American Mathematical monthly*, 44(1) : 24-29, 1937.

digne d'intérêt. En 1695, il ignore les travaux de Rolle et L'Hospital lui apprend l'existence de cette méthode et demande à Rolle d'en faire un extrait[159]. Rolle répond immédiatement à cette demande en écrivant à l'attention de Leibniz l'explication de sa « méthode des cascades algébriques ». Il rappelle que « l'infaillibilité de cette méthode » a été démontrée dans un petit volume à part[160], dans lequel il a ajouté deux autres méthodes, dont l'une permet de résoudre les égalités par la géométrie ». Cependant, dans cet écrit sa méthode n'est illustrée d'aucun exemple contrairement à son traité. Leibniz montre son insatisfaction à L'Hospital : cette « instruction » ne « l'instruit pas assez, estant sans exemples », il croit « qu'il y a quelque chose de bon là dedans, quoyque nous ne manquions pas d'autres Méthodes peutestre plus aisées[161] ». Dans sa réponse L'Hospital est tranchant :

> A l'egard de M. Rolle il est vrai qu'il falloit quelques exemples pour eclaircir sa methode. Je pourrai vous en envoyer si vous jugez que la chose en valle la peine, pour ce qui est d'autres methodes qu'il dit qui ont paru en France, il veut parler apparemment de quelque chose qu'il a fait mettre dans les Journaux des Sçavans sous le nom de Remi Lochel qui est son nom retourné, je n'ai pas vû ce que c'est, mais je m'informerai de lui, comme il sçait fort peu de geometrie ne s'etant appliqué qu'à l'algèbre et qu'il ignore vos methodes je suis persuadé qu'il n'y a rien là de nouveau qui merite de vous être envoyé[162].

Comme L'Hospital estime que Rolle est peu enclin à la géométrie et qu'il est ignorant du nouveau calcul, il juge que ses travaux présentent peu d'intérêt pour Leibniz. En fait, Leibniz avait déjà lu Rolle mais sous son anagramme « Rémi Lochell[163] », il le juge « un peu enigmatique[164] » et il estime que ses travaux sont difficilement applicables. Il est vrai que les principales recherches de Rolle concernent l'algèbre sans qu'il montre à ses débuts une volonté de les appliquer à la géométrie.

---

159 Lettre de L'Hospital à Leibniz du 2 mars 1695, A III, 6, p. 297.

160 Il s'agit de Démonstration d'une méthode, pour résoudre les égalitez de tous les degrez ; suivie de deux autres méthodes dont La première donne les moyens de resoudre ces mêmes égalitez par la Geometrie, Et la seconde, pour resoudre par plusieurs questions de Diophante qui n'ont pas encore esté resoluës, Paris, Cusson, 1691.

161 Lettre de Leibniz à L'Hospital du 18 mars 1695, A III, 6, p. 317.

162 Lettre de L'Hospital à Leibniz du 25 avril 1695, A III, 6, p. 343.

163 Michel Rolle, « Extrait d'une lettre de Rémi Lochell, où il donne plusieurs observations pour résoudre les égalitez par nombres, par géométrie, et en termes generaux », *JS*, 16 août 1694.

164 Lettre de Leibniz à L'Hospital du 13 mai 1695, A III, 6, p. 366.

LE PASSIF ENTRE ROLLE ET L'HOSPITAL-VARIGNON

En fait, un climat tendu existe entre les deux hommes provenant probablement d'un épisode plus ancien. Le 20 juillet 1693 un « Avis aux géomètres » est publié dans le *Journal des Sçavans*[165]. Un prix de soixante pistoles est déposé chez un notaire pour le premier qui trouvera la résolution du problème suivant :

> Ayant une partie si petite qu'on voudra d'une courbe géométrique, on demande une metode pour résoudre une égalité donnée par le moyen de cette partie, & d'une autre ligne dont le lieu soit le plus simple qu'il sera possible. L'on demande aussi que cette metode paroisse publiquement avant le premier Janvier prochain, & qu'elle ne suppose aucune des regles qui sont de l'invention particuliere de M. Rolle. Mr. Descartes[166] a proposé ce problême pour une des trois sections coniques seulement, & on n'en avoit jamais proposé un plus beau pour la resolution des égalitez[167].

L'auteur de cet avis est soit un élève de Rolle, soit Rolle lui-même. Le 26 juillet 1693, Jean Bernoulli en est informé par une lettre de Varignon, ce dernier juge l'énoncé « pas assez déterminé » car « comment trouver la plus simple courbe qui combinée avec une portion d'une autre soit capable de résoudre quelque égalité[168] ? » Ce problème fait partie à l'époque des sujets de recherche en algèbre et géométrie. Il s'agit de « construire une égalité », c'est-à-dire de construire la solution d'une équation algébrique en se servant de courbes algébriques « les plus simples possibles[169] ». Descartes est à l'initiative de ce projet et fournit des constructions pour les équations de degré 3 et 4 par intersection d'une parabole et d'un cercle[170].

Jean Bernoulli s'intéresse immédiatement à ce problème de construction et à peine un mois après en avoir pris connaissance propose une solution qui est publiée au *Journal des Sçavans* le 31 août 1693[171] par l'intermédiaire

165 *JS*, 20 juillet 1693, p. 336.
166 René Descartes, *La Géométrie*, Livres III et IV.
167 Il s'agit de la méthode des cascades.
168 Lettre de Varignon à Jean Bernoulli du 26 juillet 1693, *DBJB*, 2, p. 45.
169 Le critère de simplicité n'est pas univoque et est débattu. On pourra lire l'article de Henk Bos, « Arguments on Motivation in the Rise and Decline of a Mathematical Theory : The 'Constructions of Equations', 1637-ca 1750 », *Archive for History of exact Sciences*, 30, 1984, p. 331-380.
170 René Descartes, *La Géométrie*, p. 389-395.
171 Jean Bernoulli, « Solution d'un problème proposé dans le 28. Journal de cette année, page 336, par M. Bernoulli le Médecin », *JS*, 31 août 1693, p. 405-408.

de Varignon et L'Hospital. Cependant, Rolle juge cette solution défaillante et il publie ses critiques dans un article dans le même journal[172]. Un mois plus tard, L'Hospital conseille à Jean Bernoulli d'écrire une réponse, dans laquelle il proposerait de soumettre sa résolution au jugement de l'Académie royale « sans nommer personne » : lui et Varignon le serviraient « de la bonne manière[173] ». Jean Bernoulli écrit donc cette réponse, publiée le 18 janvier 1694, en y demandant le jugement des « Messieurs de l'Académie des sciences[174] ». Rolle à son tour répond le 15 février 1694[175]. Il consent à ce que l'on choisisse certains membres de l'Académie pour juger de ce différent mais il souligne, sans nommer personne, qu'il a « des fortes raisons pour en recuser quelques-uns » (*ibid.*, p. 79).

Il n'est pas à propos de juger ici si les critiques de Rolle sont bien fondées ou si Bernoulli a fourni une réponse satisfaisante au problème. Nonobstant force est de constater que cette querelle dure presqu'un an et qu'elle est rendue publique par la publication des réponses successives des deux mathématiciens. Varignon craint le climat belliqueux que provoque cette polémique et dès la première réponse de Rolle, il assure à Jean Bernoulli son dévouement : « Voyez ce que vous souhaitez que je fasse : j'attend vos ordres[176] ». Après la publication de la réponse de Jean Bernoulli, il le met fermement en garde sur les intentions de Rolle :

> C'est peut-être encore pour avoir le tems d'en forger des nouvelles [conditions au problème] que votre adversaire dit qu'il ne donne pas icy touttes les observations qu'il a faites sur votre réponse. Ce qui va sans doute accumuler difficultez sur difficultez, en sorte que quelque réponse que vous fassiez, il luy restera tousjours quelque chose à vous demander. [...] Mr. Rolle, qui a sçu (je ne sçais par où) que c'est moy qui ay fait imprimer votre réponse, paroist m'en sçavoir gré, surtout m'ayant questionné plusieurs fois touchant cela, sans en avoir pu rien apprendre[177].

172 Michel Rolle, « Réponse à M. Bernoulli le Médecin, au sujet d'une méthode, qui a paru sous son nom dans le Journal du 31 août dernier, *JS*, 14 septembre 1693, p. 425-427.

173 Lettre de L'Hospital à Jean Bernoulli du 7 octobre 1693, *DBJB*, 1, p. 191.

174 « mais je déclare que c'est une fois pour toutes, laissant la décision de cette affaire aux personnes intelligentes & désintéressées, & sur tout m'en rapportant au jugement de Messieurs de l'Academie des Sciences », « Réponse de Mr. Bernoulli le Médecin », Jean Bernoulli, *JS*, 18 janvier 1694, p. 32-34.

175 Michel Rolle, « Remarques sur la réponse qui a este insérée sous le nom de M. Bernoulli dans le 3e journal de cette année, au sujet d'un problème de Geometrie », *JS*, 15 février 1694, p. 77-80.

176 Lettre de Varignon à Jean Bernoulli du20 septembre 1693, *DBJB*, 2, p. 49.

177 Lettre de Varignon à Jean Bernoulli du 17 février 1694, *DBJB*, 2, p. 57.

Bien qu'absent de Paris, L'Hospital suit les événements et partage l'avis de Varignon :

> Ainsy cette affaire n'aura jamais de fin ; c'est pourquoy M. le Marquis croit que le plus court seroit de la négliger & de n'en plus parler ; pour moy je vous conseillerois aussy : je feray pourtant tout ce qu'il vous plaira, ordonnez[178].

À cette époque, bien que L'Hospital se méfie encore de Varignon, entre autres en raison des relations que celui-ci entretient avec Catelan[179], il n'hésite pas à s'allier avec Varignon pour défendre Jean Bernoulli contre Rolle. Rolle n'anime donc pas chez ces deux savants un sentiment de sympathie collégiale. Les propos de Varignon laissent penser que Rolle est craint en raison de son caractère querelleur, ce qui est contraire à l'esprit de la République des Lettres.

MICHEL ROLLE : LA CERTITUDE DE L'ALGÈBRE

Les travaux de Rolle concernent l'algèbre, en particulier la résolution d'équations qui s'obtiennent soit par des méthodes purement algébriques – sa célèbre méthode des cascades –, soit par des méthodes dans le sillage de *La Géométrie* cartésienne, c'est-à-dire en faisant appel à des courbes et en obtenant une solution comme une intersection entre elles[180]. Le 28 mai 1696, Rolle publie sous le pseudonyme RL [Rémi Lochell] une lettre « au sujet de l'algèbre » :

> Si vous examinez le calcul sans faire atention aux diferens sujets où il peut servir, vous en pourez tirer des consequences, et souvent des regles pour l'abreger. Mais il arrive aussi qu'en examinant le sujet où l'on veut l'appliquer, l'on y trouve des proprietez qui donnent ocasion de former des abregements ; il est avantageux de faire concourir l'une et l'autre examen pour découvrir les voyes les plus courtes & les plus aplanies[181].

L'algèbre permet « d'opérer sur des regles plus courtes que les metodes generales ». Il affirme, par exemple, que cette démarche a

---

178 Lettre de Varignon à Jean Bernoulli du 15 mars 1694, *DBJB*, 2, p. 61.

179 Le 28 juillet 1694 Varignon indique à Jean Bernoulli qu'il a prêté l'écrit *de motu musculorum* à Catelan, *DBJB*, 2., p. 68.

180 Michel Rolle, Méthode pour résoudre les egalitez par la géométrie, Démonstration d'une méthode, pour résoudre les égalitez de tous les degrez ; suivie de deux autres méthodes, Paris, Cusson, 1691, p. 51-99.

181 Michel Rolle, « Extrait d'une lettre de R.L. au sujet de l'Algèbre », *JS*, 28 mai 1696, p. 244-249.

permis d'améliorer les « questions de *Maximis* & *Minimis*, & pour la détermination des tangentes » :

> Ils [plusieurs géomètres] ont observé que pour transformer ces questions en questions d'Algèbre, il s'agissoit de faire évanoüir les inconnuës qui sont communes à certaines égalitez : Ce qui se peut toujours faire par l'Algèbre ordinaire, à cause que toutes ces égalitez, hormis une seule, ont leurs inconnuës au premier degré, & qu'elles ont d'autres dispositions commodes (*ibid.*, p. 245).

Cependant, selon Rolle, Leibniz est celui qui a poussé ces abrégements « au plus loin ». Pour des explications de ce « calcul différentiel », il renvoie aux articles des *Acta* ou à un « excellent livre » sur « la Géométrie transcendante », qui pourrait être celui de L'Hospital. Mais pour le destinataire de la lettre, habitué à la géométrie ordinaire, il affirme qu'il n'est pas nécessaire d'user de « nouveaux mots » – ceux du calcul différentiel – mais que l'explication de sa méthode devrait largement suffire. Cet article ne suscitera aucune réponse.

Entre 1699 et 1700, Rolle s'intéresse à la présence des signes radicaux dans la pratique de l'algèbre. Lors de la séance académique du mercredi 9 décembre 1699, il lit un mémoire intitulé « Remarques pour expliquer les diferentes valeurs des signes radicaux[182] » dans lequel il souligne l'avantage venant de l'abréviation à laquelle conduisent les signes radicaux (*ibid.*, fol. 556v°), tout en pointant la difficulté à les manier. Les égalités comportant des signes radicaux peuvent se réduire à l'algèbre ordinaire mais des difficultés peuvent apparaître lorsqu'ils sont ôtés, notamment avec l'apparition ou la disparition de racines. Il illustre cette difficulté par plusieurs exemples qui constituent la matière du mémoire. Il rappelle que « Des Géomètres fort célèbres » (*ibid.*, fol. 559 r°) préconisent d'enlever les signes radicaux des égalités pour obtenir les différentes racines d'une équation. Il souligne que pour servir la géométrie l'algèbre ne peut pas se contenter de fournir « des égalités géométriques pour la détermination des lignes courbes, et qu'il faudrait encore des règles pour sçavoir si ces égalités répondent véritablement à ces lignes » (*ibid.*, fol. 559 v°). Rolle ne cache pas l'insuffisance de l'algèbre, néanmoins il explique que le calcul différentiel qui prétend ne pas avoir à se soucier des signes radicaux ne « regarde qu'une partie de la Géométrie et qu'il

182 Michel Rolle, « Remarques pour expliquer les diferentes valeurs des signes radicaux », 9 décembre 1699, *PVARS*, t. 18, f° 556 r°-561v°.

ne dispense pas d'une méthode pour faire évanouir leur signes radicaux » (*ibid.*, 560 v°). Il réitère qu'il est absolument nécessaire d'ôter les radicaux dans certains problèmes, notamment ceux de *Maximis* et *Minimis*. Pour illustrer son propos, il énonce mais il ne traite pas l'exemple de recherche du *maximum* et du *minimum* de l'inconnue x dans l'egalité

$$\frac{cxx}{a} - d = \sqrt{y^4 - ny^3 + bxyy + ddy + p^4}$$

en indiquant qu'il est possible d'appliquer le calcul différentiel sans faire évanouir les signes radicaux mais que pour « le résoudre tout de bon », il faut faire évanouir les signes radicaux et se servir de « méthodes générales » qui conviennent aux lignes géométriques et qui reposent sur des principes « certains », contrairement au calcul différentiel qui ne donne aucune règle contre « la pluralité des racines ». Par-là, il affirme que la méthode différentielle ne donne pas le moyen de savoir si les racines obtenues sont des solutions véritables ou si elles ne le sont pas. Cette hésitation liée à la pratique du calcul différentiel ne saurait garantir la certitude de ce calcul. Pendant les séances académiques suivantes : celles du 23 février, du 3 mars et du 15 mai 1700[183], Rolle lit des mémoires sur la même problématique : alors que les problèmes géométriques se traduisent à l'aide d'égalités comportant des radicaux, comment l'algèbre peut transformer puis résoudre ces égalités en ne conservant que les racines correspondant à des solutions du problème ? Rolle reconnaît encore une fois l'imperfection des méthodes existantes : « Rien n'est plus nécessaire dans toute la Géométrie que la résolution des égalitez, mais toutes les mathématiques qu'on a données pour cela sont sujettes à des grands inconvénients ». Il n'épargne pas « celles qui ont été reçues avec les plus grands Éloges, la nouvelle géométrie de l'infini n'en est pas plus exempte[184] ».

Les recherches de Rolle ont pour dessein d'améliorer suffisamment l'algèbre pour élaborer des méthodes calculatoires qui produisent de la certitude lors de résolutions de problèmes, comme ceux de *Maximis* et *Minimis*, qu'il aime citer. Sa conviction est qu'en perfectionnant l'algèbre, il sera possible de résoudre la totalité des problèmes géométriques. Cette

---

183 Michel Rolle, « Remarques sur les signes radicaux », 23 février et 3 mars 1700, *PVARS*, t. 19, f° 84r° et f° 85r°-89 r° et « Des égalités et du moyen de les résoudre », 15 mai 1700, *PVARS*, t. 19, f° 191-199.

184 « Des égalités et du moyen de les résoudre », 15 mai 1700, *op. cit.*, fol. 191.

idée, qu'il veut incarner par sa démarche, est absolument dans la lignée de *La Géométrie* de Descartes.

Sa problématique est isolée, elle ne fait pas l'objet de recherches chez d'autres académiciens. Les travaux de Rolle s'inscrivent dans une problématique beaucoup plus large : celle de savoir comment un calcul symbolique peut et doit interpréter et rendre compte de la résolution d'un problème géométrique. Ainsi, pour résoudre des problèmes, comme ceux de *Maximis* et *Minimis*, le principal rival des méthodes algébriques de Rolle est le nouveau calcul différentiel.

LE RÈGLEMENT ACADÉMIQUE DE JANVIER 1699 ET SES CONSÉQUENCES

L'année 1699 marque dans l'histoire de l'Académie royale des Sciences une étape essentielle. Un nouveau règlement est mis en place, codifiant certaines des procédures et des conduites déjà présentes dès 1690[185]. Toutefois ce règlement amène un renouveau de la structure de l'Académie et un accroissement de son pouvoir.

Les statuts de 1699 doivent leur composition essentiellement à l'Abbé Bignon. Pour ses intentions de réforme, il a consulté Pontchartrain, mais sûrement aussi Fontenelle, en tant que secrétaire, ainsi que d'autres académiciens avertis. Le début du règlement est précédé par ce commentaire :

> Cette Académie avait été formée, à la vérité, par les ordres du Roy, mais sans aucun acte émané de l'autorité Royale. L'amour des Sciences en faisait presque seul toutes les loix : mais quoique le succès eût été heureux, il est certain que pour rendre cette Compagnie durable, et aussi utile qu'elle le pouvait être, il fallait des règles plus précises et plus sévères[186].

Ainsi, il était nécessaire de clarifier par écrit le fonctionnement de l'Académie.

---

185 Selon Roger Hahn, l'élaboration de ce règlement entérine tout en officialisant des conduites et pratiques de la communauté académique (*L'Anatomie d'une institution scientifique*, *op. cit.*, p. 40).

186 *Histoire de l'Académie Royale des Sciences depuis le règlement fait en M.DC.XCIX.*, année 1699, p. 1.

LE NOUVEAU RÈGLEMENT DE 1699

Composé de cinquante articles, le règlement de 1699 se structure selon quatre sujets : la composition de l'Académie et le fonctionnement pérenne de ses membres (articles 1 à 26), les relations avec l'extérieur (articles 27 à 29), les conditions d'impression d'ouvrages et de validation de nouvelles machines (articles 30 et 31) et le lien entre l'Académie et le pouvoir royal (articles 46 à 49).

La composition de l'Académie fait l'objet de la majorité des articles. Il s'agit d'un point important car l'établissement de ce règlement introduit des mœurs consolidant une hiérarchie bien organisée au sein de la vie intérieure de l'Académie[187].

Pour cela, le règlement décrit minutieusement les droits et devoirs de chacune des classes d'académiciens (articles 2 à 25) et précise pour chacune sa fonction administrative (articles 32 à 38). Le règlement consacre également sept articles aux rôles particuliers de Président (article 39), de secrétaire (articles 40 à 42) et de trésorier (articles 43 à 45).

À partir de 1699, l'Académie est composée de quatre types d'académiciens : les honoraires, les pensionnaires, les adjoints et les élèves. Chaque classe est constituée de douze membres. Pour les pensionnaires : trois géomètres, trois astronomes, trois mécaniciens, trois botanistes, le secrétaire et le trésorier ; pour les adjoints : deux géomètres, deux astronomes, deux mécaniciens, deux anatomistes, deux chimistes, deux botanistes, les huit autres peuvent être étrangers et leur domaine de recherche est de leur choix. Les pensionnaires et les adjoints doivent habiter dans le royaume, les élèves doivent être établis à Paris. Le système d'élection des membres est interne : les honoraires sont proposés au Roi par l'assemblée académique. Ils peuvent éventuellement être issus du clergé contrairement aux autres classes. Deux sur trois des pensionnaires doivent être choisis parmi les adjoints ou les élèves, un sur deux des adjoints est choisi parmi les élèves, les élèves sont choisis par chacun des pensionnaires.

---

187 Selon Roger Hahn, « Ces caractéristiques [d'ordre et de hiérarchie] provenaient du désir d'imposer à l'intérieur de l'Académie des notions d'étiquette, de statut, de rang et de propriété qui étaient si répandues dans la société de l'Ancien Régime. » (*L'Anatomie d'une institution scientifique*, *op. cit.*, p. 106) Le même type de propos est souligné par James E. Mc. Clellan dans *Science reorganized*, *op. cit.*, p. 20 : *"like the rest of French society in the ancient régime, the Paris Academy was based on privilege centralised power, and hierarchical stratification"*. Clellan ajoute que La *Royal Society* est un modèle de société qui est à l'opposé du modèle hiérarchique de l'Académie des Sciences (voit p. 20 et suivantes).

Les membres honoraires ne sont pas contraints à l'assiduité. Leur élection, comme leur nom l'indique, a pour visée d'honorer la réputation de l'Académie[188]. Aucun type de compte-rendu ne leur ait exigé. À l'inverse, au début de chaque année, les autres académiciens doivent déclarer le dessein de leur recherche :

> Chaque académicien pensionnaire sera obligé de déclarer par écrit à la Compagnie le principal ouvrage auquel il se proposera de travailler : et les autres académiciens seront invités à donner une semblable déclaration de leurs desseins[189].

Cette exigence influence les relations entre les membres de l'Académie. Chaque académicien, en spécifiant ses lignes de recherche devant ses pairs, positionne sa contribution en ce qu'elle représente dans l'édifice des connaissances scientifiques de l'Académie. Elle peut conduire à défendre plus fermement son point de vue devant la Compagnie.

Pendant chaque séance, alors que la prise de parole est optionnelle pour les associés et interdite aux élèves à moins d'y être invités, deux pensionnaires ont l'obligation, à tour de rôle, de faire un compte rendu de leurs travaux. Les mémoires lus et les observations apportées par des membres au cours d'une séance sont laissés par écrit le jour même au Secrétaire qui peut y avoir recours et en disposer librement[190].

En affaires administratives, seuls les honoraires et les pensionnaires ont une voix délibérative pour les élections concernant l'Académie[191].

Les articles 47 à 49 décrivent les modalités de rémunération des académiciens. Le Roi assure une pension aux académiciens pensionnaires à laquelle « quelques jetons » peuvent être ajoutés en guise de récompense pour leur assiduité. Il cède aux académiciens un ample espace au palais du Louvre qui devient le lieu officiel des réunions bihebdomadaires (mercredi et samedi).

Enfin, une règle de bienséance entre les académiciens est souhaitée :

> L'Académie veillera exactement à ce que dans les occasions où quelques académiciens seront d'opinions différentes, ils n'employent aucuns termes de mépris

188 Sauf exception, comme c'est le cas pour Jean-Paul Bignon, les membres honoraires assistaient peu fréquemment aux séances hebdomadaires mais en revanche ils étaient présents pendant les séances publiques, la visite d'un personnage important ou lors de l'élection d'un académicien.

189 Article 21.

190 Article 24.

191 Article 33.

> ou d'aigreur l'un contre l'autre, soit dans leur discours, soit dans leurs écrits ; et lors même qu'ils combatteront les sentiments de quelques Sçavans que ce puisse être, l'Académie les exhortera à n'en parler qu'avec ménagement[192].

PUBLICITÉ DE L'ACADÉMIE

Dans le but de montrer la grandeur et l'utilité de son travail pour le royaume, l'Académie devra rendre compte publiquement de ses découvertes.

Les séances hebdomadaires sont normalement strictement réservées aux académiciens mais l'Académie décide de mettre en place des séances biannuelles lors desquelles n'importe quelle personne extérieure peut assister. Cependant, cela ne saurait avoir un impact suffisant auprès du public. Pour y remédier, l'Académie va publier annuellement son « histoire », l'accompagnant des mémoires, choisis parmi ceux qui sont lus au cours des séances hebdomadaires et qui sont jugés comme les plus marquants. Cette publication peut également contenir un éloge en l'honneur de chaque académicien décédé au cours de l'année. Chaque volume porte le titre *Histoire de l'Académie royale des sciences avec les mémoires de mathématiques et de physique pour la même année tirez des Registres de l'Académie* (*HARS*) suivi de l'année concernée. La partie « Histoire » est une sorte de descriptif commenté des mémoires de la deuxième partie du volume.

L'article 40 prévoit que le Secrétaire perpétuel de l'Académie soit chargé de l'écriture de *HARS*. La tâche est ardue puisque le Secrétaire doit lui-même comprendre suffisament les travaux de l'Académie Royale des Sciences et restituer une version simplifiée, compréhensible pour le plus grand nombre. Il doit également s'enquérir parfaitement de la vie des académiciens décédés dans le but de leur rendre un hommage à travers un éloge. En 1697, Fontenelle (1657-1757) a été choisi comme secrétaire et le restera jusqu'en 1737[193]. Si la tâche est ardue, Fontenelle possède les qualités requises pour s'en acquitter. Homme de lettres, Fontenelle s'intéresse aussi largement à toutes les sciences et tout particulièrement aux mathématiques. Partisan convaincu de l'analyse des infiniment

192 Article 26.

193 Il rédigea chaque année de son mandat la partie « Histoire » qui compte à chaque fois entre 100 et 150 pages environ. De ce fait l'œuvre fontenellienne, écrite durant son mandat de secrétaire perpétuel, représente un volume de près de 5000 pages. À cela, il faut ajouter une histoire de l'Académie entre 1666 et 1699 qui se fait à partir de 1733.

petits, Fontenelle doit cependant respecter les règles de neutralité dans son rôle de Secrétaire perpétuel.

LE POUVOIR CENSEUR DE L'ACADÉMIE

Les nouvelles dispositions permettent à l'Académie d'accroître son pouvoir judicatoire sur les sciences. Tout d'abord, l'article 27 prévoit un examen des travaux scientifiques extérieurs à l'Académie et stipule explicitement que l'élection d'un nouvel académicien tiendra compte des « sçavans qui auront été les plus exacts à cette espèce de commerce ». Il s'agit donc, pour tout savant, d'obtenir l'approbation scientifique de sa découverte afin d'espérer une appartenance à la communauté académique[194].

Par l'article 30, est accordé à l'académicien l'usage de son titre lorsqu'il publie l'un de ses ouvrages à condition que celui-ci ait été approuvé par l'Académie[195]. Les nouvelles machines doivent être également validées de leur utilité par les académiciens[196].

L'Académie royale des sciences joue indubitablement un rôle d'arbitre des connaissances scientifiques. L'exactitude d'un savoir passe en large partie par une reconnaissance officielle de l'institution académique.

Le 28 février 1699, Gallois, Rolle et Varignon – tous les trois pensionnaires – annoncent, chacun d'eux, leur projet d'ouvrage. Varignon annonce qu'il travaillera sur « une nouvelle théorie du mouvement » et qu'il « poussera sa théorie jusqu'à l'infini[197] ». Gallois affirme sa volonté de remettre au goût du jour la géométrie des Anciens :

> Comme presque tous les géomètres ne s'appliquent maintenant qu'aux nouvelles méthodes de géométrie ce que Mr l'Abbé Galois juge qu'il est important de ne pas abandonner entièrement la manière des Anciens, il prend pour son partage d'illustrer les ouvrages des Anciens géomètres (*ibid.*, p. 133).

---

194 « Être élu à l'Académie devint rapidement la chose la plus convoitée par le savant ambitieux qui, lorsqu'il avait acquis le titre de "membre de l'Académie", le chérissait autant que s'il s'était agi d'un titre de noblesse. Être académicien ou voir ses propres idées examinées par un œil favorable par l'Académie revenait en fait à recevoir l'accolade suprême de ce réseau de scientifiques connu sous le nom de "république des sciences" », Roger Hahn, *L'anatomie d'une institution scientifique*, *op. cit.*, p. 49.

195 Cette règle était déjà d'usage à partir de 1685 voir James E. McClellan, *Science reorganized*, *op. cit.*, p. 62.

196 Article 31.

197 *PVARS*, t. 23, 1698-1699, f° 134.

Rolle, pour sa part, projette d'utiliser et de développer les connaissances sur l'algèbre pour fournir une « théorie réglée des méthodes que l'algèbre ait fournies » afin de les appliquer à la géométrie.

CONCLUSION

Gallois et La Hire, académiciens du « vieux style », ne sont pas réfractaires à l'utilisation de méthodes d'invention dans lesquelles interviennent des infiniment petits. La Hire conseille néanmoins une pratique d'infiniment petits régulée. Il entend par là que tout raisonnement à partir de suppositions infinitistes – prendre la corde pour l'arc ou une figure pour la somme de ces rectangles indéfiniment petits – doit être reconductible à une démonstration à l'ancienne. Dans « l'hypothèse des infiniment petits », Gallois défend l'exactitude de la démonstration de Roberval contre les critiques de David Grégory. Dès leur naissance, les méthodes d'invention s'accompagnent de discours portant sur leur valeur démonstrative. Ces deux académiciens héritent et reprennent ces discours et restent ainsi dans le prolongement d'une pratique réglée. Utiliser des méthodes infinitistes est donc une pratique coutumière et reconnue à l'Académie. La Hire n'hésite donc pas à lire des mémoires employant des méthodes infinitistes. Aussi, comme Varignon, il est tout à fait possible d'être absolument séduit par la fécondité du calcul leibnizien sans que cela empêche l'utilisation d'autres méthodes.

Un développement a été consacré à Christiaan Huygens. Parce qu'il apparaît comme un des principaux acteurs de la genèse de cette institution, et que par son travail, il a acquis une notoriété scientifique reconnue dans toute l'Europe, il est un des emblèmes de cette institution. À ce titre, l'avis du savant hollandais est précieux, Leibniz et L'Hospital le recherchent lorsqu'ils échangent avec leur aîné. Huygens, comme tous ses contemporains, considère que les démonstrations à l'ancienne garantissent l'exactitude en géométrie, mais il ne considère pas que les méthodes d'invention soient à proscrire pour autant, au contraire. Qu'en est-il pour la méthode calculatoire de Leibniz ? Pour de nombreuses résolutions de problèmes, Huygens ne voit pas la nécessité de l'introduire.

S'il reconnaît immédiatement la fécondité du calcul leibnizien, il s'en méfie car il n'est pas « bon que le calcul differentiel produisist autre chose que ce qu'on luy demande ». Cette dernière remarque est très importante car elle questionne la possibilité de traduction d'un calcul en termes géométriques, et donc sa valeur démonstrative.

La Géométrie apporte une première réponse à cette question : le calcul algébrique est démonstratif à condition de ne considérer que ses applications sur les courbes géométriques. En géométrie, notamment dans des problèmes de recherches de *maximis* et *minimis*, l'expression de certaines quantités nécessite l'introduction de « signes radicaux » (les « assymétries » de Fermat). Or ces signes « embarrassent » car ils gênent la reconduction d'une égalité à une équation polynomiale traitable par la théorie des équations. Rolle hérite de cette problématique et en fait un de ses sujets de recherche. Il répète que « L'Algèbre est encore bien defectueuse » et qu'elle est susceptible d'amélioration, en particulier dans le domaine du traitement des signes radicaux[198]. Il s'agit de trouver une méthode qui permette d'ôter les radicaux tout en conservant le nombre de racines correspondant aux solutions d'un problème géométrique. Le dessein de Rolle est de rendre la correspondance entre le problème géométrique et sa traduction en équations algébriques la plus parfaite possible.

En 1699, les nouvelles dispositions et exigences de l'Académie conduisent à une affirmation plus marquée des positions vis-à-vis de sa propre pratique. Dans ce contexte, la position épistémologique de Rolle se heurte à celle du calcul leibnizien.

198 Michel Rolle, « Extrait d'une lettre de R. L. au sujet *de l'Algebre* », *JS*, mai 1696, p. 244.

UNE CRISE ET SES DÉNOUEMENTS À L'ACADÉMIE ROYALE DES SCIENCES (1700-1706)

INTRODUCTION

Le chapitre précédent a révéle un fait notoire : les méthodes infinitistes sont une pratique partagée à l'Académie. L'utilisation des infiniment petits pour résoudre des problèmes géométriques est une évidence pour les mathématiciens, qu'ils soient du « vieux stile » ou qu'ils soient fervents du « charmant & merveilleux calcul différentiel[1] ».

L'algébriste Rolle semble indifférent à ce genre de pratique, ses intérêts sont ailleurs. Une conviction le guide, le calcul algébrique en tant que calcul est complet :

> La disposition que les Algebristes ont donnée à ces Caractères, forme une espece de langue tres simple & tres facile, par laquelle on exprime une longue suite de raisonnemens d'une manière fort abregeante, & qui rëunit l'action de l'esprit pour mieux resoudre les difficultez que l'on se propose[2].

Cette « langue » permettrait la traduction en équations d'un problème géométrique et sa résolution. Rolle reconnait que bien que l'algèbre ait besoin d'améliorations, il est fondé sur des principes solides.

Suite aux nouveaux règlements, il se positionne : seule l'algèbre parviendrait à calculer la courbe. Néanmoins, à l'Académie, il se heurte au calcul différentiel qui rivalise avec la plupart de ses méthodes.

---

1 C'est ainsi que Varignon qualifie le calcul leibnizien à Jean Bernoulli le 29 décembre 1694, *DBJB*, 2, p. 76.

2 Michel Rolle, *Méthodes pour résoudre les questions indéterminées de l'Algèbre*, Paris, Chez Jean Cusson, 1699, Avertissement.

En juillet 1700, il lance une première attaque contre « les suppositions fondamentales de la Géométrie des infiniment petits[3] ». Il remet en question le statut des différentielles. Dans les mémoires suivants, ses critiques se focalisent sur l'exactitude du calcul différentiel. Pour le montrer, Rolle propose des exemples qui illustreraient les difficultés du calcul leibnizien en tant que calcul. Varignon se charge des réponses mais bien qu'il réussisse à lever les paradoxes posés par Rolle, il ne réussit pas à le convaincre.

D'autres académiciens, Gallois, Gouye, Carré, Fontenelle, interviennent de sorte que le débat de dual devient l'affaire de toute la Compagnie. Mais il dégénère très vite en un *dialogue de sourds* car aucune des parties adverses ne reconnait la pertinence des arguments de l'autre. Ainsi, la reconnaissance du calcul différentiel comme pratique légitime est mise en suspens. En cela, cet épisode académique est une *crise*.

Ces disputes sont à l'encontre des règles de conduite entre académiciens de sorte que l'Institution demande le silence. Le lieu véritable du débat est déplacé. Le *Journal des Sçavans* publie désormais des articles de Rolle et de Saurin. C'est ce dernier qui relaie publiquement Varignon comme héraut de la défense du calcul différentiel.

Leibniz et Jean Bernoulli ne sauraient être à l'écart de cette polémique. En particulier, le philosophe allemand prend position en explicitant ce que la pratique du calcul différentiel implique quant au statut des infiniment petits. Ses interventions sont d'une extrême importance en raison du fait qu'il apparaît aux yeux des savants français comme un des inventeurs du nouveau calcul ou même le seul.

Dans ce chapitre sont examinées les types de critiques adressées au calcul différentiel et leurs réponses au sein de l'institution académique, en prenant soin de distinguer celles qui relèvent de questions de fondement de celles qui sont davantage propres au procédé calculatoire. Les modes d'argumentation de chacune des parties sont analysés en cherchant particulièrement à comprendre comment chacun revendique sa méthode. Cette analyse se focalise sur la manière dont chacun interprète sa propre méthode à partir de celles du passé et sur la manière dont chacun tente des traductions entre sa méthode et la rivale. Ce faisant, elle permet d'évaluer leurs conceptions des notions qui entrent en jeu dans les processus calculatoires, mais aussi la valeur épistémique que chacun octroie à un calcul.

---

3 *PVARS*, t. 19, f° 281r°.

Ce chapitre s'achève par le témoignage de Fontenelle, Secrétaire perpétuel de l'Académie et chargé de la rédaction de l'*Histoire de l'Académie Royale des Sciences.* Il réalise un récit de la réception du calcul leibnizien en France.

AUTOUR DU STATUT DES INFINIMENT PETITS DU CALCUL LEIBNIZIEN

Le 17 juillet 1700[4], Rolle commence la lecture d'un écrit contre les « suppositions fondamentales de la Géométrie des infiniment petits » qu'il achève lors de la séance du 21 juillet[5]. Si la plupart des académiciens sont présents à cette lecture – en particulier Gouye, La Hire, Varignon, Fontenelle, Gallois, Billettes et Carré –, Malebranche est absent à la première séance tandis que L'Hospital l'est aux deux. Aux déclarations de Rolle, Varignon réagit prestement : « Mr Varignon s'est fait fort de repondre à ce discours au deffaut des principaux autheurs du calcul differentiel qui n'en sont pas informés[6] ». L'intervention de Rolle n'a pas été retranscrite. Néanmoins, il est possible de les restituer car le secrétaire explique que par la réponse de Varignon « on verra quelles étaient les objections de Mr Rolle ». En effet, Varignon structure sa réponse selon les trois difficultés soulevées par Rolle lors des séances de juillet.

LA PRÉSENTATION VARIGNONIENNE DE LA DIFFÉRENTIELLE

Le samedi 7 août 1700[7], Varignon commence la lecture d'un écrit pour « la deffense de la Geometrie des Infiniment petits contre Mr Rolle » qu'il achève le mercredi 11 août[8]. Ses réponses sont retranscrites partiellement par le secrétaire. Mais, comme par ailleurs, Reyneau a pris des notes sur l'original de Varignon, il est possible de reconstituer l'ensemble de ces réponses[9].

4 *PVARS*, t. 19, f° 281v°.
5 *Ibid.*, f° 287r°.
6 *Ibid.*, f° 287v°.
7 *Ibid.*, f° 308r°.
8 *Ibid.*, f° 311 r°-317v°.
9 Cette copie se trouve à la BNF sous la cote FR 25302, f° 144-155. Elle a été retranscrite intégralement et annotée par Jeanne Peiffer, « Annexe IV, Controverse Varignon-Rolle

La première difficulté conduit à s'interroger sur l'existence « des infiniment grands infinis les uns des autres, et des infiniment petits infinitièmes les uns des autres » en géométrie, c'est-à-dire s'il existe différents ordres d'infiniment petits. La deuxième difficulté relève de la deuxième supposition de *l'Analyse des infiniment petits*, à savoir « si une grandeur plus ou moins sa différentielle peut être prise pour égale à cette grandeur ». La dernière difficulté, intimement liée aux deux autres, concerne la différence de statut entre une différentielle et un zéro absolu.

Depuis 1693, l'utilisation des différentielles, qui suppose la notation caractéristique, est courante des séances académiques, mais sans que la nature de ces entités soit explicitée. Certes, en septembre 1696, Sauveur avait destiné deux séances à démontrer « par lignes » les règles du nouveau calcul, mais en rien sa lecture éclaircissait leur spécificité. Varignon juge nécessaire de faire précéder sa réponse des « définitions » d'« infini ou indéfini », de « fini » et d'« infiniment petit, différentielles, ou element d'une grandeur quelconque[10] », qu'il réinvestit au cours de sa lecture.

Sa première définition concerne « l'infini ou indéfini », ces deux termes signifiant pour lui la même chose. Par « infini », Varignon explique qu'il faut entendre « ce que les géomètres entendent » lorqu'ils considèrent la divisibilité d'une ligne en une infinité de parties ou le « caractère inépuisable des nombres » (par exemple, les pairs, les carrés). Varignon entend donc par le terme « infini », un infini potentiel dont l'expression des Anciens « *major ou minor quâvis quantitate datâ* » renvoie. Puis, est « finie », « une grandeur dont l'imagination voit les bornes ». Ainsi, les parties infiniment petites d'une partie finie, ou encore *minor quâvis quantitate datâ* sont l'« infiniment petit », « différentielles » ou « element de grandeur quelconque ». Pour Varignon, ces trois termes renvoient incontestablement au même sens.

Dans son développement, Varignon fait référence à des géomètres autant anciens que modernes, et autant à leurs démonstrations *more*

(1700-1701) », *DBJB*, 2, p. 351-360. Cette retranscription sera citée par la suite par « *Annexe* ». Il est presque certain que Reyneau se soit procuré l'écrit de ces réponses directement par Varignon. Les registres et le manuscrit de Reyneau ne sont pas toujours identiques mais se complètent.

10 Ces définitions ne sont pas intégralement retranscrites dans les Registres mais sont recopiées par Reyneau.

geometrico, qu'à leurs usages de méthodes d'invention. Par la formulation « Ce que tous les géomètres entendent » sciemment répétée, Varignon se place devant ses pairs volontairement dans la lignée des géomètres dont la reconnaissance est indiscutable. Sa pratique, avance-t-il, se retrouve déjà chez les Anciens et ne serait autre que celle de nombre de géomètres emblématiques du XVIIe siècle : Cavalieri, Viviani, Barrow, Fermat, Roberval, Pascal, La Hire, ou encore Huygens.

La pratique des infiniment petits de tout genre est illustrée par plusieurs exemples, choisis dans le but de montrer combien cette pratique est partagée. Néanmoins, Varignon privilégie la lecture de textes et diagrammes euclidiens. Selon lui, les Anciens usaient bien d'infiniment petits, mais cette pratique n'était pas explicitée. Ainsi, il cherche à mettre en évidence dans des configurations euclidiennes la présence d'infiniment petits ou d'infiniment petits d'ordre supérieur.

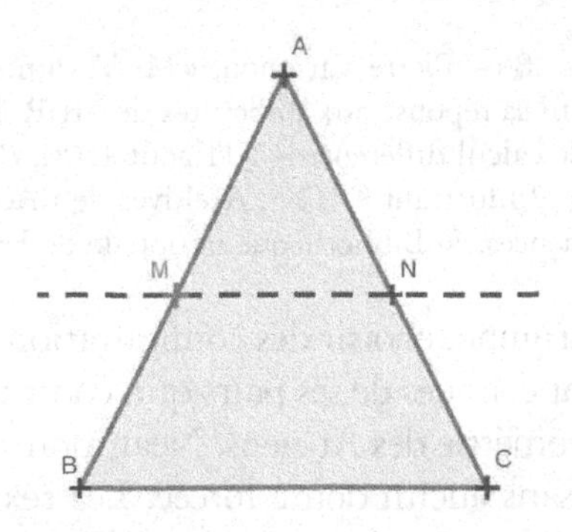

FIG. 83 – Figure réalisée par l'auteure, d'après Pierre Varignon, « Mr Varignon a fini sa réponse aux difficultés de Mr Rolle contre le calcul différentiel », *PVARS*, t. 19, fig. 1. illustre f° 313v°, © Bibliothèque nationale de France.

Par exemple, lorsque dans un triangle ABC la base BC monte toujours parallèlement à elle-même jusqu'en A, le triangle « décroissant » AMN est toujours semblable à ABC et les côtés « variables » AM et AN sont en raison « constante » de AB à AC. Certes, au moment où BC parvient en A, AM et AN « s'anéantissent » mais Varignon affirme « qu'il y a eu là des infiniment petits dans le rapport de AB à AC » (*Annexe*, p. 354). Le triangle MAN existe tant qu'il n'est pas anéanti, et avant de l'être, il est passé nécessairement par le statut d'infiniment petit. Il en est de même dans d'autres « figures d'Euclide ou de la geometrie simple », comme celle de la moyenne proportionnelle entre deux segments AC et CB. La perpendiculaire CD se mouvant de A vers B, s'anéantit en B mais elle :

> passera immédiatement auparavant par être infiniment petite par rapport à AC. Cepandant l'on aura toujours $AC.CD :: CD.CB$. Donc alors CB sera aussi infiniment petite par rapport à CD, c'est-à-dire du 2d genre (*ibid.*, p. 355).

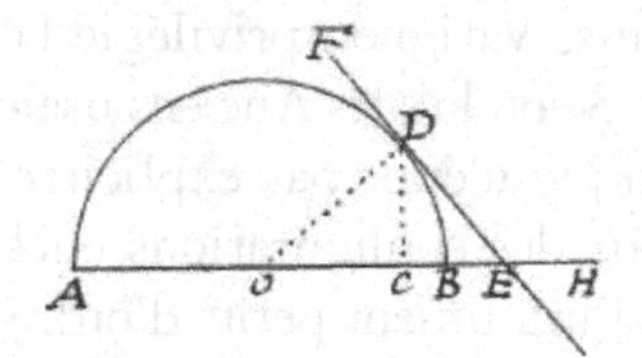

FIG. 84 – Pierre Varignon, « Mr Varignon a fini sa réponse aux difficultés de Mr Rolle contre le calcul différentiel », 11 août 1700, *PVARS*, t. 19, fig. 2 illustrant f° 313v°, Archives de l'Académie des sciences, © Bibliothèque nationale de France.

De la part de Varignon, choisir des configurations euclidiennes n'est pas fortuit. Elles sont connues de ses pairs qui, comme lui, reconnaissent l'exactitude de la géométrie des Anciens. Neanmoins, Varignon propose une interprétation sans aucun doute forcée. Les textes euclidiens avec les figures qui les accompagnent, peuvent et même doivent être lus désormais à l'aide du langage des différentielles. Cet argument n'est pas seulement rhétorique. Varignon est convaincu que la géométrie d'Euclide doit pouvoir fonder le calcul différentiel. En effet, dans une lettre du 4 septembre 1700 adressée à Jean Bernoulli, il explique qu'il prévoit de mettre en ordre et « par propositions suivies, les principes du calcul différentiel ». Il affirme qu'« Euclide seul me donne les différentielles de tous les genres à l'infini ; & ainsi de reste[11] ». Dans la lettre à Varignon du 20 mai 1698, Jean Bernoulli fait part de sa conviction de la réalité des quantités infiniment petites de tout ordre dans le monde mais aussi en géométrie : il suffit de considérer l'ordonnée d'un demi-cercle qui

11 Lettre de Varignon à Jean Bernoulli du 4 septembre 1700, *DBJB*, 2, p. 255.

est toujours la moyenne proportionnelle entre les deux segments correspondant du diamètre, si l'un de ces segments est infiniment petit, il suit que l'ordonnée sera infiniment plus grande que le petit segment et infiniment plus petite que l'autre segment[12]. Cet exemple est identique à un de ceux utilisés par Varignon dans sa réponse. Varignon approuve les propos de Jean Bernoulli : « Tout cela me paroist une suite nécessaire de la doctrine des infinis de differens genres, dont je suis parfaitement convaincu[13] ».

Dans les précédents exemples, Varignon a fait apparaître « l'infiniment petit » comme ce qui est *entre* le fini et l'anéantissement. Cette idée est thématisée par la suite en faisant appel à des notions introduites par Newton dans les *Principia*, plus particulièrement en s'appuyant sur un extrait du scholie de la fin du Livre I que Varignon cite en latin[14]. Varignon a lu attentivement une grande partie sinon la totalité des *Principia*. Ils sont une source d'inspiration pour ses recherches sur l'étude du mouvement et celui des forces. Le recours au texte de Newton est celui qui prévaut par rapport aux autres nombreuses références déjà citées. Ce choix délibéré s'explique. Newton est reconnu au sein de la République des Lettres. Après le nouveau règlement, il a été élu membre étranger à l'Académie. En particulier, on estime qu'il a inventé un calcul semblable à celui de Leibniz, mais sans la caractéristique. Pour certains, cela est un désavantage puisque la caractéristique rend le calcul « beaucoup plus facile et plus expéditif » (Préface, *AI*). Pour d'autres, contrairement au calcul de Leibniz, la méthode de Newton est fondée par les propositions du Livre I des *Principia*.

Rolle considère que les différentielles sont « des grandeurs fixes et déterminées, et de plus comme des zéros absolus » (*Annexe*, p. 356). Varignon estime que cette méprise tient au fait que l'algébriste se place encore dans l'ancien cadre des quantités, c'est-à-dire dans celui dans lequel elles sont ou bien fixes, ou bien nulles, et qu'il n'accepte pas qu'il puisse exister un autre type de quantités dont

> la nature consiste à être variables et a decroître incessamment jusqu'à zero, *in fluxu continuo*, ne les considerant même qu'au point de leur evanouissement. *Evanescentia divisibilia* (*ibid.*, p. 356).

12 Lettre de Jean Bernoulli à Varignon du 20 mai 1698, *DBJB*, 2, p. 171.

13 Lettre de Varignon à Jean Bernoulli du 27 mai 1698, *ibid.*, p. 173.

14 *PVARS*, t. 19, f° 313r°-314v°. Reyneau ne le recopie pas.

Selon Varignon, Rolle méconnaîtrait la différentielle comme évanescent alors que

> ce calcul ne les considere que comme s'aneantissant mais non pas comme aneanties, c'est-à-dire comme à la veille d'être tout à fait aneanties, *non antequam evanescunt, non postea, sed cum evanescunt* [...] (*ibid.*).

Le terme « variable » – qui apparaît dans les deux définitions de l'*Analyse des infiniment petits* – aurait exactement ce sens-là. Il souligne également que la caractéristique des différentielles de « décroître incessamment jusqu'à zero » a conduit Newton à les appeler « *fluxiones, incrementa vel decrementa momentanea* » (*ibid.*). Varignon insiste sur la « réalité » des différentielles : elles décroissent continuellement par division infinie jusqu'à ce qu'elles ne deviennent absolument rien. C'est ce comportement lié à la continuité qui permet de réfuter Rolle lorsqu'il affirme qu'elles sont « à la fois quelque chose et véritablement rien » (*ibid.*).

Cet argument, que Varignon emprunte au discours newtonien, est crucial et il s'en sert à nouveau dans le paragraphe qu'il intitule « Démonstration des infiniment petits à la manière des anciens » (*ibid.*, p. 357). Ici, il explique que la nature de la différentielle d'être *evanescentia divisibilia* permet de la penser comme « plus petite que quelque grandeur que ce soit ». C'est sur cela que s'appuient les démonstrations à la manière des Anciens pour prouver que « non obstant leur différentielle ces deux grandeurs peuvent être prises pour égales entr'elles » (*ibid.*). Cependant, cette manière de procéder n'est pas pour le seul apanage des démonstrations à l'ancienne mais de toute démarche de géomètre :

> la même chose se pratique encore par tous les Geometres non seulement dans la doctrine des indivisibles, mais aussi dans celle des inscriptions et circonscriptions, la figure circonscrite passant pour l'inscrite, lorsqu'elles different de moins de quelque grandeur donnée que ce soit, negligeant ainsy leur difference infiniment petite. C'est ainsi qu'en ont usé Mrs Paschal dans toutes les lettres de A. Dettonville, Mr de Roberval dans son traité des indivisibles, dans celui de la *Trochoide* (de la Roulette) et dans la lettre de Torricelli, M[r] de La Hire dans ses Epicycloides ; et dans son traitté des Méchaniques ; Mr Huguens dans son traitté *Horologio Oscillatorio* ; et ainsy une infinité d'autres geometres que je pourrois encore rapporter, entre lesquels se trouve Mr de Fermat luy même dans tout ce qu'il a fait de *Linearum curvarum cum lineis rectis comparatione* ; et

> même dans sa méthode des tangentes approuvée par Mr Rolle, ainsy que je le prouveray s'il persiste a en douter[15].

Pour défendre l'utilisation des différentielles, Varignon se réfère principalement à un scholie des *Principia*. Dans ce scolie, Newton prend soin d'expliquer qu'il a introduit sa méthode des premières et dernières raisons pour éviter les longues démonstrations à la manière des Anciens. S'il n'utilise pas la méthode des indivisibles c'est parce qu'il la considère « peu géométrique » en raison de son hypothèse « trop dure à admettre » (*Principia*, p. 35). Pourtant, Newton ne préfère pas plus l'utilisation « d'infiniment petits » que celle d'« indivisibles », si on entend par « infiniment petits » des divisions infiniment petites[16]. Ce passage n'est pas cité par Varignon, laissant sous silence le refus newtonien d'une pratique des infinitésimaux. Seul est cité le passage dans lequel Newton explique et défend l'utilisation de « quantités évanescentes ». Varignon emprunte à Newton la notion d'évanescent et l'identifie à celle de différentielle. Il parvient ainsi à unifier toutes les notions impliquées dans les pratiques qui le précèdent. Il légitime ainsi sa pratique en la plaçant dans la lignée de « Ce que tous les géomètres entendent ». Détournant ainsi le sens du texte newtonien, Varignon assimile la notion de « quantités évanescentes », réglées par la méthode des premières et dernières raisons, aux « différentielles » du calcul leibnizien. Cependant, celles-ci sont conçues comme des quantités de nature proche à celle des grandeurs : « réelles et subdivisibles à l'infini ». Cette surinterprétation sera pointée par Rolle lors de la séance du 1er décembre 1700 : « Mr Newton n'est

15 *PVARS*, t. 19, f° 316r^o^.

16 Dans son traité sur les quadratures de courbes, Newton explique la spécificité de la notion de fluxion en soulignant que « Les quantités mathématiques que je considère ici ne consistent pas en des parties minimales [*quam minimis constantes*], mais elles sont décrites par un mouvement continu. Les lignes sont décrites, et ainsi générées, non pas par l'apposition de parties, mais par le mouvement continue de points, les superficies par le mouvement des lignes, les solides par le mouvement des superficies, les angles par la rotation des côtés, le temps par le flux continu, et ainsi de suite. Ces genèses prennent réellement place dans les choses de la nature et s'observent quotidiennement dans les mouvements. De manière très proche, les Anciens, en conduisant des droites mobiles dans la longueur des lignes fixes, ont enseigné la genèse des rectangles [...] » (traduction par l'auteur), *Tractatus de Quadratura Curvarum*, Isaac Newton, *Opticks : Or, A Treatrise of the Reflexions, Refractions, Inflexions or Colours of ligh, Also two treatrises of the Species and Magnitudes of Curvilinear Figures*, Londres, S. Smith and B. Walford, 1704, p. 165.

pas si favorable qu'on le prétend à la Géométrie Transcendante ou des infiniment petits [...][17] ».

L'intervention de Varignon conduit à ce que Rolle lise d'autres mémoires attaquant le calcul leibnizien. Les critiques ne portent plus sur les fondements du calcul. Rolle s'attache à montrer par des exemples que l'utilisation du calcul différendiel induit des erreurs. À l'Académie, la virulence du débat s'accroît au fur à mesure des semaines. Il n'est plus uniquement l'affaire de Rolle et Varignon. Bien qu'ils en soient les principaux acteurs, d'autres académiciens s'en mêlent. Gallois lit le 19 février 1701 un écrit « contre la géométrie des infiniment petits », lecture suivie, lors de la séance suivante, par celle de Fontenelle à propos des « principes métaphysiques de la géométrie des infiniment petits ». Ces deux lectures ne seront pas retranscrites sur les procès-verbaux. Pendant la séance du 9 juillet 1701, Gouye lit « un nouvel écrit sur l'infiniment petit, où il prétendait concilier les deux parties[18] ».

Au sein de l'Académie, cette joute dure plus d'un an. Le climat de dispute va à l'encontre des règles de conduite entre académiciens, il fatigue la Compagnie, de sorte que le 3 septembre 1701, une décision est prise :

> comme la dispute des infiniment petits traînait trop en longueur Mr l'Abbé Bignon a nommé pour commissaires devant qui tout se passera, le P. Gouye, MMrs Cassini et de La Hire[19].

À la séance suivante, le 7 septembre, Parent lit un écrit « où il soutient les Principes généraux de la Geometrie des Infiniment petits[20] ». Cet écrit n'est pas retranscrit.

LE « SYSTÈME DE L'INFINI » SANS FONDEMENTS

Rolle a adressé des critiques aux fondements du calcul pendant des séances académiques. Elles n'ont pas été retranscrites mais elles font l'objet de deux écrits publiés en 1703. L'un est un mémoire académique intitulé *Du nouveau système de l'infini*[21] (dorénavant *SI*). Il est constitué

17 Séance du 1er décembre 1700, *PVARS*, t. 19, fo 394vo.
18 Séance du 9 juillet 1701, *PVARS*, t. 20, fo 235ro.
19 Séance du 3 septembre 1701, *PVARS*, t. 20, fo 335ro.
20 Séance du 7 septembre, *PVARS*, t. 21, fo 336ro.
21 Michel Rolle, « Du nouveau système de l'infini », *HARS*, 1703, p. 312 (dorénavant *SI*).

de 25 pages. Dans seize d'entre elles y sont développées les critiques des fondements du « système de l'infini ». L'autre écrit, intitulé *Remarques de M. Rolle de l'Académie des Sciences touchant le problème général des tangentes*[22] (dorénavant *Remarques*). L'approbation, datée de mai 1702, est signée par Gouye qui ni a « rien trouvé qui empêche qu'elles soient imprimées, l'Auteur pourra neanmoins retrancher[23] ». Cet écrit est long de 47 pages et divisé en 14 articles. Les quatre premiers concernent les présupposés de l'analyse des infiniment petits et « l'origine de la méthode ordinaire des tangentes » que le nouveau calcul ne fait que « déguiser ».

Les réponses de Varignon ont permis de restituer les difficultés soulevées par Rolle. Néanmoins ces deux écrits permettent de rendre compte des arguments sur lesquels l'algébriste s'appuie pour critiquer le calcul différentiel. Au début de *SI*, Rolle explique ce qui l'a conduit à écrire ce mémoire :

> On avoit toujours regardé la Géométrie comme une Science exacte, & même comme la source de l'exactitude qui est répandue dans toutes les autres parties des Mathématiques. On ne voyoit parmi ses principes que les véritables axiomes : tous les théorêmes & tous les problêmes qu'on y proposoit étoient ou solidement démontrés, ou capables d'une solide démonstration ; & s'il s'y glissoit quelques propositions ou fausses ou peu certaines, aussi-tôt on les bannissoit de cette Science (*SI*, p. 312).

Cependant

> Il semble que ce caractère d'exactitude ne regne plus dans la Géométrie depuis que l'on y a mêlé le nouveau Systême de Infiniment petits (*ibid.*).

Rolle accuse l'Analyse de l'infini de polluer par de l'inexactitude la véritable Géométrie. Ce propos est repris dans *Remarques* :

> C'est ce prétendu Algorithme qui a esté comme le berceau de la Géométrie transcendante, & l'on voudroit aujourd'huy qu'il fut aussi le tombeau de la véritable Géométrie.

Pourtant, il n'ignore pas que « d'habiles géomètres » – il pense à ses pairs académiciens – non seulement s'en servent mais assurent qu'il est

22 Michel Rolle, Remarques de M. Rolle de l'Académie des Sciences touchant le problème général des tangentes, Paris, Chez Jean Boudot, 1703. Dorénavant *Remarques.*

23 *Remarques*, première page, non numérotée.

« absolument nécessaire » pour résoudre certains problèmes. En raison de cette situation incohérente, il lui a semblé nécessaire d'examiner le « système des infiment petits » pour cerner ses difficultés. Puisque ces dernières sont probablement liées aux suppositions de l'*AI*, il explique qu'en premier lieu il exposera celles-ci.

Les suppositions du « système » et les difficultés qui en découlent

Les suppositions du « système de l'infini » sont décrites sur cinq pages. Rolle annonce qu'il va décrire le système comme il a été proposé dans l'*AI* mais qu'il ne suivra pas le même ordre parce que celui « que l'on y a gardé, empêche d'en appercevoir les plus grandes difficultés » (*SI*, p. 133). De plus, aux deux suppositions de l'*AI* il juge absolument nécessaire d'en ajouter quatre car d'après lui elles n'y ont pas été explicitées.

Les trois premières suppositions concernent l'existence des différences de tout ordre et de leur figuration. Il renvoie au texte et aux figures du traité de l'Hospital où sont définies et représentées les premières et secondes différences[24]. La quatrième supposition correspond à la première de l'*AI*. Rolle pointe immédiatement le paradoxe auquel elle conduit : « le tout seroit égal à la partie » (*ibid.*, p. 315). Elle conduit donc à contredire le principal axiome de la géométrie euclidienne. La cinquième supposition correspond à la deuxième de l'*AI* et elle est énoncée à l'identique.

Pour ces deux dernières, Rolle explique que ce sont des « hypothèses mathématiques ». Cependant, selon lui, dans le traité, elles ne sont pas considérées comme de « pures suppositions » ou comme des « hypothèses mathématiques » Quelle valeur Rolle attribue-t-il à ce type d'énocés ?

Si l'on suit la logique de Port-Royal, en géométrie, une supposition est un énoncé qui est suffisamment clair pour qu'il ne soit pas nécessaire de le démontrer et sur lequel s'appuie le reste d'un traité pour énoncer et démontrer des propositions plus composées. Mais, dans ce cas, les autres suppositions que Rolle a ajoutées devraient découler de ces deux, ce qu'il recuse. Rolle préfère nommer l'Analyse des infinis non pas par le terme « géométrie » – utilisée au sein de l'Académie – mais par celui de « système » qui, à l'époque, sert davantage à désigner des

24 Correspondent aux figures 3, 4, 45 et 46 de *AI*.

constructions dans le domaine de l'astronomie[25]. Ainsi, Rolle fournit un argument supplémentaire pour affirmer que la géométrie des infinis n'est qu'un faux-semblant de géométrie car elle ne respecte pas les modalités propres à cette discipline.

Il convient de remarquer que lorsqu'il critique l'Analyse des infinis, il se réfère surtout à celle qui est présentée dans le traité de L'Hospital. Outre ses critiques sur le fonds, il attaque la forme puisqu'il considère que des suppositions sont omises et que l'ordre n'est pas satisfaisant.

Enfin, la dernière et sixième supposition affirme que « les Infiniment petits sont réels, divisibles à l'infini & infiniment variables » (*SI*, p. 316). Cette idée n'est pas explicite dans l'*AI*, Rolle précise qu'elle découle des suppositions précédentes. Il souligne que Varignon a affirmé cette supposition lors de la séance académique d'août 1700.

Ayant rappelé les suppositions sur lesquelles s'appuie le traité de L'Hospital, il peut désormais s'attaquer aux difficultés auxquelles il considère qu'elles conduisent.

L'infiniment petit vs *zéro absolu dans la méthode des tangentes*

Les deux premières difficultés sont liées au statut des différentielles. La première concerne l'attribution de « réalité » et de divisibilité qu'on attribue aux infiniment petits, et les conséquences contradictoires qui en découlent. Rolle explique

> Que l'on tombe en contradiction, lorsqu'on suppose que ces Infiniment petits sont réels et divisibles. [...] chaque Infini est un zéro absolu, comme la différence de 4 à 4, ou de 5 à 5, &c Et par conséquent ils n'ont aucune étendue et ne sont plus divisibles (*ibid.*, p. 317).

Il illustre cette affirmation à l'aide de deux « preuves » développées ci-dessous.

Dans la première preuve, il s'intéresse à une parabole ordinaire d'équation

$$ax = yy \quad (1)$$

25 « Supposition d'un ou de plusieurs principes, d'où l'on tire des consequences, & sur lesquels on establit une opinion, une doctrine, un dogme, &c. Le systeme de Ptolomée, le systeme de Copernic. il a trouvé un nouveau système », *Dictionnaire de l'Académie française*, 1re édition, 1694.

selon les « règles de l'analyse des infiniment petits », il obtient « l'égalité différentielle »

$$adx = 2ydy \quad (2)$$

Les dx et dy représentent des infiniment petits mais ils expriment aussi la différence entre deux abscisses et deux ordonnées distinctes : ainsi, ils sont donc bien des « quantités réelles » (*ibid.*, p. 318). L'égalité de la parabole s'applique donc aussi au point de coordonnées $x + dx$ et $y + dy$, ce qui conduit à :

$$ax + adx = yy + 2ydy + dy^2 \quad (3)$$

En appliquant la règle propre à l'algèbre « choses égales à choses égales », il ôte les deux premières égalités de la troisième puis trouve $dy^2 = 0$ donc $dy = 0$, par conséquent, d'après (2), $dx = 0$: « Mais 0 est ici l'expression du zéro absolu, ou d'un rien tel que la différence de 4 à 4 » et donc les « infiniment petits sont des riens absolus » (*ibid.*, p. 318).

Les remarques de Rolle ne sont pas inédites. Le « *e* » de la méthode de Fermat est considéré par certains de ses premiers lecteurs – Beaugrand, Hérigone, Van Schooten – : comme un zéro. De plus, dans le contexte de critiques du calcul différentiel, ce type d'exemples n'est pas sans rappeler ceux de Nieuwentijt lorsqu'il attaque le calcul leibnizien en 1695[26]. Les écrits du Néerlandais sont connus de Rolle puisqu'il cite sa référence en *marginalia* lorsque, dans *Remarques*, il commente la méthode de Barrow[27]. Comme Nieuwentijt, Rolle applique les règles de l'algèbre au calcul leibnizien sans se demander de quelle manière celles-ci pourraient se prolonger[28].

Ainsi, la stratégie de Rolle consiste à montrer que si l'on suppose que les différentielles ont une extension (c'est-à-dire qu'elles sont réelles), il est licite d'user des règles générales de l'algèbre, mais on est alors conduit inévitablement à des contradictions :

> [...] on peut toujours se servir des règles générales de l'algèbre pour résoudre le problème qu'expriment les égalités, et il se trouve qu'on ne saurait éviter la contradiction, quand on attribue de l'étendue aux infiniment petits (*SI*, p. 318)[29].

26 Nieuwentijt considère entre autres l'égalité de l'hyperbole $2rx + xx = yy$.

27 En marge : « Voir sur cela M. Neuwentiit dans son Analyse des infinis Chap. I art. 5.6.7.8 », *Remarques*, p. 4.

28 Paolo Mancosu, *Philosophy of Mathematics and Mathematical Practice in the Seventeenth Century*, *op. cit.*, p. 163 et 173.

29 Berkeley, dans l'*Analyste*, donne des exemples similaires et attribue le résultat correct final à une compensation d'erreurs, Michel Blay, *La naissance de la mécanique analytique.*, p. 248-251.

Il fait suivre cet exemple d'un autre du même type[30] pour conclure à nouveau :

> Non seulement on s'assure par cette regle que les Infiniment petits sont toujours des riens absolus dans l'égalité différentielle ; mais on peut encore s'assurer que ce sont des riens absolus par leur institution, & pour cela il faut voir la véritable origine de cette égalité. Ce qui se peut faire par le moyen de ce Problème (*ibid.*, p. 320).

Rolle ne conçoit pas que la manipulation des infiniment petits ne suive pas à la lettre les règles de l'algèbre, il remet ainsi en question la première supposition de l'*AI*. Pour lui, cela n'a pas de sens de mélanger des entités algébriques et différentielles dans un calcul commun, la faiblesse statuaire de telles entités ne saurait le permettre.

Pourtant, Rolle avance que l'obtention de l'égalité différentielle a une « véritable origine » qu'il va dévoiler en examinant le problème de recherche de tangentes. Il destine pour cela plusieurs pages dans lesquelles il interprète des méthodes de tangentes, choisies parmi les géomètres reconnus, tels que Descartes, Fermat et Barrow :

> Messieurs Descartes et de Fermat, sont les premiers qui ont entrepris de trouver des Regles generales pour ces deux Methodes [de tangentes et de *Max. & Min.*]. Ils ont d'abord réduit ce Problême des lignes courbes, à un Problême de lignes droites, & celuy-cy en Problême d'Algèbre. Pour cela ils ont supposé deux abscisses avec leurs appliquées, & que la *difference* de ces abscisses est indéterminée : le premier fournit une Regle pour trouver le cas où les deux abscisses sont *entierement égales*. Le second en fournit une autre pour faire que la *difference* de ces deux abscisses soit *entierement détruite*. Ainsi les premiers principes en sont les mêmes ; & de-là il résulte une Egalité dans chacune de ces deux Methodes, qui fournit toutes les tangentes ordinaires des lignes geometriques de tous les genres, lorsque le point proposé est donné sur la courbe. Delà aussi s'ouvre un moyen pour trouver les Tangentes extraordinaires de ces lignes, & que les Tangentes des autres lignes qu'on appelle Méchaniques ou *transcendantes* (*Remarques*, p. 2).

L'algébriste explique que les deux géomètres ont réduit un problème de lignes courbes à l'algèbre en suivant la méthode de *La Géométrie*. Les deux géomètres ont une démarche identique : ils posent la différence de deux abscisses comme indéterminée. Le cas de la tangente correspond

30 Il considère l'égalité $yy = ax - xx$ qui conduit à $dy^2 = -dx^2$.

à un absolu : soit à une coïncidence « entière », soit à une « entière destruction ». Cette étape correspond dans les écrits de Fermat, à celle dans laquelle apparaît le terme latin « *evanesco* » et dans laquelle « disparaissent » complètement les termes homogènes.

Dans le but de montrer que la méthode de Fermat est de même nature que celle de Descartes, Rolle rappelle que dans la lettre à Hardy[31] Descartes a « expliqué » la méthode de Fermat en désignant la différence des abscisses par un « segment de la ligne de la figure » et par la lettre e. Le problème général de sécante – « une droite qui rencontre une courbe en deux points » – s'est réduit algébriquement au cas de la tangente lorsque « la *difference* indéterminée des abscisses est prise pour un *zero absolu* » (*ibid.*). Ainsi, Rolle estime que ces deux méthodes sont exactes car les deux relèvent d'un calcul algébrique.

Dans *SI*, Rolle présente sa méthode de tangente. Il veut dissocier sa méthode de l'algorithme leibnizien et assurer que la sienne ne tire pas son origine du nouveau calcul (*SI*, p. 320).

Pour ce faire, il considère une courbe algébrique EFO, une sécante FE qui rencontre l'axe OB en un point A, il nomme $AB=s, OB=x, BC=FD=z, FB=DC=y, ED=v, FE=h$ et $AF=n$, ainsi, $EC=v+y$.

En vertu de la similitude des triangles ABF et FDE, il obtient les deux égalités

$$z=\frac{vs}{y} \text{ et } h=\frac{nv}{y}$$

Ces égalités correspondent au cas de la sécante au point E déterminé par la donnée de v.

À titre d'exemple, il considère que la courbe EFO est une parabole simple de paramètre p. En considérant les points F et E de cette parabole, il peut écrire $px=yy$ et $px+pz=vv+2vy+yy$

Il soustrait ces deux égalités et il obtient $pz=vv+2vy$

En substituant z, il obtient $s=\dfrac{2yy+vy}{p}$.

31 En marge : « Lettres de M. Descartes, tome 3 lettre 61 ». Cet épisode a été analysé au premier chapitre.

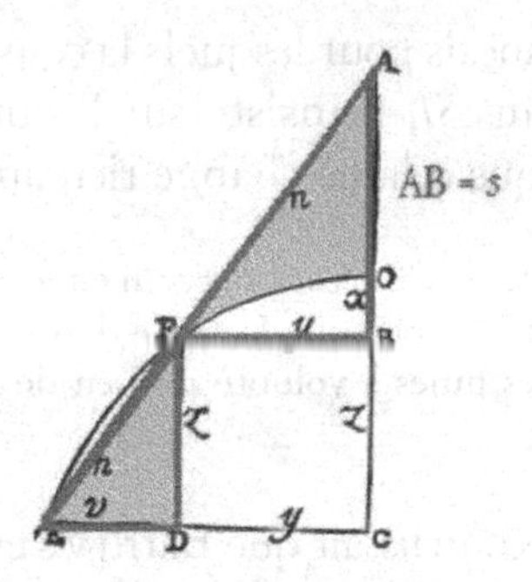

FIG. 85 – Michel Rolle, « Du nouveau système de l'infini », *MARS*, 1703, p. 321, © Bibliothèque nationale de France.

Ainsi, comme y est connu, il énonce l'alternative suivante :

- soit v est une quantité positive ou négative et dans ce cas cette formule « fournit les sécantes requises ».
- soit v prend la valeur égale au « zéro absolu », dans ce cas le monôme vy « se détruit » et $s=\frac{2yy}{p}$ (*ibid.*, p. 321).

Il propose ensuite une interprétation géométrique du deuxième cas. Quand $v=0$ alors $z=0$ et $h=0$, de sorte que pour avoir l'égalité $s=\frac{2yy}{p}$ il faut « détruire » entièrement les trois côtés du triangle FDE.

L'égalité $s=\frac{2yy}{p}$ implique que $EF=h$ soit anéanti de sorte que la droite AF cesse d'être sécante et que son prolongement ne coupe pas la parabole :

> D'où il suit que la sécante devient tangente lorsque tout le triangle FDE se trouve entièrement détruit ; & que cette tangente, pour être déterminée par le moyen de l'égalité [$s=\frac{2yy}{p}$], suppose nécessairement que ce triangle soit anéanti (*ibid.*, p. 322).

La description de Rolle ne suppose pas un passage continu de la position sécante à la position tangente, mais un basculement. Le cas de la tangente correspond à un zéro absolu. Rolle, en décrivant une méthode des tangentes, analogue aux démarches de Descartes ou de Fermat, s'affilie aux deux géomètres français pour lesquels la considération d'infiniment petits est superflu. Dans *SI*, il insiste sur l'inutilité d'introduire des infiniment petits puisque cela ne change rien au résultat :

> Delà il paroît que le succès n'est point un effet de l'infinie petitesse qu'on attribue aux dx et dy, puisque la règle donne la même chose lorsqu'on prend des quantités finies à volonté au lieu de ces Infiniment petits (*SI*, p. 326).

La Préface de l'*AI* reconnaissait que Barrow s'est servi de Fermat pour rendre publique sa méthode des tangentes en 1674 (*ibid.*, p. 5). Rolle explique que pour obtenir l'égalité différentielle, il suffit d'appliquer un simple algorithme qui est le même que celui de la formule de Barrow et qu'en définitive :

> Les lettres a & e ne sont dans cette formule que des Expressions qui peuvent servir à comparer des rapports ; & si l'on veut attribuer de l'étenduë de la divisibilité & des Configurations, il faut regarder & conduire ces suppositions comme de fausses hypotheses (*ibid.*, p. 5).

En se référant à l'article de 1684, Rolle souligne que Leibniz n'a pas considéré que les différences soient des « quantités réelles » mais uniquement des « expressions » : les caractères dx et dy se sont substitués aux lettres e et a, mais leur rôle reste celui de comparer des rapports. Rolle connaît d'autres mémoires de Leibniz dans lesquels ce dernier « soutient son projet » en introduisant des « quantitez incomparables ». L'*Analyse des infiniment petits* reprend cette nouvelle analyse mais en y introduisant des « infiniment petits » qui ont « des conditions différentes de celle des Incomparables ». Rolle ne précise pas en quoi repose cette différence mais le fait de supposer la réalité des différentielles est patent. Il souligne à nouveau que l'égalité différentielle obtenue n'est qu'un changement d'expressions, puis que toutes les règles que l'on y trouve ne sont qu'un « déguisement » des règles déjà parues auparavant, en particulier dans des mémoires qu'il a lui-même écrits.

Après avoir analysé toutes les difficultés que pose le nouveau système de l'infini, celles liées aux suppositions et les autres dues à son inexactitude – examinées *infra* – Rolle revient sur le statut de « réalité » octroyé aux infiniment petits par les partisans de l'*Analyse des infiniment petits*.

Varignon, dans sa réponse du mois d'août avait affirmé que les infiniment petits pouvaient être compris comme des « quantités moindres qu'aucune donnée ». Pour Rolle

> ce n'est encore rien faire pour expliquer les principales suppositions du Système, que de dire que les differences infiniment petites telles que *dx* et *dy*, sont moindres qu'aucune quantité donnée (*SI*, p. 336).

Il rappelle que dans la Géométrie des Anciens, pour démontrer que deux choses sont égales, on suppose qu'il y a une différence et on montre qu'elle est plus petite qu'aucune quantité donnée. Mais, cela signifie justement « faire voir que cette différence n'est pas une quantité » (*ibid.*) ; leur attribuer une « étendue réelle » conduit à une contradiction. Rolle est catégorique : une « quantité moindre qu'aucune donnée » est donc un « véritable rien » (*ibid.*). Or les différences infiniment petites du nouveau système sont considérées comme ayant une étendue réelle, elles ne peuvent être donc traitées comme des « quantités moindres qu'aucune donnée » :

> Dans le nouveau Systême l'on attribue à ces Infiniment petits une étendue réelle, & que l'on y fait quantité d'autres suppositions qui ne conviennent point au zero absolu. Mais si l'on rejettoit toutes ces suppositions, il seroit vrai de dire que les quantités plus petites qu'aucune donnée répondent au *dx* et *dy* de l'égalité différentielle, qui en ce sens ne seroient que des riens absolus, & ne designeroient que le point Mathématique (*ibid.*).

Varignon avait fait maintes fois référence aux Anciens pour légitimer les différentielles comme des quantités réelles : « Euclide seul me donne les différentielles de tous les genres à l'infini » expliquait-il à Jean Bernoulli. Elles sont des quantités « moindres qu'aucune quantité donnée ». Rolle, au contraire, récuse cette interprétation et il effetue à son tour une autre lecture des Anciens. Pour préciser la signification de « quantité moindre qu'aucune grandeur donnée » et ainsi corriger l'identification entre cette expression et celle de « différentielle », il analyse le déroulement d'une démonstration par l'absurde chez les Anciens. Il explique que lorsque l'on veut

> s'assurer, par exemple, que la superficie d'un cercle est égale au rectangle du rayon & de la demi-circonférence ; on peut supposer qu'il y ait de la différence entre ces deux superficies, & démontrer dans le goût des anciens Géomètres que cette différence est plus petite qu'aucune grandeur donnée (*ibid.*).

Cependant

> ce n'est point attribuer de l'étendue à cette différence : c'est tout au contraire faire voir que cette différence n'est pas une quantité. Car aussitôt qu'on lui attribue une étendue réelle, la démonstration s'y oppose ; & si l'on veut en prendre une plus petite, la démonstration s'y oppose encore : de manière que cette étendue & cette démonstration ne peuvent jamais s'accorder ensemble dans l'esprit (*ibid.*).

La notion de « quantité moindre qu'aucune quantité donnée » apparaît dans le raisonnement du géomètre. Cependant, elle n'a en aucun cas l'attribut de l'étendue. Rolle est catégorique : dans ce cas elle s'opposerait au principe même de la démonstration dont elle est l'ingrédient essentiel. Dans ce sens, même si Rolle ne l'écrit pas, l'intervention d'une « quantité moindre qu'aucune quantité donnée » a une valeur fictionnelle. En effet, tant que la démonstration est en cours, la supposition de son existence permet que le raisonnement se déploie, leur impossibilité permet à la démonstration de trouver son dénouement. Ainsi, « les différences plus petites qu'aucune quantité donnée, sont des véritables riens dans le sens des Anciens Géomètres ». Elles ne relèvent pas du cas des différentielles puisque dans le nouveau Système l'on attribue à ces infiniment petits une étendue réelle, et l'on y fait d'autres suppositions qui ne conviennent pas au zero absolu (*ibid.*)[32]. Or, pour Varignon, les quantités sont bien réelles et existantes pendant la démonstration même si elles finissent par disparaître, elles ne deviennent pas pour autant « impossibles ». La dernière instance fait partie du processus d'évanescence qui les définit.

LA POSITION LEIBNIZIENNE

Leibniz avait fourni des éclaircissements sur le statut des différeniellles à la suite des critiques du Nieuwentijt. Cette question intervient aussi dans des échanges privés, notamment avec Wallis pour qui la

32 Reviel Netz explique que dans les démonstrations par l'absurde, Euclide s'appuie sur des figures impossibles. Ces figures sont ce qu'il nomme des « make-believe » car elles permettent le déploiement du raisonnement pour être rejetées à la fin de la démonstration : *« the illusion is dropped already at the end of the reductio move. Elsewhere, the illusion is maintained for the duration of proof »*, *The Shaping of deduction in greek mathematics : A study in Cognitive History, Cambridge University Press*, Cambridge, 1999, p. 55.

différentielle n'a pas être interprétée autrement que par un zéro absolu[33]. Pour le mathématicien anglais, le calcul différentiel et sa méthode des tangentes – très proche de celle de Fermat – reviennent au même, seul change la « façon d'en parler ». Il ne voit pas en quoi l'introduction de la notion de différentielle apporterait une quelconque amélioration[34].

La pratique du calcul différentiel conduit également Jean Bernoulli à questionner le statut des différentielles, ce qui donne lieu aussi à un échange avec Leibniz à la même époque que celui avec Wallis[35].

L'échange avec Jean Bernoulli : « réalités » vs fictions

Au mois de mai 1698, Jean Bernoulli et Varignon avaient échangé des lettres dans lesquelles les deux savants s'accordaient sur l'existence d'infiniment petits de tout ordre dans la nature et en géométrie (voir *supra*). Cette question fait aussi partie à la même période des échanges entre Leibniz et le savant bâlois. Dans la lettre du 7 juin 1698, Leibniz lui avoue son sentiment :

> [...] Il se pourrait peut-être que les infinis, tel que nous le concevons, ainsi que les infiniment petits, soient imaginaires, et encore aptes à déterminer les choses réelles, de la même manière que le font usuellement les racines imaginaires. Ces choses-là sont commes les notions idéales [*rationibus idealibus*], comme des lois par lesquelles les choses sont régies, sans pour autant qu'elles soient des parties de la matière. Admettre des lignes infiniment petites réelles

33 Sur l'échange entre Wallis et Leibniz, on pourra consulter : Philip Beeley, « Infinity, infinitesimals, and the Reform of Cavalieri : John Wallis and his critics », Goldenbaum, Ursula and Jesseph Douglas, *Infinitesimal differences*, W de G, Berlin, p. 48. et Douglas Jesseph, « Leibniz on the fondations of the calculus : The question of the reality of infinitesimal magnitudes », *Perspectives on Science*, vol. 6, nos. 1 & 2, p. 27.

34 « Après les simplifications de calcul que j'enseigne, ce qui subsiste est en réalité ton calcul différentiel (que cette chose n'est pas si nouvelle mais nouvelle la forme d'en parler, comme tu n'as peut-être pas remarqué). Dans tous les cas, il y a mon a, tout autant que ton x (ou y) segment de l'abscisse, avec cette seule différence que ton x est un infiniment petit [*infinite-parvum*], mon a tout à fait rien [*plane nihil*]. Et lorsque tous les termes ont été effacés [*delete*] ou omis (par abréviation de calcul); ce qui reste est ton petit triangle caractéristique (lui-même placé entre deux ordonnées très proches) semblable à tout à FVα; certes pour toi infiniment petit [*infinite-exiguum*], pour moi tout à fait rien [*plane nihil*]. Bien sûr, par-là l'apparence du triangle sera retenue, mais abstraite de la grandeur : ce qui est cette forme du triangle, mais de grandeur nulle [*nullius*] », lettre de Wallis à Leibniz du 22 juillet 1698, A III, 7, p. 838.

35 Sur cet échange on pourra cosulter : Douglas Jesseph, « Leibniz on the fondations of the calculus : The question of the reality of infinitesimal magnitudes », *op. cit.*, p. 28-29.

> conduit à admettre aussi que ces lignes soient terminées des deux côtés et qui sont cependant à nos droites ordinaires, comme l'infini est au fini. [...][36]

Dans ce passage, Leibniz pointe les difficultés qui surviennt lorsque les quantités infinies ou infiniment petites sont considérées réelles. Il est nécessaire, déclare-t-il, de les considérer comme des idéalités car elles sont plus propres ainsi à déterminer le réel. Dans la lettre du 17 juillet 1698[37], en ce qui concerne le calcul, il est catégorique : « nous assumons utilement ces questions dans le calcul », cependant il explique que le sujet est beaucoup plus épineux dans la nature : « il ne suit pas de là qu'elles puissent exister dans la nature. La question relève d'une enquête d'un genre plus profond[38] ». Admettre la réalité des infiniment petits implique d'admettre la réalité d'une ligne droite – donc infinie – mais qui cependant serait terminée. Leibniz émet des doutes puisqu'aucune preuve irréfutable peut être apportée, cependant il insiste à affirmer que pour le calcul il suffit de feindre [*fingantur*] leur existence comme pour les racines imaginaires de l'algèbre. Par ailleurs, il assure que ce qui est conclu par les infinis et les infiniment petits peut toujours être démontré par des démonstrations *ad absurdum*, par sa méthode des incomparables dont le lemme a été donné aux *Acta*[39].

Pour Jean Bernoulli, s'il y a division effective de la matière en parties infinies en nombre, l'existence de l'infiniment petit en découle et doit être admise[40]. Par ailleurs, il explique que la donnée en acte de la série $\frac{1}{2}, \frac{1}{4}, \frac{1}{8}, \frac{1}{16}, \frac{1}{32}, \ldots$ prouve qu'un premier infinitième [*infinitesimus*] doit exister

36 « *Fortasse infinita quae concipimus et infinite parva imaginaria sunt sed apta ad determinanda realia, ut radices quoque imaginariae facere solent. Sunt ista in rationibus idealibus, quibus velut legibus res reguntur, etsi in materiae partibus non sint. Quod si statuimus lineas reales infinite parvas consequitur etiam statuendas esse rectas utrinque terminatas, quae tamen sint ad nostras ordinarias ut infinitum ad finitum* », Lettre de Leibniz à Jean Bernoulli du 7 juin 1698, A III, 7, p. 796.

37 « *Ex actuali divisione sequitur in quantulacunque parte materiae velut mundum esse quendam constantem ex innumeris creaturis ; sed illud adhuc quaeritur an ulla usquam portio detur materiae quae ad aliam portionem habeat rationem inassignabilem ; seu an detur linea recta utrinque terminata, sed quae tamen ad aliam rectam habeat rationem infinitam vel infinite parvam.* », Lettre de Leibniz à Jean Bernoulli du 12/22 juillet 1698, A III, 7, p. 827-828.

38 « *In calculo haec utiliter assumimus, sed hinc non sequitur extare posse in natura* », *ibid.*

39 « *Interim sufficere pro calculo, uti fingantur, uti imaginariae radices in Algebra ; semper enim quod per infinita ista et infinite parva concluditur deductione ad absurdum mea incomparabilium methodo, (cujus aliquando lemmata dedi in Actis) evinci potest* », lettre de Leibniz à Jean Bernoulli du 23 juillet 1698, A III, 7, p. 858.

40 « *Nam si corpus finitum habet partes numero infinitas, credidi semper et etiamnum credo minimam istarum partium debere habere ad totum rationem inassignabilem seu infinite parvam* », lettre de Jean Bernoulli à Leibniz du 29 juillet 1698, A III, 7, p. 847.

et que les termes suivants sont aussi des infinitésimaux[41]. Cet argument est répété dans les lettres suivantes[42]. Pour Leibniz, de la donnée en acte de cette série, on ne peut inférer rien d'autre que la donnée d'une fraction finie assignable aussi petite que l'on veut mais non pas l'existence d'infinitième[43]. Dans la lettre du 7 janvier 1699[44], Bernoulli récuse l'affirmation précédente en expliquant que puisque la donnée d'une série de dix nombres prouve que le dixième existe et que, de même, la donnée d'une série de cent nombres prouve l'existence du centième, ou encore celle de mille prouve l'existence du millième, alors la donnée d'une série infinie (en acte) prouve l'existence de l'infinitième. Cependant, pour Leibniz l'argument du passage du fini à l'infini n'est pas valable ici[45].

Les deux hommes ne parviendront pas à trouver un terrain d'entente sur comment il faut comprendre l'infiniment petit.

L'épisode du Journal de Trévoux

En novembre 1700, Jacques Bernoulli publie un article dans les *Acta*[46] dans lequel il décrit une méthode pour obtenir les rayons de courbure des courbes algébriques. Il cache volontairement la voie qui l'a conduit à l'obtention de sa règle et il propose de la regarder comme une « énigme » que les curieux peuvent chercher à résoudre en attendant qu'il en fournisse l'origine[47]. Un article du *Journal de Trévoux* des mois de mai-juin 1701 décrit cette nouvelle règle[48]. Cette description

41 Lettre de Jean Bernoulli à Leibniz du 16 août 1698, A III, 7, p. 874.

42 *« concludo hanc necessario debere esse infinities minorem termino finito, id est debere ese infinite parvum »*, 6 décembre 1698, A III, 7, p. 956.

43 *« sed ergo nihil aliud hinc puto sequi, quam actu dari quamvis fractionem finitam assignabilem cujuscunque parvitatis »*, lettre de Leibniz à Bernoulli le 22 août 1698, A III, 7, p. 885.

44 Lettre de Jean Bernoulli à Leibniz du 7 janvier 1699, A III, 8, p. 32.

45 *« Dicet enim forte aliquis argumentum a finito ad infinitum hic non valere »*, lettre de Leibniz à Jean Bernoulli du 13 janvier 1699, A III, 8, p. 39. Il avance que si la série infinie de termes possédait des termes finis et des termes infinis, la série des termes finis qui serait aussi infinie ne possèderait pourtant pas de teme infinitième.

46 Jacques, Bernoulli, « Nova methodus expedite determinandi radios osculi seu curvatura in curvis quibusvis algebraicas », *AE*, novembre 1700, p. 508-511.

47 *« quod vero in artificium inventionis ipsum curious inquisit, hoc sibi ad solvendum velut aenigma proponat, donec solututum dedero ipse »*, *ibid.*, p. 511.

48 « Nouvelle méthode pour déterminer aisément les rayons des développées dans toute sorte de courbe algébraïque. Par Monsieur Jacques B. Acta Eruditorum, Mensis Novembris anni 1700. Lipsiae », *Mémoires pour l'histoire des sciences et des Beaux arts, recueillis par l'ordre*

est précédée d'un préambule du recenseur qui s'avère être l'académicien Gouye. Bien qu'il rappelle les avancées en matière de géométrie depuis le début du XVIIe en citant Cavalieri, Wallis, Fermat. Cependant, il attaque la nouvelle analyse, celle « connuë en France sous le nom d'Analyse des infiniment petits ». Selon lui, elle prétend avoir « porté les choses plus loin » – il cite la Préface de l'*AI* – en « *pénétrant jusques dans l'infini, & n'embrassant pas seulement l'infini, mais l'infini de l'infini ou une infinité d'infinis* » (*ibid.*, p. 423). Cependant, malgré « sa fécondité admirable », elle manque « dans ses démonstrations cette évidence que l'on attend » (*ibid.*). Pour Gouye, la démarche consistant à chercher à obtenir de plus en plus de résultats sans que la voie pour y parvenir soit sûre, c'est-à-dire évidente et exacte, n'est que de la surenchère. Cette critique à l'encontre du calcul différentiel n'est pas nouvelle, et elle avait été développée par Huygens (voir *infra*).

Dans ce climat de querelle à l'Académie royale des sciences, l'« énigme » posée par Jacques Bernoulli est interprétée comme une provocation à l'encontre de ceux qui continuent à préférer d'autres méthodes, c'est-à-dire celles que justement les promoteurs du nouveau calcul jugent dépassées. Gouye suppute que la voie qui a conduit Jacques Bernoulli à l'obtention de sa règle a sûrement un lien avec la nouvelle analyse, à laquelle il n'adhère pas :

> Il y a bien l'apparence que l'enigme de M.B. n'est qu'un déguisement du calcul differentiel : ceux qui sont accoûtumez aux anciennes manieres de raisonner en Geometrie ont de la peine à les quitter pour suivre des methodes si abstraites, ils aiment mieux n'aller pas si loin que de s'engager dans les nouvelles routes de l'infini de l'infini de l'infini, où l'on ne voit pas toûjours assez clair autour de soy, & où l'on peut aisément s'égarer, sans qu'on s'en apperçoive. Il ne suffit pas en Geometrie de conclure, il faut évidemment qu'on conclut bien (*ibid.*, p. 430).

Leibniz se sent immédiatement concerné par le contenu de cet article et il rédige une lettre de réponse qui est publiée dans le même journal aux mois de novembre-décembre 1701[49]. Il souligne la fécondité de la

de SA.S. Mr. Le Duc de Maine, mois de mai et de juin, seconde édition augmentée de diverses remarques et de plusieurs articles nouveaux, Amsterdam, chez Jean-Louis Delerme, 1701, p. 422-430.

49 G. W. Leibniz, « Mémoire de Mr Leibnitz touchant son sentiment sur le Calcul différentiel », *Mémoires de Trévoux*, novembre-décembre 1701, p. 270-271.

nouvelle analyse ainsi que sa « sûreté », qui peut être confirmée par la lecture de l'ouvrage de L'Hospital. Aux explications exposées dans l'*AI*, il souhaite cependant ajouter un commentaire concernant la pratique de l'Analyse des infinis :

> On n'a pas besoin de prendre l'infini icy à la rigueur, mais seulement comme lors qu'on dit dans l'Optique que les rayons du soleil viennent d'un point infiniment éloigné, & ainsi sont estimez paralleles. Et quand il y a plusieurs dégrez d'infini ou infiniment petit, c'est comme le Globe de la Terre est estimé un point à l'égard de la distance des fixes, & une boule que nous manions est encore un point en comparaison du semidiametre du Globe de la terre. De sorte que la distance des fixes est un infiniment infini ou infini de l'infini par rapport au diamètre de la boule. Car au lieu de l'infini ou de l'infiniment petit, on prend des quantitez aussi grandes & aussi petites qu'il faut pour que l'erreur soit moindre que l'erreur donnée : de sorte qu'on ne diffère du style d'Archimède que dans les expressions qui sont plus directes dans notre methode & plus conformes à l'art d'inventer (*ibid.*).

Dans ce passage, Leibniz explique que pour pratiquer le calcul, il n'est pas nécessaire de prendre les infiniment petits de manière « rigoureuse ». En ce qui concerne la légitimité de négliger des quantités par rapport à d'autres dans le calcul, il explique qu'on aboutit aux mêmes effets calculatoires lorsqu'on considère que le rapport entre une boule et le diamètre de la Terre ou celui entre la Terre et la distance des fixes est un infiniment petit. De la même manière, il s'en suit à ses yeux que le rapport entre la boule et la distance des fixes est un infiniment infiniment petit. Il affirme qu'en procédant ainsi, l'erreur pourra être rendue aussi petite qu'il est souhaité puisqu'il est possible de prendre des quantités aussi petites que l'on veut. Cette manière de procéder ne diffère de la manière des Anciens, avance-t-il, que dans les « expressions ». Les infiniment petits permettent d'abréger le discours et il faut les considérer comme des paraphrases[50]. Dans son article aux *Acta* de 1689, il usait du même type de comparaisons.

---

50 On pourra consulter à ce sujet les deux articles de Jesseph Douglas, « Leibniz on the foundations of the calculus : the question of the reality of infinitesimal magnitudes », *op. cit.*, p. 30 et « Truth in Fiction : Origins and Consequences of Leibniz's Doctrine of Infinitesimal Magnitudes » dans Goldenbaum, Ursula, Jesseph Douglas (ed.), *Infinitesimal Differences, Controversies between Leibniz and his contemporanies*, W de G, Berlin, 2008, p. 215-234 et l'article de David Rabouin, « Leibniz's rigorous fondations of the method of indivisibles », *Seventeenth Century indivisibles revisited*, *op. cit.*, p. 361.

Son développement, s'appuyant sur des comparaisons avec des grandeurs finies, crée la confusion entre les membres de l'Académie royale des sciences, qu'ils s'opposent ou défendent le calcul. Le silence venait d'être promulgué. Gouye et la plupart des membres concernés par la dispute se focalisent sur la première partie de la réponse qui s'appuie sur des comparaisons avec des grandeurs finies, ils ne comprennent pas que Leibniz soutienne qu'une différentielle soit une quantité fixe et déterminée de la même manière que la Terre ou une boule. Dans le même article, à la suite de la réponse de Leibniz, un commentaire suit, écrit en italique, dans lequel Gouye exprime son incompréhension ainsi que celle de tous ses pairs :

> Quelques géomètres, qui ont examiné avec beaucoup de soin l'analyse des infiniment petits de Mr. Le Marquis de l'Hôpital, & qui font même profession de suivre sa méthode, disent qu'il y faut prendre l'infini à la rigueur, & non pas comme Mr. Leibnitz l'explique icy[51].

Varignon adresse une première lettre à Leibniz le 28 novembre 1701, dans laquelle il prie le savant allemand d'éclaircir ses propos parus dans le *Journal de Trévoux* :

> M. l'Abbé de Gallois, qui est celuy qui le [Rolle] fait agir, repand ici que vous avez déclaré n'entendre par différentielle ou Infiniment petit, qu'une grandeur à la vérité tres petite, mais toujours fixe et determinée, telle que la Terre par raport au firmament, ou un grain de sable par raport à la Terre [...] (A III 8, 799)

Varignon ne comprend pas pourquoi Leibniz fournit une explication des différents genres d'infinis en faisant une analogie avec des exemples d'ordre fini. Il est embarrassé car cette déclaration conforte les ennemis du calcul différentiel sur le manque de son bien-fondé. Lui-même avait présenté les différentielles tout autrement pendant la séance académique du 7 août :

> au lieu que j'ay appelé *Infiment petit* ou *differentielle* d'une grandeur ce en quoy cette grandeur est Inépuisable. J'ay, dis-je, appelé *Infini* ou *Indéfini*, tout Inépuisable ; et *Infiniment* ou *Indéfiniment* petit par raport à une grandeur, ce en quoy elle est inépuisable. D'où j'ay conclu que dans le calcul differentiel, *Infini, Indéfini, Inépuisable en grandeur, plus grand que quelque grandeur qu'on puisse assigner*, ou *Indéterminablement grand* ne signifient que la même chose,

51 « Mémoire de Mr. Leibnitz touchant son sentiment sur le calcul différentiel », *op. cit.*, p. 404.

non plus qu'*Infiniment* ou *Indéfiniment petit, plus petit que quelque grandeur qu'on puisse assigner*, ou *Indéterminablement petit.* (*ibid.*)

En attendant la réponse de Leibniz[52], Varignon écrit à Jean Bernoulli le 20 janvier 1702[53]. Il lui demande d'insister auprès de Leibniz pour obtenir une réponse à des questions précises :

> Obligez, je vous prie, M. Leibnitz à s'expliquer incessamment sur cela, & de nous dire 1° Ce qu'il entend par son Infini à la rigueur ; le mot d'infini a deux sens bien differens. Le premier est celuy des mathematiciens & des autres philosophes, qui appelent Infini tout ce qui est inépuisable dans le sens qu'ils le disent infini.

Puis, il cite des passages d'Aristote dans lesquels le philosophe définit l'infini potentiel et il indique que c'est à cette définition qu'il s'est référé dans sa réponse à Rolle du 7 août. L'autre sens est celui d'un infini « qui comprend tout ». Il souligne qu'à partir de ce sens il n'est pas possible de concevoir des infinis de différents ordres. Il espère que « l'infini à la rigueur » corresponde au deuxième sens car ainsi « nos ennemis seront battus » (*ibid.* p. 310). En attendant la réponse de Leibniz, Varignon explique aux objecteurs que le savant allemand « ne fait là qu'une comparaison grossière pour se faire entendre aux moins intelligens » puisqu'il ne s'agit ici que de grandeurs finies et comparables entre elles contrairement aux différentielles qui sont incomparables par rapport à leurs intégrales.

Leibniz répond dès réception de la lettre, le 2 février 1702[54]. Il adresse cette lettre non seulement à Varignon mais aussi aux membres de l'Académie, concernés par le débat, et dont il sait qu'ils attendent des éclaircissements sur le statut des infiniment petits du calcul différentiel :

> Je vous suis bien obligé, Monsieur, & à vos sçavans, qui me font l'honneur de faire quelque reflexion sur ce que j'avois écrit à un de mes amis (*ibid.*).

Cette lettre est publiée en entier dans le *Journal des Sçavans* du 20 mars 1702[55].

52 Le 2 février 1702, Leibniz reçoit la lettre du 28 novembre 1701 et il y répond immédiatement.
53 Lettre de Varignon à Jean Bernoulli du 20 janvier 1702, *DBJB*, 2, p. 310.
54 Lettre de Leibniz à Varignon du 2 février 1702, A III, 9, p. 11-17.
55 « Extrait d'une lettre de M. Leibnitz à M. Varignon, contenant l'explication de ce qu'on a rapporté de luy dans les Memoires des mois de Novembre et Decembre derniers », *JS*, 20 mars 1702, p. 183-186.

Tout d'abord il défend l'autonomie de son calcul : « on n'a pas besoin de faire dépendre l'Analyse Mathematique des controverses métaphysiques » (*ibid.*, p. 183), c'est-à-dire qu'il n'est pas nécessaire de « s'asseurer qu'il y a dans la nature des lignes infiniment petites à la rigueur, en comparaison des nôtres ». Par-là, il veut faire comprendre que dans la pratique calculatoire il est possible de mettre entre parenthèses la nature des différentielles, la fécondité du procédé n'en sera pas affectée. C'est pourquoi il s'est autorisé, dans l'article du *Journal de Trévoux*, « d'expliquer l'infini par l'incomparable » que l'on peut « entendre comme on veut, soit comme des infinis à la rigueur, soit des grandeurs seulement qui n'entrent point en ligne de compte les unes au prix des autres » (*ibid.*, p. 183). Il souligne que cela ne conduit nullement à considérer les différentielles comme des quantités « déterminées ou fixes ». Cet argument est renforcé plus avant dans la réponse, par une comparaison avec l'usage des racines imaginaires :

> D'où il s'ensuit que si quelqu'un n'admet point les lignes infinies & infiniment petites à la rigueur métaphysique & comme des choses réelles, il peut s'en servir seurement comme de notions ideales qui abregent le raisonnement ; semblables à ce qu'on appelle Racines imaginaires (*ibid.*, p. 184).

Les différentielles, tout comme les imaginaires, ne sont pas des choses réelles mais des notions idéales. Dans la lettre suivante, il explique qu'il y a déjà quelques années, il avait déjà déclaré à Jean Bernoulli son point de vue sur le statut des infiniment petits, et qu'à l'époque il concevait déjà les infinis ou les infiniment petits comme « des fictions estant utiles et fondées en réalités[56] ». Dans la lettre du mois de juin suivant, il affirme à Varignon qu'il n'est pas persuadé qu'il faille considérer les infiniment petits autrement que « comme des choses idéales ou des fictions bien fondées[57] ». Dans la lettre du 2 février 1702, il insiste sur la nécessité de les considérer comme telles. En effet, c'est ainsi que les imaginaires servent à « exprimer analytiquement des grandeurs réelles » – il cite l'expression analytique de la solution correspondant au problème de trisection de l'angle –, et que les différentielles établissent « le calcul des transcendantes ». Les Anciens, « faute d'un calcul », ne parvenaient qu'à des « vérités débarassées », c'est-à-dire qu'elles ne montraient pas la voie

56 Lettre de Leibniz à Varignon du 14 avril 1702, A III, 9, p. 55.
57 Lettre de Leibniz à Varignon du 20 juin 1702, A III 9, p. 102.

de l'invention contrairement à ce que conduit l'Analyse de l'infini grâce à l'intervention des « différences qui sont sur le point de s'évanouir ». Cette analyse rend possible le calcul sur les transcendantes et de manière générale parvient à une connaissance du continu.

Leibniz insiste bien sur le fait que comprendre les différentielles comme des notions idéales ne conduit pas à une « dégradation » de la science de l'infini qui serait « réduite à des fictions », tout au contraire :

> On peut dire de même que les infinis & infiniment petits sont tellement fondez que tout se fait dans la Géométrie, & même dans la nature, comme si c'étoient des parfaites realitez : Témoins non seulement notre Analyse Geometrique des Transcendantes, mais encore ma loy de continuité, en vertu de laquelle il est permis de considerer le repos, comme un mouvement infiniment petit [...]. Cependant on peut dire en general que toute la continuité est une chose ideale, & qu'il n'y a jamais rien dans la nature qui ait des parties parfaitement uniformes : Mais en récompense le réel ne se laisse pas se gouverner parfaitement par l'ideal & l'abstrait ; & il se trouve que les Regles du fini réussissent dans l'infini, [...][58]

Ainsi, pour concilier le continu et le discontinu, le fini et l'infini, l'usage du « comme si » est requis. La continuité est bien une chose idéale mais qui donne accès à la connaissance du réel : elle « ne se laisse gouverner parfaitement par l'idéal et l'abstrait ». Les différentielles ne sont pas des quantités déterminées : en les considérant comme des notions idéales, elles traduisent « les affections des grandeurs ».

Dans la lettre à Jean Bernoulli du 22 mars 1702, Varignon explique que Gouye et La Hire semblent satisfaits de la réponse de Leibniz. Gouye ne comprend pas pourquoi Leibniz s'est si mal expliqué dans sa réponse au *Journal de Trévoux* concernant le statut de l'infini rigoureux :

> Le P. Gouye a été fort surpris d'y voir que l'infini rigoureux que M. Leibnitz dit inutile pour son calcul, n'est qu'un infini réel et existant, & non pas l'infini ideal ou l'inépuisable per mentem [...][59].

Cet épisode montre que malgré toutes les clarifications chacune des conceptions concernant les différentielles reste trop confuse pour qu'il soit possible d'établir un véritable accord entre les acteurs, même au sein de ceux qui partagent et défendent la pratique du calcul différentiel. En faisant appel à l'infini potentiel, Varignon accorde à la différentielle le statut d'une

58 Lettre de Varignon à Leibniz du 2 février 1702, *DBJB*, 2, p. 13.
59 Lettre de Pierre Varignon à Jean Bernoulli du 22 mars 1702, *DBJB*, 2, p. 312.

grandeur aussi petite que souhaitée. Par le biais de la notion de variabilité, il rapproche sa conception de celle newtonienne d'évanescent. Néanmoins, il conçoit également, comme Jean Bernoulli, la différentielle comme réelle et procédant d'une division infinie actuelle. Leibniz ne saurait adhérer à cette conception. D'après lui, la notion de différentielle est une notion purement imaginaire et c'est en raison de son idéalité que, malgré son apparente contradiction, elle peut être utilisée sans difficultés en mathématiques.

LES CRITIQUES DU CALCUL EN TANT QUE CALCUL

À partir du 1er décembre 1700, par la lecture de mémoires, Rolle attaque le calcul différentiel. Selon lui, il manquerait d'exactitude. Pour ce faire, il propose plusieurs exemples de courbes pour lesquelles, selon lui, l'application du calcul leibnizien aboutit à des résultats insatisfaisants. Il veut en outre montrer que le calcul leibnizien n'apporte rien de nouveau puisqu'il ne fait en définitive que déguiser les méthodes de Fermat ou celles de Hudde.

Les interventions de Rolle conduisent à des réponses de la part de Varignon mais également à des interventions d'autres membres de l'Académie. Varignon sollicite également Jean Bernoulli et Leibniz pour qu'ils amendent des écrits en réponse aux attaques de Rolle. Le débat devient ainsi une affaire de la République des Lettres.

L'OFFENSIVE À L'ACADÉMIE : LA MÉTHODE DE HUDDE *VS* LE CALCUL LEIBNIZIEN

Autour de la section X de l'Analyse des infiniment petits, le premier exemple

Le 1er décembre 1700[60], parmi d'autres critiques, Rolle remet en question les conclusions de la section X de l'*AI*[61]. Pour rappel, dans celle-ci, L'Hospital déduisait du calcul des différences la Méthode de

60 Michel Rolle, « Extrait de l'écrit de Mr Rolle contre la Géométrie des infiniment petits », 1er décembre 1700, *PVARS*, t. 19, fo 394ro-396 vo.

61 Voir au chapitre « Le traité *Analyse des infiniment petits pour l'intelligence des lignes courbes* », p. 251 de cet ouvrage, le paragraphe intitulé « Descartes subsumé : la section X ».

Descartes et de Hudde. Le corollaire III de l'*AI*[62] concerne des courbes *ADB* telles que les parallèles au diamètre *AB* rencontrent la courbe en deux points. L'Hospital nomme *AP* ou *KM* par x, et *PM* ou *AK* par y. Pour chaque y, il y a deux valeurs distinctes de x sauf pour un *extremum*. Pour trouver ce dernier, le corollaire préconise de délivrer l'équation de la courbe d'incommensurables, afin que lorsque y est regardée comme connue (donc $dy = 0$), l'inconnue x « qui marque les racines » de l'équation puisse avoir deux racines distinctes.

Ce corollaire est suivi de la proposition I où est expliqué comment trouver « un plus grand ou un moindre » en usant des différences. Il faut considérer que pour un *extremum*, la différence devient infiniment petite (ou nulle) (Corollaire, *ibid.*, p. 164).

La proposition est suivie d'une application sur le folium de Descartes. Cette courbe a une équation algébrique et ne nécessite donc pas d'être délivrée au préalable d'incommensurables. Or les critiques de Rolle portent sur la nécessité et la légitimité de la transformation d'une équation donnée en une autre délivrée d'incommensurables. Il explique qu'admettre ce corollaire conduit à affirmer que si les incommensurables ne sont pas ôtés de la première égalité, la première équation ne possèdera pas deux racines distinctes pour x et donc que « l'opération qui se fait pour ôter les incommensurables » introduit des racines différentes[63]. Il indique que cela s'avère faux pour nombre d'égalités, en particulier pour toutes les égalités de degré pair. Il défie la géométrie des infiniment petits à trouver les *extrema* de la courbe d'équation :

$$axx + byy = c\sqrt{4xxyy - 2ayy - xxyd + nnyy - rrxx + py^3 - qx^3 + d^4}.$$

Cet exemple est le premier d'une longue liste que Rolle soumet aux défenseurs de l'Analyse des infinis, persuadé qu'ils échoueront à le résoudre[64]. Pendant les séances du 16 mars[65] et du 2 juillet 1701, Rolle

62 *AI*, section X, corollaire III, p. 165.

63 Michel Rolle, « Extrait de l'écrit de Mr Rolle contre la Géométrie des infiniment petits », 1er décembre 1700, *PVARS*, t. 19, f° 395 r°.

64 Dans une lettre à Jean Bernoulli du 30 décembre 1700, Varignon se moque de la tactique de Rolle. Ce dernier est convaincu de la supériorité de la méthode de Hudde, cependant : « nous verrons laquelle des deux methodes va le plus loin : les seules courbes mécaniques, la necessité de faire evanouir les signes radicaux dans la methode de Mr. Hudde ; &c. devroient bien luy imposer silence », *DBJB*, 2, p. 266.

65 « Mr Rolle a fini son troisième écrit contre la Geometrie des Inf petits. Troisièmes Remarques sur les principes de la Geometrie des Inf. Petits », 16 mars 1701, *PVARS*, t. 20, 95r°.

fournit nombre d'exemples de courbes dont le traitement par le calcul différentiel pour la recherche d'*extrema* conduit à des résultats insuffisants et qui remettent en question l'exactitude de la « Géométrie transcendante ». Varignon élabore des réponses, la plupart sont lues pendant les séances du 9 juillet et le 6 août 1701, et certaines sont restées inédites[66].

Certains exemples sont examinés en les accompagnant des réponses de Varignon.

Dans le premier exemple, décrit lors de la séance du 16 mars, Rolle considère la courbe géométrique DD d'axe AP dont l'équation, notée B, est :

$$y-b=\frac{(xx-2ax+aa-bb)^{\frac{2}{3}}}{a^{\frac{1}{3}}} \quad (B)$$

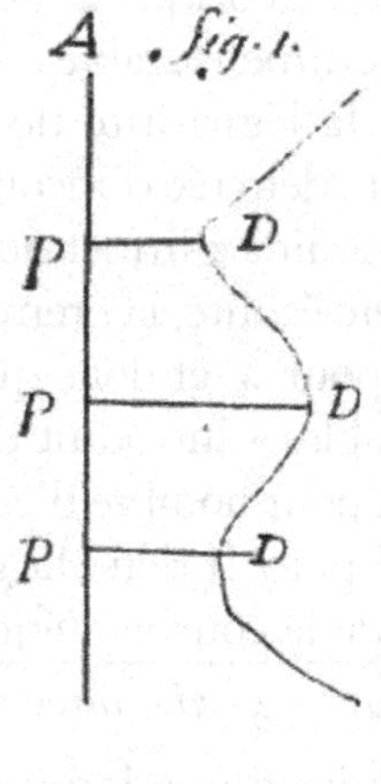

FIG. 86 – Michel Rolle, « Troisièmes remarques sur les Principes des infiniment petits »; 16 mars, 1701, *PVARS*, t. 20, f° 95r°, Archives de l'Académie des sciences, © Bibliothèque nationale de France.

Il est requis de trouver « les plus grandes et les plus petites appliquées ». Il accompagne cette équation de la figure représentant la courbe qu'il a tracée en supposant premièrement que la courbe possède deux *minima* et un *maximum* en trois points distincts et deuxièmement qu'en chacun de ces points, la tangente est parallèle à l'axe AP.

66 Elles ont été conservées par Reyneau dans le manuscrit précédemment cité et nommé par « *Annexe* ».

Le but de Rolle en lisant ce mémoire est de résoudre ce problème au moyen du calcul leibnizien puis de comparer cette résolution avec celle obtenue par la méthode de Hudde. Pour ce faire, comme il a affirmé que les trois *extrema* sont atteints en des points où la tangente est parallèle à l'axe AP, il cherche les valeurs pour lesquelles $dy=0$. D'après la section X de l'*AI*, le traitement de ce cas permet de « déduire la méthode de Hudde ».

Rolle souligne que l'égalité $B: \; y-b=\frac{(xx-2ax+aa-bb)^{\frac{2}{3}}}{a^{\frac{1}{3}}}$ est présentée « sous la forme que l'on affecte le plus dans la Geometrie, Lors que l'on veut marquer l'excellence des Methodes qui luy sont particulieres » (*ibid.*, 95v°). En effet, le propre du calcul différentiel est de posséder des règles qui permettent d'opérer directement sur des expressions avec des incommensurables.

Il différentie donc B pour obtenir l'égalité C :

$$dy=\frac{4xdx-4adx}{3\sqrt[3]{axx-2aax+a^3-abb}} \quad (C)$$

Puis il explique que

> La méthode veut que la valeur de dy soit égale à zéro, et l'on suppose dans cette Méthode que cela arriveroit toujours si l'on détruisoit le Numérateur (*ibid.*).

En annulant le numérateur, il obtient

$$4xdx-4adx,$$

c'est-à-dire

$$x=a.$$

« Selon la méthode des Infinis », il n'y aurait donc qu'une seule solution. Or, il explique qu'en appliquant la méthode de Hudde, trois solutions sont obtenues :

$$x=a, \; x=a+b \text{ et } x=a-b$$

qui d'ailleurs « se reconnoissent fort bien dans la figure [celle que lui a tracée] » (*ibid.*, 96r°). Il faut donc qu'une au moins des deux méthodes soit défectueuse. Or, il n'y a que celle de Hudde qui s'accorde avec « ce qui est » (*ibid.*), puisque la figure de Rolle présente une courbe qui possède trois *extrema* à tangente parallèle à l'axe. Rolle rappelle ensuite que la méthode de Hudde a été déduite dans l'*AI* (section X) en résolvant $dy=0$: « et la seconde doit passer pour certaine dans la Geometrie transcendante puisque l'on pretend d'en avoir démontré l'infaillibilité dans l'analyse des Infiniment petits, section 10 » (*ibid.*, f° 96v°). Il conclut donc que « la géométrie des infinis est défectueuse ».

Rolle n'a pas oublié le cas dy infiniment grand (qui aurait donné les autres solutions obtenues par Hudde). Il suit la section de l'*AI* qui prescrit de chercher $dy=0$ pour le cas de tangentes parallèles à l'axe.

Rolle explique que pour retrouver avec le calcul différentiel les trois solutions obtenues par la méthode de Hudde, il suffit de faire évanouir les signes radicaux de l'égalité puis de résoudre $dy=0$ [67]. Cependant, cette résolution ne serait alors différente de celle de Fermat « que par des caractères ou par des mots ». Par conséquent, il juge qu'il n'y aucun « avantage » à tirer de l'infini. De plus, la méthode des infinis ne s'accorde pas avec soi-même car selon que les radicaux soient ôtés ou pas, les solutions ne sont pas les mêmes[68].

La réponse de Varignon

Varignon élabore sa réponse et l'envoie à Jean Bernoulli le 24 mars 1701 en le priant de lui « dire au plus tost ce que vous en pensez[69] ». Cette réponse est également envoyée à Leibniz qui répond à Jean Bernoulli le 19 avril 1701[70]. Lors de la séance académique du 9 juillet 1701, Varignon reprend, concernant cet exemple, presque intégralement l'envoi à Jean Bernoulli du 24 mars.

Au début de la lecture du 9 juillet, il résume les objections de Rolle en trois points :

> Ce sont les propres termes de MR Rolle dans lesquels on voit :
> 1° Qu'il prend la courbe *DD* de la figure première par celle qui se forme par le moyen de l'égalité B.

---

67 En élevant au cube $y-b=\frac{(xx-2ax+aa-bb)^{\frac{2}{3}}}{a^{\frac{1}{3}}}$, on obtient : $a(y-b)^3=(xx-2ax+a^2-b^2)^2$ puis en différentiant : $3a(y-b)^2\,dy=2(xx-2ax+a^2-b^2)^2(2x-2a)dx$, soit $dy=\frac{2(xx-2ax+a^2-b^2)^2(2x-2a)}{3a(y-b)^2}dx$, d'où en faisant $dy=0$, on trouve les trois solutions obtenues par Hudde.

68 Des critiques du même type sont répétées dans *SI*, p. 331.

69 Lettre de Varignon à Jean Bernoulli du 24 mars 1701, *DBJB*, 2, p. 271.

70 Lettre de Jean Bernoulli à Leibniz du 11 avril 1701, Leibniz, A III, 8, p. 631.

2° Il prétend que l'égalité C ne donne pas tous les *maxima* ou *minima* de la question.

3° Il prétend enfin que le Calcul differentiel donne des choses différentes, selon qu'on conserve, ou qu'on en fait évanoüir les signes radicaux ; et qu'ainsy le calcul ne s'accorde pas avec soy même[71].

En réponse aux deux premiers reproches, Varignon affirme que la figure tracée par Rolle est erronée. Il explique que le contour de la figure dépend de la « nature des Maxima ou Minima », c'est-à-dire « des différentes positions des Tangentes auxquels ils répondent » (*ibid.*, f° 237r°). Trouver « au juste » ce contour nécessite une méthode qui puisse discerner ces positions entre elles. Or, le propre du calcul différentiel « par le moyen des dy et dx alternativement égales à zéro » est de déterminer les tangentes à l'axe ou aux appliquées (*ibid.*). En appliquant cette méthode, il obtient, comme Rolle, $x=a$ pour $dy=0$, puis $x=a-b$ et $x=a+b$ pour dy « infini par rapport à dx », c'est-à-dire $dx=0$. Ainsi, la courbe a une tangente parallèle à l'axe pour $x=a$ et deux tangentes perpendiculaires pour $x=a-b$ et $x=a+b$. La figure correcte n'est donc pas celle fournie par Rolle, mais celle que livre Varignon représentée *infra*.

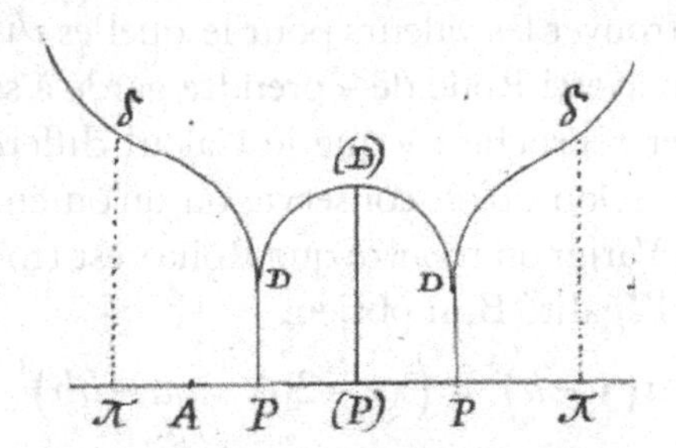

FIG. 87 – Pierre Varignon, « Réponse au second des reproches d'erreur que Mr Rolle fait au Calcul différentiel », 9 juillet 1701, *PVARS*, f° 237r°, Archives de l'Académie des sciences, © Bibliothèque nationale de France.

Varignon a donc montré que l'égalité C : $dy = \frac{4xdx - 4adx}{3\sqrt[3]{axx - 2aax + a^3 - abb}}$, résultant de l'application du calcul différentiel permet de trouver tous

71 Pierre Varignon, « Réponse au second reproches d'erreur, que Mr Rolle fait au calcul différentiel », 9 juillet 1701, *PVARS*, t. 20, f° 236r°.

les *extrema* et d'ainsi parfaire le contour de la courbe, alors que Rolle avait fourni une allure erronée. Le calcul différentiel, en précisant « les positions des tangentes », est donc plus propre à l'intelligence des lignes courbes.

Dans la suite de son exposé, Varignon s'attache à montrer les insuffisances de la méthode de Hudde pour l'analyse des courbes. En ôtant les signes radicaux de l'égalité B : $y-b=\frac{(xx-2ax+aa-bb)^{\frac{2}{3}}}{a^{\frac{1}{3}}}$, et en appliquant la méthode de Hudde[72], Varignon trouve l'égalité

$$x^3-3ax^2+3a^2x-a^3+ab^2=0$$

qui conduit à

$$x=a, x=a-b \text{ et } x=a+b.$$

Cependant, ces valeurs de x ne sont pas nécessairement des valeurs pour lesquelles les tangentes sont parallèles à l'axe de la courbe. Comme le signale Varignon, Rolle était convaincu du contraire et c'est pour cela qu'il a proposé une forme de courbe erronée et c'est aussi pour cela qu'il n'a pas cherché à trouver les valeurs pour lesquelles $dy=\infty$ [73]. Pourtant La Hire avait bien averti Rolle de « prendre garde à son calcul[74] ».

Pour le dernier reproche : « que le Calcul differentiel donne des choses différentes, selon qu'on conserve, ou qu'on en fait évanoüir les signes radicaux », Varignon montre que Rolle s'est trompé. En ôtant les signes radicaux à l'égalité B, il obtient

$$a(y-b)^3=(xx-2ax+aa-bb)^2$$

72 En effet, B devient $a(y-b)^3=(xx-2ax+aa-bb)^2$. Pour trouver les extrema de y, il suffit de treouver les extrema de $a(y-b)^3$. En appliquant la méthode de Hudde à $(xx-2ax+aa-bb)^2=x^4-4ax^3+(6a^2-2b^2)x^2-(4a^3-4ab^2)x+(a^4-2a^2b^2+b^4)$, c'est-à-dire en multipliant par la suite d'entiers 4, 3, 2, 1 et 0 chacun des monômes, on obtient l'égalité : $x^3-3ax^2+3a^2x-a^3+ab^2=0$.

73 « Et cette représentation, qu'on supposoit vraye sur la planche à l'académie, fiss qu'en differentiant l'égalité B proposée, la valeur de *dy* égalée à zero, ne donoit qu'un de ces points », *PVARS*, t. 20, f° 238 r°. Ce detail ne semble pas être remarqué par Paolo Mancosu, *Philosophy of Mathematics & Mathematical Practice in the Seventeenth Century*, *op. cit.*, p. 169.

74 *PVARS*, t. 20, f° 238v°. Varignon ajoute un argument : si la courbe avait la forme de celle proposée par Rolle, elle aurait nécessairement deux points d'inflexion entre les trois points *D*, *D*, *D*. Il défie Rolle de prouver leur existence.

en développant

$$ay^3 - 3aby^2 + 3ab^2y - ab^3 =$$
$$x^4 - 4ax^3 + ba^2x^2 - 2b^2x^2 - 4a^3x + 4ab^2x - 2a^2b^2 + b^4$$

puis en différentiant et en isolant dy

$$dy = \frac{4x^3 - 12axx + 12aax - 4bbx - 4a^3 + 4abb}{3ayy - 6aby + 3abb}dx$$
$$= \frac{(4x - 4a)(xx - 2ax + aa - bb)}{3a(y - b)^2}dx$$

Cette égalité ne permet pas de trouver les *extrema* requis puisqu'en faisant $dy = 0$, Rolle avait obtenu $x = a, x = a - b$ et $x = a + b$. Ce résultat l'a conduit à affirmer que « le calcul ne s'accorde pas avec soy même ». Or cette égalité peut être simplifiée en utilisant l'égalité B, Varignon l'effectue et obtient

$$dy = \frac{4xdx - 4adx}{3\sqrt[3]{axx - 2ax + aa - bb}}$$

Cette égalité est la même que celle trouvée par Rolle sans faire évanouir les signes radicaux de l'égalité B.

En éclaircissant, devant la Compagnie, les difficultés soulevées par Rolle au moyen de cet exemple, Varignon illustre les avantages du calcul différentiel : il donne « exactement tous les *maxima* & *minima* de la question » et « toutes les situations des tangentes auxquelles ils se rapportent ». Par rapport à celles-ci, « elle en fait un discernement absolument nécessaire pour déterminer au juste le contour de la figure cherchée », contrairement à la méthode algébrique de Hudde « ne la donant qu'en gros, et sans aucun discernement par rapport aux differentes positions » (*ibid.*, f° 239r°).

Dans la même lettre à Jean Bernoulli du 24 mars 1701[75], Varignon explique qu'en appliquant la méthode de Hudde à l'égalité B sans incommensurables, il obtient bien l'égalité

$$x^3 - 3ax^2 + 3a^2x - a^3 + ab^2 = 0,$$

qui fournit

$$x = a, x = a - b \text{ et } x = a + b.$$

75 Lettre de Varignon à Jean Bernoulli du 24 mars 1701, *DBJB*, 3, p. 273.

Certes, parmi ces racines, certaines correspondent à des tangentes parallèles à l'axe mais toutes ne correspondent pas nécessairement à ce cas. Il affirme que pour « s'en convaincre », il suffit d'appliquer la méthode de Hudde non pas aux x mais aux y, c'est-à-dire à l'égalité $y^3 - 3y^2b + 3yb^2 - b^3$, ce qui conduit, en multipliant chacun des monômes par la suite 3, 2, 1, 0 à l'égalité $y^2 - 2by + bb = 0$, dont la seule racine est $y = b$ qui correspond à $x = a - b$ et $x = a + b$. Ce sont donc, d'après lui, les racines correspondant à des tangentes perpendiculaires à l'axe[76]. Il déduit des deux applications de Hudde que la méthode algébrique s'accorde bien avec le calcul différentiel, contrairement à ce qu'avançait Rolle.

Discussions autour de cet exemple

Jean Bernoulli envoie des extraits de la lettre du 24 mars 1701 à Leibniz pour que ce dernier donne son avis. Dans sa réponse du 19 avril 1701[77], Leibniz juge que les objections de Rolle ont été résolues de manière satisfaisante par Varignon mais il souhaite « adjouter quelques petites remarques ».

Une des remarques concerne l'application de la méthode de Hudde pour la recherche d'*extrema*. La recherche des valeurs pour lesquelles $dx = 0$ (correspondant aux cas de la tangente perpendiculaire à l'axe) conduit à $y - b = 0$. Leibniz traduit cette égalité par l'égalité $xx - 2ax + aa - bb = 0$. Or, cette égalité est la même que celle obtenue par la méthode de Hudde appliquée aux y. Les racines de cette équation fournissent donc bien les points où la tangente est perpendiculaire à l'axe. Comme l'application de Hudde sur l'égalité en x conduisait à

$$\left(x^2 - 2ax + aa - bb\right)\left(x - a\right) = 0$$

et comme seule la racine a est retenue, il affirme que l'égalité

$$\left(x^2 - 2ax + aa - bb\right) = 0$$

n'est là que « par accident » puisqu'elle ne correspond à aucun point où la tangente est parallèle à l'axe. Il revient ensuite à l'égalité

76 Varignon ne se rend pas compte qu'il ne peut pas plus ici conclure à des tangentes perpendiculaires à l'axe qu'il ne peut le faire pour des tangentes parallèles à l'axe.

77 Ce supplément à la lettre de Leibniz du 19 avril 1701 n'a pas été retrouvé mais il en existe un brouillon manuscrit, note 2 de cette lettre, A III, 8, p. 618.

$$a(y-b)^3 = (xx-2ax+aa-bb)^2.$$

En posant $z = x - a$ et $v = y - b$, cela donne

$$av^3 = (zz-bb)^2 \text{ ou } v\sqrt[3]{a} = (zz-bb)^{\frac{2}{3}}.$$

Puis en différentiant :

$$dv = \frac{4zdz}{3\sqrt[3]{azz-abb}}$$

En vue de trouver les *extrema* et la position de leur tangente, il raisonne ensuite à partir de cette dernière égalité. Il fait remarquer que pour satisfaire à $dv\ (i.e.\ dy) = 0$, il y a deux possibilités. La première est $z = 0$ (*i.e.* $x = a$) – qui correspond au maximum (D) et qui a déjà été trouvé – une deuxième se produit également pour $dz = 0$. Leibniz affirme que ce dernier cas correspond aux *minima* de la courbe, c'est-à-dire à l'un des points D (fig. 87). Ainsi, dans le cas des *minima*, alors que la tangente est perpendiculaire à l'axe, il y aurait simultanément $dv = 0$ et $dz = 0$[78]. À ces évidences calculatoires, il souhaite ajouter une interprétation géométrique.

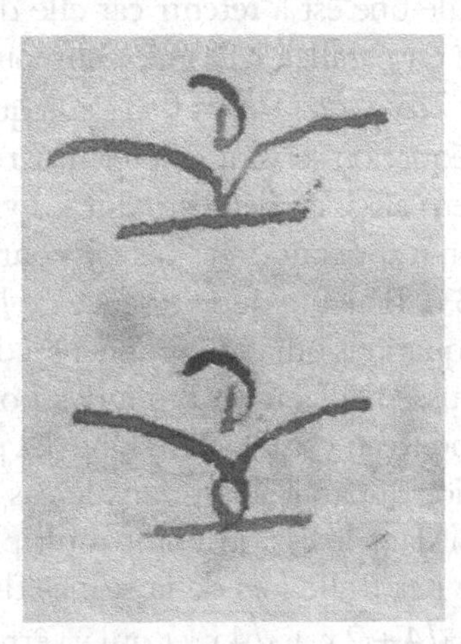

FIG. 88 – G. W. Leibniz, LK-MOW Bernoulli20 Bl. A47, 19 avril 1701, © Gottfried Wilhelm Leibniz Bibliothek Hannover.

78 Leibniz n'écrit pas qu'aux *minima* $z = \pm b$, le dénominateur $3\sqrt[3]{azz-abb}$ de l'expression de dv s'annule aussi.

Il explique que le point D est le résultat de la déformation d'une courbe recourbée qui possède une tangente parallèle à l'axe des abscisses en un de ses points (en bas sur la fig. 88). Lorsque la « sinuosité de la recourbure » de la courbe « s'évanouit » – c'est-à-dire lorsque la courbe ne revient plus sur elle-même –, Leibniz affirme que la propriété de tangence (parallèle à l'axe des abscisses) est conservée, de sorte qu'« en quelque sens il est vray que la droite parallele à l'axe AP , qui passe par D touche la courbe ». Dans ce cas, non seulement $dz = 0$ mais aussi $dv = 0$.

Il est notable qu'ici Leibniz s'efforce de fournir une représentation géométrique à la double égalité

$$dv = dz = 0$$

qui conduit à faire apparaître le cas du point de rebroussement comme un cas dégénéré d'un cas plus général. Cette explication s'appuie sur la mise en œuvre du principe de continuité, même si Leibniz n'y fait pas explicitement appel.

Jean Bernoulli juge insuffisantes les explications de Leibniz concernant les résultats obtenus par la méthode de Hudde[79]. Il est vrai que l'application de cette méthode à l'égalité en x conduit à trois égalités $x = a, x = a - b$ et $x = a + b$, dont seule une est à retenir car elle détermine le *maximum* pour lequel la tangente est parallèle à l'axe. Néanmoins, il n'est pas exact de dire que l'égalité $x^2 - 2ax + aa - bb = 0$ n'est là que « par accident ». Les deux racines de cette équation servent à déterminer les points de rebroussement, que l'on obtient aussi en déterminant les valeurs pour lesquelles $dx = 0$. Cette équation n'apparaît donc pas ici « par accident » mais « par nécessité » (*ibid.*, p. 633). Il ajoute que l'essence de la méthode de Hudde est de conduire à des équations qui correspondent à des *maxima* ou *minima*, à des points de rebroussement ou encore à des points de « decussation [*decussationis*] ». Par ce nouveau vocable il désigne des points multiples d'une courbe[80]. Cette situation apparaît aussi dans le cas du point multiple de la lemniscate, ou aussi dans le cas du point multiple d'une autre courbe qui avait été proposée par Rolle lors de la séance du 16 mars 1701, dont l'équation est $y = 2 + \sqrt{4 + 2x} + \sqrt{4x}$ et qui va être examinée plus avant.

En revanche, bien que la méthode de Hudde conduise à des équations toutes « nécessaires », son défaut est de ne pas distinguer laquelle

79 Lettre de Jean Bernoulli à Leibniz du 7 mai 1701, *DBJB*, 3, p. 632.

80 Ce terme provient du latin *decussatus* qui signifie « croisé ».

des trois situations envisagées – *extrema*, rebroussement ou point de décussation – convient (*ibid.*, p. 633).

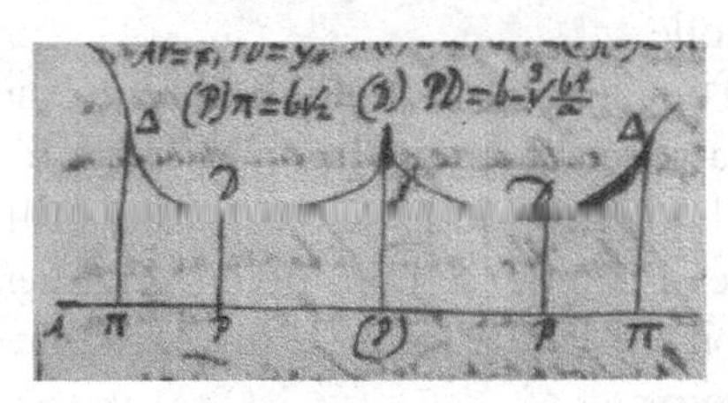

FIG. 89 – Jean Bernoulli, 7 mai 1701, LBr. 57,2, f° 43r°,
© Gottfried Wilhelm Leibniz Bibliothek Hannover.

Pour illustrer ce propos, il modifie légèrement les coefficients de l'équation

$$a(y-b)^3 = (xx-2ax+aa-bb)^2$$

pour considérer la courbe d'équation

$$a(y-b)^3 = (xx-2ax+aa-bb)^2 - b^4$$

La méthode de Hudde appliquée aux x conduit au même résultat qu'en l'appliquant à $(xx-2ax+aa-bb)^2$, c'est-à-dire que l'on aboutit aux trois égalités $x = a$, $x = a - b$ et $x = a + b$.

Cependant, les égalités $x = a - b$ et $x = a + b$ correspondent ici à des *minima* pour lesquels les tangentes sont parallèles à l'axe. La courbe possède deux points de recourbement où la tangente est perpendiculaire à l'axe ; ils s'obtiendraient en résolvant $dx = 0$, mais aussi en appliquant la méthode de Hudde aux y. Celle-ci conduit – comme dans l'équation non modifiée – à l'égalité $y - b = 0$ dont les solutions sont les trois valeurs a et $a \pm b\sqrt{2}$.

Étant donné son désaccord avec le savant allemand, Jean Bernoulli ne transmet pas les remarques de Leibniz à Varignon. En revanche, comme cela se verra *infra*, il donne d'autres précisions concernant la courbe d'équation $y = 2 + \sqrt{4+2x} + \sqrt{4x}$.

La méthode de Hudde est une méthode algébrique qui permet de trouver les racines multiples d'une équation. La présence d'un *extremum* avec une tangente parallèle à l'axe ou d'un point de rebroussement, s'interprète algébriquement par l'existence d'une racine multiple d'une équation. La méthode de Hudde peut donc être utile pour leur recherche. Cependant, elle ne permet pas de distinguer qualitativement ces différents types de points. Ce constat est un argument de taille que les défenseurs du calcul différentiel ne cessent de mettre en avant pour contrecarrer les offensives de Rolle.

Ce récit montre que les objections de Rolle ont conduit les principaux acteurs du débat à préciser de quelle manière le résultat d'un calcul (obtenu par la méthode de Hudde ou par le calcul différentiel) doit être interprété en vue de distinguer certains points singuliers. Elles conduisent aussi à une réflexion sur la possibilité d'une articulation entre ces deux méthodes calculatoires.

Le point de « decussation » interprété par le calcul

Dans la séance du 16 mars 1701[81], Rolle affirme qu'il existe des courbes pour lesquelles la recherche d'*extrema* aboutit à des valeurs réelles qui ne correspondent à rien de réel (*ibid.*, fol. 98v°). Pour illustrer son propos, il propose de traiter la courbe d'équation :

$$y = 2 + \sqrt{4x} + \sqrt{4 + 2x}$$

En différentiant, il trouve

$$dy = \frac{dx\sqrt{4x} + 2dx\sqrt{4 + 2x}}{\sqrt{16x + 8x^2}}$$

puis en résolvant $dy = 0$, il trouve $x = -4$.

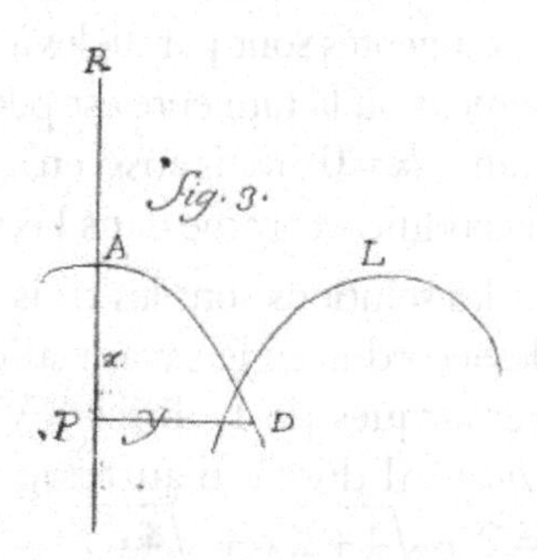

FIG. 90 – Michel Rolle, « Troisièmes remarques sur les Principes des infiniment petits »; 16 mars, 1701, *PVARS*, t. 20, f° 99r°, Archives de l'Académie des sciences, © Bibliothèque nationale de France.

81 Michel Rolle, « Troisièmes remarques sur les principes de la Géométrie des inf. petits », mercredi 16 mars 1701, *PVARS*, t. 20, 98v°.

Or dans ce cas, « si on veut la substituer dans l'égalité proposée, on verra qu'elle ne fournit que des valeurs imaginaires pour l'appliquée y (*ibid.*, 99v°)[82]. En revanche, il explique qu'en faisant évanouir les signes radicaux, l'application de la méthode de Fermat ou de Hudde conduisent aux égalités $x = 2$ et $y = 2$ qui correspondent à un point D où concourent plusieurs « rameaux » (*ibid.*, fol. 100 v°).

La réponse de Varignon n'est pas retranscrite dans les procès-verbaux de l'Académie mais elle peut être reconstituée à partir de deux lettres envoyées à Jean Bernoulli et du manuscrit sur lequel Reyneau avait transcrit les réponses de Varignon[83].

Dans la lettre du 24 mars 1701, Varignon explique à Jean Bernoulli que l'équation

$$y = 2 + \sqrt{4x} + \sqrt{4 + 2x}$$

n'est qu'une des branches de la quartique d'équation

$$y^4 - 8y^3 + 16y^2 + 48xy + 4xx - 12xyy - 64x = 0$$

sur laquelle est appliquée la règle de Hudde. Cette quartique fournit quatre valeurs de y – correspondant chacune à quatre branches d'équations

$$\begin{aligned} (EL) &: y = 2 + \sqrt{4x} + \sqrt{4 + 2x}, \\ (LF) &: y = 2 + \sqrt{4x} - \sqrt{4 + 2x}, \\ (AD) &: y = 2 - \sqrt{4x} + \sqrt{4 + 2x}, \\ (AG) &: y = 2 - \sqrt{4x} - \sqrt{4 + 2x} \end{aligned}$$

Deux seulement de celles-ci se coupent au point D (les branches (LF) et (AD)), toutes les quatres touchent la droite AL[84].

82 Apparemment Rolle ne se rend pas compte que -4 n'est pas solution de $dy = 0$.

83 « 6e Réponse de Mr V. au 5e écrit de M. R lequel écrit est du 2d juil. 1701, et au 3e du même qui est du 12 mars 1701 sur la fin de l'écrit », FR 25302, f° 154r°-155v° ou *Annexe*.

84 L'axe des abscisses est vertical.

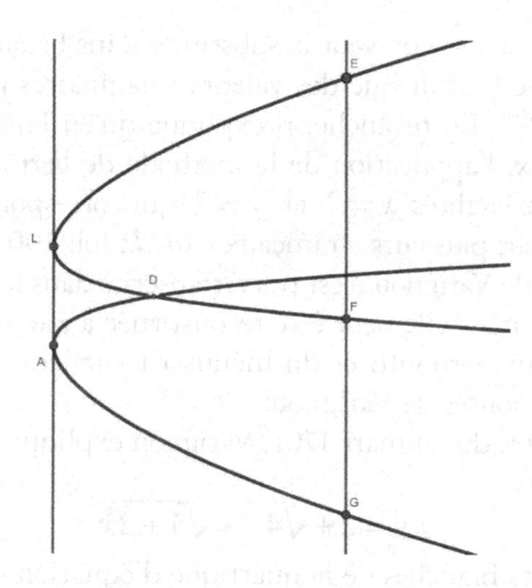

FIG. 91 – Figure réalisée par l'auteure de la quartique d'équation
$y^4 - 8y^3 + 16y^2 + 48xy + 4xx - 12xyy - 64x = 0$ ·

Ainsi, il n'est pas possible qu'en appliquant le calcul différentiel à l'équation

$$y = 2 + \sqrt{4x} + \sqrt{4 + 2x}$$

on trouve autre chose qu'un *minimum*. Or « en faisant $dx = 0$ ou dy infini » dans l'équation $dy = \frac{dx\sqrt{4x} + 2dx\sqrt{4+2x}}{\sqrt{16+8x^2}}$, il trouve un *maximum* égal à 4 « confondu avec une touchante à l'origine des x » qui correspond au point L dans la figure ci-dessus[85].

Par ailleurs, l'application de la méthode de Hudde aux x de l'égalité[86]

$$\begin{array}{l} y^4 - 8y^3 + 16y^2 + 48xy + 4xx = 0 \\ \qquad -12xyy \; -64x \end{array}$$

ou

$$\begin{array}{llll} 4xx - 64x + y^4 & & & \\ \quad +48yx - 8y^3 & & & = 0 \\ \quad -12yyx + 16y^2 & & & \\ 2 \qquad 1 \qquad 0 & & & \end{array}$$

85 Lettre de Varignon à Jean Bernoulli du 24 mars 1701, *DBJB*, 2, p. 277. Ce raisonnement est repris dans le manuscrit.

86 Lettre de Varignon à Jean Bernoulli du 26 mai 1701, *DBJB*, 2, p. 284.

conduit à $8xx-64x+48yx-12yyx=0$ et en divisant par x et en simplifiant, il suit

$$8x-64+48y-12yy=0.$$

Or au point A, $x=0$, donc il trouve $y(AL)=2\pm\sqrt{-\frac{4}{3}}$ qui est imaginaire « quoyque la construction et le calcul différentiel s'accordent à donner $y(AL)=4$ et qu'il s'agisse là de deux racines égales » (*ibid.*, p. 284). Ce résultat surprend Varignon :

> C'est précisément ce qui fait la nouvelle difficulté qui se vient encore tout presentement de se presenter à moy contre la méthode de Hudde[87].

En effet, AL correspond à un *minimum* réel, donc l'application de la méthode de Hudde devrait le déceler. Il sait que la méthode de Hudde ne fait pas connaître si les valeurs correspondent à des *maxima* ou *minima* et que si elle les fait connaître, elle ne discerne pas les positions des tangentes, mais dans ce dernier cas la difficulté est « qu'elle ne donne pas même tousjours tous les points de racines égales » (*ibid.*, p. 283).

Dans la lettre du 5 juillet 1701[88], Jean Bernoulli récuse cette dernière difficulté :

> Que la methode de Mr. Hudde ne donne pas meme toujours les points de racines égales, me paroit sans fondement ; car comme c'est l'essence de cette methode de donner les poins de racines egales, elle ne sçauroit manquer de les donner toutes les fois qu'une courbe en a [...] (*ibid.*, p. 300).

Puis, il éclaircit la difficulté[89]. En cherchant le point L où les « deux points D, D concourent », c'est-à-dire pour lequel « PD et PD deviennent égales », Varignon a confondu les x avec les y. Il fallait donc « multiplier les puissances de y ». Jean Bernoulli effectue cette opération et trouve

$$4y^3-24yy+32y+48x-24xy=0$$

87 Dans le manuscrit il applique la règle de Hudde aux x sans faire $x=0$. En utilisant, $y=2+\sqrt{4x}+\sqrt{4+2x}$, il trouve : $64+128x+64xx=144x+72xx$, soit $x=-4$ ou $x=+2$: « Donc la meth de M. Hud. s'accorde à donner ici $x=-4$ pour le terme d'un *max* ou *min* imaginaire », *ibid.*, f° 155r°. La méthode de Hudde aurait donc le même inconvénient que le calcul différentiel en fournissant une abscisse réelle (-4) qui correspond à une appliquée imaginaire.

88 Lettre de Jean Bernoulli à Varignon du 5 juillet 1701, *DBJB*, 3, p. 299.

89 Ces recommandations ne seront pas prises en compte dans le manuscrit.

En faisant $x=0$, correspondant au point A, il obtient

$$yy-6y+8=0 \text{soit } y=AL=4.$$

ce qui est « conforme à ce que le calcul differentiel donne ». De plus, il indique que l'équation $4y^3-24yy+32y+48x-24xy=0$ est vérifié par le point de « decussation ». En faisant $x=2$ (puisqu'il sait que $AP=2$), il peut diviser l'équation par $y-2$, et il obtient $y=PD=2$.

Bernoulli explique que ce type de point, comme ceux de rebroussement, sont

> indifferens à tout axe ; c'est-à-dire que quelque ligne droite que vous preniez pour l'axe, ce sont toujours les memes poins ; c'est pour cela que vôtre equation $8x-64+48y-12yy=0$ [obtenue par la règle Hudde appliquée aux x] détermine aussy le point de decussation, car en faisant $x=2$, vous aurez $y^2-4y+4=0$, ce qui donne $y=2$ comme tantot (*ibid.*, p. 301).

Dans l'*AI*, cette propriété avait fait l'objet d'une remarque pour les courbes rebroussantes[90], il semblerait que ce soit la première fois qu'elle soit observée pour les points de « decussation[91] ».

Le cas de cette quartique inspire Rolle pour formuler d'autres difficultés. Pendant la séance du 18 février 1702, il lit un mémoire intitulé « Règles pour les tangentes » dans lequel il présente une méthode algébrique pour trouver les tangentes à un point double, en l'appliquant directement au point D de la quartique qui vient d'être éxaminée[92]. Ce mémoire n'est pas publié par l'Académie, le *Journal des Sçavans* s'en charge et publie la totalité de son contenu dans un article qui paraît le 13 avril 1702 et qui s'intitule « Règles et remarques, pour le problème général des tangentes[93] ». Cette publication conduit à une réponse de la partie adverse qui à son tour conduit à une réponse de Rolle, et ainsi de suite.

90 *AI*, section 10, p. 166.

91 Ce que souligne Jeanne Peiffer dans la note 5 de la lettre de Jean Bernoulli à Varignon du 5 juillet 1701.

92 Michel Rolle, « Règles pour les tangentes », samedi 18 février 1702, *PVARS*, t. 21, f° 75r°-78v°.

93 Michel Rolle, « Règles et remarques, pour le problème général des tangentes », *JS*, avril 1702, p. 239-253.

L'INTERDICTION DE DISPUTE TRANSGRESSÉE : LE DÉBAT DÉPLACÉ AU *JOURNAL DES SÇAVANS*

Gallois avait été un des membres de la direction du journal, il reste influent sur les décisions de publication. En fait, ce changement de lieu n'élargit pas pour autant la sphère d'échanges même si les lecteurs du journal constituent un public plus large que celui des membres de l'Académie.

Tentatives pour améliorer le problème général des tangentes

Rolle signe cet article en spécifiant son titre d'académicien. Outre la reprise de la règle des tangentes fournie à l'Académie, il ajoute de nombreux exemples. Comme il l'annonce au début de son article, son dessein est d'améliorer le « problème général des tangentes » par le seul moyen de l'algèbre :

> On a fait un progrez considérable dans la Théorie des lignes courbes, depuis que l'on s'est avisé d'y appliquer l'Algèbre, & de là se forme une Géométrie nouvelle d'une très grande étenduë. Le problème des tangentes n'est pas le plus difficile de ceux qui peuvent servir à cette géométrie. Mais la résolution de ce Problême est un moyen des plus feconds pour découvrir les proprietez les plus cachées de toutes les lignes courbes ; & c'est aussi de tous les Problêmes generaux celui où l'on a le mieux reüssi. Cependant les méthodes qu'on a données pour le résoudre, ne suffisent pas pour découvrir toutes les tangentes des lignes geometriques (*ibid.*, p. 239).

Rolle pointe l'insuffisance des méthodes qui « ont été données » jusqu'à maintenant mais ne mentionne pas les méthodes auxquelles il fait référence. À la suite de ce constat, il fournit des règles qui permettent, selon lui, d'y remédier :

> Ces règles consistent principalement dans une suite d'égalités qui se tirent de la courbe proposée, & qui se produisent les unes par les autres d'une maniere fort praticable [...] il faudra encore faire connoitre icy qu'elles tirent leur origine de l'Analyse ordinaire (*ibid.*, p. 239).

Sa méthode est décrite « en termes analytiques » directement sur un exemple qui est celui de la quartique, déjà étudiée dans les discussions académiques, et dont l'équation est

$$A : y^4 - 8y^3 + 16y^2 - 12xy^2 + 48xy + 4x^2 - 64x = 0$$

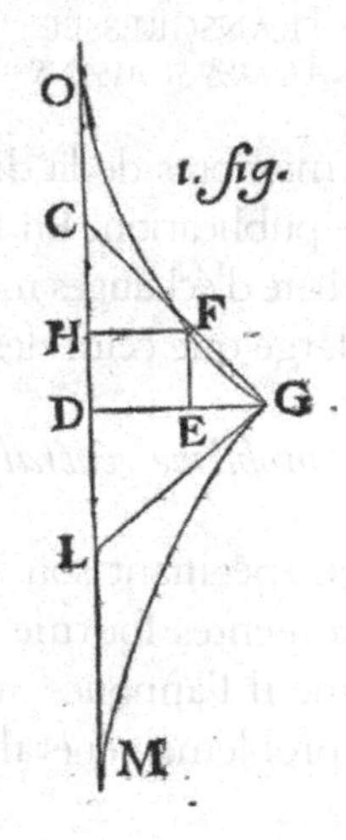

FIG. 92 – Michel Rolle, « Règles et remarques, pour le problème général des tangentes », *JS*, avril 1702, p. 240, © Bibliothèque nationale de France.

Il pose : $OH=y; HF=x, FE=nz; EG=nv$, puis il explique qu'il faut substituer dans l'égalité : $y\ par\ y+nz$ et $x\ par\ x+nv$. Il obtient alors l'égalité B. (voir fig. 93)

Il présente l'égalité obtenue en ordonnant les termes selon des parties disposées suivant les degrés de n. Il décrit ensuite l'algorithme permettant de calculer une partie à partir de la précédente par ordre rétrograde (*ibid.*, p. 241) : la dernière partie de l'égalité B provient toujours de l'égalité A. La pénultième se forme sur le dernier en multipliant tous les y par leur exposant puis en remplaçant par z un seul des y dans le produit, par exemple y^4 est transformé par $4y^3z$. Le même type de procédé est appliqué aux termes en x mais en remplaçant par v. Puis on multiplie par n tous ces produits. On procède de la même façon de la pénultième à l'antépénultième sauf que cette fois-ci, on multiplie par n^2.

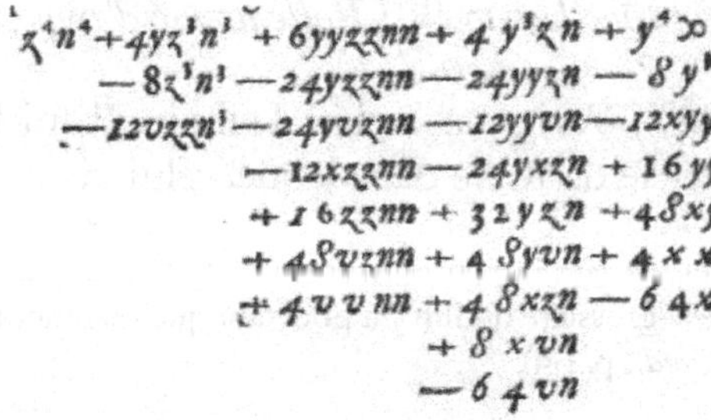

$$
\begin{array}{r}
z^4n^4 + 4yz^3n^3 + 6yyzznn + 4y^3zn + y^4 \propto 0 \\
-8z^3n^3 - 24yzznn - 24yyzn - 8y^3 \\
-12vzzn^3 - 24yvznn - 12yyvn - 12xyy \\
-12xzznn - 24yxzn + 16yy \\
+16zznn + 32yzn + 48xy \\
+48vznn + 48yvn + 4xx \\
+4vvnn + 48xzn - 64x \\
+8xvn \\
-64vn
\end{array}
$$

FIG. 93 – Michel Rolle, « Règles et remarques, pour le problème général des tangentes », *JS*, avril 1702, p. 240, © Bibliothèque nationale de France.

Ce développement sert à trouver la tangente au point correspondant à $x=a$ et $y=b$ de la manière suivante : x et y sont remplacés par a et b dans la partie de premier degré, et si cette partie s'annule, on continue jusqu'à atteindre une partie ne s'annulant pas[94].

Il applique sa technique pour $y=2$ et $x=2$. Cette substitution conduit à l'expression

$$32zn-96zn-48vn-96zn+64zn+96vn+96zn+16vn-64vn$$

qui est nulle. Il passe donc au rang suivant et trouve

$$-32z^2n^2+4v^2n^2$$

Il substitue alors v par 2, et suppose le résultat égal à 0 et obtient :

$$2z^2-1=0 \text{ soit } z=\pm\frac{\sqrt{2}}{2}$$

Il affirme que cet algorithme, conduit jusqu'au deuxième rang, donne la valeur des deux sous-tangentes au point $y=2$ et $x=2$. Il ne démontre pas la validité de ce résultat[95].

Rolle souligne, à la fin de son article, que les règles qu'il a fournies se « forment sur les principes de l'Analyse ordinaire, & sur les idées de M. de Fermat » (*ibid.*, p. 253) et que l'idée de tangente comme sécante qui devient « razante » lorsque $n=0$ est aussi la « tangente selon l'idée de Fermat » (*ibid.*, p. 254). La totalité de l'article est exempte d'allusions à la méthode différentielle.

---

94 Il est facile de vérifier que si la première partie ne s'annule pas, les calculs aboutissent à une formule équivalente à celle de la sous-tangente $s=\frac{xdy}{dx}$.

95 Mathématiquement, ce résultat est équivalent à celui obtenu par le calcul différentiel.

« Exposons les choses aux lecteurs » : Rolle accusé d'imposteur

Le 23 mai 1702[96], Varignon écrit à Leibniz. Il lui fait part de la publication de l'article de Rolle dans lequel celui-ci

> tâche de décrier votre calcul en se servant de ce calcul luy même qu'il déguise d'une manière si grossière qu'il n'y a pourtant que les ignorans qui y puissent être trompés (*ibid.*, p. 64).

Rolle a prétendu que les méthodes qu'il connaît ne suffisent pas au problème général des tangentes. Varignon interprète cette affirmation comme une allusion directe au calcul différentiel. Comme il n'est pas cité dans l'article de Rolle, il ne lui est pas possible d'écrire une lettre directe sans que cela ne contrevienne au silence imposé par l'Académie. Pourtant, Varignon a élaboré une réponse au sujet de laquelle il demande l'avis de Leibniz en lui signalant aussi que cette réponse a été transmise à L'Hospital « pour aider quelqu'un, lequel n'étant point de l'Académie aura plus de Liberté que moy de Repondre à M. Rolle » (*ibid.*). Cette personne s'avère être Joseph Saurin. Outre cela, il prie Leibniz d'y répondre aussi dans les *Acta* afin de « faire voir à ceux que M. Rolle pouroit surprendre, que M. le Marquis de L'Hospital, celuy qui répondra ici, et moy, nous ne sommes pas les seuls qui condamnions M. Rolle » (*ibid.*, p. 66). Il lui indique qu'il entreprendra la même démarche auprès de Jean Bernoulli, ce qu'il réalise effectivement par l'envoi de deux lettres, datées du 24 mai 1702 et du 30 juin 1702[97]. Comme pour Leibniz, il le prie, qu'en répondant, il ne fasse aucune mention ni de lui, ni de ce qui s'est passé entre lui et Rolle à l'Académie.

Cette réponse tarde à être publiée car, comme l'explique Varignon, le journal se vendant très peu, L'Hospital peine à obtenir sa publication[98]. Enfin, le 3 août 1702, l'article est publié. Il est signé par Saurin et s'intitule « Réponse à l'écrit de M. Rolle de l'Académie royale des sciences insérée dans le journal du 13 avril 1702 sous le titre de *Règles et Remarques pour le problème général des tangentes*[99] ». Le contenu de l'article

96 Lettre de Varignon à Leibniz du 23 mai 1702, A III, 9, p. 63.

97 Lettres de Varignon à Jean Bernoulli du 24 mai 1702 et du 30 juin 1702, *DBJB*, 2, p. 314-321.

98 Lettre de Varignon à Jean Bernoulli du 15 août 1702, *DBJB*, 2, p. 324.

99 Joseph Saurin, « Réponse à l'écrit de M. Rolle de l'Académie royale des sciences insérée dans le journal du 13 avril 1702 sous le titre de Règles et Remarques pour le problème général des tangentes », *JS*, 3 août 1702, p. 519-534.

est quasiment identique à l'envoi effectué par Varignon à Leibniz, de sorte que l'auteur sera désigné par la suite par « Varignon/Saurin ».

Dans l'article, Varignon/Saurin exprime son indignation de ce que Rolle ait fait allusion à la fin de son article à l'insuffisance des « méthodes ordinaires » pour trouver les valeurs des tangentes en un point double. Il a interprété cette allusion comme une attaque contre la méthode différentielle. Bien que Rolle n'ait rien écrit de tel, Varignon/Saurin souhaite relever ce qu'il pense être un défi, et illustrer la fécondité de l'algorithme en l'appliquant à plusieurs exemples, en particulier à la quartique. Il promet également de montrer que la méthode différentielle est « la même » que celle que Rolle énonce par ses règles. Rolle n'aurait effectué que des « changements de nom » (*ibid.*, p. 520).

Pour ce faire, Varignon/Saurin calcule

$$\frac{dy}{dx} = \frac{3y^2 - 12y - 2x + 16}{y^3 - 6yy + 8y - 6xy + 12x}$$

Mais la substitution de x par 2 et y par 2 annule simultanément le numérateur et le dénominateur. Il ne peut donc pas appliquer la formule ordinaire de la section 2 de l'*AI*[100].

Varignon/Saurin résout cette difficulté à l'aide de l'article 163 de la section 9 de l'*AI*. Ce dernier énonce que la valeur d'un quotient dont le numérateur et le dénominateur s'annulent en même temps perd son indétermination parce qu'elle est la même que le quotient de la différence du numérateur et de la différence du dénominateur[101]. Varignon/Saurin a l'idée d'appliquer ce résultat au quotient $\frac{dy}{dx}$ précédent et écrit l'égalité

$$\left(\frac{ddy}{ddx}\right) = \frac{dy}{dx} = \frac{6ydy - 12dy - 2dx}{3yydy - 12ydy + 8dy - 6xdy - 6ydx + 12dx}$$

Il substitue x et y chacun d'eux par 2 et il obtient

100 *AI*, p. 11, Section II : « Usage du calcul des différences pour trouver toutes les tangentes de toutes sortes de lignes courbes », art. 9 : « Soit une ligne courbe AMB ($AP = x, PM = y, AB = a$) telle que la valeur de l'appliquée y soit exprimée par une fraction, dont le numérateur et dénominateur deviennent chacun zero lorsque $x = a$, c'est-à-dire lorsque le point P tombe sur le point B. On demande quelle doit être la valeur de l'appliquée BD. [...] si l'on prend la différence du numérateur, & qu'on la divise par la différence du dénominateur, après avoir fait $x = a = Ab$ ou AB, l'on aura la valeur de l'appliquée BD ou bd. »

101 *AI*, section IX, art. 163, p. 145.

$$\frac{dx}{8dy} = \frac{dy}{dx} \text{ soit } (\frac{dy}{dx})^2 = \frac{1}{8}.$$

Comme $x=2$, $(\frac{xdy}{dx})^2 = \frac{4}{8}$ ou encore $\frac{xdy}{dx} = \pm\frac{\sqrt{2}}{2}$. Ainsi Varignon/Saurin, à l'aide du calcul différentiel, obtient les valeurs souhaitées, comme aussi Rolle avec sa méthode algébrique. Varignon/Saurin traite ensuite deux autres courbes proposés par Rolle et trouve les valeurs des sous-tangentes[102]. Il conclut :

> Voilà donc M. Rolle satisfait sur ses trois exemples, & obligé de reconnoître que lors que plusieurs *tangentes conviennent à un même point d'une Courbe*, les méthodes du Calcul différentiel *suffisent pour les découvrir toutes (ibid.*, p. 525).

À la suite de ses démonstrations, Varignon/Saurin montre que les règles de Rolle sont les « mêmes » que celles du calcul différentiel (*ibid.*).

D'après Varignon/Saurin, chaque partie de l'égalité de Rolle obtenue par « calcul rétrograde » n'est qu'une suite d'égalités différentielles où zn et vn ont respectivement remplacé dy et dx. Il applique la méthode différentielle sur l'égalité

$$(\text{A}) : y^4 - 8y^3 + 16y^2 - 12xy^2 + 48xy + 4x^2 - 64x = 0.$$

Il prend la différence de (A), selon les règles prescrites dans AI[103], puis la différence de l'égalité résultante, et ainsi de suite jusqu'à évanouissement de x et de y. Il divise ensuite chaque partie, correspondant au rang n de différentiation, par le produit des entiers naturels de 1 à n. Il obtient alors la même formule (B) que Rolle avait obtenue et s'exclame : « Faut-il maintenant autre chose que des yeux pour voir la regle de M. Rolle est celle de l'Anal. des Inf. Pet. ? » (*ibid.*, p. 529).

---

102 Celles dont les équations sont respectivement $y^3 - 3pxy + x^3 = 0$ et $z^3 - 6pz^2 + y^2z + 9p^2z - 4p^3 = 0$.

103 La première section de l'AI où sont données les règles de différentiation apprend qu'il faut multiplier toutes les parties où se trouve la variable x par le produit de l'exposant de sa puissance et de dx, en diminuant d'une unité la puissance de la quantité x.

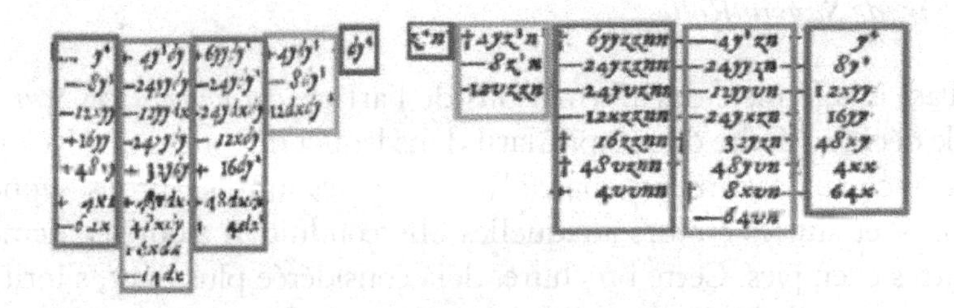

FIG. 94 – Joseph Saurin, « Réponse à l'écrit de M. Rolle de l'Académie royale des sciences insérée dans le journal du 13 avril 1702 sous le titre de Règles et Remarques pour le problème général des tangentes », *JS*, 3 août 1702, p. 527, © Bibliothèque nationale de France.

Varignon/Saurin est convaincu que Rolle a « déguisé » la méthode différentielle, il condamne donc Rolle de revendiquer une filiation avec les idées de Fermat pour l'obtention de ses règles et formules alors que selon lui, il aurait plagié (*ibid.*, p. 531).

Deux autres articles non signés sont publiés en janvier 1703, dans lesquels sont décrites avec précision et « exactitude » les constructions de courbes proposées par Rolle[104]. Le premier article concerne la quartique d'équation

$$y^4 - 8y^3 + 16y^2 - 12xy^2 + 48xy + 4x^2 - 64x = 0.$$

Le dernier passage décrit le comportement de l'application de la règle de Hudde aux points doubles. Il s'agit de la même explication que celle que Jean Bernoulli avait formulée à Varignon, en nommant ces points « de decussation ». L'auteur est probablement Saurin mais il a très certainement bénéficié d'écrits conservés par Varignon[105].

104 Joseph Saurin, « Remarques sur les courbes des deux premiers exemples proposés par M. Rolle dans le Journal du jeudi 13 avril 1692 », *JS*, 15 janvier, 1703, p. 41-45 et « Suite des remarques sur les courbes des deux premiers Exemples proposez par M. Rolle, dans le Journal du Jeudi 13 avril 1702 », *JS*, 22 janvier 1703, p. 49-52.

105 Lettre de Joseph Saurin à Varignon du 10 juin 1705, *DBJB*, 3, p. 166. Cette hypothèse sans être assurée, peut être soutenue par la lecture de certains passages du deuxième article, concernant la courbe d'équation $z^3 - 6pz^2 + y^2z + 9p^2z - 4p^3 = 0$. Ils correspondent à ce que décrit Varignon dans la lettre à Jean Bernoulli du 24 mai 1702 et dans la lettre à Leibniz du 23 mai 1702.

La parade Saurin/Rolle

Face à la fermeté des affirmations de l'article du *Journal des Sçavans*, Rolle décide d'écrire un récapitulatif dans lequel il reprend et développe ses principaux arguments contre l'Analyse des infinis, sur les « fondements » et sur les erreurs auxquelles elle conduit. Il ajoute également d'autres exemples. Cette brochure, déjà considérée plus haut, s'intitule « Remarques de M. Rolle de l'Académie royale des sciences touchant le problème général des Tangentes. Pour servir de replique à la Réponse qu'on a inséré, sous le nom de M. Saurin, dans le Journal des Sçavans[106] ». Cette même année, son mémoire « Du nouveau système de l'infini » est publié dans la partie « mémoires » de l'*HARS*. Fontenelle ne daigne pas écrire un commentaire accompagnant ce mémoire dans la partie « Histoire ». Cependant, il insère, entre la table des mémoires et la partie « Histoire » un « avertissement ». Dans celui-ci, il commente les circonstances de la publication de *SI* l'année précédente, en ces termes :

> Les Réflexions que diverses personnes ont faites sur cet Ecrit, sur les principes qui y sont avançés, & sur les conséquences qu'on en pourroit tirer, obligent à déclarer que quoiqu'il se trouve parmi les autres Ouvrages destinés à l'impression par l'Académie, son intention n'a jamais été d'adopter rien de ce qui s'y peut trouver[107].

Rolle est certes publié mais désavoué par l'un des représentants les plus significatifs de l'Académie, le Secrétaire. L'absence de commentaire pour un mémoire dans la partie « Histoire » n'est pas rare, mais dans le cas de *SI*, cette absence est remplacée par un « avertissement » qui a pour fonction de renvoyer ce mémoire en un autre lieu que celui des travaux académiques reconnus comme tels[108]. En règle générale, depuis le début de ses responsabilités de secrétaire, Fontenelle n'accompagne que très rarement les mémoires de Rolle d'un commentaire dans la partie « Histoire ».

Rolle justifie l'indépendance de sa méthode :

> « On pourra voir icy par des effets, que les règles dont je me suis servi pour des nouvelles tangentes dans le journal du 13 avril sont fort différentes de toutes les règles de l'analyse des inf. petits. » (*ibid.*, p. 8)

106 Michel Rolle, *Remarques*.
107 « Avertissement », *HARS*, 1704.
108 Maria Susana Seguin, « Fontenelle et l'Histoire de l'Académie royale des sciences », *Dix-huitième siècle*, 2012/1 (n° 44), note 26, p. 345.

Il appuie son affirmation sur plusieurs arguments. Par exemple, il affirme que les expressions *nz* et *nv* marquent toujours des différences « finies et réelles » et le produit de deux quantités, alors que *dx* et *dy* ne désignent aucune quantité réelle dans l'égalité différentielle[109]. Il conclut :

> Ainsi, l'on peut voir que la signification de *nz* et *nv* est infiniment différente de celle de *dx* et *dy*. On peut encore voir delà qu'elles sont différentes dans l'usage. (*ibid.*, p. 10)

Il rejette tout emprunt au calcul différentiel et se défend de tout plagiat :

> [...] Et rien ne se trouve dans cette analyse qui marque la substitution qui fournit l'égalité B [celle obtenue en appliquant son algorithme à l'équation de la quartique], il ne s'y trouve aucune règle qui donne à la fois toutes les formules que fournit cette égalité, ni par des substitutions, ni autrement, et si l'y avait mise, alors il faudrait reconnaître que cela vient des auteurs qui avaient précédé le calcul différentiel.
>
> [...] M. de Fermat dans sa méthode, M. Descartes dans la lettre à M. Hardy, et d'autres auteurs encore, avaient fait de semblables substitutions et trouvé des égalités équivalentes, avant qu'on eût parlé de calcul différentiel. Mais les principales voyes qu'ils ont tenues, sont celles que l'on a voulu éviter dans ce calcul ; et néanmoins on veut faire croire dans le Journal du 3 août que la manière de faire ces substitutions, d'en tirer à la fois toutes les formules des tangentes, et d'en régler l'usage, ne peut se trouver que dans les principes de l'analyse des infiniment petits (*ibid.*, p. 11).

Ainsi, Rolle ne cesse de s'affilier à l'héritage de Fermat et Descartes et de nier tout emprunt au calcul de Leibniz.

Par ailleurs, il explique qu'« on a fait concourir deux Methodes de cette Analyse, l'une de l'art. 9. l'autre de l'art. 163 » (*ibid.*, p. 31). Or, il indique que dans ces deux articles il n'est nullement question de recherche de tangentes doubles, ni d'ailleurs à aucun endroit de l'*AI*, de sorte que des changements ont été nécessaires à l'*AI* pour « y faire un supplément particulier des tangentes » (*ibid.*). Ces ajouts ont été effectués dans le but de déguiser la méthode algébrique décrite dans le journal du 13 avril 1702 :

> jamais on n'avoit différentié une égalité différentielle, comme on l'a fait dans cette occasion, & en cela on combat les règles fondamentales de l'Analyse des

109 « La lettre *n* désigne un commun diviseur à *nz* et *nv* de ces deux différences et ne se trouve jamais ni dans l'égalité des triangles semblables, ni dans la formule des tangentes ».

Inf. petits Sect. 4 article 65 [« Prendre la différence d'une quantité composée de différences quelconques »] [...] Pour l'art. 163 de l'Analyse des Inf. petits que l'on appelle au même endroit de ce Journal, il a quelque rapport aux opérations, mais les conditions sont infiniment différentes ; on l'a déjà marqué. Aucune des hypotheses de cet article, ni aucun des raisonnements ne conviennent à l'égalité dont il s'agit dans ce déguisement [...] (*ibid.*, p. 33).

Rolle prétend donc que Varignon/Saurin a délibérément forcé le contenu de l'*AI* en vue de plagier sa propre méthode.

Deux ans s'écoulent avant qu'une réponse aux accusations énoncées dans *Remarques* ne soit rendue publique[110]. L'Hospital, qui était de moins en moins présent aux séances académiques, meurt le 2 février 1704 : le camp des défenseurs du calcul perd un membre honoraire. Un article est enfin publié le 23 avril 1705 au *JS* intitulé « Défense de la réponse à M. Rolle de l'Académie royale des sciences contenue dans le Journal des Sçavans du 3 août 1702 CONTRE La réplique de cet auteur publiée en 1703 sous le titre de Remarques touchant le Problème général des Tangentes[111] ». Cet article, long de seize pages, est de la plume de Saurin. Il n'apporte pas vraiment de nouveaux arguments pour la défense du calcul leibnizien, le ton est délibérément sarcastique vis-à-vis de Rolle. Cette dissonance entre les deux parties se confirme puisque d'autres articles sont publiés, à tour de rôle, sans qu'aucune des deux positions soit modifiée, chacun reprenant les mêmes critiques, chacun étant hermétique aux raisonnements de l'autre, les expressions dégradantes et insultantes suppléant aux arguments[112]. Cette atmosphère témoigne de l'acmé de la crise entre les deux parties.

110 Entre temps, Rolle lit en 1704 trois mémoires à l'Académie concernant « la méthode inverse des tangentes » (le 1er mars, le 5 mars et le 23 juillet). Deux mémoires académiques sont publiés à ce sujet dans la partie « mémoires » de l'*HARS*, intitulés « De l'inverse des tangentes » et « De l'inverse des tangentes et de son usage », p. 25-32 et p. 171-175. En outre, deux articles sont publiés dans *JS*, un le 8 décembre 1704 : « Extrait d'une lettre de M. Rolle, de l'Académie Royale des sciences, au sujet de l'inverse des tangentes », p. 634-639, et l'autre le 16 mars 1705, sous le même titre, p. 170-174. On peut consulter Paolo Mancosu, *Philosophy of Mathematics & Mathematical Practice in the Seventeenth Century*, *op. cit.*, p. 174-175 et Petre Sergescu, « Un épisode de la "bataille" pour le triomphe du calcul différentiel : la polémique Rolle-Saurin 1702-1705 », *L'Ouvert* 78, 1995, p. 7-8. Rolle commet des erreurs que Saurin ne relève pas dans aucun article.

111 *JS*, jeudi 13 avril 1705, p. 241-256.

112 Joseph Saurin, « Réfutation de la réponse de M. Rolle insérée dans le Journal des Sçavans du 18 mai 1705 par M. Saurin », 11 juin 1705 ; Rolle : « Réponse de M. Rolle de l'académie royale des sciences, à l'écrit publié par M. Saurin dans le journal du 23 avril 1705 », *JS*,

La surdité de Rolle agace Saurin. Dans l'article du 23 avril 1705, à deux reprises, il prie l'Académie pour qu'un jugement soit établi sur leurs différents :

> Quoi que je n'aye aucun nom parmi les Geometres, ils ne trouveront pas mauvais que je les prie de jetter les yeux sur cette dispute, & d'en porter un jugement public. J'ose icy m'addresser en particulier à l'Academie Royale des Sciences ; c'est avec un profond respect, mais autant plus de confiance, que M. Rolle a l'honneur d'estre de cet illustre corps [...][113]

et

> je ne l'ay rapporté [le discours contenu dans l'article] que pour prier très humblement l'Académie des Sciences d'y faire quelque attention, & pour exposer à ses yeux M. Rolle tel qu'il se montre. Elle doit estre offensée qu'un de ses géomètres ait osé jetter au hazard sur le papier de telles choses avec de tels airs, dans un Ouvrage [Remarques] où paroist l'approbation d'un sçavant Académicien [le Père Gouye] qu'on a sans doute surpris, & le privilège accordé à cette célèbre Compagnie (*ibid.*, p. 255).

L'intervention de Leibniz

Depuis le début du conflit, les instances de l'Académie ne se sont pas encore positionnées vis-à-vis de la dispute. Dans une lettre du 10 mai 1705[114], Varignon rappelle à Leibniz que malgré « tout ce que je luy demontrois [à Rolle] de paralogismes commis par sa seule ignorance de votre calcul », il n'a pas pu obtenir de justice de la part des Commissaires nommés le 3 septembre 1701. Il incrimine Rolle de tromper le public par sa « hardiesse » et Gallois par le « bruit qu'il fait en sa faveur », de sorte que les juges – Bignon, Cassini, La Hire et Gouye – n'osent pas se prononcer. Lui et Saurin le prient de leur envoyer non seulement ses recommandations, mais aussi « celles de tout ce que vous connoissez de gens qui entendent votre calcul » car

18 mai 1705, « Extrait d'une lettre de M. Rolle de l'Académie royale des Sciences à M.B. touchant l'analyse des infiniment petits, où il répond à un écrit de M. Saurin publié dans le Journal des Sçavans du 11 juin dernier », *JS*, 30 juillet 1705.

113 Joseph Saurin, « Défense de la réponse à M. Rolle de l'Académie royale des sciences contenue dans le Journal des Sçavans du 3 août 1702 CONTRE La réplique de cet auteur publiée en 1703 sous le titre de Remarques touchant le Problème général des Tangentes », *JS*, 23 avril 1705, p. 243.

114 Lettre de Varignon à Leibniz du 10 mai 1705, A III, 9, 549.

sans des recommandations de savants reconnus, il ne sera pas possible de contrecarrer Rolle. Il précise :

> Il ne faut toucher, s'il vous plaist, qu'au point traité dans le *Journal* du 23 avril dernier, sans parler d'infinis, de peur de fournir occasion à M. Rolle de s'accrocher ailleurs. Les points sur lesquels vous et ces M^{rs} êtes priés de prononcer, se trouvent de suite à la fin de ce *Journal*, et dans le Mémoire que voici : ce secours nous est absolument necessaire pour le triomphe de la vérité et de votre calcul en ce pays-ci (*ibid.*).

Varignon ne souhaite surtout pas que Leibniz ravive les discussions autour des différents genres d'infinis qui avaient eu lieu à l'occasion des publications au *Journal de Trévoux* fin 1701. Ainsi, dans ce mémoire, Varignon prend le soin d'expliciter en six points pourquoi Rolle a tort de reprocher à Saurin la manière dont il s'est servi de l'article 163 de la section 9 pour la recherche de tangentes au point double, en particulier s'il en a fait, comme l'affirme Rolle, des « retranchements inoüis » (*ibid.*, p. 760-761). Il demande de confirmer que Saurin a réfuté correctement toutes ces critiques lors de sa réponse publiée au *Journal des Sçavans* du 23 avril 1705 (A III, 9, p. 550-551). Il indique précisément les pages de l'article où ont lieu ces réfutations[115]. Il ajoute qu'il serait aussi de bon aloi d'annoncer « quelque chose dans les actes de Leipsik ».

Leibniz réagit prestement à la demande de Varignon, dès qu'il reçoit l'article de Saurin du 23 avril 1705. Dans la lettre du 27 juillet, il explique que bien qu'il « n'aime pas les contestations », il a rédigé une attestation[116]. Cependant, il décide aussi de son propre chef d'écrire à Bignon et à Gallois[117]. Il souhaiterait que l'attestation soit transmise à Bignon

115 Les six points concernent l'exactitude de la solution concernant la quartique et son point double publiée par Saurin dans les articles du 3 août 1702 ou du 23 avril 1705 au *Journal des Sçavans*, le fait de substituer avant ou après avoir appliqué l'article 163, le fait de remplacer $\frac{dy^2}{dx^2}$ par $\frac{1}{8}$, la manière de différentier une seconde fois, la considération de courbes de sous-tangentes. Toutes ces critiques sont réfutées par Saurin dans son article du 23 avril 1705, Saurin : *Defense*, p. 249-251 et p. 255-256.

116 Cette attestation jointe à celles des frères Bernoulli et d'Hermann a été publiée secrètement par Saurin, mais les publications ont été confisquées par Bignon, voir *infra*. Pour le contexte historique de la publication de cette attestation, on pourra consulter Sandra Bella, « *Magis morale quam mathematicum*, L'attestation volée (mai 1705 – mars 1706) », *Studia Leibnitiana*, 51, 2019/2, 176–202. Les commentaires des lettres à Bignon et Gallois sont en partie repris de cet article.

117 Lettre de Leibniz à Varignon le 27 juillet 1705, A III, 10, 31. Toutes les références à A III, 10 ont été consultées le 6-09-2021 dans la *vorausedition* en ligne https://www.gwlb.de/

mais sans être, dans un premier temps, publiée. Pour obtenir justice contre les accusations de Rolle, Leibniz ne souhaite pas suivre à la lettre la demande de Varignon. Il insiste à procéder dans cet ordre : d'abord solliciter de manière privée Bignon et Gallois – probablement car ils sont des plus représentatifs de l'autorité de l'institution académique –, puis, si par ce biais rien n'est obtenu, renoncer à la reconnaissance académique et solliciter la République des Lettres (A III, 10, 32).

Dans les deux lettres, Leibniz revient sur les critiques adressées à son calcul concernant sa valeur démontrative. D'après lui, il est naturel que les nouveautés en pâtissent et qu'elles aient à être justifiées. Dans la lettre à Bignon, pour illustrer cette affirmation, il cite la Géométrie des indivisibles de Cavalieri puis l'analyse de Descartes dont on reprochait, comme pour son calcul, de ne pas être « assez demonstrative ». En citant ces exemples pour lesquels la reconnaissance de leur valeur apodictique n'a pas été immédiate, Leibniz suggère qu'il en sera probablement de même pour son calcul. D'ailleurs, lui-même se place du côté de la rigueur, admiratif de mathématiciens qui, comme par exemple Proclus ou Roberval, ont « voulu démonstrer les Axiomes d'Euclide » (A I, 24, 838). Il juge utile que l'on démontre à la manière des Anciens toutes les découvertes que son calcul a produites.

Cependant, les critiques adressées à Saurin concernent des manipulations calculatoires[118] qui relèvent de l'algèbre ordinaire, elles ne sauraient donc pas être motif pour attaquer le calcul différentiel :

> Elles reviennent à dire en effect qu'en maniant ce nouveau Calcul des infinitesimales, on ne doit point avoir la liberté d'y joindre les axiomes et opérations de la Geometrie et de l'Analyse ancienne, qu'on ne doit pas substituer aequalibus aequalia, qu'on ne doit point dire que deux quantités égales les quarrés sont egaux aussi, et des choses semblables ; (*ibid.*, 838)[119].

Leibniz/Leibnizarchiv/Veroeffentlichungen/III10.pdf. Les lettres à Bignon et à Gallois se trouvent respectivement en A I, 24, p. 837 et A III, 10, 46.

118 Pour la recherche des deux sous-tangentes de la quartique, Saurin a élevé au carré l'égalité $\frac{dx}{8dy} = \frac{dy}{dx}$ et trouve $(\frac{dy}{dx})^2 = \frac{1}{8}$. Il remplace x par 2 puis obtient $(\frac{xdy}{dx})^2 = \frac{4}{8}$ ou encore $\frac{xdy}{dx} = \pm\frac{\sqrt{2}}{2}$. Rolle juge que l'élévation au carré et la substitution sont des artifices non licites dont use l'Analyse des infinis.

119 La même remarque est déclarée à Gallois : « ces objections qui me paroissent des moins excusables puisqu'elles reviennent à refuser à ce qui manient le Calcul nouveau, la liberté

Ainsi, Leibniz prie Bignon et Gallois de condamner ces objections car non seulement elles sont peu fondées et s'opposent « à des vérités de dernière évidence », mais elles ont surtout des conséquences néfastes sur l'harmonie de la communauté.

La lettre à Gallois est particulièrement intéressante car Leibniz développe et précise des arguments qu'il avait avancés les années précédentes pour le bien-fondé de son calcul. Sans tenir compte des recommandations de Varignon, Leibniz revient sur les difficultés, soulevées par Gouye au *Journal de Trévoux*, contre les infinis de différents ordres.

Tout d'abord, Leibniz reprend la signification des « différences infinitésimales ». Elles sont présentées comme les « modifications » des grandeurs assignables, c'est-à-dire finies[120]. Ces modifications de grandeurs assignables procèdent de manière inassignable, continuellement et « sans faire aucun saut ». De même, puisque ces modifications peuvent être continuellement inégales, elles auront des accroissements appelés différences secondes, et ainsi de suite, de « degré » en « degré ». Ces « degrés des grandeurs » sont, écrit-il, hétérogènes entre eux. Ils sont ceux dont le calcul demande « leurs élisions » pour abréger : « en negligeant les grandeurs ou différences inferieures par rapport à celles qui sont superieures [...][121] ». Leibniz soutient que

> toutes ces grandeurs de divers degrés sont d'une même dimension c'est à dire des lignes dans le cas dont je parle [ordonnées de courbes], et jamais des points indivisibles. (A III, 10, 51)

Une distinction fine est introduite à l'intérieur des hétérogènes. Les infinitésimales de tout degré sont de même dimension que leur grandeur assignable bien qu'elles leur soient hétérogènes. Elles sont incomparables par degré.

Leibniz avertit qu'il est plus judicieux de concevoir les infinitésimales d'un certain degré par rapport à celles d'autres degrés, non pas comme « infiniment moindres », mais comme « moindres incomparablement ». Il est probable que Leibniz veuille éviter d'utiliser des

---

de se servir des axiomes et des opérations les plus receues de la Geometrie ordinaire », A III, 10, 47.

120 Dans le brouillon de sa lettre, Leibniz avait écrit le terme « ordinaire » qu'il a barré pour le remplacer par « assignable ».

121 A III, 10, 50.

termes renvoyant à la notion d'infini. Or, le terme « moindre » renvoie à la notion de comparabilité et ainsi l'expression « moindre incomparablement » manquerait de cohérence et s'apparenterait à un oxymore[122]. Cependant, bien que cette expression exprime le caractère hétérogène (et donc l'impossibilité de comparaison), elle indique cependant un type de relation, celle des « degrés » à l'intérieur d'une dimension.

La reconnaissance de ce type de relation est capitale car elle est, selon Leibniz, le principal soubassement des élisions qui ont lieu lors de l'application du calcul. En algèbre, la loi des homogènes (*Homogenea homogeneis*) assure que les égalités portent sur des quantités de même dimension. Leibniz soutient que l'Analyse des infinis permet de distinguer une nouvelle notion d'incomparable, à l'intérieur des hétérogènes de même dimension, tout en garantissant son traitement par le calcul. Dans cette lettre, il désigne par la « loix des homogenes de l'Analyse des infinitesimales[123] » celle qui assure la légitimité des élisions de son calcul. Cette loi permet de négliger des grandeurs ou différences dont le degré est supérieur.

L'introduction de ces distinctions permet à Leibniz de revenir sur la question de l'exactitude de son raisonnement qui, basé sur la notion d'incomparabilité, est, selon lui, aussi rigoureux qu'un raisonnement à la manière d'Archimède (A III, 10, 50). Ces lignes renvoient au début de ses deux lettres où il célébrait les preuves rigoureuses à la manière des Anciens et où il déclarait qu'on « n'auroit plus d'usage qu'on ne pense » à démontrer à l'ancienne les résultats obtenus par son calcul.

En produisant des distinctions faisant intervenir les notions de dimension et d'hétérogénéité, Leibniz apporte des nouvelles clarifications au lemme des incomparables qu'il cite si souvent[124]. C'est d'autant

122 Hide Ishiguro, *Leibniz's Philosophy of Logic and Language*, Cambridge, 1990, p. 88.

123 Leibniz établit une analogie entre les puissances des sommes et les différenciations des produits aux alentours de 1691 : de la même manière que lorsqu'on développe la puissance d'une somme, on obtient des monômes en degré, lorsqu'on effectue une différenciation d'ordre *n*, on obtient le même degré de différentiation dans les termes obtenus. Il en fait part à Jean Bernoulli et à L'Hospital en 1695, A III, 6, p. 504. Des manuscrits de cette époque attestent de sa découverte qu'il nomme « *Lex Homogenorum in Transcentibus* », LH 35, 8, 9, fols. 3, 8, 10.

124 Un article de Herbert Breger apporte des clarifications à ce sujet en inventoriant, parmi les mathématiciens antérieurs à Leibniz, les utilisations du terme « incomparable » dont Leibniz s'est probablement inspiré. Il fournit également des hypothèses de ce que Leibniz entend par « incomparable » à la lumière principalement de textes publiés et en

plus intéressant que, dans les mêmes années, en s'adressant au public parisien, Leibniz a tendance à abandonner l'argument selon lequel les règles de son calcul, régies par le lemme des incomparables, peuvent être justifiées à la manière d'Archimède.

Enfin, le 9 janvier 1706, Fontenelle lit le jugement de la commission[125]. Il se compose de quinze articles.

Tout d'abord, lorsque Rolle affirmait que les « méthodes ordinaires » ne permettent pas de résoudre le problème général des tangentes, il n'incluait pas le calcul différentiel. De plus en résolvant les trois problèmes proposés (dont la quartique) avec ses propres règles, il n'a jamais affirmé que l'Analyse des infiniment petits ne saurait pas y parvenir. La commission propose à Saurin, pour bien faire, de montrer la généralité de sa méthode et la fausseté de la règle que Rolle a donnée comme générale. Si la commission admet que Saurin a utilisé ingénieusement l'article 163, elle reconnaît que Rolle a eu raison de dire que l'*AI*, prise en l'état, est insuffisante pour la résolution générale du problème des tangentes. Elle estime d'ailleurs que Saurin a finalement reconnu la

lien avec le calcul différentiel. Ce travail constitue une première étape incontournable pour comprendre comment Leibniz investit la notion d'incomparable, mais il me semble également crucial de consulter d'autres textes inédits à caractère mathématique ou philosophique dans lesquels cette notion apparaît liée à d'autres contextes que celui du calcul différentiel. Herbert Breger : "On the grain of sand and heaven's infinity", in : « Für unser Glück oder das Glück anderer : Vorträge des X. Internationalen Leibniz-Kongresses, Hannover, 18.-23. Juli 2016 », vol. 6, édité par L. Wenchao, Hildesheim 2017, p. 63-79. Dans le texte *Scientia mathematica generalis*, LH 35, I, 9, édité dans G. W. Leibniz, mathesis universalis, *écrits sur la mathématique universelle*, textes introduits, traduits et annotés sous la direction de David Rabouin, Paris, Librairie philosophique Vrin, 2018, p. 189-214, Leibniz dresse une taxinomie des quantités non homogènes. Pour ce faire, il observe qu'il est difficile de comparer les choses hétérogènes entre elles et que souvent on les compare de « manière lâche », par exemple, lorsqu'il est dit que l'angle de contact est plus petit que tout angle rectiligne. Cette situation, affirme Leibniz, a « tourmenté jusqu'à présent les mathématiciens », en témoigne la controverse entre Clavius et Peletier, puis Viète. Mais c'est parce qu'ils ne « considéraient pas la différence des manières d'estimer » entre les deux cas : les deux quantités peuvent être estimées par elles-mêmes mais ne sont pas comparables (sinon on pourrait passer par transition continue de l'une à l'autre). Leibniz établit des distinctions plus « raffinées » [*exquisita*] à l'intérieur des quantités hétérogènes ou incomparables. Il introduit la notion d'homogones [*homogona*], comme la ligne et la surface car la première est la limite externe de la deuxième par une transformation continue, et la notion d'homothètes [*homotheta*] qui correspond à la relation entre l'angle de contingence et l'angle rectiligne : l'angle de contingence ne peut pas être considéré comme une limite externe de l'ensemble des angles rectilignes par une diminution continue mais il a une position semblable, *ibid.*, 4r°.

125 *PVARS*, t. 25, 9 janvier 1706, f° 1r°-4 r°.

« bonté et la généralité de la règle de M. Rolle » par « son silence », et d'autre part parce qu'il a justement affirmé que c'était la même que la sienne qu'il « prétend être bône et générale ». En revanche, il est peu probable que Rolle se soit inspiré de l'analyse des infiniment petits pour obtenir sa règle.

Enfin, dans le dernier article, la commission prie les deux adversaires d'adopter un comportement digne de savants et d'honnêtes hommes.

Ce verdict était fort attendu, surtout de la part des défenseurs qui espéraient obtenir réparation. Or, il est peu dire que le calcul différentiel n'apparaît pas spécialement victorieux de cet épisode. Néanmoins, reconnaître les erreurs de Rolle aurait conduit l'Académie à renier l'un de ses membres au profit d'un mathématicien qui, bien que certainement « ingénieux », est étranger à l'institution. Le dénouement, au niveau académique, pouvait difficilement être autre qu'un dénouement motivé par la recherche de l'apaisement institutionnel.

Le 19 février 1706, Leibniz se plaint auprès de Lelong de n'avoir toujours pas de nouvelles de la suite de son intervention écrite auprès de Gallois et surtout de Bignon (A I, 25, p. 633-634). Dans sa réponse du 8 mars, Lelong ne donne pas les détails sur le jugement rendu même s'il affirme sa déception. Sans autorisation, Saurin a publié l'attestation de Leibniz jointe à celles des frères Bernoulli et de Jacob Hermann[126]. Lelong fait part à Leibniz de cette publication et de son malencontreux sort. En effet, en apprenant que Saurin s'est permis une telle audace, Bignon confisque tous les exemplaires et le menace de lui supprimer sa pension (A I, 25, p. 702). Par ailleurs, aucun journal français ne rend compte du verdict. Le numéro de janvier des *Nouvelles de la République des Lettres* – que Leibniz a lu (GM, III, p. 729) – en fournit un très bref résumé et ne reprend en fait que le seul dernier article du jugement académique[127]. Ainsi, Leibniz est en très grande partie ignorant des détails du jugement, mais malgré ce manque d'information il suppute que le

126 Joseph Saurin, *Continuation de la défense de M. Saurin contre la Réplique de M. Rolle publiée en 1703, sous le titre de* Remarques touchant le problême général des Tangentes, &c, Chez Henry Westein, Amsterdam 1706.

127 « les Commissaires nommez pour examiner le différent qui étoit entre Mr Saurin et Mr Rolle sur les infiniment petits, prononcèrent leur jugement, & renvoyèrent dit-on Mr Rolle, aux statuts de l'Académie qui ordonnent qu'on dira les choses avec ménagement ; & à l'égard de Mr Saurin à son bon cœur », *Nouvelles de la République des Lettres*, janvier 1706, p. 120.

but recherché par Bignon a été l'apaisement plutôt qu'un vrai verdict sur des résultats mathématiques : « *magis morale quam mathematicum* », résume-t-il à Jean Bernoulli (GM, III, p. 794).

À la lettre de fin juillet 1705, ni Bignon, ni Gallois n'ont répondu à Leibniz. Le 19 août 1706, Leibniz écrit directement à Bignon. Il lui apprend qu'il a pris connaissance de « l'espèce de décision » de l'Académie par le journal hollandais. Sans qu'aucun reproche ne soit adressé à Bignon, Leibniz explique que la « bonne émulation » consiste à, soit redémontrer les résultats à la manière des anciens, soit à inventer des nouvelles méthodes ou perfectionner les présentes (A I, 26, p. 406). Bien que Leibniz n'écrive pas que c'est exactement ce qu'il pense que Rolle ne fait pas, l'implicite est patent. La réponse de Bignon sera aussi sincère que son rôle de directeur de l'Académie le lui permet :

> Je suis persuadé comme vous que la dispute qui etoit entre Mrs Saurin et Rolle, ne pouvoit aboutir à rien davantageux et l'academie a pris un fort bon parti en la faisant cesser sans se commettre. (A I, 26, p. 574)

Cette position immanquablement modérée fait probablement renoncer Leibniz à insister sur son point de vue auprès de Bignon et lui fait conclure à la lettre suivante :

> Il est bon au moins que la dispute entre vos Geomestres a esté terminée sans que la verité en ait souffert. (A I, 27, p. 156)

Bernoulli se détache-t-il de la « cause commune » ? L'article 163

Lorsque Rolle avait publié son article au *Journal des Sçavans* le 13 avril 1702, Varignon avait envoyé une ébauche de réponse à Leibniz et à Jean Bernoulli. L'envoi à Leibniz a été conservé contrairement à celui de Jean Bernoulli mais il est très probable que ces deux réponses soient très similaires, voire identiques. Il s'agit par la suite de comparer l'ébauche de réponse à la publication parue dans le *Journal des Sçavans* du 3 août 1702[128]. Cet article est signé par Saurin mais il est notoire que Varignon y a plus que largement contribué.

---

128 Joseph Saurin, « Réponse à l'écrit de M. Rolle de l'Académie royale des sciences insérée dans le journal du 13 avril 1702 sous le titre de "Règles et Remarques pour le problème général des tangentes" », *JS*, 3 août 1702.

Dans l'envoi à Leibniz, Varignon cite deux fois l'article 163 de la section 9 pour déterminer les valeurs des deux sous-tangentes au point de décussation de la quartique d'équation $y^4 - 8y^3 - 16y^2 - 12xy^2 + 48xy + 4x^2 - 64x = 0$ et à celui du folium de Descartes. Dans l'article du *JS*, l'article 163 est cité cinq fois principalement pour justifier des étapes calculatoires, sauf pour la quatrième citation où un hommage est rendu à « L'illustre Auteur » – c'est-à-dire L'Hospital – pour avoir résolu ce problème « avec cette adresse, & cette facilité qui luy est particulière » (*ibid.* p. 525). Il n'y a rien d'anormal que ce type de commentaire soit absent dans la lettre de Varignon. Cet écrit, adressé à Leibniz (et Jean Bernoulli), est essentiellement une demande de confirmation de son contenu mathématique. En revanche, adressé aux lecteurs du *Journal des Sçavans*, il n'est pas anodin que ce commentaire ait été introduit au moment de la crise académique pour valoriser le camp des défenseurs. Il existe cependant une inconnue, celle de savoir qui est à l'origine de l'introduction de ce commentaire. La réponse a été transmise à l'Hospital pour aider Saurin à rédiger la réponse : il est donc probable que Varignon n'y soit pas pour grand-chose.

Il est difficile également de savoir à quelle date Jean Bernoulli a reçu l'article du *Journal des Sçavans*. La lettre de Varignon du 20 août 1703 indique que Jean Bernoulli est au courant de ladite publication de Saurin mais n'en connaît pas le contenu. Cependant, un an plus tard, en août 1704, il publie un article dans les *Acta* concernant l'article 163[129]. Tout en s'attribuant – à juste titre – la règle, il affirme qu'il est possible de la « perfectionner » en itérant si le quotient résultant est encore indéterminé.

La lecture de cet article irrite Saurin et Varignon. Ils craignent surtout que le terme « perfectionner » ait été mal choisi et qu'il soit mis à profit par Rolle. En effet, ce dernier avait critiqué l'analyse des infiniment petits, car elle avait besoin de « réformes et de suppléments » pour être générale[130].

---

129 Jean Bernoulli, « Perfectio regulae suae editae in Libro Gall. Analyse des infiniment petits art. 163, pro determinando valore fractionis, cujus Numerator & Denominator certo caso evanescunt », *AE*, août 1704, p. 375-380.

130 « Si vous l'eussiez traité, non de perfection, mais d'éclaircissement pour faire voir à M. Rolle que cette règle s'étend beaucoup plus loin qu'il ne pense, vous auriez dit la meme chose sans nous faire tort, je veux dire au calcul différentiel, dont on jugera ici par le succez (vray ou apparent) de la dispute qui est sur cela entre M. Saurin & M. Rolle. », *DBJB*, 3, 160, et Saurin : « Ce qui me fait de la peine, & qui vous en fera autant qu'à moy,

Deux lettres, l'une de Saurin adressée à Varignon et l'autre de Varignon adressée à Jean Bernoulli et datée du 23 juin 1705, montrent leur exaspération auprès du mathématicien bâlois. Varignon supplie ce dernier de voir comment il pourrait réparer « le tort que vous venez de faire à la Cause commune » (*DBJB*, 3, 161). Le 18 juillet 1705, Jean Bernoulli répond avec « beaucoup d'etonnement », il ne comprend pas qu'on prenne « les choses d'un ton si haut » (*DBJB*, 3, 167). Après avoir mis en avant sa paternité[131] de l'article 163, il explique que la règle n'est pas défectueuse à cause du calcul différentiel et qu'ainsi Rolle ne pourra pas s'accrocher à cet épisode pour attaquer le calcul. Ainsi, à cause de ce malencontreux épisode de paternité, l'attestation de Jean Bernoulli n'arrive qu'au premier trimestre 1706 (*DBJB*, 3, 191) après que Varignon lui ait réclamé à plusieurs reprises (*DBJB*, 3, p. 178 et *DBJB*, p. 188).

L'attestation de Jean Bernoulli est écrite en français contrairement aux trois autres. Bien que Jean Bernoulli structure son écrit en acquiesçant un à un les six points du mémoire de Varignon, il ajoute des commentaires sarcastiques à propos de la cécité intellectuelle de Rolle[132].

---

c'est qu'en declarant le regle defectueuse, & me reprochant de l'avoir faite plus generale qu'elle n'est, il ruine tout le succès que la dispute que j'ay avec Rolle », *DBJB*, 3, 166.

131 Jean Bernoulli fournit à Varignon des preuves de sa paternité en recopiant des lettres dans lesquelles L'Hospital lui soumettait des indéterminations et pour lesquelles ce qui plus tard a été désigné par « article 163 » avait été précieux. En 1693, Bernoulli n'avait pas encore fourni une réponse précise. Après plus d'un an d'attente, dans la lettre 16 juillet 1694, il explicitait à L'Hospital un énoncé général, correspondant à l'article 163, et permettant de lever les indéterminations. Il est possible que Bernoulli n'ait pas cherché spécialement à se presser pour lui expliciter la règle et que ce n'est qu'après avoir établi leur contrat – c'est-à-dire après le 17 mars 1694 –, qu'il ait décidé de lui fournir l'énoncé complet.

132 Les incises ont en effet comme fil conducteur le thème de la cécité : « qu'il faut être aussi aveugle que M. Rolle pour ne s'en apercevoir pas d'abord » J. Bernoulli : « Déclaration de J. Bernoully sur les Articles proposés par M. Saurin, concernant la dispute qui est entre lui & M. Rolle », Joseph Saurin, *Continuation*, *op. cit.*, p. 40, « Non seulement c'est une erreur grossiere, mais aussi une opiniâtreté insuportable ; M. Rolle attaque des choses qu'il n'entend pas, c'est un aveugle qui parle des couleurs » (*ibid.*, p. 41), « mais elle ne sera manifeste aux aveugles & aux entêtés tels que M. Rolle », (*ibid.*, p. 41).

VERS LES DÉNOUEMENTS

LE CALCUL LEIBNIZIEN PRATIQUÉ

Le débat au sujet de l'Analyse des infinis a accaparé nombre de séances académiques entre juillet 1700 et septembre 1701. L'imposition de silence laisse place à la lecture de mémoires faisant intervenir le calcul leibnizien mais dépourvus de propos houleux.

Carré, qui avait annoncé qu'il travaillerait à l'élaboration d'un ouvrage portant sur le calcul intégral « en l'appliquant aux surfaces, à la dimension des solides, à leurs centres de pesanteur, de percussion, et de vibration[133] », honore sa promesse par la publication *Méthode pour la mesure des surfaces, la dimension des solides, leurs centres de pesanteur, de percussion et d'oscillation par l'application du Calcul intégral*[134]. Cependant, l'ouvrage, trop hâtivement achevé, ne fournit que des résultats peu éloquents, la plupart connus des Anciens, et ne rend pas compte des avancées fournies par le calcul leibnizien pendant la dernière décennie. L'*AI* annonçait qu'elle ne traiterait que du calcul différentiel, réservant la partie intégrale au traité *Scientiâ infiniti* que Leibniz projetait d'écrire. L'ouvrage de Carré n'a pas vocation à se substituer à ce projet. Cette publication reste néanmoins symboliquement importante au sein de l'Académie récemment renouvelée, car elle témoigne d'une mise au net de connaissances élémentaires sur le nouveau calcul intégral.

Carré s'intéresse ensuite aux problèmes de rectification. le 13 août 1701, Carré lit deux mémoires, « Méthode pour la rectification des lignes courbes par les tangentes[135] », suivi de « Sur la rectification de la cycloïde », lu en deux séances, le 27 août et le 3 septembre[136]. Ces mémoires sont publiés dans la partie « mémoires » de *HARS*[137]. Dans le premier mémoire, cinq exemples illustrent le problème de

---

133 Séance du 28 février 1699, *PVARS*, t. 18, f° 134r°.

134 Louis Carré, *Méthode pour la mesure des surfaces, la dimension des solides, leurs centres de pesanteur, de percussion et d'oscillation par l'application du Calcul intégral*, Paris, Chez Boudot, 1700.

135 Louis Carré, « Méthode pour la rectification des lignes courbes par les tangentes », 13 août 1701, *PVARS*, t. 20, f° 310r°-313v°.

136 Louis Carré, « Sur la rectification de la cycloïde », 13 août 1701, *ibid.*, fol. 330 r°-333 r°.

137 Sous les mêmes titres, *MARS*, 1701, p. 159-169.

rectification et certains d'entre eux se retrouvent dans les manuscrits malebranchistes, par exemple, la rectification de la parabole et celle de la logarithmique[138]. Le mémoire destiné exclusivement à la rectification de la cycloïde suit, où sont proposées cinq manières de procéder. Carré a expliqué qu'il y a plusieurs manières de rectifier les courbes[139] dont l'une est d'utiliser la « Méthode des développées ». Pour illustrer son propos, il choisit d'appliquer ces différentes manières à la cycloïde car elle est aussi « ancienne que le mouvement dans la nature ». Pour mémoire, le mathématicien anglais Wren a rectifié pour la première fois la cycloïde en 1658 par une démonstration à la manière des Anciens. Carré montre par cet exemple que le calcul leibnizien non seulement rectifie en peu de lignes, mais fournit cinq manières de procéder. Les trois dernières manières se servent de « la méthode des développées » ; il est patent que la première reprend les leçons XIX et XX de calcul intégral de Bernoulli que Carré avait recopiées[140] ; la dernière utilise la formule du rayon de la développée en se référant à l'ouvrage de L'Hospital[141].

L'ouvrage *Mesure des surfaces* et ces deux mémoires témoignent du travail collaboratif au sein du groupe autour de Malebranche. Leurs publications, approuvées officiellement par l'Académie, sont dans la lignée du projet malebranchiste de rendre publique la nouvelle mathématique, projet dont l'*AI* avait représenté la première grande étape.

Deux autres mémoires de Carré concernent aussi les rectifications. Le premier s'intéresse à la rectification des caustiques et est publié en 1703[142]. Les références directes à des passages de l'*AI* sont nombreuses[143]. Enfin, en 1704, un mémoire portant sur la rectification générale des courbes est publié sous le titre « Methode pour la rectification des courbes[144] ». Dans celui-ci, Carré juge la manière de rectifier les courbes

138 FR 24237 : pour la parabole : f° 95r° et 92r° respectivement. Les autres exemples traités sont la spirale ordinaire, la logarithmique, la spirale logarithmique et la cycloïde.

139 1) en considérant un élément de la courbe comme l'hypoténuse d'un triangle rectangle, 2) en employant la méthode des tangentes, 3) en se servant de la « méthode des dévelopées ».

140 Jean Bernoulli, *Lectiones de calculo integralium*, *op. cit.*, p. 445-448 et FL 17860, f° 150v°-158r°.

141 « 4ᵉ section du Live de l'Analyse des infiniment petits », *MARS*, 1701, p. 169.

142 Louis Carré, « Rectifications des Caustiques par Réflexion formées par le Cercle, la Cycloïde ordinaire, & la Parabole, & de leurs Développées, avec la Mesure des Espaces qu'elles renferment », *MARS*, 1703, p. 183-199.

143 *Ibid.*, pages : 184, 187, 188, 189 et p. 192.

144 Louis Carré, « Méthode pour la rectification des courbes », *MARS*, 1704, p. 66-68.

de Van Heuraet[145] « un peu embarrassée » car elle suppose une des règles de Hudde. Il propose de fournir une solution par la méthode « des *Infiniment petits*, qui est beaucoup plus simple & plus facile, & qui ne suppose rien[146] ». Pour rectifier une courbe, Van Heuraet décrit une transmutation d'une courbe en une autre dans le but de ramener la rectification de la première à la quadrature de la seconde. Celle-ci est définie à partir des sous-tangentes de La démarche de Carré n'est pas spécialement originale car elle se résume en une simple traduction en notation différentielle de la démonstration de Van Heuraet.

Depuis le début de la crise, L'Hospital n'intervient pas au sein de l'Académie pour défendre le calcul. Dans l'*HARS* de l'année 1701, Fontenelle souligne l'absence de L'Hospital dans les débats : « M. le Marquis de l'Hôpital demeura dans un parfait silence[147] ». L'Hospital se rend d'ailleurs très peu à l'Académie[148]. Certes, sa qualité d'honoraire ne le contraint pas à assister aux séances, contrairement aux pensionnaires, mais Malebranche, lui aussi honoraire, est incomparablement plus présent[149].

Sa production scientifique est aussi ténue : trois mémoires sont publiés, deux de géométrie[150] et une résolution d'un problème physico-mathématique posé par Jean Bernoulli dans les *Acta* en avril 1695[151]. Il s'agit de trouver dans le plan vertical une courbe par laquelle un corps

145 Hendrik Van Heuraet, « Henrici van Heuraet epistola de Transmutatione curvarum linearum in rectas », dans *Geometria a Renato Des Cartes anno 1637 gallice edita*, *op. cit.*, p. 517-520.

146 Louis Carré, « Méthode pour la rectification des courbes », *op. cit.*, p. 66.

147 *HARS*, 1701, p. 88.

148 Aucune séance de juillet 1700 à la fin de l'année, six séances en 1701, deux en 1702, aucune en 1703 et 1704.

149 Du 18 janvier 1699 au 5 juin 1715, il assiste à 440 séances académiques, Robinet, André, « La vocation académicienne de Malebranche », *Revue d'Histoire des sciences et de leurs applications*, 1959, tome 12, n° 1, p. 3. Des affaires domestiques ne lui permettent pas non plus de soutenir le rythme épistolaire établi avec Leibniz et Bernoulli depuis 1692. Des raisons de santé peuvent expliquer cet abandon, ainsi que des maladies répétées qui causeront sa mort précoce le 6 février 1704.

150 « Méthode facile pour trouver un solide rond, qui étant mû dans un fluide en repos parallelement à son axe, rencontre moins de résistence que tout autre solide, qui ayant même longueur et largeur, se meuve avec la même vitesse suivant la même direction », *MARS*, 1699, p. 107-112. Une version latine est publiée aux *AE* du mois d'août 1699, p. 354-359 et « La quadrature absolue d'une infinité de portions moyennes tant de la Lunule d'Hypocrate de Chio, que d'une autre d'une nouvelle espèce », *MARS*, 1701, p. 17-20.

151 *AE*, supplément, sect. VI, 1695, p. 291.

descendant librement sous l'action de sa propre pesanteur, la presse dans toutes ses parties avec une force égale à son poids. Grâce à l'aide de Jean Bernoulli, étalée sur un an[152], L'Hospital élabore une solution sous forme d'un mémoire lu en deux séances en janvier 1700[153]. Dans la lettre du 5 mars 1695[154], Jean Bernoulli fournit à L'Hospital une formulation géométrique du problème que ce dernier reprend dans son mémoire : en se donnant la développée de la courbe requise, il faut qu'en chaque position du corps pesant qui décrit la courbe, la tension du fil développé ait la même force que si ce point pesant était suspendu à ce fil[155].

La difficulté de ce problème réside à fournir une expression de la force centrifuge[156]. Celle-ci est donnée d'abord dans le cas d'un mouvement circulaire et s'exprime en fonction du rayon du cercle. Pour généraliser le résultat, L'Hospital considère que la courbe est composée d'arcs de cercles infiniment petits, pendant un instant infiniment petit la force centrifuge agit comme s'il s'agissait d'un mouvement circulaire. Il peut alors la calculer à l'aide de la formule du rayon de la développée qu'il a compilé dans la section V de l'*AI*. L'intervention de la développée de la courbe cherchée conduit naturellement à la considérer comme un « assemblage d'une infinité de petits arcs de cercle » générés par le développement de la développée. Ce résultat a été souligné par L'Hospital au début de la section V de l'*AI* (*AI*, p. 71).

---

152 Pour la liste des lettres échangées à ce sujet du 5 février 1695 au 2 avril 1696, *Ibid.*, p. 517.

153 Séances du 20 et 23 janvier 1700, *PVARS*, t. 19, fol. 15 r° et 17 r°-27 r°. Le mémoire est publié sous le titre « Solution d'un problème physico-mathématique », *MARS*, 1700, p. 9-21.

154 Lettre de Jean Bernoulli à L'Hospital le 5 mars 1695, *DBJB*, 2, p. 271.

155 Guillaume de L'Hospital, « Solution d'un problème physico-mathématique », *MARS*, 1700, p. 9-10.

156 Guillaume de L'Hospital, « Solution d'un problème physico-mathématique », *op. cit.*, p. 10. Pour une description complète, Michel Blay, *La Naissance de la mécanique analytique*, *op. cit.*, p. 98-109.

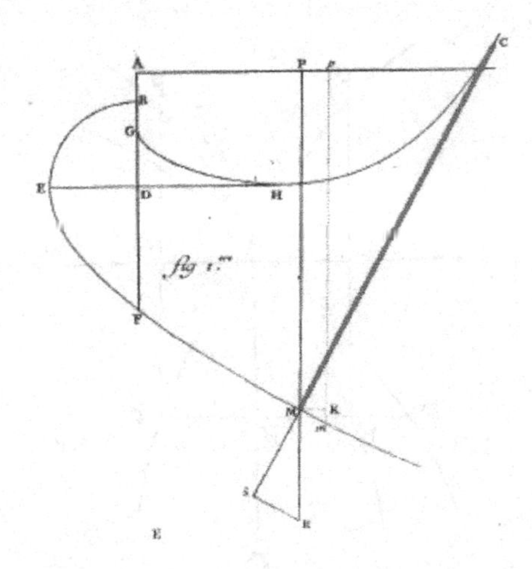

FIG. 95 – Guillaume de L'Hospital,
« Solution d'un problème physico-mathématique »,
MARS, 1700, fig. 1, p. 21, © Bibliothèque nationale de France.

En dehors de ces trois mémoires, l'activité académique de L'Hospital est quasi inexistante.

En revanche, Varignon reste un membre actif et il prend non seulement le rôle de porte-parole de la défense du calcul leibnizien mais il continue à en tirer profit pour ses recherches. Pour l'essentiel, ses travaux académiques se concentrent, comme il l'avait annoncé, sur la « théorie du mouvement ». S'il écrit un mémoire dans lequel il généralise les formules des rayons des développées, c'est parce que son intérêt pour ce sujet apparaît fortement lié au contexte de résolutions de problèmes sur les forces centrales. Dans ce qui suit une attention est portée sur la manière dont Varignon se sert des notions de l'Analyse des infinis pour représenter des notions de la théorie du mouvement[157].

157 Ses travaux ont fait l'objet d'études sur lesquels le développement qui suit s'appuie et renvoie : Eric John Aiton, « Polygons and parabolas : some problems concerning the Dynamics of planetary orbits », *Centaurus*, 1989, vol. 31, p. 207-221 et « The celestial mechanics of Leibniz : a new interpretation », *Annals of science*, 2002, p. 111-123, Michel Blay, « L'algorithmisation varignonienne », *La naissance de la mécanique analytique*, *op. cit.*, p. 153-221, Pierre Costabel, « Courbure et dynamique, Johann I Bernoulli correcteur de Huygens et de Newton », *Studia Leibnitiana*, Sonderheft 17, Stuggart, 1989, p. 12-24, Joachim Otto Fleckenstein, « Pierre Varignon und die mathematischen Wissenchaften im Zeitalter des Cartesianismus », *Archives internationales d'histoire des*

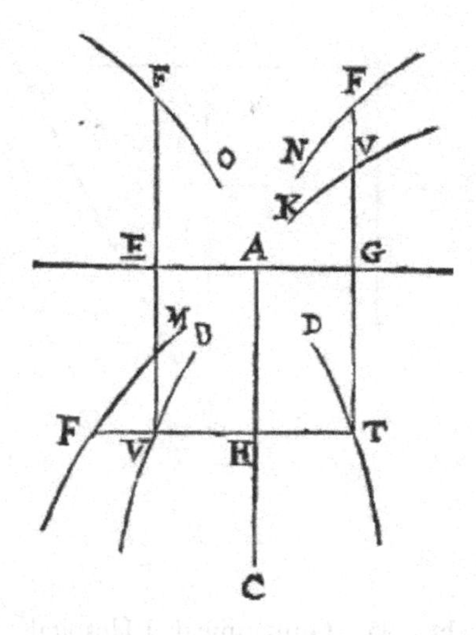

Fig. 96 – Pierre Varignon, « Manière générale de déterminer les forces, les vitesses, les espaces et les temps, une seule de ces quatre choses étant donnée dans toutes sortes de mouvements rectilignes variés à discrétion. », *MARS*, 1700, p. 22, © Bibliothèque nationale de France.

Au cours du premier trimestre 1700, Varignon s'occupe de rendre compte de son travail concernant la détermination de l'intensité de la force centrale associée à la variation des mouvements, dans un premier temps il s'occupe de ceux qui sont rectilignes[158], puis ensuite de ceux qui sont curvilignes[159]. Ses deux mémoires prolongent les résultats obtenus en 1698 sur la détermination de la vitesse en toutes sortes de mouvements. Varignon le rappelle lors de la lecture du premier mémoire et il explique que dans les mémoires de 1698, il ne s'était pas encore intéressé à la force qu'a un corps « indépendamment de

sciences, n° 5, octobre 1941, Jeanne Peiffer, « La définition de la tangente et l'évaluation de la tangente », *DBJB*, 3, p. 133-138, Christophe Schmit, « Rapports entre équilibre et dynamique au tournant des 17ᵉ et 18ᵉ siècles », *Early Science and medicine*, Brill, Leiden, 2014, p. 505-548.

158 Pierre Varignon, « Manière générale de déterminer les forces, les vitesses, les espaces et les temps, une seule de ces quatre choses étant donnée dans toutes sortes de mouvement rectilignes variés à discrétion », *MARS*, 1700, p. 22-27.

159 Pierre Varignon, « Du mouvement général de toutes sortes de courbes ; et des forces centrales, tant centrifuges, que centripètes, nécessaires aux corps qui les décrivent », *MARS*, 1700, p. 83-101.

sa vîtesse » c'est-à-dire ce qu'il désigne par « force centrale » : « je l'appellerai dorénavant *Force centrale* à cause de sa tendance au point C comme centre » (*MARS*, 1700, p. 22).

D'une manière similaire qu'en 1698, Varignon considère ici six courbes : VB, VK, TD, FM, FN, FO. Elles sont définies à partir de plusieurs variables : outre la distance parcourue (x), le temps (t) et la vitesse (v), il ajoute l'intensité de la force (y). Les trois premières courbes sont les mêmes que celles considérées en 1698 – par exemple VB exprime par ses ordonnées le rapport des vitesses avec l'espace parcouru – mais les trois dernières sont nouvelles et correspondent aux rapports entre la force centrale et les trois autres variables (*ibid.*, p. 22).

Le calcul leibnizien lui permet d'interpréter dx comme étant l'espace parcouru par une vitesse v uniforme, à chaque instant dt, dv comme étant l'accroissement de cette vitesse « qui s'y fait », enfin ddx comme étant l'espace parcouru en vertu de l'accroissement de vitesse dv. En 1698, il a déjà établi que la « vitesse à chaque instant » $v = \frac{dx}{dt}$ et en supposant dt constant, il en déduit[160] que l'accroissement de cette vitesse pendant ce même instant dt est :

$$dv = \frac{ddx}{dt^2} \quad (1)$$

Il peut continuer à supposer que pendant l'instant dt, le mouvement est uniforme de vitesse v car dv est infiniment petit par rapport à v. Cependant, pour déterminer le rapport de la force y avec les autres variables, l'accroissement ddx engendré par dv doit être pris en considération. En effet, il affirme que :

> les espaces parcourus par un Corps mû d'une force constante & continuellement appliquée, telle qu'on conçoit d'ordinaire la pesanteur, étant en raison composée de cette force & des quarrés des temps employés à les parcourir (*ibid.*, p. 23).

Cet énoncé reprend le lemme X de la section I des *Principia* de l'édition de 1687 (la seule édition qui existe au moment où écrit Varignon) :

160 $d(dv) = \frac{ddx \times dt - ddt \times dx}{dt^2} = \frac{ddx}{dt^2}$, car $ddt = 0$.

> Les espaces que décrit un corps soumis à une force quelconque qui le presse régulièrement[161] [*vi regulari*], sont dans le commencement du mouvement en raison doublée des temps[162].

Ainsi, comme pendant l'instant dt, la force conduit à l'accroissement de distance[163] ddx,

$$ddx = ydt^2 \text{ ou } y = \frac{ddx}{dt^2} = \frac{dv}{dt} \quad (2)$$

Varignon explique que, si l'une des six courbes est « donnée à discrétion », alors à l'aide des formules (1) et (2), il peut déduire les cinq autres courbes. Il applique ensuite ces formules à deux exemples élémentaires qui lui permettent d'illustrer le fonctionnement de l'algorithme et le fait que désormais la recherche se réduit strictement à un calcul (*MARS*, 1700, p. 26)[164].

Son mémoire s'achève par une « Remarque » qui est d'importance puisqu'il y explique que les règles qu'il a établies lui permettent de déduire la proposition 39 du Livre I des *Principia*. Celle-ci a pour objet de déterminer, dans le cas de mouvements rectilignes à force centrale, la vitesse d'un corps et son temps de parcours[165].

---

161 Varignon interprète le *vi regulari* par « force constante et continuellement appliquée ». Reste à interpréter ici le mot « continuellement ». Varignon conçoit la force à un instant quelconque comme étant « un cumul d'impulsions, elle peut s'obtenir par un seul choc dont l'intensité égale à ce cumul », Christophe Schmit, « Rapports entre équilibre et dynamique au tournant du 17e et 18e siècles », *op. cit.*, p. 546.

162 « *Spatia, quae corpus urgente quacunq, vi regulari describit, sunt ipso motus initio in duplicata ratione temporum* », Isac Newton, *Principia*, *op. cit.*, p. 32. Ce lemme sera modifié dans l'édition de 1713 en « *Spatia quae corpus urgente quacunque, Vi finita describit, sive Vis illa determinata & immutabilis sit, sive eadem continuo augeatur vel continuo diminuater, sunt ipso motus initio in duplicata ratione Temporum* », p. 29, « Les espaces qu'une force finie fait parcourir au corps qu'elle presse, soit que cette force soit déterminée et immuable, soit qu'elle augmente ou diminue continuellement, sont dans le commencement du mouvement en raison doublée des temps », traduction par Châtelet, p. 80-82.

163 Michel Blay fait remarquer que les calculs précédents supposent donc que cette force agit instantanément au début de l'instant dt. On peut regretter qu'il s'appuie sur le lemme X tel qu'il est énoncé dans l'édition de 1714 pour commenter les calculs de Varignon qui ne connaît pourtant pas cette édition, *La naissance de la mécanique analytique*, *op. cit.*, p. 186.

164 Dans le premier exemple il se place dans l'hypothèse de Galilée $x = v^2$ et obtient que la force $y = \frac{1}{2}$. Dans le deuxième exemple, la force y est constante et égale à a, il obtient que la vitesse vérifie $v^2 = 2ax$, *ibid.*, p. 25-26.

165 *Principia*, *op. cit.*, Livre I, Proposition XXIX, problème XXVII, p. 122.

Dans son deuxième mémoire[166], en s'aidant des résutats établis dans son mémoire de 1698 (cas de mouvements curvilignes), il généralise ces dernières formules obtenues dans le cas rectiligne[167]. Il applique aussi ses règles à plusieurs exemples, notamment celui du calcul de la force centrale d'un corps décrivant une ellipse dont le centre est confondu avec le centre de la force[168] ou celle d'un corps décrivant un demi-cercle (*ibid.*, p. 89-90). La plupart des exemples fournis correspondent à des résultats énoncés dans les *Principia*[169]. Le mémoire suivant[170] s'intéresse au cas où le centre de la force est confondu avec l'un des foyers de l'ellipse. Varignon signale qu'il retrouve aussi ici des résultats des *Principia* et de Leibniz[171].

Certes, les mémoires de 1698 et ceux de 1700 ne fournissent pas de nouveaux résultats puisque nombre d'entre eux sont parus dans les *Principia.* Varignon ne le cache pas, tout au contraire, il rend systématiquement hommage aux auteurs concernés. Ainsi, l'intérêt de ses travaux réside fondamentalement dans la manière nouvelle et originale de parvenir aux résultats. Varignon puise dans les notions du calcul leibnizien, les interprète sciemment, afin de représenter de la manière la plus adéquate les notions propres à la théorie du mouvement[172]. Avec les algorithmes varignoniens, nul besoin de passer par une étape de traduction géométrique, nécessaire à ses contemporains.

166 « Du mouvement général de toutes sortes de courbes ; et des forces centrales, tant centrifuges, que centripètes, nécessaires aux corps qui les décrivent. », *MARS*, 1700, p. 83-101.

167 Voir l'étude de Michel Blay, *op. cit.*, p. 193-214.

168 « Du mouvement général de toutes sortes de courbes ; et des forces centrales, tant centrifuges, que centripètes, nécessaires aux corps qui les décrivent. », *MARS*, 1700, p. 88-89.

169 *Principia*, *op. cit.*, Livre I : Proposition X, problème V : *« Gyretur corpus in Ellipsi : requiritur lex vis centripetae tendentis ad centrum Ellipseos »* (p. 48) ; corollaire 1, proposition VII, problème II : *« gyretur corpus in circumferencia circuli, requiritur lex vis centripetae tendentis ad punctum aliquod in circumferentia datum »* (p. 45) ; Proposition IX, problème IV : *« Gyretur corpus in spirale PQS secante radios omnes SP,SQ , &c. in angulo dato : Requiritur lex vis centripetae tendentis ad centrum spiralis »* (p. 47).

170 « Des forces centrales, ou des pesanteurs nécessaires aux planètes pour faire décrire les orbes qu'on leur a supposées jusqu'ici. », *MARS*, 1700, p. 224-237.

171 Varignon destine un scholie pour souligner que « Tout ceci est conforme à ce que M. Newton & M. Leibnitz en ont démontré à leurs manières : le premier dans les Prop. 11.12&13 du Liv. I de son excellent Traité, *De Phil. Nat. Princ. Math.* Et le second dans le mois de Février des Actes de Leipsik de 1689 », *ibid.*, p. 230.

172 De cet achèvement, Auguste Comte conclut que les problèmes de la science du mouvement deviennent ainsi des « simples recherches analytiques », cité par Michel Blay, *La naissance de la mécanique analytique*, *op. cit.*, p. 221.

Au cours de ses recherches, des difficultés se sont posées à lui, en particulier sur la manière appropriée de considérer la courbe représentant la trajectoire d'un corps soumis à une force centrale. Cette question est également un sujet de réflexion de ses contemporains, notamment de Leibniz et de Newton[173]. La deuxième loi[174] des *Principia* exprime qu'une force produira sur un corps le même mouvement, qu'elle agisse soit « en un seul coup » [*sive simul & semel*], soit « peu à peu et successivement » [*sive gradatim & successive*]. Ainsi, il y a deux manières de considérer l'action de la force : soit elle agit sous forme d'impulsions discrètes infinitésimales, soit elle agit continuement. Ces deux manières ne conduisent pas à la même conception de la courbe : dans le premier cas la trajectoire est considérée comme un polygone rectiligne d'une infinité de côtés, alors que dans le deuxième cas, elle est considérée comme un polygone constitué d'arcs infiniment petits. Il était question de savoir quel genre de mouvement induisait l'action de la force sur chaque type d'éléments infinitésimaux selon le choix de la représentation de la courbe[175].

À partir de 1704, Varignon cherche à évaluer la force centrale f qu'il est nécessaire d'exercer sur un corps pesant en la comparant à la pesanteur p de celui-ci. Il énonce ce problème à Jean Bernoulli dans la lettre du 28 octobre 1704 et à Leibniz dans la lettre du 6 décembre de la même année[176].

Dès ses deux premières lettres, il fournit des solutions, parmi lesquelles celle du cas où la courbe est un demi-cercle, cas particulier auquel s'était intéressé auparavant Newton. MLN est un demi-cercle de centre R. $HL = h$ désigne la hauteur par laquelle le corps tombant a acquis la vitesse qu'il a au point L.

173 Ce qui suit reprend : Eric Aiton, « Polygons and parabolas : some problems concerning the Dynamics of planetary orbits », *op. cit.*

174 Isaac Newton, *Principia*, *op. cit.*, p. 12.

175 Eric Aiton explique dans le premier cas, la force agit sur chacun des sommets du polygone en déviant par un mouvement uniforme. Dans un instant dt, la déviation est donc de $f \times dt^2$. Dans le cas du polygone composé d'arcs infinitésimaux, la force agit continument causant une déviation de $\frac{1}{2} f \times dt^2$, *ibid.*, p. 209-210.

176 Lettre de Varignon à Leibniz du 6 décembre 1704, A III, 9, p. 478. « Trouver le rapport des Forces centrales (tant centrifuges que centripètes) aux Pesanteurs absolues des corps mus de vitesses variées à discrétion le long de telles courbes qu'on voudra », lettre de Varignon à Jean Bernoulli du 28 octobre 1704, *DBJB*, 3, p. 120.

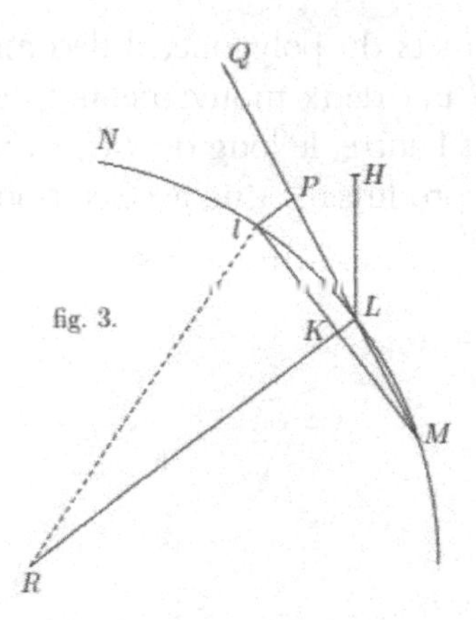

FIG. 97 – Pierre Varignon, A III, 9, 6 décembre 1704, p. 385, © Gottfried Wilhelm Leibniz Bibliothek Hannover.

l est un point infiniment proche de L. Il pose : $LR=r, Ll=dx$. Le mouvement le long de Ll est décomposé selon un mouvement inertiel LP uniforme, le long de la tangente au cercle en L et d'un mouvement accéléré Pl. Son raisonnement le conduit au résultat juste : $\frac{f}{p}=\frac{4hPl}{Ll^2}$.

Mais il se trompe dans le calcul de Pl et trouve que $f=\frac{4ph}{r}$.

Cette dernière formule contredit des résultats énoncés par Huygens. En effet, ce dernier a établi que dans un cercle la force centrifuge est égale à la pesanteur lorsque $r=2h$ et Varignon a trouvé que ceci a lieu lorsque $r=4h$. Or, le résultat de Huygens est attesté par l'expérience et d'ailleurs Varignon l'emploie souvent dans des applications pratiques[177]. Convaincu cependant qu'Huygens se trompe, Varignon établit à nouveau le rapport $\frac{f}{p}$ en supposant que le cercle est un polygone rectiligne de côtés ML et Ll, et ainsi LP, le prolongement du côté du polygone rectiligne est la tangente en L[178]. En supposant que la force agit par

177 Joachim Otto Fleckenstein, « Pierre Varignon und die mathematischen Wissenschaften im Zeitalter des Cartesianismus », *op. cit.*, p. 103-105, Peiffer, Jeanne, « La définition de la tangente et l'évaluation de la tangente », p. 135-137.

178 Lettre de Varignon à Leibniz du 6 décembre 1704, A III, 9, p. 478.

impulsion aux sommets du polygone, il décompose le mouvement le long de la corde Ll par deux mouvements : l'un, inertiel le long de LP, est uniforme et l'autre, le long de Pl, est uniformément accéléré car la force agit en produisant une accélération. De cette manière il retrouve que $f=\frac{4ph}{r}$, c'est-à-dire le résultat erroné précédent.

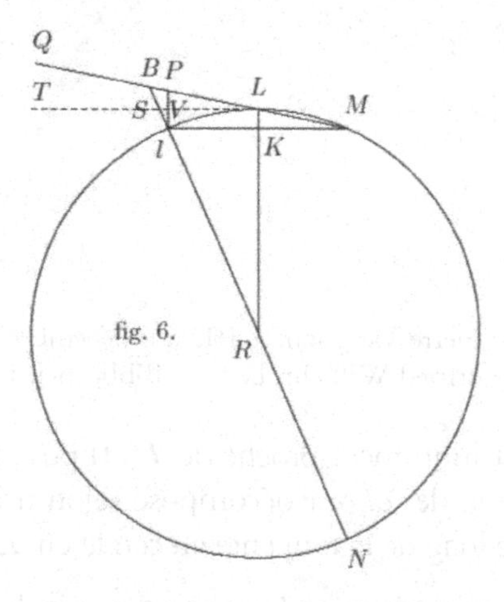

FIG. 98 – Pierre Varignon, A III, 9, 6 décembre 1704, p. 390, © Leibniz Archiv / Leibniz-Forschungsstelle Hannover.

Dans la lettre du 27 juillet 1705[179], Leibniz lui explique que dans le dernier cas, sa décomposition est exacte à condition de supposer que le mouvement le long de Pl est uniforme[180]. Leibniz avait décomposé le mouvement en deux mouvements : l'un inertiel selon la tangente au cercle LS est uniforme, l'autre selon Sl est uniformément accéléré. Dans sa réponse du 26 novembre 1705[181], Varignon lui explique qu'il s'est rendu compte que lorsque le mouvement est décomposé par la perpendiculaire au rayon de courbure LP, comme l'avait effectué Leibniz pour le cercle[182], il faut considérer que l'élément Ll est courbe :

179 Lettre de Leibniz à Varignon du 27 juillet 1705, A III, 9, p. 602-611.

180 Cette remarque permet à Leibniz de corriger une erreur dans son mémoire « Tentamen de motuum coelestium causis » publié dans les *Acta* en février 1689 (*op. cit.*), voir Eric Aiton, « Polygons and parabolas : some problems concerning the Dynamics of planetary orbits », *op. cit.*, p. 217.

181 Lettre de Varignon à Leibniz du 26 novembre 1705, A III, 10, 165.

182 Pour Leibniz, la notation est LS.

> comme un véritable arc le long duquel la courbe MLN est baisée par son cercle osculateur en cet endroit ; par conséquent comme un véritable arc de cercle, et non comme un côté droit (*ibid.*).

Dans la lettre du 29 avril 1706, il explique que, certes, les deux conceptions de la courbe, c'est-à-dire les deux suppositions concernant le type de polygone – rectiligne ou curviligne –, permettent de résoudre le problème de l'évaluation du rapport $\frac{f}{p}$; néanmoins il avoue sa préférence :

> Celles qui sont fondées sur ce que la force centrifuge meut le corps d'un mouvement accéléré dans ce qu'elle lui fait parcourir d'espace à chaque instant, ne le sont pas moins [que celles où la courbe est considérée comme un polygone rectiligne] ; et bien loin qu'il y ait là aucune erreur qui en corrige une autre, ce chemin me paroist plus véritable, et celui des mouvemens uniformes, que vous avez suivi, ne me paroist qu'un équivalent supposé, puisque la force centrifuge ou l'opposée qui lui égale, est réellement constante pendant chaque instant, et continuement appliquée au corps sur lequel elle agit, de même que la pesanteur sur les graves pendant quelque tems que ce soit. Ainsy le mouvement de la tangente vers la courbe, résultant de la force centrifuge ou centripète, doit être arithmétiquement accéléré pendant chaque instant, de sorte que cette hypothèse me paroist la véritable, et celle des mouvemens uniformes seulement équivalente en ce qu'elle donne le même rapport de forces dont il est ici question. Aussi les courbes sont elles courbes en tout dans la première de ces hypothèses, au lieu qu'elles ne sont que des Polygones équivalents dans la seconde[183].

Cette réponse est très intéressante. En effet, Varignon explique que les deux représentations de la courbe sont certes « équivalentes » pour aboutir au résultat, mais il juge que la conception de la courbe par un polygone formé d'arcs infiniment petits est plus « véritable » car plus proche de ce qui a lieu « réellement ».

Ces recherches aboutissent à une version corrigée et définitive de la solution du problème. Elle fait l'objet d'une lecture à l'Académie : le mémoire est publié en 1706 sous le titre « Sur les rapports des forces centrales à la pesanteur[184] ». Pour évaluer le rapport $\frac{f}{p}$, Varignon décompose, comme précédemment, le mouvement du corps L en un mouvement uniforme LP et un mouvement uniformément accéléré Pl, et obtient que

183 Lettre de Varignon à Leibniz du 29 avril 1706, *GM*, 4, p. 149.

184 « Comparaison des forces centrales avec les pesanteurs absolues des corps mûs de vitesses variées, à discrétion le long de telles courbes qu'on voudra », *MARS*, 1706, p. 185.

$$f = \frac{4ph \times Pl}{Ll^2}.$$

Il s'agit ensuite d'évaluer Pl. Ce calcul fait l'objet d'un paragraphe intitulé « Introduction du rayon osculateur dans la précédente Regle de comparaison des forces centrales avec les pesanteurs des corps, en considerant les éléments des courbes que ces corps decrivent, comme courbes eux-mêmes » (*ibid.*, p. 184). Avant de commencer les calculs, Varignon souligne que l'élément Ll doit être regardé comme « courbe, & comme un véritable arc dans lequel la courbe MLN est baisée par son cercle osculateur », c'est-à-dire « comme un véritable arc de ce cercle et non comme un côté droit de Polygone ». Le calcul de Pl est effectué suivant cet avertissement puisque Varignon se réfère à la proposition 36 du Livre III d'Euclide[185]. En tenant compte des différents ordres d'infiniment petits, il obtient une valeur correcte de Pl puis, en posant $LR = r, Ll = ds$ et $LD = x$, il obtient la valeur de $f = \frac{2phds}{rdx}$. Dans le cas du demi-cercle traité plus haut, $ds = dx$, donc $f = \frac{2ph}{r}$, ce qui s'accorde avec le résultat de Huygens.

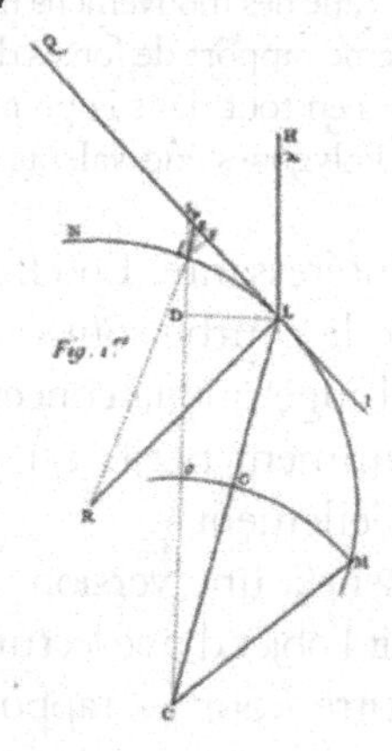

FIG. 99 – Pierre Varignon, « Comparaison des forces centrales avec les pesanteurs absolues des corps mûs de vitesses variées à discrétion le long de telles courbes qu'on voudra », *MARS*, 1706, fig. 1, p. 234, © Bibliothèque nationale de France.

185 Euclide, *Les Éléments*, *op. cit.*, volume 1, p. 460-461. Dans l'*AI*, L'Hospital remarque qu'une courbe peut être considérée comme un assemblage d'arcs de cercle mais il trouve le rayon de la développée en supposant que la courbe est un polygone rectiligne.

Varignon signale, plus en avant dans son mémoire, qu'il est possible de retrouver ce résultat en considérant que la courbe est un « polygoneinfiniti-lateres rectilignes » (*MARS*, 1706, p. 191), c'est-à-dire, en supposant que les éléments *ML*, *Ll* sont droits. La tangente n'est plus la perpendiculaire au rayon de courbure mais « le petit côté *ML* prolongé vers *T* ». Il retrouve le résultat précédent.

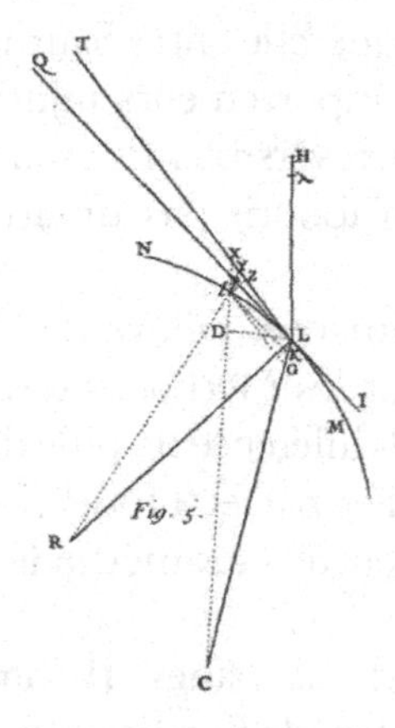

FIG. 100 – Pierre Varignon, « Comparaison des forces centrales avec les pesanteurs absolues des corps mûs de vitesses variées à discrétion le long de telles courbes qu'on voudra », *MARS*, 1706, fig. 5, p. 234, © Bibliothèque nationale de France.

À la fin de l'année 1706, il lit un mémoire intitulé « Différentes manières infiniment générales de trouver les rayons osculateurs de toutes sortes de Courbes, soit qu'on regarde ces Courbes sous la forme de Polygones, ou non » (*MARS*, 1706, p. 490). Il explique que sa recherche du rapport de la force centrale à la pesanteur l'a mené à considérer des courbes, non pas comme habituellement, c'est-à-dire des polygones « infini-lateres rectilignes » mais comme faits « d'élémens veritablement courbes eux-mêmes ». Ceci l'avait d'ailleurs conduit à calculer le rayon osculateur en considérant la courbe de cette dernière manière. Dans ce mémoire, il démontre les formules de rayons de courbure en supposant dans un premier temps que la tangente en un point est la perpendiculaire au rayon osculateur (Problème I[186]). De plus, il ne suppose constante

186 *Ibid.*, p. 491-497. Il fournit trois solutions.

aucune des variables, ce qui lui permet d'obtenir une formule très générale. Puis, retrouve le même résultat en considérant cette fois-ci que le polygone est rectiligne (Problème II[187]).

QUELQUES ÉCLAIRCISSEMENTS DES MÉTHODES RIVALES

« *Magis morale quam mathematicum* » : ainsi commente Leibniz le verdict académique de la querelle entre Saurin et Rolle. Un dialogue de sourds conduisait à des comportements injurieux et à une impasse qui semblait de plus en plus irréversible. Par son jugement, la commission impose une trêve, mais n'aboutit pas un accord scientifique entre les deux parties.

Le 10 février 1706, Guisnée, l'élève de Varignon, lit un mémoire intitulé « Observations sur les Methodes des Maximis & Minimis, où l'on fait voir l'identité & la différence de celle de l'Analyse des Infiniment petits avec celles de Mrs Fermat et Hude[188] ». Le titre laisse présumer une possible conciliation entre « les méthodes ordinaires » et l'Analyse des infinis.

Le mémoire est long de 28 pages. Il commence par énoncer cinq « difficultés » rencontrées lors de l'utilisation de la méthode de *Maximis* et *Minimis* de l'*AI*, puis il émet quatre observations nourries d'exemples afin de régler ces difficultés. Pour rappel, la troisième section du traité de L'Hospital indique simplement que pour trouver les *maximis* et *minimis*, il faut résoudre $dy=0$ puis $dy=\infty$ (*AI*, p. 41). À chacun de ces deux cas, correspond une position de la tangente (*ibid.*, p. 42). Guisnée explique que les cinq difficultés sont liées à l'interprétation d'égalités du type :

$$dy = 0,\ dy = \infty,\ dx = 0 \text{ ou } dx = \infty$$

Faut-il conserver les valeurs de la première équation et non pas celles de la deuxième ? comment s'assurer que la résolution de $dy = 0$ ou $dy = \infty$ fournit des valeurs qui sont réellement un *maximum* ou un *minimum* lorsque la courbe n'est pas décrite ? ; Comment connaître si en ces

187 *Ibid.*, p. 497-503. Comme le remarque Jeanne Peiffer, considérer la courbe comme un polygone composé de « véritables » arcs de cercle montre que Varignon a une « bonne compréhension de la nature du lien entre courbure et force », Jeanne Peiffer, « La définition de la tangente et l'évaluation des forces centrales », *op. cit.*, p. 137.

188 Nicolas Guisnée, « Remarques sur les questions de Maximis & Minimis, où l'on fait voir l'identité & la différence de celle de l'Analyse des Infiniment petits avec celles de Mrs Fermat et Hude », 10 février 1706, *PVARS*, 1706, t. 25, f° 172-179. Ce mémoire est publié dans *MARS*, 1706, p. 24-48.

valeurs la tangente est parallèle à l'un des axes ? ; Que dire si l'appliquée qui répond à la solution de $dy = 0$ et $dy = \infty$ conduit à un point où la tangente n'est parallèle à aucun des axes ? (*ibid.*, p. 25-26)

L'*AI* ne répond pas directement à toutes ces difficultés, Guisnée avoue que ces difficultés ont dû paraître « légères à M le Marquis de L'Hospital » mais il estime que cela vaut la peine qu'elles soient éclaircies. Ce sont ce genre d'insuffisances que Rolle avait justement pointées, même si ici Guisnée n'y fait pas référence.

Dans l'« observation II », Guisnée affirme qu'il existe trois genres différents de rapports de $\frac{dx}{dy} = \frac{m}{n}$: fini, infini, et indéterminé[189]. Le cas « indéterminé », c'est-à-dire celui où m et n sont tous les deux nuls est le moins connu de tous. Il appelle « nœuds », les points d'intersection de deux rameaux. Il affirme que si en un de ces points la tangente n'est pas parallèle alors le rapport $\frac{dx}{dy}$ est nécessairement indéterminé. Puis il explique que pour connaître les points où se trouvent les nœuds d'une courbe il faut chercher quels sont les points pour lesquels ce rapport est indéterminé, il les désigne aussi par « *faux Maxima* » ou « *faux Minima* ». Le théorème a donc une réciproque qu'il ne justifie pas (*ibid.*, p. 34). En énonçant ce théorème, Guisnée veut éclaircir en particulier les difficultés rencontrées lors de certains exemples dans le débat entre Rolle et Varignon/Saurin. En faisant correspondre à chacun des cas du rapport $\frac{dx}{dy}$ avec son interprétation géométrique, il souhaite apporter des améliorations à la méthode de l'Analyse des infinis et la faire apparaître comme exacte. Ainsi, la méthode permettrait d'interpréter un calcul distinctement et de manière univoque. Guisnée illustre tous ses propos par des exemples, à foison, certains ont fait l'objet de discussions entre Rolle, Varignon et Saurin[190]. Ainsi, il estime qu'il ne lui reste plus qu'à « démontrer l'identité de la méthode de l'Analyse des Infiniment petits avec celles de *Messieurs Fermat et Hude* » (*ibid.*, p. 49).

189 Il pose $\frac{dx}{dy} = \frac{m}{n}$, puis il examine les cas m et n finis, $m = 0$ et n non nul, m non nul et $n = 0$ et enfin m et n tous les deux nuls.

190 Par exemple la quartique d'équation $x^4 - 4ax^3 + 4aaxx - 6ayxx + 12aayx - 8a^3y + aayy = 0$ (*ibid.*, p. 40-42).

Guisnée analyse l'obtention, par le calcul, du rapport $\frac{dy}{dx}$. Il explique que les étapes algorithmiques qui permettent de calculer le numérateur sont les mêmes que celles de l'application de la méthode de Hudde[191]. Il illustre « l'identité » de ces deux méthodes en les appliquant, l'une après l'autre, sur une quartique : il calcule $\frac{dy}{dx}$ puis il montre qu'en appliquant la méthode de Hudde aux puissances de x, respectivement aux puissances de y, il obtient le numérateur dx, respectivement le dénominateur dy. En ce qui concerne l'identité entre la méthode de l'analyse des infiniment petits et la méthode de Fermat, il affirme qu'elle est « même assez manifeste pour qu'il ne soit point besoin de s'arrêter à la démontrer » (*ibid.*, p. 51).

Il y aurait donc « identité » entre la méthode de l'Analyse des infiniment petits et celles de Hudde et de Fermat. Cependant, Guisnée nuance sa propre affirmation :

> Mais il faut demeurer d'accord que la méthode de l'Analyse des infiniment petits a bien des avantages par-dessus les autres. Elle n'est point arrêtée par les signes radicaux, où les autres n'ont point de prise : elle s'étend aux lignes Mechaniques avec la même facilité qu'aux Geometriques, & fournit des solutions generales où les autres methodes n'en donnent que de particulieres, &c (*ibid.*, p. 51).

L'application de l'Analyse des infinis pour la recherche d'*extrema* produit les mêmes résultats que les autres méthodes, les processus algorithmiques conduisent aux mêmes expressions, et en cela elles peuvent être « identifiées ». Néanmoins, Guisnée souligne que l'Analyse des infinis est supérieure. Il reprend les arguments récurrents en faveur de l'Analyse des infinis exprimés dès 1684 par la *Nova Methodus* : son application n'est pas entravée par les signes radicaux et elle est plus générale car elle s'applique en particulier aux mécaniques.

Le propos de ce mémoire est donc de reconnaître que la méthode des *maximis* et *minimis*, telle qu'elle était énoncée dans l'*AI*, méritait sûrement

191 « il n'y a nulle différence entre le numerateur de la fraction = $\frac{dy}{dx}$ trouvée en prenant les differences de l'équation proposée, & l'équation = 0 tirée par la methode de M. Hude de la même équation proposée, regardée par raport à l'inconnuë x, & particulièrement après qu'on a supposé $dy = 0$ », *ibid.*, p. 49-50.

des éclaircissements mais que cela étant fait, il est désormais clair qu'elle est bien plus avantageuse que les autres. Il est à remarquer que dans ses propos aucune accusation n'est émise concernant un déguisement du calcul différentiel par d'autres méthodes, en revanche, il y est souligné que l'Analyse des infinis les prolonge et les subsume.

Un mois plus tard, le 6 mars 1706, Gallois lit un mémoire[192] attaquant l'exactitude de l'algorithme différentiel pour chercher les *extrema* de la courbe d'équation :

$$x^2 + 2n^2 = n\sqrt{ny - n^2} + n\sqrt{ny - 2n^2}.$$

Il affirme que la méthode de Hudde fournit un minimum égal à $\frac{41n}{16}$ (ce qui est correct) alors que, par la méthode des infiniment petits, aucun *extrema* n'est retenu. Guisnée répond à cette attaque le 10 mars 1706, mais ses arguments sont insatisfaisants. Deux autres répliques suivront : une de Gallois le 28 juillet[193], à laquelle répond Guisnée le 23 août (*ibid.*, f° 330r°). Cette joute de réponses au sein de l'Académie ne prend certes pas la forme houleuse des précédentes, mais elle prouve que le jugement de la commission n'a pas clos définitivement le débat.

Le 10 février 1706, Guisnée avait prétendu que l'Analyse des infinis a des avantages sur les autres méthodes. À cette affirmation, Rolle répond pendant la séance du 8 mai 1706 par un mémoire intitulé : « Sur la méthode de Mrs de Fermat et Hudde[194] ». Il lit ce mémoire dans le but de montrer tout d'abord que les méthodes de Hudde et de Fermat s'accordent. Néanmoins, Rolle avoue « qu'il y a quelque chose à désirer dans cette Méthode », parce qu'il reconnaît « qu'elle donne indistinctement et très souvent diverses valeurs des inconües sans faire conoître si ces valeurs sont des *Max.* ou des *Min.* » (*ibid.*, fol. 177 r°). Il explique aussi qu'elle ne précise pas si les *extrema* trouvés sont relatifs ou absolus. L'inconvénient « le plus considérable » est qu'elle peut fournir des valeurs réelles qui ne correspondent à aucun *extremum*. Rolle affirme que ces « valeurs de surcroît » désignent des « points d'inflexion ou d'autres points notables »,

---

192 Jean Gallois, « Difficulté proposée sur la manière de trouver le Maximum ou Minimum par la Methode des Infiniment petits », 6 mars 1706, *PVARS*, t. 22, 1706, f° 83v°-86 r°.

193 *PVARS*, t. 26, f° 306r°. Gallois accuse l'Analyse des infinis de prétendre de ne pas être embarrassée par les radicaux, affirmation qu'il refuse.

194 Michel Rolle, « Sur la méthode de Mrs de Fermat et Hudde », 8 mai 1706, *PVARS*, t. 26, f° 172 r°-179 r°.

il promet un mémoire à ce sujet. Dans cette réponse à Guisnée, Rolle semble avoir changé sa démarche, il n'attaque plus le calcul différentiel mais il préfère apporter des précisions sur sa méthode algébrique.

Dans *HARS* de 1706, Fontenelle commente le mémoire de Guisnée[195]. Il déclare que les réponses aux différentes objections contre les méthodes exposées dans l'*AI* « n'ont jamais été que des éclaircissemens, qui en ont confirmé les Principes » car de cet ouvrage sublime on ne peut désirer que des éclaircissements et rien d'autre. Le travail réalisé par Guisnée pour préciser la signification des différentes valeurs possibles du rapport $\frac{dy}{dx}$, a non seulement conservé « l'universalité » de la méthode de L'Hospital pour les *maxima* et *minima*, mais « la met au plus grand jour & la rend plus incontestable » (*ibid.*, p. 53). Il ajoute que désormais, après ces éclaircissements, toute autre difficulté ne sera pas du fait de la Géométrie de l'infini mais « des embarras de calcul qui naîtroient de l'Algèbre ordinaire, qu'il y faut necessairement appliquer » (*ibid.*, p. 55). Le parti pris de Fontenelle est incontestable : l'Analyse des infinis peut nécessiter des éclaircissements mais son fondement est sûr.

Les attaques contre l'exactitude du calcul différentiel ont débuté en décembre 1700. En dépit des maladresses de Rolle ou de Gallois, elles ont permis aux deux camps adverses d'approfondir leurs propres méthodes. Malgré des différences de positions, une question réunit les adversaires de ce débat : comment interpréter le résultat d'un calcul ?

Rolle n'avait pas cessé de souligner, en dehors de tout conflit avec le calcul différentiel, que l'algèbre devait être améliorée pour l'étude des courbes. Ce dernier mémoire montre qu'il souhaite interpréter distinctement des résultats obtenus par la méthode de Hudde. Le mémoire de Guisnée poursuit ce même espoir en tentant de faire correspondance des situations géométriques et les valeurs possibles des rapports $\frac{dy}{dx}$. Chacun reconnaît l'imperfection de chacune de leurs méthodes calculatoires et leur vœu pour les perfectionner.

Dans une lettre à Jean Bernoulli datée du 10 novembre 1706, Varignon annonce que « M. Rolle est enfin converti[196] », ce dernier l'a déclaré à

195 « Sur la méthode des infiniment petits pour les *Maxima* & *Minima* », *HARS*, 1706, p. 51.

196 Lettre de Varignon à Jean Bernoulli du 10 novembre 1706, *DBJB*, 3, p. 200. Varignon indique qu'il a fourni les détails de cette « conversion » à Hermann et que ce dernier pourra donner plus d'explications à Jean Bernoulli.

Varignon et à Fontenelle mais aussi à Malebranche en indiquant à ce dernier « qu'on l'avoit poussé à faire ce qu'il a fait contre les infiniment petits, & qu'il en étoit faché ». Gallois, le plus grand appui de Rolle, meurt le 9 avril 1707. Sans son collaborateur si fermement opposé à l'Analyse des infinis, Rolle se retrouve isolé. Sa « conversion » semble donc être plus dictée par un choix politique que par conviction scientifique. Dans une lettre adressée à Leibniz le 28 août 1708, Varignon indique que « M. Rolle ne laisse pas de decrier encore sourdement ce calcul par le monde[197] ».

FONTENELLE ET LE RÉCIT DU CALCUL LEIBNIZIEN À L'ACADÉMIE (1700-1707)

Fontenelle, Secrétaire perpétuel

Fontenelle est devenu un intime de Varignon par l'intermédiaire de Castel de Saint-Pierre. En 1686, Castel de Saint-Pierre et Varignon s'installent à Paris, rue Saint-Jacques. Fontenelle leur rend souvent visite dans cette maison et reste parfois deux ou trois jours[198]. C'est ainsi qu'il fait connaissance de Malebranche[199] auquel il rend visite fréquemment à l'Oratoire[200]. Fontenelle fait donc partie du cercle autour de Malebranche à partir de 1690.

Bignon, président de l'Académie des Sciences depuis 1691, connaît Fontenelle par Jérôme Phélypeaux de Ponchartrain[201]. Appréciant ses qualités, il lui confie le rôle de secrétaire de l'Académie en 1697[202].

L'article 40 du règlement de 1699 donne pour tâche au secrétaire d'écrire une « histoire raisonnée » de l'Académie sans préciser la forme que doit prendre cette histoire. Ainsi, à partir de 1699, Fontenelle devient l'historien de cette institution. Chaque année, il rédige la partie « Histoire » qui compte à chaque fois entre 100 et 150 pages environ. De

197 Lettre de Varignon à Leibniz du 28 avril 1708, *GM*, 4, p. 167.

198 Castel de Saint-Pierre, *Mémoires de Rouen*, I, p. 12.

199 Alain Niderst, *Fontenelle, à la recherche de lui-même*, Paris, Nizet, 1972, p. 359.

200 Joseph Trublet, *Mémoires pour servir à l'histoire de la vie des ouvrages de M. de Fontenelle*, Paris, Chez Dessaint et Saillant, 1756, p. 112.

201 Pour la relation entre Fontenelle et Bignon, Bléchet, Françoise, « Fontenelle et l'abbé Bignon. Du Président de l'Académie Royale des Sciences au Secrétaire Perpétuel : quelques lettres de l'Abbé Bignon à Fontenelle », *Corpus, Revue de Philosophie*, nº 13, Paris, 1990, p. 63-74.

202 Nommé à l'Académie française en 1691, à celle des sciences en 1697, puis à celle des inscriptions et des belles-lettres en 1701, secrétaire perpétuel de l'Académie des Sciences entre 1699 et 1740, Fontenelle apparaît au cœur de « l'État culturel » de Louis XIV.

ce sacerdoce institutionnel résulte une édition de 41 volumes, édités à partir de 1702, soit environ 5000 pages écrites entre 1699 et 1740, date à laquelle Fontenelle se retire de l'Académie[203]. Fontenelle est relativement libre de ses choix de composition, il lui suffit uniquement d'assurer les exigences prônées par l'article : diffuser publiquement les travaux et les activités des savants tout en valorisant la politique culturelle royale. Des extraits de l'*HARS* sont périodiquement publiés dans d'autres journaux comme le *Journal des Sçavans*, le *Journal de Trévoux* ou le *Mercure Galant*. En Europe, l'obtention d'exemplaires de l'*HARS* est précieuse. Fontenelle se charge d'en envoyer aux principales académies européennes. D'autres savants étrangers l'obtiennent par l'intermédiaire de savants français. L'impact de cette publication est donc loin d'être négligeable.

L'*HARS* est divisée en deux parties. La deuxième partie est destinée aux mémoires lus à l'Académie[204] et qui sont des pièces « qui ont été jugées les plus importantes, et les plus dignes d'être données au public dans toute leur étendue[205] ». Tout mémoire lu n'est donc pas forcément publié : cela dépend d'une décision hiérarchique[206]. La première partie, dont Fontenelle est le véritable artisan, est destinée principalement à commenter les mémoires de la deuxième partie. En fait, tous les mémoires ne sont pas nécessairement commentés, c'est le cas de ceux de Rolle. Cette partie contient également des comptes rendus d'ouvrages et les éloges d'académiciens décédés l'année en cours[207].

Souvent, la partie « Histoire » d'un mémoire fait référence à d'autres mémoires publiés les années précédentes, ainsi qu'à leur « histoire ». Cette structure de renvois permet au lecteur de suivre la tournure d'une discussion ou l'avancement d'une problématique et donne une réelle impression de science « en train de se faire ». De cette manière, le compte rendu n'apparaît pas comme un fait isolé mais comme un discours toujours en résonance avec d'autres discours. Afin de fournir une intelligibilité à l'ensemble, Fontenelle a l'espoir que

---

203 Les premiers volumes prennent un peu de retard, l'édition de 1702 correspond à l'année 1699. Les éditions suivantes deviennent plus régulières. À cela, il faut ajouter une histoire de l'Académie entre 1666 et 1699 reproduite à partir de 1733.

204 Par la suite notée *MARS*.

205 *HARS*, 1699, Préface, ii.

206 Jean-Dominique Mellot, « Fontenelle censeur royal ou approbateur éclairé ? », *op. cit.*, p. 61.

207 À partir de 1700, les éloges sont lus pendant les séances publiques bisannuelles. Annoncés dans le célèbre journal *Mercure Galant*, ces événements sont particulièrement suivis. Ils sont ensuite retranscrits dans la partie « Histoire ».

> Le temps viendra peut-être que l'on joindra en un corps régulier ces membres épars ; et s'ils sont tels qu'on le souhaite, ils s'assemblent en quelque sorte d'eux-mêmes. Plusieurs vérités séparées, dès qu'elles sont en assez grand nombre, offrent si vivement à l'esprit leurs rapports et leur mutuelle dépendance, qu'il semble qu'après avoir été détachées par une espèce de violence les unes avec les autres, elles cherchent naturellement à se réunir (*HARS*, 1699., Préface, xix).

Fontenelle et la querelle des infiniment petits

Par l'intermédiaire de son ami Varignon, Fontenelle est averti du calcul leibnizien. Il est d'emblée séduit par ce qu'il nomme la « Géométrie des infiniment petits » ou la « Géométrie de l'infini ». Dans la lettre du 23 mai 1702, Varignon apprend à Leibniz que Fontenelle a l'intention d'écrire « des élemens Metaphysiques de votre Calcul[208] ». Le 18 novembre 1702, cette intention est confirmée par Fontenelle, directement à Leibniz : « j'ai commencé la téméraire entreprise des infiniment petits[209] ». Leibniz encourage Fontenelle dans cette tâche : « votre beau dessein qui va à répandre les lumières de vostre esprit jusque dans les enfoncemens des infiniment petits[210] ». Fontenelle publiera son ouvrage en 1727 sous le titre *Éléments de Géométrie de l'infini*, son travail d'élaboration aura été long de 25 ans[211].

En tant que secrétaire, Fontenelle est tenu de respecter des règles de neutralité. Cependant, alors que la querelle bat son plein, il prend parti pour la nouvelle analyse. Dans l'*HARS* de l'année 1700, il destine un article dans la partie « Histoire » pour commenter les trois mémoires concernant les forces centrifuges, dont l'un est de L'Hospital et les deux autres de Varignon[212]. Fontenelle pointe sur les difficultés auxquelles les

208 Lettre de Varignon à Leibniz du 23 mai 1702, A III 9, p. 81.

209 Lettre de Fontenelle à Leibniz du 18 novembre 1702, Mickael Freyne, *La correspondance de Fontenelle jusqu'en 1740*, thèse d'État soutenue sous la direction de Frédéric Deloffre, Université Paris IV, 2 volumes, 1972, t. 2, lettre 16, 2. Une grande partie de la correspondance de Fontenelle a été publiée par le biais de cette thèse. Concernant la correspondance de Fontenelle, on pourra également lire l'article de François Bessire : « La correspondance de Fontenelle : de la lettre au réseau », *Revue Fontenelle*, n° 5-6, PURH, Rouen, 2010.

210 Lettre de Leibniz à Fontenelle le 12 juillet 1702, Mickael Freyne, *La correspondance de Fontenelle jusqu'en 1740*, t. 2, lettre 15, 1.

211 Sur le lien entre l'écriture de l'*HARS* et les *Éléments de Géométrie de l'infini*, on pourra consulter Sandra Bella, « Les Infiniment petits à l'Académie Royale des Sciences, le rôle de Fontenelle (1698-1727), *Revue Fontenelle*, Rouen, PUR, 2015, p. 237-263.

212 « Sur les forces centrifuges », *HARS*, 1700, p. 78-101.

deux savants se sont confrontés et qui n'auraient pas pu être résolues sans le secours de l'Analyse des infinis :

> M. le Marquis de l'Hôpital entreprit de vaincre toutes ces difficultés avec le secours de sa Méthode des Infiniment petits, & il semble avoir défié toute autre Méthode d'en pouvoir venir à bout (*ibid.*, p. 81).

et

> Ce fut par la Géométrie des infiniment petits, que M. Varignon réduisit les mouvements variés à la même règle que les uniformes, & il ne paroît pas que par toute autre Méthode on eût pû y parvenir (*ibid.*, p. 89).

L'année suivante, il loue la « Géométrie des Infiniment petits », capable de résoudre des problèmes pour lesquels d'autres méthodes sont défaillantes : au sujet des forces centrales, elle permet de proposer « plusieurs chemins » pour parvenir à un résultat[213], et elle permet de rectifier « par la voye la plus facile et en même tems la plus naturelle qu'il soit possible[214] » les courbes qui peuvent être rectifiées.

En revanche, la même année, Fontenelle destine à peine quelques lignes à commenter un mémoire de Rolle : « Mr Rolle donna quelques Régles, mais sans démonstration » (*ibid.*, p. 89). Pire, les années suivantes, il ne consacre aucun article aux mémoires de Rolle. Absent de la partie « Histoire », Rolle est placé en marge de l'histoire de l'Académie.

L'année 1701 est aussi celle où est promulgué le silence suite aux disputes entre Rolle et Varignon. Fontenelle ne se tait pas. Il explique que la « Géométrie des infiniment petits » est une méthode « fondée sur un Principe connu, & employé par les anciens Géometres » (*ibid.*, p. 87) : celui de considérer la courbe comme un polygone d'une infinité de côtés. Bien que les Anciens n'aient « pas pénétré l'étendue immense » de ce principe, des géomètres « du premier ordre » – il cite Barrow, Newton, les Bernoulli et Leibniz – ont su pousser suffisamment cette idée. Il revient à L'Hospital d'avoir rassemblé tous leurs points de vue afin d'élaborer l'*AI*. Fontenelle considère la Géométrie des infinis comme une avancée historique par rapport aux Anciens car elle « donnoit sans peine plusieurs [solutions] que l'Ancienne Géométrie n'eût osé tenter » et

213 « Sur les forces centrales », *HARS*, 1701, p. 81.
214 « Sur la rectification des courbes », *HARS*, 1701, p. 83.

avec « une facilité incomparablement plus grande ». Son discours s'appuie sur l'opposition contemporaine entre les Anciens et les Modernes[215]. Se plaçant clairement du côté des Modernes, il range Gallois et Rolle du côté des Anciens, peu enclins aux nouveautés que le calcul de Leibniz représente. S'il est clair que Gallois revendique cette appartenance, le cas de Rolle est plus complexe.

En 1704, en pleine crise, Fontenelle lit l'éloge de L'Hospital décédé en février. À travers la figure du mathématicien, la Géométrie des infiniment petits est célébrée. Fontenelle rappelle avec quel talent L'Hospital résout le problème de la brachystochrone, parmi tant d'autres problèmes difficiles[216]. Il admire la facilité avec laquelle la Géométrie des infiniment petits jointe au « génie » du mathématicien permettent d'aller « pas seulement à la vérité, quelque cachée qu'elle fût » mais « par le chemin le plus court » (*ibid.*, p. 127). Enfin, le plus grand mérite de L'Hospital est d'avoir rendue publique cette « science cabalistique » en publiant l'*Analyse des infiniment petits pour l'intelligence des lignes courbes* (*ibid.*, p. 125) La même année, le *Journal des Sçavans* publie aussi un éloge de L'Hospital[217]. Y sont loués les talents du mathématicien sans cependant que l'auteur de l'éloge évoque l'Analyse des infinis.

En 1707, Saurin est élu à l'Académie. Fontenelle interprète cette élection comme une étape symbolique dans l'acceptation de la Géométrie des infiniment petits au sein de l'Institution :

> L'Académie ne jugea qu'entre eux [Saurin et Rolle] qu'en adoptant Saurin en 1707, et avec des distinctions flatteuses [...] La géométrie des infiniment petits n'avait pas besoin d'une décision plus formelle (« Éloge de M. Saurin », *HARS*, 1737, p. 116).

Pourtant, lorsque l'Académie avait jugé du différend entre Rolle et Saurin en janvier 1706, le calcul différentiel ne triomphait point.

215 Pour la relation de Fontenelle à la querelle des Anciens et modernes, on pourra consulter : « La science dans la querelle des Anciens et des Modernes », Simone Mazauric, *Fontenelle et l'invention de l'histoire des sciences à l'aube des Lumières*, *op. cit.*, p. 177-224 et Maria Susana Seguin, « La référence aux Anciens dans Les *Éloges des académiciens* de Fontenelle : un contre-exemple pour les modernes », dans *Poétique de la pensée. Mélanges en honneur de Jean Dagen*, textes réunis par B. Guion, S. Menant, MS. Seguin et P. Sellier, Paris, Honoré Champion, 2006, p. 851-861.

216 « Éloge de M. le Marquis de l'Hôpital », *HARS*, 1704, p. 126.

217 *JS*, 17 mars 1704, p. 195.

Sur les infiniment petits

Commentant un mémoire sur les rectifications des courbes[218], Fontenelle explique :

> L'Esprit humain est si limité, que l'Etendue qui est l'objet de ses connoissances les plus certaines, lui échappe, & est au-dessus de sa portée dès qu'elle n'est point en ligne droite. Nulle Géométrie ne peut mesurer la longueur d'une ligne courbe considérée en elle-même (*ibid.*, p. 83).

Alors que l'objet de la géométrie est l'étendue, la courbe se dérobe à la mesure. Considérée « en elle-même », la courbe n'est pas traitable par la géométrie ordinaire. La Géométrie des infiniment petits surmonte cette difficulté puisqu'elle « resout les Courbes en des parties infiniment petites ». Ces parties infiniment petites peuvent être prises « à la rigueur pour des lignes droites », c'est-à-dire pour le plus simple des éléments géométriques. C'est donc par la voie « la plus naturelle possible » que la Géométrie des infiniment petits réussit.

Dans l'*HARS* de l'année 1700, pour célébrer les mémoires de L'Hospital et de Varignon concernant les forces centrales[219], Fontenelle rappelle qu'il est connu que la force centrifuge d'un corps est d'autant plus grande que « le corps décrit un plus petit cercle, qu'il est plus pesant, qu'il tourne avec plus de vitesse », cependant « on ne connoissoit point la mesure ni la regle de ces rapports ». Résoudre le problème de la courbe d'égale pression dépendait d'une « Théorie exacte des Forces centrifuges » dont le secret était de considérer la courbe comme « composée d'Arcs de Cercles infiniment petits » (*HARS*, 1700, p. 69), chacun de ces arcs ayant un rayon d'autant plus petit que la force est plus grande. Des commentaires du même type sont énoncés, sur la manière de résoudre le problème de trouver le rapport de la force centrale à la pesanteur. Fontenelle explique que la force centrale agit de telle sorte que chaque petit arc de la courbe, décrit dans un temps infiniment petit, est composé de deux mouvements. L'un uniforme produit une ligne droite et l'autre accéléré produit un « espace infiniment petit du second genre » (*ibid.*, p. 65). Ces remarques motivent la considération de la courbe comme « formées d'éléments courbes » (*ibid.*, p. 66) et c'est justement ce que permet la Géométrie des infiniment petits.

---

218 « Sur la rectification des courbes », *HARS*, 1701, p. 83.
219 « Sur les forces centrifuges », *HARS*, 1700, p. 80.

Ainsi, c'est bien parce que la courbe *rigoureuse* est intraitable par la géométrie que son intelligibilité nécessite de supposer qu'elle soit considérée comme un « polygone », c'est-à-dire comme un assemblage d'une infinité de petits *éléments*. Selon le problème envisagé, ces petits *éléments* sont des lignes droites ou des arcs. La citation qui suit est intéressante à ce titre. Fontenelle décrit le passage d'un cercle osculateur à un autre cercle osculateur infiniment proche du premier :

> Et parce que deux cercles décrits de deux centres infiniment proches, et sur deux rayons infiniment peu différents, ne sont que le même cercle fini ; le même cercle décrit sur un rayon quelconque de la développée, aura deux de ses arcs infiniment petits communs avec la courbe, ou, ce qui revient au même, exactement appliqué sur deux arcs de la courbe ;

L'usage des infiniment petits permet de rendre intelligible les phénomènes de contact :

> et si l'on veut encore pousser cette idée plus loin, les deux arcs circulaires à cause de la différence infiniment petite de leurs rayons, seront appliqués sur ceux de la courbe, l'un en dedans, l'autre en dehors, de sorte que le même cercle ayant été intérieur à l'égard de la courbe, et l'ayant touchée en un point, lui reviendra extérieur dans le point immédiatement suivant, et par conséquent la coupera en la touchant encore. Avoir un arc infiniment petit, ou un seul point commun avec une courbe, c'est la *toucher*, mais avoir deux arcs ou deux points l'un auprès de l'autre, c'est la *baiser*, selon le langage des nouveaux géomètres, qui par la précision que donnent les infiniment petits ont distingué le *baisement* du simple attouchement. Delà vient qu'un cercle décrit sur un rayon quelconque de la développée d'une courbe est appelé cercle *baisant* ou *osculateur*, et le rayon de la développée rayon *osculateur*[220].

Fontenelle use des juxtapositions – « avoir un arc infiniment petit, ou un seul point commun » ou « avoir deux arcs ou deux points l'un auprès de l'autre » – pour montrer que la géométrie des infiniment petits considère un point « rigoureux » comme un arc infiniment petit, et qu'ainsi (et seulement ainsi) elle parvient à un traitement de la courbe.

Ici, comme dans d'autres nombreux commentaires, Fontenelle emploie les termes du « langage des nouveaux géomètres » qui renvoient aux notions de l'Analyse des infinis. Fontenelle ne se prononce pas ici sur leur statut épistémologique de ces dernières. Varignon avait défendu

---

220 *HARS*, 1706, p. 91-92.

l'idée selon laquelle les différentielles sont « réelles » alors que Rolle considérait que leur introduction n'était pas nécessaire et que dans tous les cas leur réalité était la même que celle des zéros absolus.

Qu'en est-il pour Fontenelle ?

Dans l'article « Sur les forces centrifuges[221] », il rappelle que lorsque le mouvement est uniforme, la vitesse est le rapport entre l'espace et le temps, mais que lorsque le mouvement est accéléré, une parabole tient lieu pour représenter le rapport entre l'espace et le temps : « Cela supposé, ce fut par la Géométrie des infiniment petits, que M. Varignon réduisit les mouvemens variés à la même regle que les uniformes ». Cette réduction exige de surmonter un « paradoxe » : dans un mouvement accéléré, la vitesse reste accélérée quelle que soit la petitesse de l'espace ou du temps, à condition qu'ils soient déterminés et finis, alors que s'ils sont « regardés comme infiniment petits », la vitesse devient uniforme. Fontenelle explique que ce paradoxe se résout en considérant que les infiniment petits ont « entre eux les mêmes rapports que les grandeurs finies », ces rapports sont des grandeurs finies de sorte que la vitesse par laquelle un corps parcourt un espace infiniment petit dans un temps infiniment petit est une grandeur finie : « une vitesse dans chaque instant » susceptible d'augmentation[222]. Pendant cet instant, la « vitesse de cet instant » certes augmente, mais d'un infiniment petit de vitesse : pour cette raison elle peut être considérée comme uniforme. De même, l'espace parcouru à cause de l'infiniment petite augmentation de vitesse est infiniment petit par rapport à l'espace parcouru dans le même instant.

Ce raisonnement permet à Fontenelle d'affirmer « qu'il y a une infinité d'ordres d'infiniment petits, dont les supérieurs sont infiniment grands à l'égard des inferieurs » (*ibid.*, p. 93). Or, la géométrie n'est rien d'autre que « l'Art de découvrir les rapports des Grandeurs » (*ibid.*, p. 94). L'exemple qu'il vient de décrire témoigne de l'existence de rapports « que l'on ne peut attraper » par la géométrie ordinaire à moins de considérer

> les Grandeurs jusques dans leurs parties infiniment petites, & dans leurs premiers Elémens, & même quelquefois jusqu'aux Elémens infiniment petits de ces premiers Elémens, & encore au-delà, s'il le faut (*ibid.*, p. 94).

221 « Sur les forces centrifuges », *HARS*, 1700, p. 89.
222 Michel Blay commente l'insuffisance de la notion de « vitesse à chaque instant » par rapport à celle de « vitesse instantanée » qui apparaît avec la théorie des limites, *La naissance de la mécanique analytique*, *op. cit.*, p. 157.

Les « Elémens » des grandeurs sont susceptibles donc du même traitement que les grandeurs finies dont ils sont issus. Seule la Géométrie des infiniment petits permet leur considération géométrique parce qu'elle distingue les différents ordres :

> Il a fallu, pour en conclure la Vitesse, aller chercher dans les Elémens infiniment petits de ces deux Grandeurs, ce rapport qui n'étoit point entre ces Grandeurs même considérées dans leur étendue finie et naturelle. Pour la Force centrale, il a fallu percer jusqu'à l'infiniment petit, & le rapport que l'on cherchoit, n'étoit point dans les seuls infiniment petits du premier genre. En un mot, des memes Grandeurs données la Géometrie des infiniment petits en tire plus qu'une autre, parce qu'elle multiplie les rapports, & en fait naître de nouveaux (*ibid.*, p. 94).

Bien qu'ici Fontenelle n'écrive pas explicitement que les infiniment petits sont des grandeurs, il les décrit comme des « parties » des grandeurs que l'on traite géométriquement, c'est-à-dire en établissant des rapports entre eux. Ces infiniment petits sont susceptibles à leur tour « d'être percés » en infiniment petits du second genre, et ainsi de suite, à l'infini[223]. Il s'agit donc pour Fontenelle d'une « Géométrie des infiniment petits » bien plus d'ailleurs qu'un calcul. En fait, le mot « calcul » est finalement très peu prononcé dans l'*HARS*.

Leibniz marque au début de l'intérêt pour le projet d'écriture fontenellien sur les fondements de la Géométrie de l'infini. Néanmoins, sa conviction est autre :

> Il est vrai que chez moi les infinis ne sont pas des touts et les infiniment petits ne sont pas des grandeurs. Ma métaphysique les bannit de ses terres, et je ne

223 D'autres articles de l'*HARS* témoignent de la récurrence de ce type de discours géométrisant les infiniment petits. Par exemple dans les articles : « Sur les forces centrales », *HARS*, 1701, p. 82, « Sur les tangentes d'un genre de courbes » : « M. Tschirnhaus confond ici un arc infiniment petit avec sa corde, & ne laisse pas de traiter ces deux grandeurs ainsi confondues comme des véritables grandeurs, ce qui est entièrement dans l'esprit de la Géométrie des Infiniment petits. », *HARS*, 1702, p. 53, « Éloge de M. le Marquis de l'Hôpital », *HARS*, 1704, p. 125 : « Comme il y a des rapports entre les grandeurs finies, qui sont l'unique objet de recherches mathématiques, & les grandeurs de ces differens ordres d'Infinis, on parvient par la voie de l'Infini à des connoissances sur le Fini », *HARS*, 1704, p. 85-86, « Sur les grandeurs qu'on nomme plus qu'infinies » : « les grandeurs infinies peuvent être plus grandes ou plus petites les unes que les autres, selon tous les rapports possibles des nombres, & cela sans sortir de l'ordre de l'infini, de même que les grandeurs finies ne sortent pas de l'ordre du fini pour varier entr'elles selon tous ces rapports », *HARS*, 1706, p. 48.

> leur donne retrait que dans les espaces imaginaires du calcul géométrique, ou ces notions ne sont de mise que comme les racines qu'on appelle imaginaires[224].

Leibniz insiste ici sur l'utilité des infiniment petits pour calculer. Il a formulé publiquement sa position en affirmant qu'il est possible d'utiliser les infiniment petits comme des « fictions utiles » et qu'il est inutile – voire néfaste – d'entrer dans des considérations métaphysiques, infécondes à la pratique mathématique. Ce n'est pas la position de Fontenelle.

Dans les Éloges, Fontenelle fait allusion à Leibniz pour la première fois dans l'éloge de Jacques Bernoulli. Cet éloge est lu en 1705, c'est-à-dire au climax de la querelle des infiniment petits. Avec Leibniz, les frères Bernoulli sont ceux qui ont le plus diffusé et promut le calcul différentiel. Pour Fontenelle, Leibniz a certes publié quelques articles dans les *Acta Eruditorum* sur le « Calcul differentiel, ou des Infiniment petits » mais il en « cachoit l'art et la méthode[225] ». Il revient à Jacques Bernoulli et à son frère Jean d'avoir dévoiler « l'étenduë & la beauté » du calcul différentiel en s'appliquant « opiniâtrement à en chercher le secret, & à l'enlever à l'inventeur » (*ibid.*). Leibniz aurait introduit obscurément son calcul et ce dernier serait peut-être resté lettre morte sans l'intervention des frères Bernoulli :

> C'est ainsi que le moindre rayon de verité qui s'échape au travers de la nuë, éclaire suffisamment (*ibid.*)

Dans l'éloge de Leibniz (1716)[226], Fontenelle loue le caractère universel du savant et son esprit géométrique (*ibid.*, p. 97). Même s'il cite Newton, il fait de Leibniz le principal voire le seul inventeur du calcul. Cependant, il désapprouve les affirmations de Leibniz publiées au *Journal de Trévoux* en 1702 en pleine crise académique. Aurait-il eu une attitude trop « condescendante » pour épargner « ceux dont l'imagination se seroit révolté » (*ibid.*, p. 115) ?

224 Lettre de Leibniz à Fontenelle du 9 septembre 1704, Mickael Freyne, *La correspondance de Fontenelle jusqu'en 1740*, t. 2, lettre 28, 2.

225 « Éloge de M. Bernoulli », *HARS*, 1705, p. 141.

226 « Éloge de M. Leibnitz », *HARS*, 1716, p. 94. Pour un commentaire de cet éloge, on pourra consulter l'article de Sophie Audidière, « La lettre galante et l'esprit géométrique. Expression métaphysique et métaphysique des langues, ou la philosophie du discours de Fontenelle », *Archives de Philosophie*, n° 78, 2015, p. 399-416.

> Il semble cependant qu'il en ait été ensuite effrayé lui-même, et qu'il ait cru que ces différents ordres d'infiniment petits n'étaient que des grandeurs *incomparables*, à cause de leur extrême inégalité, comme le serait un grain de sable et le globe de la terre, la terre et la sphère qui comprend les planètes, etc. Or, ce ne serait là qu'une grande inégalité mais non pas infinie, telle que l'on établit dans ce système. Aussi ceux mêmes qui l'ont pris de lui, n'ont-ils pas pris cet adoucissement qui gâterait tout. Un architecte qui a fait un bâtiment si hardi, qu'il n'ose lui-même y loger (*ibid.*, p. 114)

Fontenelle juge que sa conception des infiniment petits est plus étoffée que celle de Leibniz. Il interprète la position de Leibniz comme étant trop pragmatique et même peu courageuse. Ce jugement n'est pas partagé par tous, comme en témoigne l'enseignant lausannois Jean-Pierre Crousaz (1661-1750)[227] :

> [...] pour l'éloge que Mr de Fontenelle a donné de Mr Leibnitz que leurs idées ne sont pas les mêmes sur la nature des infinis. Il faut avoir plus de hardiesse que je n'en trouve pour prendre parti entre deux si grands et si subtils mathématiciens. À la vérité l'idée de Leibnitz, qui ne paraît pas assez hardie, ni assez juste à Mr de Fontenelle a toujours été la mienne, et jusqu'ici je n'ai pas pu m'accommoder de la manière dont ce dernier conçoit les infinis[228].

Secrétaire perpétuel de l'Académie des sciences, Fontenelle est certainement l'un des plus assidus des académiciens et celui qui connaît le mieux tout le savoir qui émerge de l'Académie. De l'histoire de l'Analyse des infinis, il en produit un éloge.

L'intention de Fontenelle va plus loin que montrer que le calcul différentiel est fécond, ce que personne ne doute. Elle revêt d'un caractère téléologique : l'introduction de la Géométrie des infinis est nécessaire. Selon Fontenelle, cette idée serait partagée par la communauté académique. De sorte qu'en ce sens, il écrit le récit d'un consensus académique : s'il y eut quelques opposants à la Géométrie des infiniment petits, ce récit affirme que la communauté parvient à une pratique notablement paisible et de plein droit. Quant au statut des infiniment petits, le point

227 Il devient membre associé étranger à l'Académie en 1725. Auteur de *Commentaire* sur l'*Analyse des infiniment petits*, Paris, Chez Montalant, 1721.

228 Lettre de Crousaz à Réaumur du 1er février 1719. Crousaz correspondra également plus tard avec Fontenelle afin que celui-ci lui éclaircisse ses conceptions sur les objets mathématiques. Fontenelle lui écrira le 22 juin 1733 : « Et, à propos de l'infini, comment le gouvernez-vous ? J'étais charmé de voir comment vous entriez dans mes idées et leur fassiez l'honneur de les adopter. »

de vue académique s'écarterait de celui de Leibniz, si grande que fût l'admiration de la plupart des académiciens à son égard : les différentielles ne sont pas des fictions mais des entités réelles et qu'il convient de traiter comme des grandeurs. Leibniz invente le calcul différentiel. Fontenelle invente la Géométrie de l'infini.

CONCLUSION

L'introduction du calcul différentiel dans les pratiques provoque un débat à l'Académie des sciences. Dans ce chapitre, il s'agissait de comprendre pourquoi celui-ci dégénèrait en un *dialogue de sourds.*

Rolle a deux types de critiques.

Le premier type concerne le statut des différentielles impliquées dans le calcul. Il n'accepte pas un procédé calculatoire s'autorisant à considérer une différentielle tantôt pour quelque chose, tantôt pour un rien. Il récuse ainsi la première supposition de l'*AI* qui permet de prendre l'une pour l'autre deux quantités qui ne diffèrent que d'une quantité infiniment petite. Selon lui, les différentielles ne sauraient avoir d'autre statut que celui de zéro absolu. Par conséquent, il n'est pas possible non plus de supposer différents ordres d'infini. Varignon répond. La référence aux Anciens et aux géomètres reconnus de ses pairs – Fermat, Barrow et Pascal – est précieuse. Les différentielles restent quelque chose de proche de ce que les géomètres entendent par « infiniment petits », « petites portions », ou encore *minor quâvis quantitate datâ.* Elles sont réelles. Toutefois, l'interprétation des différentielles comme quantités évanouissantes est privilégiée, il semble ainsi à Varignon assurer davantage la réalité des différentielles.

Le deuxième type de critiques concerne l'exactitude du calcul différentiel. Parmi les difficultés, Rolle pointe l'incapacité du calcul à discerner les *maxima* ou les *minima* : le calcul différentiel fournit des valeurs réelles conduisant à des valeurs imaginaires, il oublie des solutions ou encore il en exhibe trop. Bref, Rolle accuse le calcul différentiel de *déborder.*

Les erreurs maladroites de Rolle permettent à Varignon de contrecarrer sans grande difficulté. Néanmoins, Rolle n'est pas convaincu. Il reste infailliblement attaché aux méthodes algébriques et il continue à décrier le mal-fondé du calcul différentiel et les erreurs auxquelles il conduit. L'interdiction de dispute promulguée par l'Académie conduit le débat à se déplacer mais le contenu et le ton ne changent pas.

Pour trouver un accord à ces discordances, les deux parties adverses en appellent à un tiers, mais cette tentative échoue. Interprétant différemment un héritage commun, ils aboutissent à une dissension. L'autorité institutionnelle reste indécise. Rolle ne se convertit pas, il juge, après la mort de son principal soutien, qu'il est plus habile de se taire.

De ce dialogue de sourds, que faut-il entendre ?

Chacune des parties accuse l'autre de déguiser, soit la méthode de l'adversaire, soit celle de Fermat ou celle de Barrow. Que sont les différentielles ? Des zéros dissimulés ? Sont-elles réelles ? Existent-elles ? Leurs discours tournent autour de ces questions car la valeur démonstrative du calcul différentiel en dépend. Après l'interdiction de l'Académie, Varignon, ne pouvant plus intervenir publiquement, se déguise en Saurin pour continuer à avancer des arguments, Saurin lui-même prend position. Leibniz se montre à découvert. L'Hospital reste silencieux.

De sorte que le débat apparaît comme une véritable tragi-comédie dans laquelle les personnages avancent masqués et dont les propos sont suspendus à la formule « être est ne pas être[229] ». Mais, « il arrive que le déguisement livre son secret à sa manière, c'est-à-dire par le déguisement[230] ». D'une certaine manière cette crise se dénoue. Chacune des parties est contrainte de montrer la légitimité de sa méthode et éventuellement l'équivalence avec celle de la rivale : ce que Guisnée a appelé « l'identité ». Pour ce faire, chacun revient sur les fondements de sa méthode mais aussi sur celle de la partie adverse. Rolle explique qu'un zéro absolu correspond géométriquement à la position de la tangente, tandis que Guisnée interprète de manière calculatoire le quotient $\frac{dy}{dx}$, ou encore Jean Bernoulli et Leibniz reviennent sur l'interprétation d'un résultat obtenu par la méthode de Hudde.

229 Claude-Gilbert Dubois, *Le Baroque, profondeurs de l'apparence*, Paris, Larousse Université, collection « thèmes et textes », 1973, p. 129-140.

230 Jean Rousset, *La littérature et l'âge baroque en France, Circé et le Paon*, Paris, Librairie José Corti, 1954, p. 54.

Dans la lettre à Varignon du 2 février 1702, Leibniz expliquait que l'opposition à son calcul menée au sein de l'Académie pouvait aussi conduire : « à éclaircir des difficultés que les commençans peuvent trouver dans notre Analyse ». Il ajoutait :

> Qu'il importe beaucoup pour bien établir les fondemens des sciences qu'il y ait de tels contredisans ; c'est ainsi que les Sceptiques combattoient les principes de la Geometrie, avec tout autant de raison ; que le P. Gottignies Jesuite savant, voulut jetter des meilleurs fondemens de l'Algèbre, et que Messieurs Cluver et Nieuwentiit ont combattu depuis peu quoyque differemment, nostre Analyse infinitesimale. La Geometrie et l'Algèbre ont subsisté, et j'espère que nostre Science des infinis ne laissera pas de subsister aussi ; mais elle vous aura une grande obligation à jamais, pour les lumières que vous y répandés[231].

231 Lettre de Leibniz à Varignon du 2 février 1702, A III, 9, p. 15.

REMARQUES CONCLUSIVES

D'emblée le calcul différentiel émerge plus obscur que révolutionnaire. Les articles inauguraux de 1684 et 1686 ne sont pas d'accès facile et ne soulèvent presque pas de réactions. Mis à part Leibniz et les frères Bernoulli, presque aucun auteur ne montre de l'intérêt pour le nouvel algorithme et est capable de l'appliquer. Leibniz présente sa méthode comme étant « nouvelle », mais la grande majorité de ses contemporains ne la reconnaissent pas comme telle et considèrent qu'elle n'est pas meilleure que d'autres. Ainsi, Leibniz et ses épigones cherchent à promouvoir l'algorithme différentiel en l'appliquant à la résolution de problèmes géométriques et physico-mathématiques de plus en plus difficiles (la caténaire, la voilière, ou encore l'élastique). Par-là, ils défient la République des Lettres à montrer la supériorité des méthodes rivales.

En observant chacun des contextes épistémologique, historique et politique qui constituent le cercle de Malebranche puis l'institution académique, cette étude cherchait à identifier les formes que prend l'appropriation du calcul leibnizien dans les milieux savants parisiens. Des individus peuvent se quereller et ne pas se comprendre, se comprendre mais ne pas s'entendre, sans que cela n'entrave une pratique partagée. Par sa démarche, cette étude a conduit à mettre en lumière certains mécanismes qui rendent possible une telle pratique, et qui permettent à une science d'être instituée au sein d'une communauté. Les choses se jouent dans un subtil enchevêtrement d'horizons d'attente et de fabrique de consensus.

AUTOUR DE MALEBRANCHE

Le calcul symbolique tient lieu d'art de penser capable de résoudre tout problème mathématique. Il a permis de faire émerger une pratique d'écriture dont le développement au siècle suivant fera disparaître le privilège du style euclidien. L'activité du groupe de Malebranche se situe dans un moment intermédiaire de cette pratique et c'est dans ce contexte qu'ils ont entrepris une réforme mathématique. Comme l'explique Costabel, il s'agit d'intégrer les méthodes nouvelles – en particulier celles de Barrow et de Wallis – tout en trouvant une voie moyenne avec l'analyse cartésienne (*Mathematica*, p. I). Cette réforme, guidée par la conception malebranchiste de la Méthode et de la vérité, priorise l'analyse avant toute autre forme de pensée et d'écriture. Dans son traité *Analyse démontrée*, Reyneau pérennise ce que ces mathématiciens entendent par « analyse ». Elle est la science qui contient les « méthodes pour découvrir les grandeurs inconnues que l'on cherche » au moyen de « lettres[1] ». Les productions mathématiques du cercle autour des années 90, examinées dans la première partie de cette étude témoignent de cette prédilection. Il s'agit de restituer les nouvelles connaissances sous forme de méthodes analytiques.

La lecture des *Lectiones geometricae* de Barrow ont joué un rôle clef. Et, contrairement à ce qu'avance Morris Kline, la formulation des résultats qui y sont établis sous forme essentiellement géométrique rendent compte de la volonté de généralité qui les soutient[2]. L'Hospital perçoit cette généralité mais dans un premier temps, il échoue à établir le même type de résultats généraux à l'aide d'une méthode calculatoire. De fait, tout au long du XVIIe siècle, l'obtention de généralité, jointe à celle du confort calculatoire, obsède l'élaboration de méthodes. Il en résulte des méthodes dont le déploiement prend son départ à partir de propriétés spécifiques des courbes, exprimées par des relations usant de caractères. La courbe est pensée comme l'expression d'une relation

1 Charles Reyneau, *Analyse démontrée ou la méthode pour résoudre les problèmes mathématiques*, Paris, Quillau Imprimeur, 1708, t. 2, Préface, xiv.

2 Morris Kline, *Mathematical Thought from Ancient to Modern Times*, New York, Oxford University Press, 1972, p 356.

en vue de l'application de la méthode. En ce sens, l'idée qui insuffle l'invention de l'algorithme leibnizien ne diffère en rien de celle des méthodes contemporaines. L'idée de généralité s'informe par l'attribution à la courbe d'une équation différentielle[3]. Il apparaît alors que pour ces mathématiciens, dont l'ambition est de traiter tous les problèmes par l'analyse, le calcul différentiel a été intégré sans qu'il y ait de ruptures conceptuelles, contrairement à ce qu'une historiographie a pu prétendre[4].

Ainsi, pour comprendre l'appropriation du calcul leibnizien, l'historien ne saurait se contenter de constater que « la différentielle » est une chose nouvelle. Au fond, la seule question qui importe est de comprendre ce que signifie d'être « nouveau » dans le contexte de cette réception. Les mathématiciens autour de Malebranche découvrent, analysent, et pratiquent des notions qui sont à leurs yeux semblables entre elles, et dont ils souhaitent tirer une idée fédératrice pour leur pratique. Tel a été le cas par exemple de la notion notée par « e ». Pour eux, ainsi que l'explique Jean Bernoulli dans les *Lectiones de calculo differentialum*, il n'est pas choquant d'écrire que « $e=dx$ ». Cette traduction de dx en e – ou l'inverse de e en dx – que ces mathématiciens ont pérennisé dans leurs manuscrits, montre que, dans un premier temps, il leur est nécessaire de ramener le nouveau à ce qui est connu. Encore en 1696, Varignon commente ainsi l'introduction de différentielles : « on auroit pû éviter l'embarras de ce langage en ce qui concerne l'invention des tangentes[5] ». En effet, introduire la notion de différentielle pour la seule méthode des tangentes n'est pas jugé pertinent au début. Cette notion résout facilement et indiscutablement certains problèmes ; ainsi elle est reconnue comme légitime. Les problèmes impliquant la courbure et de la recherche d'enveloppes de courbes conduisent l'Hospital à comprendre, après Leibniz, combien la considération de la notion de variabilité est nécessaire. C'est pourquoi la notion de différentielle, considérée d'abord comme « indéterminée » dans les leçons bernoulliennes, devient « la

3 Kline soutient que le travail sur le calcul pendant les deux premiers tiers du XVIIe siècle se perd « en détails » et que les mathématiciens ne parviennent pas à comprendre ce qui est généralisable lorsqu'ils résolvent des problèmes particuliers. Leibniz et Newton y seraient enfin parvenu (*ibid.*).

4 C'est la position défendue par André Robinet dont Claire Schwartz a montré récemment l'insuffisance.

5 Pierre Varignon, « Instruction du calcul différentiel et des méthodes générales de trouver les lignes courbes », FR 12262, f° 22r°.

portion infiniment petite » dont une « quantité continument variable » augmente ou diminue dans le traité de l'Hospital.

Ces mathématiciens font des choix et ces choix constituent leur forme propre d'appropriation dont l'*Analyse des infiniment petits pour l'intelligence des lignes courbes* est la première synthèse. Ce traité expose l'analyse propre à manipuler les infiniment petits pour l'étude du courbe. Il est remarquable que, à son tour, la démarche analytique induit l'entière structuration du traité. Ainsi, le traité, composé de « propositions-problèmes », s'organise autour de sections ordonnées selon un ordre naturel, celui que justement préconise Port-Royal, qui va du simple au complexe et du général au particulier.

ENTRE CALCUL ET GÉOMÉTRIE, LE POLYGONE INFINITANGULAIRE

Au XVIIe siècle, la notion de « polygone à une infinité de côtés » parcourt l'histoire de l'étude des courbes et s'est imposée comme une notion fondamentale du calcul différentiel. Les Anciens connaissaient les quadratures de toutes les figures rectilignes mais l'idée de se servir du droit pour mesurer le courbe n'est pas explicite dans leurs écrits. C'est par « la force des indivisibles », comme le déclare Roberval, que ce geste audacieux va permettre une avancée inégalable dans le domaine des quadratures. La mesure du courbe apparaît très tôt intimement liée à la notion d'infini et de là se forge la considération de la figure de polygone d'une infinité de côtés. Arnauld puis Lamy font de la considération du cercle comme polygone (régulier) d'une infinité de côtés une demande de leurs éléments. Barrow affirme que considérer une surface curviligne comme un assemblage de rectangles indéfiniment petits de sorte que la courbe apparaît comme un polygone *gradiforme*, permet d'atteindre une vérité qui est non seulement « suffisamment confirmée », mais par laquelle « les origines apparaissent limpides[6] ».

Mais quel lien entretient cette figure polygonale avec les procédés calculatoires ?

6 Isaac Barrow, *Lectiones geometricae*, « Appendicula 2 », *op. cit.*, p. 115.

Dans sa méthode de tangentes, avant sa rencontre avec le calcul leibnizien, L'Hospital justifie géométriquement l'étape de l'élision des homogènes et la considération de la courbe comme polygone d'une infinité de côtés[7]. Cette étape devient ensuite une évidence : dans le seul cadre des méthodes de tangentes, il est notable de constater que dans les années 1690, l'idée que « *e* » ou ses puissances ne doivent pas être pris en compte pour le calcul est une pratique devenue règle et partagée de tous. Pour Catelan, l'Hospital, Nieuwentijt, aux postures pourtant si différentes, l'élision des homogènes est une étape qu'ils estiment désormais « évidente ». Que cela soit justifié en faisant appel au fait qu'il s'agirait de « zéros » ou d'« infiniment petits » ne modifie en rien une communauté de pratique.

Pour légitimer l'Analyse des infinis, ses défenseurs soutiennent que cette notion se trouvait déjà chez les Anciens dans leurs démonstrations par inscription/circonscription : les polygones inscrits/circonscrits « par la multiplication infinie de leurs côtés, se confondent » avec la courbe. De sorte que de « tout temps » ces polygones auraient été pris pour les courbes elles-mêmes (*AI*, Préface). Les Anciens manquaient « d'expressions convenables[8] », et le calcul différentiel pallierait cette insuffisance. Ces arguments ont probablement un caractère rhétorique : la notion de « polygone à une infinité de côtés » affiliée à la géométrie des Anciens, apparaît dans une continuité d'usage ; c'est ainsi qu'elle serait fondée.

Néanmoins, Leibniz, dès ses premiers articles dans les *Acta*, souligne l'équivalence [*aequivalet*] entre une courbe et un polygone d'une infinité de côtés[9]. Son propos ne signifie pas qu'il s'agit ici d'approcher la courbe par un polygone, mais que l'analyse la plus propre pour connaître intimement la courbe, dans tous ces degrés d'osculation, conduit à la prendre pour un polygone d'une infinité de côtés. Cela permet de penser adéquatement la courbe et de la calculer. Justifier l'élision des homogènes redevient un impératif auquel Leibniz se soumet. Il forge son lemme des incomparables qui conduit à une longue histoire d'incompréhensions.

---

7 « Méthode très facile et très générale de trouver les tangentes à toutes sorte de courbes », FR 25306, f° 1-100.

8 Charles Reyneau, *Analyse démontrée*, *op. cit.*,, t. 2, Préface, xiij.

9 G. W. Leibniz, « *Nova methodus pro maximis et minimis, itemque tangentibus, quae nec fractas nec irrationales quantitates moratur et singulare pro illis calculis genus* », *AE*, octobre 1684 et « *De Geometria recondita et analysi indivisilium atque infinitorum* », *AE*, juin 1686.

La considération d'une courbe comme un polygone à une infinité de côtés et son lien avec le calcul sont essentiels aux mathématiciens autour de Malebranche. L'Hospital en fait l'une des deux suppositions de l'*Analyse des infiniment petits pour l'intelligence des lignes courbes* : la considération du polygone permet le calcul des tangentes et celui de la courbure en vertu des angles que les côtés font entre eux (*AI*, p. 3). Le polygone d'une infinité de côtés est la notion la plus générale, pour « toutes sortes de lignes courbes » et celle qui sert de « fondement à la méthode des tangentes[10] », mais pas seulement. Le polygone qui tient lieu de courbe est plus riche. L'Hospital a précisé que les côtés du « polygone » forment des angles qui vont déterminer la courbure de la courbe. Ces angles sont les angles de contact dont l'étude a conduit Leibniz à thématiser les degrés d'osculation entre deux courbes, en introduisant notamment les notions d'angle et de cercle d'osculation et à leur faire correspondre des relations différentielles d'ordre supérieur à deux.

Penser la courbe comme un polygone d'une infinité de côtés n'engage pas nécessairement de considérations métaphysiques sur l'existence de cette figure oxymorique ou sur son lien ultime avec l'objet idéal de « courbe ». Comme le souligne Henk Bos, Leibniz ne pense pas la transition entre le polygone fini et la courbe dans un processus de limite, car dans ce cas les côtés et les angles du polygone disparaîtraient complètement. Il pense plutôt cette transition comme une « extrapolation » du cas fini au cas infini[11]. Sa position est justifiée probablement en s'appuyant sur le principe de continuité qui veut qu'un raisonnement puisse être reconductible aux bornes, sans que l'on ait nécessairement à s'interroger sur la nature de ce qui est atteint dans de telles bornes. Il n'empêche que certains ont cru bon de penser une telle borne.

Dans l'*HARS*, Fontenelle loue l'analyse des infinis qui considère la courbe comme un polygone d'une infinité de côtés. Cette considération permet de traiter la courbe « considérée en elle-même[12] », « intraitable » auparavant par la géométrie ordinaire[13]. Néanmoins, dans un écrit de

10 Guillaume de L'Hospital, *Traité analytique des sections coniques et de leurs usages pour la résolution des équations tant déterminées qu'indéterminées*, Paris, Montalant, 1720, p. 128.

11 Henk Bos, "The Fundamental Concepts of the Leibnizian Calculus", *op. cit.*, p. 87.

12 « Sur la rectification des courbes », *HARS*, 1701, p. 84.

13 Les échanges avec Leibniz et Jean Bernoulli amènent Varignon à spécifier cette notion. Pour résoudre le problème de la détermination du rapport entre la force centrale et la pesanteur, le polygone change de forme, le côté se courbe en arc de cercle. Cette

1722 intitulé « Sur les courbes considérées exactement comme courbes, ou comme poligones infinis », Fontenelle compare deux conceptions de la courbe, celle où la courbe est « rigoureuse » et « vraie », mais « intraitable », et celle où la courbe est traitée dans « l'hypothèse des courbes polygones ». Il avance que cette dernière manière de considérer la courbe peut sembler n'être qu'une « fiction commode substituée à un vrai intraitable » mais elle

> devient elle-même ce vrai, quand on la considère de plus près. On croyait qu'elle approchait infiniment du vrai, et il se trouve que le vrai ne doit pas aller plus loin. Cependant nous appellerons toujours courbes rigoureuses, celles dont on concevait que les *elements* ne seraient que des points absolus (*HARS*, 1722, p. 77).

En usant du mot « fiction », Fontenelle adresse une réponse à la position prise par Leibniz lors de l'épisode du *Journal de Trévoux*. Contrairement à Leibniz, il soutient haut et fort que le polygone infinitangulaire est réel, autant que les infiniment petits dont use le calcul et qu'il considère être des grandeurs au même titre que les ordinaires. Sa conception des différentielles ne s'accorde pas avec celle de Leibniz. Pour Fontenelle, les différentielles sont « vraies » et « réelles », elles ne sauraient être des simples fictions, aussi « utiles » soient-elles. De son côté, Leibniz ne soutient pas le projet fontenellien d'une « métaphysique des infiniment petits ». Ainsi, il avoue à Varignon en 1702 :

> Entre nous je crois que Mons. de Fontenelles, qui a l'esprit galant et beau, en a voulu railler lorsqu'il a dit qu'il voulait faire des elements metaphysiques de nostre calcul (A III, 9, p. 113).

Que les mathématiques ne doivent pas être mêlées de considérations métaphysiques est le *leitmotiv* de Leibniz. C'est pourquoi, à ses yeux, il n'est pas question de s'intéresser à la signification ontologique des différentielles.

Le programme de Fontenelle a une autre ambition. Il considère qu'il existe une géométrie – qui est bien plus qu'un calcul – dont l'introduction

---

modification entraîne un changement dans la manière d'envisager le calcul, sans pour autant le faciliter. Varignon signale qu'il est possible de considérer une forme rectiligne mais que la forme curviligne est plus « véritable » car « les courbes sont elles courbes en tout. », Lettre de Varignon à Leibniz du 29 avril 1706, *GM*, 4, p. 149.

et le développement sont nécessaires et inéluctables. Dans son récit, l'Infini triomphe. Le calcul apparaît à ses yeux comme un serviteur de la géométrie, il est certes le « guide infaillible[14] » mais s'il apporte la certitude, il nuit à la clarté (*ibid.*). Les calculs ne sont que des « vérités d'expérience » (*ibid.*), et la géométrie ne saurait s'en contenter car elle s'efforce d'élucider quelles sont les véritables causes. Éclaircir les idées, dont le calcul n'a pas vocation à s'occuper, est le dessein que se propose Fontenelle à travers ses écrits. Le calcul est un langage d'autonomie précaire. Cette conception de la connaissance le sépare de Leibniz.

Néanmoins, ces discordances conceptuelles entre les promoteurs du calcul différentiel n'ont nullement empêché l'avancement d'une pratique commune. On peut alors conclure que, loin de considérer ce déroulement comme singulier, il serait peut-être plus sage de donner raison à ceux qui pensent que les mathématiques se développent malgré, et avec, les amitiés de la philosophie.

APRÈS L'ACADÉMIE

La première partie de cette étude a esquissé une reconstitution de l'horizon d'attente autour de Malebranche, horizon qui rassemble ces mathématiciens dans leurs pratiques mathématiques. Le calcul leibnizien partage avec toute autre méthode calculatoire du XVIIe siècle une même problématique : considérer si un résultat obtenu par son moyen a un statut démonstratif.

La seule publication d'articles dans les *Acta* consacrés au calcul leibnizien n'aurait pas suffi à diffuser le calcul. Les échanges épistolaires ont rendu en grande partie possible un terrain d'entente pour une pratique partagée du calcul[15]. Chacun peut avoir sa lecture propre du calcul, mais le dialogue permet communautairement de fournir un statut stable à la notion de différentielle et de reconnaître la valeur démonstrative du

14 Bernard Le Bovier de Fontenelle, *Éléments de la Géométrie de l'infini*, *op. cit.*, Préface.

15 Comme le souligne Jeanne Peiffer, dans une étude des correspondances, il ne s'agit pas de considérer les lettres comme rendant uniquement compte de la genèse et de la réception de l'œuvre d'un savant. Ce serait une « approche téléologique » insuffisante (« Faire des mathématiques par lettres », *op. cit.*, p. 145).

calcul qui l'accompagne. Ainsi, la reconnaissance de l'autonomie du calcul leibnizien pour ces mathématiciens s'est instaurée par l'articulation de deux aspects : un horizon d'attente qui lui était propice et un dialogue en vue d'un consensus.

D'une certaine façon, il semble que l'on puisse expliquer de la même manière les dissonances qui ont lieu à l'Académie. Ici, les différences entre les générations et surtout la plurivocité des horizons d'attente ont empêché la constitution d'un discours consensuel. D'une part, Gallois, étant essentiellement versé dans la géométrie des Anciens, n'a pas particulièrement d'intérêt pour le rôle que peut jouer le calcul en géométrie et il n'estime pas le nouveau calcul. D'autre part, le géomètre La Hire use de méthodes infinitistes et de calcul algébrique, mais accepte mal le calcul différentiel qui pourtant en est le mariage. Cependant, ces deux géomètres ne sauraient ni ignorer ses vertus ni, comme le rapporte Varignon, continuer à le décrier lorsque, avec son aide, sont résolus des problèmes difficiles comme celui de la brachystochrone[16]. Enfin, Rolle estime que seul le calcul algébrique peut conduire à des résultats exacts lorsqu'il est appliqué à la géométrie. Son calcul a probablement besoin d'améliorations mais il est fondé. Selon Rolle, l'analyse des infinis conduit à des résultats qui sont inexacts ou qui ont besoin d'un supplément pour être interprétés comme des énoncés vrais. Ce n'est pas ce qu'attend Rolle d'un calcul. Et puis, il y a les autres académiciens dont les conceptions épistémologiques et les positions politiques au sein de l'Académie ont joué un rôle, malgré une moindre visibilité. En janvier 1706, la sentence de la commission à propos de la dispute entre Rolle et Saurin ne modifie pas sensiblement les comportements des académiciens : chacun ne fait que préciser ses méthodes sans chercher à les concilier avec les rivales.

Devait-on espérer autre chose de l'Institution que de préserver son intégrité ? Il a été plus important pour elle de faire respecter son règlement que de résoudre un conflit de géomètres : « *Magis morale quam mathematicum* ». Contrairement à ce qu'une historiographie prétend, l'institution ne fait pas triompher le calcul leibnizien.

La mort de Gallois conduit à une accalmie au sein de l'Académie. Le calcul leibnizien prospère.

À la demande de Malebranche et en s'appuyant sur les travaux du groupe autour de lui (*Mathematica*, p. 298-304), Reyneau publie en

16 Lettre à Jean Bernoulli du 6 août 1697, *DBJB*, 2, p. 124.

1708 l'*Analyse démontrée.* Ce traité prolonge celui de l'Hospital puisqu'il y intègre des problèmes liés au calcul intégral. Les suppositions du calcul différentiel sont modifiées. La première demande que les courbes, les surfaces et les solides puissent être « regardées comme formées ou décrites par le mouvement[17] ». Cette supposition permet la définition de « quantité variable ou changeante » comme étant celle qui augmente ou diminue « insensiblement dans la formation des lignes et des figures [au cours du mouvement] » (*ibid.*, p. 638). La deuxième énonce que chaque partie de temps fini est divisible à l'infini et que ces parties de temps infiniment petites s'appellent instants (*ibid.*, p. 638). À son tour, cette supposition permet de définir la « différence » comme « augmentation ou diminution infiniment petite que reçoit une quantité changeante à chaque instant par une vitesse » (*ibid.*[18]).

Pour expliquer les notions du calcul, Reyneau s'inspire clairement des écrits newtoniens. Une chose est de pratiquer le calcul différentiel sans devoir être attentif à ce que les symboles représentent présentement. L'autre est de présenter les éléments du calcul. Il semble que pour ce faire, il soit difficile de passer outre des considérations métamathématiques qui permettent de donner sens aux concepts. Ici, l'approche leibnizienne n'est plus privilégiée, et cela tient sûrement à l'échec de Leibniz à convaincre ceux qui pourtant ont été ses partisans parisiens.

---

17 Charles Reyneau, *Analyse démontrée*, *op. cit.*, p. 637.

18 « vitesse infiniment petite » est un *errata* qui est changé en « vitesse quelconque ».

BIBLIOGRAPHIE

Les abréviations utilisées sont indiquées entre crochets à la suite des références

SOURCES PREMIÈRES

MANUSCRITS

BERNOULLI Jean, « De methodo integralium », FL 17860, f° 91-240 et 251-252. (copie de Louis Carré).

BERNOULLI, Jean, « De methodo integralium », FR 24235, f° 14-27 (copie de Louis Carré, Louis Byzance et un dessinateur anonyme).

BERNOULLI, Jean, « De methodo integralium », Universitätsbibliothek Basel, L Ia8.

BYZANCE, Louis, « Pour les tangentes », « Pour les plus grandes et les plus petites », « Pour le point d'inflexion », FR. 24236, f° 9.

CARRÉ, Louis, « Méthode pour la rectification des lignes courbes par les tangentes », 13 août 1701, *PVARS*, tome 20, f° 310r°-313v°.

CARRÉ, Louis, « Sur la rectification de la cycloïde », 13 août 1701, *PVARS*, f° 330r°-333r°.

GALLOIS, Jean, « Difficulté proposée sur la manière de trouver le Maximum ou Minimum par la Methode des Infiniment petits », 6 mars 1706, *PVARS*, tome 22, 1706, f° 83v°-86r°.

GUISNÉE, Nicolas, « Remarques sur les questions de Maximis &Minimis, où l'on fait voir l'identité & la différence de celle de l'Analyse des Infiniment petits avec celles de Mrs Fermat et Hude », 10 février 1706, *PVARS*, 1706, tome 25, f° 172-179

LA HIRE, Philippe de, « Remarque sur l'usage qu'on doit faire de quelques suppositions dans la méthode des infiniment petits », 23 février 1697, *PVARS*, t. 16, f° 23r°-28 r°.

LA HIRE, Philippe de, « Démonstration du temps qu'un corps employe a tomber dans une Cycloide et dans ses portions, avec quelques proprietez particulieres des Cycloides », 8 juin 1697, *PVARS*, t. 16, f° 157v°-162r°.

LA HIRE, Philippe de, « Propriétés de toutes les roulettes », 7 juin au 28 juin 1698, *PVARS*, t. 17, f° 254r°-289r°.

LA HIRE, Philippe de, « Règle générale pour déterminer le temps que employe un corps pesant a descendre par quelque ligne courbe que ce soi », 9 et 30 août 1698, *PVARS*, t. 17, f° 368r°-379v°.

LEIBNIZ, G. W., « Méthode nouvelle des Tangentes, Ou de Maximis et Minimis », LH 35, 5, 16, f° 1-2.

L'HOSPITAL, Guillaume de, « L'Arithmétique des infinis de Wallis démontrée géométriquementavec toutes les interpolations du même auteur », FR 25306 (sans f°).

L'HOSPITAL, Guillaume de, « Définition ... Méthode très facile et très générale pour trouver les tangentes de toutes sortes de courbes », FR 25306 (sans f°)

L'HOSPITAL, Guillaume de, « Manière de trouver les tangentes des lignes courbes », FR 24236, f° 1-8.

L'HOSPITAL, Guillaume de, « De la dimension des solides et de leurs surfaces convexes ... », FR 25305, sans f°.

L'HOSPITAL, Guillaume de, « M^r le Marquis de l'Hôpital a donné la démonstration de la solution quil a trouvée du problème de Mr Bernoulli, de linea celerrimi descensus », séance académique du 20 avril 1697, *PVARS*, t. 16, f° 93r°-96r°.

MALEBRANCHE, Nicolas, « Du calcul integral », FR 24237, f° 60-95.

REYNEAU, Charles, « Proposition déduite de la méthode des tangents par laquelle on démontre l'arithmétique des infinis ou des indivisibles, on peut aussy s'en server pour quarrer les fugures courbes. Elle est de Mr le Marquis de L'Hospital et le R.P. Malebranche me l'a envoyée le 26e févr. 1692. Elle est aussy dans Barow, lect. 11, page 88, article 10 », FR 25302, f° 125-127.

REYNEAU, Charles, « Seconde partie de Géométrie, les superficies », FR 24238, f° 250-265.

REYNEAU, Charles, « Extraits des Réponses faites par Mr Varignon en 1700 et 1701 aux objections que Mr Rolle avoit faites contre le calcul differentiel », FR 25302, f° 144 à 155.

REYNEAU, Charles, « Mémoire de ce que j'ai appris de diverses personnes à Paris en août 1692 », FR. 5060, f° 323-324.

ROLLE, Michel, « Remarques pour expliquer les differentes valeurs des signes radicaux », 9 décembre 1699, *PVARS*, t. 18, f° 556r°-561v°.

ROLLE, Michel, « Remarques sur les signes radicaux », 23 février et 3 mars 1700, *PVARS*, t. 19, f° 84r° et f° 85r°-89r°.

ROLLE, Michel, « Des égalités et du moyen de les résoudre », 15 mai 1700, *PVARS*, t. 19, f° 191-199.

ROLLE, Michel, « Extrait de Mr Rolle contre la Géométrie des infiniment petits », 1er décembre 1700, *PVARS*, t. 20, f° 394r°-396r°.

ROLLE, Michel, « Troisièmes remarques sur les Principes des infiniment petits » ; 16 mars, 1701, *PVARS*, t. 20, f° 95r°-101r°.

ROLLE, Michel, « Règles pour les tangentes », samedi 18 février 1702, *PVARS*, t. 21, f° 75r°-78v°.

ROLLE, Michel, « Sur la méthode de Mrs de Fermat et Hudde », 8 mai 1706, *PVARS*, tome 26, f° 172r°-179r°.

SAUVEUR, Joseph, « Démonstration par lignes des Règles du Cacul des Differentielles pour la multiplication et la division », septembre 1696, *PVARS*, t. 15, f° 103r°-105r°.

SAUVEUR, Joseph, « Regle pour les puissances », septembre 1696, *PVARS*, t. 15, f° 103r°-105r°, f° 111v°-114v°.

VARIGNON, Pierre, « Démonstration de l'opinion de Galilée touchant les espaces que parcourent les corps qui tombent », samedi 19 janvier 1692, *PVARS*, t. 13, f° 76v°-77r°.

VARIGNON, Pierre, « Quadrature universelle des paraboles de tous les genres imaginables appliquant la logistique infiniment générale qui vient de paraître sur la méthode de Jacobus Gregorius », samedi 29 mars 1692, *PVARS*, t. 13, f° 86v°-88r°.

VARIGNON, Pierre, « De la quadrature universelle de tous les genres et de toutes les espèces de Paraboles imaginables », mercredi 9 avril 1692, *PVARS*, t. 13, f° 89r°-91r°.

VARIGNON, Pierre, « Démonstration générale de l'arithmétique des infinis ou de la géométrie des indivisibles », Pochette de séance du 2 janvier 1694, 2 f° 1-4.

VARIGNON, Pierre, « Démonstration de six manières différentes de trouver les rayons des dévelopées, lors même que les ordonnées des courbes qu'elles engendrent, concourent en quelque point que ce soit ; & par conséquent aussi pour les cas où elles sont parallèles entr-elles », Pochette de séance du 27 novembre 1694.

VARIGNON, Pierre, « Manière générale de trouver les tangentes des spirales de tous les genres, et de tant de révolutions qu'on voudra, avec leurs quadratures indéfinies », Pochette de séance du 11 décembre 1694.

VARIGNON, Pierre, « Courbe isochrone lelong de laquelle les corps descendent d'une vitesse uniforme par rapport à l'horizon, en sorte qu'ils s'en approchent également en temps égaux », 30 juillet 1695, *PVARS*, t. 14, f° 135v°-136r°.

VARIGNON, Pierre, « Du déroulement des spirales de tous les genres, ou l'on fait voir qu'elles se déroulent toutes en paraboles de degré seulement plus haut que le leur, avec une méthode générale pour tous les déroulements », *PVARS*, 12 novembre 1695, t. 14, f° 192r°-193r°.

VARIGNON, Pierre, « Nouvelle méthode pour les quadratures et rectifications indéfinies des épicycloïdes », 13 août 1695, *PVARS*, t. 14, f° 166r°-168r°.

VARIGNON, Pierre, « Rectification et quadrature indéfinies des cycloïdes à bases circulaires, quelque distance qu'on suppose entre leur point décrivant et le centre du cercle mobile », 3 sept 1695, *PVARS*, t. 14, f° 181r°-184r°.

VARIGNON, Pierre, « Instructions du calcul différentiel et des méthodes générales de trouver les tangentes des lignes courbes », FR 12262.

VARIGNON, Pierre, « Nouvelle démonstration des mouvemens isochrones dans la cycloïde renversée », 1er juin 1697, *PVARS*, t. 16, f° 151v°-153v°.

VARIGNON, Pierre, « Seconde et Troisième démonstration des mouvemens isochrones dans la cycloïde renversée », 8 juin 1697, *PVARS*, t. 16, f° 162r°-165v°.

VARIGNON, Pierre, « Nouvelle remarque sur les mouvements isochrones dans la cycloïde renversée. », 14 juin 1697, *PVARS*, t. 16, f° 171r°-173r°.

VARIGNON, Pierre, « Manière générale de trouver les courbes isochrones pour toutes les hypothèses imaginables d'accélération dans les corps qui tombent », 4 janvier 1698, *PVARS*, t. 17, f° 64v°-68r°.

VARIGNON, Pierre, « Règle générale pour toutes sortes de mouvement de vitesses quelconques variées à discrétion », 5 juillet 1698, *PVARS*, f° 297v°-302r°.

VARIGNON, Pierre, « Application de la règle générale des vitesses variées, comme on voudra aux mouvements par toutes sortes de courbes, tant mécaniques que géométriques. D'où on déduit encore une nouvelle manière de démontrer les chuttes isochrones dans la cycloïde renversée », 6 septembre 1698, *PVARS*, t. 17, f° 387r°-391v°.

VARIGNON, Pierre, « Mr Varignon a fini sa réponse aux difficultés de Mr Rolle contre le calcul différentiel », 11 août 1700, *PVARS*, f° 311r°-317v°.

VARIGNON, Pierre, « Méthode pour trouver des courbes lelong des quelles un corps tombant, les temps de chute soient en telle raison qu'on voudra à ce qu'on voudra à ce qu'un corps mettrait à tomber de pareille hauteur », 24 janvier 1699, *PVARS*, t. 18, f° 105v°-106r°.

VARIGNON, Pierre, « Réponse au second des reproches d'erreur que Mr Rolle fait au Calcul différentiel », 9 juillet 1701, *PVARS*, f° 235r°-240v°.

IMPRIMÉS

Dictionnaires

BAYLE, Pierre, *Dictionnaire historique et critique*, première édition, chez Reinier Leers, 1697.

Dictionnaire de l'Académie française, Chez la veuve de Jean-Baptiste Coignard, Imprimeur ordinaire du Roy, Paris, 1re édition, 1694.

FURETIÈRE, Antoine, *Dictionnaire universel contenant généralement tous les mots françois, tant vieux que modernes, et les termes de toutes les sciences et des arts*, chez Arnout et Reinier Leers, La Haye et Rotterdam, 1690.

Ouvrages ou articles

APOLLONIUS DE PERGE, *Les coniques*, œuvres traduites par Paul Ver Eecke, Bruges, Desclée de Brouwer, 1923.

ARCHIMÈDE, *Des spirales*, Paris, Belles Lettres, 1971.

ARCHIMÈDE, *Les Œuvres complètes*, traduction de Van Eecke, tII, Vaillant-Carmame, Liège, 1960

ARNAULD, Antoine, *Nouveaux élémens de géométrie ; contenant Outre un ordre tout nouveau, & de nouvelles demonstrations des propositions les plus communes, De nouveaux moyens de faire voir quelles lignes sont incommensurables, De nouvelles mesures de l'angle, dont on ne s'estoit point encore avisé, Et de nouvelles manières de trouver et de démontrer la proportion des Lignes*, chez Charles Savreux, Librairie Juré, Paris, 1667.

ARNAULD, Antoine, *Nouveaux éléments de Géométrie*, Desprez, Paris, 1683.

ARNAULD, Antoine, Nicole, Pierre, *La logique ou l'art de penser*, 5e édition, 1683, Flammarion, 1970.

ARNAULD, Arnaud, *Nouveaux éléments de géométrie* dans *Géométries de Port-Royal*, édition critique par Dominique Descotes, Paris, Honoré Champion éditions, 2009.

BARROW, Isaac, *Lectiones geometricae, in quitus (presertim) generalia curvarum linearum symptomata declarantur*, Londres, Godbid, 1670.

BARROW, Isaac, *Lectiones mathematicae XXIII. In Quibus Principia matheseos generalia, exponentur*, Londres, J. Playford, 1683.

BARROW, Isaac, *The usefulness of Mathematical Learning Explained and Demonstrated*, translated by John Kirkby, Londres, Stephen Austen, 1734.

BARROW, Isaac, *Geometrical lectures : explaining the generation, nature and properties of curve lines*, read in the University of Cambridge by Isaac Barrow, translated by Edmund Stone, Londres, Stephen Austen, 1735.

BERNOULLI, Jacques, « J.B. Analysis problematis antehac propositi, de Inventione Linea descensus a corpore gravi percurrenda uniformiter, sic ut temporibus aequalibus aequales altitudines emetiatur : et alterius cujusdam Problematis Propositio », *AE*, mai 1690, p. 217-219.

BERNOULLI, Jacques, « Analysis problematis … de inventione lineae… et alterius cuisdam problematis propositio », *AE*, mai 1690, p. 217-219.

BERNOULLI, Jacques, « Specimen alterum calculi differentiali … ad problema Funicularium, aliisque », *AE*, juin 1691, p. 282-290.

BERNOULLI, Jacques, « Additamentum ad solutionem curvae causticae fratris Jo. Bernoulli, una cum meditatione de natura evolutarum, et variis osculationum generibus », *AE*, mars 1692, p. 110-116.

BERNOULLI, Jacques, « Curvatura veli in litteris ejus d.g. Martii hujus anni Lipsiam perscriptis communicata », *AE*, mai 1692, p. 201-207.

BERNOULLI, Jacques, « Curvatura laminae elasticae. Ejus identitas cum curvatura lintei a pondere inclusi fluidi expnsi. Radii circulorum osculantim in terminis simplicissimis exhibitis, una cum novis quibusdam theorematis huc ertinentibus, &c. », *AE*, juin 1694, p. 262-270.

BERNOULLI, Jacques, « Nova methodus expedite determinandi radios osculi seu curvatura in curvis quibusvis algebraicas », *AE*, novembre 1700, p. 508-511.

BERNOULLI, Jean, « Solutio problematis funiculari », *AE*, juin 1691, p. 274-276.

BERNOULLI, Jean, « Solutio problematis cartesio propositi Dn. De Beaune exhibita a John. Bernoulli Basilensi », *AE*, mai 1693, p. 234-235.

BERNOULLI, Jean, « Solution d'un problème proposé dans le 28. Journal de cette année, page 336, par M. Bernoulli le Médecin », *JS*, 31 août 1693, p. 405-408.

BERNOULLI, Jean, « Modus generalis construendi omnes aequationes differentialis primi gradus », *AE*, novembre 1694, p. 435-437.

BERNOULLI, Jean, « Supplementum defectus geometricae cartesianae inventionem locurum […] Problema novum mathematicis propositum », *AE*, juin 1696, p. 264-269.

BERNOULLI, Jean, « John. B. Curvatura radii in diaphanis non uniformibus, Solutioque problematis a se in Actis 1696, p. 269, propositi, de invenienda linea brachystochrona, id est, in seu radiorum unda construenda », *AE*, mai 1697, p. 206-211.

BERNOULLI, Jean, « Perfectio regulae suae editae in Libro Gall. Analyse des infiniment petits art. 163, pro determinando valore fractionis, cujus Numerator & Denominator certo caso evanescent », *AE*, août 1704, p. 375-380.

BERNOULLI, Jean, *Opera omnia tam autea sparsim edita quam hactenus inedita*, tomus tertius, accedunt *Lectiones mathematicae de calculo integralium in usum illust. Marc. Hospitalii conscriptate*, Lausanne et Genève, Marc-Michel Bousquet et associés, 1742.

BERNOULLI, Jean, *Lectiones de calculo differentialium*, Paul Schafheitlin ; Naturforschende Gesellschaft, Basel, 1922. [*LCD*, suivi de la page]

BERNOULLI, Jean, *Der Briefwechsel von Johann I Bernoulli*, Band 1, herausgegeben von der Naturforschenden Gesellschaft in Basel. Band 1. Bâle, Birkhaüser Verlag, 1955, hrsg. Von O. Spiess, Birkhaüser, Basel, 1955. [*DBJB*, 1, suivi de la page].

BERNOULLI, Jean, *Der Briefwechsel von Johann I Bernoulli*, Band 2, Der Briefwechsel mit Pierre Varignon zweiter teil : 1692-1702, Beartbeitet und kommentiert von Pierre Costabel und Jeanne Peiffer ; unter Benutzung von Vorarbeiten von Joachim Otto Fleckenstein, Birkhaüser Verlag, Basel, 1988. [*DBJB*, 2, suivi de la page].

BERNOULLI, Jean, *Der Briefwechsel von Johann I Bernoulli*, Band 3, Der Briefwechsel mit Pierre Varignon zweiter teil : 1702-1714, Beartbeitet und kommentiert von Pierre Costabel und Jeanne Peiffer, Birkhaüser Verlag, Basel, 1992. [*DBJB*, 3, suivi de la page].

BERKELEY, George, *The Analyst : Or, a discourse addressed to an infidel Mathematician. Wherein it is examined whether the object, principles, and inferences of the modern analysts are more distinctly conceived, or more evidently deduced, than religious mysteries and points of faith, by the autor of the minute philosopher*, Tonson, Londres, 1734.

CARRÉ, Louis, *Méthode pour la mesure des surfaces, la dimension des solides, leurs centres de pesanteur, de percussion et d'oscillation par l'application du Calcul intégral*, Paris, Chez Boudot, 1700.

CARRÉ, Louis, « Méthode pour la rectification de lignes courbes par les tangentes », *MARS*, 1701, p. 159-163.

CARRÉ, Louis, « Rectification de la cycloïde », *MARS*, 1701, p. 163-169.

CARRÉ, Louis, « Rectification des caustiques par réflexion formées par le cercle, la cycloïde ordinaire, et la parabole, et de leurs développées avec la mesure des espaces qu'elles renferment », *MARS*, 1703, p. 183-199.

CARRÉ, Louis, « Méthode pour la rectification des courbes », *MARS*, 1704, p. 66-68.

CATELAN, François de, « Courte remarque de M. l'Abbé D.C. où l'on montre à M. G. Leibniz le paralogisme contenu dans l'objection précédente. », *Nouvelles de la République des Lettres*, sart. II, septembre 1686, p. 1004.

CATELAN, François de, *Principe de la science générale des lignes courbes ou un des principaux Éléments de la Géométrie universelle*, Paris, Lambert Roulland, 1691.

CATELAN, François de, *Logistique pour la science générale des lignes courbes ou manière universelle et infinie d'exprimer et de comparer les puissances des grandeurs*, Paris, Lambert Roulland, 1691.

CAVALIERI, Bonaventura, *Geometria Indivisibilibus Continuorum Nova quadam ratione promota, Authore P. Bonaventura Cavalerio Mediolan, Ordinis*

Iesuatorum S. Hieronymi. D.M. Mascaralleae Pr. Ac in Almo Bonon. Gymn. Prim. Mathematicarum Professore. Ad Illustriss. Et Reverendiss. D. D. Ioannem Ciampolum, Bononiae, Typis Clementis Ferronij. Illustriss, M. DC. XXXV. Superiorum permissu, Bologne, Gio. Battista Ferroni, 1635.

CRAIG, John, *Methodus figurarum lineis rectis et curvis comprehensarum quadraturas determinandi*, Londini, 1685.

DESCARTES, René, *Œuvres de Descartes*, publiées par C. Adam et P. Tannery, 11 vol., nouvelle présentation en coédition avec le CNRS, Paris, Vrin, 1964-1974.

DESCARTES, René, *Discours de la méthode pour bien conduire la raison, et chercher la vérité des sciences plus la Dioptrique, les météores et la Géométrie qui sont des esais de cette méthode*, Leyde, 1637 [*La Géométrie*]

DESCARTES, René, *Geometria a Renato Des Cartes anno 1637 gallice edita, nunc autem cum notis Florimondi de Beaune, … in linguam latinam versa et commentariis illustrata, opera atque studio Francisci a Schooten*, Paris, chez Jean Maire, 1649 (troisième édition, Amsterdam, 1683).

DESCARTES, René, *Geometria a Renato Des Cartes anno 1637 gallice edita, postea autem una cum notis Florimondi de Beaune, … gallice conscriptis, in latinam linguam versa et commentariis illustrata operet studio Francisci a Schooten, …* 2e édition (deux volumes), Amsterdam, chez Ludovic et Daniel Elzevier, 1659-1661.

DESCARTES, René, *Règles pour la direction de l'esprit*, traduction et notes par Jacques Brunschwig, Paris, Le livre de Poche, collection « Classiques Garnier », 1997.

EUCLIDE, *Les Élements*, traduction et commentaires par Bernard Vitrac, établis à partir de l'édition de J. L. Heiberg, Paris, PUF, 4 vols., 1990-2001.

FERMAT, Pierre de, *Varia opera mathematica* D. Petri de Fermat Senatoris Tolosani, Accesserunt selectae quaedam ejusdem Epistolae, vel ad ipsum à plerisque doctissimis viris Gallicè, Latinè, vel Italicè, de rebus ad Mathematicas disciplinas aut Physicam pertinentibus sciptae., Toulouse, Joannis Pech, 1679 [*VO*, suivi de la page].

FERMAT, Pierre de, *Œuvres de Fermat*, publiées par les soins de MM. Paul Tannery et Charles Henry sous les auspices du Ministère de l'instruction publiques, Paris, Gauthier-Villars et fils, imprimeurs-Libraires, (1891-1912). [*OF*, suivi du tome, et la page].

FONTENELLE, Bernard Le Bovier de, *Histoire de l'Académie des Sciences, avec les Mémoires de Mathématiques et de Physique, tirez des registres de l'Académie*. [*HARS*, suivi de l'année, et de la page ; pour les mémoires : *MARS*, suivi de l'année, et de la page].

FONTENELLE, Bernard Le Bovier de, *Éléments de la géométrie de l'infini*, Paris, Imprimerie royale, 1727.

GALLOIS, Jean, (dir), *Mémoires de l'Académie royale des sciences depuis 1666 à 1699*, Paris, Imprimerie royale, 1692-1693.

GALLOIS, Jean, (dir), *Divers ouvrages de mathématique et de physique. Par Messieurs de l'Académie royale des sciences*, Paris, Imprimerie royale, 1693.

GALLOIS, Jean, « Réponse à l'écrit de M. David Gregorie, touchant les lignes appellées Robervalliennes, qui servent à transformer les figures », *MARS*, 1703, p. 70.

GALLOIS, Jean, « Extrait du livre intitulé *Divers ouvrages de Mathématiques et de Physique, par Messieurs de l'Académie Royale des Sciences* dans *Mémoires de l'Académie royale des sciences depuis 1666 à 1699* », Paris, Imprimerie royale, 1730, p. 290.

GRÉGORY, James, *Geometriae pars universalis, inserviens quantitatum curvarum transmutationi & mensurae*, Patavii, 1668.

GOUYE, Thomas, « Nouvelle méthode pour déterminer aisément les rayons des développées dans toute sorte de courbe algébraïque. Par Monsieur Jacques B. Acta Eruditorum, Mensis Novembris anni 1700. Lipsiae », *Mémoires pour l'histoire des sciences et des Beaux arts, recueillis par l'ordre de SA.S. Mr. Le Duc de Maine, mois de mai et de juin, seconde édition augmentée de diverses remarques et de plusieurs articles* nouveaux, Amsterdam, chez Jean-Louis Delerme, 1701, p. 422-430.

GUISNÉE, Nicolas, « Obervations sur les méthodes des Maximis et Minimis, où l'on fait voir l'identité et la différence de celle de l'Analyse des infiniment petits avec celles de Messieurs Fermat et Hudde », *MARS*, 1706, p. 24-48.

HÉRIGONE, Pierre, *Cursus Mathematici*, tome second, Paris, chez Henry le Gras, 1634.

HÉRIGONE, Pierre, *Supplementum cursus mathematici continens geometricas aequationum cubicarum purarum, atque affecturum Effectiones*, Paris, Chez Henry le Gras, 1642.

HUYGENS, Christiaan, « Christiani Huguenii, dynastae in Zülechem, solution ejusdem Problematis », *AE*, juin 1691, p. 281-282.

HUYGENS, Christiaan, « C.H.Z. de Problemate Bernouliano in actis Lipsientibus hujus anni pag. 235 proposito », *AE*, octobre 1693, p. 475-476.

HUYGENS, Christiaan, *Œuvres complètes*, publiée par la Société hollandaise des Sciences, Martinus Nijhoff, La Haye, 1888-1950 [*OH*, suivi du tome, et de la page].

LA HIRE, Philippe de, *Nouveaux Élémens des sections coniques*, Paris, Pralard, 1679.

LA HIRE, Philippe de, « Œuvres diverses de M. de La Hire de l'Académie royale des sciences » dans *Mémoires de l'académie royale des sciences*, depuis

1666 jusqu'à 1699, Paris, chez Gabriel Martin, Jean-Baptiste Coignard, Hippolyte-Louis Guerin, tome IX.

La Hire, Philippe de, « Traité des roulettes, où l'on démontre la manière universelle de trouver leurs touchantes, leurs points de recourbement ou d'inflexion, et de reflexion ou de rebroussement, leurs superficies et leurs longueurs, par la géométrie ordinaire. Avec une méthode générale de réduire toutes les lignes courbes aux roulettes, en déterminant leur génératrice ou leur base, l'une des deux étant donnée à la volonté. », *MARS*, 1706, p. 340.

Lamy, Bernard, *Les Éléments de géométrie ou de la mesure des corps, qui comprennent tout ce qu'Euclide a enseigné : les plus belles propositions d'Archimède et l'Analise par le RP Lamy*, Grenoble, Paris, chez André Pralard, 1685.

Lamy, Bernard, *Les Éléments de géométrie ou de la mesure des corps, qui comprennent tout ce qu'Euclide a enseigné : les plus belles propositions d'Archimède et l'Analise par le RP Lamy*, Grenoble, Paris, chez André Pralard, 1695 (2e édition).

Lamy, Bernard, *Entretiens sur les sciences, dans lesquels on apprend comment l'on doit étudier les Sciences, et s'en servir pour se faire l'esprit juste, et le cœur droit*, édition critique par François Girbal et Pierre Clair, Paris, PUF, 1966.

Leibniz, G. W., « De vera proportione circuli ad quadratum circumscriptum in numeris rationalibus expressa », *AE*, février 1682, p. 41-46.

Leibniz, G. W., « Nova methodus pro maximis et minimis, itemque tangentibus, quae nec fractas nec irrationales quantitates moratur et singulare pro illis calculis genus », *AE*, octobre 1684, p. 467-473.

Leibniz, G. W., « De dimensionibus figurarum inveniendis », *AE*, mai 1684, p. 123-127.

Leibniz, G. W., « Additio ad schedam de dimensionibus figurarum inveniendis », *AE*, décembre 1684, p. 585-587.

Leibniz, G. W., « Meditatio nova de natura anguli contactus e osculi, horumque usu in practica Mathesi, ad figuras faciliores succedaneas difficilioribus substituendas », *AE*, juin 1686, p. 289-292.

Leibniz, G. W., « De Geometria recondita et analysi indivisilium atque infinitorum », *AE*, juin 1686, p. 292-299.

Leibniz, G. W., « Démonstration courte d'une erreur considérable de Mr Descartes et de quelques autres touchant une loi de la nature selon laquelle ils soutiennent que Dieu conserve dans la matière la même quantité de mouvement, de quoi ils abusent même dans la mécanique », *Nouvelles de la République des Lettres*, septembre 1686, 166, art. II, p. 996-1003.

Leibniz, G. W., « Lettre de M. L. sur un principe general utile à l'explication des loix de la nature pour la considération de la sagesse divine, pour servir de réplique à la réponse du R.P.D. Malebranche », *Nouvelles de la République des Lettres*, juillet 1687, art. VIII, p. 744-753.

LEIBNIZ, G. W., « Tentamen de motuum coelestium causis », *AE*, février 1689, p. 82-96.
LEIBNIZ, G. W., « De solutionibus problematis catenarii vel funicularis in actis junii an. 1691, aliisque, a DN. JAC. Bernoullio propositis », *AE*, juin 1691, p. 435-439.
LEIBNIZ, G. W., « De linea in quam flexile se pondere propio curvat », *AE*, juin 1691, p. 277-281.
LEIBNIZ, G. W., « De la chaînette, ou solution d'un problème fameux proposé par Galilei, pour servir d'essai d'une nouvelle analise des infinis, avec son usage des logarithmes, & une application à l'avancement de la navigation », *JS*, 31 mars 1692, p. 147-153.
LEIBNIZ, G. W., « De linea ex lineis numero infinitis ordinatim ductis inter se concurrentibus formata easque omnes tangente. Ac de novo in ea re analyseos infinitorum usu », *AE*, avril 1692, p. 168-171.
LEIBNIZ, G. W., « Generalia de natura linearum, anguloque contactus et osculi, provolutionibus, aliisque cognatis, et eorum usibus nonnullis », *AE*, septembre 1692, p. 440-446.
LEIBNIZ, G. W., « Nova calculi differentialis applicatio et usus ad multiplicem linearum constructionem ex data tangentium conditione », *AE*, juillet 1694, p. 311-320.
LEIBNIZ, G. W., « Constructio propria problematis de curva isochrona paracentrica ...per punctum datum », *AE*, août 1694, p. 364-375.
LEIBNIZ, G. W., « Considérations sur la différence qu'il y a entre l'analyse ordinaire et le nouveau calcul des transcendantes », *JS*, 30 août 1694, p. 404-407.
LEIBNIZ, G. W., « Sisteme nouveau de la nature et de la communication des substances, aussi bien de l'union entre l'âme & le corps. Par M.D.L. », publié en deux fois au *JS*, 27 juin et 4 juillet 1695, p. 294 et 301.
LEIBNIZ, G. W., « Responsio as nonnullas difficultates a Dn. Bernatdo Niewentijt circa methodum differentialem seu infinitesimalem motas », *AE*, juilet 1696, p. 310-319.
LEIBNIZ, G. W., « Additio ad hoc schediasma », *AE*, août 1695, p. 369-372.
LEIBNIZ, G. W., « Extrait d'une lettre de M. de Leibniz sur son Hypothèse de Philosophe, & sur le problême curieux qu'un de ses amis propose aux Matematiciens ; avec une remarque sur quelques points contestez dans les Journaux precedens, entre l'auteur des principes de Physique, & celui des objections contre ces principes », *JS*, 19 novembre 1696, p. 451-455.
LEIBNIZ, G. W., « Mémoire de Mr. Leibnitz touchant son sentiment sur le calcul différentiel », *Journal de Trévoux*, novembre-décembre 1701, p. 270-272,
LEIBNIZ, G. W., « Extrait d'une lettre de M. Leibnitz à M. Varignon, contenant l'explication de ce qu'on a rapporté de luy dans les Memoires des mois de Novembre et Decembre derniers », *JS*, 20 mars 1702, p. 183-186.

LEIBNIZ, G. W., *Historia et Origo Calculi differentialis a G.G. Leibnitio* concripta zur zweiten säcularfeier du Leibnizischer Geburtstapes aus den Handschriften der königlichen bibliothek zu Hannover heurasgegeben von Gerhardt, Hannover, 1846.

LEIBNIZ, G. W., *Opuscules et fragments inédits, extraits des manuscrits de la bibliothèque de Hanovre*, édités par Louis Couturat, Paris, Alcan, 1903.

LEIBNIZ, G. W., *Sämtliche Schriften und Briefe, herausgegeben von der Berlin-Brandenburgischen Akademie der Wissenschaften und der Akademie der Wissenschaften zu Göttingen*, Reihe 1-10, Darmstadt, Leipzig, Berlin, 1923- [A, suivi du numéro de la série en chiffres romains, du numéro du tome, de la page].

LEIBNIZ, G. W., *Leibnizens mathematische schriften*, éd. C. Gerhardt, Halle, 1850-1853, rééd. Hildesheim, New-York, Olms, 1962.

LEIBNIZ, G. W., *Nouveaux essais sur l'entendement humain*, Garnier-Flamarion, Paris, 1966.

LEIBNIZ, G. W., *Naissance du calcul différentiel, 26 articles des* Acta Eruditorum, trad. Marc Parmentier, Paris, Librairie philosophique J. Vrin, 1989.

LEIBNIZ, G. W., *Quadrature arithmétique du cercle, de l'ellipse, de l'hyperbole et la trigonométrie sans tables trigonométriques qui en est le corollaire*, introduction, traduction et notes de Marc Parmentier texte latin édité par Eberhard Knobloch, Paris, Librairie philosophique de J. Vrin, 2004.

LEIBNIZ, G. W., mathesis universalis, *écrits sur la mathématique universelle*, textes introduits, traduits et annotés sous la direction de David Rabouin, Paris, Librairie philosophique Vrin, 2018.

L'HOSPITAL, Guillaume de, « Solution du problème de M. de Beaune propos autrefois à M. Descartes et que l'on trouve dans la 79. De ses lettres, tome 3. Par Mr. G*** », *JS*, septembre 1692.

L'HOSPITAL, Guillaume de, « Solution d'un problème de géometrie que l'on a proposé depuis peu dans le Journal de Leipsic », *MARS*, 30 juin 1693, t. X, p. 343-348.

L'HOSPITAL, Guillaume de, « Méthode facile pour déterminer les points des caustiques par réfraction avec une manière nouvelle de trouver les développées », 31 août 1693, *MARS*, p. 380-384.

L'HOSPITAL, Guillaume de, « Nouvelles remarques sur les développées, sur les points d'inflexion et sur les plus grandes et les plus petites quantitez », 30 novembre 1693, *MARS*, t. X, p. 397-400.

L'HOSPITAL, Guillaume de, « Illustris Marchionis Hospitalii solutio problematis physico-mathematici ab erudito quodam geometra propositi », *AE*, février 1695, p. 56-59.

L'HOSPITAL, Guillaume de, *Analyse des infiniment petits pour l'intelligence des lignes courbes*, Imprimerie Royale, Paris, 1696. [*AI* suivi de la page]

L'HOSPITAL, Guillaume de, « Domini Marchionis Hospitalii solutio Problematis de linea cellerimi descensus », *AE*, mai 1697, p. 217-218.

L'HOSPITAL, Guillaume de, « Solution d'un problème physico-mathématique », *MARS*, 1700, p. 21-23.

L'HOSPITAL, Guillaume de, « La quadrature absolue d'une infinité de portions moyennes, tant de la lunule d'Hippocrate de Chio, que d'une autre de nouvelle espèce », *MARS*, 1701, p. 17-19.

L'HOSPITAL, Guillaume de, *Traité analytique des sections coniques et de leurs usages pour la résolution des équations tant déterminées qu'indéterminées*, Paris, Chez Boudot, 1707.

L'HOSPITAL, Guillaume de, *Traité analytique des sections coniques et de leurs usages pour la résolution des équations tant déterminées qu'indéterminées*, Paris, Chez Moutard, 1726.

L'HOSPITAL, Guillaume de, *L'Hôpital's Analyse des infiniment petits*, an annoted translation with source material by Johann Bernoulli, Robert Bradley, Salvatore Petrilli et Edward Sandifer (translators and editors), *Science Networks Historical studies*, 50, Springer, 2015.

MALEBRANCHE, Nicolas, *Œuvres complètes*, éd. André Robinet, Paris, Vrin, 20 tomes et un index, 1958-1970. [*OM*, suivi du numéro de tome, suivi de la page]

MALEBRANCHE, Nicolas, *Œuvres complètes, Mathematica*, tome XVII-2, édité par Pierre Costabel, Librairie philosophique J. Vrin, 1968. [*Mathematica*, suivi de la page]

MONTUCLA, Jean-Etienne, *Histoire des Mathématiques*, 2 volumes, Paris, Jombert, 1754.

NEWTON, Isaac, *Philosophiae Naturalis Principia Mathematica*, Londres, Strater, 1687.

NEWTON, Isaac, *Opticks : Or, A Treatise ofthe Reflexions, Refractions, Inflexions and Colours of light, Also two treatises of the Species and Magnitude of Curvilinear Figures*, Londres, S Smith and B. Walford, 1704.

NEWTON, Isaac, *Philosophiae Naturalis Principia Mathematica*, edited by R. Cotes, Cornelius Crownfield, 1713.

NEWTON, Isaac, *Principes mathématiques de la philosophie naturelle*, (1726). Traduction de feue Madame la Marquise Du Chastellet. 2 tomes, Paris, chez Desaint & Saillant, et chez Lambert, 1756.

NIEUWENTIJT, Bernard, *Considerationes circa analyseos ad quantitates infinite parvas applicatae principia, et calculi differentialis usum in resolvendis problematibus geometricis*, Amsterdam, Johannem Wolters, 1694.

NIEUWENTIJT, Bernard, *Analysis infinitorum seu curvilineorum proprietates ex poligonorum natura deductae*, Amsterdam, Johannem Wolters, 1695.

NIEUWENTIJT, Bernard, *Considerationes secundae circà calculi differentialis principia et responsio ad nobilissimum G.G. Leibnitzium*, Johannem Wolters, Amsterdam, 1696.

OZANAM, Jacques, *Dictionnaire mathématique ou idée générale des Mathématiques : dans lequel on trouve les termes de cette science plusieurs termes des Arts et des autres sciences avec des raisonnemens qui conduisent peu à peu l'esprit à une connaissance universelle des mathématiques*, Paris, chez Estienne Michallet, 1691.

PASCAL, Blaise, *Lettre de A. Dettonville à Monsieur de Carcavy, en luy envoyant Une méthode générale pour trouver les centres de gravité de toutes sortes de grandeurs, un Traité des trilignes et de leurs onglets. Un Traité des Sinus d'un quart de Cercle. Un Traité des Arcs de Cercle. Un traité des Solides circulaires. Et enfin un Traité général de la Roulette, contenant la solution de tous les Problèmes touchant LA ROULETTE qu'il avait proposez publiquement au mois de juin 1658*, Paris, Chez Guillaume Desprez, 1658.

PASCAL, Blaise, *Traité du triangle arithmétique avec quelques autres petits traités sur la même matière*, Paris, Chez Guillaume Desprez, 1665.

PARDIÈS, Ignace Gaston, *Élémens de géométrie* ou par une méthode courte & aisée l'on peut apprendre ce qu'il faut sçavoir d'Euclide, d'Archimède, d'Appolonius, & les plus belles inventions des anciens & des nouveaux Géomètres, Paris, chez Sébastien Marbre-Cramoisy, 1671.

PASCAL, Blaise, *De l'esprit géométrique, Écrits sur la grâce et autres textes*, introduction, notes, bibliographie et chronologie par André Clair, Paris, GF Flammarion, 1985.

PRESTET, Jean, *Élémens de Mathématiques*, Paris, éditions Pralard, 1675.

PRESTET, Jean, *Nouveaux Élémens de mathématiques*, Paris, éditions Pralard, 1689.

ROBERVAL, Gilles de, *Traité des indivisibles* dans *Divers ouvrages de Mathématique et de physique, par messieurs de l'Académie royale des sciences*, Paris, Imprimerie royale, 1693, p. 190-245.

ROBERVAL, Gilles Personne de, *Epistolae ad Torricellum* dans *Divers ouvrages de Mathématique et de physique, par messieurs de l'Académie royale des sciences*, Paris, Imprimerie royale, 1693, p. 283-302.

ROBERVAL, Gilles Personne de, *Élémens de géométrie de G. P. Roberval*, textes présentés par Vincent Jullien, Paris, Vrin, 1996.

REYNEAU, Charles, *Analyse démontrée ou la méthode pour résoudre les problèmes mathématiques*, Paris, Quillau Imprimeur, 1708.

ROLLE, Michel, *Traité d'algèbre ou principes généraux pour résoudre les questions des Mathématiques*, Paris, chez E. Michallet, 1690.

ROLLE, Michel, *Démonstration d'une méthode pour résoudre les égalités de tous les degrés, suivie de deux autres méthodes, dont La première donne les moyens de resoudre ces mêmes égalitez par la Geometrie, Et la seconde, pour resoudre par plusieurs questions de Diophante qui n'ont pas encore esté resoluës*, Paris, chez Jean Cusson, 1691.

ROLLE, Michel, « Avis aux géomètres », *JS*, 20 juillet 1693, p. 336.

ROLLE, Michel, « Réponse à M. Bernoulli le Médecin, au sujet d'une méthode, qui a paru sous son nom dans le Journal du 31 août dernier », *JS*, 14 septembre 1693, p. 425-427.

ROLLE, Michel, « Remarques sur la réponse qui a este insérée sous le nom de M. Bernoulli dans le 3e journal de cette année, au sujet d'un problème de Geometrie », *JS*, 15 février 1694, p. 77-80.

ROLLE, Michel, « Extrait d'une lettre de Rémi Lochell, où il donne plusieurs observations pour résoudre les égalitez par nombres, par géométrie, et en termes generaux », *JS*, 16 août 1694.

ROLLE, Michel, « Extrait d'une lettre de R.L. au sujet de l'Algèbre », *JS*, 28 mai 1696, p. 244-249.

ROLLE, Michel, *Méthodes pour résoudre les questions indéterminées de l'Algèbre*, Paris, chez Jean Cusson, 1699.

ROLLE, Michel, « Règles et remarques, pour le problème général des tangentes », *JS*, avril 1702, p. 239-253.

ROLLE, Michel, « Secondes remarques sur les lignes géométriques », *MARS*, 1702, p. 174-182.

ROLLE, Michel, « Parallèle du Calcul differentiel, avec celuy de la Methode, de Maximis & Minimis, de Mr de Fermat », *Journal de Trévoux*, juin 1702, p. 464-468.

ROLLE, Michel, « Remarques sur les lignes géométriques », *MARS*, 1703, p. 132-139.

ROLLE, Michel, « Du nouveau système de l'infini », *MARS*, 1703, p. 312-336 [*SI*, suivi de la page].

ROLLE, Michel, *Remarques de M. Rolle de l'Académie des Sciences touchant le problème général des tangentes*, Paris, chez Jean Boudot, 1703.

ROLLE, Michel, « Extrait d'une lettre de M. Rolle, de l'Académie Royale des sciences, au sujet de l'inverse des tangentes », *JS*, décembre 1704, p. 634-639.

ROLLE, Michel, « Extrait d'une lettre de M. Rolle, de l'Académie Royale des sciences, au sujet de l'inverse des tangentes », *JS*, 8 décembre 1704, p. 634-639.

ROLLE, Michel, « Extrait d'une lettre de M. Rolle, de l'Académie Royale des sciences, au sujet de l'inverse des tangentes », *JS*, 16 mars 1705, p. 170-174.

ROLLE, Michel, « De l'inverse des tangentes », *MARS*, 1705, p. 25-32.

ROLLE, Michel, « De l'inverse des tangentes et de son usage », *MARS*, 1705, p. 171-175.

ROLLE, Michel, « Observations sur les tangentes », *MARS*, 1705, p. 222-225.

ROLLE, Michel, « Réponse de M. Rolle de l'académie royale des sciences, à l'écrit publié par M. Saurin dans le journal du 23 avril 1705 », *JS*, 18 mai 1705, p. 311-318.

ROLLE, Michel, « Extrait d'une lettre de M. Rolle de l'Académie royale des Sciences à M.B. touchant l'analyse des infiniment petits, où il répond à un écrit de M. Saurin publié dans le Journal des Sçavans du 11 juin dernier », *JS*, 30 juillet 1705, p. 495-510.

SAURIN, Joseph, « Remarques sur les courbes des deux premiers exemples proposés par M. Rolle dans le Journal du jeudi 13 avril 1702 », *JS*, 15 janvier, 1703, p. 41-45.

SAURIN, Joseph, « Réponse à l'écrit de M. Rolle de l'Académie royale des sciences insérée dans le journal du 13 avril 1702 sous le titre de Règles et Remarques pour le problème général des tangentes », *JS*, 3 août 1702, p. 519-534.

SAURIN, Joseph, « Remarques sur les courbes des deux premiers exemples proposés par M. Rolle dans le Journal du jeudi 13 avril 1702 », *JS*, 15 janvier, 1703, p. 43-47.

SAURIN, Joseph, « Suite des remarques sur les courbes des deux premiers Exemples proposez par M. Rolle, dans le Journal du Jeudi 13 avril 1702 », *JS*, 22 janvier 1702, p. 49-52.

SAURIN, Joseph, « Défense de la réponse à M. Rolle de l'Académie royale des sciences contenue dans le Journal des Sçavans du 3 août 1702 CONTRE La réplique de cet auteur publiée en 1703 sous le titre de Remarques touchant le Problème général des Tangentes », *JS*, jeudi 23 avril 1705, p. 241-256.

SAURIN, Joseph, « Réfutation de la réponse de M. Rolle insérée dans le Journal des Sçavans du 18 mai 1705 par M. Saurin », 11 juin 1705, p. 367-382.

SAURIN, Joseph, *Continuation de la défense de M. Saurin contre la Réplique de M. Rolle publiée en 1703, sous le titre de* Remarques touchant le problême général des Tangentes, &c, Amsterdam, Chez Henry Westein, 1706.

SAUVEUR, Joseph, *Géométrie élémentaire et pratique de seu M. Sauveur*, de l'Académie Royale des Sciences, revue, corrigée et aumentée par M. LeBlond, Maître de Mathématiques des enfans de France, des pages de la grande Ecurie du Roi, &c, Paris, Jombert, 1764.

TRUBLET, Joseph, *Mémoires pour servir à l'histoire de la vie des ouvrages de M. de Fontenelle*, Paris, Chez Dessaint et Saillant, 1756.

TSCHIRNHAUS, Ehrenfried Walther, « Nova methodus tangentes curvarum expedite determinandi » ; *AE*, décembre 1682, p. 391-393.

TSCHIRNHAUS, Ehrenfried Walther, « Inventa nova, exhibita Parisiis Regiae Scientarum à D.T. », *AE*, novembre 1682, p. 364-365.

TSCHIRNHAUS, Ehrenfried Walther, « Nova methodus determinandi maxima et minima », *AE*, 1683, p. 122-124.

TSCHIRNHAUS, Ehrenfried Walther, « Essai d'une méthode pour trouver les rayons des développées, les tangentes, les quadratures, et les rectifications de plusieurs courbes, sans y supposer aucune grandeur infiniment petite », *MARS*, 1701, p. 291-293.

TSCHIRNHAUS, Ehrenfried Walther, « Essai d'une méthode pour trouver les touchantes des courbes méchaniques sans supposer aucune grandeur infiniment petite », *MARS*, 1702, p. 1-3.

VAN HEURAET, Hendrik, « Henrici van Heuraet epistola de Transmutatione curvarum linearum in rectas », dans Descartes, René, *Geometria a Renato Des Cartes anno 1637 gallice edita*, p. 517-520.

VAN SCHOOTEN, Frans, *Geometria a Renato Des Cartes anno 1637 gallice edita, nunc autem cum notis Florimondi de Beaune, … in linguam latinam versa et commentariis illustrata, opera atque studio Francisci a Schooten*, Paris, chez Jean Maire, 1649 (troisième édition, Amsterdam, 1683).

VAN SCHOOTEN, Frans, *Geometria a Renato Des Cartes anno 1637 gallice edita, postea autem una cum notis Florimondi de Beaune, … gallice conscriptis, in latinam linguam versa et commebtariis illustrata operet studio Francisci a Schooten, … Editio secunda. Nunc demum ab eodem diligenter recognita, locupletioribus commentariis instructa, multisque egregiis accessionibus […]* (deux volumes), 1659-1661.

VARIGNON, Pierre, *Projet d'une nouvelle méchanique*, Paris, Chez Boudot, 1687.

VARIGNON, Pierre, « Application de la règle générale des mouvemens accélérez à toutes les hypotheses possibles d'accélération ordonnées dans la chute des corps », *Mémoires de Mathématiques et de physique*, 1693, p. 107-115.

VARIGNON, Pierre, « Manière générale de déterminer les forces, les vitesses, les espaces et les temps, une seule de ces quatre choses étant donnée dans toutes sortes de mouvements rectilignes variés à discrétion. », *MARS*, 1700, p. 22-27.

VARIGNON, Pierre, « Du mouvement général de toutes sortes de courbes ; et des forces centrales, tant centrifuges, que centripètes, nécessaires aux corps qui les décrivent. », *MARS*, 1700, p. 83-101.

VARIGNON, Pierre, « Des forces centrales, ou des pesanteurs nécessaires aux planètes pour faire décrire les orbes qu'on leur a supposées jusqu'ici. », *MARS*, 1700, p. 224-237.

VARIGNON, Pierre, « Autre règle générale des forces centrales, avec une manière d'en déduire et d'en trouver une infinité d'autres à la fois, dépendemment et indépendemment des rayons osculateurs, qu'on va trouver aussi d'une manière infiniment générale », *MARS*, 1701, p. 20-38.

VARIGNON, Pierre, « Des courbes décrites par le concours de tant de forces centrales qu'on voudra, placées à discrétion entr'elles, et par rapport aux plans de ces mêmes courbes », *MARS*, 1703, p. 212-228.

VARIGNON, Pierre, « Nouvelle formation de spirales beaucoup plus différentes entr'elles que tout ce qu'on peut imaginer d'autres courbes à l'infini ; avec les touchantes, les quadratures, les déroulements, et les longueurs de quelques-unes de ces spirales qu'on donne seulement ici pour exemple de cette formation générale. », *MARS*, 1704, p. 69-131.

VARIGNON, Pierre, « Réflexions sur les espaces plus qu'infinis de M. Wallis », *MARS*, 1706, p. 13-19.

VARIGNON, Pierre, « Comparaison des forces centrales avec les pesanteurs absolues des corps mûs de vitesses variées à discrétion le long de telles courbes qu'on voudra », *MARS*, 1706, p. 178-234.

VARIGNON, Pierre, « Différentes manières infiniment générales de trouver les rayons osculateurs de toutes sortes de courbes, soit qu'on regarde ces courbes sous la forme de polygones ou non », *MARS*, 1706, p. 490-506.

VIÈTE, François, *De aequationum recognitione et emendatione tractatus duo, quibus nihil in hoc genere simili aut secundum, huic auo hactenus visum*, Paris, Chez Guillaume Baudry, 1615.

WALLIS, John, *De Sectionibus Conicis, nova methodo Expositis, tractatus*, Oxford, Leon, Lichfield, 1655.

WALLIS, John, *Arithmetica infinitorum sive nova methodus inquirendi in curvilineorum Quadraturâm*, aliaq diffiliora Mathesos Problemata, Oxford, Leon Lichfield, 1655.

WALLIS, John, *Defense of treatise of the Angle of contact*, Londres, Richard Davis, 1684.

WALLIS, John, *A Treatise of algebra, both historical and practical*, Londres, John Caswell, 1685.

SOURCES SECONDAIRES

AITON, Eric John, "The celestial mechanics of Leibniz : a new interpretation", *Annals of science*, 20:2, 1964, p. 111-123.

AITON, Eric John, "Polygons and parabolas : some problems concerning the Dynamics of planetary orbits", *Centaurus*, 1989, vol. 31, p. 207-221.

ALFONSI, Liliane, « La diffusion des mathématiques au XVIIIe siècle dans les manuels d'enseignement : du "Pourquoi ?" au "Comment ?" » dans Actes du XIVe Colloque national de la recherche en IUT 2008, p. 1-8.

ANDERSEN, Kirsty, "Cavalieri's Method of Indivisibles", *Archive for History of exact Sciences*, 31 1985, p. 291-367.

ASSELAH, Kenza-Katia, *Arithmétique et algèbre dans la seconde moitié du XVIIe siècle français : les « Élémens et nouveaux élémens de mathématiques. » de Jean Prestet*, thèse soutenue sous la direction de Roshdi Rashed, Paris 6, 2005.

AUDIDIÈRE, Sophie, « La lettre galante et l'esprit géométrique. Expression métaphysique et métaphysique des langues, ou la philosophie du discours de Fontenelle », *Archives de Philosophie*, n° 78, 2015, p. 399-416.

BAKHTINE, Mickhaïl, *Esthétique de la création verbale*, traduction Aucouturier, Gallimard, Paris, 1979.

BARBIN, Evelyne, « Heuristique et démonstration en mathématiques : la méthode des indivisibles au XVIIe siècle », *Fragments d'histoire des mathématiques* II, Paris, APMEP, 1987, p. 125-159.

BARBIN, Evelyne, « Démontrer : convaincre ou éclairer ? Signification de la démonstration mathématique au XVIIe siècle, Les procédures de preuve sous le regard de l'historien des sciences et des techniques », *Cahiers d'histoire et de philosophie des sciences*, 40, 1992, p. 29-49.

BARBIN, Evelyne, *La révolution mathématique au XVIIe siècle*, Ellipses, Paris, 2006.

BARBIN, Evelyne, "Dialogism in Mathematical writing : historical, philosophical and pedagogical issues", Katz, Victor, Tzanakis, Costas, (éd.), *Recent developments on introducing a historical dimension in Mathematics Education*, Mathematical Association of America, 78, 2011, p. 9-16.

BARBIN, Evelyne, « Une approche bakhtinienne des textes d'histoire des sciences », in Rey, Anne-Lise (éd.), *Méthode et histoire*, Garnier, Paris, 2013, p. 217-232.

BARBIN (Le Rest), Évelyne, CLÉRO, Jean-Pierre, *La naissance du calcul infinitésimal au XVIIe siècle*, *Cahiers d'histoire et de philosophie des sciences*, n° 16, 1980.

BEELEY, Philip, "Infinity, infinitesimals, and the Reform of Cavalieri : John Wallis and his critics", Goldenbaum, Ursula and Jesseph Douglas (ed), *Infinitesimals differences*, p. 31-52.

BELAVAL, Yvon, *Leibniz critique de Descartes*, Paris, Gallimard, 1960.

BELHOSTE, Bruno, « L'enseignement des mathématiques dans les collèges oratoriens au XVIIe siècle », J. Ehrard (dir), Paris CNRS-éditions, et Oxford, Voltaire.foundation, 1993, p. 141-160.

BELLA, Sandra, *Une histoire de la réception du calcul des différences dans les milieux savants français (1686-1696)*, Mémoire pour l'obtention du Master 2 Histoire des Sciences et des Techniques, sous la direction de Dominique Bénard, Université de Nantes, juin 2010.

BELLA, Sandra, « L'Analyse des infiniment petits pour l'intelligence des lignes courbes : ouvrage de recherche ou d'enseignement ? », Barbin, Evelyne, Moyon Marc, (dir) *Les ouvrages de Mathématiques dans l'Histoire*, coordonné par E. Barbin et M. Moyon, PULIM, 2013, p. 73-85.

BELLA, Sandra, « Les Infiniment petits à l'Académie Royale des Sciences, le rôle de Fontenelle (1698-1727) », *Revue Fontenelle*, Presses universitaires de Rouen, Rouen, 2015, p. 237-263.

BELLA, Sandra, « *Magis morale quam mathematicum*, L'attestation volée (mai 1705 – mars 1706) », *Studia Leibnitiana* 51, 2019/2, 176-202.

BÉNARD, Dominique, « La courbe logarithme pour elle-même » dans IREM, *Histoires de Logarithmes*, Paris, Ellipses, p. 191-215.

BESSIRE, François, « La correspondance de Fontenelle : de la lettre au réseau » dans *Revue Fontenelle*, n° 5-6, Rouen, PURH, 2010.

BLANCO ABELLÁN, Mónica, *Hermenèutica del càlcul diferencial a l'Europa del segle XVIII : de l'* Analyse des infiniment petits de l'Hôpital *(1696) al* Traité élémnetaire de calcul différentiel et du calcul intégral de Lacroix *(1802)*, memoria presentada per aspirar al grau de Doctor de Matemàtiques, director : Dr Josep Pla i Carrera, UAB, depertament de matemàtiques, juliol 2004

BLANCO ABELLÁN, Mónica, « Could L'Hospital have read Newton's *Methodus Fluxionum* ? », 3rd International Conference of the European Society for the History of Science, Viena : 2008, p. 61-68.

BLANCO ABELLÁN, Mónica, « El Marqués de L'Hospital y la rectificacion de la curva logaritmica », *Suma*+82, julio 2016, p. 43-50.

BLANCO ABELLÁN, Mónica, « La correspondencia entre Leibniz y el Marqués de L'Hospital : sobre la envolvente de una familia de curvas », *Quaderns d'Història de l'Enginyeria*, volum XVI, Barcelona, gener 2018, p. 143-165.

BLÅSJÖ, Viktor, *Transcendental curves in the Leibnizian Calculus*, Series editor Umberto Botazzini, Academic Press, Elsevier, 2017.

BLAY, Michel, « Deux moments de la critique du calcul infinitésimal : Michel Rolle et Georges Berkeley », *Revue d'histoire des sciences*, vol. 39, N° 3, Paris, 1986.

BLAY, Michel, *La naissance de la mécanique analytique*, Bibliothèque d'histoire des sciences, Paris, PUF, 1992.

BOS, Henk, J.M., « Differentials, Higher-Order Differentials and the Derivative in the Leibnizian Calculus », *Archive for History of exact Sciences*, 14, 1974, p. 2-90.

BOS, Henk, J.M., « The influence of Huygens on the formation of Leibniz ideas », *Studia Leibnitiana suppl.*, 17, 1978, p. 59-68

BOS, Henk, J.M., « Elaboration du calcul infinitésimal » dans *Huygens et la France*, avant-propos de René Taton, Paris, Vrin, 1982, p. 115-121.

BOS, Henk, J.M., « On the representation of Curves in Descartes's Géométrie », *Archive for History of exact Sciences*, 24, 1981, p. 295-338.

BOS, Henk, J.M., « Œuvre et personnalité de Huygens », dans *Huygens et la France*, avant-propos de René Taton, Paris, Vrin, 1982, p. 1-15.

BOS, Henk, J.M., "The Fundamental Concepts of the Leibnizian Calculus", *Lectures in the History of mathematics*, vol. 7, American Mathematical Society, London Mathematical Society, USA, 1991.

BOS, Henk, J.M., « La structure de *la Géométrie* de Descartes » dans *Revue d'Histoire des Sciences*, tome 51, n° 2-3, 1998, « Pour Descartes », p. 291-318.

BOS, Henk, J.M., *Redefining Geometrical Exactness : Descartes' transformation of the early modern Concept of Construction*, New York, Springer, 2001.

BOYER, C., B., *The History of the Calculus and its Conceptual Development*, New York, Dover Publications, INC, 1939.

BREGER, Herbert, « Le continu chez Leibniz » dans Salanskis/Sinaceur (dir.), *Le labyrinthe du continu*, colloque de Cerisy, Jean-Michel Salanskis et Hourya Sinaceur (éd.), Paris ; Berlin ; New York, Springer, 1992.

BREGER, Herbert, « The mysteries of adaequare : a vindication of Fermat », *Archive for History of Exact Sciences*, Vol. 46, No. 3 (1994), p. 193-219, published by : Springer, p. 193-219.

BREGER, Herbert, « Fermat's analysis of extreme values and tangents », *Studia Leibnitiana*, band 45, Heft I, 2013, p. 19-41.

BREGER, Herbert, « On the grain of sand and heaven's infinity », in « Für unser Glück oder das Glück anderer : Vorträge des X. Internationalen Leibniz-Kongresses, Hannover, 18.-23. Juli 2016 », vol. 6, édité par Li, Wenchao, Georg Olms Verlag, Hildesheim, 2017, p. 63-79.

BURBAGE, Frank, CHOUCHAN, Nathalie, *Leibniz et l'infini*, Paris, Presses universitaires de France, 1993.

CAJORI, Florian, *A history of mathematical notations*, Two Volumes Bound As one, Dover publications, Inc., New York, 1993.

CHILD, J. M., *The early mathematical manuscripts of Leibniz, translated from the latin texts* published by Carl Emmanuel Gerhardt with critical and historical notes, the open courpublishing Company, Vhicago, London, 1920.

CORTESE, João, *L'infini en poids, nombre et mesure : La comparaison des incomparables dans l'œuvre de Blaise Pascal*, thèse de Doctorat en épistémologie et histoire des sciences, dirigée par David Rabouin et Luis César Guimarães Oliva, présentée et soutenue publiquement à l'Universidade de São Paulo le 30 octobre 2017.

CORTESE, João et RABOUIN, David, « Sur les indivisibles chez Pascal », Agnès Cousson (dir), *Passions géométriques. Mélanges en l'honneur de Dominique Descotes*, Paris, Honoré Champion, 2019, p. 425-439.

COSTABEL, Pierre, « L'oratoire de France et ses collèges » dans *Enseignement et diffusion des sciences en France*, ouvrage collectif dirigé par René Taton, Hermann, Paris, 1964.

COSTABEL, Pierre, « Pierre Varignon (1654-1722) et la diffusion du calcul différentiel et intégral », Les conférences du Palais de la découverte, série D, Paris, éditions du Palais de la découverte, 1966.

COSTABEL, Pierre, « De Scientia infiniti », in *Aspects de l'homme et de l'œuvre, 1646-1716*, ouvrage publié avec le concours du Centre National de la Recherche Scientifique Aubier-Montaigne, Paris, 1968, p. 105-117.

COSTABEL, Pierre, *Démarches originales de Descartes savant*, Paris, Vrin, 1982.

COSTABEL, Pierre, « Courbure et dynamique, Jean I Bernoulli correcteur de Huygens et de Newton » dans *Studia Leibnitiana*, Sonderheft 17, Stuggart, 1989, p. 12-24.

DELEUZE, Gilles, « Cours sur Leibniz du 15 avril 1980 », *Les cours enregistrés de Gilles Deleuze : 1979-1987*, Mons, Sils Maria, Collection De nouvelles possibilités d'existence, nº 15, 2006.

DESCOTES, Dominique, « Aspects littéraires de *La Géométrie* de Descartes », *Archives internationales d'histoire des sciences*, vol. 55, nº 154, Brepols, juin 2005, p. 163-191.

DESCOTES, Dominique, « An unknown mathematicam manuscript by Blaise Pascal », *Historia Mathematica*, 37 (2010), p. 503-534.

DESCOTES, Dominique, *Blaise Pascal, Littérature et Géométrie*, Clermont-Ferrand, Presses Universitaires Blaise Pascal, Maison de la Recherche, 2001.

DUBOIS, Claude-Gilbert, *Le Baroque, profondeurs de l'apparence*, Paris, Larousse Université, collection « thèmes et textes », 1973.

ENESTRÖM, Gustaf, « Sur la part de Jean Bernoulli dans la publication de *l'Analyse des infiniment petits* », *Bibliotheca Mathematica*, Nº 3, Stockholm, 1894, p. 65-79.

ENGELSMAN, Stevan B, *Families of Curves and the origins of Partial differentiation*, Amsterdam, North Holland, 1984.

FEINGOLD, Mordechai (ed), *Before Newton, The life of Isaac Newton*, Cambridge, Cambridge University Press, 1990.

FLECKENSTEIN, Joachim Otto, « Pierre Varignon und die mathematischen Wissenchaften im Zeitalter des Cartesianismus », *Archives internationales d'histoire des sciences*, nº 5, octobre 1941.

FRASER, Craig, « Non standard Analysis, infinitesimals, and the History of calculus » dans *A delicate Baance : global perspectives on innovation and Tradition in the History of Mathematics*, David Bowe and Wann-Shang Horng (ed.), Springer, 2015, p. 25-49.

FREYNE, Mickael, *La correspondance de Fontenelle jusqu'en 1740*, thèse d'état soutenue sous la direction de Frédéric Deloffre, Université Paris IV, 2 volumes, 1972.

GANDT, François de, « Le style mathématique des *Principia* de Newton » dans *Revue d'Histoire des Sciences*, 39, Paris, 1986, p. 195-222.

GANDT, François de, « Naissance et métamorphose d'une théorie mathématique : la géométrie des indivisibles en Italie (Galilée, Cavalieri, Torricelli) » in *Fragments d'histoire des mathématiques*, tome II, APMEP, 1987, p. 86-124.

GANDT, François de, « Les indivisibles de Torricelli » dans *L'œuvre de Torricelli, science galiléenne et nouvelle géométrie*, édité par François de Gandt, Nice, Les Belles Lettres, Publication de la Faculté des Lettres et des Sciences Humaines de Nice, I, 32 (1987), p. 147-206.

GIUSTI, Enrico, *Bonaventura and the Theory of Indivisibles*, Bologne, Edizioni Cremonese, 1980.

GIUSTI, Enrico, « Le problème des tangentes de Descartes à Leibniz », *Studia Leibnitiana*, 14 (1), 1986.

GIUSTI, Enrico, « Les méthodes des *maxima* et *minima* de Fermat » dans *Annales de la Faculté des Sciences de Toulouse*, tome XVIII, n° S2 (2009), p. 59-85.

GOLDENBAUM, Ursula, JESSEPH, Douglas (ed.), *Infinitesimal Differences, Controversies between Leibniz and his contemporanies*, W de G, Berlin, 2008.

HAHN, Roger, *L'Anatomie d'une institution scientifique*, Éditions des Archives contemporaines, Paris, 1993.

HEINEKAMP, Albert, « Huygens vu par Leibniz », avant-propos de René Taton, Vrin, Paris, 1982, p. 99-114.

HEINZ-JÜRGEN, Hess, « Zur Vorgeschichte der "Nova Methodus" (1676-1684) » dans « 300 Jahre Nova Methodus », *Studia Leibnitiana*, Sonderheft, 14, 1984, p. 64-101.

HOFMANN, Joseph E, *Leibniz in Paris 1672-1676*, traduction de l'allemand de *Die entwicklungsgeschichte der leibnizschen Mathematik während des Aufenthalts in Paris (1672-1676)*, Oldenburg Verlag, Munich, 1949, traduction publiée en 1974, Cambridge, Cambridge University Press, 2008.

JAUSS, Hans Robert, « L'histoire de la littérature : un défi à la théorie littéraire », *Pour une esthétique de la réception*, Paris, Gallimard, 1978.

JESSEPH, Douglas, « Truth in Fiction : Origins and Consequences of Leibniz's Doctrine of Infinitesimal Magnitudes », Goldenbaum, Ursula, Jesseph Douglas (ed), *Infinitesimal Differences, Controversies between Leibniz and his contemporanies*, W de G, Berlin, 2008, p. 215-234.

JESSEPH, Douglas, « Leibniz on the Elimination of Infinitesimals » dans Goethe, N.B., Beeley, Philip, Rabouin David (ed), *G. W Leibniz, Interrelations between Mathematics and Philosophy*, Fordrecht-Heudelberg, Springer, 2015, p. 189-205.

JESSEPH, Douglas, « Leibniz on the fondations of the calculus : The question of the reality of Infinitesimal magnitudes », *Perspectives on Science*, vol. 6, nos. 1 & 2, p. 11-18.

JULLIEN, Vincent, *Philosophie naturelle et géométrie au XVIIe siècle*, Collection Sciences, techniques et civilisations de Moyen Âge à l'aube des lumières, Paris, Honoré Champion, 2006.

JULLIEN, Vincent, « Explaining the Sudden Rise of Methods of indivisibles » dans Jullien, Vincent, (dir.), *Seventeeth-century indivisibles revisited*, Birkhäuser, p. 1-18.

JULLIEN, Vincent, « Descartes and the use of Indivisibles » dans Jullien, Vincent (ed), *Seventeenth-Century Indivisibles Revisited*, Birkhaüser, 2015, p. 165-176.

JULLIEN, Vincent, « Roberval's Indivisibles » dans Jullien, Vincent (ed), *Seventeenth-Century Indivisibles Revisited*, Birkhaüser, 2015, p. 177-210.

KATZ, Michail G., SCHAPS, David, M., SHNIDER, Steven, « Almost equal : the method of adequality from Diophantus to Fermat and beyond », *Perpectives on Science*, 21 (3), published by The MIT Press, Fall 2013, p. 283-324.

KLINE, Moris, *Mathematical Thought from Ancient to Modern Times*, New York, Oxford University Press, 1972

KNOBLOCH, Eberhard, « Leibniz and the infinite », *Quaderns d'Historia de l'Enginyeria*, volum XVI, 2018, p. 11-31.

LE PAIGE, C., « Correspondance de R.F. Sluse », *Bulletino di bibliografia e di stria delle Scienze matematiche e Fisiche*, pubblicato per Da B. Boncompagni, tome XVII, Roma, 1884.

LOGET, François, *La querelle de l'angle de contact (1554-1685) : constitution et autonomie de la communauté mathématique entre Renaissance et l'Âge Baroque*, thèse de doctorat sous la direction de Jean Dhombres, soutenue en 2000, EHESS, Paris.

MAHONEY, Michael, « Barrow's Mathematics : between ancient and modern », Feingold, Mordechai (ed), *Before Newton, the life of time of Isaac Newton*, Cambridge, Cambridge university Press, 1990.

MAHONEY, Michael, *The mathematical carrer of Pierre de Fermat : 1601-1665*, second edition, UP, cop. 1994.

MALET, Antoni, *Studies on James Gregory (1638-1675)*, A dissertation presented to the Faculty of Princeton University in Candidacy for the Degree of Doctor of Philosophy, Princeton, octobre 1989.

MALET, Antoni, *From indivisibles to infinitesimals, Studies on Seventeenth-Century Mathematizations of the Infinitely Small quantities*, Universitat autonoma de Barcelona, Serveil de publicacions, Bellaterra, 1996.

MALET, Antoni, « Issac Barrow's Indivisibles » dans dans Jullien, Vincent, (ed), *Seventeenth-Century Indivisibles Revisited*, Birkhaüser, 2015, p. 275-284.

MALET, Antoni, PANZA, Marco, « Wallis on indivisibles » dans Jullien, Vincent, (dir.), *Seventeenth-Century Indivisibles Revisited*, Birkhaüser, 2015, p. 307-346.

MANCOSU, Paolo, « The metaphysics of the calculus : A Foundational debate in the Academy of Sciences, 1700-1706 », *Historia Mathematica*, 16, 1989, p. 224-248.

MANCOSU, Paolo, *Philosophy of Mathematics and Mathematical Practice in the Seventeenth Century*, New York, Oxford University Press, 1996.

MARONNE, Sébastien, *La théorie des courbes et des équations dans la géométrie cartésienne : 1637-1661*, thèse de doctorat dirigé par M. Panza, Paris Diderot, 2007.

MAUREL-INDART, Hélène, *Du plagiat*, édition revue et augmentée, Gallimard, Paris, 2011.

MAZAURIC, Simone, *Fontenelle et l'invention de l'histoire des sciences à l'aube des Lumières*, Fayard, Paris, 2007.

MCCLELLAN, James E., *Science Reorganized, scientific societies in the eighteenth century*, Columbia University Press, New York, 1985.

MELLOT, Jean-Dominique, « Fontenelle censeur royal ou approbateur éclairé ? », *Revue Fontenelle*, n° 6-7, Publications des universités de Rouen et du Havre, Mont-Saint-Aignan, 2010, p. 50-72.

MESNARD, Jean, *Pascal et les Roannez*, Paris, Desclée de Brouwer, 1965, 2 tomes.

MERKER, Claude, *Le chant du cygne des indivisibles*, PUFC, 2001.

NAGEL, Fritz, « Nieuwentijt, Leibniz, and Jacob Hermann on infinitesimals » dans Goldenbaum Ursula and Douglas Jesseph Douglas (ed), *Infinitisemals differences, Controversies between Leibniz and his contemporaries*, edited by, (ed), Berlin, Walter de Gruyter, 2008, p. 199-214.

NIDERST, Alain, *Fontenelle. À la recherche de lui-même (1657-1702)*, Éditions A.-G. Nizet, Paris, 1972. Dans *Fontenelle, Acte du colloque tenu à Rouen du 6 au 10 Octobre 1987*, PUF, Paris, 1989.

NETZ, Reviel, *The Shaping of deduction in greek mathematics* : A study in Cognitive History, Cambridge, Cambridge University Press, 1999.

PARADÍS, Jaume, PLA, Josep, VIALER, Pelegrí, « Fermat's method of quadrature »,*Revue d'Histoire des Mathématiques*, 14(2008), p. 5-51.

PEIFFER, Jeanne, « Leibniz, Newton et leurs disciplines », *Revue d'histoire des sciences*, 1989, tome 42, n° 3, p. 303-312.

PEIFFER, Jeanne, « Le problème de la brachystochrone à travers les relations de Jean I Bernoulli avec l'Hôpital et Varignon » in *Studia Leibnitziana*, Sonderheft 17, Stuggart, 1989, p. 59-98.

PEIFFER, Jeanne, « Pierre Varignon, lecteur de Leibniz et de Newton », *Leibniz' auseinandersetzung mit vorgängern und zeitgenossen, Studia Leibnitiana*, supplementa XXVIII, 1990, p. 244-266.

PEIFFER, Jeanne, « Faire des mathématiques par les lettres », *Revue d'histoire des mathématiques*, 4(1998), p. 143-157.

PROST, Alain, *Douze leçons sur l'histoire*, Paris, Seuil, 1996.

PYCIOR, Helena Mary, *Symbols, Impossible Numbers, and Geometric Entanglementts : British Algebra Through the Commentaries on Newton's Universal Arithmetick*, Cambridge, Cambridge University Press, 1987.

QUIGNARD, Pascal, *Sur le jadis*, Dernier Royaume II, Gallimard, Paris, 2002.

RABOUIN, David, « Infini mathématique et infini métaphysique : d'un bon usage de Leibniz pour lire Cues (… et d'autres) », *Revue Métaphysique et de morale*, N° 2, 2011, p. 203-220.

RABOUIN, David, « Leibniz's rigorous foundations of the Method of indivisibles or how to reason with impossible notions », *Seventeenth-Century Indivisibles Revisited*, *op. cit.*, p. 347-364.

RADELET-DE-GRAVE, Patricia, « La mesure de la courbure et la pratique du calcul différentiel du second ordre » dans *Sciences et techniques en perspectives*, deuxième série, vol. 8, N° 1, 2004, p. 159-177.

ROBINET, Alain, *Malebranche et Leibniz, Relations personnelles*, Librairie philosophique J. Vrin, Paris, 1955.

ROBINET, Alain, « L'abbé de Catelan, ou l'erreur au service de la vérité », *Revue d'Histoire des Sciences et de leurs applications*, vol. 11, N° 4, Paris, 1958, p. 289-301.

ROBINET, André, « La vocation académicienne de Malebranche », *Revue d'Histoire des sciences et de leurs applications*, 1959, tome 12, n° 1, p. 1-18.

ROBINET, André, « L'Abbé de Catelan, documentation et informations », *Revue d'Histoire des Sciences et de leurs applications*, tome 13, n° 2, 1960, p. 135-137.

ROBINET, André, « Jean Prestet ou la bonne foi cartésienne (1648-1691) », *Revue d'Histoire des Sciences et de leurs applications*, vol. 13, N° 2, Paris, 1960, p. 95-104.

ROBINET, André, « Le groupe malebranchiste introducteur du calcul infinitésimal en France », *Revue d'Histoire des Sciences et de leurs applications*, vol. 13, N° 4, Paris, 1960, p. 287-308.

ROBINET, André, « La philosophie malebranchiste des mathématiques », *Revue d'Histoire des Sciences et de leurs applications*, vol. 14, n° 3, Paris, 1961, p. 205-254.

ROSENFELD, L., « René-François de Sluse et le problème des Tangentes », *Isis*, vol. 10, n° 2, juin 1928, p. 416-434.

ROUSSET, Jean, *La littérature et l'âge baroque en France, Circé et le Paon*, Librairie José Corti, 1954.

SCHMIT, Christophe, « Rapports entre équilibre et dynamique au tournant des 17e et 18e siècles », *Early Science and medicine*, Brill, Leiden, 2014, p. 505-548.

SCHUBRING, Gert, *Conflicts Between Generalization, Rigor, and Intuition*, Springer, 2015.

SCHWARTZ, Claire, *Malebranche et les mathématiques*, thèse de doctorat en Philosophie, sous la direction de Denis Kambouchner et de Richard Glauser, soutenue à Paris, Université Paris I, en co-tutelle avec Neuchâtel, 2007.

SCHWARTZ, Claire, « Leibniz et le"groupe malebranchiste" : La réception du calcul infinitésimal », Vorträge des X. Internationalen Leibniz-Kongresses, Hildesheim / Zurich / New York, Olms, Tome I, p. 223-236.

SCHWARTZ, Claire, *Malebranche, Mathématiques et Philosophie*, Paris, Sorbonne Université Presses, 2019.

SCRIBA, Cristoph, J., "The inverse Method of Tangents : A dialogue between Leibniz and Newton (1675-1677)", *Archive for History of Exact Sciences*, Vol. 2, No. 2 (13.1.1964), p. 113-137.

SEGUIN, Maria Susana, « La référence aux Anciens dans les *Éloges des Académiciens* de Fontenelle : un contre-exemple pour les modernes » dans *Poétique de la pensée. Mélanges en honneur de Jean Dagen*, textes réunis par B. Guion, S. Menant, MS. Seguin et P. Sellier, Paris, Honoré Champion, 2006, p. 851-861.

SEGUIN, Maria Susana, « Fontenelle et l'Histoire de l'Académie royale des sciences », *Dix-huitième siècle*, 2012/1 (n° 44), p. 365-379.

SERGESCU, Petre, « Un épisode de la "bataille" pour le triomphe du calcul différntiel : la polémique Rolle-Sarin 1702-1705 », *L'Ouvert* 78, 1995.

SHANK, J. B., *The Newton Wars and the beginning of the French Enlightenment*, University Chicago Press, Chicago and London, 2008.

SHANK, J. B., *Before Voltaire, The origin of "Newtonian" Mechanics, 1680-1715*, The University of Chicago Press, Chiacago & London, juin 2018.

SPIESS, Otto, « Une édition de l'œuvre des mathématiciens Bernoulli », *Archives internationales d'histoire des sciences*, HS, Paris, 1947, p. 356-362.

STEDALL, Jacqueline, « John Wallis and the French : his quarrels with Fermat, Pascal, Dulaurens, and Descartes », *Historia Mathematica*, 3, 2012, p. 265-279.

STURDY, David J., *Science and social status, the members of the Académie des Sciences, 1666-1750*, The Boydell Press, 1995.

TATON, René, « Huygens et l'Académie royale des sciences », *Huygens et la France*, : table ronde du centre national de la recherche scientifique : Paris, 27-29 mars 1979, Paris, Vrin, 1982, p. 57-68.

TODOROV, Tzvetan, *Mikhaïl Bakhtine Le principe dialogique*, suivi de Écrits du cercle de Bakhtine, Paris, Seuil, 1981.

VITTU, Jean-Pierre, « Jean Gallois », « Dossier Jean Gallois », Archives de l'Académie des sciences.

WASHINGTON, Christopher, « Michel Rolle and his method of cascades », https://www.maa.org/sites/default/files/pdf/upload_library/46/Washington_Rolle_ed.pdf (consulté le 3 juin 2021).

INDEX DES PERSONNES

INDEX DES NOTIONS

TABLE DES FIGURES

TABLE DES MATIÈRES

DEUXIÈME PARTIE

LA GENÈSE DE L'ANALYSE DES INFINIMENT PETITS POUR L'INTELLIGENCE DES LIGNES COURBES (1692-1696)

TROISIÈME PARTIE

LE CALCUL LEIBNIZIEN À L'ACADÉMIE (1696-1706)

Achevé d'imprimer par Corlet,
Condé-en-Normandie (Calvados),
en Juin 2022
N° d'impression : 176429 - dépôt légal : Juin 2022
Imprimé en France